Herbert Wallner

Aufgabensammlung Mathematik

Herbert Wallner

# Aufgabensammlung Mathematik

Für Studierende in mathematisch-naturwissenschaftlichen und technischen Studiengängen

Band 1: Analysis einer Variablen, Lineare Algebra

STUDIUM

**VIEWEG+ TEUBNER**

Bibliografische Information der Deutschen Nationalbibliothek
Die Deutsche Nationalbibliothek verzeichnet diese Publikation in der
Deutschen Nationalbibliografie; detaillierte bibliografische Daten sind im Internet über
<http://dnb.d-nb.de> abrufbar.

**Prof. Dr. Herbert Wallner**
Institut für Analysis und Computational Number Theory (Math A)
Technische Universität Graz
Steyrergasse 30
8010 Graz/Österreich

wallner@weyl.math.tu-graz.ac.at

1. Auflage 2011

Alle Rechte vorbehalten
© Vieweg+Teubner Verlag | Springer Fachmedien Wiesbaden GmbH 2011

Lektorat: Ulrike Schmickler-Hirzebruch | Barbara Gerlach

Vieweg+Teubner Verlag ist eine Marke von Springer Fachmedien.
Springer Fachmedien ist Teil der Fachverlagsgruppe Springer Science+Business Media.
www.viewegteubner.de

Umschlaggestaltung: KünkelLopka Medienentwicklung, Heidelberg
Druck und buchbinderische Verarbeitung: STRAUSS GMBH, Mörlenbach
Gedruckt auf säurefreiem und chlorfrei gebleichtem Papier
Printed in Germany

ISBN 978-3-8348-1811-9

# Vorwort

Die vorliegende Aufgabensammlung entstand im Laufe meiner langjährigen Tätigkeit an einer Technischen Universität und ist in zwei Teile gegliedert.

Die Ausbildung in Mathematik ist einer der Grundpfeiler für ein Studium der Ingenieurwissenschaften und erst recht für ein solches der Naturwissenschaften.

Im Gegensatz zur Schule findet an universitären Einrichtungen meist eine Trennung in Vorlesung und Übung statt.

Die Vorlesung stellt in der Regel die theoretischen Grundlagen bereit.

Aufgabe der Übung ist dann die Anwendung des so erworbenen Wissens.

Dort sollen konkrete Aufgabenstellungen bearbeitet und einer Lösung zugeführt werden, wobei nur elementare Grundkenntnisse aus der Schule und Sätze und Aussagen der Vorlesung benützt werden dürfen.

Wie dies korrekt erfolgt, wird meist im Rahmen eines Tutoriums vorgezeigt.

Aufgabensammlungen können und sollen dies unterstützen. Insbesondere eine große Anzahl von Übungsaufgaben sollen dazu beitragen, eine gewisse Fertigkeit im Lösen von Aufgaben zu vermitteln.

Daneben ist auch der sichere Umgang mit symbolischen Rechenprogrammen (Computer-Algebra-Systemen) und ihr Einsatz zum Lösen von Aufgaben wichtig.

Aber ebenso wie ein Taschenrechner nicht das Erlernen der Grundrechnungsarten vollständig ersetzen kann und soll, ersetzen solche Programme nicht den Erwerb von Fähigkeiten, Probleme auch „zu Fuß" lösen zu können.

Das Verwenden von Computer-Algebra-Systemen ist nicht Thema dieses Buches. Es wird aber dringend empfohlen, sie parallel zum klassischen Lösen zu verwenden.

Der vorliegende erste Teil umfasst in etwa den Stoff, der an Technischen Universitäten üblicherweise im ersten Semester auf der Tagesordnung steht: Analysis einer reellen Variablen und einer Einführung in die lineare Algebra. Viele Aufgaben sind aber auch für Studierende mathematischer Studiengänge von Interesse, wenngleich „typische Mathematikeraufgaben" fehlen.

Für jedes Teilgebiet werden zunächst die zum Bearbeiten der nachfolgenden Aufgaben erforderlichen Grundlagen kurz zusammengefasst. Anschließend werden jeweils eine Reihe speziell ausgewählter Beispiele ausführlich gelöst. In einem weiteren Abschnitt werden Aufgaben mit Lösungen angegeben. In einem abschließenden Kapitel werden Aufgabenstellungen aus Technik und Physik behandelt.

Auf Abbildungen wurde weitgehend verzichtet (obwohl sie wichtig sind und das Wesentliche oft zusammenfassen), da heutzutage eine graphische Darstellung durch verschiedene Computerprogramme recht einfach ist.

Empfehlungen an die Leserinnen und Leser:
Versuchen Sie die Musterbeispiele zunächst eigenständig zu lösen, bevor Sie den vorgeschlagenen Lösungsgang ansehen. Überlegen Sie, ob es nicht alternative Lösungswege gibt. Verwenden Sie parallel zur herkommlichen Lösungsweise auch symbolische Rechenprogramme.

Noch eine Empfehlung: Arbeiten Sie nicht ausschließlich im Alleingang, sondern auch in einer kleinen Gruppe, in der Sie Ideen und Ergebnisse austauschen können.

Viel Erfolg!

Graz, im Juni 2011                                                              Herbert Wallner

# Inhaltsverzeichnis

# Kapitel 1

# Analysis einer reellen Variablen

## 1.1 Elementare Aussagenlogik

### 1.1.1 Grundlagen

**Wahrheitstafeln und Verknüpfungen von Aussagen**

**Konjunktion** $A \wedge B$:

| $A\backslash B$ | w | f |
|---|---|---|
| w | w | f |
| f | f | f |

**Disjunktion** $A \vee B$:

| $A\backslash B$ | w | f |
|---|---|---|
| w | w | w |
| f | w | f |

**Subjunktion** $A \to B$:

| $A\backslash B$ | w | f |
|---|---|---|
| w | w | f |
| f | w | w |

**Bisubjunktion** $A \longleftrightarrow B$:

| $A\backslash B$ | w | f |
|---|---|---|
| w | w | f |
| f | f | w |

**Negation** $\neg A$:

| $A$ | w | f |
|---|---|---|
| $\neg A$ | f | w |

Mit diesen elementaren Verknüpfungen können umfangreichere Aussagen formuliert werden und anschließend eine Wahrheitstafel erstellt werden.
So ergibt sich für die Aussage $A \wedge (B \vee \neg C) \to (\neg B \wedge C)$ die Wahrheitstafel:

| $A$ | $B$ | $C$ | $B \vee \neg C$ | $A \wedge (B \vee \neg C)$ | $\neg B \wedge C$ | $A \wedge (B \vee \neg C) \to (\neg B \wedge C)$ |
|---|---|---|---|---|---|---|
| w | w | w | w | w | f | f |
| w | w | f | w | w | f | f |
| w | f | w | f | f | w | w |
| f | w | w | w | f | f | w |
| w | f | f | w | w | f | f |
| f | w | f | w | f | f | w |
| f | f | w | f | f | w | w |
| f | f | f | w | f | f | w |

**Schaltkreisdarstellung logischer Verknüpfungen**

Die einzelnen Aussagen stellen Schalter dar, die bei Belegung mit w geschlossen und bei Belegung mit f offen sind. Die Gesamtaussage ist wahr, wenn Strom durch den Schaltkreis fließt.

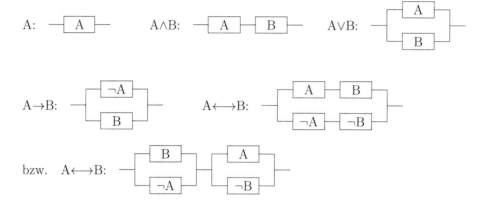

In weiterer Folge lassen sich dann kompliziertere Aussagen durch ensprechende Schaltkreise darstellen, wie z.B. die Aussage: $A \wedge (B \vee \neg C) \to (\neg B \wedge C)$.

Bei der Schaltkreisdarstellung ist es zweckmäßig, dass die gegebene Aussage in die Negationsnormalform übergeführt wird, die nur die logischen Verknüpfungen $\vee$, $\wedge$ und $\neg$ enthält, wobei letztere nur an den elementaren Aussagen - hier $A$, $B$ und $C$ - vorkommen darf. Es gilt (unter Verwendung der Rechenregeln der Aussagenlogik):

$A \wedge (B \vee \neg C) \to (\neg B \wedge C) \iff \neg A \vee (\neg B \wedge C)$.

Das liefert das Schaltbild

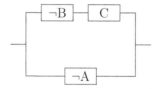

### 1.1.2  Musterbeispiele

1. In einem Kriminalfall mit 3 Tatverdächtigen P, Q und R steht fest:
   a) Falls P und Q nicht beide beteiligt waren, dann ist auch R außer Verdacht.
   b) Ist Q schuldig oder R unschuldig, dann kann auch P nicht der Täter sein.
   c) Aber mindestens einer der drei war der Täter.
   Wer ist der Täter?

   **Lösung:**

   Zunächst wird das vorliegende Problem formalisiert. Dazu schreiben wir:
   Die logische Variable $p$ erhält die Belegung „wahr", wenn P Täter ist.
   Analoges gilt für die logischen Variablen $q$ und $r$. Die Aussagen a) bis c) lauten dann:
   a) $\neg(p \wedge q) \to \neg r$,     b) $(q \vee \neg r) \to \neg p$,     c) $p \vee q \vee r$.
   Die Gesamtaussage lautet dann:

   $$\left(\neg(p \wedge q) \to \neg r\right) \wedge \left((q \vee \neg r) \to \neg p\right) \wedge \left(p \vee q \vee r\right).$$

Die zugehörige Negationsnormalform ist:

$$\big((p \wedge q) \vee \neg r\big) \wedge \big((\neg q \wedge r) \vee \neg p\big) \wedge \big(p \vee q \vee r\big) \ .$$

Das ergibt das folgende Schaltbild:

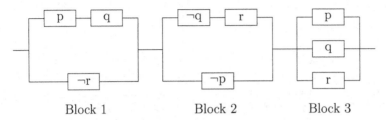

Block 1          Block 2          Block 3

Nehmen wir nun an, $p$ sei wahr. Dann folgt aus Block 2, dass dann $q$ falsch und $r$ wahr sein müssen. Dann wäre aber der Block 1 unpassierbar. Die alternative Annahme: $p$ ist falsch, liefert wegen des ersten Blocks, dass auch $r$ falsch sein muß. Wegen des dritten Blocks muss aber dann $q$ wahr sein.

Die Lösung des ursprünglichen Problems lautet dann:

**Q ist der Täter, P und R sind unschuldig.**

Bemerkung:

Die prinzipielle Frage, ob das vorgelegte Problem überhaupt eine eindeutige Lösung besitzt, wurde hier gar nicht thematisiert. Es ist offensichtlich, dass zu wenige Ermittlungsergebnisse (logische Aussagen) zu einer nicht eindeutigen Lösung führen können. Eine analoge Situation tritt auch bei Gleichungssystemen auf.

2. Drei Personen: A, B, C machen folgende Aussagen: A: Wenn B lügt, sagt C die Wahrheit. B: C lügt. C: A lügt. Wer lügt und wer sagt die Wahrheit ?

**Lösung:**

Im Vergleich zum vorhergehenden Beispiel ist die Situation hier komplizierter. Bei der Kriminalgeschichte konnten wir davon ausgehen, dass die einzelnen Aussagen wahr sind. Bei einer Lügengeschichte kann jede Aussage wahr oder falsch sein, je nachdem, ob der Betreffende die Wahrheit sagt oder lügt.

Zunächst formalisieren wir: $a$ sei wahr, wenn A die Wahrheit spricht und analog $b$ und $c$.

Die erste Aussage bedeutet dann $a \rightarrow (\neg b \rightarrow c)$ falls A die Wahrheit spricht und $\neg a \rightarrow \neg(\neg b \rightarrow c)$ falls A lügt.

In der zusammengesetzten Aussage

$$\big(a \rightarrow (\neg b \rightarrow c)\big) \wedge \big(\neg a \rightarrow \neg(\neg b \rightarrow c)\big)$$

ist eine Teilaussage stets wahr (falsche Prämisse), so dass wir für die Aussage von A den Ausdruck

$$\big(a \rightarrow (\neg b \rightarrow c)\big) \wedge \big(\neg a \rightarrow \neg(\neg b \rightarrow c)\big)$$

setzen können. Analoges gilt für die Aussagen von B und C. Das ergibt insgesamt:

$$\big(a \rightarrow (\neg b \rightarrow c)\big) \wedge \big(\neg a \rightarrow \neg(\neg b \rightarrow c)\big) \wedge (b \rightarrow \neg c) \wedge (\neg b \rightarrow c) \wedge (c \rightarrow \neg a) \wedge (\neg c \rightarrow a) \ .$$

Die zugehörige Negationsnormalform ist:

$$\big(\neg a \vee (b \vee c)\big) \wedge \big(a \vee (\neg b \wedge \neg c)\big) \wedge (\neg b \vee \neg c) \wedge (b \vee c) \wedge (\neg c \vee \neg a) \wedge (c \vee a) \ .$$

Das ergibt das folgende Schaltbild:

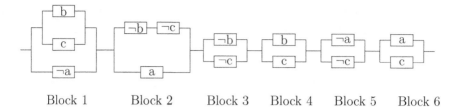

Block 1          Block 2          Block 3     Block 4     Block 5     Block 6

Nehmen wir nun an, $a$ sei wahr. Dann ist aber Block 5 nur dann passierbar, wenn $c$ falsch ist. Block 3 ist dann aber nur passierbar, wenn $b$ falsch ist. Damit sind allen logischen Variablen Wahrheitswerte zugeordnet und es ist nun zu kontrollieren, ob damit alle Blöcke passierbar sind. Dies ist offensichtlich der Fall.

Nehmen wir nun alternativ an, dass $a$ falsch sei. Dann müssten auch $b$ und $c$ falsch sein, damit Block 2 passierbar ist. Dann wäre aber Block 4 unpassierbar.

Die Lösung des ursprünglichen Problems lautet also:

**A und B sagen die Wahrheit, C lügt.**

3. Murphy, Smith und Wilbur sind Kapitän, 1. Offizier und Steward eines Luxusliners, allerdings nicht unbedingt in der genannten Reihenfolge. An Bord befinden sich drei Teilnehmer einer Kreuzfahrt mit denselben drei Nachnamen. Um sie von der Besatzung zu unterscheiden, erhalten sie im Folgenden ein „Herr" vor ihre Namen. Wir wissen:

   (a) Herr Wilbur wohnt in Glasgow.

   (b) Der 1. Offizier wohnt in Kent.

   (c) Herrn Smith wurde vor einiger Zeit sein rechtes Bein amputiert.

   (d) Der Kreuzfahrtteilnehmer, der denselben Nachnamen wie der 1. Offizier hat, lebt in London.

   (e) Der 1. Offizier und einer der Passagiere, ein Hürdenläufer, wohnen im gleichen Ort.

   (f) Murphy besiegte den Steward beim Pokern.

   Folgern Sie logisch daraus, wie der Pilot heißt!

   **Lösung:**

   Hier versuchen wir, analog dem Eliminationsverfahren bei linearen Gleichungssystemen, aus den gegebenen Aussagen neue zu gewinnen, die dann letztlich zur Lösung führen.

   Aus (f) folgt (1): Der Steward heißt nicht Murphy.

   Aus (b) und (e) folgt (2): Der Hürdenläufer wohnt in Kent.

   Aus (a), (c), (2) und (d) folgt (3): Herr Smith wohnt in London.

   Aus (a) und (3) folgt (4): Herr Murphy ist Hürdenläufer.

   Aus (d) und (3) folgt (5): Der 1. Offizier heißt Smith.

   Aus (1) und (5) folgt (6): Der Steward heißt Wilbur.

   Aus (5) und (6) folgt dann: **Der Kapitän heißt Murphy.**

4. Eine Abbildung $f : \mathbb{R} \to \mathbb{R}$ heißt stetig an $x_0 \in D(f) \subset \mathbb{R}$, falls:

$$\forall \epsilon > 0 \ \exists \delta_\epsilon > 0 \ \forall x \text{ mit } |x - x_0| < \delta_\epsilon : |f(x) - f(x_0)| < \epsilon .$$

Formulieren Sie die Aussage: $f$ ist an $x_0$ unstetig.

**Lösung:**

Neben den üblichen Regeln bei der Negation zusammengesetzter Aussagen ist hier zu beachten, dass bei der Negation die Quantoren ihre Rolle tauschen, d.h. $\forall \longleftrightarrow \exists$ und dass z.B. aus $<$ dann $\geq$ wird. Dann gilt also: $f$ ist an $x_0$ unstetig, wenn

$$\exists \epsilon > 0 \ \forall \delta > 0 \ \exists x \text{ mit } |x - x_0| < \delta : |f(x) - f(x_0)| \geq \epsilon .$$

### 1.1.3 Beispiele mit Lösungen

1. Welcher der folgenden Ausdrücke ist eine Aussage?

   (a) Tegucigalpa ist die Hauptstadt von Honduras.

   (b) Ist die natürliche Zahl $n$ gerade, dann ist $n + 2$ ungerade.

   (c) $x > y$.

   (d) Wann ist die Winkelsumme in einem ebenen Dreieck 180°?

   **Lösung:** (a) ja, (b) ja, (c) nein, (d) nein.

2. Es sei (A): „Sie ist alt“.
   (B): „Sie ist weise“.
   Schreiben Sie in symbolischer Form:

   (a) Sie ist alt und weise.

   (b) Sie ist weder alt noch weise.

   (c) Es stimmt nicht, dass sie jung oder weise ist.

   (d) Wenn sie alt ist, ist sie weise.

   **Lösung:** (a) $A \wedge B$, (b) $(\neg A \wedge \neg B)$, (c) $\neg(\neg A \vee B)$, (d) $A \to B$.

3. Stellen Sie die Wahrheitstafeln für $A \wedge \neg B, \neg(A \vee \neg B), A \to (\neg A \vee \neg B)$ auf.

   **Lösung:**

   | $A$ | $B$ | $\neg A$ | $\neg B$ | $A \wedge \neg B$ | $\neg(A \vee \neg B)$ | $\neg A \vee \neg B$ | $A \to (\neg A \vee \neg B)$ |
   |-----|-----|----------|----------|-------------------|------------------------|----------------------|------------------------------|
   | w   | w   | f        | f        | f                 | f                      | f                    | f                            |
   | w   | f   | f        | w        | w                 | f                      | w                    | w                            |
   | f   | w   | w        | f        | f                 | w                      | w                    | w                            |
   | f   | f   | w        | w        | f                 | f                      | w                    | w                            |

4. Sind die folgenden Aussagen Tautologien oder Kontradiktionen, oder weder noch?
   a) $(A \vee \neg A) \wedge (B \vee \neg B)$, b) $(A \wedge \neg B) \wedge (A \leftrightarrow B)$.

   **Lösung:** (a) Tautologie, (b) Kontradiktion.

5. Kommissar K. hat 3 Tatverdächtige: P, Q und R. Er weiß:

   (a) Wenn sich Q oder R als Täter herausstellen, dann ist P unschuldig.

   (b) Ist aber P oder R unschuldig, dann muss Q ein Täter sein.

   (c) Ist R schuldig, so ist P Mittäter.

   Wer ist Täter ?

   **Lösung:**   Q ist Täter.

6. Drei Personen machen folgende Aussagen: A: Wenn B lügt, sagt C die Wahrheit. B: A oder C lügen. C: Wenn A lügt, dann sagt B die Wahrheit. Wer lügt und wer sagt die Wahrheit?
   **Lösung:**   B lügt, A und C sagen die Wahrheit.

7. Kommissar X weiß über die 4 Tatverdächtigen P, Q, R und S:

   (a) P ist genau dann schuldig, wenn Q unschuldig ist.

   (b) R ist genau dann unschuldig, wenn S schuldig ist.

   (c) Falls S Täter ist, dann auch P und umgekehrt.

   (d) Falls S schuldig ist, dann ist Q beteiligt.

   Wer ist Täter ?

   **Lösung:**   Q und R sind Täter.

8. Drei Personen machen folgende Aussagen: A: Entweder B oder C sagt die Wahrheit. B: C sagt die Wahrheit. C: A und B sagen die Wahrheit. Wer lügt und wer sagt die Wahrheit?
   **Lösung:**   Alle lügen.

## 1.2 Mengen

### 1.2.1 Grundlagen

**Mengenoperationen**

- Zwei Mengen $M_1, M_2$ heißen gleich ($M_1 = M_2$), wenn sie dieselben Elemente enthalten.

- $M_1$ heißt Teilmenge von $M_2$ ($M_1 \subset M_2$), wenn für jedes $x \in M_1$ gilt: $x \in M_2$. Wir schreiben $M_1 \not\subset M_2$ , wenn $M_1$ keine Teilmenge von $M_2$ ist.

- Seien $M_1, M_2$ zwei beliebige Mengen. $M_1 \cup M_2 := \{x \mid x \in M_1 \text{ oder } x \in M_2\}$ heißt Vereinigung von $M_1$ und $M_2$.

- Seien $M_1, M_2$ zwei beliebige Mengen. $M_1 \cap M_2 := \{x \mid x \in M_1 \text{ und } x \in M_2\}$ heißt Durchschnitt von $M_1$ und $M_2$.

- Seien $M_1, M_2$ Mengen mit $M_1 \subset M_2$. Die Menge $C_{M_2}(M_1) := \{x \mid x \in M_2, x \notin M_1\}$ heißt Komplement von $M_1$ bezüglich $M_2$.

- Seien $M_1, M_2$ zwei beliebige Mengen. $M_2 \backslash M_1 := \{x \mid x \in M_2, x \notin M_1\}$ ($M_2$ ohne $M_1$) heißt Differenz von $M_2$ und $M_1$.

- Besitzen $M_1$ und $M_2$ kein gemeinsames Element, so heißen $M_1, M_2$ disjunkte Mengen.

- Für endliche Mengen bezeichnet $|M|$ die Anzahl ihrer Elemente.

**Rechengesetze für Mengenoperationen**

- Für jede Menge M gilt $M \subset M \cdots$ Reflexivität .

- Es seien $M_1, M_2, M_3$ drei Mengen mit $M_1 \subset M_2$, $M_2 \subset M_3$. Dann gilt auch $M_1 \subset M_3 \cdots$ Transitivität .

- Es seien $M_1, M_2$ zwei Mengen. Es ist genau $M_1 = M_2$ wenn gilt: $M_1 \subset M_2$ und $M_2 \subset M_1 \cdots$ Gleichheit .

- Seien $M_1, M_2$ beliebige Mengen. Dann gilt:
$M_1 \cup M_2 = M_2 \cup M_1 \quad$ und $\quad M_1 \cap M_2 = M_2 \cap M_1 \cdots$ Kommutativgesetze .

- Seien $M_1, M_2, M_3$ beliebige Mengen. Dann gilt:
$$\left. \begin{array}{l} M_1 \cup (M_2 \cup M_3) = (M_1 \cup M_2) \cup M_3 \\ M_1 \cap (M_2 \cap M_3) = (M_1 \cap M_2) \cap M_3 \end{array} \right\} \cdots \text{ Assoziativgesetze .}$$

- Seien $M_1, M_2, M_3$ beliebige Mengen. Dann gilt:
$$\left. \begin{array}{l} M_1 \cap (M_2 \cup M_3) = (M_1 \cap M_2) \cup (M_1 \cap M_3) \\ M_1 \cup (M_2 \cap M_3) = (M_1 \cup M_2) \cap (M_1 \cup M_3) \end{array} \right\} \cdots \text{ Distributivgesetze .}$$

## 1.2.2   Musterbeispiele

1. Beweisen Sie die Gültigkeit des folgenden Distributivgesetzes für Mengen:

$$A \cup (B \cap C) = (A \cup B) \cap (A \cup C)\,.$$

**Lösung:**

Um die Gleichheit zweier Mengen zu zeigen, zeigen wir, dass sie sich gegenseitig enthalten. Mit den Bezeichnungen $M_1 := A \cup (B \cap C)$ und $M_2 := (A \cup B) \cap (A \cup C)$ ist also zu zeigen: $M_1 \subset M_2$ und $M_2 \subset M_1$.

a) Sei nun $x \in M_1 = A \cup (B \cap C)$ beliebig. Dann ist entweder $x \in A$ oder $x \in B$ und gleichzeitig $x \in C$. Falls nun $x \in A$ gilt, gilt auch $x \in (A \cup B)$ und $x \in (A \cup C)$, d. h. $x \in \big((A \cup B) \cap (A \cup C)\big) = M_2$. Dann ist aber $M_1 \subset M_2$.

Falls aber $x \in B$ und gleichzeitig $x \in C$ gilt, gilt auch $x \in (A \cup B)$ und $x \in (A \cup C)$, d.h. wiederum $x \in \big((A \cup B) \cap (A \cup C)\big) = M_2$, bzw. $M_1 \subset M_2$.

b) Sei nun umgekehrt $x \in M_2 = (A \cup B) \cap (A \cup C)$ beliebig. Dann ist $x \in (A \cup B)$ und gleichzeitig $x \in (A \cup C)$, d.h. aber, dass entweder $x \in A$ oder $x \in B$ und gleichzeitig $x \in C$ gilt. Das bedeutet aber $x \in \big(A \cup (B \cap C)\big) = M_1$ d.h. $M_2 \subset M_1$.

Damit ist aber $M_1 = M_2$ gezeigt.

2. Zeigen Sie für beliebige Teilmengen $A, B, C$ einer Menge $R$:

$$(A \cap B) \cup (B \cap C) \cup (C \cap A) = (A \cup B) \cap (B \cup C) \cap (C \cup A)\,.$$

**Lösung:**

Unter Anwendung der Rechengesetze für Mengenoperationen erhalten wir:

$$\underbrace{(A \cap B) \cup (B \cap C)}_{M} \cup (C \cap A) \stackrel{Distr.G.}{=} (M \cup C) \cap (M \cup A) =$$

$$= \Big(\big((A \cap B) \cup (B \cap C)\big) \cup C\Big) \cap \Big(\big((A \cap B) \cup (B \cap C)\big) \cup A\Big) \stackrel{Ass.G.+Komm.G.}{=}$$

$$= \Big((A \cap B) \cup \underbrace{(B \cap C) \cup C}_{C}\Big) \cap \Big(\underbrace{A \cup (A \cap B)}_{A} \cup (B \cap C)\Big) =$$

$$= \big((A \cap B) \cup C\big) \cap \big(A \cup (B \cap C)\big) \stackrel{Distr.G.}{=} \big((A \cup C) \cap (B \cup C)\big) \cap \big((A \cup B) \cap (A \cup C)\big) \stackrel{Ass.G.}{=}$$

$$= (A \cup C) \cap (B \cup C) \cap (A \cup B) \cap (A \cup C) \stackrel{Komm.G.}{=} (A \cup B) \cap (B \cup C) \cap (C \cup A)\,.$$

3. Zeigen Sie für beliebige endliche Teilmengen einer Menge $R$:

$$|A \cup B| = |A| + |B| - |A \cap B|\,. \quad (*)$$

Leiten Sie daraus eine entsprechende Formel für $|A \cup B \cup C|$ her.

**Lösung:**

Um Mehrfachzählungen zu vermeiden, zerlegen wir die Mengen $A \cup B$, $A$ und $B$ in disjunkte Teilmengen:

$A \cup B = (A \setminus B) \cup (B \setminus A) \cup (A \cap B)$, $A = (A \setminus B) \cup (A \cap B)$ und $B = (B \setminus A) \cup (A \cap B)$.

Daraus erhalten wir:

$|A| = |A \setminus B| + |A \cap B|$ bzw. $|A \setminus B| = |A| - |A \cap B|$ , sowie

$|B| = |B \setminus A| + |A \cap B|$ bzw. $|B \setminus A| = |B| - |A \cap B|$ .

Damit folgt aus $|A \cup B| = |A \setminus B| + |B \setminus A| + |A \cap B|$ schließlich die behauptete Beziehung: $|A \cup B| = |A| + |B| - |A \cap B|$.

Wir verallgemeinern das Ergebnis auf 3 Mengen:

$|A \cup B \cup C| = |(A \cup B) \cup C| \overset{(*)}{=} |A \cup B| + |C| - |(A \cup B) \cap C| \overset{(*)+Distr.G.}{=}$

$|A| + |B| - |A \cap B| + |C| - |(A \cap C) \cup (B \cap C)| \overset{(*)}{=}$

$|A| + |B| + |C| - |A \cap B| - |A \cap C| - |B \cap C| + |(A \cap C) \cap (B \cap C)|$ ,

woraus schließlich folgt:

$$|A \cup B \cup C| = |A| + |B| + |C| - |A \cap B| - |A \cap C| - |B \cap C| + |A \cap B \cap C| .$$

## 1.2.3  Beispiele mit Lösungen

1. Zeigen Sie für beliebige endliche Teilmengen einer Menge $R$:

$$|A \cap B| = |A| + |B| - |A \cup B| .$$

Leiten Sie daraus eine entsprechende Formel für $|A \cap B \cap C|$ her.

**Lösung:**

$$|A \cap B \cap C| = |A| + |B| + |C| - |A \cup B| - |A \cup C| - |B \cup C| + |A \cup B \cup C| .$$

2. Sei $M_m = \{x \in \mathbb{R} \mid m - 1 < x \leq m + 1 , m \in \mathbb{Z}\}$.  Bestimmen Sie:

a) $M_{-2} \cup M_0$ ,  b) $M_3 \cap M_4$ ,  c) $\displaystyle\bigcup_{-m \in \mathbb{N}_0} M_m$ ,  d) $\displaystyle\bigcap_{m=1}^{5} M_m$ ,

e) $\displaystyle\bigcup_{m=-1}^{4} M_{m+n}$  $n \in \mathbb{Z}$ (fest) ,  f) $\displaystyle\bigcup_{m \in \mathbb{N}} M_{m+5}$ .

**Lösungen:** a) $(-3, 1]$,  b) $(3, 4]$,  c) $(-\infty, 1]$,  d) $\emptyset$,  e) $(n-2, n+5]$,  f) $(5, \infty)$.

3. Zeigen Sie, daß für beliebige Teilmengen $A, B, C, D$ einer Menge $M$ gilt:

a) $(A \times B) \cap (C \times D) = (A \cap C) \times (B \cap D)$,  b) $(A \times B) \cup (C \times D) \subset (A \cup C) \times (B \cup D)$.

Geben Sie zu b) ein Beispiel an, bei dem die linke Seite eine echte Teilmenge der rechten Seite ist.

**Lösungen:**

$A = \{a\}$, $B = \{b\}$, $C = \{c\}$ und $D = \{d\}$. Dann gilt:

$(A \times B) \cup (C \times D) = \big\{\{a, b\}, \{c, d\}\big\}$ , aber

$(A \cup C) \times (B \cup D) = \big\{\{a, b\}, \{a, d\}, \{c, b\}, \{c, d\}\big\}$ .

4. Gegeben sind die Mengen $A = \{n \in \mathbb{Z} \mid -2 \leq n \leq 1\}$ und $B = \{n \in \mathbb{Z} \mid 0 \leq n \leq 3\}$. Bilden Sie in aufzählender Charakterisierung die Mengen $A \cup B$, $A \cap B$, $A \setminus B$ und $A \times B$.

**Lösungen:**

$A \cup B = \{-2, -1, 0, 1, 2, 3\}, \ A \cap B = \{0, 1\}, \ A \setminus B = \{-2, -1\}$ ,

$A \times B = \big\{\{-2, 0\}, \{-2, 1\}, \{-2, 2\}, \{-2, 3\}, \{-1, 0\}, \{-1, 1\}, \{-1, 2\}, \{-1, 3\},$
$\quad \{0, 0\}, \{0, 1\}, \{0, 2\}, \{0, 3\}, \{1, 0\}, \{1, 1\}, \{1, 2\}, \{1, 3\}\big\}$ .

## 1.3 Abbildungen

### 1.3.1 Grundlagen

- Es seien $X$ und $Y$ zwei beliebige (nichtleere) Mengen. Eine Vorschrift $f$, welche jedem $x$ einer Teilmenge $D(f) \subset X$ eindeutig ein Element $y = f(x) \in Y$ zuordnet, heißt eine Abbildung aus $X$ in $Y$.
  $D(f)$ heißt Definitionsmenge von $f$.
  Schreibweise: $f : \begin{cases} X \to Y \\ x \mapsto y = f(x) \end{cases}$ .

- Eine Abbildung $f : X \to Y$ heißt Abbildung von $X$ in $Y$, wenn $D(f) = X$ gilt.

- $B(f) := \{y \in Y \mid y = f(x) \ mit \ x \in D(f)\}$ heißt Bildmenge von $f$.

- Ist $X_1 \subset D(f) \subset X$, so heißt $f(X_1) = \{y \in Y \mid y = f(x), x \in X_1\}$ Bild von $X_1$ unter $f$.

- Zwei Abbildungen $f : X \to Y$ und $\tilde{f} : X \to Y$ heißen gleich, wenn $D(f) = D(\tilde{f})$ ist und $f(x) = \tilde{f}(x)$ für alle $x \in D(f)$ gilt.

- Unter der Einschränkung bzw. Restriktion $f|X_1$ der Abbildung $f : X \to Y$ auf $\emptyset \neq X_1 \subset X$ verstehen wir diejenige Abbildung, die jedem $x \in X_1$ den Wert $f(x)$ zuordnet.
$$f|X_1 : \begin{cases} X_1 \to Y \\ x \mapsto f(x) \end{cases} .$$
  Umgekehrt heißt $f$ Fortsetzung von $f|X_1$ auf X.

- Gegeben sind die Mengen $X, Y, Z$ und die Abbildungen
  $f_1 : X \to Y$,
  $f_2 : Y \to Z$,     wobei $B(f_1) \subset D(f_2)$.
  Die Abbildung: $f_2 \circ f_1 : X \to Z$, welche durch $D(f_2 \circ f_1) = D(f_1)$,
  $(f_2 \circ f_1)(x) = f_2\big(f_1(x)\big)$ definiert ist, heißt Hintereinanderschaltung, Komposition oder Verknüpfung von $f_1$ und $f_2$.

- Seien $X, Y$ zwei beliebige Mengen und sei $f$ eine Abbildung $f : X \to Y$.

  - $f$ heißt eineindeutig oder injektiv, wenn aus $f(x) = f(\tilde{x})$ stets folgt: $x = \tilde{x}$.

  - $f$ heißt Abbildung von $X$ auf $Y$ oder surjektiv, wenn $D(f) = X$ und $B(f) = Y$ gilt.

  - $f$ heißt bijektiv, wenn $f$ injektiv und surjektiv ist.

- Sei $Y_1 \subset Y$.    Mit $f^{-1}(Y_1)$ wird die Menge aller $x \in D(f)$ bezeichnet, für die $f(x) \in Y_1$ gilt.  $\cdots$ Urbild von $Y_1$.
  $f$ braucht dabei nicht injektiv zu sein und es muss nicht gelten: $Y_1 \subset B(f)$. Sind $Y_1$ und $B(f)$ disjunkt, so ist $f^{-1}(Y_1) = \emptyset$.

## 1.3.2  Musterbeispiele

1. Seien $M$ und $N$ zwei Mengen und $f : M \to N$ eine Abbildung <u>aus</u> $M$ <u>in</u> $N$.
   Beweisen Sie:
   a) Zu jedem $x \in M$ gibt es höchstens ein $y \in N$ mit $y = f(x)$.
   b) Zu jedem $y \in B(f) \subset N$ gibt es mindestens ein $x \in M$ mit $y = f(x)$.
   c) $f$ ist genau dann injektiv, wenn für jedes $y \in B(f)$ die Menge $f^{-1}(\{y\})$
      genau ein Element enthält.
   d) Ist $f$ injektiv, so gilt $f^{-1}(\{y\}) = \{f^{-1}(y)\}$ für alle $y \in B(f)$.

   **Lösung:**

   (a) Falls $x \notin D(f)$, gibt es kein $y \in N$ mit $y = f(x)$. Sei nun $x \in D(f)$. Dann
       besitzt $x$ genau ein Bild $y = f(x)$ in $N$.

   (b) Nach Definition von $B(f)$ gibt es zu jedem $y \in B(f)$ mindestens ein $x \in M$
       mit $f(x) = y$.

   (c) Nach Definition gilt $f^{-1}(\{y\}) = \{x \in M \mid y = f(x)\}\ \forall y \in B(f)$.
       „$\Rightarrow$“: Angenommen, $f^{-1}(\{y\})$ enthält zwei verschiedene Urbilder $x$ und $x'$.
       Da $f$ injektiv ist, muss dann $x = x'$ gelten, d.h. $f^{-1}(\{y\})$ enthält genau
       ein Element.
       „$\Leftarrow$“: Für jedes $y \in B(f)$ enthält $f^{-1}(\{y\})$ genau ein Element. Sei $y \in B(f)$.
       Seien ferner $x, x' \in M$ mit $y = f(x)$ und $y = f(x')$. Damit folgt $x = x'$
       d.h. $f$ ist injektiv.

   (d) Da nun jedem $y \in B(f)$ nur ein $x \in D(f) \subset M$ zugeordnet wird, ist auf $B(f)$
       die Umkehrfunktion $f^{-1}$ erklärt und es gilt elementweise:

   $$f^{-1}(\{y\}) = \{x \in M \mid y = f(x)\} = \{f^{-1}(y)\}\ .$$

2. Es sei $f$ eine Abbildung der Menge $A$ in die Menge $B$ und $M, N \subseteq A$. Beweisen Sie:

   (a) $f(M \cup N) = f(M) \cup f(N)$,
   (b) $f(M \cap N) \subseteq f(M) \cap f(N)$.

   Geben Sie ein Beispiel an, dass in b) nicht notwendig das Gleichheitszeichen gilt.
   **Lösung:**

   (a) Sei $y \in f(M \cup N) \iff \exists x \in M \cup N$ mit $f(x) = y \iff x \in M$ <u>oder</u> $x \in N \iff$
       $y := f(x) \in f(M)$ <u>oder</u> $y \in f(N) \iff y \in f(M) \cup f(N)$.
       Dann gilt aber: $f(M \cup N) = f(M) \cup f(N)$.

   (b) Der Fall $M \cap N = \emptyset$ ist trivial. Falls $M \cap N \neq \emptyset$, ist auch $f(M \cap N) \neq \emptyset$. Sei nun
       $y \in f(M \cap N)$. Dann existiert ein $x \in M \cap N$ mit $f(x) = y$. D.h. aber: $x \in M$
       <u>und</u> $x \in N$. Somit ist $y \in f(M)$ <u>und</u> $y \in f(N)$ und damit $y \in f(M) \cap f(N)$.
       Dann ist aber $f(M) \cap N) \subseteq f(M \cap f(N)$.

   Beispiel zu b):
   Sei $A = \mathbb{Z}$ und $B = \mathbb{Z}$. Ferner seien $M = \{-1, 0, 1, 2\}$ und $N = \{-2, -1, 0, 1\}$.
   Weiters sei die Abbildung $f$ gegeben durch $f(x) = x^2$. Aus $M \cap N = \{-1, 0, 1\}$
   folgt dann $f(M \cap N) = \{0, 1\}$. Wegen $f(M) = \{0, 1, 2\}$ und $f(N) = \{0, 1, 2\}$ folgt:
   $f(M) \cap f(N) = \{0, 1, 2\} \neq \{0, 1\} = f(M \cap N)$.

3. $A$ und $B$ seien Mengen, $f$ eine Abbildung von $A$ in $B$, $M \subseteq A$ und $N \subseteq B$. Beweisen Sie:
$$\text{a)} M \subseteq f^{-1}(f(M)) , \qquad \text{b)} N \supseteq f(f^{-1}(N)) .$$

Geben Sie zwei Beispiele an, bei denen jeweils echte Teilmengen auftreten.

**Lösung:**

(a) Sei $x \in M$, $y := f(x) \in f(M) \Longrightarrow x$ ist ein (eventuell eines von mehreren) Urbild von $f(M)$, d.h. $x \in f^{-1}(f(M))$, woraus folgt: $M \subseteq f^{-1}(f(M))$.
Beispiel:
$A, B = \mathbb{Z}$, $M = \{-1, 0\}$. Wir wählen $f(x) = x^2$. Dann ist $f(M) = \{0, 1\}$ und $f^{-1}(f(M)) = \{-1, 0, 1\} \neq M$.

(b) Falls $f^{-1}(N) = \emptyset$ ist auch $f(f^{-1}(N)) = \emptyset$, d.h. $N \supseteq \emptyset = f(f^{-1}(N))$. Sei nun $f^{-1}(N) \neq \emptyset$. Sei $y \in N$ beliebig. Wir zerlegen $N$ in zwei disjunkte Teilmengen: $N_1$ mit $f^{-1}(N_1) = \emptyset$, $N_2$ mit $f^{-1}(N_2) \neq \emptyset$, wobei $f^{-1}(\{y\}) \neq \emptyset$ für jedes $y \in N_2$. Dann gibt es ein $x \in f^{-1}(N_2) \subseteq A$ mit $f(x) = y$ d.h. $f(f^{-1}(\{y\})) = \{y\}$ bzw. $N_2 \supseteq f^{-1}(f(N_2))$ und weiters: $N \supseteq f^{-1}(f(N))$.
Beispiel:
$N = \{-1, 0, 1\}$, $f(x) = x^2$. Dann gilt: $f^{-1}(N) = \{-1, 0, 1\}$ und weiters: $f(f^{-1}(N)) = \{0, 1\} \subset \{-1, 0, 1\} = N$.

### 1.3.3 Beispiele mit Lösungen

1. Es sei $f(x) = x - 3$, $g(x) = x^2 - 1$. Bestimmen Sie $f \circ g$ und $g \circ f$.

Lösung: $(f \circ g)(x) = x^2 - 4$, $(g \circ f)(x) = x^2 - 6x + 8$.

2. Bestimmen Sie für die nachfolgenden Funktionen $f : \mathbb{R} \to \mathbb{R}$ den größten Definitionsbereich und untersuchen Sie die Funktionen auf Injektivität und Surjektivität. Skizzieren Sie die Graphen dieser Funktionen.

a) $f(x) = x^3 + 3$ , b) $f(x) = x^2 + \sqrt{x - 1}$ , c) $f(x) = x^2 + \sqrt{1 - x^2}$ ,

d) $f(x) = x - \sqrt{x^2 - 1}$.

Lösung:
a) $D(f) = \mathbb{R}$, $f$ ist injektiv und surjektiv.
b) $D(f) = [1, \infty)$, $f$ ist injektiv, aber nicht surjektiv.
c) $D(f) = [-1, 1]$, $f$ ist weder injektiv, noch surjektiv.
d) $D(f) = \mathbb{R} \setminus (-1, 1)$, $f$ ist injektiv, aber nicht surjektiv.

3. Gegeben sind die Funktionen $f(x) = 2x - 1$ und $g(x) = (x - 1)^2 + 4$. Berechnen Sie $f + g$, $f - g$, $f \cdot g$ und $f/g$ und skizzieren Sie die entsprechenden Graphen.

Lösung:
$(f + g)(x) = x^2 + 4$, $(f - g)(x) = -x^2 + 4x - 6$, $(f \cdot g) = 2x^3 - 5x^2 + 12x - 5$,
$(f/g)(x) = \dfrac{2x - 1}{x^2 - 2x + 5}$ .

4. Gegeben sind die folgenden Funktionen:
i) $f_1 : \mathbb{R} \to [0, \infty)$, $f_1(x) = x^2$,
ii) $f_2 : [0, \infty) \to \mathbb{R}$, $f_2(x) = \sqrt{x}$ .

a) Untersuchen Sie, welche dieser Funktionen injektiv, surjektiv bzw. bijektiv sind.

b) Schränken Sie Definitions- und Bildbereich von $f_1$ und $f_2$ so ein, dass beide Funktionen bijektiv sind.

Lösung:

a) $f_1$ ist surjektiv, aber nicht injektiv und daher auch nicht bijektiv.

   $f_2$ ist injektiv, aber nicht surjektiv und daher auch nicht bijektiv.

b) $\tilde{f}_1 : [0, \infty) \to [0, \infty), \; \tilde{f}_1(x) = x^2, \quad \tilde{f}_2 : [0, \infty) \to [0, \infty), \; \tilde{f}_2(x) = \sqrt{x}$ .

# 1.4 Vollständige Induktion

## 1.4.1 Grundlagen

**Prinzip der vollständigen Induktion** (Schluss von $n$ auf $n+1$).

(i) Eine Aussage $A(n)$, die von einer natürlichen Zahl $n$ abhängt, sei richtig für $n = n_0$.

(ii) Aus der Richtigkeit von $A(n)$ für eine natürliche Zahl $n \geq n_0$ folge stets die Richtigkeit von $A(n+1)$.

$\Longrightarrow A(n)$ gilt für alle natürlichen Zahlen $n \geq n_0$.

**Ergänzungen zur vollständigen Induktion**:

1. Sei $\mathcal{N}_n \subset \{1, 2, \ldots, n\}$ und sei $A(n)$ eine Aussage.

   Setze: $A(\mathcal{N}_n) = \wedge_{k \in \mathcal{N}_n} A(k) \cdots$ konjunktive Verknüpfung der Aussagen.

   Induktionsanfang: $A(\mathcal{N}_{n_0})$,

   Induktionsvoraussetzung: $A(\mathcal{N}_n)$,

   Induktionsbeweis: $A(\mathcal{N}_n) \Rightarrow A(n+1)$.

2. Sei $A(n, m, \ldots, r)$ eine Aussage, die von endlich vielen natürlichen Zahlen abhängt. Es genügt, den Induktionsbeweis über <u>eine</u> natürliche Zahl zu führen. Falls dabei keine Einschränkungen für die anderen natürlichen Zahlen erforderlich sind, gilt $A(n, m, \ldots, r)$ für alle $n, m, \ldots, r \in \mathbb{N}$.

3. Definition durch vollständige Induktion (rekursive Definition):

   Sei $A(n)$ eine Aussage. Sie sei für $\mathcal{N}_{n_0}$ bereits definiert.

   Definiert man: $A(n+1) = f(A(n_1), \ldots, A(n_k))$ mit $n_i \in \mathcal{N}_n$, so wird damit $A(n)$ für alle $n \in \mathbb{N}$ erklärt.

## 1.4.2 Musterbeispiele

1. Beweisen Sie mittels vollständiger Induktion:

$$\sum_{k=1}^{n} \frac{1}{(3k-1)(3k+2)} = \frac{n}{6n+4} .$$

Wie könnte man den Term auf der rechten Seite finden?

**Lösung:**

a) Induktionsanfang: $(n = 1)$

$$\sum_{k=1}^{1} \frac{1}{(3k-1)(3k+2)} = \frac{1}{2 \cdot 5} = \frac{1}{10} \overset{!}{=} \frac{1}{6+4} . \qquad \text{Das ist zweifellos richtig.}$$

b) Induktionsbehauptung: $\displaystyle\sum_{k=1}^{n} \frac{1}{(3k-1)(3k+2)} = \frac{n}{6n+4} .$

c) Induktionsbeweis: $(n \longrightarrow n+1)$

$$\sum_{k=1}^{n+1} \frac{1}{(3k-1)(3k+2)} = \underbrace{\sum_{k=1}^{n} \frac{1}{(3k-1)(3k+2)}}_{\dfrac{n}{6n+4} \quad \text{nach b)}} + \frac{1}{(3n+2)(3n+5)} =$$

$$= \frac{1}{3n+2}\left(\frac{n}{2} + \frac{1}{3n+5}\right) = \frac{1}{3n+2}\frac{(3n^2+5n)+2}{2(3n+5)} = \frac{3n^2+5n+2}{2(3n+2)(3n+5)} =$$

$$= \frac{(3n+2)(n+1)}{2(3n+2)(3n+5)} = \frac{n+1}{6n+10} = \frac{n+1}{6(n+1)+4} \quad \text{(w.z.b.w.)}$$

Zur Berechnung der rechten Seite zerlegen wir den Bruch auf der linken Seite in

„Partialbrüche": $\quad \dfrac{1}{(3k-1)(3k+2)} = \dfrac{1}{3}\left(\dfrac{1}{3k-1} - \dfrac{1}{3k+2}\right) .$ Damit erhalten wir:

$$\sum_{k=1}^{n} \frac{1}{(3k-1)(3k+2)} = \frac{1}{3}\sum_{k=1}^{n}\left(\frac{1}{3k-1} - \frac{1}{3k+2}\right) =$$

$$= \frac{1}{3}\left(\frac{1}{2} - \frac{1}{5} + \frac{1}{5} - \frac{1}{8} + \frac{1}{8} - \cdots + \frac{1}{3n-1} - \frac{1}{3n+2}\right) = \frac{1}{3}\left(\frac{1}{2} - \frac{1}{3n+2}\right) = \frac{n}{6n+4} .$$

Bemerkung: Es liegt eine „Teleskopsumme" vor, d.h. die Glieder dieser Summe heben sich paarweise auf und es bleiben nur der erste und der letzte Summand übrig.

2. Beweisen Sie $\quad \displaystyle\sum_{k=1}^{2n-1} (-1)^{k+1} k^2 = n(2n-1) .$

Wie könnte man den Term auf der rechten Seite finden?

**Lösung:**
Wir führen den Beweis mittels vollständiger Induktion. Der Induktionsanfang ist wegen $(-1)^2 1^2 = 1(2\cdot 1 - 1)$ gesichert. Unter Berücksichtigung der Induktionsbehauptung führen wir jetzt den Induktionsschluss:

$$\sum_{k=1}^{2n+1} (-1)^{k+1} k^2 = \underbrace{\sum_{k=1}^{2n-1} (-1)^{k+1} k^2}_{n(2n-1)} + (-1)^{2n+1}(2n)^2 + (-1)^{2n+2}(2n+1)^2 =$$

$$= 2n^2 - n - 4n^2 + 4n^2 + 4n + 1 = 2n^2 + 3n + 1 = (n+1)(2n+1) = (n+1)\big(2(n+1)-1\big).$$

Damit ist die Behauptung bewiesen.

Zur Berechnung des Terms der rechten Seite formen wir folgendermaßen um:

$$\sum_{k=1}^{2n-1} (-1)^{k+1} k^2 = 1^2 - 2^2 + 3^2 - 4^2 \pm \cdots + (2n-1)^2 = 1^2 + 2^2 + 3^2 + 4^2 \cdots + (2n-1)^2 -$$

$$-2\left(2^2 + 4^2 + \cdots + (2n-2)^2\right) = \sum_{k=1}^{2n-1} k^2 - 8\sum_{k=1}^{n-1} k^2 .$$

Unter Berücksichtigung von $\quad \displaystyle\sum_{k=1}^{m} k^2 = \frac{m(m+1)(2m+1)}{6} \quad$ erhalten wir dann:

$$\sum_{k=1}^{2n-1} (-1)^{k+1} k^2 = \frac{(2n-1)2n(4n-1)}{6} - 8\frac{(n-1)n(2n-1)}{6} = \cdots = n(2n-1).$$

3. Beweisen Sie für $n \geq 3$:

$$\prod_{k=3}^{n}\left(1 - \frac{4}{k^2}\right) = \frac{(n+1)(n+2)}{6n(n-1)} .$$

**Lösung:**
a) Induktionsanfang: $(n=3)$

$$1 - \frac{4}{9} = \frac{5}{9} \overset{!}{=} \frac{4\cdot 5}{6\cdot 3\cdot 2} = \frac{5}{9} \quad \cdots \quad \text{ist erfüllt.}$$

b) Induktionsbeweis (unter Berücksichtigung der Induktionsbehauptung):

$$\prod_{k=3}^{n+1}\left(1-\frac{4}{k^2}\right) = \underbrace{\prod_{k=3}^{n}\left(1-\frac{4}{k^2}\right)}_{\frac{(n+1)(n+2)}{6n(n-1)}}\left(1-\frac{4}{(n+1)^2}\right) = \frac{(n+1)(n+2)}{6n(n-1)}\frac{(n+1)^2-4}{(n+1)^2} =$$

$$= \frac{n+2}{6n(n-1)(n+1)}\underbrace{(n^2+2n-3)}_{(n-1)(n+3)} = \frac{(n+2)(n+3)}{6(n+1)n} \ . \qquad \text{(w.z.b.w.)}$$

4. Beweisen Sie für $\alpha \in \mathbb{R}$ und $n \in \mathbb{N}$:

$$\sum_{k=0}^{n}\binom{\alpha+k}{k} = \binom{\alpha+n+1}{n} \ .$$

**Lösung:**

a) Induktionsanfang: $(n=1)$

$$\sum_{k=0}^{1}\binom{\alpha+k}{k} = \binom{\alpha}{0}+\binom{\alpha+1}{1} = 1+\alpha+1 = \alpha+2 = \binom{\alpha+2}{1} \quad \cdots \quad \text{ist erfüllt.}$$

b) Induktionsbeweis (unter Berücksichtigung der Induktionsbehauptung):

$$\sum_{k=0}^{n+1}\binom{\alpha+k}{k} = \sum_{k=0}^{n}\binom{\alpha+k}{k}+\binom{\alpha+n+1}{n} = \binom{\alpha+n+1}{n}+\binom{\alpha+n+1}{n+1} =$$

$$= \frac{(\alpha+n+1)\cdots(\alpha+2)}{n!}+\frac{(\alpha+n+1)\cdots(\alpha+1)}{(n+1)!} =$$

$$= \frac{(\alpha+n+1)\cdots(\alpha+2)}{(n+1)!}(n+1+\alpha+1) = \frac{(\alpha+n+2)(\alpha+n+1)\cdots(\alpha+2)}{(n+1)!} =$$

$$= \binom{\alpha+n+2}{n+1} = \binom{\alpha+(n+1)+1}{(n+1)} \ .$$

5. Beweisen Sie für $n \in \mathbb{N}$:

$$\sum_{k=n}^{2n}k(k^2-1) = \frac{3}{4}n(n+1)(5n^2+n-2) \ .$$

**Lösung:**

Der Beweis erfolgt wieder mittels vollständiger Induktion, wobei hier zu beachten ist, dass auch die untere Summationsgrenze von $n$ abhängt.

a) Induktionsanfang $(n=1)$: $1\cdot 0 + 2(2^2-1) = 6 = \frac{3}{4}\cdot 1\cdot 2\cdot 4$ ist erfüllt.

b) Induktionsbeweis (unter Berücksichtigung der Induktionsbehauptung):

$$\sum_{k=n+1}^{2n+2}k(k^2-1) = \underbrace{\sum_{k=n}^{2n}k(k^2-1)}_{\frac{3}{4}n(n+1)(5n^2+n-2)} +(2n+2)\big((2n+2)^2-1\big)+$$

$$+(2n+1)\big((2n+1)^2-1\big)-n(n^2-1) = \frac{3}{4}n(n+1)(5n^2+n-2)+$$

$$+2(n+1)(4n^2+8n+3)+(2n+1)\underbrace{(4n^2+4n)}_{4n(n+1)}-n(n+1)(n-1) =$$

$$= \frac{n+1}{4}\Big((15n^3 + 3n^2 - 6n) + (32n^2 + 64n + 24) + (32n^2 + 16n) - (4n^2 - 4n)\Big) =$$

$$= \frac{n+1}{4}\Big(\underbrace{15n^3 + 63n^2 + 78n + 24}_{3(n+2)(5n^2+11n+4)}\Big) = \frac{3}{4}(n+1)(n+2)(5n^2 + 11n + 4) =$$

$$= \frac{3}{4}(n+1)\big((n+1) + 1\big)\big(5(n+1)^2 + (n+1) - 2\big) \quad \cdots \quad \text{was zu beweisen war.}$$

**Aufgabe**: Berechnen Sie die rechte Seite direkt.

6. Zeigen Sie für $n \in \mathbb{N}$:

$$\sum_{k=0}^{n-1}(n+k)(n-k) = \frac{n(n+1)(4n-1)}{6} \ .$$

**Lösung:**
Der Beweis erfolgt wieder mittels vollständiger Induktion, wobei hier zu beachten ist, dass auch der Summationsterm explizit von $n$ abhängt.

a) Induktionsanfang ($n = 1$):  $\displaystyle\sum_{k=0}^{0}(1+k)(1-k) = 1 = \frac{1 \cdot 2 \cdot 3}{6}$  ist erfüllt.

b) Induktionsbeweis (unter Berücksichtigung der Induktionsbehauptung):

$$\sum_{k=0}^{n}(n+1+k)(n+1-k) = \sum_{k=0}^{n-1}\underbrace{(n+1+k)(n+1-k)}_{(n+k)(n-k)+2n+1} + 2n+1 =$$

$$= \underbrace{\sum_{k=0}^{n-1}(n+k)(n-k)}_{\frac{n(n+1)(4n-1)}{6}} + (2n+1)\underbrace{\sum_{k=0}^{n-1}1}_{n} + (2n+1) =$$

$$= \frac{n(n+1)(4n-1)}{6} + (2n+1)(n+1) = \frac{n+1}{6}(4n^2 - n + 12n + 6) =$$

$$= \frac{n+1}{6}(4n^2 + 11n + 6) = \frac{(n+1)(n+2)(4n+3)}{6} \ , \quad \text{was zu beweisen war.}$$

7. Beweisen Sie, dass

$$a_n = (-1)^{n+1} + 2^{2n}$$

für alle $n \in \mathbb{N}$ ein Vielfaches von 5 ist.

**Lösung:**
Der Beweis erfolgt mittels vollständiger Induktion.

a) Induktionsanfang ($n = 1$):  $a_1 = (-1)^2 + 2^2 = 1 + 4 = 5 = 5 \cdot 1$  ist erfüllt.

b) Induktionsbeweis (unter Berücksichtigung der Induktionsbehauptung):

$$a_{n+1} = (-1)^{n+2} + 2^{2n+2} = \underbrace{-(-1)^{n+1} + 4 \cdot 2^{2n}}_{2^{2n} - a_n} = -a_n + 2^{2n} + 4 \cdot 2^{2n} = -a_n + 5 \cdot 2^{2n}.$$

Nachdem $a_n$ wegen der Induktionsbehauptung ein Vielfaches von 5 ist, gilt dies jetzt auch für $a_{n+1}$, was zu zeigen war.

8. Beweisen Sie für $n \in \mathbb{N}$:

$$\sum_{k=1}^{n} k^2 > \frac{n^3}{3} \ .$$

**Lösung:**

Der Beweis erfolgt induktiv. Der Induktionsanfang $n = 1$ ist unmittelbar klar. Wir schließen nun von $n$ auf $n + 1$:

$$\sum_{k=1}^{n+1} k^2 = \sum_{k=1}^{n} k^2 + (n+1)^2 > \frac{n^3}{3} + (n+1)^2 = \frac{1}{3}\left(n^3 + 3n^2 + 6n + 3\right) =$$

$$= \frac{1}{3}\Big(\underbrace{(n^3 + 3n^2 + 3n + 1)}_{(n+1)^3} + (3n + 2)\Big) > \frac{(n+1)^3}{3} \ .$$

9. Beweisen Sie für $n \in \mathbb{N}$:

$$\binom{3n}{n} > \sum_{k=0}^{n}\binom{n}{k} \ .$$

**Lösung:**

Der Beweis erfolgt induktiv. Induktionsanfang $n = 1$: $\binom{3}{1} = 3 > 2 = \binom{1}{0} + \binom{1}{1}$ .

Wir schließen nun von $n$ auf $n + 1$:

$$\sum_{k=0}^{n+1}\binom{n+1}{k} = \sum_{k=1}^{n}\binom{n+1}{k} + 1 + 1 = \sum_{k=1}^{n}\left\{\binom{n}{k} + \binom{n}{k-1}\right\} + 2 =$$

$$= \left\{1 + \sum_{k=1}^{n}\binom{n}{k}\right\} + \left\{\sum_{k=1}^{n}\binom{n}{k-1} + 1\right\} = \sum_{k=0}^{n}\binom{n}{k} + \sum_{l=0}^{n}\binom{n}{l} =$$

$$= 2\sum_{k=0}^{n}\binom{n}{k} \overset{Ind.V.}{<} 2\binom{3n}{n} \overset{!}{<} \binom{3n+3}{n+1} \ . \qquad \text{Es gilt:}$$

$$2\binom{3n}{n} < \binom{3n+3}{n+1} \iff 2\frac{(3n)!}{(2n)!n!} < \frac{(3n+3)(3n+2)(3n+1)(3n)!}{(2n+2)(2n+1)(2n)!(n+1)n!} \iff$$

$$\iff 2(2n+2)(2n+1)(n+1) < (3n+3)(3n+2)(3n+1) \iff$$

$$\iff 2(2n+2)(2n+1) < 3(3n+2)(3n+1) \iff 8n^2 + 12n + 4 < 27n^2 + 27n + 6.$$

Dies ist aber offensichtlich eine wahre Aussage.

**Bemerkung:**

Die Ungleichung lässt sich etwas einfacher beweisen, wenn man die rechte Seite unter Verwendung des binomischen Lehrsatzes (mit $a = b = 1$) umformt: $\sum_{k=0}^{n}\binom{n}{k} = 2^n$ .

Es ist also zu zeigen:

$$\binom{3n}{n} > 2^n \ .$$

**Induktionsanfang:** $\binom{3}{1} = 3 > 2 = 2^1 \quad \cdots \quad$ ist erfüllt.

**Induktionsbeweis:**

$$\binom{3n+3}{n+1} = \frac{(3n+3)(3n+2)(3n+1)(3n)!}{(2n+2)(2n+1)(2n)!(n+1)n!} = \frac{(3n+3)(3n+2)(3n+1)}{(2n+2)(2n+1)(n+1)}\binom{3n}{n} =$$

$$= \frac{27}{4}\frac{(n+\frac{2}{3})(n+\frac{1}{3})}{(n+1)(n+\frac{1}{2})}\underbrace{\binom{3n}{n}}_{>2^n} > \frac{27}{8}\frac{(n+\frac{2}{3})(n+\frac{1}{3})}{(n+1)(n+\frac{1}{2})}2^{n+1} \overset{!}{>} 2^{n+1}.$$

Zu zeigen ist also:

$$\frac{27}{8} \frac{(n+\frac{2}{3})(n+\frac{1}{3})}{(n+1)(n+\frac{1}{2})} > 1 \Longleftrightarrow 27n^2 + 27n + 6 > 8n^2 + 12n + 4 \Longleftrightarrow 19n^2 + 15n + 2 > 0.$$

Dies ist aber eine wahre Aussage. Damit ist der Induktionsbeweis abgeschlossen.

10. Beweisen Sie für $n \in \mathbb{N}$:

$$\sum_{k=1}^{n} \ln k > n \ln n - n$$

und leiten Sie daraus eine Abschätzung für $n!$ her.

**Lösung:**

Wir beweisen diese Aussage induktiv. Der Induktionsanfang $n = 1$:

$$\sum_{k=1}^{1} \ln k = \ln 1 = 0 > -1 = 1 \cdot \ln 1 - 1 \text{ ist erfüllt.}$$

Wir schließen nun von $n$ auf $n + 1$:

$$\sum_{k=1}^{n+1} \ln k = \sum_{k=1}^{n} \ln k + \ln(n+1) \overset{Ind.V.}{>} n \ln n - n + \ln(n+1) \overset{!}{>} (n+1)\ln(n+1) - (n+1).$$

Es ist daher zu zeigen:

$$n \ln n - n + \ln(n+1) > (n+1)\ln(n+1) - (n+1) \Longleftrightarrow n \ln n > n \ln(n+1) - 1 \Longleftrightarrow$$

$$\Longleftrightarrow 1 > n \ln\left(1 + \frac{1}{n}\right) \Longleftrightarrow 1 > \ln\left(1 + \frac{1}{n}\right)^n \Longleftrightarrow e > \left(1 + \frac{1}{n}\right)^n.$$

Letzteres ist eine wahre Aussage, da die Folge $\left\{\left(1 + \frac{1}{n}\right)^n\right\}$ monoton wächst und den Grenzwert $e$ besitzt. Damit ist die Behauptung bewiesen.

Wegen $\sum_{k=1}^{n} \ln k = \ln \prod_{k=1}^{n} k = \ln n!$ folgt dann: $\ln n! > n \ln n - n$ bzw. $\boxed{n! > n^n e^{-n}}$.

11. Beweisen Sie für $n \in \mathbb{N}$ und $a \in (0,1)$:

$$(1-a)^n < \frac{1}{1+na}.$$

**Lösung:**

Der Beweis erfolgt wieder induktiv. Der Induktionsanfang $n = 1$ ist wegen
$1 - a < \frac{1}{1+a} \Longleftrightarrow 1 - a^2 < 1$ gesichert. Letzteres ist eine offensichtlich wahre Aussage.

Wir schließen nun von $n$ auf $n + 1$:

$$(1-a)^{n+1} = (1-a)(1-a)^n \overset{Ind.V.}{<} \frac{1-a}{1+na} \overset{!}{<} \frac{1}{1+(n+1)a}. \quad \text{Es ist daher zu zeigen:}$$

$$(1-a)\big(1+(n+1)a\big) < 1 + na \Longleftrightarrow 1 + na - (n+1)a^2 < 1 + na.$$

Letzteres ist offensichtlich wieder eine wahre Aussage, womit alles bewiesen ist.

12. Zeigen Sie für $0 \le a \le 1$ $n \in \mathbb{N}$:

$$(1+a)^n \le 1 + (2^n - 1)a.$$

**Lösung:**

Da die Aussage von einer natürlichen Zahl abhängt, liegt ein Beweis dieser Behauptung durch vollständige Induktion nahe. Die Fälle $a = 0$ und $a = 1$ sind trivial. Wir setzen im Folgenden also voraus: $0 < a < 1$. Der Induktionsanfang $n = 1$ ist trivial. Wir schließen nun von $n$ auf $n + 1$:

$$(1 + a)^{n+1} = (1 + a)(1 + a)^n \overset{Ind.V.}{\leq} (1 + a)[1 + (2^n - 1)a] = (1 + a)[(1 - a) + 2^n a] =$$

$$= 1 - a^2 + 2^n a(1 + a) \overset{!}{=} 1 + (2^{n+1} - 1)a.$$

Nach einfacher Umformung (Subtraktion von 1 und Division durch $a$ erhalten wir: $-a + 2^n(1 + a) \leq 2 \cdot 2^n - 1$ bzw. weiter: $1 - a \leq (1 - a)2^n$, woraus nach Division durch $1 - a$ die trivial richtige Ungleichung $1 \leq 2^n$ folgt.

**Bemerkung:**

Die nach diesem Ergebnis sicher richtige Ungleichung $(1 + a)^n \leq 1 + 2^n a$ ist mittels vollständiger Induktion nicht so einfach beweisbar.

## 1.4.3 Beispiele mit Lösungen

1. Für welche $n \in \mathbb{N}$ gelten folgende Ungleichungen?

   a) $n^2 \leq 2^n$,           b) $n^2 - 1 > \dfrac{(n + 1)^2}{2}$,   c) $3^n < n!$,

   d) $3^n > n^3$,           e) $n^2 + 8 \geq 6n$,           f) $2^{n-1} > 100n$,

   g) $n^n + 2^n - 1 \leq 1 + \displaystyle\sum_{k=1}^{n} k^k \leq (n + 1)^n$,   h) $n! + n^3 \leq n^n$.

   Lösungen:
   a) $n = 1, 2$ und $n \geq 4$,   b) $n \geq 4$,   c) $n \geq 7$,       d) $n = 1, 2$ und $n \geq 4$,
   e) $n = 1, 2$ und $n \geq 4$,   f) $n \geq 12$,   g) $n = 1$ und $n \geq 4$,   h) $n \geq 4$.

2. Bestimmen Sie alle $n \in \mathbb{N}$, für die gilt: $\displaystyle\sum_{\nu=n+1}^{2n} \frac{1}{\nu} > \frac{1}{2}$ .

   Lösung: $n \geq 2$.

3. Es sei $A = \begin{pmatrix} a & 1 & 0 \\ 0 & a & 1 \\ 0 & 0 & a \end{pmatrix}$. Berechnen Sie $A^2$ und $A^3$, stellen Sie eine Vermutung über die Gestalt von $A^n$, $n \in \mathbb{N}$ auf und beweisen Sie diese mit Hilfe des Prinzips der vollständigen Induktion.

   Lösung:

   $$A^n = \begin{pmatrix} a^n & na^{n-1} & \frac{1}{2}n(n - 1)a^{n-2} \\ 0 & a^n & na^{n-1} \\ 0 & 0 & a^n \end{pmatrix} .$$

4. Prüfen Sie, ob ür alle $n \in \mathbb{N}$ gilt:

   $$1 - \frac{1}{2} + \frac{1}{3} - \frac{1}{4} + \cdots - \frac{1}{2n} = \frac{1}{n + 1} + \frac{1}{n + 2} + \cdots + \frac{1}{2n} .$$

   Lösung: ja.

5. Beweisen Sie für $n \in \mathbb{N}$:

$$\sum_{k=1}^{m} (n - pk) = \frac{m[2n - p(m+1)]}{2}$$

und berechnen Sie damit $\sum_{k=n}^{m} (n - pk)$ für $m \geq n$.

Lösung:   $mn - \dfrac{pm(m+1)}{2} - \dfrac{n(n-1)}{2}(2 - p)$ .

6. Finden Sie einen einfachen Ausdruck für die Summe

$$\sum_{k=n}^{2n} (2k - 1) , \quad n \in \mathbb{N}$$

und beweisen Sie sie anschließend mittels vollständiger Induktion.

Lösung:   $(3n - 1)(n + 1)$.

# 1.5 Gleichungen und Summen

## 1.5.1 Grundlagen

Gleichungen haben die Form $T_1 = T_2$, wobei die Terme $T_1$ und $T_2$ von einer oder mehreren Variablen abhängen können. Sie sind meist entsprechend den auf der Grundmenge $G$ definierten Operationen aus einfacheren Termen aufgebaut. Diese Terme sind dann nicht auf ganz $G$ definiert, sondern nur auf einer Teilmenge von $G$, der Definitionsmenge $D$ der Gleichung. Diejenigen Variablen aus der Definitionsmenge $D$, die auch die Gleichung erfüllen, bilden die Lösungsmenge $L$.

Bei der Bestimmung der Lösungsmenge wird meist der folgende Weg eingeschlagen: Die Gleichung $T_1 = T_2$ wird durch eine auf $G$ definierte und auf $D$ erlaubte Operation in eine Gleichung $T_1' = T_2'$ umgeformt. Die Lösungsmenge $L'$ der neuen Gleichung ist dann eine Obermenge der alten. Ist die Operation umkehrbar (wir sprechen dann von einer Äquivalenzumformung), dann sind die Lösungsmengen der beiden Gleichungen gleich. Das Ziel solcher Umformungen ist das Gewinnen einer Gleichung $T_1^* = T_2^*$, deren Lösungsmenge $L^*$ unmittelbar ersichtlich ist. Waren alle Umformungen Äquivalenzumformungen, so ist $L = L^*$. Anderenfalls ist $L \subset L^*$ und es muss dann durch Einsetzen aller Elemente von $L^*$ in die ursprüngliche Gleichung $T_1 = T_2$ überprüft werden, welche davon in $L$ liegen.

## 1.5.2 Musterbeispiele

1. Bestimmen Sie über der Grundmenge $\mathbb{R}$ die Lösungen der Gleichung

$$\frac{x^2 + x - 1}{2x + 1} = \frac{x^2}{x + 2} \, .$$

**Lösung:**
Die beiden Terme sind definiert für $x \in \mathbb{R} \setminus \{-2, -\frac{1}{2}\} =: D$. Auf $D$ können wir die Gleichung mit $(2x + 1)(x + 2)$ multiplizieren:
$$\frac{x^2 + x - 1}{2x + 1} = \frac{x^2}{x + 2} \iff x^3 + 3x^2 + x - 2 = 2x^3 + x^2 \iff x^3 - 2x^2 - x + 2 = 0.$$
Die letzte Gleichung besitzt die Lösungen $x_1 = -1$, $x_2 = 1$ und $x_3 = 2$. Das ergibt dann die Lösungsmenge $L = \{-1, 1, 2\}$.

2. Bestimmen Sie über der Grundmenge $\mathbb{R}$ die Lösungen der Gleichung

$$\frac{|x + 1|}{1 + x^2} = \frac{|x|}{x^2} \, .$$

**Lösung:**
Die beiden Terme sind definiert für $x \in \mathbb{R} \setminus \{0\} =: D$. Wegen der Betragsfunktionen unterteilen wir $D$ in 3 Intervalle: $D = (-\infty, -1) \cup [-1, 0) \cup (0, \infty)$.

(a) $\underline{-\infty < x < -1}$: Auf diesem Intervall gilt wegen $|x + 1| = -x - 1$ und $|x| = -x$:
$$\frac{|x + 1|}{1 + x^2} = \frac{|x|}{x^2} \iff \frac{-x - 1}{1 + x^2} = \frac{-x}{x^2} \iff x + 1 = 0.$$
Diese Gleichung besitzt in $(-\infty, -1)$ keine Lösung, d.h. $L_1 = \{\}$.

(b) $\underline{-1 \leq x < 0}$: Auf diesem Intervall gilt wegen $|x+1| = x+1$ und $|x| = -x$:

$$\frac{|x+1|}{1+x^2} = \frac{|x|}{x^2} \iff \frac{x+1}{1+x^2} = \frac{-x}{x^2} \iff 2x^2 + x + 1 = 0.$$

Diese Gleichung besitzt in $\mathbb{R}$ und damit auch in $(-1,0)$ keine Lösung, d.h. $\mathbb{L}_2 = \{\}$.

(c) $\underline{0 < x < \infty}$: Auf diesem Intervall gilt wegen $|x+1| = x+1$ und $|x| = x$:

$$\frac{|x+1|}{1+x^2} = \frac{|x|}{x^2} \iff \frac{x+1}{1+x^2} = \frac{x}{x^2} \iff x = 1.$$

Diese Lösung liegt in $(0, \infty)$, d.h. $\mathbb{L}_3 = \{1\}$.

Insgesamt folgt dann: $\underline{\mathbb{L} = \mathbb{L}_1 \cup \mathbb{L}_2 \cup \mathbb{L}_3 = \{1\}}$.

3. Bestimmen Sie alle reellen Lösungen der Gleichung

$$x - \sqrt{x^2} + \sqrt{x^2 - 1} = 0 \ .$$

**Lösung:**
Die Gleichung ist nur dort definiert, wo die Radikanden der Wurzeln nicht negativ sind. Dies ist der Fall, wenn $x \in (-\infty, -1] \cup [1, \infty) := \mathbb{D}$.

(a) $\underline{-\infty < x \leq -1}$: Auf diesem Intervall gilt wegen $x = -|x|$:

$$-|x| - |x| + \sqrt{|x|^2 - 1} = 0 \iff \sqrt{|x|^2 - 1} = 2|x| \iff |x|^2 - 1 = 4|x|^2 \iff$$
$|x|^2 = -\frac{1}{3}$. Dies ist ein Widerspruch, d.h. kein $x$ aus diesem Intervall kann Lösung sein.

(b) $\underline{1 \leq x < \infty}$: Auf diesem Intervall gilt:

$$x - x + \sqrt{x^2 - 1} = 0 \iff \sqrt{x^2 - 1} = 0 \text{ mit der einzigen Lösung } x = 1.$$

Insgesamt ergibt sich die Lösungsmenge $\underline{\mathbb{L} = \{1\}}$.

4. Bestimmen Sie alle reellen Lösungen der Gleichung

$$\frac{1}{\sqrt{x}} - \frac{1}{\sqrt{3+x}} - \frac{1}{2x\sqrt{x}} = 0 \ .$$

**Lösung:**
Die Gleichung ist nur dort definiert, wo die Radikanden der Wurzeln nicht negativ sind und die Nenner nicht Null sind. Das ergibt die Definitionsmenge $\mathbb{D} = \mathbb{R}_+$. Auf der Definitionsmenge gilt:

$$\frac{1}{\sqrt{x}} - \frac{1}{\sqrt{3+x}} - \frac{1}{2x\sqrt{x}} = 0 \iff 2x - \frac{2x\sqrt{x}}{\sqrt{3+x}} - 1 = 0 \iff (2x - 1) = \frac{2x\sqrt{x}}{\sqrt{3+x}} \overset{!!!}{\Longrightarrow}$$

$$4x^2 - 4x + 1 = \frac{4x^3}{3+x} \iff (3+x)(4x^2 - 4x + 1) = 4x^3 \iff 8x^2 - 11x + 3 = 0 \iff$$

$(8x^2 - 8x) - (3x - 3) = 0 \iff (x-1)(8x-3) = 0 \ .$
Die Wurzeln dieser Gleichung sind dann $x_1 = 1$ und $x_2 = \frac{3}{8}$.
Da die Umformungen nicht lückenlos Äquivalenzumformungen waren, müssen wir durch Einsetzen dieser Werte in die ursprüngliche Gleichung überprüfen, ob sie tatsächlich Lösungen sind. Dies ist aber nur für $x_1 = 1$ der Fall.
Insgesamt ergibt sich dann die Lösungsmenge $\underline{\mathbb{L} = \{1\}}$.

5. Bestimmen Sie alle reellen Lösungen der Gleichung

$$\sqrt{x+1} - \frac{1}{\sqrt{x}} + \sqrt{x+2} = 0 \; .$$

**Lösung:**
Die Gleichung ist nur dort definiert, wo die Radikanden der Wurzeln nicht negativ sind und die Nenner nicht Null sind. Das ergibt die Definitionsmenge $\mathbb{D} = \mathbb{R}_+$. Auf der Definitionsmenge gilt:

$$\sqrt{x+1} - \frac{1}{\sqrt{x}} + \sqrt{x+2} = 0 \iff \sqrt{x^2+x} - 1 + \sqrt{x^2+2x} = 0 \iff$$

$$\sqrt{x^2+x} - 1 = -\sqrt{x^2+2x} \overset{!!!}{\Longrightarrow} x^2+x - 2\sqrt{x^2+x} + 1 = x^2 + 2x \iff$$

$$-2\sqrt{x^2+x} = x - 1 \overset{!!!}{\Longrightarrow} 4x^2 + 4x = x^2 - 2x + 1 \iff 3x^2 + 6x - 1 = 0.$$

Die Lösungen der letzten Gleichung sind $x_{1/2} = -1 \pm \dfrac{2}{\sqrt{3}}$. $x_1 = -1 - \dfrac{2}{\sqrt{3}}$ liegt

nicht im Definitionsbereich der Gleichung und $x_2 = -1 + \dfrac{2}{\sqrt{3}}$ ist keine Lösung der

Gleichung. Dies konnte dadurch passieren, weil nicht alle Umformungen Äquivalenzumformungen waren. D.h. aber, dass die Gleichung keine Lösung besitzt bzw. dass die Lösungsmenge leer ist.

6. Gegeben ist die Gleichung

$$x + \sqrt{4 - x^2} = a \; , \quad a \in \mathbb{R} \; .$$

Für welche $a$ besitzt die Gleichung eine Lösung ?

**Lösung:**
Als Definitionsmenge der Gleichung erhalten wir sofort $\mathbb{D} = [-2, 2]$.
$x + \sqrt{4 - x^2} = a \iff \sqrt{4 - x^2} = a - x$. Durch Quadrieren folgt daraus:
$4 - x^2 = a^2 - 2ax + x^2$ und in weiterer Folge: $x^2 - ax + \frac{a^2}{2} - 2 = 0$. Die Lösun-

gen dieser quadratischen Gleichung sind $x_{1/2} = \dfrac{a}{2} \pm \sqrt{2 - \dfrac{a^2}{4}}$. Sie sind reell, falls

$-2\sqrt{2} \le a \le 2\sqrt{2}$. Ob allerdings die gegebene Gleichung für jedes derartige $a$ überhaupt eine Lösung besitzt, ist noch zu untersuchen. Für $a = 2\sqrt{2}$ erhalten wir die „Doppelwurzel" $x_{1/2} = \sqrt{2}$. Unter Verwendung eines Taschenrechners erkennen wir, dass für kleiner werdendes $a$ die größere Wurzel wächst. Der größtmögliche Wert im Definitionsbereich ist $x_1 = 2$ und dieser wird bei $a = 2$ erreicht. Die zweite Wurzel ist dann Null. Verkleinern wir $a$ weiter, so ist nur noch die kleinere Wurzel der quadratischen Gleichung im Definitionsbereich und sie wird negativ. Der kleinstmögliche Wert ist $x_2 = -2$ und wird bei $a = -2$ erreicht. Unterhalb von $a = -2$ hat die vorgelegte Gleichung keine Lösung.
Zusammenfassend gilt:
Die Gleichung $x + \sqrt{4 - x^2} = a$ besitzt nur für $-2 \le a \le 2\sqrt{2}$ Lösungen.

**Bemerkung:** Interpretiert man die Gleichung $\sqrt{4 - x^2} = a - x$ als Schnitt des oberen Halbkreises $y = \sqrt{4 - x^2}$ mit der Geraden $y = a - x$, so ist das oben erzielte Ergebnis unmittelbar klar.

7. Bestimmen Sie alle Lösungen $x \in \mathbb{R}$ der folgenden Gleichung:

$$x + 10\sqrt{x} + 16 = 0 \ .$$

**Lösung:**
Als Definitionsmenge der Gleichung ist offensichtlich $\mathbb{D} = [0, \infty)$.
Setzen wir $\sqrt{x} = u$, so erhalten wir aus der quadratischen Gleichung $u^2 + 10u + 16$
die Wurzeln $u_1 = -2$ und $u_2 = -8$. Da aber $x \geq 0$ sein muss, ist die Lösungsmenge
leer.
Bemerkung: Auf der Definitionsmenge ist die linke Seite der Gleichung stets positiv.
Daher ist die Lösungsmenge leer.

## 1.5.3   Beispiele mit Lösungen

1. Bestimmen Sie die Lösungsmengen $L$ der folgenden Gleichungen:

   a) $\sqrt{2x^2 - 1} + x = 0$,               b) $\sqrt{4x^2} - x + 2 = 0$,

   c) $\sqrt{2x^2 + 3} + x = 0$,               d) $\sqrt{x^2 - 2x + 1} + x - 1 = 0$,

   e) $\sqrt{x^2 - x - 6} - \sqrt{x^2 - 6x + 5} = 0$,   f) $\sqrt{9x^4 + 12x + 9} = 0$,

   g) $x - \sqrt{x^2} + \sqrt{x^2 - 1} = 0$,       h) $\sqrt{x^4} = 2|x| - 1$ .

   Lösungen:

   a) $L = \{-1\}$,           b) $L = \emptyset$,        c) $L = \emptyset$,

   d) $L = \{x \in \mathbb{R} | x \leq 1\}$,   e) $L = \emptyset$,        f) $L = \{-3, -1\}$,

   g) $L = \{1\}$,            h) $L = \{-1, 1\}$.

2. Bestimmen Sie für die folgenden Gleichungen über der Grundmenge $\mathbb{R}$ die Definitionsmenge und die Lösungsmenge:

   a) $4^{\sqrt{x+1}} = 64 \cdot 2^{\sqrt{x+1}}$ ,       b) $3^{4\sqrt{x}} - 4 \cdot 3^{2\sqrt{x}} + 3 = 0$ ,

   c) $\frac{1}{12} \ln^2 x = \frac{1}{3} - \frac{1}{4} \ln x$ ,   d) $\frac{1}{2} \lg(2x - 1) + \lg \sqrt{x - 9} = 1$ .

   Lösungen:
   a) $\mathbb{D} : x \geq -1$,  $\mathbb{L} = \{35\}$,       b) $\mathbb{D} : x \geq 0$,  $\mathbb{L} = \{0, \frac{1}{4}\}$,
   c) $\mathbb{D} : x > 0$,  $\mathbb{L} = \{e, e^{-4}\}$,       d) $\mathbb{D} : x > 9$,  $\mathbb{L} = \{\}$.

3. Bestimmen Sie für die folgenden Gleichungen über der Grundmenge $\mathbb{R}$ die Definitionsmenge und die Lösungsmenge:

   a) $\left(\frac{x}{x+1}\right)^2 + \left(\frac{x+1}{x}\right)^2 = \frac{17}{4}$ ,     b) $\sqrt{x} = \sqrt{6x + 1} - \sqrt{2x + 1}$ .

   Lösungen:
   a) $\mathbb{D} = \mathbb{R} \setminus \{0, -1\}$,  $\mathbb{L} = \{-2, -\frac{2}{3}, -\frac{1}{3}, 1\}$,     b) $\mathbb{D} : x \geq 0$,  $\mathbb{L} = \{0, 4\}$.

4. Bestimmen Sie alle Lösungen der goniometrischen Gleichung

$$\sin^4 x + \cos^4 x = \cos(4x)$$

   im Intervall $[0, 2\pi]$.

   Lösung:  $\mathbb{L} = \{0, \frac{\pi}{2}, \pi, \frac{3\pi}{2}, 2\pi\}$ .

5. Lösen Sie das Gleichungssystem

$$9^{x+y} = 729$$
$$3^{x-y-1} = 1 \qquad .$$

Lösung:   $x = 2,\ y = 1$.

6. Lösen Sie die Gleichung   $2^{2x+2} + 3^{2x} = 6 \cdot 4^x + 9^{x-1}$.
   Lösung:  $x = 1$.

7. Berechnen Sie für $m \in \mathbb{N}$ (fest):   $\displaystyle\sum_{k=0}^{m-1} \binom{m}{k} 3^k$ .

   Lösung:   $4^m - 3^m$.

# 1.6   Ungleichungen

## 1.6.1   Grundlagen

Ungleichungen haben die Form $T_1 < T_2$ bzw. $T_1 \leq T_2$, wobei die Terme $T_1$ und $T_2$ von einer oder mehreren Variablen abhängen können. Die Terme $T_1$ und $T_2$ werden dabei als reellwertig vorausgesetzt. Sie sind meist entsprechend den auf der Grundmenge $\mathbb{G}$ definierten Operationen aus einfacheren Termen aufgebaut. Diese Terme sind dann nicht auf ganz $\mathbb{G}$ definiert, sondern nur auf einer Teilmenge von $\mathbb{G}$, der Definitionsmenge $\mathbb{D}$ der Gleichung. Diejenigen Variablen aus der Definitionsmenge $\mathbb{D}$, die auch die Gleichung erfüllen, bilden die Lösungsmenge $\mathbb{L}$.

Bei der Bestimmung der Lösungsmenge wird der analoge Weg wie bei Gleichungen eingeschlagen. Zu beachten ist hier aber: Multiplikation mit einer negativen Zahl dreht das „Ungleichheitszeichen" um. Quadrieren ist nur dann eine Äquivalenzumformung, wenn $T_1$ und $T_2$ positiv sind.

## 1.6.2   Musterbeispiele

1. Bestimmen Sie alle $x \in \mathbb{R}$, für die gilt:

$$2(3x^2 - 4) \leq x^4 \ .$$

**Lösung:**
Die Ungleichung ist auf ganz $\mathbb{R}$ definiert. Es gilt:
$2(3x^2 - 4) \leq x^4 \Longleftrightarrow x^4 - 6x^2 + 8 \geq 0 \Longleftrightarrow (x^2 - 3)^2 \geq 1$ d.h. es ist $x^2 - 3 \geq 1$ oder $x^2 - 3 \leq -1$. Das bedeutet aber in weiterer Folge $x^2 \geq 4$ oder $x^2 \leq 2$ bzw. $x \leq -2$ oder $x \geq 2$ oder $-\sqrt{2} \leq x \leq \sqrt{2}$. Somit erhalten wir für die Lösungsmenge $\mathbb{L}$:

$$\mathbb{L} = (-\infty, -2] \cup [-\sqrt{2}, \sqrt{2}] \cup [2, \infty) \ .$$

2. Bestimmen Sie alle $x \in \mathbb{R}$, für die gilt:

$$|x^2 + x - 2| - |1 - x^2| > 0 \ .$$

**Lösung:**
Die Definitionsmenge der Ungleichung ist ganz $\mathbb{R}$. Zur Auswertung der jeweiligen Betragsfunktionen unterteilen wir $\mathbb{R}$ so, dass die Terme innerhalb der Betragsstriche entweder positiv oder negativ sind. D.h. aber, dass wir zunächst die Nullstellen dieser Terme berechnen müssen.

Die Nullstellen des ersten Terms $x^2 + x - 2$ sind 1 und $-2$ und die des zweiten Terms sind 1 und $-1$.

Daher unterteilen wir $\mathbb{R}$ in die Intervalle $(-\infty, -2)$, $[-2, -1)$, $[-1, 1)$ und $[1, \infty)$.

   (a) $\underline{-\infty < x < -2}$: Auf diesem Intervall gilt:
$|x^2 + x - 2| - |1 - x^2| > 0 \Longleftrightarrow x^2 + x - 2 + 1 - x^2 > 0 \Longleftrightarrow x > 1$, woraus folgt: $\mathbb{L}_1 = \emptyset$.

   (b) $\underline{-2 \leq x < -1}$: Auf diesem Intervall gilt:
$|x^2 + x - 2| - |1 - x^2| > 0 \Longleftrightarrow -x^2 - x + 2 + 1 - x^2 > 0 \Longleftrightarrow x^2 + \frac{x}{2} - \frac{3}{2} < 0.$

Der letzte Term besitzt die Nullstellen $x_1 = -\frac{3}{2}$ und $x_2 = 1$. Die Ungleichung $x^2 + \frac{x}{2} - \frac{3}{2} < 0$ ist daher richtig in $-\frac{3}{2} < x < 1$. Damit erhalten wir wegen $-2 \leq x < -1$ die Lösungsmenge $\mathbb{L}_2 = (-\frac{3}{2}, -1)$.

(c) $\underline{-1 \leq x < 1}$: Auf diesem Intervall gilt:

$$|x^2 + x - 2| - |1 - x^2| > 0 \Longleftrightarrow -x^2 - x + 2 - 1 + x^2 > 0 \Longleftrightarrow x < 1, \text{ woraus}$$

folgt: $\mathbb{L}_3 = [-1, 1)$.

(d) $\underline{1 \leq x < \infty}$: Auf diesem Intervall gilt:

$$|x^2 + x - 2| - |1 - x^2| > 0 \Longleftrightarrow x^2 + x - 2 - 1 + x^2 \Longleftrightarrow x^2 + \frac{x}{2} - \frac{3}{2} < 0. \text{ Der letzte}$$

Term besitzt wieder die Nullstellen $x_1 = -\frac{3}{2}$ und $x_2 = 1$. Die Ungleichung $x^2 + \frac{x}{2} - \frac{3}{2} > 0$ ist daher richtig in $x < -\frac{3}{2}$ und in $x > 1$. Damit erhalten wir wegen $1 \leq x < \infty$ die Lösungsmenge $\mathbb{L}_4 = (1, \infty)$.

Insgesamt ergibt sich für die Lösungsmenge $\mathbb{L}$:

$$\mathbb{L} := \mathbb{L}_1 \cup \mathbb{L}_2 \cup \mathbb{L}_3 \cup \mathbb{L}_4 = (-\frac{3}{2}, 1) \cup (1, \infty) \, .$$

3. Gegeben ist über der Grundmenge $\mathbb{R}$ die Ungleichung

$$\left| \frac{2 - x}{x} \right| < \left| \frac{1 + x}{1 - x} \right| \, .$$

Bestimmen Sie die Definitionsmenge $\mathbb{D}$ und die Lösungsmenge $\mathbb{L}$.

**Lösung:**
Die Definitionsmenge der Ungleichung ist $\mathbb{D} = \mathbb{R} \setminus \{0, 1\}$. Zur Auswertung der jeweiligen Betragsfunktionen unterteilen wir $\mathbb{D}$ so, dass die Terme innerhalb der Betragsstriche entweder positiv oder negativ sind. Das ergibt die Unterteilung in die Intervalle $(-\infty, -1)$, $[-1, 0)$, $(0, 1)$, $(1, 2)$ und $[2, \infty)$.

(a) $\underline{-\infty < x < -1}$: Auf diesem Intervall gilt:

$$\left| \frac{2 - x}{x} \right| < \left| \frac{1 + x}{1 - x} \right| \Longleftrightarrow \frac{2 - x}{-x} < -\frac{1 + x}{1 - x} \Longleftrightarrow (2 - x)(1 - x) < x(1 + x) \Longleftrightarrow$$

$$x^2 - 3x + 2 < x^2 + x \Longleftrightarrow 2 < 4x.$$

Da dies eine offensichtlich falsche Aussage auf $(-\infty, -1)$ ist, folgt $\mathbb{L}_1 = \emptyset$.

(b) $\underline{-1 \leq x < 0}$: Auf diesem Intervall gilt:

$$\left| \frac{2 - x}{x} \right| < \left| \frac{1 + x}{1 - x} \right| \Longleftrightarrow \frac{2 - x}{-x} < \frac{1 + x}{1 - x} \Longleftrightarrow (2 - x)(1 - x) < -x(1 + x) \Longleftrightarrow$$

$$x^2 - 3x + 2 < -x^2 - x \Longleftrightarrow 2x^2 - 2x + 2 < 0 \Longleftrightarrow 2\left( x - \frac{1}{2} \right)^2 + \frac{3}{2} < 0.$$

Da dies eine offensichtlich falsche Aussage ist, folgt $\mathbb{L}_2 = \emptyset$.

(c) $\underline{0 < x < 1}$: Auf diesem Intervall gilt:

$$\left| \frac{2 - x}{x} \right| < \left| \frac{1 + x}{1 - x} \right| \Longleftrightarrow \frac{2 - x}{x} < \frac{1 + x}{1 - x} \Longleftrightarrow (2 - x)(1 - x) < x(1 + x) \Longleftrightarrow$$

$$x^2 - 3x + 2 < x^2 + x \Longleftrightarrow \frac{1}{2} < x.$$

Damit erhalten wir $\mathbb{L}_3 = (\frac{1}{2}, 1)$.

(d) $\underline{1 < x < 2}$: Auf diesem Intervall gilt:

$$\left|\frac{2-x}{x}\right| < \left|\frac{1+x}{1-x}\right| \Longleftrightarrow \frac{2-x}{x} < \frac{1+x}{-1+x} \Longleftrightarrow (2-x)(-1+x) < x(1+x)$$

$$\Longleftrightarrow -x^2 + 3x - 2 < x^2 + x \Longleftrightarrow 0 < 2x^2 - 2x + 2 \Longleftrightarrow 0 < 2\left(x-\frac{1}{2}\right)^2 + \frac{3}{2}.$$

Da dies eine auf ganz $(1,2)$ wahre Aussage ist, erhalten wir $\mathbb{L}_4 = (1,2)$.

(e) $\underline{2 \leq x < \infty}$: Auf diesem Intervall gilt:

$$\left|\frac{2-x}{x}\right| < \left|\frac{1+x}{1-x}\right| \Longleftrightarrow \frac{x-2}{x} < \frac{1+x}{x-1} \Longleftrightarrow (x-2)(x-1) < x(1+x)$$

$$\Longleftrightarrow x^2 - 3x + 2 < x^2 + x \Longleftrightarrow 2 < 4x.$$

Da dies eine auf ganz $[2,\infty)$ wahre Aussage ist, erhalten wir $\mathbb{L}_5 = [2,\infty)$.

Insgesamt ergibt sich für die Lösungsmenge $\mathbb{L}$:

$$\mathbb{L} := \mathbb{L}_1 \cup \mathbb{L}_2 \cup \mathbb{L}_3 \cup \mathbb{L}_4 \cup \mathbb{L}_5 = \left(\frac{1}{2},1\right) \cup (1,\infty).$$

4. Bestimmen Sie alle $x \in \mathbb{R}$, für die gilt:

$$\Big|1 - |x|\Big| \leq x|x|.$$

**Lösung:**

Die Definitionsmenge der Ungleichung ist ganz $\mathbb{R}$. Wir stellen zunächt fest: Die linke Seite der Ungleichung ist nicht negativ. Daher kann dies die rechte Seite ebenfalls nicht sein. Dann muss aber für die Lösungsmenge gelten: $\mathbb{L} \subset \mathbb{R}_+$. Zur Auswertung der jeweiligen Betragsfunktionen unterteilen wir $\mathbb{R}_+$ so, dass die Terme innerhalb der Betragsstriche entweder positiv oder negativ sind. Das ergibt die Unterteilung in die Intervalle $[0,1)$ und $[1,\infty)$.

(a) $\underline{0 \leq x < 1}$: Auf diesem Intervall gilt:

$$\Big|1 - |x|\Big| \leq x|x| \Longleftrightarrow |1-x| \leq x^2 \Longleftrightarrow 1 - x \leq x^2 \Longleftrightarrow x^2 + x - 1 \geq 0 \Longleftrightarrow$$

$$\left(x+\frac{1}{2}\right)^2 \geq \frac{5}{4}. \text{ Daraus folgt aber: } x + \frac{1}{2} \geq \frac{\sqrt{5}}{2}, \text{ d.h. } x \geq \frac{\sqrt{5}-1}{2}.$$

Somit ist $\mathbb{L}_1 = \left[\dfrac{\sqrt{5}-1}{2}, 1\right)$.

(b) $\underline{1 \leq x < \infty}$: Auf diesem Intervall gilt:

$$\Big|1 - |x|\Big| \leq x|x| \Longleftrightarrow |1-x| \leq x^2 \Longleftrightarrow x - 1 \leq x^2 \Longleftrightarrow x^2 - x + 1 \geq 0 \Longleftrightarrow$$

$$\left(x-\frac{1}{2}\right)^2 \geq -\frac{3}{4}.$$

Da dies eine offensichtlich wahre Aussage ist, folgt $\mathbb{L}_2 = [1,\infty)$.

Insgesamt ergibt sich für die Lösungsmenge $\mathbb{L}$:

$$\mathbb{L} := \mathbb{L}_1 \cup \mathbb{L}_2 = \left[\frac{\sqrt{5}-1}{2}, \infty\right).$$

5. Bestimmen Sie alle $x \in \mathbb{R}$, für die gilt:

$$\Big| |x+1| - |x-3| \Big| \leq 5 .$$

**Lösung:**
Die Definitionsmenge der Ungleichung ist ganz $\mathbb{R}$. Wir unterteilen an den Stellen $-1$ und $3$ und zerlegen so $\mathbb{R}$ in die 3 Intervalle $(-\infty, -1)$, $[-1, 3)$ und $[3, \infty)$.

(a) $\underline{-\infty < x < -1}$: Auf diesem Intervall gilt:

$$\Big| |x+1| - |x-3| \Big| \leq 5 \Longleftrightarrow |-x-1-(-x+3)| \leq 5 \Longleftrightarrow |-4| \leq 5.$$

Da dies eine offensichtlich wahre Aussage ist, folgt $\mathbb{L}_1 = (-\infty, -1)$ .

(b) $\underline{-1 \leq x < 3}$: Auf diesem Intervall gilt:

$$\Big| |x+1| - |x-3| \Big| \leq 5 \Longleftrightarrow |x+1-(-x+3)| \leq 5 \Longleftrightarrow |2x-2| \leq 5 \Longleftrightarrow$$

$$-5 \leq 2x-2 \leq 5 \Longleftrightarrow -3 \leq 2x \leq 7 \Longleftrightarrow -\frac{3}{2} \leq x \leq \frac{7}{2}.$$

Da diese Aussage offensichtlich auf dem ganzen Intervall $[-1, 3)$ wahr ist, erhalten wir: $\mathbb{L}_2 = [-1, 3)$.

(c) $\underline{3 \leq x < \infty}$: Auf diesem Intervall gilt:

$$\Big| |x+1| - |x-3| \Big| \leq 5 \Longleftrightarrow |x+1-(x-3)| \leq 5 \Longleftrightarrow |4| \leq 5.$$

Da dies eine offensichtlich wahre Aussage ist, folgt $\mathbb{L}_3 = [3, \infty)$ .

Insgesamt ergibt sich für die Lösungsmenge $\mathbb{L}$:

$$\mathbb{L} := \mathbb{L}_1 \cup \mathbb{L}_2 \cup \mathbb{L}_3 = \mathbb{R} .$$

6. Bestimmen Sie alle $x \in \mathbb{R}$, für die gilt:

$$\Big| x|x| - 1 \Big| < 5|x+1| .$$

**Lösung:**
Die Definitionsmenge der Ungleichung ist ganz $\mathbb{R}$. Wir unterteilen an den Stellen $-1$, $0$ und $1$ und zerlegen so $\mathbb{R}$ in die 4 Intervalle $(-\infty, -1)$, $[-1, 0)$, $[0, 1)$ und $[1, \infty)$.

(a) $\underline{-\infty < x < -1}$: Auf diesem Intervall gilt:

$$\Big| x|x| - 1 \Big| < 5|x+1| \Longleftrightarrow |-x^2 - 1| < 5(-x-1) \Longleftrightarrow x^2 + 1 < -5x - 5 \Longleftrightarrow$$

$$x^2 + 5x + 6 < 0 \Longleftrightarrow \left(x + \frac{5}{2}\right)^2 - \frac{1}{4} < 0 \Longleftrightarrow -\frac{1}{2} < x + \frac{5}{2} < \frac{1}{2} \Longleftrightarrow -3 < x < -2.$$

Somit ist $\mathbb{L}_1 = (-3, -2)$ .

(b) $\underline{-1 \leq x < 0}$: Auf diesem Intervall gilt:

$$\Big| x|x| - 1 \Big| < 5|x+1| \Longleftrightarrow x^2 + 1 < 5x + 5 \Longleftrightarrow x^2 - 5x - 4 < 0 \Longleftrightarrow$$

$$\left(x - \frac{5}{2}\right)^2 - \frac{41}{4} < 0 \Longleftrightarrow -\frac{\sqrt{41}}{2} < x - \frac{5}{2} < \frac{\sqrt{41}}{2} \Longleftrightarrow \frac{5 - \sqrt{41}}{2} < x < \frac{5 + \sqrt{41}}{2}.$$

Somit ist $\mathbb{L}_2 = \left(\frac{5 - \sqrt{41}}{2}, 0\right)$ .

(c) $\underline{0 \le x < 1}$: Auf diesem Intervall gilt:

$$\big| x|x| - 1 \big| < 5|x + 1| \Longleftrightarrow -x^2 + 1 < 5x + 5 \Longleftrightarrow x^2 + 5x + 4 > 0.$$

Da diese Aussage offensichtlich auf dem ganzen Intervall $[0, 1)$ wahr ist, erhalten wir: $\mathbb{L}_3 = [0, 1)$.

(d) $\underline{1 \le x < \infty}$: Auf diesem Intervall gilt:

$$\big| x|x| - 1 \big| < 5|x + 1| \Longleftrightarrow x^2 - 1 < 5x + 5 \Longleftrightarrow x^2 - 5x - 6 < 0 \Longleftrightarrow$$

$$\left( x - \frac{5}{2} \right)^2 - \frac{49}{4} \Longleftrightarrow -\frac{7}{2} < x - \frac{5}{2} < \frac{7}{2} \Longleftrightarrow -1 < x < 6.$$

Somit ist $\mathbb{L}_4 = [1, 6)$.

Insgesamt ergibt sich für die Lösungsmenge $\mathbb{L}$:

$$\mathbb{L} := \mathbb{L}_1 \cup \mathbb{L}_2 \cup \mathbb{L}_3 \cup \mathbb{L}_4 = (-3, -2) \cup \left( \frac{5 - \sqrt{41}}{2}, 6 \right).$$

## 1.6.3   Beispiele mit Lösungen

1. Für welche $x \in \mathbb{R}$ gelten die angegebenen Ungleichungen ?

   a) $x^3 + 2 > 2x^2 + x$,   b) $\dfrac{1}{|x - 2|} \ge \dfrac{1}{1 + |x - 1|}$,   c) $\dfrac{|x| - 1}{x^2 - 1} \ge \dfrac{1}{2}$,

   d) $\dfrac{x}{x + 2} > \dfrac{x + 3}{3x + 1}$,   e) $|(x - 1)(x - 2)| > 2$,   f) $\big| |x + 1| - |x - 1| \big| < 1$.

   Lösung:

   a) $x \in (-1, 1) \cup (2, \infty)$,                    b) $x > 0$, $x \ne 2$,                    c) $x \in (-1, 1)$,

   d) $x \in (-\infty, -2) \cup (-1, -\frac{1}{3}) \cup (3, \infty)$,   e) $x \in (-\infty, 0) \cup (3, \infty)$,   f) $x \in (-\frac{1}{2}, \frac{1}{2})$.

2. Für welche $x \in \mathbb{R}$ gilt: $\left| \dfrac{x - 1}{x + 1} \right| \le 2x + 1$ ?

   Lösung: $x \ge 0$.

3. Für welche $x \in \mathbb{R}$ gilt: $3|x + 1| < 3 - x$ ?
   Lösung: $-3 < x < 0$.

4. Bestimmen Sie alle $x \in \mathbb{R}$, für die gilt: $|x - 1| > |2x - 1|$.
   Lösung: $0 < x < \frac{2}{3}$.

5. Bestimmen Sie alle $x \in \mathbb{R}$, für die gilt: $\sqrt{2 + x} > x$.
   Lösung: $-2 \le x < 2$.

6. Bestimmen Sie alle $x \in \mathbb{R}$, für die gilt: $|2x - 1| + |x + 3| \ge 6$.
   Lösung: $x \in \mathbb{R} \setminus (-2, \frac{4}{3})$.

7. Untersuchen Sie, für welche $x \in \mathbb{R}$ die Ungleichung $|x^2 - 1| + |x + 1| \le 4$ erfüllt ist.
   Lösung: $-2 \le x \le \dfrac{-1 + \sqrt{17}}{2}$.

8. Bestimmen Sie alle Zahlen $x \in \mathbb{R}$, für die gilt: $|4x - 1| + |x + 2| \geq 5$.

   Lösung: $x \in \mathbb{R} \setminus \left(-\dfrac{2}{3}, \dfrac{4}{5}\right)$ .

9. Bestimmen Sie jene $x \in \mathbb{R}$, für welche die Ungleichung $\dfrac{6}{x} \leq x - 1$ gilt.

   Lösung: $x \in [-2, 0) \cup [3, \infty)$.

10. Ermitteln Sie sämtliche Lösungen und skizzieren Sie die dazugehörigen Bereiche am Zahlenstrahl:

    a) $\sqrt{2x - 4} - \sqrt{x - 1} = 1$,     b) $3 - x < 4 - 2x$,     c) $\big||x| - |-5|\big| < 1$.

    Lösung: a) $x = 10$,   b) $x < 1$,   c) $-6 < x < -4$ oder $4 < x < 6$.

11. Für welche Bereiche der $(x, y)$-Ebene gilt:

    a) $|x - y| < |x| + |y|$,     b) $|x| \leq 5 \wedge |y| \leq 5$,     c) $|x| \leq 5 \vee |y| \leq 5$?

    Lösung:
    a) 1. und 3. Quadrant,    b) Quadrat um $(0, 0)$ mit Seitenlänge 10,
    c) Vereinigung der beiden Streifen der Breite 10 um die Koordinatenachsen.

12. Bestimmen Sie alle reellen Zahlen $x$, für die gilt:

$$\frac{x^2}{|x + 1| + 3} > |3 - x| .$$

   Lösung:   $\dfrac{\sqrt{97} - 1}{4} < x < 12$.

13. Bestimmen Sie die Menge $M$ der Punkte der $xy$-Ebene, deren Koordinaten der Ungleichung $x^2 + y^2 \leq 2|y - 1|$ genügen.

    Lösung: $M = \{(x, y) \mid x^2 + (y + 1)^2 \leq 3\}$.

14. Bestimmen Sie alle $x \in \mathbb{R}$, für die gilt:   $x^4 + 2x^2 - 9x + 5x^3 < 7x^2 - 9x + 9x^3$ .

    Lösung:   $x \in (-1, 0) \cup (0, 5)$.

15. Bestimmen Sie alle $x \in \mathbb{R}$ für die gilt:   $\sqrt{|x + 2| - |x - 1|} \leq \dfrac{3}{2}$ .

    Lösung:   $-\dfrac{1}{2} \leq x \leq \dfrac{5}{8}$ .

16. Bestimmen Sie alle $x \in \mathbb{R}$ für die gilt:   $\cos^6 x - 2\cos^3 x \leq -1$.

    Lösung:   $x = 2k\pi$, $k \in \mathbb{Z}$.

17. Bestimmen Sie alle $x \in \mathbb{R}$ für die gilt:   $x^3 - x^2 \leq x - 1$.

    Lösung:   $x \in (-\infty, -1] \cup \{1\}$.

# 1.7   Komplexe Zahlen

## 1.7.1   Grundlagen

- $z = x + iy$ mit $x, y \in \mathbb{R}$ heißt komplexe Zahl $z$.

- $\bar{z} := x - iy$ heißt <u>konjugiert komplexe Zahl zu $z$.</u>

- $|z| := \sqrt{z\bar{z}} = \sqrt{x^2 + y^2}$ heißt <u>Betrag von $z$.</u>

Für komplexe Konjugation und Betrag gelten:

- $\overline{(\bar{z})} = z$,

- $\overline{(z_1 + z_2)} = \bar{z}_1 + \bar{z}_2$,

- $\overline{(z_1 \cdot z_2)} = \bar{z}_1 \cdot \bar{z}_2$,

- $\overline{\left(\dfrac{1}{z}\right)} = \dfrac{1}{\bar{z}}$   falls   $z \neq 0$,

- $|z_1 \cdot z_2| = |z_1| \cdot |z_2|$,

- $z \in \mathbb{R} \Longrightarrow |z|_{\mathbb{C}} = |z|_{\mathbb{R}}$,

- $|\text{Re } z| \leq |z|$ , $|\text{Im } z| \leq |z|$,

- $|z| \geq 0$ , $|z| = 0 \Longleftrightarrow z = 0$,

- $|z_1 + z_2| \leq |z_1| + |z_2| \cdots$ Dreiecksungleichung.

Trigonometrische Darstellung von $z$:   $\underline{z = r\cos\varphi + ir\sin\varphi}$ ,
$0 \leq \varphi < 2\pi$ , $r = |z|$ , $\tan\varphi = \dfrac{y}{x}$ .   Es gilt:

a)   $z_1 \cdot z_2 \;=\; r_1 r_2 \cos(\varphi_1 + \varphi_2) + i r_1 r_2 \sin(\varphi_1 + \varphi_2)$,

b)   $\dfrac{z_1}{z_2} \;=\; \dfrac{r_1}{r_2}\cos(\varphi_1 - \varphi_2) + i\dfrac{r_1}{r_2}\sin(\varphi_1 - \varphi_2)$,

c)   $z^n \;=\; r^n \cos(n\varphi) + i r^n \sin(n\varphi)$,

d)   $\sqrt[n]{z} \;=\; \sqrt[n]{r}\cos\left(\dfrac{\varphi + 2k\pi}{n}\right) + i\sqrt[n]{r}\sin\left(\dfrac{\varphi + 2k\pi}{n}\right)$ ; $k = 0, 1, \ldots, n - 1$.

## 1.7.2   Musterbeispiele

1. Beweisen Sie für $z, w \in \mathbb{C}$ die Gleichung

$$|z + w|^2 + |z - w|^2 = 2|z|^2 + 2|w|^2 .$$

Geben Sie ferner eine geometrische Interpretation dieser Gleichung an.
Welcher elementargeometrischer Satz steckt hinter dieser Gleichung?
**Lösung:**
$\underline{|z + w|^2 + |z - w|^2} = (z + w)(\bar{z} + \bar{w}) + (z - w)(\bar{z} - \bar{w}) =$

$$z\bar{z} + z\bar{w} + w\bar{z} + w\bar{w} + z\bar{z} - z\bar{w} - w\bar{z} + w\bar{w} = 2z\bar{z} + 2w\bar{w} = \underline{2|z|^2 + 2|w|^2}.$$

Die Punkte $0, z, w$ und $z+w$ bilden ein Parallelogramm in der GAUSS'schen Zahlenebene. $|z|$ und $|w|$ sind dann die Längen der Parallelogrammseiten, während $|z+w|$ und $|z-w|$ die Längen der Diagonalen sind.
Die Gleichung ist also Ausdruck des elementargeometrischen Satzes:
*In einem Parallelogramm ist die Summe der Quadrate der Diagonalen gleich der Summe der Quadrate der Seiten.*

2. Berechnen Sie alle $z \in \mathbb{C}$, die den beiden folgenden Gleichungen genügen:

$$z\bar{z} - iz + i\bar{z} = 1 \quad \text{und} \quad z + \bar{z} = 2 \ .$$

**Lösung:**
Aus der zweiten Gleichung folgt: $\bar{z} = 2 - z$. Einsetzen in die erste Gleichung liefert:
$z(2 - z) - iz + 2i - iz = 1$ bzw. $z^2 - 2(1 - i)z - 2i + 1 = 0$. Dies ist eine gemischt quadratische Gleichung in $\mathbb{C}$, für die die bekannte Auflösungsformel wie im Reellen gilt. Damit erhalten wir: $z_{1/2} = (1 - i) \pm \sqrt{(1 - i)^2 + 2i - 1} = 1 - i \pm \sqrt{-1} = 1 - i \pm i$,
d.h. $z_1 = 1$ und $z_2 = 1 - 2i$.

3. Bestimmen Sie $z$, $\operatorname{Re} z$, $\operatorname{Im} z$, $|z|$ und $\arg z$ aus der Gleichung:

$$(z + i)(z + 2) + 2 - 3z = \frac{z^3 + i - z^2}{z - i} \ .$$

**Lösung:**
In $\mathbb{C} \setminus \{i\}$ (nur hier ist die Gleichung definiert) gilt:

$$(z + i)(z + 2) + 2 - 3z = \frac{z^3 + i - z^2}{z - i} \iff \underbrace{(z - i)(z + i)}_{z^2 + 1}(z + 2) + (z - i)(-3z + 2) =$$

$$z^3 + i - z^2 \iff \cdots \iff 3(1 + i)z = -2 + 3i \iff z = \frac{-2 + 3i}{3(1 + i)} = \frac{(-2 + 3i)(1 - i)}{3(1 + i)(1 - i)} \ ,$$

woraus folgt: $z = \dfrac{1}{6} + \dfrac{5}{6}i$ und weiters: $\operatorname{Re} z = \dfrac{1}{6}$, $\operatorname{Im} z = \dfrac{5}{6}$, $|z| = \dfrac{\sqrt{26}}{6}$ und

$\arg z = \arctan 5$, das entspricht ca. $78,7°$.

4. Untersuchen Sie, welche Teilmenge von $\mathbb{C}$ durch

$$\left| \frac{z - 1 - i}{z - 2} \right| = 1$$

festgelegt wird und stellen Sie sie graphisch in der GAUSS'schen Zahlenebene dar.
**Lösung:**
In $\mathbb{C} \setminus \{2\}$ (nur hier ist die Gleichung definiert) gilt:

$$\left| \frac{z - 1 - i}{z - 2} \right| = 1 \iff |z - 1 - i| = |z - 2| \iff |z - 1 - i|^2 = |z - 2|^2 \iff$$

$$(z - 1 - i)(\bar{z} - 1 + i) = (z - 2)(\bar{z} - 2) \iff z\bar{z} - z + iz - \bar{z} + 1 - i - i\bar{z} + i + 1 =$$

$$= z\bar{z} - 2z - 2\bar{z} + 4 \iff z + \bar{z} + i(z - \bar{z}) = 2 \iff 2x - 2y = 2 \iff y = x - 1.$$

Die gesuchte Teilmenge ist daher eine Gerade in der GAUSS'schen Zahlenebene.

**Bemerkung:**
Die Gleichung $|z - 1 - i| = |z - 2|$ beschreibt geometrisch die Menge aller Punkte in der GAUSS'schen Zahlenebene, die von $z = 1 + i$ und $z = 2$ den gleichen Abstand haben, d.h. die Streckensymmetrale zwischen diesen beiden Punkten.

5. Ermitteln Sie jene Punktmenge in $\mathbb{C}$, die durch die Ungleichungen

$$z\bar{z} < 3(z + \bar{z}) + 1 \quad \text{und} \quad \operatorname{Re} z > 0$$

festgelegt ist. Fertigen Sie ferner eine Skizze in der GAUSS'schen Zahlenebene an.

**Lösung:** $\operatorname{Re} z > 0$ kennzeichnet die rechte Halbebene. Ferner gilt:
$z\bar{z} < 3(z + \bar{z}) + 1 \iff x^2 + y^2 < 1 + 6x \iff (x - 3)^2 + y^2 < 10$.
Die gesuchte Punktmenge ist daher jener Teil der offenen Kreisscheibe um $(3,0)$ mit Radius $\sqrt{10}$, der ganz in der rechten Halbebene liegt.

6. Bestimmen Sie alle $z \in \mathbb{C}$, für die gilt:

$$|z - 1| < \operatorname{Im} z + 1$$

und skizzieren Sie das Ergebnis in der GAUSS'schen Zahlenebene.
**Lösung:** Für $\operatorname{Im} z < -1$ ist die Ungleichung sicher nicht erfüllt.
Sei nun $\operatorname{Im} z \geq -1$. Dann gilt:

$|z - 1| < \operatorname{Im} z + 1 \iff \sqrt{(x - 1)^2 + y^2} < y + 1 \iff (x - 1)^2 + y^2 < y^2 + 2y + 1 \iff$
$y > \frac{1}{2}\big((x - 1)^2 - 1\big)$.

Dies kennzeichnet jenen Teil der Zahlenebene, der oberhalb der Parabel mit Scheitel in $(1, \frac{1}{2})$ liegt, wobei die Parabel durch die Punkte $(0, 0)$ und $(2, 0)$ verläuft.

7. Bestimmen Sie alle $z \in \mathbb{C}$, für die gilt:

$$|z^2 - 1| < |z|^2$$

und skizzieren Sie das Ergebnis in der GAUSS'schen Zahlenebene.
**Lösung:** Es gilt:
$|z^2 - 1| < |z|^2 \iff (z^2 - 1)(\bar{z}^2 - 1) < z^2\bar{z}^2 \iff -z^2 - \bar{z}^2 + 1 < 0 \iff x^2 - y^2 > \frac{1}{2}$.
Dies kennzeichnet den „Außenraum" der Hyperbel mit den Scheiteln in $(-\frac{1}{\sqrt{2}}, 0)$ und $(\frac{1}{\sqrt{2}}, 0)$.

8. Bestimmen und skizzieren Sie jene Punktmenge in der GAUSS'schen Zahlenebene, die der folgenden Ungleichung genügt:

$$|z + 2\bar{z}| < \frac{1}{\sqrt{2}} + \sqrt{2}(z + \bar{z}) \,.$$

**Lösung:** Für $\operatorname{Re} z < -\frac{1}{4}$ ist die Ungleichung sicher nicht erfüllt, da dann die rechte Seite negativ ist. Sei nun $\operatorname{Re} z \geq -\frac{1}{4}$. Dann gilt:

$$|z + 2\bar{z}| < \frac{1}{\sqrt{2}} + \sqrt{2}(z + \bar{z}) \iff (z + 2\bar{z})(\bar{z} + 2z) < \left(\frac{1}{\sqrt{2}} + 2\sqrt{2}\,x\right)^2 \iff$$

$$5 \underbrace{z\bar{z}}_{x^2+y^2} + 2 \underbrace{(z^2 + \bar{z}^2)}_{2x^2-2y^2} < \frac{1}{2} + 4x + 8x^2 \iff x^2 - 4x + y^2 < \frac{1}{2} \iff (x-2)^2 + y^2 < \frac{9}{2}.$$

Die letzte Ungleichung beschreibt die offene Kreisscheibe um $(2,0)$ mit dem Radius $\frac{3}{\sqrt{2}}$. Wir müssen noch überprüfen, welcher Teil dieser Kreisscheibe in der Halbebene $\operatorname{Re} z \geq -\frac{1}{4}$ liegt. Da der kleinste $x$-Wert der Kreislinie bei $x = 2 - \frac{3}{\sqrt{2}}$ liegt, dies aber größer als $-\frac{1}{4}$ ist, ist die ganze Kreisscheibe Lösung.

9. Bestimmen und skizzieren Sie die folgende Punktmenge in der GAUSS'schen Zahlenebene:

$$\left\{ z \in \mathbb{C} \,\middle|\, z\bar{z} + z^2 + \bar{z}^2 < 1 \text{ und } |\arg z| < \frac{\pi}{4} \right\}.$$

**Lösung:** Es gilt:
$z\bar{z} + z^2 + \bar{z}^2 < 1 \iff x^2 + y^2 + 2x^2 - 2y^2 < 1 \iff 3x^2 - y^2 < 1$. Die letzte Ungleichung beschreibt den „Innenraum" einer Hyperbel mit Scheiteln in $(-\frac{1}{\sqrt{3}}, 0)$ und $(\frac{1}{\sqrt{3}}, 0)$. Die Ungleichung $|\arg z| < \frac{\pi}{4}$ kennzeichnet eine Viertelebene der rechten Halbebene, die symmetrisch zur $x$-Achse liegt. Die gesuchte Punktmenge ist dann ein „Hyperbelauschnitt".

10. Bestimmen Sie alle $z \in \mathbb{C}$, die den folgenden Ungleichungen genügen:

$$|z - 1| \leq |z + i| \leq |z + 1|$$

und skizzieren Sie das Ergebnis in der GAUSS'schen Zahlenebene.

**Lösung:** Es gilt:
$|z-1| \leq |z+i| \leq |z+1| \iff |z-1|^2 \leq |z+i|^2 \leq |z+1|^2 \iff$
$(z-1)(\bar{z}-1) \leq (z+i)(\bar{z}-i) \leq (z+1)(\bar{z}+1) \iff$
$z\bar{z} - \underbrace{(z+\bar{z})}_{2x} + 1 \leq z\bar{z} - i\underbrace{(z-\bar{z})}_{2iy} + 1 \leq z\bar{z} + \underbrace{(z+\bar{z})}_{2x} + 1 \iff -x \leq y \leq x.$

Die letzten Ungleichungen kennzeichnen eine Viertelebene in der rechten Halbebene, die symmetrisch zur $x$-Achse liegt.
Bemerkung:
Die einzelnen Ungleichungen definieren Halbebenen, die durch die jeweiligen Streckensymmetralen begrenzt sind.

11. Bestimmen Sie jene Punktmenge in der komplexen Zahlenebene, für die gilt:

$$3 < |z|^2 + 2\operatorname{Re} z < 4\operatorname{Im} z.$$

Skizzieren Sie diese Punktmenge.

**Lösung:**
Die erste (linke) Ungleichung $3 < |z|^2 + 2\operatorname{Re} z$, bzw. $3 < x^2 + y^2 + 2x$ ist äquivalent zu $4 < (x+1)^2 + y^2$ und beschreibt das Äußere des Kreises $K_2(-1,0)$, d.i. der Kreis mit Radius 2 und dem Mittelpunkt $-1 + 0i$.
Die zweite (rechte) Ungleichung $|z|^2 + 2\operatorname{Re} z < 4\operatorname{Im} z$, bzw. $x^2 + y^2 + 2x < 4y$ ist äquivalent zu $(x+1)^2 + (y-2)^2 < 5$ und beschreibt das Innere des Kreises

$K_{\sqrt{5}}(-1,2)$, d.i. der Kreis mit Radius $\sqrt{5}$ und dem Mittelpunkt $-1+2i$.
Die gesuchte Punktmenge ist dann der Durchschnitt dieser beiden Mengen und hat
die Form einer „Mondsichel".

12. Berechnen Sie alle Lösungen der quadratischen Gleichung

$$z^2 + (2-i)z + 1 + 2i = 0 \ .$$

**Lösung:**
Die Auflösungsformel für gemischt-quadratische Gleichungen gilt auch in $\mathbb{C}$. Damit
folgt:

$$z_{1/2} = -1 + \frac{i}{2} \pm \sqrt{1 - i - \frac{1}{4} - 1 - 2i} = -1 + \frac{i}{2} \pm \sqrt{-\frac{1}{4} - \frac{12}{4}i} = -1 + \frac{i}{2} \pm \frac{1}{2}\sqrt{-1-12i}.$$

Zur Berechnung der Wurzel aus $-1-12i$ können wir entweder den Radikanden
$-1-12i$ in trigonometrischer Form darstellen, die Wurzeln berechnen und anschließend wieder in kartesische Darstellung umrechnen. Da aber die Wurzel aus
einer komplexen Zahl wieder eine komplexe Zahl ist, können wir andererseits die
noch unbekannte Wurzel in der Form $a + ib$ ansetzen. Aus $\sqrt{-1-12i} = a + ib$
folgt durch Quadrieren: $-1-12i = (a^2 - b^2) + 2iab$, woraus wir durch Vergleich
von Real- und Imaginärteil die beiden Gleichungen $a^2 - b^2 = -1$ und $2ab = -12$
erhalten. Eliminieren wir $b$ aus der zweiten Gleichung: $b = -\dfrac{6}{a}$ und setzen dies in
die erste Gleichung ein, so folgt: $a^2 - \dfrac{36}{a^2} = -1$ und nach Multiplikation mit $a^2$ die
„biquadratische" Gleichung

$$a^4 + a^2 - 36 = 0 \ .$$

Daraus folgt zunächst $a_{1/2}^2 = -\dfrac{1}{2} \pm \sqrt{\dfrac{1}{4} + \dfrac{144}{4}}$ , und da die negative Wurzel aus-
scheidet ($a^2$ ist nicht negativ) erhalten wir weiters $a = \sqrt{\dfrac{\sqrt{145}-1}{2}}$ und nach einiger
Rechnung $b = -\sqrt{\dfrac{\sqrt{145}+1}{2}}$ . Insgesamt ergeben sich damit die beiden Wurzeln

$$z_{1/2} = -1 + \frac{i}{2} \pm \left( \sqrt{\frac{\sqrt{145}-1}{8}} - \sqrt{\frac{\sqrt{145}+1}{8}}\, i \right) \ .$$

## 1.7.3   Beispiele mit Lösungen

1. Berechnen Sie in der Form $a + bi$:

   a) $(5-3i)(2+i) - \dfrac{4(3-i)}{1-i}$ ,   b) $(2+i)^3 - (2-i)^3$,   c) $\dfrac{1}{(2+i)^2} + \dfrac{1}{(2-i)^2}$ .

   Lösung: a) $5 - 5i$,   b) $22i$,   c) $\frac{6}{25}$ .

2. Berechnen Sie Realteil, Imaginärteil und Betrag von $z \in \mathbb{C}$, sowie $z^2$ und $|z|^2$.

   a) $\dfrac{1-i}{1-2i} z = \dfrac{2+2i}{1+3i}$ ,   b) $z = \dfrac{i+3}{2i-4}$ ,   c) $z = (2+i)^2 + 7 - 3i$ ,

d) $z = \dfrac{(1+2i)[(4+3i)^2 + 1 - 22i]}{(2-i)^2 - 2 + 5i}$ , e) $\left(\dfrac{1-i}{2+3i} - \dfrac{6+2i}{1+i}\right) z = \dfrac{3-i}{3+i}$ ,

f) $\left(\dfrac{1-2i}{3+i} + \dfrac{6-i}{1+5i}\right) \bar{z} = \dfrac{3-6i}{1+i}$ , g) $\dfrac{1}{4} \dfrac{3-i}{1-2i} \bar{z} = \dfrac{i-1}{i+\sqrt{3}}$ .

Lösung:

a) Re $z = 1$, Im $z = -1$, $|z| = \sqrt{2}$, $z^2 = -2i$, $|z|^2 = 2$,

b) Re $z$ = Im $z = -\dfrac{1}{2}$, $|z| = \dfrac{1}{\sqrt{2}}$, $z^2 = \dfrac{i}{2}$, $|z|^2 = \dfrac{1}{2}$ ,

c) Re $z = 10$, Im $z = 1$, $|z| = \sqrt{101}$, $z^2 = 99 + 20i$, $|z|^2 = 101$,

d) Re $z = 11$, Im $z = 7$, $|z| = \sqrt{170}$, $z^2 = 72 + 154i$, $|z|^2 = 170$,

e) Re $z = -\dfrac{11}{50}$, Im $z = \dfrac{3}{50}$, $|z| = \dfrac{\sqrt{130}}{50}$, $z^2 = \dfrac{56 - 33i}{1250}$, $|z|^2 = \dfrac{13}{250}$ ,

f) Re $z = \dfrac{30}{13}$, Im $z = \dfrac{25}{26}$, $|z| = \dfrac{5}{2}$, $z^2 = \dfrac{2975 + 3000i}{676}$, $|z|^2 = \dfrac{25}{4}$ ,

g) Re $z = 1$, Im $z = -\sqrt{3}$ $|z| = 2$, $z^2 = -2(1 + i\sqrt{3})$, $|z|^2 = 4$.

3. Skizzieren Sie die folgenden Punktmengen in der GAUSS'schen Zahlenebene:

(a) $\left\{z \in \mathbb{C} \mid |z+1| \le |z-1|\right\}$ und $\left\{z \in \mathbb{C} \mid 1 < |z - 3i| < 7\right\}$ ,

(b) $\left\{z \in \mathbb{C} \mid |z^2 - z| \le 1\right\}$ und $\left\{z \in \mathbb{C} \mid z\bar{z} + z + \bar{z} < 0\right\}$ ,

(c) $\left\{z \in \mathbb{C} \mid z\bar{z} - 2z - 2\bar{z} = 2\right\}$ und $\left\{z \in \mathbb{C} \mid |z - i| + |z + i| \le 3\right\}$ ,

(d) $\left\{z \in \mathbb{C} \mid |z+1| \le |z - i| \le |z - 1|\right\}$ ,

(e) $\left\{z \in \mathbb{C} \mid \text{Im } z^2 \le 4\right\}$ .

Lösung:
(a) Linke Hälfte des Kreisringes mit den Radien 1 und $\sqrt{7}$ und Mittelpunkt $3i$,
(b) jener Teil der Fläche innerhalb der CASSINI'schen Kurve um 0 und um 1, der in der Kreisscheibe um $-1$ mit Radius 1 liegt,
(c) jener Teil der Kreislinie um 2 mit Radius $\sqrt{6}$ der im Inneren der Ellipse mit den Brennpunkten $-i, i$ und der Hauptachse $a = \dfrac{3}{2}$ liegt,
(d) Winkelraum zwischen arg $z = \dfrac{3\pi}{4}$ und arg $z = \dfrac{5\pi}{4}$ ,
(e) jener Teil der Fläche zwischen den ästen der Hyperbel $y = \dfrac{2}{x}$, der den Ursprung enthält.

4. Bestimmen Sie die Lösungen der quadratischen Gleichungen.
    a) $z^2 - (4+i)z + 5 + 5i = 0$, b) $z^2 - 3z + iz + 2 - i = 0$,
    c) $z^2 - 4z + 13 = 0$, d) $z^2 - 2iz - 1 - 4i = 0$,
    e) $z^2 - (5 + 7i)z - 4 + 19i = 0$, f) $z^2 + 2iz - 4 - 4i = 0$.
Lösung:
    a) $z_1 = 3 - i$, $z_2 = 1 + 2i$, b) $z_1 = 2 - i$, $z_2 = 1$,
    c) $z_1 = 3i + 2$, $z_2 = -3i + 2$, d) $z_1 = \sqrt{2} + i(\sqrt{2} + 1)$, $z_2 = -\sqrt{2} + i(1 - \sqrt{2})$,
    e) $z_1 = 3 + 2i$, $z_2 = 2 + 5i$, f) $z_1 = 2$, $z_2 = -2(1 + i)$.

5. Bestimmen Sie die dritten Wurzeln von $-1+i$ und zeichnen Sie sie in der GAUSS'schen Zahlenebene ein.

Lösung: $w_1 = \sqrt[6]{2}\left(\cos\dfrac{\pi}{4} + i\sin\dfrac{\pi}{4}\right)$, $w_2 = \sqrt[6]{2}\left(\cos\dfrac{11\pi}{12} + i\sin\dfrac{11\pi}{12}\right)$,

$w_3 = \sqrt[6]{2}\left(\cos\dfrac{19\pi}{12} + i\sin\dfrac{19\pi}{12}\right)$.

6. Bestimmen Sie alle Wurzeln der Gleichung: $z^6 + z^3 + 1 = 0$.

Lösung:

$z_1 = \cos\dfrac{2\pi}{9} + i\sin\dfrac{2\pi}{9}$,     $z_2 = \cos\dfrac{4\pi}{9} + i\sin\dfrac{4\pi}{9}$,     $z_3 = \cos\dfrac{8\pi}{9} + i\sin\dfrac{8\pi}{9}$,

$z_4 = \cos\dfrac{10\pi}{9} + i\sin\dfrac{10\pi}{9}$,   $z_5 = \cos\dfrac{14\pi}{9} + i\sin\dfrac{14\pi}{9}$,   $z_6 = \cos\dfrac{16\pi}{9} + i\sin\dfrac{16\pi}{9}$.

7. Es sei $m$ eine natürliche Zahl. Zeigen Sie, dass

$$\left(\frac{\sqrt{3}}{2} + \frac{i}{2}\right)^m + \left(\frac{\sqrt{3}}{2} - \frac{i}{2}\right)^m = a\cos\frac{m\pi}{6}$$

ist, und bestimmen Sie $a$.

Lösung: $a = 2$.

8. Bestimmen Sie jenen Bereich der GAUSS'schen Ebene, für den gilt:

$$|(z - 2i)(\bar{z} + 2i)| \leq 4 .$$

Lösung: Kreis um den Punkt $(0,2)$ mit Radius 2.

9. Beschreiben Sie die Menge $\left\{z \in \mathbb{C}\,\middle|\; |z| - \operatorname{Im}\bar{z} \leq |(1-i)^2|\right\}$ und skizzieren Sie diese Menge in der GAUSS'schen Zahlenebene.

Lösung: $y \leq 1 - \dfrac{x^2}{4}$ .

10. Bestimmen Sie alle komplexen Lösungen der Gleichung $z^5 + 243 = 0$.

Lösung: $z_k = 3\left(\cos\dfrac{\pi + 2k\pi}{5} + i\sin\dfrac{\pi + 2k\pi}{5}\right)$;     $k = 0,\,1,\,2,\,3,\,4$.

11. Stellen Sie die Zahlen $z = \dfrac{\sqrt[3]{1 - i\sqrt{3}}}{(1+i)^3}$ in der Form $x + iy$ dar und zeichnen Sie diese Zahlen in der GAUSS'schen Ebene.

Lösung: $z_1 = \dfrac{\sqrt{2}\sqrt[3]{2}}{4}\left(\cos\dfrac{17\pi}{36} + i\sin\dfrac{17\pi}{36}\right)$,

$z_2 = \dfrac{\sqrt{2}\sqrt[3]{2}}{4}\left(\cos\dfrac{41\pi}{36} + i\sin\dfrac{41\pi}{36}\right)$ ,

$z_3 = \dfrac{\sqrt{2}\sqrt[3]{2}}{4}\left(\cos\dfrac{65\pi}{36} + i\sin\dfrac{65\pi}{36}\right)$ .

12. Bestimmen Sie $z$ aus der Gleichung $z^2 = \dfrac{\overline{(3 + i\sqrt{2})(1 + i\sqrt{2})}}{\sqrt{2} - i} - |1 + i| + i^3$.

Lösung: $z_1 = 1 + i$,     $z_2 = -1 - i$.

13. Bestimmen Sie alle Lösungen der Gleichung $z^4 + 2i \left( \dfrac{-1 + i\sqrt{3}}{2} \right)^3 z = 0, \quad z \in \mathbb{C}$.

Lösung: $z_1 = 0, \qquad z_2 = \sqrt[3]{2} \left( \dfrac{\sqrt{3}}{2} - \dfrac{i}{2} \right), \qquad z_3 = \sqrt[3]{2}\,i, \qquad z_4 = \sqrt[3]{2} \left( -\dfrac{\sqrt{3}}{2} - \dfrac{i}{2} \right).$

14. Untersuchen Sie, welche Teilmenge von $\mathbb{C}$ durch $\left| \dfrac{z - 1 - i}{z - 2} \right| = 1$ festgelegt wird und stellen Sie das Ergebnis graphisch in der GAUSS'schen Zahlenebene dar.

Lösung:   Gerade $y = x - 1$.

15. Untersuchen Sie, welche Teilmenge von $\mathbb{C}$ durch $|z - 2| \leq |\bar{z} + 4|$ festgelegt wird und stellen Sie das Ergebnis graphisch in der GAUSS'schen Zahlenebene dar.

Lösung:   Halbebene $\operatorname{Re} z > -1$.

16. Ermitteln Sie alle $z \in \mathbb{C}$, die der Bedingung

$$\left| \frac{z - 3}{z + 3i} \right| \leq 2$$

genügen und skizzieren Sie das Ergebnis in der GAUSS'schen Zahlenebene.

Lösung:   Äußeres und Rand der Kreisscheibe $K_{\sqrt{8}}(-1 - 4i)$.

17. Ermitteln Sie alle $z \in \mathbb{C}$, für die gleichzeitig gilt:

$$|z + 1|^2 > 2z\bar{z} \quad \text{und} \quad (\operatorname{Re} z - 1)^2 > z\bar{z}$$

und skizzieren Sie das Ergebnis in der GAUSS'schen Zahlenebene.

Lösung:   „Zweieck" $(x - 1)^2 + y^2 < 2 \quad \wedge \quad -2x + 1 > y^2$.

# 1.8  Folgen

## 1.8.1  Grundlagen

- Sei $K$ ein (geordneter) Körper, z.B. $\mathbb{Q}$ oder $\mathbb{R}$ Eine Abbildung $A : \mathbb{N} \to K$ heißt <u>Folge in $K$</u>.
  Schreibweise: $\{a_n\}_{n\in\mathbb{N}}$, $\{a_n\}_{n=1}^{\infty}$, $\{a_n\}$

- Eine Folge $\{a_n\}$ in $K$ heißt:

  - <u>nach oben (unten) beschränkt</u>, falls es für alle $n \in \mathbb{N}$ eine Konstante $M \in K$ gibt, so dass gilt: $a_n \le M$ $(a_n \ge M)$,

  - <u>beschränkt</u>, wenn sie gleichzeitig nach oben und nach unten beschränkt ist.

  - $M$ heißt <u>obere (untere) Schranke</u> für $\{a_n\}$.

- Eine Folge $\{a_n\}$ heißt <u>konvergent zum Grenzwert</u> $a \in K$, wenn für jedes $\epsilon \in K$, $\epsilon > 0$, ein $N_\epsilon \in \mathbb{N}$ existiert, so dass für alle $n > N_\epsilon$ gilt: $|a_n - a| < \epsilon$.
  Schreibweise: $\lim\limits_{n\to\infty} a_n = a$ oder einfacher $a_n \to a$.
  Eine nichtkonvergente Folge heißt <u>divergent</u>.

- Eine Folge $\{a_n\}$ hat höchstens einen Grenzwert.

- Jede konvergente Folge $\{a_n\}$ ist beschränkt.

- Eine Folge $\{a_n\}$ in $K$ heißt

  - <u>monoton wachsend</u> $(a_n \uparrow)$, wenn für alle $n$ gilt: $a_n \le a_{n+1}$, bzw. streng monoton wachsend, wenn stets $a_n < a_{n+1}$ gilt.

  - <u>monoton fallend</u> $(a_n \downarrow)$, wenn für alle $n$ gilt: $a_n \ge a_{n+1}$, bzw. streng monoton fallend, wenn stets $a_n > a_{n+1}$ gilt.

  - Eine Folge $\{a_n\}$ in $K$ heißt <u>CAUCHY-Folge</u>, wenn für jedes $\varepsilon \in K$, $\varepsilon > 0$ eine natürliche Zahl $N_\varepsilon$ existiert, so dass für alle $n, m > N_\varepsilon$ gilt:

$$|a_n - a_m| < \varepsilon.$$

Die Konvergenzdefinition einer Folge nicht sehr „benutzerfreundlich". Für die Untersuchung auf Konvergenz müsste der eventuelle Grenzwert schon bekannt sein. Bei einigen elementaren Folgen kann man aber den Grenzwert unschwer erraten:

a) $\{a_n\}$, $a_n = a \cdots$ konstant $: a_n \to a$,

b) $a_n = \dfrac{1}{n}$, Nullfolge: $\dfrac{1}{n} \to 0$,

c) $a_n = \dfrac{1}{n^p}$, $p \in \mathbb{N} : \dfrac{1}{n^p} \to 0$,

d) $\dfrac{1}{\sqrt[p]{n}}$, $p \in \mathbb{N} : \dfrac{1}{\sqrt[p]{n}} \to 0$,

e) $a_n = \sqrt[n]{n} : \sqrt[n]{n} \to 1$,

f) $a_n = q^n$, $|q| < 1 : q^n \to 0$,

g) $a_n = n^p q^n$, $p \in \mathbb{N}$, $|q| < 1 : n^p q^n \to 0$.

Für weniger einfache Folgen wurden eine Reihe von Konvergenzkriterien entwickelt, die allerdings in der Regel nur die Konvergenz oder Divergenz einer Folge nachweisen, jedoch keine Information über den eventuellen Grenzwert liefern.

- Seien $\{a_n\}, \{b_n\}$ konvergente Folgen mit den Grenzwerten $a$ bzw. $b$. Dann gilt:
    (i)   Die Folgen $\{a_n \pm b_n\}$ konvergieren zu den Grenzwerten $a \pm b$.
    (ii)  Die Folge $\{a_n b_n\}$ konvergiert zum Grenzwert $ab$.
    (iii) Falls $b \neq 0$ (und damit $b_n \neq 0$ für fast alle $n \in \mathbb{N}$ d.h. für $n \geq m$):
    $\left\{\dfrac{a_n}{b_n}\right\}_{n=m}^{\infty}$ ist konvergent zum Grenzwert $\dfrac{a}{b}$.

- Seien $\{a_n\}, \{b_n\}$ und $\{c_n\}$ Folgen in $K$ mit $a_n \leq b_n \leq c_n$. Ferner seien $\{a_n\}$ und $\{c_n\}$ konvergent und es gelte: $\lim\limits_{n\to\infty} a_n = \lim\limits_{n\to\infty} c_n = a \in K$.
    $\Longrightarrow \{b_n\}$ konvergiert zum Grenzwert $a$. (Einschließungskriterium)

- Seien $\{a_n\}, \{b_n\}$ konvergente Folgen, $a_n \longrightarrow a$, $b_n \longrightarrow b$ und gilt: $a_n \leq b_n$ für fast alle $n \in \mathbb{N}$ : $\Rightarrow a \leq b$.

- Gilt fast immer $\alpha \leq a_n \leq \beta \ \Rightarrow \alpha \leq a \leq \beta$ (Schrankensatz für den Grenzwert).

- Sei $\{a_n\}$ mit $a_n \geq 0$ eine konvergente Folge mit Grenzwert $a$. Dann ist $\{\sqrt{a_n}\}$ konvergent zum Grenzwert $\sqrt{a}$.

- Sei $\{a_n\}$ eine Nullfolge, d.h. $a_n \longrightarrow 0$ und sei $\{b_n\}$ eine beschränkte Folge. Dann ist $\{a_n b_n\}$ Nullfolge.

- Eine monoton wachsende (fallende) und nach oben (unten) beschränkte Zahlenfolge in $\mathbb{R}$ ist konvergent. (Monotoniekriterium)

- Eine reelle Zahlenfolge ist genau dann konvergent, wenn sie eine CAUCHY-Folge ist. (Satz von DEDEKIND)

## 1.8.2   Musterbeispiele

1. Gegeben ist die Folge $\{a_n\}_{n\in\mathbb{N}}$ mit

$$a_n = \frac{n^2 + 2n}{(n+1)^2} \ .$$

a) Zeigen Sie, dass die Folge monoton wachsend und nach oben beschränkt ist.
b) Berechnen Sie den Grenzwert $a = \lim\limits_{n\to\infty} a_n$.
c) Bestimmen Sie ferner eine - möglichst kleine - natürliche Zahl $N$, so dass gilt:
   $|a_n - a| < 0,0025$ für alle $n > N$.

**Lösung:**
a) Aus $a_n = \dfrac{n^2 + 2n}{(n+1)^2} = \dfrac{(n+1)^2 - 1}{(n+1)^2} = 1 - \dfrac{1}{(n+1)^2}$ folgt:

$a_{n+1} - a_n = -\dfrac{1}{(n+2)^2} + \dfrac{1}{(n+1)^2} > 0$, d.h. die Folge wächst monoton und ist trivialerweise mit 1 nach oben beschränkt. Nach dem Monotoniekriterium ist sie dann konvergent.

b)Aus den Grenzwertsätzen über zusammengesetzte Folgen erhalten wir:

$$a = \lim_{n \to \infty} a_n = \lim_{n \to \infty} \left( 1 - \frac{1}{(n+1)^2} \right) = 1 - \lim_{n \to \infty} \frac{1}{(n+1)^2} = 1.$$

c) Aus $|a_n - a| = \dfrac{1}{(n+1)^2} < 0,0025$ folgt: $n > 20 - 1$, d.h. $N = 20$.

2. Untersuchen Sie, ob die Folge $\{a_n\}_{n \in \mathbb{N}}$ mit

$$a_n = \frac{1 - 2 + 3 - 4 + \cdots - 2n}{\sqrt{1 + n^2}}$$

konvergiert und bestimmen Sie gegebenenfalls den Grenzwert.

**Lösung:**
Wir versuchen zunächst für die Folgenglieder einen einfachen Ausdruck zu gewinnen:
Aus $1 - 2 + 3 - 4 + \cdots - 2n = 1 + 2 + 3 + 4 + \cdots 2n - 2(2 + 4 + \cdots 2n) =$
$$= \underbrace{1 + 2 + 3 + 4 + \cdots 2n}_{\frac{2n(2n+1)}{2}} - 4 \underbrace{(1 + 2 + \cdots n)}_{\frac{n(n+1)}{2}} = n(2n+1) - 2n(n+1) = -n \text{ folgt:}$$

$$a_n = \frac{-n}{\sqrt{1 + n^2}} \ .$$

Aus den Grenzwertsätzen über zusammengesetzte Folgen erhalten wir:
$$\lim_{n \to \infty} a_n = \lim_{n \to \infty} \frac{-n}{\sqrt{1 + n^2}} = \lim_{n \to \infty} \frac{-1}{\sqrt{1/n^2 + 1}} = -1.$$
Die Folge ist daher konvergent zum Grenzwert $a = -1$.
Bemerkung:
Die Summation im Zähler von $a_n$ läßt sich viel leichter bewerkstelligen:
$$1 - 2 + 3 - 4 + \cdots + (2n - 1) - 2n = \underbrace{(1 - 2)}_{-1} + \underbrace{(3 - 4)}_{-1} + \cdots + \underbrace{\big( (2n - 1) - 2n \big)}_{-1} = -n.$$

3. Untersuchen Sie, ob die Folge $\{a_n\}_{n \in \mathbb{N}}$ mit

$$a_n = \frac{(5n^3 - 3n^2 + 7)(n + 1)^n}{n^{n-1}(1 + 2 + \cdots + n)^2}$$

konvergiert und bestimmen Sie gegebenenfalls den Grenzwert.

**Lösung:**
Mit $1 + 2 + \cdots + n = \dfrac{n(n+1)}{2}$ folgt dann unter Verwendung von Grenzwertsätzen
über zusammengesetzte Folgen:
$$a_n = \frac{(5n^3 - 3n^2 + 7)(n + 1)^n \, 4}{n^{n-1} n^2 (n + 1)^2} = 4 \underbrace{\frac{5 - \frac{3}{n} + \frac{7}{n^3}}{(1 + \frac{1}{n})^2}}_{\to 5} \underbrace{\left( 1 + \frac{1}{n} \right)^n}_{\to e} \longrightarrow 20e,$$
d.h. die Folge ist konvergent zum Grenzwert $20e$.

4. Untersuchen Sie die Folge $\{b_n\}_{n \in \mathbb{N}}$ mit

$$b_n = (-1)^n \sqrt{n}(\sqrt{n + 1} - \sqrt{n})$$

auf Konvergenz.

**Lösung:**
Der Klammerausdruck ist hier eine Differenz zweier unbeschränkt anwachsender Terme, über dessen Verhalten wir lediglich vermuten, dass er klein wird. Er ist aber anschließend mit dem unbeschränkt wachsenden Term $\sqrt{n}$ zu multiplizieren. Was überwiegt?

Mit dem folgenden Trick erhalten wir eine übersichtlichen Ausdruck:
Wir erweitern $b_n$ mit $\sqrt{n+1} + \sqrt{n}$. Dann folgt wegen $(x-y)(x+y) = x^2 - y^2$:

$$b_n = (-1)^n \sqrt{n} \frac{(n+1) - n}{\sqrt{n+1} + \sqrt{n}} = (-1)^n \frac{\sqrt{n}}{\sqrt{n+1} + \sqrt{n}} = (-1)^n \frac{1}{\sqrt{1 + \frac{1}{n}} + 1} \ .$$

Aus elementaren Konvergenzsätzen folgt $\lim\limits_{n \to \infty} \dfrac{1}{\sqrt{1 + \frac{1}{n}} + 1} = \dfrac{1}{2}$. Somit streben die Glieder der Teilfolge $\{b_{2k}\}$ gegen $\frac{1}{2}$, während die Glieder der Teilfolge $\{b_{2k+1}\}$ gegen $-\frac{1}{2}$ streben. Dann ist aber die Folge divergent.

**Bemerkung:**
Im Fall einer Folge

$$c_n = (-1)^n \sqrt{n}(\sqrt[3]{n+1} - \sqrt[3]{n})$$

hätten wir wegen $(x-y)(x^2 + xy + y^2) = x^3 - y^3$ mit $(\sqrt[3]{n+1})^2 + \sqrt[3]{n+1}\sqrt[3]{n} + (\sqrt[3]{n})^2$ erweitern müssen. Diese Folge ist dann sogar konvergent (Nullfolge).

5. Untersuchen Sie, für welche $\alpha \in \mathbb{R}$ die Folge $\{a_n\}_{n \in \mathbb{N}}$ mit

$$a_n = n\left(\alpha - \sqrt{\alpha^2 + \frac{1}{n}}\right)$$

konvergiert und bestimmen Sie in diesem Fall den Grenzwert.

**Lösung:**
Wir unterscheiden die folgenden Fälle:

$\underline{\alpha = 0:}$
Dann ist wegen $a_n = -\sqrt{n}$ die Folge unbeschränkt fallend und daher divergent.

$\underline{\alpha < 0:}$
Wegen $a_n = -n\left(|\alpha| + \sqrt{|\alpha|^2 + \frac{1}{n}}\right) < -|\alpha|n$ ist die Folge wiederum unbeschränkt fallend und daher divergent.

$\underline{\alpha > 0:}$
Hier erweitern wir wieder $a_n$ mit $\alpha + \sqrt{\alpha^2 + \frac{1}{n}}$ und erhalten: $a_n = n\dfrac{\alpha^2 - (\alpha^2 + \frac{1}{n})}{\alpha + \sqrt{\alpha^2 + \frac{1}{n}}} = \dfrac{-1}{\alpha + \sqrt{\alpha^2 + \frac{1}{n}}}$. Der letzte Ausdruck konvergiert nach elementaren Sätzen gegen $-\frac{1}{2\alpha}$.

Somit erhalten wir:

$$\lim_{n \to \infty} n\left(\alpha - \sqrt{\alpha^2 + \frac{1}{n}}\right) = -\frac{1}{2\alpha} \ .$$

6. Untersuchen Sie die Folge $\{a_n\}_{n\in\mathbb{N}}$ mit

$$a_n = \sum_{k=1}^{n} \frac{2}{4k^2 - 1}$$

auf Konvergenz und bestimmen Sie gegebenenfalls den Grenzwert.

**Lösung:**
Wie wir später zeigen werden (Partialbruchzerlegung rationaler Funktionen), gibt es Konstanten $A$ und $B$, so dass für alle $k \in \mathbb{N}$ gilt:

$$\frac{2}{4k^2 - 1} = \frac{A}{2k - 1} + \frac{B}{2k + 1} \; .$$

Durch Multiplikation mit $4k^2 - 1$ erhalten wir daraus: $2 = A(2k + 1) + B(2k - 1)$ bzw. weiter: $2(A + B)k + (A - B - 2) = 0$. Diese Beziehung ist für alle $k$ nur dann wahr, wenn wir $A + B = 0$ und $A - B - 2 = 0$ setzen. Dieses Gleichungssystem hat die (eindeutige) Lösung $A = 1$, $B = -1$. Damit können wir die $a_n$ in der folgenden Art anschreiben:

$$a_n = \sum_{k=1}^{n} \left( \frac{1}{2k - 1} - \frac{1}{2k + 1} \right) =$$

$$= 1 - \underbrace{\frac{1}{3} + \frac{1}{3}}_{0} \underbrace{- \frac{1}{5} + \frac{1}{5}}_{0} - \cdots - \underbrace{\frac{1}{2n - 1} + \frac{1}{2n - 1}}_{0} - \frac{1}{2n + 1} = 1 - \frac{1}{2n + 1} \; .$$

Derartige Summen, bei denen sich die Summanden paarweise aufheben, werden Teleskopsummen genannt.
Damit haben wir für die $a_n$ ein explizites Bildungsgesetz erhalten und schließen mittels elementarer Grenzwertsätze:
Die Folge $\{a_n\}$ mit $a_n = \sum_{k=1}^{n} \frac{2}{4k^2 - 1}$ ist konvergent zum Grenzwert 1.

7. Untersuchen Sie die Folge $\{a_n\}_{n\in\mathbb{N}}$ mit

$$a_n = \sum_{k=1}^{n} \frac{1}{k(k + 2)}$$

auf Konvergenz und bestimmen Sie gegebenenfalls den Grenzwert.

**Lösung:**
Wiederum zerlegen wir in Partialbrüche:

$$\frac{1}{k(k + 2)} = \frac{1}{2}\frac{1}{k} - \frac{1}{2}\frac{1}{k + 2}$$

Die entsprechende Summe ist aber jetzt zunächst keine Teleskopsumme. Durch einen kleinen Trick erhalten wir aber zwei Teleskopsummen:

$$\sum_{k=1}^{n} \frac{1}{k(k + 2)} = \frac{1}{2}\sum_{k=1}^{n} \left( \frac{1}{k} - \frac{1}{k + 1} \right) + \frac{1}{2}\sum_{k=1}^{n} \left( \frac{1}{k + 1} - \frac{1}{k + 2} \right) =$$

$$= \frac{1}{2}\left( 1 - \frac{1}{n + 1} \right) + \frac{1}{2}\left( \frac{1}{2} - \frac{1}{n + 2} \right) = \frac{3}{4} - \frac{1}{2(n + 1)} - \frac{1}{2(n + 2)} \; .$$

Damit haben wir für die $a_n$ ein explizites Bildungsgesetz erhalten und schließen mittels elementarer Grenzwertsätze:

Die Folge $\{a_n\}$ mit $a_n = \sum\limits_{k=1}^{n} \dfrac{1}{k(k+2)}$ ist konvergent zum Grenzwert $\frac{3}{4}$.

8. Untersuchen Sie die Folge $\{a_n\}_{n\in\mathbb{N}}$ mit

$$a_n = \sum_{k=1}^{n} \frac{\sin k}{2^k}$$

auf Konvergenz und bestimmen Sie gegebenenfalls Schranken für den den Grenzwert.

**Lösung:**
Wir verwenden das Konvergenzkriterium von CAUCHY:

$$|a_n - a_m| = \left| \sum_{k=m+1}^{n} \frac{\sin k}{2^k} \right| \le \sum_{k=m+1}^{n} \frac{|\sin k|}{2^k} \le \sum_{k=m+1}^{n} \frac{1}{2^k} = \sum_{l=0}^{n-m-1} \frac{1}{2^{l+m+1}} =$$

$$= \frac{1}{2^{m+1}} \sum_{l=0}^{n-m-1} \frac{1}{2^l} = \frac{1}{2^{m+1}} \frac{1 - (\frac{1}{2})^{m-n}}{1 - \frac{1}{2}} = \frac{1}{2^m} \left( 1 - \left(\frac{1}{2}\right)^{m-n} \right) < \frac{1}{2^m} < \epsilon$$

für $m > \dfrac{\ln(1/\epsilon)}{\ln 2}$ .

Daher ist $\{a_n\}$ eine CAUCHY-Folge und als solche in $\mathbb{R}$ konvergent.
Wegen

$$|a_n| = \left| \sum_{k=1}^{n} \frac{\sin k}{2^k} \right| \le \sum_{k=1}^{n} \frac{1}{2^k} = \frac{1}{2} \sum_{l=0}^{n-1} \frac{1}{2^l} = \frac{1}{2} \frac{1 - (\frac{1}{2})^n}{1 - \frac{1}{2}} = 1 - \left(\frac{1}{2}\right)^n < 1 \text{ folgt:}$$

$a_n \in (-1, 1)$ und damit wegen des Schrankensatzes: $a \in [-1, 1]$.

9. Gegeben ist die Folge $\{a_n\}_{n\in\mathbb{N}}$ mit

$$a_n = \sum_{k=n+1}^{2n} \frac{1}{\sqrt{k}} .$$

a) Zeigen Sie, dass die Folge monoton wächst.
b) Untersuchen Sie die Folge auf Beschränktheit.
c) Ist die Folge konvergent?
**Lösung:**
zu a): $a_{n+1} - a_n = \dfrac{1}{\sqrt{2n+2}} + \dfrac{1}{\sqrt{2n+1}} - \dfrac{1}{\sqrt{n+1}} \ge 0 \Longleftrightarrow$

$$\frac{1}{\sqrt{2n+2}} + \frac{1}{\sqrt{2n+1}} \ge \frac{1}{\sqrt{n+1}} \Longleftrightarrow \frac{1}{2n+2} + \frac{2}{\sqrt{2n+2}\sqrt{2n+1}} + \frac{1}{2n+1} \ge \frac{1}{n+1}$$

$$\Longleftrightarrow \underbrace{\frac{1}{2n+1} - \frac{1}{2n+2}}_{>0} + \frac{2}{\sqrt{2n+2}\sqrt{2n+1}} \ge 0 .$$

Da die letzte Ungleichung offensichtlich wahr ist, ist die Folge monoton wachsend.
zu b): Wegen $a_n > 0$ ist Null eine untere Schranke.

Wegen $\dfrac{1}{\sqrt{k}} \geq \dfrac{1}{\sqrt{2n}}$ gilt: $a_n \geq \dfrac{n}{\sqrt{2n}} = \sqrt{\dfrac{n}{2}}$, d.h. aber, dass die Folge nach oben nicht beschränkt ist.

<u>zu c)</u>: Wegen der Unbeschränktheit ist die Folge divergent.

10. Untersuchen Sie die Folge $\{a_n\}_{n \in \mathbb{N}}$ mit

$$a_{n+2} = a_{n+1} - \frac{a_n}{2}\ , \quad a_1 = 0,\ a_2 = 1$$

auf Konvergenz und bestimmen Sie gegebenenfalls den Grenzwert.

**Lösung:**
Um uns einen gewissen Überblick zu verschaffen, berechnen wir einige Glieder der Folge explizit:

$$a_1 = 0, \quad a_2 = 1, \qquad a_3 = 1, \qquad a_4 = \tfrac{1}{2}\ ,$$
$$a_5 = 0, \quad a_6 = -\tfrac{1}{4}\ , \qquad a_7 = -\tfrac{1}{4}\ , \qquad a_8 = -\tfrac{1}{8}\ ,$$
$$a_9 = 0, \quad a_{10} = \tfrac{1}{16}\ , \qquad a_{11} = \tfrac{1}{16}\ , \qquad a_{12} = \tfrac{1}{32}\ ,$$
$$a_{13} = 0, \quad a_{14} = -\tfrac{1}{64}\ , \quad a_{15} = -\tfrac{1}{64}\ , \quad a_{16} = -\tfrac{1}{128}\ .$$

Das führt uns zu der Vermutung, dass die Folge in 4 geometrische Teilfolgen der Form $a_{4k+i} = \left(-\tfrac{1}{4}\right)^k a_i$ mit $a_1 = 0$, $a_2 = 1$, $a_3 = 1$ und $a_4 = \tfrac{1}{2}$ zerlegbar ist. Dies läßt sich auch mittels der Rekursionsformel beweisen:

$$a_{n+3} = a_{n+2} - \frac{a_{n+1}}{2} = a_{n+1} - \frac{a_n}{2} - \frac{a_{n+1}}{2} = \frac{a_{n+1}}{2} - \frac{a_n}{2} \quad \text{und weiters:}$$

$$a_{n+4} = a_{n+3} - \frac{a_{n+2}}{2} = a_{n+2} - \frac{a_{n+1}}{2} - \frac{a_{n+2}}{2} = \frac{a_{n+2}}{2} - \frac{a_{n+1}}{2} = \frac{a_{n+1}}{2} - \frac{a_n}{4} - \frac{a_{n+1}}{2} = -\frac{a_n}{4}.$$

Da alle 4 Teilfolgen Nullfolgen sind, ist auch die Folge $\{a_n\}$ Nullfolge, d.h. sie ist konvergent mit dem Grenzwert 0.

**Hinweis:**
Fasst man die Rekursionsformel der $a_n$ als lineare Differenzengleichung mit konstanten Koeffizienten auf, so gewinnt man das explizite Bildungsgesetz:

$$a_n = -4 \left(\frac{1}{\sqrt{2}}\right)^{n+1} \cos\left(\frac{(n+1)\pi}{4}\right)\ ,$$

woraus ebenfalls folgt, dass die vorgelegte Folge eine Nullfolge ist.

11. Untersuchen Sie die Folge $\{a_n\}_{n \in \mathbb{N}_0}$ mit

$$a_{n+2} = \frac{1}{2}\left(a_{n+1} + a_n\right)\ , \quad a_0 = -2,\ a_1 = 1$$

auf Konvergenz und bestimmen Sie gegebenenfalls den Grenzwert.

**Lösung:**
Um uns einen gewissen Überblick zu verschaffen, berechnen wir einige Glieder der Folge explizit:

$a_0 = -2,\ a_1 = 1,\ a_2 = -\tfrac{1}{2},\ a_3 = \tfrac{1}{4},\ a_4 = -\tfrac{1}{8},\ a_5 = \tfrac{1}{16},\ a_6 = -\tfrac{1}{32}, \ldots$

Es drängt sich folgende Vermutung auf:

$$a_n = (-1)^{n+1} \left(\frac{1}{2}\right)^{n-1} = \left(-\frac{1}{2}\right)^{n-1}\ .$$

Den Beweis führen wir mit einer Variante der vollständigen Induktion, wobei wir von $n$ und $n+1$ auf $n+2$ schließen.

Der Induktionsanfang: $a_0 = \left(-\frac{1}{2}\right)^{-1} = -2$, $a_1 = \left(-\frac{1}{2}\right)^0 = 1$ ist erfüllt.

Induktionsschluss:
$$a_{n+2} = \frac{1}{2}\left(a_{n+1} + a_n\right) = \frac{1}{2}\left[\left(-\frac{1}{2}\right)^n + \left(-\frac{1}{2}\right)^{n-1}\right] = \cdots = \left(-\frac{1}{2}\right)^{n+1} .$$

Die Folge ist aber dann eine geometrische Folge mit $q = -\frac{1}{2}$ und daher konvergent zum Grenzwert Null.

12. Untersuchen Sie die Folge $\{x_n\}_{n\in\mathbb{N}}$ mit

$$x_{n+1} = 1 + \frac{1}{4}x_n^2 , \quad x_1 = 1 ,$$

auf Konvergenz und bestimmen Sie gegebenenfalls den Grenzwert.

**Lösung:**
Um uns einen gewissen Überblick zu verschaffen, berechnen wir einige Glieder der Folge explizit:

$x_1 = 1$, $x_2 = 1.25$, $x_3 = 1,39...$, $x_4 = 1,48...$, $x_5 = 1.55...$, $\ldots$

Wir vermuten, dass die Folge monoton wächst.

Wegen $x_{n+1} - x_n = 1 + \frac{1}{4}x_n^2 - x_n = \left(\frac{x_n}{2} - 1\right)^2 \geq 0$ ist dies tatsächlich der Fall.

Weiters vermuten wir, dass die Folge nach oben beschränkt ist durch $x_n \leq 2$. Dies beweisen wir induktiv: Zunächst ist wegen $x_1 = 1 \leq 2$ der Induktionsanfang gesichert.

Wegen $x_{n+1} = 1 + \frac{1}{4}x_n^2 \leq 1 + \frac{1}{4}4 = 2$ ist die Aussage dann für alle $n \in \mathbb{N}$ richtig, d.h. die Folge ist nach oben beschränkt. Nach dem Montoniekriterium ist sie dann konvergent. Um den Grenzwert $x$ zu berechnen, setzen wir in die Rekursionsformel ein: $\underbrace{\lim_{n\to\infty} x_{n+1}}_{x} = \lim_{n\to\infty}\left(1 + \frac{1}{4}x_n^2\right) = 1 + \frac{1}{4}\left(\underbrace{\lim_{n\to\infty} x_n}_{x}\right)^2$. Daraus erhalten wir die Glei-

chung $x = 1 + \frac{x^2}{4}$ und damit den Wert $x = 2$ für den Grenzwert der Folge.

Bemerkung: Um eine geeignete Schranke für die Folge zu erhalten, setzt man zunächst die Konvergenz voraus und berechnet formal den Grenzwert. Dieser muss dann wegen der Monotonie auch eine Schranke der Folge sein.

13. Untersuchen Sie, für welche $a_1 \in \mathbb{R} \setminus [-1, 0)$ die Folge $\{a_n\}_{n\in\mathbb{N}}$ mit

$$a_{n+1} = \frac{a_n}{1 + a_n}$$

konvergent ist und bestimmen Sie gegebenenfalls den Grenzwert.

**Lösung:**
Für $a_1 = 0$ ist die Folge konstant und daher konvergent. Für $a_1 > 0$ ist auch stets $a_n > 0$ und daher ist die Folge nach unten beschränkt. Für $a_1 < -1$ ist $a_2 > 0$ und damit ist die Folge ebenfalls nach unten beschränkt. Als nächstes untersuchen wir auf Monotonie:

$$a_{n+1} - a_n = \frac{a_n}{1 + a_n} - a_n = -\frac{a_n^2}{1 + a_n} . \text{ Für } a_1 > 0 \text{ und für } a_1 < -1 \text{ ist die Folge}$$

dann (zumindest ab $a_2$) monoton fallend. Insgesamt folgt dann aus dem Monotoniekriterium die Konvergenz der Folge. Für den Grenzwert erhalten wir aus der
Rekursionsformel:

$$\lim_{n\to\infty} a_{n+1} = \lim_{n\to\infty} \frac{a_n}{1+a_n} \text{ und in weiterer Folge mit } a := \lim_{n\to\infty} a_n \text{ die Gleichung}$$

$a = \dfrac{a}{1+a}$ , woraus $a = 0$ folgt.

**Bemerkung:**

Fortgesetzte Anwendung der Rekursionsformel liefert die explizite Darstellung

$$a_n = \frac{a_1}{1+(n-1)a_1} \;.$$

Daraus erkennen wir: Die vorgelegte Folge ist für alle $a_1$ mit Ausnahme der Werte
$-\dfrac{1}{k}, k \in \mathbb{N} \setminus \{1\}$ eine Nullfolge.

14. Untersuchen Sie die rekursiv definierte Folge $\{x_n\}_{n\in\mathbb{N}}$ mit

$$x_{n+1} = \sqrt{a^2 + x_n} \;, \quad x_1 = 1, \; a > 0$$

auf Konvergenz und bestimmen Sie gegebenenfalls den Grenzwert.

**Lösung:**

Wir versuchen uns zunächst wieder einen Überblick zu verschaffen. Dazu wählen wir
$a = 1$. Dann erhalten wir: $x_1 = 1$, $x_2 = 1,41...$, $x_3 = 1,55...$, $x_4 = 1,60...$, ... Wir
vermuten, dass die Folge monoton wächst. Wir führen den Beweis dieser Behauptung indiktiv: Mit $\sqrt{1+a^2} = x_2 > x_1 = 1$ ist der Induktionsanfang gesichert. Sei
nun $x_{n+1} - x_n > 0$. Dann folgt daraus $x_{n+2} - x_{n+1} = \sqrt{a^2 + x_{n+1}} - \sqrt{a^2 + x_n} > 0$,
d.h. die Folge ist monoton wachsend.
Als obere Schranke versuchen wir: $x_n < 1 + a$. Wiederum führen wir den Beweis
mittels vollständiger Induktion. Wegen $x_1 = 1 < 1 + a$ ist der Induktionsanfang gesichert. Sei $x_n < 1 + a$. Dann folgt: $x_{n+1} = \sqrt{a^2 + x_n} < \sqrt{a^2 + 1 + a} =$
$\sqrt{(a+1)^2 - a} < \sqrt{(a+1)^2} = 1 + a$. Die Folge ist also nach oben beschränkt und
monton wachsend und daher konvergent. Zur Berechnung des Grenzwertes gehen wir
in der Rekursionsformel mit $n$ wieder gegen $\infty$ und erhalten letztlich $x = \sqrt{a^2 + x}$,
woraus durch Quadrieren $x^2 - x - a^2 = 0$ folgt. Von den beiden Wurzeln dieser
Gleichung: $x_{1/2} = \dfrac{1}{2} \pm \sqrt{\dfrac{1}{4} + a^2}$ entfällt die kleinere, da mit $x_n > 0$ auch $x \geq 0$ sein
muss. Somit:

$$x = \lim_{n\to\infty} x_n = \sqrt{\frac{1}{4} + a^2} + \frac{1}{2} \;.$$

15. Gegeben ist die Folge $\{a_n\}_{n\in\mathbb{N}}$ mit

$$a_{n+1} = 1 + \frac{a_n}{2} + \frac{1}{a_n} \;, \quad a_1 = 1 \;.$$

a) Zeigen Sie: $1 \leq a_n \leq 4$.

b) Untersuchen Sie die Folge auf Konvergenz und bestimmen Sie gegebenenfalls den
Grenzwert.

**Lösung:**

zu a): (induktiv)

$$a_n \geq 1 : \quad a_1 = 1 \geq 1, \quad a_{n+1} = 1 + \underbrace{\frac{a_n}{2}}_{\geq \frac{1}{2}} + \underbrace{\frac{1}{a_n}}_{\geq \frac{1}{4}} \geq \frac{7}{4} \geq 1 \, .$$

$$a_n \leq 4 : \quad a_1 = 1 \leq 4, \quad a_{n+1} = 1 + \underbrace{\frac{a_n}{2}}_{\leq \frac{4}{2}} + \underbrace{\frac{1}{a_n}}_{\leq 1} \leq 4 \, .$$

zu b): Wegen $a_1 = 1$, $a_2 = 2,50$, $a_3 = 2,65$, $a_4 = 2.70...,\ldots$ vermuten wir, dass die Folge monoton wächst. Zum Beweis dieser Behauptung verschärfen wir zunächst die Abschätzung nach unten durch $a_n > 2$. Für $n = 2$ ist das richtig. Weiters folgt:

$$a_{n+1} = 1 + \underbrace{\frac{a_n}{2}}_{\geq 1} + \underbrace{\frac{1}{a_n}}_{\geq 0} \geq 2 \, .$$ Mit dieser Abschätzung erhalten wir:

$$a_{n+2} - a_{n+1} = 1 + \frac{a_{n+1}}{2} + \frac{1}{a_{n+1}} - 1 - \frac{a_n}{2} - \frac{1}{a_n} = \frac{a_{n+1} - a_n}{2} + \frac{1}{a_{n+1}} - \frac{1}{a_n} =$$

$$= \frac{a_{n+1} - a_n}{2} + \frac{a_n - a_{n+1}}{a_n a_{n+1}} = \Big( \underbrace{\frac{1}{2} - \frac{1}{a_n a_{n+1}}}_{>0} \Big) (a_{n+1} - a_n).$$

Aus $a_2 - a_1 = \frac{3}{2} > 0$ (Induktionsanfang) und $a_{n+1} - a_n \geq 0$ (Induktionsbehauptung) folgt dann, dass auch $a_{n+2} - a_{n+1} \geq 0$ ist. Somit ist die Folge monoton wachsend und nach oben beschränkt und daher nach dem Monotoniekriterium konvergent. Für den Grenzwert erhalten wir aus

$$a_{n+1} = 1 + \frac{a_n}{2} + \frac{1}{a_n} \text{ mit } n \to \infty : \quad a = 1 + \frac{a}{2} + \frac{1}{a} \text{ und weiters: } a^2 - 2a - 2 = 0. \text{ Von}$$

den beiden Wurzeln dieser Gleichung: $a = 1 \pm \sqrt{1 + 2}$ scheidet die kleinere aus, da der Grenzwert positiv sein muss. Somit:

$$a = \lim_{n \to \infty} a_n = 1 + \sqrt{3} \, .$$

16. Gegeben ist die Folge $\{a_n\}_{n \in \mathbb{N}}$ mit

$$a_{n+1} = a_n^2 + a_n \, , \quad a_1 = \frac{1}{4} \, .$$

Untersuchen Sie die Folge auf Monotonie und Beschränktheit und stellen Sie fest, ob die Folge konvergent oder divergent ist.

**Lösung:**

Zunächst stellen wir fest, dass alle Glieder der Folge positiv sind, also $a_n > 0$ für alle $n \in \mathbb{N}$.

Wegen $a_{n+1} - a_n = a_n^2 > 0$ ist die Folge monoton wachsend. Daher ist die Folge durch das erste Glied nach unten beschränkt: $a_n \geq a_1 = \frac{1}{4}$.

Wir nehmen nun an, die Folge sei nach oben beschränkt. Dann ist sie nach dem Monotoniekriterium konvergent und daher auch eine CAUCHY-Folge. Sei $n > m$. Dann gilt:

$$|a_n - a_m| = a_n - a_m = \underbrace{(a_n - a_{n-1})}_{a_{n-1}^2} + \underbrace{(a_{n-1} - a_{n-2})}_{a_{n-2}^2} + \cdots + \underbrace{(a_{m+1} - a_m)}_{a_m^2} =$$

$$= \underbrace{a_{n-1}^2}_{\geq \frac{1}{16}} + \underbrace{a_{n-2}^2}_{\geq \frac{1}{16}} + \cdots + \underbrace{a_m^2}_{\geq \frac{1}{16}} \geq \frac{n-m}{16} \geq \frac{1}{16} \text{ für alle hinreichend großen } n, m.$$

Daher ist die Folge keine CAUCHY-Folge und kann daher nicht beschränkt sein. Dann ist sie aber divergent.

17. Gegeben ist die Folge $\{a_n\}_{n\in\mathbb{N}}$ mit

$$a_{n+1} = a_n + \sqrt{a_n}, \quad a_1 = 1.$$

Untersuchen Sie die Folge auf Monotonie und Beschränktheit und stellen Sie fest, ob die Folge konvergent oder divergent ist.
Für welche $a_1 \in \mathbb{R}$ konvergiert die Folge?
**Lösung:**
Zunächst stellen wir fest, dass alle Glieder der Folge positiv sind, also $a_n > 0$ für alle $n \in \mathbb{N}$.
Wegen $a_{n+1} - a_n = \sqrt{a_n} > 0$ ist die Folge monoton wachsend. Wäre die Folge nach oben beschränkt, so wäre sie nach dem Monotoniekriterium konvergent und es würde gelten:
$$\lim_{n\to\infty} a_{n+1} = \lim_{n\to\infty} a_n + \lim_{n\to\infty} \sqrt{a_n} = \lim_{n\to\infty} a_n + \sqrt{\lim_{n\to\infty} a_n}, \text{ woraus mit } \lim_{n\to\infty} a_n =: a$$
folgt: $a = a + \sqrt{a}$, d.h. $a = 0$. Dies ist ein Widerspruch zu $\{a_n\} \uparrow$ und $a_1 = 1$. Daher wächst die Folge unbeschränkt und ist divergent.
Für $a_1 > 0$ (für $a_1 < 0$ ist die Folge gar nicht definiert) ergibt sich ebenfalls, dass die Folge unbeschränkt wächst und daher divergent ist. Lediglich für $a_1 = 0$ ist die Folge konvergent (konstante Folge).

18. Gegeben ist die Folge $\{x_n\}_{n\in\mathbb{N}}$ mit $x_{n+1} = 1 - \frac{1}{4}x_n^2$, $x_1 = 1$. Zeigen Sie:

a) $\frac{3}{4} \leq x_n \leq 1$.

b) $\{x_n\}$ ist nicht monoton.
c) $\{x_n\}$ ist CAUCHY-Folge und daher konvergent.
d) Berechnen Sie den Grenzwert $x = \lim_{n\to\infty} x_n$.
**Lösung:**
<u>zu a)</u>: Wir beweisen die Schrankenbedingung induktiv.

$\frac{3}{4} \leq a_1 = 1 \leq 1$ (Induktionsanfang).

Aus $x_{n+1} = 1 - \frac{1}{4}x_n^2$ folgt: $x_{n+1} \geq 1 - \frac{1}{4}1^2 = \frac{3}{4}$ und $x_{n+1} \leq 1 - \frac{1}{4}\frac{9}{16} = \frac{55}{64} < 1$,
d.h. es gilt tatsächlich $\frac{3}{4} \leq x_n \leq 1$.

<u>zu b)</u>: $x_1 = 1$, $x_2 = 0,75$, $x_3 = 0,86...$, $x_4 = 0,82...$, $x_5 = 0,83...,...$, woraus wir erkennen, dass die Folge nicht monoton ist.

<u>zu c)</u>: Aus $x_{n+1} - x_{m+1} = -\frac{1}{4}x_n^2 + \frac{1}{4}x_m^2 = -\frac{1}{4}(x_n + x_m)(x_n - x_m)$ folgt:

$$|x_{n+1} - x_{m+1}| \le \frac{1}{4}\Big(\underbrace{|x_n|}_{\le 1} + \underbrace{|x_m|}_{\le 1}\Big) |x_n - x_m| \le \frac{1}{2}|x_n - x_m| \le \cdots \le \frac{1}{2^m}|x_{n+1-m} - x_1| \le$$

$$\le \frac{1}{2^m}\Big(\underbrace{|x_{n+1-m}|}_{\le 1} + \underbrace{|x_1|}_{\le 1}\Big) \le \frac{1}{2^{m-1}} < \epsilon \text{ für alle hinreichend großen } m.$$

Somit gilt: $\{x_n\}$ ist CAUCHY-Folge und daher konvergent.

<u>zu d)</u>: $x_{n+1} = 1 - \frac{1}{4}x_n^2$, $\lim\limits_{n\to\infty}$ : $x = 1 - \frac{x^2}{4}$, woraus folgt: $x_{1/2} = \pm\sqrt{8} - 2$.

Da wegen des Schrankensatzes für den Grenzwert $\frac{3}{4} \le x \le 1$ gelten muss, scheidet die negative Wurzel aus und wir erhalten:

$$x = \lim\limits_{n\to\infty} x_n = \sqrt{8} - 2 \ .$$

19. Untersuchen Sie die Folge $\{a_n\}_{n\in\mathbb{N}}$ mit

$$a_1 = 3, \ a_{n+1} = \frac{1}{2}\left(a_n + \frac{3}{a_n}\right)$$

auf Konvergenz und ermitteln Sie gegebenenfalls den Grenzwert.

**Lösung:**

Angenommen, die Folge ist konvergent zum Grenzwert $a$. Für diesen ergibt sich dann aus der Rekursionsformel $a_{n+1} = \frac{1}{2}\left(a_n + \frac{3}{a_n}\right)$ durch den Grenzübergang $n \to \infty$ $a^2 = 3$, woraus wegen $a_n \ge 0$ und damit auch $a > 0$ nur $a = \sqrt{3}$ möglich ist. Mit der naheliegenden Translation $a_n = b_n + \sqrt{3}$ erhalten wir die neue Folge $\{b_n\}_{n\in\mathbb{N}}$ mit $b_1 = 3 - \sqrt{3}$, $b_{n+1} = \frac{1}{2}\left(b_n - \sqrt{3} + \frac{3}{b_n + \sqrt{3}}\right) = \frac{1}{2}\left(b_n - \sqrt{3} + \frac{\sqrt{3}}{1 + \frac{b_n}{\sqrt{3}}}\right)$. Mit der für $x > -1$ gültigen Ungleichung $\frac{1}{1+x} > 1 - x$ folgt dann:

$b_{n+1} \ge \frac{1}{2}\left(b_n - \sqrt{3} + \sqrt{3}\left(1 - \frac{b_n}{\sqrt{3}}\right)\right) = 0$. Die Folge $\{b_n\}$ ist dann nach unten mit $b_n \ge 0$ beschränkt und die Folge $\{a_n\}$ daher mit $a_n \ge \sqrt{3}$ nach unten beschränkt. Wegen $a_{n+1} - a_n = \frac{1}{2}\left(-a_n + \frac{3}{a_n}\right) = \frac{3 - a_n^2}{2a_n} \le 0$ ist $\{a_n\}$ monoton fallend. Nach dem Monotoniekriterium ist dann $\{a_n\}$ konvergent und es gilt: $a = \lim\limits_{n\to\infty} a_n = \sqrt{3}$.

20. Untersuchen Sie die Folge $\{a_n\}_{n\in\mathbb{N}}$ mit

$$a_1 = 3, \ a_{n+1} = 1 + \frac{1}{4}a_n^2$$

auf Konvergenz und ermitteln Sie gegebenenfalls den Grenzwert.

**Lösung:**

Wegen $a_{n+1} - a_n = 1 - a_n + \frac{1}{4}a_n^2 = \left(1 - \frac{a_n}{2}\right)^2 \ge 0$ ist die Folge monoton wachsend. Dann ist aber 3 eine untere Schranke der Folge. Wäre die Folge konvergent zum

Grenzwert $a$, so müsste wegen des Schrankensatzes gelten: $a \geq 3$. Ferner ergäbe sich der Grenzwert $a$ durch den Grenzübergang $n \to \infty$ in der Rekursionsformel $a_{n+1} = 1 + \frac{1}{4}a_n{}^2$ aber zu $a = 2$. Aus dem Widerspruch folgt dann zwingend, dass die Folge nicht konvergent sein kann.

### 1.8.3   Beispiele mit Lösungen

1. Bestimmen Sie den Grenzwert $a$ der jeweiligen Folge $\{a_n\}$ , $n \in \mathbb{N}$, und geben Sie ein $N \in \mathbb{N}$ an, so dass $|a_n - a| < 10^{-3}$ für $n > N$ gilt:

   a) $a_n = \sqrt{n^3 + 1} - \sqrt{n^3}$;  b) $a_n = \dfrac{1}{4^n}$;  c) $a_n = \dfrac{n^{\frac{1}{3}} \sin n}{\sqrt{n + 1}}$;  d) $a_n = \dfrac{6n - 2}{3n + 7}$.

   Lösung:
   a) $a = 0$, $N = 62$;  b) $a = 0$, $N = 4$;  c) $a = 0$, $N = 10^{18}$;  d) $a = 2$, $N = 5331$.

2. Gegeben ist die Folge $\{a_n\}$ mit $a_n = \dfrac{n^2}{n^2 + 2n}$ . Bestimmen Sie für $\epsilon = 1$, $\epsilon = 10^{-3}$ und $\epsilon = 10^{-6}$ die kleinste Zahl $n_\epsilon \in \mathbb{N}$, so dass $|a_n - 1| < \epsilon$ für alle $n > n_\epsilon$ gilt.
   Lösung:  $n_\epsilon = 1$,    $n_\epsilon = 1\,999$,    $n_\epsilon = 1\,999\,999$.

3. Gegeben ist die Folge $\{a_n\}$, $n \in \mathbb{N}$ mit $a_n = \dfrac{3n^2 + 1}{n^2}$ .
   a) Beweisen Sie, dass die Folge monoton fallend und nach unten beschränkt ist.
   b) Bestimmen Sie den Grenzwert $a = \lim\limits_{n\to\infty} a_n$.
   c) Wie groß muss $N_\varepsilon$ für $\varepsilon = 0.01$ gewählt werden, damit gilt: $|a_n - a| < 0.01$ für alle $n \geq N_\varepsilon$?
   Lösung:  b) $a = 3$,   c) $N_\varepsilon = 11$.

4. Untersuchen Sie die Folgen

   $$(a) \left\{ \frac{(n+1)(n^2 - 1)}{(2n + 1)(3n^2 + 1)} \right\}_{n\in\mathbb{N}}, \quad (b) \left\{ \frac{n + 1}{n^2 + 1} \right\}_{n\in\mathbb{N}},$$

   $$(c) \left\{ \frac{1}{n^2} + (-1)^n \frac{n^2}{n^2 + 1} \right\}_{n\in\mathbb{N}}, \quad (d) \left\{ \frac{4^n + 1}{5^n} \right\}_{n\in\mathbb{N}}$$

   auf Konvergenz und bestimmen Sie gegebenenfalls den Grenzwert.
   Lösungen:
   (a) konvergent gegen $\frac{1}{6}$,  (b) konvergent gegen 0,  (c) divergent,
   (d) konvergent gegen 0.

5. Berechnen Sie:

   $$(a) \lim_{n\to\infty} \sqrt{n}(\sqrt{n + a} - \sqrt{n}), \ (a \in \mathbb{R}, \ n \geq |a|), \quad (b) \lim_{n\to\infty} n \left( \frac{1}{\sqrt{n + 1}} - \frac{1}{\sqrt{n}} \right),$$

   $$(c) \lim_{n\to\infty} \left( \sqrt{n + \sqrt{n}} - \sqrt{n - \sqrt{n}} \right), \quad (d) \lim_{n\to\infty} n \left( \sqrt{1 + \frac{1}{n}} - 1 \right).$$

   Lösung: (a) $\frac{a}{2}$, (b) 0, (c) 1, (d) $\frac{1}{2}$ .

6. Berechnen Sie die Grenzwerte der Folgen $\{x_n\}$, $n \in \mathbb{N}$:

$(a)\ x_n = \left(1 + \frac{1}{n}\right)^{10} - 1,\quad (b)\ x_n = \frac{1}{n^3}\sum_{k=1}^{n} k(k+1),\quad (c)\ x_n = \sqrt[n]{2^n + 3^n}\,,$

$(d)\ x_n = \left(\frac{n-3}{n+2}\right)^{2n+5},\quad (e)\ x_n = \left(\frac{n-1}{n+1}\right)^{n},\quad (f)\ x_n = \sum_{k=1}^{n}\frac{1}{\sqrt{n^2+k}}\,,$

$(g)\ x_n = \prod_{k=2}^{n}\left(1 - \frac{1}{k}\right),\quad (h)\ x_n = \prod_{k=2}^{n}\left(1 + \frac{1}{k}\right),\quad (i)\ x_n = \prod_{k=2}^{n}\left(1 - \frac{1}{k^2}\right).$

Lösung: (a) 0, (b) $\frac{1}{3}$, (c) 3, (d) $e^{-10}$, (e) $e^{-2}$, (f) 1, (g) 0, (h) $\infty$, (i) $\frac{1}{2}$ .

7. Untersuchen Sie die nachstehenden Folgen $\{a_n\}$ auf Konvergenz und bestimmen Sie gegebenenfalls den Grenzwert $a := \lim_{n \to \infty} a_n$:

a) $a_n = \dfrac{\sqrt{3n^2 - 5n + 4}}{2n - 7}$,  b) $a_n = \dfrac{2n + (-1)^n}{4(n+1)}$,  c) $a_n = \dfrac{3n + (-1)^n}{5(n+1)}$,

d) $a_n = \sum_{\nu=2}^{n}\dfrac{1}{\nu(\nu - 1)}$,  e) $a_n = \left(1 + \dfrac{1}{n}\right)^{n+5}$,  f) $a_n = \dfrac{\sqrt{n^3 + n} - \sqrt{n}}{\sqrt{n(2n^2 - 3)}}$,

g) $a_n = \dfrac{3n(2n + 3)}{n + 2} - \dfrac{6n^3}{n^2 + 1}$,  h) $a_n = \dfrac{\sqrt{n^2 + 1} - \sqrt{n - 1}}{\sqrt{n^2 - 1}}$,

i) $a_n = \sqrt{n+1}(\sqrt{n+1} - \sqrt{n})$,  j) $a_n = n\left(\dfrac{n^2}{(na + 1)^2} - \dfrac{1}{a^2}\right)$,

k) $a_n = \sum_{k=2}^{n}\dfrac{3}{(k-1)(k+2)}$,  l) $a_n = \left((-1)^{n-2}\left(1 + \dfrac{1}{n}\right)\right)^{n+1}$.

Lösung:

a) $a = \dfrac{\sqrt{3}}{2}$,  b) $a = \dfrac{1}{2}$,  c) $a = \dfrac{3}{5}$,  d) $a = 1$,  e) $a = e$,  f) $a = \dfrac{1}{\sqrt{2}}$,

g) $a = -3$,  h) $a = 1$,  i) $a = \dfrac{1}{2}$,  j) $a = -\dfrac{2}{a^3}$,  k) $a = \dfrac{11}{6}$,  l) $a = e$.

8. Untersuchen Sie die Folge $\{x_n\}_{n\in\mathbb{N}}$ mit

$$x_n = \frac{1 + 2 + 3 + \cdots + n}{n^2 + n - 1}$$

auf Konvergenz und bestimmen Sie gegebenenfalls den Grenzwert.

Lösung:  Konvergent mit Grenzwert $x = \frac{1}{2}$ .

9. Untersuchen Sie die Folge $\{a_n\}_{n\in\mathbb{N}}$ mit

$$a_n = \sum_{k=1}^{n}\frac{k^2}{n^3 + k}$$

auf Konvergenz und bestimmen Sie gegebenenfalls den Grenzwert.
Lösung:  Konvergent mit Grenzwert $a = \frac{1}{3}$ .

10. Gegeben ist die Folge $\{c_n\}_{n\in\mathbb{N}}$ durch

$$c_n = n\left(1 - \sqrt{\left(1 - \frac{a}{n}\right)\left(1 - \frac{b}{n}\right)}\right) , \quad a, b \in \mathbb{R} .$$

Ist die Folge konvergent und wenn ja, welches ist ihr Grenzwert?

Lösung:   Konvergent, Grenzwert $c = \dfrac{a+b}{2}$ .

11. Untersuchen Sie, ob die Folge $\{a_n\}$, $n \in \mathbb{N}$ mit

$$a_n = \frac{(-1)^n 100^{2n+1}}{(2n+1)!}$$

konvergiert und berechnen Sie gegebenenfalls den Grenzwert.
Lösung:   Konvergent zum Grenzwert $a = 0$.

12. Untersuchen Sie, ob die Folge $\{s_n\}_{n\in\mathbb{N}}$ mit $s_n = \displaystyle\sum_{k=1}^{n} \frac{3}{(3k-1)(3k+2)}$ konvergiert
und bestimmen Sie gegebenenfalls den Grenzwert.

Lösung:   Konvergent, Grenzwert $s = \dfrac{1}{2}$ .

13. Untersuchen Sie die Folgen $\{a_n\}_{n\in\mathbb{N}}$ auf Konvergenz, und geben Sie den Grenzwert $a$ an.

a) $a_1 = \dfrac{1}{2}$, $a_{n+1} = a_n(2 - a_n)$;   b) $a_1 = 3$, $a_{n+1} = \dfrac{7 + 3a_n}{3 + a_n}$;

c) $a_1 = \dfrac{1}{4}$, $a_{n+1} = \dfrac{a_n^2}{2} + \dfrac{1}{4}$;   d) $a_1 = 1$, $a_{n+1} = \dfrac{1}{2}a_n + \dfrac{1}{3}\sqrt{a_n^2 + 1}$;

e) $a_1 = 7$, $a_{n+1} = \dfrac{7(1 + a_n)}{7 + a_n}$;   f) $a_1 = 2$, $a_{n+1} = \dfrac{1}{2}a_n + \dfrac{1}{n}$.

Lösung:

a) $a = 1$;   b) $a = \sqrt{7}$;   c) $a = 1 - \dfrac{1}{2}\sqrt{2}$;   d) $a = \dfrac{2}{\sqrt{5}}$;   e) $a = \sqrt{7}$;   f) $a = 0$.

14. Gegeben ist die Folge $\{a_n\}_{n\in\mathbb{N}}$ durch $a_{n+1} = a_n^2 + \dfrac{1}{4}$ , $a_1 = \dfrac{1}{4}$. Untersuchen Sie die
Folge auf Konvergenz und bestimmen Sie gegebenenfalls den Grenzwert.
Lösung: Konvergent mit Grenzwert $\dfrac{1}{2}$.

15. Zeigen Sie die Konvergenz der rekursiv definierten Folge $\{a_n\}_{n\in\mathbb{N}_0}$ mit

$$a_0 = 0, \quad a_{n+1} = \frac{1}{20}\left(4a_n^2 + 4a_n - 9\right)$$

a) mittels des Monotoniekriteriums,
b) durch Gewinnung eines expliziten Bildungsgesetzes.

Was ergibt sich als Grenzwert? Hinweis: Setzen Sie $a_n = b_n - \dfrac{1}{2}$ .

Lösung:   $a_n = 5\,10^{-2^n} - \dfrac{1}{2}$ , $a = -\dfrac{1}{2}$ .

16. Gegeben ist die Folge $\{a_n\}$ durch das rekursive Bildungsgesetz:

$$a_{n+1} = \sqrt{3} - \frac{1}{2a_n} \ , \quad a_1 = 1 \ .$$

Zeigen Sie:

a) $\dfrac{1}{2} < a_n < \dfrac{3}{2}$ .

b) $\{a_n\}$ ist monoton wachsend.

c) $\{a_n\}$ ist konvergent.

Bestimmen Sie ferner den Grenzwert der Folge.

Lösung: $\quad a = \dfrac{1 + \sqrt{3}}{2}$ .

17. Untersuchen Sie, ob die Folge $\{x_n\}_{n \in \mathbb{N}}$ mit

$$x_{n+2} = \frac{3}{2}\, x_{n+1} - \frac{1}{2}\, x_n \ , \quad x_1 = \frac{3}{2} \ , \quad x_2 = \frac{5}{4}$$

auf Konvergenz und bestimmen Sie gegebenenfalls den Grenzwert.

Lösung: Konvergent, Grenzwert $x = 1$.

# 1.9   Zahlenreihen

## 1.9.1   Grundlagen

Unendliche Reihen werden als Folgen mit speziellem Bildungsgesetz definiert:

$$\sum_{\nu=1}^{\infty} a_\nu = \lim_{n\to\infty} \sum_{\nu=1}^{n} a_\nu = \lim_{n\to\infty} s_n = s \ .$$

$s$ heißt dann Summe der Reihe.

Diese (unvermeidliche) Definition einer unendlichen Reihe ist für Anwendungen (Konvergenzuntersuchungen) kaum praktikabel, da zuerst die „Partialsummen" $s_n$ möglichst explizit berechnet werden müssten, um anschließend den Grenzwert bestimmen zu können. Wie bei Folgen „zerlegen" wir das Problem in zwei Teilprobleme: Mittels geeigneter „Konvergenzkriterien" untersuchen wir auf Konvergenz, um dann anschließend gegebenenfalls die Summe zu berechnen.

Durch den Grenzprozess $n \to \infty$ gelten für unendliche Reihen nicht mehr automatisch Rechengsetze wie bei endlichen Summen (Kommutativ- oder Assoziativgesetz). Unendliche Reihen sind daher gegen „Umordnungen" empfindlich.

- Eine unendliche Reihe heißt absolut konvergent, wenn die Reihe $\sum_{\nu=1}^{\infty} |a_\nu|$ konvergiert.

- Eine unendliche Reihe heißt bedingt konvergent, wenn die Reihe konvergiert, aber nicht absolut konvergiert.

- Absolut konvergente Reihen können beliebig umgeordnet werden, ohne dass sich Konvergenzverhalten und Summe ändern.

- Bedingt konvergente Reihen können so umgeordnet werden, dass sie eine beliebig vorgeschriebene Summe besitzen. (Umordnungssatz von RIEMANN)

Für unendliche Reihen gelten folgende Konvergenzkriterien:

- Linearität:
  Seien $\sum_{\nu=1}^{\infty} a_\nu$ und $\sum_{\nu=1}^{\infty} b_\nu$ konvergente Reihen über $\mathbb{R}$ bzw. $\mathbb{C}$ und seien $\alpha, \beta \in \mathbb{R}\,(\mathbb{C})$ beliebig. Dann ist die Reihe $\sum_{\nu=1}^{\infty} (\alpha a_\nu + \beta b_\nu)$ ebenfalls konvergent und es gilt:

$$\sum_{\nu=1}^{\infty} (\alpha a_\nu + \beta b_\nu) = \alpha \sum_{\nu=1}^{\infty} a_\nu + \beta \sum_{\nu=1}^{\infty} b_\nu \ .$$

- Konvergenzkriterium von CAUCHY für Reihen:
  Die Reihe $\sum_{\nu=1}^{\infty} a_\nu$ ist genau dann konvergent, wenn gilt:

$$\forall \varepsilon > 0 \ \exists N_\varepsilon \in \mathbb{N} \ \forall n, m > N_\varepsilon : \ |s_{m,n}| = \left| \sum_{\nu=m+1}^{n} a_\nu \right| < \varepsilon \ .$$

Daraus folgt unmittelbar, dass die Reihenglieder eine Nullfolge bilden müssen und dass es auf endlich viele Glieder „nicht ankommt", d.h. weglassen, hinzufügen oder abändern beeinflusst nicht das Konvergenzverhalten der Reihe.

- Vergleichskriterium:

  Sei $\sum_{\nu=1}^{\infty} a_\nu$ eine beliebige Reihe und sei $N_0 \in \mathbb{N}$.

  1. Gilt $|a_\nu| \leq c_\nu \; \forall \nu \geq N_0$ und ist $\sum_{\nu=1}^{\infty} c_\nu$ konvergent, so ist $\sum_{\nu=1}^{\infty} a_\nu$ absolut konvergent.

     Die Reihe $\sum_{\nu=1}^{\infty} c_\nu$ heißt (konvergente) <u>Majorante</u> von $\sum_{\nu=1}^{\infty} a_\nu$.

  2. Gilt $|a_\nu| \geq d_\nu \geq 0 \; \forall \nu \geq N_0$ und ist $\sum_{\nu=1}^{\infty} d_\nu$ divergent, so ist $\sum_{\nu=1}^{\infty} |a_\nu|$ divergent.

     Die Reihe $\sum_{\nu=1}^{\infty} d_\nu$ heißt (divergente) <u>Minorante</u> von $\sum_{\nu=1}^{\infty} |a_\nu|$.

- Verdichtungssatz von CAUCHY:

  Sei $\{a_\nu\} \downarrow$ und $a_\nu \geq 0$. $\implies \sum_{\nu=1}^{\infty} a_\nu$ konvergiert genau dann, wenn $\sum_{\nu=0}^{\infty} 2^\nu a_{2^\nu}$ konvergiert.

- Grenzwertkriterium für Reihen:

  Seien $\{a_\nu\}$ und $\{b_\nu\}$ Folgen positiver Zahlen. Gilt: $\lim_{\nu \to \infty} \dfrac{a_\nu}{b_\nu} = l \in (0, \infty)$, so sind die beiden Reihen $\sum_{\nu=1}^{\infty} a_\nu$ und $\sum_{\nu=1}^{\infty} b_\nu$ entweder beide konvergent oder beide divergent.

- Integralkriterium:

  Sei $\{a_\nu\} \downarrow$, Nullfolge und sei $f(x) \downarrow$ in $[1, \infty)$ und dort eine die Folge $\{a_\nu\}$ interpolierende Funktion, d.h.: $f(\nu) = a_\nu \; \forall \nu \in \mathbb{N}$. Dann gilt:

  Die Reihe $\sum_{\nu=1}^{\infty} a_\nu$ konvergiert genau dann, wenn das uneigentliche Integral $\int_{1}^{\infty} f(x)\,dx$ konvergiert.

- Wurzelkriterium:

  Gegeben sei die Reihe $\sum_{\nu=1}^{\infty} a_\nu$. Setze $\alpha := \limsup_{\nu \to \infty} |a_\nu|^{\frac{1}{\nu}}$. Dann gilt:

  1. Ist $\alpha < 1$, so konvergiert $\sum_{\nu=1}^{\infty} a_\nu$ absolut.

  2. Ist $\alpha > 1$, so divergiert $\sum_{\nu=1}^{\infty} a_\nu$.

  3. Ist $\alpha = 1$, so ist mit diesem Kriterium eine Aussage nicht möglich.

- Quotientenkriterium:

  Gegeben sei die Reihe $\sum_{\nu=1}^{\infty} a_\nu$ mit $a_\nu \neq 0$ f.f.a. $\nu \in \mathbb{N}$. Setze $\underline{\alpha} := \liminf_{\nu \to \infty} \left| \dfrac{a_{\nu+1}}{a_\nu} \right|$ bzw.

  $\overline{\alpha} := \limsup_{\nu \to \infty} \left| \dfrac{a_{\nu+1}}{a_\nu} \right|$. Dann gilt:

  1. Ist $\overline{\alpha} < 1$, so konvergiert $\sum_{\nu=1}^{\infty} a_\nu$ absolut.

2. Ist $\underline{\alpha} > 1$, so divergiert $\sum\limits_{\nu=1}^{\infty} a_\nu$.

3. Ist $\underline{\alpha} \leq 1$ **und** $\overline{\alpha} \geq 1$, so ist mit diesem Kriterium eine Aussage nicht möglich.

- LEIBNIZ-Kriterium für alternierende Reihen:

  1. Sei $\{a_\nu\}$ monoton fallende Nullfolge. Dann ist die Reihe $\sum\limits_{\nu=1}^{\infty}(-1)^{\nu+1}a_\nu$ konvergent

  2. Ist $s = \sum\limits_{\nu=1}^{\infty}(-1)^{\nu+1}a_\nu$, so gilt für die Teilsumme $s_n$ die einfache Abschätzung: $|s_n - s| \leq a_{n+1}$.

## 1.9.2  Musterbeispiele

1. Untersuchen Sie, ob die Reihe $\sum\limits_{k=1}^{\infty} \dfrac{1}{k^3 + 3k^2 + 2k}$ konvergiert und bestimmen Sie gegebenenfalls die Summe.

   **Lösung:**
   Die Reihenglieder sind rationale Funktionen und lassen sich daher in Partialbrüche zerlegen:

   $$\frac{1}{k^3 + 3k^2 + 2k} = \frac{1}{2k} - \frac{1}{k+1} + \frac{1}{2(k+2)}$$

   Damit erhalten wir für die $n$-te Partialsumme:

   $$s_n = \sum_{k=1}^{n} \frac{1}{k^3 + 3k^2 + 2k} = \frac{1}{2}\sum_{k=1}^{n}\left(\frac{1}{k} - \frac{2}{k+1} + \frac{1}{k+2}\right) =$$

   $$= \frac{1}{2}\sum_{k=1}^{n}\left(\frac{1}{k} - \frac{1}{k+1}\right) - \frac{1}{2}\sum_{k=1}^{n}\left(\frac{1}{k+1} - \frac{1}{k+2}\right) = \frac{1}{2}\left(1 - \frac{1}{n+1}\right) - \frac{1}{2}\left(\frac{1}{2} - \frac{1}{n+2}\right) =$$

   $$= \frac{1}{4} - \frac{1}{2}\frac{1}{(n+1)(n+2)} \longrightarrow \frac{1}{4} \text{ für } n \to \infty.$$

   $\Longrightarrow$ Die Reihe ist konvergent zur Summe $s = \dfrac{1}{4}$.

   **Bemerkung:** Entscheidend für die explizite Berechnung der Partialsumme $s_n$ war dabei, dass es sich bei den Summen $\sum\limits_{k=1}^{n}\left(\frac{1}{k} - \frac{1}{k+1}\right)$ und $\sum\limits_{k=1}^{n}\left(\frac{1}{k+1} - \frac{1}{k+2}\right)$ um Teleskopsummen handelt, die in trivialer Weise summierbar sind.

2. Untersuchen Sie die Reihe

   $$\sum_{n=1}^{\infty} \sin^2\left[\pi\left(n + \frac{4}{n}\right)\right]$$

   auf Konvergenz.

   **Lösung:**
   Wegen $\sin\left[\pi\left(n + \frac{4}{n}\right)\right] = \underbrace{\sin(\pi n)}_{0}\cos\left(\frac{4\pi}{n}\right) + \underbrace{\cos(\pi n)}_{(-1)^n}\sin\left(\frac{4\pi}{n}\right)$ folgt:

$$\sin^2\left[\pi\left(n+\frac{4}{n}\right)\right] = \sin^2\left(\frac{4\pi}{n}\right).$$

Unter Zuhilfenahme der auf $[0,\infty)$ gültigen Ungleichung $\sin x \leq x$ erhalten wir weiters: $\sin^2\left(\frac{4\pi}{n}\right) \leq \frac{16\pi^2}{n^2}$. Da die Reihe $\sum\limits_{n=1}^{\infty}\frac{1}{n^2}$ konvergiert, ist die vorgelegte Reihe nach dem Vergleichskriterium konvergent.

3. Untersuchen Sie die Reihe

$$\sum_{n=1}^{\infty}\frac{3n^2+3n+1}{n^3(n+1)^3}$$

auf Konvergenz und berechnen Sie gegebenenfalls die Summe der Reihe.

**Lösung:**

Wegen $a_n = \dfrac{3n^2+3n+1}{n^3(n+1)^3} = \dfrac{(n+1)^3-n^3}{n^3(n+1)^3} = \dfrac{1}{n^3}-\dfrac{1}{(n+1)^3}$ ist die $k$-te Partialsumme wieder eine Teleskopsumme: $s_k = \sum\limits_{n=1}^{k}\left(\dfrac{1}{n^3}-\dfrac{1}{(n+1)^3}\right) = 1-\dfrac{1}{(k+1)^3} \longrightarrow 1$ für $k \to \infty$. Daraus folgt: Die Reihe ist konvergent zur Summe $s = 1$.

4. Untersuchen Sie die Reihe

$$\sum_{k=0}^{\infty}\frac{\sqrt{1+2k}}{(3k+1)^2}$$

auf Konvergenz.

**Lösung:**

Wir suchen eine konvergente Majorante. Dazu schätzen wir ab:

$$\sqrt{1+2k} < \sqrt{4k} = 2\sqrt{k} \quad \text{und} \quad \frac{1}{(3k+1)^2} < \frac{1}{9k^2}.$$

Damit erhalten wir die Majorante $\dfrac{2}{9}\sum\limits_{k=1}^{\infty}\dfrac{1}{k^{\frac{3}{2}}}$. Diese ist konvergent, da Reihen der Form $\sum\limits_{k=1}^{\infty}\dfrac{1}{k^{\alpha}}$ für $\alpha > 1$ konvergent sind.

Insgesamt: Die vorgelegte Reihe ist konvergent.

5. Untersuchen Sie die Reihe

$$\sum_{k=1}^{\infty}\frac{\ln\left(1+\frac{1}{k}\right)}{\sqrt{k}}$$

auf Konvergenz.

**Lösung:**

Alle Reihenglieder $a_k := \dfrac{\ln\left(1+\frac{1}{k}\right)}{\sqrt{k}}$ sind positiv. Wegen der auf $[0,\infty)$ gültigen Ungleichung $\ln(1+x) \leq x$ wählen wir die Vergleichsreihe $\sum\limits_{k=1}^{\infty} b_k$ mit $b_k = \dfrac{1}{k^{\frac{3}{2}}}$. Zur Untersuchung der Konvergenz der Reihe verwenden wir den Grenzwertsatz. Aus

$$\lim_{k\to\infty}\frac{a_k}{b_k} = \frac{\ln\left(1+\frac{1}{k}\right)}{\sqrt{k}}\,k^{\frac{3}{2}} = \lim_{x\to 0}\frac{\ln(1+x)}{x} = \lim_{x\to 0}\frac{\frac{1}{1+x}}{1} = 1 \in (0,\infty) \text{ folgt: Die Reihen}$$

$\sum_{k=1}^{\infty} a_k$ und $\sum_{k=1}^{\infty} b_k$ sind entweder beide konvergent oder beide divergent. Nachdem die

Reihe $\sum_{k=1}^{\infty} b_k$ konvergent ist, ist die gegebene Reihe ebenfalls konvergent.

Bemerkung: Die Vergleichsreihe $\sum_{k=1}^{\infty} b_k$ ist auch eine konvergente Majorante.

6. Untersuchen Sie die Reihe

$$\sum_{k=1}^{\infty} \ln\left(1 + \frac{1}{\sqrt{k}}\right)$$

auf Konvergenz.

**Lösung:**

Alle Reihenglieder $\ln(1 + a_k)$ mit $a_k = \dfrac{1}{\sqrt{k}}$ sind positiv. Es gilt für positive Rei-

henglieder $a_k$: $\sum_{k=1}^{\infty} \ln(1 + a_k)$ ist genau dann konvergent, wenn die Reihe $\sum_{k=1}^{\infty} a_k$ kon-

vergiert. Letztere ist aber divergent, da Reihen der Form $\sum_{k=1}^{\infty} \dfrac{1}{k^{\alpha}}$ für $\alpha \le 1$, also

insbesondere für $\alpha = \dfrac{1}{2}$ divergent sind. Somit: Die vorgelegte Reihe ist divergent.

Bemerkung:
Anwendung des Grenzwertkriteriums wäre ebenfalls zielführend gewesen.

7. Untersuchen Sie die Reihe

$$\sum_{\nu=3}^{\infty} \frac{1 + \sqrt{\ln \nu}}{\nu(\ln \nu)^2}$$

auf Konvergenz.

**Lösung:**
Wegen $\dfrac{1 + \sqrt{\ln \nu}}{\nu(\ln \nu)^2} < \dfrac{2\sqrt{\ln \nu}}{\nu(\ln \nu)^2}$ erhalten wir die Majorante $\sum_{\nu=3}^{\infty} \dfrac{2}{\nu(\ln \nu)^{\frac{3}{2}}}$. Da Reihen der

Form $\sum_{\nu=3}^{\infty} \dfrac{1}{\nu(\ln \nu)^{\alpha}}$ für $\alpha > 1$ konvergent sind, ist die Majorante konvergent. Somit:
Die vorgelegte Reihe ist konvergent.

8. Untersuchen Sie die Reihe

$$\sum_{n=2}^{\infty} \frac{\ln n}{1 + n^2}$$

auf Konvergenz.

**Lösung:**
Wegen $\dfrac{\ln n}{1 + n^2} < \dfrac{\ln n}{n^2}$ erhalten wir zunächst die Majorante $\sum_{n=2}^{\infty} \dfrac{\ln n}{n^2}$. Deren Konvergenz zeigen wir unter Verwendung des Verdichtungssatzes. Dazu müssen wir zeigen,

dass die Folge $\{c_n\}$ mit $c_n = \dfrac{\ln n}{n^2}$ monoton fällt. Wir setzen zu reellen Werten

fort, d.h. wir betrachen die Funktion $f(x) = \dfrac{\ln x}{x^2}$. Wegen $f'(x) = \dfrac{x^2 \frac{1}{x} - 2x \ln x}{x^4} =$

$\dfrac{1 - 2\ln x}{x^3} < 0$ für $x > \sqrt{e}$ ist $f(x)$ auf $[2, \infty)$ monoton fallend. Dann fällt aber

auch die Folge $\{c_n\}$ monoton. Damit ist die Voraussetzung des Verdichtungssatzes

erfüllt und es gilt dann: $\displaystyle\sum_{n=2}^{\infty} \dfrac{\ln n}{n^2}$ konvergiert genau dann, wenn die Reihe $\displaystyle\sum_{n=2}^{\infty} 2^n \dfrac{\ln 2^n}{2^{2n}}$

konvergiert. Wegen $2^n \dfrac{\ln 2^n}{2^{2n}} = \ln 2 \dfrac{n}{2^n}$ liegt genau dann Konvergenz vor, wenn die

Reihe $\displaystyle\sum_{n=2}^{\infty} \dfrac{n}{2^n}$ konvergiert. Dies kann mittels des Quotientenkriteriums nachgewiesen

werden: $\displaystyle\lim_{n\to\infty} \dfrac{\frac{n+1}{2^{n+1}}}{\frac{n}{2^n}} = \lim_{n\to\infty} \dfrac{n+1}{2n} = \dfrac{1}{2} < 1$.

Insgesamt gilt dann: Die vorgelegte Reihe ist konvergent.

9. Untersuchen Sie die Reihe

$$\sum_{n=1}^{\infty} \frac{\sqrt{n+1} - \sqrt{n}}{n^{\frac{3}{4}}}$$

auf Konvergenz.

**Lösung:**
Wir schätzen die Reihenglieder ab:

$$\frac{\sqrt{n+1} - \sqrt{n}}{n^{\frac{3}{4}}} = \frac{(n+1) - n}{n^{\frac{3}{4}}\left(\sqrt{n+1} + \sqrt{n}\right)} = \frac{1}{n^{\frac{3}{4}}\left(\sqrt{n+1} + \sqrt{n}\right)} \leq \frac{1}{2n^{\frac{3}{4}}\sqrt{n}} = \frac{1}{2n^{\frac{5}{4}}}$$

Die Majorante konvergiert, da Reihen der Form $\displaystyle\sum_{n=1}^{\infty} \dfrac{1}{n^{\alpha}}$ für $\alpha > 1$, also insbesondere

für $\alpha = \frac{5}{4}$ konvergent sind. Damit ist die gegebene Reihe konvergent.

10. Untersuchen Sie die Reihe

$$\sum_{n=0}^{\infty} \frac{3n! + (n+2)!}{(2n)!}$$

auf Konvergenz.

**Lösung:**
Wir zerlegen die Reihe in zwei Teile:

$$\sum_{n=0}^{\infty} \frac{3n! + (n+2)!}{(2n)!} = \underbrace{\sum_{n=0}^{\infty} \frac{3n!}{(2n)!}}_{a_n} + \underbrace{\sum_{n=0}^{\infty} \frac{(n+2)!}{(2n)!}}_{b_n}$$

Auf die beiden Reihen wenden wir das Quotientenkriterium an:

a) $\displaystyle\limsup_{n\to\infty} \frac{a_{n+1}}{a_n} = \lim_{n\to\infty} \frac{3(n+1)!(2n)!}{(2n+2)!3n!} = \lim_{n\to\infty} \frac{n+1}{(2n+2)(2n+1)} = 0.$

b) $\displaystyle\limsup_{n\to\infty} \frac{b_{n+1}}{b_n} = \lim_{n\to\infty} \frac{(n+3)!(2n)!}{(2n+2)!(n+2)!} = \lim_{n\to\infty} \frac{n+3}{(2n+2)(2n+1)} = 0.$

Da beide Reihen nach dem Quotientenkriterium konvergent sind, ist die vorgelegte Reihe konvergent.

11. Untersuchen Sie die Reihe

$$\sum_{n=0}^{\infty} \frac{1+n\,2^n}{2^n+3^n}$$

auf Konvergenz.

**Lösung:**

Wir schätzen die Reihenglieder ab: $\dfrac{1+n\,2^n}{2^n+3^n} < \dfrac{2n\,2^n}{2^n+3^n} < \dfrac{2n\,2^n}{3^n} = 2n\left(\dfrac{2}{3}\right)^n =: c_n.$

Auf die Majorante wenden wir das Quotientenkriterium an:

$$\limsup_{n\to\infty} \frac{c_{n+1}}{c_n} = \lim_{n\to\infty} \frac{2(n+1)\left(\frac{2}{3}\right)^{n+1}}{\left(\frac{2}{3}\right)^n 2n} = \lim_{n\to\infty} \frac{n+1}{n}\,\frac{2}{3} = \frac{2}{3} < 1\,.$$

Da die Majorante nach dem Quotientenkriterium konvergent ist, ist die vorgelegte Reihe konvergent.

12. Untersuchen Sie die Reihe

$$\sum_{n=1}^{\infty} \frac{1}{n}\left(\frac{1}{3}+\frac{1}{n}\right)^n$$

auf Konvergenz.

**Lösung:**

Wir untersuchen das Konvergenzverhalten der vorgelegten Reihe mittels des Wurzelkriteriums:   Aus $a_n = \dfrac{1}{n}\left(\dfrac{1}{3}+\dfrac{1}{n}\right)^n$ folgt:

$$\limsup_{n\to\infty} \sqrt[n]{|a_n|} = \lim_{n\to\infty} \frac{1}{\sqrt[n]{n}}\left(\frac{1}{3}+\frac{1}{n}\right) = \underbrace{\lim_{n\to\infty}\frac{1}{\sqrt[n]{n}}}_{1}\ \underbrace{\lim_{n\to\infty}\left(\frac{1}{3}+\frac{1}{n}\right)}_{\frac{1}{3}} = \frac{1}{3} < 1.$$

Damit ist die gegebene Reihe nach dem Wurzelkriterium konvergent.

13. Untersuchen Sie, ob die Reihe

$$\sum_{k=1}^{\infty} (-1)^k \frac{k}{(k+1)(k+2)}$$

konvergiert und bestimmen Sie gegebenenfalls die Summe.

**Lösung:**

Da die Reihe alternierend ist, liegt es nahe, die Konvergenz nach dem LEIBNIZ-Kriterium zu untersuchen. Dazu untersuchen wir die Folge $\{a_k\}$ mit $a_k = \dfrac{k}{(k+1)(k+2)}$ auf Monotonie:

$$\frac{a_{k+1}}{a_k} = \frac{(k+1)(k+1)(k+2)}{(k+2)(k+3)k} = \frac{k^2+2k+1}{k^2+3k} = 1 - \frac{k-1}{k^2+3k} < 1 \text{ für } k \geq 2.$$

Da die Folge $\{a_k\}$ darüber hinaus eine Nullfolge ist, sind alle Voraussetzungen des LEIBNIZ-Kriteriums erfüllt. Daher ist die vorgelegte Reihe konvergent.

Zur Berechnung der Summe zerlegen wir $a_k$ in Partialbrüche:

$$\frac{k}{(k+1)(k+2)} = \frac{2}{k+2} - \frac{1}{k+1} \quad . \quad \text{Damit erhalten wir:}$$

$$\sum_{k=1}^{\infty} (-1)^k \frac{k}{(k+1)(k+2)} = \sum_{k=1}^{\infty} (-1)^k \frac{2}{k+2} - \sum_{k=1}^{\infty} (-1)^k \frac{1}{k+1} = 2 \underbrace{\sum_{j=1}^{\infty} (-1)^j \frac{1}{j}}_{-\ln 2} + 2 - 1 +$$

$$+ \underbrace{\sum_{j=1}^{\infty} (-1)^j \frac{1}{j}}_{-\ln 2} + 1 = 2 - 3\ln 2.$$

14. Zeigen Sie, dass die Reihe

$$\sum_{k=2}^{\infty} (-1)^k \frac{k + (-1)^k}{k^2}$$

konvergent ist, dass dies aber, obwohl die Reihe alternierend ist, nicht mit dem LEIBNIZ-Kriterium gezeigt werden kann.

**Lösung:**
Zur Untersuchung der Konvergenz zerlegen wir die Reihe in zwei Teile:

$$\sum_{k=2}^{\infty} (-1)^k \frac{k + (-1)^k}{k^2} = \sum_{k=2}^{\infty} (-1)^k \frac{1}{k} + \sum_{k=2}^{\infty} \frac{1}{k^2} \quad .$$

Da beide Reihen konvergent sind, konvergiert die vorgelegte Reihe.
Die Reihe ist sicher alternierend, da $k + (-1)^k > 0$ für $k \geq 2$ ist. Die Folge $\{a_k\}$ mit $a_k = \dfrac{k + (-1)^k}{k^2}$ ist auch sicher eine Nullfolge. Wir zeigen im Folgenden, dass sie aber nicht monoton fällt.

$$a_k - a_{k+1} = \frac{k + (-1)^k}{k^2} - \frac{(k+1) + (-1)^{k+1}}{(k+1)^2} =$$

$$= \frac{k(k+1)^2 + (-1)^k(k+1)^2 - k^2(k+1) - (-1)^{k+1}k^2}{k^2(k+1)^2} =$$

$$= \frac{(k^2 + k) + (-1)^k(2k^2 + 2k + 1)}{k^2(k+1)^2} = \begin{cases} > 0 & \text{für } k = 2n \\ < 0 & \text{für } k = 2n+1 \end{cases} \quad .$$

D.h. die Folge $\{a_k\}$ fällt nicht monoton. Damit sind aber die Voraussetzungen des LEIBNIZ-Kriteriums nicht erfüllt.

15. Untersuchen Sie die Reihe

$$\sum_{k=1}^{\infty} \frac{\cos\left(\frac{k\pi}{2}\right)}{\sqrt{k}}$$

auf Konvergenz.

**Lösung:**

$$\cos\left(\frac{k\pi}{2}\right) = \begin{cases} 0 & \text{falls } k = 2n+1 \\ (-1)^n & \text{falls } k = 2n \end{cases} \implies \sum_{k=1}^{\infty} \frac{\cos\left(\frac{k\pi}{2}\right)}{\sqrt{k}} = \sum_{n=1}^{\infty} \frac{(-1)^n}{\sqrt{2n}} \quad .$$

$\left\{\dfrac{1}{\sqrt{2n}}\right\}$ ist eine monoton fallende Nullfolge. Nach dem LEIBNIZ-Kriterium ist dann die gegebene Reihe konvergent.

## 1.9.3   Beispiele mit Lösungen

1. Untersuchen Sie die folgenden Reihen auf Konvergenz:

   (a) $\displaystyle\sum_{n=2}^{\infty} \frac{1}{\sqrt[3]{n^2-1}}$ ,     (b) $\displaystyle\sum_{n=1}^{\infty} \frac{1}{n\sqrt[n]{n}}$ ,     (c) $\displaystyle\sum_{n=1}^{\infty} \frac{5n^2}{n^4+1}$ ,

   (d) $\displaystyle\sum_{n=0}^{\infty} (-1)^n \frac{\sqrt{n}}{n+1}$ ,   (e) $\displaystyle\sum_{n=2}^{\infty} (-1)^n \frac{1}{\ln n}$ ,   (f) $\displaystyle\sum_{n=0}^{\infty} (-1)^{[\frac{n}{2}]} \frac{1}{n+1}$ ,

   (g) $\displaystyle\sum_{n=1}^{\infty} \frac{(2n)!}{2^n (n!)^2}$ ,   (h) $\displaystyle\sum_{n=0}^{\infty} \frac{(n!)^2}{(2n)!} 3^n$ ,   (i) $\displaystyle\sum_{n=1}^{\infty} \frac{n^n}{n!\, 3^n}$ ,

   (j) $\displaystyle\sum_{n=1}^{\infty} \left(\frac{n}{n+1}\right)^{n^2}$ ,   (k) $\displaystyle\sum_{n=1}^{\infty} \frac{\sqrt{n}+(-1)^n}{n}$ ,   (l) $\displaystyle\sum_{n=0}^{\infty} \frac{2^n+n}{3^n}$ .

   Lösung: QK = Quotientenkriterium; WK = Wurzelkriterium;
   LK = LEIBNIZ-Kriterium; VK = Vergleichskriterium; GK = Grenzwertkriterium:
   (a) VK, div.,   (b) GK, div.,   (c) VK, konv.,   (d) LK, konv.,
   (e) LK, konv.,   (f) konv.,   (g) QK, div.,   (h) QK, konv.,
   (i) QK, konv.,   (j) WK, konv.,   (k) div.,   (l) konv.

2. Mit einem der Ihnen bekannten Konvergenzkriterien entscheiden Sie über Konvergenz oder Divergenz der folgenden Reihen:

   a) $\displaystyle\sum_{n=1}^{\infty} \frac{1}{n(n+2)}$   b) $\displaystyle\sum_{n=0}^{\infty} \frac{(-1)^n n}{n+8}$   c) $\displaystyle\sum_{n=0}^{\infty} e^{-n}$ .

   Lösungen:
   a) Konvergent (VK),   b) divergent (notw. Krit.),   c) konvergent (geom. Reihe)

3. Entscheiden Sie - mit Begründung - das Konvergenzverhalten der Reihen:

   a) $\displaystyle\sum_{n=1}^{\infty} n e^{-n}$ ,   b) $\displaystyle\sum_{n=1}^{\infty} \frac{3^n}{2^n (\arctan n)^n}$ .

   Lösungen: a) Konvergent (QK),   b) konvergent (WK).

4. Entscheiden Sie - mit Begründung - ob die folgenden beiden Reihen konvergieren oder divergieren:

   a) $\displaystyle\sum_{n=1}^{\infty} \frac{1}{(2n-1)n}$ ,   b) $\displaystyle\sum_{n=1}^{\infty} n^{20} e^{-n}$ .

   Lösungen: a) Konvergent (VK),   b) konvergent (QK).

5. Entscheiden Sie - mit Begründung - ob die folgenden Reihen konvergieren oder divergieren; berechnen Sie im Falle der Konvergenz den Wert der Summe.

   a) $1 - 1 + 1 - 1 + 1 - + \cdots$ ,   b) $\displaystyle\sum_{n=0}^{\infty} \frac{2^n + 3^n}{6^n}$ ,   c) $\displaystyle\sum_{n=2}^{\infty} \frac{1}{(\log n)^2}$ .

   Lösungen:

   a) Divergent (notwendige Bedingung),   b) konvergent (QK), $s = \dfrac{7}{2}$ ,
   c) divergent (Verdichtungssatz).

6. Untersuchen Sie die folgenden Reihen auf Konvergenz:

a) $\displaystyle\sum_{k=2}^{\infty}(-1)^k\frac{k+\sqrt{k}}{k\sqrt{k}-k}$ ,     b) $\displaystyle\sum_{k=1}^{\infty}\frac{(-1)^k k+1}{k^2+k}$   Summe?

Lösung:   a) Konvergent,   b) konvergent, $s=\ln 2$.

7. Untersuchen Sie die folgenden Reihen auf Konvergenz:

a) $\displaystyle\sum_{n=1}^{\infty}\frac{n^2+3n-2}{1+2+\cdots+n}$ ,     b) $\displaystyle\sum_{n=1}^{\infty}\frac{64-56n+14n^2-n^3}{n^5+n^4}$ ,   c) $\displaystyle\sum_{n=1}^{\infty}(-1)^n\frac{2^n}{n^2}$ ,

d) $\displaystyle\sum_{n=2}^{\infty}\frac{\ln\sqrt{n}}{n\sqrt[4]{n}}$ ,     e) $\displaystyle\sum_{n=1}^{\infty}\frac{1\cdot 3\cdot 5\cdots(2n+3)}{n!}$ ,   f) $\displaystyle\sum_{n=2}^{\infty}\frac{n\ln n}{1+n^3}$ .

Lösungen:
a) Divergent, da notwendiges Kriterium nicht erfüllt,
b) konvergent nach dem Vergleichskriterium,
c) divergent nach dem Quotientenkriterium,
d) konvergent nach dem Verdichtungssatz von CAUCHY,
e) divergent nach dem Quotientenkriterium,
f) konvergent nach Verdichtungssatz und Quotientenkriterium.

8. Untersuchen Sie die folgenden Reihen auf Konvergenz:

a) $\displaystyle\sum_{n=1}^{\infty}(-1)^n\frac{\sin\sqrt{n}}{n^{5/2}}$ ,     b) $\displaystyle\sum_{n=1}^{\infty}\frac{3^n}{n^3}$ ,       c) $\displaystyle\sum_{n=1}^{\infty}\ln\left(1+\frac{1}{n^2}\right)$ ,

d) $\displaystyle\sum_{n=1}^{\infty}\frac{n+1}{n+5^n}$ ,     e) $\displaystyle\sum_{n=1}^{\infty}\frac{\binom{n}{3}+3n^2}{1+n^5}$ ,   f) $\displaystyle\sum_{n=2}^{\infty}\frac{1}{(\ln n)^5}$ .

Lösungen:
a) Konvergent nach dem Vergleichskriterium,
b) divergent nach dem Quotientenkriterium,
c) konvergent nach dem Grenzwertkriterium,
d) konvergent nach dem Wurzelkriterium,
e) konvergent nach dem Vergleichskriterium,
f) divergent nach Verdichtungssatz und Quotientenkriterium.

9. Untersuchen Sie die folgenden Reihen auf Konvergenz und bestimmen Sie gegebenenfalls ihre Summe:

a) $\displaystyle\sum_{k=1}^{\infty}\frac{1}{\left(k-\frac{1}{3}\right)\left(k+\frac{2}{3}\right)}$ ,     b) $\displaystyle\sum_{k=1}^{\infty}\frac{1}{(4k-1)(4k+3)}$,   c) $\displaystyle\sum_{k=0}^{\infty}\frac{1}{(2k+3)(5+2k)}$ .

Lösungen:
a) Konvergent (Partialbruchzerlegung, Teleskopsumme), $s=\frac{3}{2}$,

b) konvergent (Partialbruchzerlegung, Teleskopsumme), $s=\frac{1}{12}$,

c) konvergent (Partialbruchzerlegung, Teleskopsumme), $s=\frac{1}{6}$.

10. Untersuchen Sie, ob die Reihe $\displaystyle\sum_{n=1}^{\infty}\frac{2^n}{1\cdot 3\cdot 5\cdots(2n+1)}$ konvergiert.

Lösung:   Konvergent.

11. Sind die folgenden Reihen konvergent?

a) $\sum_{n=1}^{\infty} \dfrac{n^2 + 7}{(n+1)^2}$ , b) $\sum_{n=1}^{\infty} \dfrac{1}{n(n+1)}$ , c) $\sum_{n=1}^{\infty} \dfrac{n+1}{(2n+1)(2n+3)}$ , d) $\sum_{n=1}^{\infty} \dfrac{1}{3^n \sqrt{2n}}$ ,

e) $\sum_{n=1}^{\infty} (-1)^n \dfrac{n^2}{2^n}$ , f) $\sum_{n=1}^{\infty} \dfrac{1}{1+n^2}$ , g) $\sum_{n=1}^{\infty} \dfrac{1}{2^n}$ , h) $\sum_{n=1}^{\infty} (-1)^n \dfrac{n+1}{n^2}$ .

Lösung:
a) und c) divergent, sonst alle konvergent.

12. Untersuchen Sie - unter Verwendung nur eines Konvergenzkriteriums - die folgenden Reihen auf Konvergenz:

a) $\sum_{n=1}^{\infty} \dfrac{4n^2 - n + 3}{n^3 + 2n}$ , b) $\sum_{n=1}^{\infty} \dfrac{n+\sqrt{n}}{2n^3 - 1}$ , c) $\sum_{n=1}^{\infty} \dfrac{4n^2 + 5n - 2}{n(n^2+1)^{3/2}}$ , d) $\sum_{n=1}^{\infty} \sqrt{\dfrac{n - \sqrt{n}}{n^2 + 10n^3}}$ .

Lösung:
Vergleichskriterium, a) divergent, b) konvergent, c) konvergent, d) divergent.

13. Untersuchen Sie - unter Verwendung nur eines Konvergenzkriteriums - die folgenden Reihen auf Konvergenz:

a) $\sum_{n=1}^{\infty} \dfrac{(-1)^{n+1}}{2^n}$ , b) $\sum_{n=1}^{\infty} (-1)^{n-1} \dfrac{n^3}{2^n - 1}$ , c) $\sum_{n=1}^{\infty} \dfrac{3^n}{n^3}$ .

Lösung:   Quotientenkriterium, a) konvergent, b) konvergent, c) divergent.

14. Untersuchen Sie - unter Verwendung nur eines Konvergenzkriteriums - die folgenden Reihen auf Konvergenz:

a) $\sum_{n=1}^{\infty} \left( \dfrac{1}{2} + \dfrac{1}{n} \right)^n$ , b) $\sum_{n=1}^{\infty} (-1)^n \dfrac{n}{(n+1)e^n}$ , c) $\sum_{n=1}^{\infty} \dfrac{n!}{n^n}$ .

Lösung:   Wurzelkriterium, a) konvergent, b) konvergent, c) konvergent.

# 1.10 Stetigkeit und Grenzwerte von Funktionen

## 1.10.1 Grundlagen

- $f : \mathbb{R} \to \mathbb{R}$ heißt stetig an $x_0 \in D(f)$, wenn $\forall \varepsilon > 0 \ \exists \delta_\varepsilon > 0 \ \forall x \in D(f)$ mit $|x - x_0| < \delta_\varepsilon$ folgt: $|f(x) - f(x_0)| < \varepsilon$.

- $f : \mathbb{R} \to \mathbb{R}$ heißt stetig auf der Menge $X_0 \subset D(f)$, wenn $f|X_0$ stetig an allen Punkten $x_0 \in X_0$ ist.

- Eine Abbildung $f : \mathbb{R} \to \mathbb{R}$ ist genau dann an $x_0 \in D(f) \subset X$ stetig, wenn für **jede** Folge $\{x_n\}$ aus $D(f)$ mit $x_n \to x_0$ gilt: $f(x_n) \to f(x_0)$.

- Stetigkeit zusammengesetzter Abbildungen:
  Seien $X, Y$ und $Z$ Teilmengen von $\mathbb{R}$ und $f : X \to Y$, $g : Y \to Z$, wobei gelten soll: $B(f) \subset D(g)$. Dann gilt: Ist $f$ stetig an $x_0 \in D(f)$, $g$ stetig an $f(x_0)$, so ist $g \circ f$ stetig an $x_0$.

- Es seien $X$ und $Y$ Teilmengen von $\mathbb{R}$ und $f : X \to Y$. Die Funktion $f$ heißt gleichmäßig stetig auf $X_0 \subset D(f)$, wenn es zu jedem $\epsilon > 0$ ein „Universal-$\delta$" $(\delta > 0)$ gibt, so dass für alle $x_1, x_2 \in X_0$ mit $|x_1 - x_2| < \delta$ folgt: $|f(x_1) - f(x_2)| < \epsilon$.

- Stetigkeit von Summe, Produkt und Quotient stetiger Funktionen:
  Sei $X$ eine Teilmenge von $\mathbb{R}$ und $f, g : X \to \mathbb{R}$. Ferner seien $f$ und $g$ stetig an $x_0 \in D(f) \cap D(g)$. Dann gilt:

  - $f \pm g$ ist stetig an $x_0$,

  - $f \cdot g$ ist stetig an $x_0$,

  - $\dfrac{f}{g}$ ist stetig an $x_0$, falls $g(x_0) \neq 0$.

- Sei $f$ auf $(a, b)$ definiert und sei $x_0 \in [a, b]$. Dann heißt $\mu = \lim\limits_{\substack{x \to x_0 \\ x \in (a,b)}} f(x)$ bzw. kürzer:

  $\mu = \lim\limits_{x \to x_0^+} f(x)$ Grenzwert der Funktion $f$ an der Stelle $x = x_0$, wenn für jede Folge $\{x_n\}$ aus $(a, b)$ mit $x_n \to x_0$ gilt: $\lim\limits_{n \to \infty} f(x_n) = \mu$. Falls die Folge $\{x_n\}$ sich nur von einer Seite der Stelle $x_0$ nähert, heißt $\mu$ einseitiger (links- oder rechtsseitiger) Grenzwert von $f$ an $x_0$. Schreibweise: $\mu = f(x_0^-)$ bzw. $\mu = f(x_0^+)$.

- Sei $f$ auf $(a, b)$ definiert und sei $x_0 \in (a, b)$. Dann heißt $f$

  - linksseitig stetig an $x_0$, wenn $f(x_0^-) = f(x_0)$ ist, bzw.

  - rechtsseitig stetig an $x_0$, wenn $f(x_0^+) = f(x_0)$ ist.

- Sei $f$ auf $(a, b)$ definiert.

  $$f \text{ ist stetig an } x_0 \in (a, b) \iff \begin{array}{ll} \text{(i)} & f \text{ ist linksseitig stetig an } x_0, \\ \text{(ii)} & f \text{ ist rechtsseitig stetig an } x_0, \\ \text{(iii)} & f(x_0^-) = f(x_0^+) = f(x_0). \end{array}$$

## 1.10.2  Musterbeispiele

1. Für die Funktion $f(x) = \sqrt{4 + x^2}$, $D(f) = \mathbb{R}$, ist zu jedem $\epsilon > 0$ ist ein $\delta_\epsilon > 0$ so zu bestimmen, dass aus $|x - x_0| < \delta_\epsilon$ die Beziehung $|f(x) - f(x_0)| < \epsilon$ folgt.

   **Lösung:** Die Grundidee bei der Behandlung derartiger Problemstellungen besteht darin, dass eine Abschätzung der Form

   $$|f(x) - f(x_0)| \leq K(x, x_0)|x - x_0| < K^*(x_0)\,\delta_\epsilon$$

   gefunden wird, wobei weiters $K(x, x_0)$ nach oben durch eine von $x$ unabhängige Zahl $K^*(x_0)$ abgeschätzt werden kann. Wählen wir nun $\delta_\epsilon > 0$ so, dass $K^*(x_0)\,\delta_\epsilon \leq \epsilon$ ist, gilt jedenfalls $|f(x) - f(x_0)| < \epsilon$ für alle $x \in D(f)$ mit $|x - x_0| < \delta_\epsilon$. Sei nun $x_0 \in D(f) = \mathbb{R}$. Durch Erweitern erhalten wir:

   $$|f(x) - f(x_0)| = \left| \sqrt{4 + x^2} - \sqrt{4 + x_0^2}\, \right| = \frac{|x^2 - x_0^2|}{\sqrt{4 + x^2} + \sqrt{4 + x_0^2}} =$$

   $$= \underbrace{\frac{|x + x_0|}{\sqrt{4 + x^2} + \sqrt{4 + x_0^2}}}_{K(x, x_0)} |x - x_0| \ .$$

   Es gilt weiters:

   $$\frac{|x + x_0|}{\sqrt{4 + x^2} + \sqrt{4 + x_0^2}} \leq \frac{|x| + |x_0|}{\sqrt{4 + x^2} + \sqrt{4 + x_0^2}} \leq \frac{|x|}{\sqrt{4 + x^2}} + \frac{|x_0|}{\sqrt{4 + x_0^2}} \ .$$

   Wegen $\dfrac{|a|}{\sqrt{4 + a^2}} \leq 1$ folgt dann: $K(x, x_0) = \dfrac{|x + x_0|}{\sqrt{4 + x^2} + \sqrt{4 + x_0^2}} \leq 2 =: K^*(x_0)$.

   Dann ist $|f(x) - f(x_0)| \leq 2|x - x_0| < 2\delta_\epsilon \overset{!}{\leq} \epsilon$, sodass wir $\delta_\epsilon = \dfrac{\epsilon}{2}$ wählen können.

2. Zeigen Sie unter Verwendung des $\delta$-$\epsilon$-Kriteriums, dass die Funktion $f(x) = x^2$ auf ganz $\mathbb{R}$ stetig ist.

   **Lösung:**
   Sei $x_0 \in \mathbb{R}$ beliebig. Wir schätzen ab: $|fx) - f(x_0)| = |x^2 - x_0^2| = |x + x_0||x - x_0|$, d.h. $K(x, x_0) = |x + x_0| = |(x - x_0) + 2x_0| \leq |x - x_0| + 2|x_0|$.
   Um nun $K(x, x_0)$ von $x$ unabhängig durch $K^*(x_0)$ abschätzen zu können, unterwerfen wir $|x - x_0|$ der zusätzlichen Bedingung $|x - x_0| \leq 1$. Damit erhalten wir $K^*(x_0) = 1 + 2|x_0|$. Mit $\delta_\epsilon = \min\left\{ 1, \dfrac{\epsilon}{1 + 2|x_0|} \right\}$ ist dann $|fx) - f(x_0)| < \epsilon$ für alle $x$ mit $|x - x_0| < \delta_\epsilon$.

3. Beweisen Sie - unter Verwendung des $\delta$-$\epsilon$-Kriteriums der Stetigkeit - die Stetigkeit der Funktion $f(x) = \sqrt{x}$ auf ihrem gesamten Definitionsbereich.

   **Lösung:**
   Wir spalten zunächst den trivialen Fall $x_0 = 0$ ab. Hier kann $\delta_\epsilon = \epsilon^2$ gewählt werden. Wegen $D(f) = [0, \infty)$ sei nun $x_0 > 0$. Aus $|f(x) - f(x_0)| = |\sqrt{x} - \sqrt{x_0}|$ folgt durch Erweitern mit $|\sqrt{x} + \sqrt{x_0}|$:

   $$|f(x) - f(x_0)| = \frac{|x - x_0|}{|\sqrt{x} + \sqrt{x_0}|} \leq \frac{|x - x_0|}{|\sqrt{x_0}|} \ .$$

Dann kann aber $\delta_\epsilon = \sqrt{x_0}\,\epsilon$ gewählt werden.

4. Beweisen Sie mittels Folgen die Stetigkeit der Funktion $f(x) = \dfrac{x}{1+x^2}$ für alle $x \in \mathbb{R}$.

**Lösung:**
Sei $x_0 \in \mathbb{R}$ beliebig und $\{x_n\}$ eine beliebige gegen $x_0$ konvergente Folge. Dann gilt unter Verwendung entsprechender Konvergenzkriterien für Folgen:

$$\lim_{n\to\infty} f(x_n) = \lim_{n\to\infty} \frac{x_n}{1+x_n} = \frac{\displaystyle\lim_{n\to\infty} x_n}{1 + \left(\displaystyle\lim_{n\to\infty} x_n\right)^2} = \frac{x_0}{1+x_0^2} = f(x_0)\,.$$

Damit ist aber $f(x)$ auf ganz $\mathbb{R}$ stetig.

5. Zeigen Sie mittels geeignet gewählter Folgen, dass die Funktion

$$f(x) = \begin{cases} \sin\left(\frac{1}{x}\right) & \text{für } x \neq 0 \\ 0 & \text{für } x = 0 \end{cases}$$

an der Stelle $x_0 = 0$ nicht stetig ist.

**Lösung:**
Mit den beiden Folgen $\{x_n\} = \left\{\dfrac{1}{n\pi}\right\}$ und $\{x_n^*\} = \left\{\dfrac{2}{(4n+1)\pi}\right\}$ erhalten wir:

$$\lim_{n\to\infty} f(x_n) = \lim_{n\to\infty} \sin(n\pi) = 0 \text{ und } \lim_{n\to\infty} f(x_n^*) = \lim_{n\to\infty} \sin\left(\frac{(4n+1)\pi}{2}\right) = 1.$$

Damit ist aber gezeigt, dass $f(x)$ an der Stelle $x_0 = 0$ unstetig ist.

6. Untersuchen Sie, ob die Funktion

$$f(x) = \begin{cases} x^3 + 3 + e^{|x-1|} & \text{für } x > 1 \\ \sqrt{2-x} + 3x^2 & \text{für } x \leq 1 \end{cases}$$

an der Stelle $x_0 = 1$ stetig ist.

**Lösung:**
Zunächst stellen wir fest, dass $f(x)$ wegen der Sätze über zusammengesetzte Funktionen auf beiden Teilintervallen $(-\infty, 1)$ und $(1, \infty)$ stetig ist. Für den Punkt $x = 1$ ermitteln wir die beiden Grenzwerte:
$$\lim_{x\to 1^-} f(x) = \lim_{x\to 1^-} \left(\sqrt{2-x} + 3x^2\right) = 4, \quad \lim_{x\to 1^+} f(x) = \lim_{x\to 1^+} \left(x^3 + 3 + e^{|x-1|}\right) = 5.$$
Damit ist die Funktion an der Stelle $x = 1$ unstetig (Sprungstelle).

7. Bestimmen Sie diejenigen Werte für $x$, an denen die folgende Funktion stetig ist:

$$f(x) = \frac{\sqrt{x+1} + 2\sqrt{x+2} + \sqrt{x+3}}{x - 5\sqrt{x} + 6}$$

**Lösung:**
$f(x)$ ist zunächst für $x \geq 0$, ausgenommen die Nullstellen des Nenners, definiert

und dort stetig. (Sätze über die Stetigkeit zusammengesetzter Funktionen) Zur Berechnung der Nullstellen des Nenners setzen wir $\sqrt{x} = u$ und erhalten damit aus $u^2 - 5u + 6 = 0$ die beiden Wurzeln $u_1 = 2$ und $u_2 = 3$ bzw. $x_1 = 4$ und $x_2 = 9$. Da der Zähler nie Null werden kann, existieren bei $x_1$ und $x_2$ weder links- noch rechtsseitiger Grenzwert. Die Funktion $f(x)$ ist daher dort unstetig, d.h. $f(x)$ ist auf $[0, 4) \cup (4, 9) \cup (9, \infty)$ stetig.

8. Für welche Wahl von $a, b \in \mathbb{R}$ ist die folgende Funktion stetig ?

$$f(x) = \begin{cases} 1 + x^2 & \text{falls } x \leq 1 \\ ax - x^3 & \text{falls } 1 < x \leq 2 \\ bx^2 & \text{sonst} \end{cases} .$$

**Lösung:**
$f(x)$ ist zunächst für $x \in (-\infty, 1) \cup (1, 2) \cup (2, \infty)$ stetig bei beliebigen Werten von $a$ und $b$. Wir berechnen nun die Grenzwerte an den Stellen $x = 1$ und $x = 2$:

$$\lim_{x \to 1^-} f(x) = \lim_{x \to 1^-} (1 + x^2) = 2, \quad \lim_{x \to 1^+} f(x) = \lim_{x \to 1^+} (ax - x^3) = a - 1,$$

$$\lim_{x \to 2^-} f(x) = \lim_{x \to 2^-} (ax - x^3) = 2a - 8, \quad \lim_{x \to 2^+} f(x) = \lim_{x \to 2^+} bx^2 = 4b.$$

Wählen wir $a = 3$ und $b = -\dfrac{1}{2}$, so stimmen die links- und rechtsseitigen Grenzwerte überein und auch mit dem dort definierten Funktionswert. Dann ist aber $f(x)$ auf ganz $\mathbb{R}$ stetig.

9. Geben Sie - falls möglich - eine stetige Ergänzung der Funktion

$$f(x) = \begin{cases} x + 1 & \text{für } -2 < x < 1 \\ -2x + 4 & \text{für } 1 < x < 3 \\ x - 2 & \text{für } 3 < x \leq 4 \end{cases} .$$

in den Punkten $x_1 = 1$ und $x_2 = 3$ an.

**Lösung:**
Wir berechnen die Grenzwerte an den Stellen $x_1$ und $x_2$:

$$\lim_{x \to 1^-} f(x) = \lim_{x \to 1^-} (x + 1) = 2, \quad \lim_{x \to 1^+} f(x) = \lim_{x \to 1^+} (-2x + 4) = 2,$$

$$\lim_{x \to 3^-} f(x) = \lim_{x \to 3^-} (-2x + 4) = -2, \quad \lim_{x \to 3^+} f(x) = \lim_{x \to 3^+} (x - 2) = 1.$$

Daher ist $f(x)$ an der Stelle $x = 1$ durch $f(1) = 2$ stetig ergänzbar, an der Stelle $x = 3$ hingegen nicht.

## 1.10.3   Beispiele mit Lösungen

1. Für die nachstehenden Funktionen ist zu jedem $\epsilon > 0$ ein $\delta_\epsilon > 0$ so zu bestimmen, dass aus $|x - x_0| < \delta_\epsilon$ die Beziehung $|f(x) - f(x_0)| < \epsilon$ folgt.

   (a) $f(x) = \dfrac{1}{x}$ ,   $D(f) = (0, \infty)$ ,   (b) $f(x) = \dfrac{1}{x^2 + 4}$ ,   $D(f) = \mathbb{R}$.

   Lösungen:
   (a) $\delta_\epsilon = \min\left\{\dfrac{x_0}{2}, \dfrac{x_0^2}{2}\epsilon\right\}$,   (b) $\delta_\epsilon = 2\epsilon$.

2. Geben Sie, falls möglich, stetige Ergänzungen der folgenden Funktionen in den jeweils angegebenen Punkten an:

$$\text{(a)}\quad f(x) = \frac{4 - x^2}{3 - \sqrt{x^2 + 5}}, \quad \xi = \pm 2, \quad \text{(b)}\quad f(x) = \frac{3x^2 - x - 2}{(x - 1)^2}, \quad \xi = 1,$$

$$\text{(c)}\quad f(x) = \begin{cases} x + 1 & \text{falls } -2 \leq x < 1 \\ -2x + 4 & \text{falls } 1 < x < 3 \\ x - 2 & \text{falls } 3 < x \leq 4 \end{cases}, \quad \xi_1 = 1, \ \xi_2 = 3.$$

Lösungen:
(a) $f(\pm 2) = 6$, (b) nicht stetig ergänzbar, (c) $f(1) = 2$, Sprungstelle bei $x = 3$.

3. Gegeben ist die Funktion $f$ durch:

$$f(x) = \frac{1}{2x} - \sqrt{\frac{1}{4x^2} - \frac{1}{x} - 1} \ .$$

a) Bestimmen Sie den Definitionsbereich $D(f)$.
b) Untersuchen Sie, ob $f(x)$ an der Stelle $x_0 = 0$ stetig ergänzbar ist.

Lösung:  $D(f) = \left[ -\frac{1 + \sqrt{2}}{2}, \frac{-1 + \sqrt{2}}{2} \right] \setminus \{0\}$,   nicht stetig ergänzbar.

4. Ermitteln Sie $a, b \in \mathbb{R}$ derart, dass die Funktion

$$f(x) = \begin{cases} \sqrt{x} & \text{für } 0 < x \leq 1 \\ a + bx + \sqrt{x + 2} & \text{für } x > 1 \end{cases}$$

im gesamten Definitionsbereich stetig differenzierbar ist.

Lösung:  $a = \dfrac{1}{2} - \dfrac{5\sqrt{3}}{6}, \quad b = \dfrac{1}{2} - \dfrac{\sqrt{3}}{6} \ .$

5. Gegeben ist die Funktion $f(x) = x[x]$, $-2 \leq x \leq 2$. Untersuchen Sie, wo die Funktion stetig ist und bestimmen Sie die Sprungstellen.

Lösung:  $f(x)$ ist stetig auf $[-2, 2] \setminus \{-1, 1, 2\}$ und hat an $x = -1$, $x = 1$ und an $x = 2$ Sprungstellen.

6. Bestimmen Sie den Grenzwert der Funktion $f(x) = \sqrt{x + \sqrt{x}} - \sqrt{x - \sqrt{x}}$, $x > 0$, für $x \to \infty$.
Lösung:  1.

7. Für welche Werte $x \in \mathbb{R}$ ist die Funktion $f(x) = |x| + \dfrac{1}{1 - x}$ stetig ?

Lösung:  $x \in \mathbb{R} \setminus \{1\}$.

8. Lassen sich zu $a, b, c \in \mathbb{R}$ mit $c > 0$ zwei reelle Zahlen $\alpha$, $\beta$ so bestimmen, dass die Funktion

$$f(x) = \sqrt{a + \frac{b}{x} + \frac{c}{x^2}} - \alpha - \frac{\beta}{x}$$

im Ursprung stetig ergänzbar wird ?

Lösung:  Nein.

9. Bestimmen Sie die rechts- und linksseitigen Grenzwerte der Funktion

$$f(x) = \begin{cases} x^2 & \text{für} \quad -1 \leq x < 1 \\ -x + 1 & \text{für} \quad 1 < x < 2 \\ x - 3 & \text{für} \quad 2 < x \leq 4 \end{cases}$$

in den Punkten $x_1 = 1$ und $x_2 = 2$ und ergänzen Sie die Funktion derart, dass dort Sprungstellen vorliegen.

Lösung:
$\lim\limits_{x \to 1^-} f(x) = \lim\limits_{x \to 1^-} x^2 = 1$, $\lim\limits_{x \to 1^+} f(x) = \lim\limits_{x \to 1^+} (-x + 1) = 0$, d.h. es liegt bereits eine
Sprungstelle vor, $\lim\limits_{x \to 2^-} f(x) = \lim\limits_{x \to 2^-} (-x + 1) = -1$, $\lim\limits_{x \to 2^+} f(x) = \lim\limits_{x \to 2^+} (x - 3) = -1$,
wähle z.B. $f(2) = 0$.

10. Untersuchen Sie, ob die Funktion

$$f(x) = \begin{cases} x^2 + 2 & \text{für} \quad x < -1 \\ |x - 2| & \text{für} \quad -1 \leq x < 3 \\ |x + 5| - |x + 3| & \text{für} \quad x \geq 3 \end{cases}$$

an den Stellen $x_0 = -1$, $x_1 = 3$ stetig ist.

Lösung:   stetig an $x_0$, unstetig an $x_1$

# 1.11 Elementare reellwertige Funktionen

## 1.11.1 Grundlagen

- Eine Funktion $P : \mathbb{R} \to \mathbb{R}$ (bzw. $\mathbb{C} \to \mathbb{C}$) mit $D(P) = \mathbb{R}$ bzw. $\mathbb{C}$,

$$P(x) = \sum_{\nu=0}^{n} a_\nu x^\nu, \ a_\nu \in \mathbb{R} \text{ bzw. } \mathbb{C}, \ n \in \mathbb{N}_0, \ a_n \neq 0$$

heißt Polynom(funktion) vom Grad $n$.

- Sind $P$ und $Q$ zwei Polynome, so heißt die Funktion $R : \mathbb{R} \to \mathbb{R}$ bzw. $\mathbb{C} \to \mathbb{C}$, mit
$D(R) = \{x \in \mathbb{R} \text{ bzw. } \mathbb{C} \,|\, Q(x) \neq 0\}$, $R(x) = \dfrac{P(x)}{Q(x)}$, rationale Funktion.

Für Polynome gelten die folgenden Aussagen:

- Seien $P$ und $Q$ Polynome. Dann gilt:
  (i) Grad $(P + Q) \leq \max\{$Grad $P$ , Grad $Q\}$,
  (ii) Grad $(P\,Q) =$ Grad $P+$ Grad $Q$,
  (iii) $P \not\equiv 0 \Rightarrow$ Grad $(P\,Q) \geq$ Grad $Q$.

- Produktdarstellung reeller Polynome:
  Ein reelles Polynom $P(x)$ vom Grad $n \geq 1$ besitzt höchstens $n$ verschiedene reelle Nullstellen $x_1, x_2, \ldots, x_m$ und lässt sich in der Form

$$P(x) = (x - x_1)^{\nu_1}(x - x_2)^{\nu_2} \ldots (x - x_m)^{\nu_m} Q(x)$$

darstellen, wobei $Q$ ein Polynom vom Grad $n - (\nu_1 + \nu_2 + \cdots + \nu_m)$ ist, das keine Nullstellen in $\mathbb{R}$ besitzt.

- Identitätssatz für Polynome:
  Stimmen die Werte zweier Polynome $P(x) = a_0 + a_1 x + \cdots + a_n x^n$ und $Q(x) = b_0 + b_1 x + \cdots + b_n x^n$ an $n + 1$ verschiedenen Stellen überein, so sind die Polynome identisch, d.h. $a_k = b_k$ für $0 \leq k \leq n$ bzw. $P(x) \equiv Q(x)$.

- Divisionssatz für Polynome: Ist $S$ ein nichttriviales Polynom, d.h. Grad $S \geq 1$, so lässt sich jedes Polynom $P$ in der Form

$$P = Q\,S + R \qquad \text{mit Grad } R < \text{ Grad } S$$

und eindeutig bestimmten Polynomen $Q$ und $R$ darstellen.

- Fundamentalsatz der Algebra:
  Jedes komplexe Polynom positiven Grades besitzt mindestens eine komplexe Nullstelle.

- Kanonische Produktdarstellung komplexer Polynome:
  Jedes Polynom $P(z) = \displaystyle\sum_{\nu=0}^{n} a_\nu z^\nu$ vom Grad $n \geq 1$ lässt sich mit Hilfe seiner (verschiedenen) Nullstellen $z_1, z_2, \ldots, z_m$ als ein Produkt

$$P(z) = a_n(z - z_1)^{\nu_1}(z - z_2)^{\nu_2} \ldots \ldots (z - z_m)^{\nu_m} \text{ mit } \nu_1 + \nu_2 + \cdots + \nu_m = n$$

darstellen.

- Komplexe Nullstellen reeller Polynome:
  Für reellwertige Polynome, d.h. $a_0, a_1, \ldots, a_n \in \mathbb{R}$ gilt: Ist $\zeta$ eine (komplexe) Nullstelle von $P(z)$, so ist auch $\bar{\zeta}$ Nullstelle.

- Reeller Zerlegungssatz:
  Ist $P(z) = \sum_{\nu=0}^{n} a_\nu z^\nu$ ein Polynom mit reellen Koeffizienten und bezeichne $x_1, \ldots, x_r$
  die verschiedenen reellen Nullstellen von $P$, so lässt sich $P$ in der reellen kanonischen
  Produktdarstellung

  $$P(x) = a_n(x - x_1)^{\rho_1} \ldots (x - x_r)^{\rho_r}(x^2 + A_1 x + B_1)^{\sigma_1} \ldots (x^2 + A_s x + B_s)^{\sigma_s}$$

  mit $\rho_1, \ldots, \rho_r, \sigma_1, \ldots, \sigma_s \in \mathbb{N}$ und $\rho_1 + \cdots + \rho_r + 2\sigma_1 + \cdots + 2\rho_s = n$ darstellen.
  Dabei besitzen die Polynome $x^2 + A_i x + B_i$ reelle Koeffizienten $A_i$ und $B_i$ aber keine
  reellen Nullstellen.

Rationale Funktionen können in Partialbrüche zerlegt werden:

Sei $R(x) = \dfrac{P(x)}{Q(x)}$ eine echt gebrochen reelle rationale Funktion und besitze das Nennerpolynom die Produktdarstellung

$$Q(x) = a(x - x_1)^{\rho_1} \ldots (x - x_r)^{\rho_r}(x^2 + A_1 x + B_1)^{\sigma_1} \ldots (x^2 + A_s x + B_s)^{\sigma_s}.$$

Dann lässt sich $R(x)$ in die Partialbrüche

$$R(x) = \frac{a_{11}}{x - x_1} + \frac{a_{12}}{(x - x_1)^2} + \cdots + \frac{a_{1\rho_1}}{(x - x_1)^{\rho_1}} + \frac{a_{r1}}{x - x_r} + \frac{a_{r2}}{(x - x_r)^2} + \cdots + \frac{a_{r\rho_r}}{(x - x_r)^{\rho_r}} + \cdots$$

$$\cdots + \frac{\alpha_{11} x + \beta_{11}}{x^2 + A_1 x + B_1} + \frac{\alpha_{12} x + \beta_{12}}{(x^2 + A_1 x + B_1)^2} + \cdots + \frac{\alpha_{1\sigma_1} x + \beta_{1\sigma_1}}{(x^2 + A_1 x + B_1)^{\sigma_1}} + \cdots$$

$$\cdots + \frac{\alpha_{s1} x + \beta_{s1}}{x^2 + A_s x + B_s} + \frac{\alpha_{s2} x + \beta_{s2}}{(x^2 + A_s x + B_s)^2} + \cdots + \frac{\alpha_{s\sigma_s} x + \beta_{s\sigma_s}}{(x^2 + A_s x + B_s)^{\sigma_s}}$$

zerlegen, wobei $a_{jk}$, $\alpha_{\nu\mu}$ und $\beta_{\nu\mu} \in \mathbb{R}$.

Für reellwertige stetige Funktionen gilt:

- Nullstellensatz von BOLZANO:
  Die Funktion $f : \mathbb{R} \to \mathbb{R}$ sei auf dem Intervall $[a, b]$ definiert und dort stetig und es
  gelte: $f(a)f(b) < 0$ (d.h. $f(a)$ und $f(b)$ haben unterschiedliches Vorzeichen). Dann
  gibt es mindestens ein $\xi \in (a, b)$ mit $f(\xi) = 0$. (D.h. $f$ hat in $(a, b)$ mindestens eine
  Nullstelle.)

- Zwischenwertsatz:
  Die Funktion $f : \mathbb{R} \to \mathbb{R}$ sei auf dem Intervall $[a, b]$ definiert und dort stetig. Sei $\eta$
  eine Zahl mit

  $$\inf_{[a,b]} f(x) \le \eta \le \sup_{[a,b]} f(x) .$$

Dann gibt es mindestens ein $\xi \in [a, b]$ mit $f(\xi) = \eta$.

## 1.11.2 Musterbeispiele

1. Bestimmen Sie mittels Polynomdivision den ganzen Anteil von $\dfrac{x^7 - 3x^3 + 1}{x^2 + x + 1}$ .

**Lösung:**

$$
\begin{array}{l}
(x^7 \qquad\qquad -3x^3 \qquad +1) : (x^2 + x + 1) = x^5 - x^4 + x^2 - 4x + 3 \\
\underline{-(x^7 + x^6 + x^5)} \\
\qquad -x^6 \ -x^5 \qquad -3x^3 \qquad +1 \\
\qquad \underline{-(-x^6 \ -x^5 \ -x^4)} \\
\qquad\qquad x^4 \ -3x^3 \qquad\qquad +1 \\
\qquad\qquad \underline{-(x^4 \ +x^3 \ +x^2)} \\
\qquad\qquad\qquad -4x^3 \ -x^2 \qquad +1 \\
\qquad\qquad\qquad \underline{-(-4x^3 \ -4x^2 \ -4x)} \\
\qquad\qquad\qquad\qquad 3x^2 \ +4x \ +1 \\
\qquad\qquad\qquad\qquad \underline{-(3x^2 \ +3x \ +3)} \\
\qquad\qquad\qquad\qquad\qquad x \ -2 \ \text{Rest}
\end{array}
$$

Der ganze Anteil beträgt daher: $x^5 - x^4 + x^2 - 4x + 3$.

2. Stellen Sie die folgenden Polynomfunktionen durch Produkte ihrer (reellen) Nullstellenfaktoren dar:

a) $P_1(x) = x^3 - 4x^2 + x + 6$, b) $P_2(x) = x^3 - x^2 + 4x - 4$, c) $P_3(x) = x^7 + 4x^5 - x^3 - 4x$.

**Lösung:**

(a) Wir suchen also Nullstellen der Gleichung $x^3 - 4x^2 + x + 6 = 0$. Falls diese Gleichung eine ganzzahlige Lösung besitzt, muss sie Teiler des absoluten Gliedes, also 6 sein. Somit kommen in Frage: $\pm 1$, $\pm 2$, $\pm 3$, $\pm 6$. Einsetzen liefert dann: $x_1 = -1$, $x_2 = 2$ und $x_3 = 3$. Daraus folgt: $\underline{P_1(x) = (x + 1)(x - 2)(x - 3)}$.

(b) Als ganzzahlige Nullstellen der Gleichung $x^3 - x^2 + 4x - 4 = 0$ kommen hier $\pm 1$ und $\pm 2$ in Betracht. Einsetzen lehrt, dass nur $x = 1$ Nullstelle ist. Zur Ermittlung weiterer Nullstellen dividieren wir das Polynom $P_2(x)$ durch den Nullstellen- bzw. Wurzelfaktor $x - 1$. Das liefert: $\underline{P_2(x) = (x - 1)(x^2 + 4)}$.

(c) Die Gleichung $x^7 + 4x^5 - x^3 - 4x = 0$ hat die Nullstelle $x_1 = 0$, d.h. es ist dann nach Division von $P_3(x)$ durch $x$ die Gleichung $x^6 + 4x^4 - x^2 - 4 = 0$ weiter zu untersuchen. Als ganzzahlige Wurzeln ergeben sich $x_2 = -1$ und $x_3 = 1$. Die Polynomdivision $(x^6 + 4x^4 - x^2 - 4) : (x^2 - 1)$ liefert dann als Quotient das Polynom $x^4 + 5x^2 + 4$. Aus der „biquadratischen Gleichung" $x^4 + 5x^2 + 4 = 0$ folgt nach Substitution $x^2 = u$ die quadratische Gleichung $u^2 + 5u + 4 = 0$ mit den Nullstellen $u_1 = -1$ und $u_2 = -4$. Damit gilt: $x^4 + 5x^2 + 4 = (x^2 + 1)(x^2 + 4)$. Insgesamt erhalten wir dann die Zerlegung: $\underline{P_3(x) = x(x + 1)(x - 1)(x^2 + 1)(x^2 + 4)}$.

3. Bestimmen Sie alle (auch komplexen) Nullstellen des Polynoms

$$P(x) = x^4 - 8x^3 + 16x^2 - 48x + 260 \,,$$

wobei bekannt ist, dass $x_1 = 5 + i$ eine Nullstelle ist.

**Lösung:**
Da $P(x)$ reelle Koeffizienten besitzt, sind die Nullstellen entweder reell, oder sie
treten paarweise konjugiert komplex auf. D.h. aber, dass dann auch $x_2 = 5 - i$ Nullstelle ist. Eine Polynomdivision durch $(x - x_1)(x - x_2) = (x - 5 - i)(x - 5 + i) =
x^2 - 10x + 26$ liefert dann: $P(x) = (x^2 - 10x + 26)(x^2 + 2x + 10)$. Das Quotien-
tenpolynom $x^2 + 2x + 10$ besitzt dann die weiteren Nullstellen $x_3 = -1 + 3i$ und
$x_4 = -1 - 3i$.

4. Von einem unbekannten Polynom 3. Grades sind folgende 4 Werte bekannt:

| $x$    | 0 | 1 | $-1$ | 2 |
|--------|---|---|------|---|
| $P(x)$ | 2 | 1 | 1    | 4 |

Welchen Wert nimmt $p$ an der Stelle $x = 1.5$ an?

**Lösung:**
Das gesuchte Polynom ist von der Form $P(x) = ax^3 + bx^2 + cx + d$. Wegen $P(0) = 2$
folgt: $d = 2$. Aus $P(1) + P(-1) = 2b + 4 = 2$ folgt: $b = -1$ und weiters wegen
$P(1) = a - 1 + c + 2 = 1$ gilt: $c = -a$. Schließlich ist wegen $P(2) = 8a - 4 - 2a + 2 = 4$:
$a = 1$ und $b = 1$. Somit: $\underline{P(x) = x^3 - x^2 - x + 2}$ ,   $P(1.5) = \dfrac{13}{8}$ .

5. Ermitteln Sie den größten gemeinsamen Teiler der Polynome:
$$P_1(x) = x^4 - 3x^3 + 4x^2 - 6x + 4 , \quad P_2(x) = x^3 - 6x^2 + 11x - 6 .$$

**Lösung:**
Das Polynom $P_1(x)$ hat offensichtlich die beiden Nullstellen $x_1 = 1$ und $x_2 = 2$.
Polynomdivision liefert dann den weiteren Faktor $x^2 + 2$, d.h. es gilt:
$P_1(x) = (x - 1)(x - 3)(x^2 + 2)$.
Das Polynom $P_2(x)$ hat ebenfalls die beiden Nullstellen $x_1 = 1$ und $x_2 = 2$. Poly-
nomdivision liefert dann den weiteren Faktor $x - 3$, d.h. es gilt:
$P_2(x) = (x - 1)(x - 2)(x - 3)$.
Dann ist aber der größte gemeinsame Teiler von $P_1(x)$ und $P_2(x)$:
$$C(x^2 - 3x + 2), \; C \in \mathbb{R} .$$

6. Zerlegen Sie in Partialbrüche:
$$R(x) = \frac{x^4 - x^3 + 5x^2 + 2x - 40}{x^3 - 3x^2 + 4x - 12} .$$

**Lösung:**
Die rationale Funktion $R(x)$ ist ein unechter Bruch, d.h. der Grad des Zählerpoly-
noms ist nicht kleiner als der des Nennerpolynoms. Daher ist eine Polynomdivision
durchzuführen. Es ergibt sich:
$$R(x) = x + 2 + \frac{7x^2 + 6x - 16}{x^3 - 3x^2 + 4x - 12} = x + 2 + R_1(x) .$$

$R_1(x)$ ist nun ein echter Bruch. Für die Partialbruchzerlegung von $R_1(x)$ benötigen
wir die reelle Faktorisierung des Nennerpolynoms. Diese ergibt sich zu:
$x^3 - 3x^2 + 4x - 12 = (x - 3)(x^2 + 4)$. Dann kann $R_1(x)$ in die Partialbrüche
$$R_1(x) = \frac{A}{x - 3} + \frac{Bx + C}{x^2 + 4}$$

zerlegt werden. Multiplikation mit dem Nennerpolynom $(x-3)(x^2+4)$ liefert dann:
$7x^2 + 6x - 16 = A(x^2 + 4) + (Bx + C)(x - 3)$.

Zur Bestimmung der Koeffizienten $A, B$ und $C$ setzen wir zunächst die reelle Nullstelle $x = 3$ ein und erhalten: $A = 5$. Als nächstes setzen wir die komplexe Nullstelle $x = 2i$ ein. Das liefert: $-44 + 12i = (-4B - 3C) + i(-6B + 2C)$.

Vergleich von Real- und Imaginärteil führt zum Gleichungssystem $4B + 3C = 44$ und $-6B + 2C = 12$, dessen Lösung offensichtlich $B = 2$ und $C = 12$ ist. Insgesamt erhalten wir dann die Zerlegung:

$$R(x) = 2 + x + \frac{5}{x-3} + \frac{2x+12}{x^2+4} .$$

7. Bestimmen Sie die Partialbruchzerlegung der Funktion

$$f(x) = \frac{4x^3 - 9x^2 + 7x - 12}{x^4 - 2x^3 + 5x^2 - 8x + 4} .$$

**Lösung:**
Zunächst muss das Nennerpolynom $x^4 - 2x^3 + 5x^2 - 8x + 4$ faktorisiert werden. Offensichtlich ist $x = 1$ eine Nullstelle. Nach Division durch $x - 1$ erhalten wir $x^3 - x^2 + 4x + 4$. Offensichtlich ist auch hier $x = 1$ eine Nullstelle. Nach weiterer Division durch $x - 1$ erhalten wir dann $x^2 + 4$. Damit können wir die für die Partialbruchzerlegung von $f(x)$ ansetzen:

$$f(x) = \frac{A}{x-1} + \frac{B}{(x-1)^2} + \frac{Cx+D}{x^2+4} .$$

Multiplikation mit dem Nennerpolynom $(x-1)^2(x^2+4)$ liefert dann:
$4x^3 - 9x^2 + 7x - 12 = A(x-1)(x^2+4) + B(x^2+4) + (Cx+D)(x-1)^2$.

Da dies eine Identität in $x$ auf ganz $\mathbb{R}$ ist, müssen die Koeffizienten der jeweiligen Potenzen übereinstimmen (Koeffizientenvergleich). Das liefert:

$$
\begin{array}{llrrrrrrr}
x^3: & 4 &=& A & & & + & C & \\
x^2: & -9 &=& -A &+& B &-& 2C &+& D \\
x^1: & 7 &=& 4A & & &+& C &-& 2D \\
x^0: & -12 &=& -4A &+& 4B & & &+& D
\end{array}
$$

Dieses lineare inhomogene Gleichungssystem für die Koeffizienten $A, B, C$ und $D$ besitzt die Lösungen $A = 1$, $B = -2$, $C = 3$ und $D = 0$. Damit folgt schließlich:

$$f(x) = \frac{1}{x-1} - \frac{2}{(x-1)^2} + \frac{3x}{x^2+4} .$$

8. Zerlegen Sie in Partialbrüche:

$$R(x) = \frac{4x^2 + 4x + 8}{x^2(x^2+2)^2} .$$

**Lösung:**

Hier ist das Nennerpolynom schon faktorisiert und wir können daher sofort die Partialbruchzerlegung ansetzen:

$$R(x) = \frac{A}{x} + \frac{B}{x^2} + \frac{Cx + D}{x^2 + 2} + \frac{Ex + F}{(x^2 + 2)^2} \ .$$

Multiplikation mit dem Nennerpolynom $x^2(x^2 + 2)^2$ liefert dann:

$$4x^2 + 4x + 8 = Ax(x^2 + 2)^2 + B(x^2 + 2)^2 + (Cx + D)x^2(x^2 + 2) + (Ex + F)x^2.$$

Koeffizientenvergleich liefert die Gleichungen:

$A + C = 0$, $B + D = 0$, $4A + 2C + E = 0$, $4B + 2D + F = 4$, $4A = 4$ und $4B = 8$. Aus den letzten beiden Gleichungen folgt sofort $A = 1$ und $B = 2$. Damit ergibt sich aus den ersten beiden Gleichungen: $C = -1$ und $D = -2$ und schließlich mit den verbleibenden Gleichungen $E = -2$ und $F = 0$. Somit:

$$R(x) = \frac{1}{x} + \frac{2}{x^2} - \frac{x + 2}{x^2 + 2} - \frac{2x}{(x^2 + 2)^2} \ .$$

9. Vereinfachen Sie den folgenden Ausdruck und bestimmen Sie den maximalen Definitionsbereich:

$$f(x) = \left[ \frac{\left(\sqrt{x^3} - \sqrt{8}\right)\left(\sqrt{x} + \sqrt{2}\right)}{x + \sqrt{2x} + 2} \right] + \sqrt{(x^2 + 2)^2 - 8x^2} \ .$$

**Lösung:**

Wir vereinfachen zuerst den Zähler des ersten Terms:

$$(\sqrt{x^3} - \sqrt{8})(\sqrt{x} + \sqrt{2}) = x^2 + x\sqrt{2x} - 2\sqrt{2x} - 4 = x^2 - 4 + \sqrt{2x}(x - 2) =$$
$$= (x + \sqrt{2x} + 2)(x - 2).$$

Im zweiten Term vereinfachen wir den Radikand: $(x^2 + 2)^2 - 8x^2 = (x^2 - 2)^2$. Insgesamt gilt dann:

$$f(x) = x - 2 + |x^2 - 2| \ .$$

$f(x)$ ist auf $[0, \infty)$ definiert.

10. Bestimmen Sie die reellen Lösungen der Gleichungen:
    a) $ae^x - be^{-x} = 0$, $a, b > 0$,     b) $e^{2x} + e^x - \ln e^2 = 0$ .

**Lösung:**

a) Multiplikation mit $e^x$ liefert $ae^{2x} - b = 0 \implies x = \frac{1}{2} \ln\left(\frac{b}{a}\right)$ .

b) Mit $e^x = u$ folgt: $u^2 + u - 2 = 0 \implies u_1 = 1$, $u_2 = -2$. Da $u > 0$ gelten muss, entfällt die Lösung $u_2$. Damit ist $x = 0$ die einzige Lösung.

11. Beweisen Sie:   $2\sinh^2\left(\frac{x}{2}\right) = \cosh x - 1$ .

**Lösung:**

Gemäß der Definition des hyperbolischen Sinus ist

$$2\sinh^2\left(\frac{x}{2}\right) = 2\left(\frac{e^{x/2} - e^{-x/2}}{2}\right)^2 = \frac{e^x - 2 + e^{-x}}{2} = \frac{e^x + e^{-x}}{2} - 1 = \cosh x - 1.$$

12. Beweisen Sie für $x \in (-1, 1)$: $\quad \tan(\arcsin x) = \dfrac{x}{\sqrt{1-x^2}}$ .

**Lösung:**

Mit $\tan u = \dfrac{\sin u}{\cos u} = \dfrac{\sin u}{\sqrt{1-\sin^2 u}}$ folgt mit $u = \arcsin x$:

$$\tan(\arcsin x) = \frac{\sin(\arcsin x)}{\sqrt{1 - \big[\sin(\arcsin x)\big]^2}} = \frac{x}{\sqrt{1-x^2}} .$$

13. Zeigen Sie, dass die Funktion $f(x) = \sqrt{8x+1} - \sqrt[5]{6x^3 + 26}$ im Intervall $[0,1]$ mindestens eine Nullstelle besitzt.

**Lösung:**
Die Funktion $f(x)$ ist auf dem Intervall $[0,1]$ stetig und es gilt: $f(1) = 3 - 2 = 1 > 0$, $f(0) = 1 - \sqrt[5]{26} \approx -0.92 < 0$. Damit sind auf $[0,1]$ alle Voraussetzungen des Nullstellensatzes von BOLZANO erfüllt und daher besitzt $f(x)$ dort mindestens eine Nullstelle.

14. Zeigen Sie, dass es im Intervall $I = \left[0, \frac{\pi}{2}\right]$ mindestens einen Punkt $x_0$ gibt, in dem die Funktion $f(x) = 2x - 4\cos x - 3\sin^2 x$ den Wert $f(x_0) = -2$ annimmt.

**Lösung:**
Die Funktion $f(x)$ ist auf $\left[0, \frac{\pi}{2}\right]$ stetig und es gilt: $f(0) = -4 \geq \inf_I f(x)$ und $f\left(0, \frac{\pi}{2}\right) = \pi - 3 \leq \sup_I f(x)$. D.h. aber: $\inf_I f(x) \leq -4 < -2 < \pi - 3 \leq \sup_I f(x)$. Dann sind für die Funktion $f(x)$ und den Punkt $y = -2$ alle Voraussetzungen des Zwischenwertsatzes erfüllt und daher gibt es ein $x_0 \in I$ mit $f(x_0) = -2$.

## 1.11.3 Beispiele mit Lösungen

1. Welche ganzzahligen Werte kommen als Nullstellen $x_0$ für das Polynom

$$P(x) = x^4 + 9x^3 + 29x^2 + 39x + 18$$

in Frage? Spalten Sie für jede Nullstelle $x_0$ den Linearfaktor $x - x_0$ ab und geben Sie schließlich für $P(x)$ die Produktdarstellung an.

Lösung: $\quad P(x) = (x+1)(x+2)(x+3)^2$.

2. Bestimmen Sie das Polynom niedrigsten Grades, das für $x = \pm 1$ und für $x = \pm 3$ verschwindet und für $x = 0$ den Wert 1 annimmt.

Lösung: $\quad P(x) = \dfrac{1}{9}\big(x^4 - 10x^2 + 9\big)$.

3. Bestimmen Sie die drei reellen Zahlen $a, b$ und $c$ im Polynom $P(x) = x^5 + ax^3 + bx + c$ so, dass $x^2 - 1$ und $x + 2$ Teiler sind.
   Lösung: $\quad a = -5, \; b = 4, \; c = 0$.

4. Bestimmen Sie alle Nullstellen des Polynoms $P(x) = x^4 + x^3 + x^2 + 2$.
   Hinweis: $x_1 = -1 + i$ ist eine Nullstelle.

   Lösung: $\quad x_1 = -1 + i, \; x_2 = -1 - i, \; x_3 = \dfrac{1 + i\sqrt{3}}{2}, \; x_4 = \dfrac{1 - i\sqrt{3}}{2}$ .

5. Ermitteln Sie den größten gemeinsamen Teiler der Polynome:

$$p_1(x) = x^4 + x^3 - x^2 - x , \quad p_2(x) = 2x^3 + 3x^2 + x .$$

Lösung: $C(x^2 + x), \ C \in \mathbb{R}$.

6. Zerlegen Sie die folgenden rationalen Funktionen in Partialbrüche:

a) $R(x) = \dfrac{7x^3 + x^2 - 3x - 1}{(x+1)^2(x^2+1)}$ , \quad b) $R(x) = \dfrac{x^5 - 2x^4 + 2x^3 - x^2 - x + 1}{x^4 + x^2}$ .

Lösungen:

a) $R(x) = \dfrac{6}{x+1} - \dfrac{2}{(x+1)^2} + \dfrac{x-5}{x^2+1}$ , \quad b) $R(x) = x - 2 + \dfrac{2x}{x^2+1} - \dfrac{1}{x} + \dfrac{1}{x^2}$.

7. Zerlegen Sie in Partialbrüche: $f(x) = \dfrac{3x^2 - x + 2}{x^2(x^2+1)}$.

Lösung: $f(x) = -\dfrac{1}{x} + \dfrac{2}{x^2} + \dfrac{x+1}{x^2+1}$.

8. Ermitteln Sie den Definitionsbereich der Funktion

$$f(x) = \sqrt{\sqrt{-x^2 + 4x - 3} - \sqrt{-x^2 + 6x - 8}} \ .$$

Lösung: $D(f) = \left[2, \dfrac{5}{2}\right]$ .

9. Untersuchen Sie, wieviele Nullstellen die Funktion $f(x) = x^3 - 3x^2 + a$ , $a \in \mathbb{R}$ im Intervall $(1,3)$ in Abhängigkeit von $a$ besitzt.
   Lösung: $a \leq 0$: keine Nullstelle,
   $\phantom{Lösung:} 0 < a < 2$: eine Nullstelle,
   $\phantom{Lösung:} 2 \leq a < 4$: zwei Nullstellen,
   $\phantom{Lösung:} a \geq 4$: keine Nullstelle.

10. Formen Sie sinh( Arcosh $x$) so um, dass weder Hyperbel- noch Areafunktionen auftreten.

   Lösung: $\sinh(\text{Arcosh } x) = \sqrt{x^2 - 1}$ .

11. Zeigen Sie, dass die Funktion $f(x) = \dfrac{x - \sqrt{1-x}}{1+x}$ auf $[0,1]$ genau eine Nullstelle besitzt und berechnen Sie diese.
   Lösung: $x = \dfrac{\sqrt{5} - 1}{2}$ .

# 1.12 Monotone Funktionen, Umkehrfunktion

## 1.12.1 Grundlagen

Eine Funktion $f$ heißt auf $X \subset D(f) \subset \mathbb{R}$

- monoton wachsend bzw. streng monoton wachsend, wenn für alle $x_1, x_2 \in X$ mit $x_1 < x_2$ gilt: $f(x_1) \leq f(x_2)$ bzw. $f(x_1) < (f(x_2)$.

- monoton fallend bzw. streng monoton fallend, wenn für alle $x_1, x_2 \in X$ mit $x_1 < x_2$ gilt: $f(x_1) \geq f(x_2)$ bzw. $f(x_1) > (f(x_2)$.

- monoton (streng monoton), wenn sie auf $X$ entweder (streng) monoton wachsend oder fallend ist.

Für monotone Funktionen gilt:

- Die Funktion $f : D(f) \to B(f)$ sei streng monoton wachsend (fallend). Dann gilt:

    1. Die Umkehrfunktion $f^{-1}$ existiert,

    2. $f^{-1}$ ist streng monoton wachsend (fallend) auf $B(f)$.

- Sei $f$ streng monoton wachsend (fallend) und stetig auf $X \subset D(f) \subset \mathbb{R}$ und $X$ kompakt. Dann ist $f^{-1}$ stetig auf $f(X)$.

## 1.12.2 Musterbeispiele

1. Zeigen Sie, dass die Funktion $f(x) = \ln(1 + e^x) + x$ auf ganz $\mathbb{R}$ streng monoton wachsend ist.

   **Lösung:**
   Die Funktion $f_2(x) = x$ ist auf $\mathbb{R}$ streng monoton wachsend. Falls wir zeigen können, dass auch $f_1(x) = \ln(1 + e^x)$ streng monoton wachsend ist, ist auch $f(x)$ streng monoton wachsend. Seien $x_1$ und $x_2$ beliebig aus $\mathbb{R}$ mit $x_1 < x_2$. Die Exponentialfunktion ist streng monoton wachsend, woraus nach Addition der Konstanten 1 folgt: $\ln(1 + e^{x_1}) < \ln(1 + e^{x_2})$. Damit ist auch $f_1(x)$ streng monoton wachsend und damit letztlich auch $f(x)$.

2. Zeigen Sie, dass die Funktion $f(x) = \dfrac{x - \sqrt{1 - x}}{1 + x}$ auf dem Intervall $I = (-1, 1)$ streng monoton wachsend ist.

   **Lösung:**
   $$f(x) = \frac{(1 + x) - (1 + \sqrt{1 - x})}{1 + x} = 1 - \frac{1 + \sqrt{1 - x}}{1 + x} = 1 - (1 + \sqrt{1 - x}) \frac{1}{1 + x}$$
   Wir untersuchen die Funktionen $f_1(x) = 1 + \sqrt{1 - x}$ und $f_2(x) = \dfrac{1}{1 + x}$ im Intervall $I$ auf Monotonie:
   Seien $x_1$ und $x_2$ beliebig aus $\mathbb{R}$ mit $x_1 < x_2$. Dann folgt: $1 - x_1 > 1 - x_2$ und weiters wegen der strengen Monotonie der Wurzelfunktion $\sqrt{1 - x_1} > \sqrt{1 - x_2}$ und damit auch $f_1(x_1) > f_1(x_2)$. Für $f_2(x)$ gilt: $f_2(x_1) = \dfrac{1}{1 + x_1} > \dfrac{1}{1 + x_2} = f_2(x_2)$. Damit ist

$$\frac{1 + \sqrt{1 - x}}{1 + x} = f_1(x) f_2(x)$$ streng monoton fallend und damit schließlich $f(x)$ streng monton wachsend.

3. Zeigen Sie, dass die Funktion

$$\frac{x\sqrt{1 - x}}{2 - x} + \sin\left(\frac{\pi x}{2}\right)$$

im Intervall $I = [-1, 0]$ streng monoton wachsend ist.

**Lösung:**

Die Funktion $f_2(x) = \sin\left(\frac{\pi x}{2}\right)$ ist auf $I$ streng monoton wachsend. Zum Nachweis der strengen Monotonie von $f_1(x)$ setzen wir hier die Differentialrechnung ein, nachdem $f_1(x)$ auf $I$ differenzierbar ist.

$$f_1'(x) = \frac{\left(\sqrt{1 - x} - \frac{x}{2\sqrt{1 - x}}\right)(2 - x) - x\sqrt{1 - x}}{(2 + x)^2} = \frac{\left(2(1 - x) - x\right)(2 - x) - 2x(1 - x)}{2\sqrt{1 - x}(2 + x)^2} .$$

Vereinfachung des Zählers ergibt $x^2 - 6x + 4$ mit den Nullstellen $x_{1/2} = 3 \pm \sqrt{5}$, die beide außerhalb von $I$ liegen. Damit ist das Zählerpolynom auf $I$ positiv und damit auch $f_1'(x)$. Dann ist aber $f_1(x)$ und damit letztlich auch $f(x)$ auf $I$ streng monoton wachsend.

4. Zeigen Sie, dass die Funktion $f(x) = \sqrt{1 + 8x} - \sqrt[5]{6x^3 + 26}$ im Intervall $I = [0, 1]$ streng monoton wachsend ist.

**Lösung:**

Wir betrachten wieder die Ableitungsfunktion von $f(x)$:

$$f'(x) = \frac{4}{\sqrt{1 + 8x}} - \frac{18x^2}{5(6x^3 + 26)^{4/5}} .$$

Wir schätzen die beiden Terme auf dem Intervall $I$ ab:

$$\frac{4}{\sqrt{1 + 8x}} \geq \frac{4}{3} , \qquad \frac{18x^2}{5(6x^3 + 26)^{4/5}} \leq \frac{18}{5(26)^{4/5}} \approx 0.265 .$$

Damit gilt: $f'(x) \geq 1.333 - 0.265 = 1.086 \geq 0$, d.h. $f(x)$ ist auf $I$ streng monoton wachsend.

5. Beweisen Sie, dass die Funktion $f(x) = \frac{x - 1}{x \ln x}$ für $x > 0$ monoton fällt.

**Lösung:**

Die Ableitungsfunktion von $f(x)$ ist

$$f'(x) = \frac{x \ln x - (x - 1)(\ln x + 1)}{(x \ln x)^2} = \frac{\ln x - (x - 1)}{(x \ln x)^2} .$$

Für die Zählerfunktion $g(x) = \ln x - (x - 1)$ gilt: $g(1) = 0$ und $g'(x) = \frac{1}{x} - 1$ und damit: $g'(x) > 0$ für $0 < x < 1$ und $g'(x) < 0$ für $x > 1$. D.h. aber, dass $g(x)$ auf $(0, 1)$ monoton wächst bis zum Wert $g(1) = 0$ und anschließend wieder monoton fällt. Dann ist aber $g(x) \leq 0$ für $x > 0$ und damit auch $f'(x)$. Also ist $f(x)$ dort monoton fallend.

6. Beweisen Sie, dass die Funktion $f(x) = \dfrac{\sin(ax)}{\sin(bx)}$ mit $0 < a < b$ auf dem Intervall $I = \left[0, \dfrac{\pi}{2b}\right]$ streng monoton wachsend ist.

**Lösung:**
Wir betrachten wieder die Ableitungsfunktion von $f(x)$:

$$f'(x) = \frac{a\cos(ax)\sin(bx) - b\sin(ax)\cos(bx)}{\big(\cos(bx)\big)^2}.$$

Da über das Vorzeichen der Funktion $g(x) := a\cos(ax)\sin(bx) - b\sin(ax)\cos(bx)$ noch keine verlässliche Aussage möglich ist, untersuchen wir $g(x)$ auch auf Monotonie. Wegen $g'(x) = (b^2 - a^2)\sin(ax)\sin(bx) > 0$ ist $g(x)$ auf $I$ streng monoton wachsend und wegen $g(0) = 0$ ist dann $g(x) > 0$ auf $I$.
Damit ist $f'(x) > 0$ und $f(x)$ daher auf $I$ streng monoton wachsend.

7. Bestimmen Sie die Umkehrfunktion zu $f(x) = \ln(1 + e^x) - x$ .

**Lösung:**
Wegen $f'(x) = \dfrac{e^x}{1 + e^x} - 1 = -\dfrac{1}{1 + e^x} < 0$ ist $f(x)$ auf ganz $\mathbb{R}$ streng monoton fallend und es existiert dann auf der Bildmenge $B(f)$ die Umkehrfunktion. Für die Bildmenge erhalten wir mit $f(x) = \ln(1 + e^x) - \ln e^x = \ln(1 + e^{-x})$: $B(f) = (0, \infty)$. Wir ermitteln nun dort die Umkehrfunktion $f^{-1}(y)$: Aus $y = \ln(1 + e^{-x})$ folgt zunächst $e^y = 1 + e^{-x}$ und damit $e^{-x} = e^y - 1$ bzw. weiters $\underline{x = -\ln(e^y - 1) = f^{-1}(y)}$.

8. Bestimmen Sie die Umkehrfunktion zu

$$f(x) = \begin{cases} x^2 - 4x + 6 & \text{falls } x < 2 \\ -x + 4 & \text{falls } x \geq 2 \end{cases}.$$

**Lösung:**
Für $x < 2$ ist $f(x) = x^2 - 4x + 6 = (x - 2)^2 + 2$ streng monoton fallend und besitzt dort die Bildmenge $B_1(f) = (2, \infty)$. Für $x \geq 2$ ist $f(x) = -x + 4$ streng monoton fallend und besitzt dort die Bildmenge $B_2(f) = (-\infty, 2]$. Insgesamt ist dann $f(x)$ auf ganz $\mathbb{R}$ streng monoton fallend und besitzt dann auf der Bildmenge $B(f) = B_1(f) \cup B_2(f) = \mathbb{R}$ eine Umkehrfunktion. Wir ermitteln letztere wieder abschnittsweise:
$\underline{x < 2}$: $y = (x - 2)^2 + 2 \Longrightarrow x = 2 - \sqrt{y - 2}$,
$\underline{x \geq 2}$: $y = -x + 4 \Longrightarrow x = 4 - y$.
Insgesamt folgt dann:

$$x = f^{-1}(y) = \begin{cases} -y + 4 & \text{falls } y \leq 2 \\ 2 - \sqrt{y - 2} & \text{falls } y > 2 \end{cases}.$$

9. Bestimmen Sie die Umkehrfunktion zu $y = \dfrac{\sinh[\ln(\cosh x)]}{\sinh x}$ .

**Lösung:**
Wir vereinfachen zunächt einmal den Funktionsterm:

Wegen $\sinh u = \dfrac{e^u - e^{-u}}{2}$ folgt mit $u = \ln(\cosh x)$:

$$y = \frac{\cosh x - \frac{1}{\cosh x}}{2 \sinh x} = \frac{\cosh^2 x - 1}{2 \sinh x \cosh x} = \frac{\sinh^2 x}{2 \sinh x \cosh x} = \frac{\tanh x}{2} \, .$$

Damit erhalten wir: $x = \mathrm{Artanh}(2y) = f^{-1}(y)$.

## 1.12.3   Beispiele mit Lösungen

1. Untersuchen Sie die Funktion $f(x) = 10 \ln x \sin x - 1$ im Intervall $I = \left[1, \dfrac{\pi}{2}\right]$ auf Monotonie.

   Lösung: $f(x)$ ist auf $I$ streng monoton wachsend.

2. Untersuchen Sie die Funktion $f(x) = x^7 + 3x^4 - 2$ in den Intervallen $[-1, 0]$ und $[0, 1]$ auf Monotonie.

   Lösung:
   $f(x)$ ist auf $[-1, 0]$ streng monoton fallend und auf $[0, 1]$ streng monoton wachsend.

3. Gegeben ist die Funktion $f(x) = x + \sqrt{x+1} + \dfrac{1}{\sqrt{1-x}}$ .

   a) Bestimmen Sie den Definitionsbereich $D(f)$.
   b) Untersuchen Sie die Funktion auf Stetigkeit und Monotonie.
   c) Ermitteln Sie den Bildbereich $B(f)$.
   Lösung:   $D(f) = [-1, 1)$, $f$ ist auf ganz $D(f)$ stetig und streng monoton wachsend, $B(f) = [-1 + \frac{1}{\sqrt{2}}, \infty)$.

4. Gegeben ist die Funktion $f(x) = x \ln(1 - \sqrt{x^2 - 1})$ .
   a) Bestimmen Sie den Definitionsbereich $D(f)$.
   b) Untersuchen Sie die Funktion auf Stetigkeit und Monotonie.
   Lösung:   $D(f) = (-\sqrt{2}, -1] \cup \{0\} \cup [1, \sqrt{2})$, $f$ ist auf ganz $D(f)$ stetig und auf $(-\sqrt{2}, -1)$ und $(1, \sqrt{2})$ monoton fallend.

5. Untersuchen Sie, ob $f(x) = x^2 e^{-x}$ für $0 \le x \le 2$ eine eineindeutige Funktion darstellt.

   Lösung:   $f(x)$ ist auf $[0, 2]$ eineindeutig.

6. Bestimmen Sie ein $c > 0$ so, dass die Funktion $f(x) = \dfrac{\cos(ax)}{\cos(bx)}$ , $0 < a < b$ auf dem Intervall $[0, c]$ streng monoton wachsend ist.

   Lösung:   $c < \dfrac{\pi}{2b}$ .

7. Bestimmen Sie die Umkehrfunktion zu   $y = 4 + 2e^{\tanh \sqrt{1+x^3}}$.

   Lösung:   $x = \sqrt[3]{-1 + \left[\mathrm{Artanh}\left(\ln \dfrac{y-4}{2}\right)\right]^2} = f^{-1}(y)$.

8. Zeigen Sie, dass die Funktion

$$f: \mathbb{R} \to (-1, 1), \quad f(x) = \frac{x}{1 + |x|}$$

bijektiv ist und bestimmen Sie die zugehörige Umkehrfunktion.

Lösung: $f^{-1}: [-1, 1] \to \mathbb{R}$ mit $f^{-1}(y) = \dfrac{y}{1 - |y|}$ .

9. Bestimmen Sie die Umkehrfunktion zu

$$f(x) = \begin{cases} 2e^x - 1 & \text{falls } x \geq 0 \\ 1 - \ln(1 - x) & \text{falls } x < 0 \end{cases} .$$

Lösung:

$$f^{-1}(y) = \begin{cases} \ln\left(\dfrac{y + 1}{2}\right) & \text{falls } y \geq 1 \\ 1 - e^{1-y} & \text{falls } y < 1 \end{cases} .$$

# 1.13 Differentiation

## 1.13.1 Grundlagen

Sei $f : I \to \mathbb{R}$ , wobei $I$ ein beliebiges Intervall bezeichnet.

- $f$ heißt <u>differenzierbar an $x_0 \in I$</u> , wenn der Grenzwert

$$\lim_{x \to x_0} \frac{f(x) - f(x_0)}{x - x_0} =: f'(x_0)$$

  existiert. Ist dabei $x_0$ linker oder rechter Randpunkt von $I$, so heißt $f$ an $x_0$ auch <u>rechtsseitig</u> bzw. <u>linksseitig differenzierbar</u>.

- $f$ ist an $x_0 \in I$ differenzierbar, wenn für jede Folge $\{n_n\}$, die gegen $x_0$ konvergiert, der Grenzwert

$$\lim_{n \to \infty} \frac{f(x_n) - f(x_0)}{x_n - x_0}$$

  existiert.

- Eine Funktion $f : I \to \mathbb{R}$ heißt <u>an $x_0$ linear approximierbar</u>, wenn es eine Zahl $c \in \mathbb{R}$ und eine in $U(x_0) \cap I$ definierte Funktion $f_0(x)$ gibt, so dass in $U(x_0) \cap I$ gilt:

  1. $f(x) = f(x_0) + c(x - x_0) + |x - x_0| f_0(x)$,
  2. $\lim_{x \to x_0} f_0(x) = 0$.

- $f$ ist an $x_0 \in I$ genau dann differenzierbar, wenn $f$ an $x_0$ linear approximierbar ist.

Es gelten folgende Differentiationsregeln: Seien $f$ und $g$ an $x_0$ differnzierbar. Dann folgt:

- $f \pm g$ sind an $x_0$ differenzierbar und es gilt: $(f \pm g)'(x_0) = f'(x_0) \pm g'(x_0)$.

- $f \cdot g$ ist an $x_0$ differenzierbar und es gilt: $(f \cdot g)'(x_0) = f'(x_0)g(x_0) + f(x_0)g'(x_0)$
  $\cdots$Produktregel.

- Ist $g(x_0) \neq 0$ so ist auch $\dfrac{f}{g}$ an $x_0$ differenzierbar und es gilt:

$$\left( \frac{f}{g} \right)'(x_0) = \frac{f'(x_0)g(x_0) - f(x_0)g'(x_0)}{g^2(x_0)} \cdots \text{Quotientenregel.}$$

- Kettenregel:
  Sei $h = g \circ f$ definiert auf $I$. Ist $f$ an $x_0 \in I$ differenzierbar und $g$ an $y_0 = f(x_0)$ differenzierbar, so ist $h = g \circ f$ an $x_0$ differenzierbar und es gilt:

$$\boxed{h'(x_0) = (g \circ f)'(x_0) = g'(f(x_0))f'(x_0) \quad \text{bzw.} \quad \frac{dh}{dx}(x_0) = \frac{d(g \circ f)}{dx} = \frac{dg}{df}(y_0)\frac{df}{dx}(x_0).}$$

- Ableitung der Umkehrfunktion:
  Sei $f$ auf $I$ stetig und streng monoton. Sei ferner $f$ an $x_0 \in I$ differenzierbar. Gilt $f'(x_0) \neq 0$, so ist die Umkehrfunktion $f^{-1}$ an $y_0 = f(x_0)$ differenzierbar und es gilt:

$$(f^{-1})'(y_0) = \frac{1}{f'(x_0)} \ .$$

## 1.13.2 Musterbeispiele

1. Berechnen Sie die Ableitungen der folgenden Funktionen:

a) $f(x) = \dfrac{ax+b}{cx+d}$ , b) $f(x) = \tan x + \cot x$ , c) $f(x) = x^x$ , d) $f(x) = \text{Arcosh}\sqrt{x}$ .

**Lösung:**

(a) Unter Verwendung der Quotientenregel folgt:

$$f'(x) = \frac{a(cx+d) - c(ax+b)}{(cx+d)^2} = \frac{ad - bc}{(cx+d)^2} .$$

(b) $f'(x) = \dfrac{1}{\cos^2 x} - \dfrac{1}{\sin^2 x} = -\dfrac{\cos^2 x - \sin^2 x}{\sin^2 x \cos^2 x} = -4\dfrac{\cos 2x}{(\sin 2x)^2}$ .

(c) Mit $x^x = e^{x \ln x}$ folgt unter Verwendung von Ketten- und Produktregel:

$$f'(x) = e^{x \ln x}(\ln x + 1) = x^x(\ln x + 1).$$

(d) Unter Verwendung der Kettenregel folgt:

$$f'(x) = \frac{1}{\sqrt{(\sqrt{x})^2 - 1}} \frac{1}{2\sqrt{x}} = \frac{1}{2\sqrt{x^2 - x}} .$$

2. Berechnen Sie die ersten Ableitungen der folgenden Funktionen:

a) $y = \arcsin(2x - 3)$,     b) $y = \arccos x^2$,     c) $y = \dfrac{1}{ab}\arctan\left(\dfrac{b}{a}\tan x\right)$ .

**Lösung:**

(a) $y' = \dfrac{2}{\sqrt{1 - (2x-3)^2}} = \dfrac{1}{\sqrt{-x^2 + 3x - 2}}$ ,

(b) $y' = -\dfrac{1}{\sqrt{1 - (x^2)^2}} 2x = \dfrac{-2x}{\sqrt{1 - x^4}}$ ,

(c) $y' = \dfrac{1}{ab} \dfrac{1}{1 + \left(\frac{b}{a}\tan x\right)^2} \dfrac{1}{\cos^2 x} \dfrac{b}{a} = \dfrac{1}{a^2 \cos^2 x + b^2 \sin^2 x}$ .

3. Für welche $x \in \mathbb{R}$ sind die folgenden Funktionen differenzierbar:

(a) $f(x) = |1 - e^x|$ ,     (b) $f(x) = (x - 1)\sqrt[3]{x^2}$ .

**Lösung:**

(a) $f(x) = \begin{cases} 1 - e^x & \text{für } x < 0 \\ e^x - 1 & \text{für } x \geq 0 \end{cases} \implies f'(x) = \begin{cases} -e^x & \text{für } x < 0 \\ e^x & \text{für } x > 0 \end{cases}$ .

$f(x)$ ist jedenfalls für alle $x \in \mathbb{R}$, $x \neq 0$ differenzierbar.
Die Funktion $e^x$ ist an $x = 0$ differenzierbar, d.h. linear approximierbar und wegen $(e^x)' = e^x$ gilt in $U(0)$: $e^x = 1 + x + |x|f_0(x)$ mit $\lim\limits_{x \to 0} f_0(x) = 0$. Es ist

$$1 - e^x = -x - |x|f_0(x) \implies \lim_{x \to 0^-}\frac{f(x) - f(0)}{x} = \lim_{x \to 0^-}\frac{-x - |x|f_0(x)}{x} = -1.$$

Analog: $e^x - 1 = x + |x|f_0(x) \implies \lim\limits_{x \to 0^+}\dfrac{f(x) - f(0)}{x} = \lim\limits_{x \to 0^+}\dfrac{x + |x|f_0(x)}{x} = 1.$

$f(x)$ ist somit an $x = 0$ nicht differenzierbar.

Bemerkung: Unter Verwendung der Regeln von DE L'HOSPITAL könnten die Grenzwerte für den Differenzenquotienten einfacher berechnet werden.

(b) Unter Verwendung von Produkt- und Kettenregel folgt sofort, dass $f(x)$ für alle $x \in \mathbb{R}$ mit $x \neq 0$ differenzierbar ist. Da der Grenzwert

$$\lim_{x \to 0} \frac{f(x) - f(0)}{x} = \lim_{x \to 0} \frac{(x-1)\sqrt[3]{x^2} - 0}{x} = \lim_{x \to 0} \frac{x-1}{\sqrt[3]{x}}$$

nicht existiert, ist $f(x)$ an $x = 0$ nicht differenzierbar.

4. Berechnen Sie die $n$-te Ableitung der Funktion $f(x) = x^2\, e^x$.

**Lösung:**

Mit Hilfe der LEIBNIZ-Regel

$$\frac{d^n}{dx^n}\big(f(x)g(x)\big) = \sum_{k=0}^{n} \binom{n}{k} f^{(k)}(x) g^{(n-k)}(x)$$

erhalten wir mit $f(x) = x^2$ und $g(x) = e^x$:

$$\frac{d^n}{dx^n}\big(x^2\, e^x\big) = x^2\, e^x + 2nx\, e^x + n(n-1)e^x\ .$$

5. Es sei

$$f(x) = \begin{cases} \dfrac{\sinh x}{x^2} & \text{für}\ \ 0 < x \leq 2 \\[2mm] Ax + B & \text{für}\ \ \ \ x \geq 2 \end{cases}\ .$$

Bestimmen Sie $A$ und $B$ so, dass $f(x)$ und auch $f'(x)$ in $(0, \infty)$ stetig sind.

**Lösung:**

Mit $f'(x) = \begin{cases} \dfrac{x\cosh x - 2\sinh x}{x^3} & \text{für}\ \ 0 < x \leq 2 \\[2mm] A & \text{für}\ \ \ \ x \geq 2 \end{cases}$ ist klar, dass $f(x)$ und $f'(x)$ auf

$(0, \infty) \setminus \{2\}$ stetig sind. Für die Stelle $x = 2$ gilt:

$$\lim_{x \to 2^-} f(x) = \lim_{x \to 2^-}\left(\frac{\sinh x}{x^2}\right) = \frac{\sinh 2}{4}, \qquad \lim_{x \to 2^+} f(x) = \lim_{x \to 2^+}(Ax + B) = 2A + B.$$

Stetigkeit an $x = 2$ liegt also vor, wenn $B = \dfrac{\sinh 2}{4} - 2A$ gilt. Weiters:

$$\lim_{x \to 2^-} f'(x) = \lim_{x \to 2^-}\frac{x\cosh x - 2\sinh x}{x^3} = \frac{\cosh 2 - \sinh 2}{4}, \qquad \lim_{x \to 2^+} f'(x) = \lim_{x \to 2^+} A = A.$$

Stetige Differenzierbarkeit an $x = 2$ liegt vor, wenn $A = \dfrac{\cosh 2 - \sinh 2}{4} = \dfrac{1}{4e^2}\ .$

Mit diesem Ergebnis folgt dann: $B = \dfrac{3\sinh 2 - 2\cosh 2}{4} = \dfrac{e^2}{8} - \dfrac{5}{8e^2}\ .$

6. In welchen Punkten ihres Definitionsbereiches ist die folgende Funktion differenzierbar?

$$f(x) = \begin{cases} 0 & \text{für}\ \ -\infty < x \leq 0 \\[1mm] x^2 & \text{für}\ \ \ \ \ 0 < x \leq 1 \\[1mm] \sqrt{1 - (x-1)^2} & \text{für}\ \ \ \ \ 1 < x < 2 \end{cases}\ .$$

**Lösung:**

Aus $f'(x) = \begin{cases} 0 & \text{für} \quad -\infty < x < 0 \\ 2x & \text{für} \quad 0 < x < 1 \\ -\dfrac{x-1}{\sqrt{1-(x-1)^2}} & \text{für} \quad 1 < x < 2 \end{cases}$

folgt, dass $f(x)$ zumindestens auf $(-\infty, 2) \setminus \{0, 1\}$ differenzierbar ist.
Für die Stelle $x = 0$ gilt:

$$\lim_{x \to 0^-} \frac{f(x) - f(0)}{x} = \lim_{x \to 0^-} \frac{0-0}{x} = 0 \quad \text{und} \quad \lim_{x \to 0^+} \frac{f(x) - f(0)}{x} = \lim_{x \to 0^+} \frac{x^2 - 0}{x} = 0.$$

Daher ist $f(x)$ an der Stelle $x = 0$ differenzierbar.
Für die Stelle $x = 1$ gilt:

$$\lim_{x \to 1^-} \frac{f(x) - f(1)}{x - 1} = \lim_{x \to 1^-} \frac{x^2 - 1}{x - 1} = \lim_{x \to 1^-} (x + 1) = 2 \quad \text{und}$$

$$\lim_{x \to 1^+} \frac{f(x) - f(0)}{x} = \lim_{x \to 1^+} \frac{\sqrt{1 - (x-1)^2} - 1}{x - 1} = \lim_{x \to 1^+} \frac{\left(1 - (x-1)^2\right) - 1}{(x - 1)\left(\sqrt{1 - (x-1)^2} + 1\right)} =$$

$$= -\lim_{x \to 1^+} \frac{(x - 1)^2}{(x - 1)\left(\sqrt{1 - (x-1)^2} + 1\right)} = 0.$$

Daher ist $f(x)$ an der Stelle $x = 1$ nicht differenzierbar.
Insgesamt gilt dann: $f(x)$ ist auf $(-\infty, 2) \setminus \{1\}$ differenzierbar.

7. Gegeben ist die Funktion

$$f(x) = \begin{cases} \dfrac{\sqrt{2}\sinh x}{1 - e^x} + \sqrt{2 + 4x} - \ln(1 - x) & \text{für} \quad x \neq 0 \\ 0 & \text{für} \quad x = 0 \end{cases} .$$

a) Bestimmen Sie den Definitionsbereich von $f$.
b) Untersuchen Sie die Funktion auf Stetigkeit und Differenzierbarkeit.

**Lösung:**
Zu a) Der erste Term ist für alle $x \neq 0$ definiert, der zweite für $x \geq -\frac{1}{2}$ und der dritte für $x < 1$. Das ergibt insgesamt: $D(f) = \left[-\dfrac{1}{2}, 1\right)$.

Zu b) Wir formen den ersten Term von $f(x)$ für $x \neq 0$ um:

$$\frac{\sqrt{2}\sinh x}{1 - e^x} = \frac{\sqrt{2}(e^x - e^{-x})}{2(1 - e^x)} = -\frac{e^{2x} - 1}{\sqrt{2}e^x(e^x - 1)} = -\frac{e^x + 1}{\sqrt{2}e^x} .$$

Damit erhalten wir:

$$f(x) = \begin{cases} -\dfrac{e^x + 1}{\sqrt{2}e^x} + \sqrt{2 + 4x} - \ln(1 - x) & \text{für} \quad x \neq 0 \\ 0 & \text{für} \quad x = 0 \end{cases} .$$

Daraus folgt aber, dass $f(x)$ zumindestens auf $D(f) \setminus \{0\}$ stetig und auch differenzierbar ist. Für die Stelle $x = 0$ berechnen wir:

$$\lim_{x \to 0} f(x) = \lim_{x \to 0} \left( -\frac{e^x + 1}{\sqrt{2}e^x} + \sqrt{2 + 4x} - \ln(1 - x) \right) = 0 \ ,$$

d.h. $f(x)$ ist auch an der Stelle $x = 0$ stetig.

Weiters erhalten wir mit $f(x) = f_1(x) + f_2(x) + f_3(x)$ für $\lim_{x \to 0} \frac{f(x) - f(0)}{x}$ (unter der Voraussetzung, dass die einzelnen Grenzwerte existieren):

$$\lim_{x \to 0} \frac{f(x) - f(0)}{x} = \sum_{i=1}^{3} \lim_{x \to 0} \frac{f_i(x) - f_i(0)}{x}. \quad \text{Für die einzelnen Grenzwerte gilt:}$$

$$\lim_{x \to 0} \frac{f_1(x) - f_1(0)}{x} = \lim_{x \to 0} \frac{-\frac{e^x + 1}{\sqrt{2}e^x} + \sqrt{2}}{x} = \lim_{x \to 0} \frac{e^x - 1}{\sqrt{2}xe^x} = \lim_{x \to 0} \frac{1}{\sqrt{2}e^x} \lim_{x \to 0} \frac{e^x - 1}{x} \ .$$

Der erste Grenzwert ist $\frac{1}{\sqrt{2}}$ und der zweite 1 (vergleiche Beispiel 3).

D.h. aber: $\lim_{x \to 0} \dfrac{f_1(x) - f_1(0)}{x} = \dfrac{1}{\sqrt{2}} \ .$

Weiters: $\lim_{x \to 0} \dfrac{f_2(x) - f_2(0)}{x} = \lim_{x \to 0} \dfrac{\sqrt{2 + 4x} - \sqrt{2}}{x} = \lim_{x \to 0} \dfrac{(2 + 4x) - 2}{x(\sqrt{2 + 4x} + \sqrt{2})} = \sqrt{2}$

und schließlich:

$\lim_{x \to 0} \dfrac{f_3(x) - f_3(0)}{x} = \lim_{x \to 0} \dfrac{-\ln(1 - x) - 0}{x} = 1.$ Letzteres ergibt sich wieder aus der

linearen Approximation von $-\ln(1 - x)$ bzw. unter Verwendung der Regeln von DE L'HOSPITAL.

Insgesamt existiert dann $\lim_{x \to 0} \dfrac{f(x) - f(0)}{x} = \dfrac{1}{\sqrt{2}} + \sqrt{2} + 1$, d.h. $f(x)$ ist auch an der Stelle $x = 0$ differenzierbar.

8. Bestimmen Sie die Zahlen $a, b$ und $c$ so, dass für die Funktion

$$f(x) = (1 + x) \ln(a + bx^2 + cx^3)$$

gilt: $f(1) = 1$, $f(2) = 0$, $f(0) + f'(0) = 1$.

**Lösung:**
$f(1) = 1$ liefert die Gleichung (1): $2 \ln(a + b + c) = 1$ bzw. $\underline{a + b + c = \sqrt{e}}$ .
$f(2) = 0$ liefert die Gleichung (2): $3 \ln(a + 4b + 8c) = 0$ bzw. $\underline{a + 4b + 8c = 1}$.
Aus $f(0) + f'(0) = 1$ folgt $2 \ln a = 0$ und damit $a = 1$. Einsetzen in (1) und (2) liefert dann $b = 2\sqrt{e} - 2$ und $c = 1 - \sqrt{e}$.

9. Untersuchen Sie, für welche $n \in \mathbb{N}$ die Funktion

$$f(x) = \begin{cases} x^n \sin\left(\frac{1}{x}\right) & \text{für } x \neq 0 \\ 0 & \text{für } x = 0 \end{cases}$$

an der Stelle $x = 0$ stetig bzw. differenzierbar ist.

**Lösung:**
<u>Stetigkeit:</u>    Sei $\{x_k\}$ eine beliebige Nullfolge. Dann gilt:

$$\lim_{k\to\infty} f(x_k) = \lim_{k\to\infty} (x_k)^n \sin\left(\frac{1}{x_k}\right) = 0 \text{ für alle } n \in \mathbb{N}.$$

Differenzierbarkeit: Sei $\{x_k\}$ wieder eine beliebige Nullfolge. Dann gilt:

$$\lim_{k\to\infty} \frac{f(x_k) - f(0)}{x_k} = \lim_{k\to\infty} (x_k)^{n-1} \sin\left(\frac{1}{x_k}\right) \text{ existiert für } n \geq 2.$$

## 1.13.3 Beispiele mit Lösungen

1. Berechnen Sie die Ableitungen der folgenden Funktionen:

(a) $f(x) = x^7 + 6x^3 - \dfrac{2}{x} + \dfrac{3}{x^5} - \sqrt{x} + \dfrac{x^3}{\sqrt[3]{x}}$, $x \neq 0$, (b) $f(x) = x^{\frac{7}{9}}\left(x^3 + \dfrac{x-1}{x+1}\right)$, $x > 0$,

(c) $f(x) = \ln(x \ln x)$, $x > 1$, (d) $f(x) = \dfrac{e^{x^2} - 1}{e^{x^2} + 1}$, (e) $f(x) = x\sqrt{\dfrac{1-x}{1+x}}$, $0 < x < 1$.

Lösungen:

(a) $f'(x) = 7x^6 + 18x^2 + \dfrac{2}{x^2} - \dfrac{15}{x^6} - \dfrac{1}{2\sqrt{x}} + \dfrac{8}{3}x^{\frac{5}{3}}$,

(b) $f'(x) = \dfrac{1}{9}x^{-\frac{2}{9}}\left(34x^3 + \dfrac{7x^2 + 18x - 7}{(x+1)^2}\right)$, (c) $f'(x) = \dfrac{1 + \ln x}{x \ln x}$,

(d) $f'(x) = \dfrac{4xe^{x^2}}{(e^{x^2} + 1)^2}$, (e) $f'(x) = \dfrac{1 - x - x^2}{\sqrt{(1-x)(1+x)^3}}$.

2. Differenzieren Sie einmal nach $x$:

a) $y = x^{x+2}$, b) $y = e^{x^{\sinh x}}$.

Lösungen:

a) $y' = x^{x+2}\left(\ln x + \dfrac{x+2}{x}\right)$, b) $y' = e^{x^{\sinh x}} x^{\sinh x}\left(\cosh x \ln x + \dfrac{\sinh x}{x}\right)$.

3. Bestimmen Sie die rechts- und linksseitigen Ableitungen von $f(x) = x|x| + 1$ in $x = 0$.
Lösung: $f'(0^-) = f'(0^+) = 0$.

4. Wo sind die Funktionen

a) $f(x) = |x| + |x-1| + |x-2|$, $x \in \mathbb{R}$, bzw. b) $g(x) = |x-a|\,|x-b|$, $x \in \mathbb{R}$,

differenzierbar? Bestimmen Sie gegebenenfalls die Ableitungen und skizzieren Sie die Funktionen.
Lösung:
a) nicht differenzierbar an $x_0 = 0, 1, 2$, b) nicht differenzierbar an $x_0 = a, b$.

5. Berechnen Sie die $n$-te Ableitung der Funktion $f(x) = \sin x \cos x$.

Lösung: $f'(x) = 2^{n-1} \cdot \begin{cases} (-1)^{\frac{n}{2}} \sin 2x & \text{falls } n \text{ gerade} \\ (-1)^{\frac{n-1}{2}} \cos 2x & \text{falls } n \text{ ungerade} \end{cases}$.

6. Bestimmen Sie die reellen Zahlen $\alpha$ und $\beta$ derart, dass die Funktion

$$f(x) = \begin{cases} \dfrac{\sqrt{x+1}-1}{x} & \text{für} \quad x > 0 \\[2mm] x^3 + \alpha x + \beta & \text{für} \quad x \le 0 \end{cases}$$

auf ganz $\mathbb{R}$ stetig und differenzierbar ist.

Lösung:  $\alpha = -\dfrac{1}{8}$ ,  $\beta = \dfrac{1}{2}$ .

7. Für welche $x \in \mathbb{R}$ ist die Funktion

$$f(x) = \begin{cases} 1 & \text{für} \quad x \le -1 \\ -x^2 + 2|x| & \text{für} \quad -1 < x < 1 \\ 1 & \text{für} \quad x \ge 1 \end{cases}$$

stetig bzw. differenzierbar?

Lösung:  stetig auf ganz $\mathbb{R}$, differenzierbar auf $\mathbb{R} \setminus \{0\}$

# 1.14  Mittelwertsätze

## 1.14.1  Grundlagen

- 1. Mittelwertsatz der Differentialrechnung:
  Sei $f$ stetig auf $[a, b]$ und differenzierbar auf $(a, b)$. Dann gibt es eine Stelle $\xi \in (a, b)$ mit
  $$\frac{f(b) - f(a)}{b - a} = f'(\xi) .$$

- 2. Mittelwertsatz der Differentialrechnung:
  Seien $f$ und $g$ stetig auf $[a, b]$ und differenzierbar auf $(a, b)$. Dann gibt es ein $\xi \in (a, b)$, so dass gilt:
  $$[f(b) - f(a)]g'(\xi) = [g(b) - g(a)]f'(\xi).$$

  Ist $g'(x) \neq 0$ auf $(a, b)$, so folgt weiters:
  $$\frac{f(b) - f(a)}{g(b) - g(a)} = \frac{f'(\xi)}{g'(\xi)} .$$

Falls $f'(x)$ monoton ist, lassen sich mittels des 1. Mittelwertsatzes der Differentialrechnung Ungleichungen für $f(x)$ gewinnen.

## 1.14.2  Musterbeispiele

1. Beweisen Sie für $x, y \in \mathbb{R}$, $x < y$:
   $$e^x(y - x) < e^y - e^x < e^y(y - x) .$$

**Lösung:**
Es gilt: $e^x(y - x) < e^y - e^x < e^y(y - x) \Longleftrightarrow e^x < \dfrac{e^y - e^x}{y - x} < e^y$. Anwendung des 1. Mittelwertsatzes der Differentialrechnung auf die Funktion $f(t) = e^t$ im Intervall $[x, y]$ liefert: $\dfrac{e^y - e^x}{y - x} = e^\xi$ mit $x < \xi < y$. Da die Exponentialfunktion monoton wächst, gilt: $e^x < e^\xi < e^y$, woraus folgt: $e^x < \dfrac{e^y - e^x}{y - x} < e^y$.

2. Beweisen Sie für $x \in \mathbb{R}$, $x > 0$:
   $$\frac{x}{1 + x^2} < \arctan x < x .$$

**Lösung:**
Anwendung des 1. MWS der Differentialrechnung auf die Funktion $f(t) = \arctan t$ im Intervall $[0, x]$ liefert: $\dfrac{\arctan x - 0}{x} = \dfrac{1}{1 + \xi^2}$ mit $0 < \xi < x$.

Da die Funktion $\dfrac{1}{1 + \xi^2}$ monoton fällt, gilt: $1 = \dfrac{1}{1 + 0^2} > \dfrac{1}{1 + \xi^2} > \dfrac{1}{1 + x^2}$, woraus folgt: $\dfrac{1}{1 + x^2} < \dfrac{\arctan x}{x} < 1$. Multiplikation mit $x$ liefert die behauptete Ungleichung.

3. Beweisen Sie für $0 < x < y < \frac{\pi}{2}$:

$$\cot y < \frac{\sin y - \sin x}{\cos x - \cos y} < \cot x \ .$$

**Lösung:**

Anwendung des 2. MWS der Differentialrechnung auf die Funktionen $f(t) = \sin t$ und $g(t) = \cos t$ im Intervall $[x, y]$ liefert: $\dfrac{\sin y - \sin x}{\cos y - \cos x} = \dfrac{\cos \xi}{-\sin \xi} = -\cot \xi$ bzw.

$\dfrac{\sin y - \sin x}{\cos x - \cos y} = \cot \xi$ mit $x < \xi < y$. Da die Funktion $\cot \xi$ monoton fällt, ergibt sich die behauptete Ungleichung.

4. Für eine auf $[x_1, x_2]$ stetige und auf $(x_1, x_2)$ differenzierbare Funktion $f(x)$ gilt der 1. MWS der Differentialrechnung:

$$f(x_2) - f(x_1) = (x_2 - x_1)f'\big(x_1 + \vartheta(x_2 - x_1)\big) \quad \text{mit} \quad 0 < \vartheta < 1 \ .$$

a) Zeigen Sie, dass $\vartheta$ für $f(x) = e^x$ nur von $h := x_2 - x_1$ abhängt.
b) Zeigen Sie, dass $\vartheta$ für $f(x) = x^2$ konstant ist und bestimmen Sie $\vartheta$.
**Lösung:**
zu a): Anwendung des 1. MWS liefert:
$e^{x_2} - e^{x_1} = (x_2 - x_1)e^{x_1 + \vartheta(x_2 - x_1)} = (x_2 - x_1)e^{x_1}e^{\vartheta(x_2 - x_1)}$.

Division durch $e^{x_1}$ liefert:

$e^{x_2 - x_1} - 1 = (x_2 - x_1)e^{\vartheta(x_2 - x_1)}$ bzw. $e^h - 1 = he^{\vartheta h}$, woraus folgt:

$$\vartheta = \frac{1}{h} \ln \left( \frac{e^h - 1}{h} \right) = \vartheta(h).$$

zu b): Anwendung des 1. MWS liefert:
$x_2^2 - x_1^2 = (x_2 - x_1)\big(2(x_1 + \vartheta(x_2 - x_1))\big)$ bzw.

$x_2^2 - x_1^2 = (x_2 - x_1)\big(2x_1 + 2\vartheta(x_2 - x_1)\big).$

Division durch $x_2 - x_1$ liefert: $x_2 + x_1 = 2x_1 + 2\vartheta(x_2 - x_1)$

und in weiterer Folge: $x_2 - x_1 = 2\vartheta(x_2 - x_1)$ bzw. schließlich: $\underline{\vartheta = \dfrac{1}{2}}$ .

5. Zeigen Sie für $x > 0$:

$$\frac{x}{\sqrt{1 + x^2}} < \ln(x + \sqrt{1 + x^2}\,) < x \ .$$

**Lösung:**

Anwendung des 1. MWS auf die Funktion $f(t) = \ln(t + \sqrt{1 + t^2}\,)$ im Intervall $[0, x]$ liefert:

$$\frac{\ln(x + \sqrt{1 + x^2}\,) - 0}{x} = \frac{1 + \dfrac{\xi}{\sqrt{1+\xi^2}}}{\xi + \sqrt{1 + \xi^2}} = \frac{1}{\sqrt{1 + \xi^2}} \ , \text{ wobei } 0 < \xi < x.$$

Da die Funktion $\dfrac{1}{\sqrt{1 + \xi^2}}$ im Intervall $[0, x]$ streng monoton fällt, gilt:

$$\frac{1}{\sqrt{1+x^2}} < \frac{\ln(x+\sqrt{1+x^2})}{x} < 1,$$ woraus nach Multiplikation mit $x$ die behauptete Ungleichung folgt.

6. Zeigen Sie für $x > 1$:

$$\ln x < \frac{x}{2} - \frac{1}{2x} .$$

**Lösung:**

Die zu beweisende Ungleichung ist äquivalent zu $\ln x - \dfrac{x}{2} + \dfrac{1}{2x} < 0$ .

Anwendung des 1. MWS auf die Funktion $f(t) = \ln t - \dfrac{t}{2} + \dfrac{1}{2t}$ im Intervall $[1, x]$ liefert:

$$\frac{\ln x - \frac{x}{2} + \frac{1}{2x} - \ln 0 + \frac{1}{2} - \frac{1}{2}}{x - 1} = \frac{1}{\xi} - \frac{1}{2} - \frac{1}{2\xi^2} = -\frac{1}{2}\left(1 - \frac{1}{\xi}\right)^2 < 0 .$$

Da $x - 1$ positiv ist, folgt: $\ln x - \dfrac{x}{2} + \dfrac{1}{2x} < 0$ und weiters: $\ln x < \dfrac{x}{2} - \dfrac{1}{2x}$ .

7. Beweisen Sie für $0 \le x < \frac{1}{\sqrt{2}}$ :

$$e^{x^2} \le \frac{1}{1 - 2x^2} .$$

**Lösung:**

Anwendung des 1. MWS auf die Funktion $f(t) = e^{t^2}$ im Intervall $[0, x] \subset [0, \frac{1}{\sqrt{2}})$ liefert: $\dfrac{e^{x^2} - e^{0^2}}{x - 0} = 2\xi e^{\xi^2}$. Die Funktion $2\xi e^{\xi^2}$ ist monoton wachsend. Daher gilt:

$\dfrac{e^{x^2} - 1}{x} = 2\xi e^{\xi^2} \le 2x e^{x^2}$ und weiters: $e^{x^2} - 1 \le 2x^2 e^{x^2}$ bzw. $e^{x^2}(1 - 2x^2) \le 1$, woraus durch Division mit $1 - 2x^2$ die behauptete Ungleichung folgt.

8. Zeigen Sie für $x > 1$:

$$e^{\frac{1}{x}} < \frac{ex^2}{x^2 + x - 1} .$$

**Lösung:**

Anwendung des 1. MWS auf die Funktion $f(t) = e^{\frac{1}{t}}$ im Intervall $[1, x]$, $x > 1$ liefert: $\dfrac{e^{\frac{1}{x}} - e}{x - 1} = -\dfrac{1}{\xi^2} e^{\frac{1}{\xi}}$ mit $1 < \xi < x$. Wegen $e^{\frac{1}{\xi}} > e^{\frac{1}{x}}$ und $\dfrac{1}{\xi^2} > \dfrac{1}{x^2}$ folgt:

$-\dfrac{1}{\xi^2} e^{\frac{1}{\xi}} < -\dfrac{1}{x^2} e^{\frac{1}{x}}$. Damit erhalten wir: $\dfrac{e^{\frac{1}{x}} - e}{x - 1} = -\dfrac{1}{\xi^2} e^{\frac{1}{\xi}} < -\dfrac{1}{x^2} e^{\frac{1}{x}}$. Multiplikation

mit $x - 1$ liefert: $e^{\frac{1}{x}} - e < -\dfrac{x - 1}{x^2} e^{\frac{1}{x}}$ und weiters: $\underbrace{\left(\dfrac{x - 1}{x^2} + 1\right)}_{\frac{x^2 + x - 1}{x^2}} e^{\frac{1}{x}} < e$, woraus

durch Multiplikation mit $\dfrac{x^2}{x^2 + x - 1}$ die zu beweisende Ungleichung folgt.

9. Beweisen Sie für $0 < x < \dfrac{\sqrt{17} - 1}{4}$ :

$$1 + x < e^{x + x^2} < \frac{1}{1 - x - 2x^2} \ .$$

**Lösung:**

Anwendung des 1. MWS auf die Funktion $f(t) = e^{t + t^2}$ im Intervall $[0, x]$, mit $x < \dfrac{\sqrt{17} - 1}{4}$ liefert: $\dfrac{e^{x + x^2} - 1}{x} = (1 + 2\xi)e^{\xi + \xi^2}$ mit $0 < \xi < x$.

Die Funktion $(1 + 2\xi)e^{\xi + \xi^2}$ ist auf $[0, x]$ monoton wachsend. Es gilt dann:

$$1 < (1 + 2\xi)e^{\xi + \xi^2} < (1 + 2x)e^{x + x^2} \quad \text{bzw.} \quad 1 < \frac{e^{x + x^2} - 1}{x} < (1 + 2x)e^{x + x^2}.$$

Aus $1 < \dfrac{e^{x + x^2} - 1}{x}$ folgt die erste Ungleichung $1 + x < e^{x + x^2}$.

Aus $\dfrac{e^{x + x^2} - 1}{x} < (1 + 2x)e^{x + x^2}$ folgt nach Multiplikation mit $x$ und Sammeln der Terme mit dem Faktor $e^{x + x^2}$: $(1 - x - 2x^2)e^{x + x^2} < 1$ und weiters wegen $1 - x - 2x^2 > 0$ für $0 < x < \dfrac{\sqrt{17} - 1}{4}$ : $e^{x + x^2} < \dfrac{1}{1 - x - 2x^2}$ .

### 1.14.3   Beispiele mit Lösungen

1. Leiten Sie mittels des 1. Mittelwertsatzes für die Funktion

$$f(x) = (1 + x)^\alpha \ , \quad \alpha > 1, \ x > -1, \ x \neq 0$$

ein Analogon zur BERNOULLI-Ungleichung her.

Lösung:  $(1 + x)^\alpha > 1 + \alpha x$

2. Ermitteln Sie ein $\xi \in (0, 1)$ so, dass für die Funktion $f(x) = \sqrt{x} - \dfrac{1 + x}{2}$ gilt:

$$\frac{f(x) - f(0)}{x} = f'(\xi).$$

Lösung:  $\xi = \dfrac{x}{4}$ .

# 1.15 Grenzwerte, Regeln von de l'HOSPITAL

## 1.15.1 Grundlagen

Die Bestimmung von Grenzwerten von Funktionen erscheint schwierig, wenn etwa der Grenzwert eines Quotienten $h(x) = \dfrac{f(x)}{g(x)}$ an einer Stelle $x_0$ bestimmt werden soll, an der $f$ und $g$ verschwinden oder beide unbeschränkt sind. Weitere „schwierige" Fälle, außer den Fällen „$\dfrac{0}{0}$", „$\dfrac{\infty}{\infty}$" treten im Zusammenhang mit Funktionen $h(x) = f(x)^{g(x)}$ auf, etwa „$1^{\infty}$", „$0^0$", „$\infty^0$", „$0 \cdot \infty$" und „$\infty - \infty$". Diese lassen sich aber auf die beiden Grundfälle zurückführen. Insbesondere kann $f(x)^{g(x)} = e^{g(x)\ln f(x)}$ gesetzt werden und wegen der Stetigkeit der Exponentialfunktion die Grenzwertbildung in den Exponenten verschoben werden. Für die beiden Grundfälle gelten die

**Regeln von de l'HOSPITAL**:

Sei $-\infty \le a < b \le \infty$ und $-\infty \le l \le \infty$. Ferner seien $f$ und $g$ differenzierbar auf $(a, b)$ und es sei $\displaystyle\lim_{x \to b^-} \dfrac{f'(x)}{g'(x)} = l$. Dann folgt aus

- $\displaystyle\lim_{x \to b^-} f(x) = \lim_{x \to b^-} g(x) = 0$,     oder

- $\displaystyle\lim_{x \to b^-} f(x) = \lim_{x \to b^-} g(x) = +\infty$

die Aussage

$$\boxed{\lim_{x \to b^-} \frac{f(x)}{g(x)} = \lim_{x \to b^-} \frac{f'(x)}{g'(x)} = l} \; .$$

Der Fall $x \to a^+$ ist analog.

Bisweilen führt die einmalige Anwendung der Regeln von de l'HOSPITAL wieder nur auf eine unbestimmte Form und kann dann bei Vorliegen aller Voraussetzungen neuerlich angewandt werden.

## 1.15.2 Musterbeispiele

Im Folgenden wird mit $\overset{H}{=}$ signalisiert, dass an dieser Stelle eine der Regeln von de l'HOSPITAL angewendet wird. Außerdem wird mit „$\cdots$" jeweils angedeutet, um welche Art von unbestimmter Form es sich handelt.

1. Berechnen Sie die folgenden Grenzwerte:

   (a) $\displaystyle\lim_{x \to 0} \frac{\cos x - 1 + x}{\ln(1+x)}$ , (b) $\displaystyle\lim_{x \to \infty} \frac{\ln(1 + e^x)}{x + 2}$ , (c) $\displaystyle\lim_{x \to 0} \frac{\sin(\sin x)}{x}$ , (d) $\displaystyle\lim_{x \to 0} \frac{x - \sin x}{x(1 - \cos x)}$ .

   **Lösung:**

   (a) $\displaystyle\lim_{x \to 0} \frac{\cos x - 1 + x}{\ln(1+x)} = „\frac{0}{0}" \overset{H}{=} \lim_{x \to 0} \frac{-\sin x + 1}{\frac{1}{1+x}} = 1.$

   (b) $\displaystyle\lim_{x \to \infty} \frac{\ln(1 + e^x)}{x + 2} = „\frac{\infty}{\infty}" \overset{H}{=} \lim_{x \to \infty} \frac{\frac{e^x}{1+e^x}}{1} = \lim_{x \to \infty} \frac{e^x}{1 + e^x} = \lim_{x \to \infty} \frac{1}{1 + e^{-x}} = 1.$

   (c) $\displaystyle\lim_{x \to 0} \frac{\sin(\sin x)}{x} = „\frac{0}{0}" \overset{H}{=} \lim_{x \to 0} \frac{\cos(\sin x) \cos x}{1} = 1.$

(d) $\displaystyle\lim_{x\to 0}\frac{x-\sin x}{x(1-\cos x)} = \text{„}\frac{0}{0}\text{“} \overset{H}{=} \lim_{x\to 0}\frac{1-\cos x}{1-\cos x+x\sin x} = \text{„}\frac{0}{0}\text{“} \overset{H}{=} \lim_{x\to 0}\frac{\sin x}{2\sin x+x\cos x} =$

$\displaystyle = \text{„}\frac{0}{0}\text{“} \overset{H}{=} \lim_{x\to 0}\frac{\cos x}{3\cos x-x\sin x} = \frac{1}{3}\,.$

2. Berechnen Sie die folgenden Grenzwerte:

(a) $\displaystyle\lim_{x\to 0}\frac{\cos(2x)-\cos x}{\sin^2 x}$ , (b) $\displaystyle\lim_{x\to\frac{\pi}{2}}\frac{\sin 2x}{\cos^2 x}$ , (c) $\displaystyle\lim_{x\to 0}\left(\frac{1}{\sinh x}-\frac{1}{x}\right)$, (d) $\displaystyle\lim_{x\to\infty}\frac{x\ln x}{x^2-1}$ .

**Lösung:**

(a) $\displaystyle\lim_{x\to 0}\frac{\cos(2x)-\cos x}{\sin^2 x} = \text{„}\frac{0}{0}\text{“} \overset{H}{=} \lim_{x\to 0}\frac{-2\sin(2x)+\sin x}{2\sin x\cos x} =$

$\displaystyle\lim_{x\to 0}\frac{-4\sin x\cos x+\sin x}{2\sin x\cos x} = \lim_{x\to 0}\frac{-4\cos x+1}{2\cos x} = -\frac{3}{2}\,.$

(b) $\displaystyle\lim_{x\to\frac{\pi}{2}^-}\frac{\sin(2x)}{\cos^2 x} = \text{„}\frac{0}{0}\text{“} \overset{H}{=} \lim_{x\to\frac{\pi}{2}^-}\frac{2\cos(2x)}{-2\sin x\cos x} = +\infty.$

(c) $\displaystyle\lim_{x\to 0}\left(\frac{1}{\sinh x}-\frac{1}{x}\right) = \text{„}\infty-\infty\text{“} = \lim_{x\to 0}\frac{x-\sinh x}{x\sinh x} = \text{„}\frac{0}{0}\text{“} \overset{H}{=} \lim_{x\to 0}\frac{1-\cosh x}{\sinh x+x\cosh x} =$

$\displaystyle\text{„}\frac{0}{0}\text{“} \overset{H}{=} \lim_{x\to 0}\frac{-\sinh x}{2\cosh x+x\sinh x} = 0.$

(d) $\displaystyle\lim_{x\to\infty}\frac{x\ln x}{x^2-1} = \text{„}\frac{\infty}{\infty}\text{“} \overset{H}{=} \lim_{x\to\infty}\frac{\ln x+1}{2x} = \text{„}\frac{\infty}{\infty}\text{“} \overset{H}{=} \lim_{x\to\infty}\frac{\frac{1}{x}}{2} = 0.$

3. Berechnen Sie die folgenden Grenzwerte:

(a) $\displaystyle\lim_{x\to\infty}x^{\frac{1}{x}}$, (b) $\displaystyle\lim_{x\to\infty}\left[x-\sqrt{(x-a)(x-b)}\right]$, (c) $\displaystyle\lim_{x\to 0^+}(e^x-1)^x$, (d) $\displaystyle\lim_{x\to\frac{\pi}{2}}(\sin x)^{\tan x}$.

**Lösung:**

(a) $\displaystyle\lim_{x\to\infty}x^{\frac{1}{x}} = \lim_{x\to\infty}e^{\frac{\ln x}{x}}$. Wir ziehen die Grenzwertbildung in den Exponenten. Es gilt:

$\displaystyle\lim_{x\to\infty}\frac{\ln x}{x} = \text{„}\frac{\infty}{\infty}\text{“} \overset{H}{=} \lim_{x\to\infty}\frac{\frac{1}{x}}{1} = 0 \implies \lim_{x\to\infty}x^{\frac{1}{x}} = 1.$

(b) $\displaystyle\lim_{x\to\infty}\left[x-\sqrt{(x-a)(x-b)}\right] = \lim_{x\to\infty}\frac{x^2-(x-a)(x-b)}{x+\sqrt{(x-a)(x-b)}} =$

$\displaystyle = \lim_{x\to\infty}\frac{(a+b)x-ab}{x\left[1+\sqrt{\left(1-\frac{a}{x}\right)\left(1-\frac{b}{x}\right)}\right]} = \lim_{x\to\infty}\frac{(a+b)-\frac{ab}{x}}{1+\sqrt{\left(1-\frac{a}{x}\right)\left(1-\frac{b}{x}\right)}} = \frac{a+b}{2}\,.$

(c) $\displaystyle\lim_{x\to 0^+}(e^x-1)^x = \lim_{x\to 0^+}e^{x\ln(e^x-1)}$. Wir ziehen die Grenzwertbildung in den Exponenten. Es gilt:

$\displaystyle\lim_{x\to 0^+}x\ln(e^x-1) = \text{„}0\cdot\infty\text{“} = \frac{\ln(e^x-1)}{\frac{1}{x}} = \text{„}\frac{\infty}{\infty}\text{“} \overset{H}{=} \lim_{x\to 0^+}\frac{\frac{e^x}{e^x-1}}{-\frac{1}{x^2}} = \lim_{x\to 0^+}\frac{-x^2 e^x}{e^x-1} =$

$\displaystyle = -\left(\lim_{x\to 0^+}e^x\right)\left(\lim_{x\to 0^+}\frac{x^2}{e^x-1}\right) = -1\cdot\lim_{x\to 0^+}\frac{x^2}{e^x-1} = \text{„}\frac{0}{0}\text{“} \overset{H}{=} -\lim_{x\to 0^+}\frac{2x}{e^x} = 0.$

Insgesamt folgt dann: $\lim\limits_{x\to 0^+}(e^x-1)^x = 1$.

(d) $\lim\limits_{x\to\frac{\pi}{2}^-}(\sin x)^{\tan x} = \lim\limits_{x\to\frac{\pi}{2}^-}e^{\tan x\ln(\sin x)}$. Wir ziehen die Grenzwertbildung in den Exponenten. Es gilt:

$$\lim\limits_{x\to\frac{\pi}{2}^-}\tan x\ln(\sin x) = \lim\limits_{x\to\frac{\pi}{2}^-}\frac{\ln(\sin x)}{\cot x} = \underset{0}{\overset{0}{,,}}\overset{H}{=}\lim\limits_{x\to\frac{\pi}{2}^-}\frac{\frac{\cos x}{\sin x}}{-\frac{1}{\sin^2 x}} =$$

$$= -\lim\limits_{x\to\frac{\pi}{2}^-}\cos x\sin x = 0 \Longrightarrow \lim\limits_{x\to\frac{\pi}{2}^-}(\sin x)^{\tan x} = 1.$$

4. Berechnen Sie die folgenden Grenzwerte:

(a) $\lim\limits_{x\to\infty}x\ln\left(1+\frac{1}{x}\right)$, (b) $\lim\limits_{x\to 0}\left(\frac{1}{e^x-1}-\frac{1}{x}\right)$, (c) $\lim\limits_{x\to 1}\left(\frac{1}{\ln x}-\frac{1}{x-1}\right)$.

**Lösung:**

(a) Setze $x=\frac{1}{u}\Longrightarrow\lim\limits_{x\to\infty}x\ln\left(1+\frac{1}{x}\right)=\lim\limits_{u\to 0}\frac{\ln(1+u)}{u}=\underset{0}{\overset{0}{,,}}\overset{H}{=}\lim\limits_{u\to 0}\frac{\frac{1}{1+u}}{u}=1$.

(b) $\lim\limits_{x\to 0}\left(\frac{1}{e^x-1}-\frac{1}{x}\right)=\lim\limits_{x\to 0}\frac{x+1-e^x}{x(e^x-1)}=\underset{0}{\overset{0}{,,}}\overset{H}{=}\lim\limits_{x\to 0}\frac{1-e^x}{e^x-1+xe^x}=\underset{0}{\overset{0}{,,}}\overset{H}{=}$

$$=\lim\limits_{x\to 0}\frac{-e^x}{2e^x+xe^x}=-\frac{1}{2}.$$

(c) $\lim\limits_{x\to 1}\left(\frac{1}{\ln x}-\frac{1}{x-1}\right)=\lim\limits_{x\to 1}\frac{x-1-\ln x}{(x-1)\ln x}=\underset{0}{\overset{0}{,,}}\overset{H}{=}\lim\limits_{x\to 1}\frac{1-\frac{1}{x}}{\ln x+\frac{x-1}{x}}=$

$$=\lim\limits_{x\to 1}\frac{x-1}{x\ln x+x-1}=\underset{0}{\overset{0}{,,}}\overset{H}{=}\lim\limits_{x\to 1}\frac{1}{\ln x+1+1}=\frac{1}{2}.$$

5. Berechnen Sie die folgenden Grenzwerte:

(a) $\lim\limits_{x\to 0}\frac{1-\sqrt{\cos x}}{1-\cos\sqrt{x}}$, (b) $\lim\limits_{x\to 0}\frac{\sqrt{1+x}-1}{x}$, (c) $\lim\limits_{x\to 0^+}\sqrt[x]{1+\sinh x}$, (d) $\lim\limits_{x\to 0}\frac{x\tanh x}{\sqrt{1-x^2}-1}$.

**Lösung:**

(a) $\lim\limits_{x\to 0}\frac{1-\sqrt{\cos x}}{1-\cos\sqrt{x}}=\underset{0}{\overset{0}{,,}}\overset{H}{=}\lim\limits_{x\to 0}\frac{\frac{\sin x}{2\sqrt{\cos x}}}{\frac{\sin\sqrt{x}}{2\sqrt{x}}}=\lim\limits_{x\to 0}\frac{\sqrt{x}\sin x}{\sqrt{\cos x}\sin\sqrt{x}}=$

$$=\left(\lim\limits_{x\to 0}\frac{1}{\sqrt{\cos x}}\right)\left(\lim\limits_{x\to 0}\frac{\sqrt{x}\sin x}{\sin\sqrt{x}}\right)=\lim\limits_{x\to 0}\frac{\sqrt{x}\sin x}{\sin\sqrt{x}}=\underset{0}{\overset{0}{,,}}\overset{H}{=}$$

$$=\frac{\frac{\sin x}{2\sqrt{x}}+\sqrt{x}\cos x}{\frac{\cos\sqrt{x}}{2\sqrt{x}}}=\lim\limits_{x\to 0}\frac{\sin x+2x\cos x}{\cos\sqrt{x}}=0.$$

(b) $\lim\limits_{x\to 0}\frac{\sqrt{1+x}-1}{x}=\underset{0}{\overset{0}{,,}}\overset{H}{=}\lim\limits_{x\to 0}\frac{\frac{1}{2\sqrt{1+x}}}{1}=\frac{1}{2}$.

(c) $\lim\limits_{x\to 0^+}\sqrt[x]{1+\sinh x}=\lim\limits_{x\to 0^+}(1+\sinh x)^{1/x}=\lim\limits_{x\to 0^+}e^{\frac{\ln(1+\sinh x)}{x}}$.

Wir ziehen die Grenzwertbildung in den Exponenten. Es gilt:

$$\lim\limits_{x\to 0^+}\frac{\ln(1+\sinh x)}{x}=\underset{0}{\overset{0}{,,}}\overset{H}{=}\lim\limits_{x\to 0^+}\frac{\frac{\cosh x}{1+\sinh x}}{1}=1\Longrightarrow\lim\limits_{x\to 0^+}\sqrt[x]{1+\sinh x}=e.$$

(d) $\displaystyle \lim_{x \to 0} \frac{x \tanh x}{\sqrt{1-x^2}-1} = \lim_{x \to 0} \frac{x \tanh x (\sqrt{1-x^2}+1)}{(1-x^2)-1} = \lim_{x \to 0} \frac{\tanh x (\sqrt{1-x^2}+1)}{-x} =$

$\displaystyle = -\left( \lim_{x \to 0}(\sqrt{1-x^2}+1) \right) \lim_{x \to 0} \left( \frac{\tanh x}{x} \right) = -2 \lim_{x \to 0} \frac{\tanh x}{x} = \text{„}\frac{0}{0}\text{“} \overset{H}{=}$

$\displaystyle = -2 \lim_{x \to 0} \frac{\frac{1}{\cosh^2 x}}{1} = -2 \; .$

6. Gegeben sei die Funktion

$$f(x) = \sqrt{3x^4 - 2x^2 + 1} - (\alpha x^2 + \beta) \; .$$

Bestimmen Sie $\alpha, \ \beta \in \mathbb{R}$ so, dass gilt: $\displaystyle \lim_{x \to \infty} f(x) = 0$.

**Lösung:**
Erweiterung mit $\sqrt{3x^4 - 2x^2 + 1} + (\alpha x^2 + \beta)$ führt zu:

$$\lim_{x \to \infty} f(x) = \lim_{x \to \infty} \frac{(3x^4 - 2x^2 + 1) - (\alpha x^2 + \beta)^2}{\sqrt{3x^4 - 2x^2 + 1} + (\alpha x^2 + \beta)} = \lim_{x \to \infty} \frac{(3-\alpha^2)x^2 - 2(1+\alpha\beta) + \frac{(1-\beta^2)}{x^2}}{\sqrt{3 - \frac{2}{x^2} + \frac{1}{x^4}} + (\alpha + \frac{\beta}{x^2})} \; .$$

Damit dieser Grenzwert Null wird, muss gelten: $\alpha^2 = 3$ und $1 + \alpha\beta = 0$. Da $\alpha$ nur positiv sein kann, folgt: $\alpha = \sqrt{3}$ und $\beta = -\dfrac{1}{\sqrt{3}}$ .

7. Berechnen Sie: $\displaystyle \lim_{x \to -1} \left( \frac{4}{x^2 - 2x - 3} + \frac{1}{x+1} \right) $ .

**Lösung:**
$$\lim_{x \to -1} \left( \frac{4}{x^2 - 2x - 3} + \frac{1}{x+1} \right) = \text{„}\infty - \infty\text{“} = \lim_{x \to -1} \frac{4(x+1) + (x+1)(x-3)}{(x-3)(x+1)^2} =$$

$$= \lim_{x \to -1} \frac{1}{x-3} = -\frac{1}{4} \; .$$

8. Berechnen Sie: $\displaystyle \lim_{x \to \infty} \left( \frac{a}{x} + \cos\left( \frac{b}{x} \right) \right)^x$ , $a, b \in \mathbb{R}$.

**Lösung:**
Setze $x = \dfrac{1}{u} \implies \displaystyle \lim_{x \to \infty} \left( \frac{a}{x} + \cos\left( \frac{b}{x} \right) \right)^x = \lim_{u \to 0} \left( au + \cos(bu) \right)^{1/u} = \lim_{u \to 0} e^{\frac{\ln[au + \cos(bu)]}{u}}$ .

Wir ziehen die Grenzwertbildung in den Exponenten. Es gilt:

$$\lim_{u \to 0} \frac{\ln[au + \cos(bu)]}{u} = \text{„}\frac{0}{0}\text{“} \overset{H}{=} \lim_{u \to 0} \frac{\frac{a - b\sin(bu)}{au + \cos(bu)}}{1} = a \implies \lim_{x \to \infty} \left( \frac{a}{x} + \cos\left( \frac{b}{x} \right) \right)^x = e^a.$$

## 1.15.3 Beispiele mit Lösungen

1. Berechnen Sie die folgenden Grenzwerte:

a) $\displaystyle \lim_{x \to 0} \frac{\sin(ax) - ax}{\sin(bx) - bx}$ , $a, b \neq 0$,  b) $\displaystyle \lim_{x \to 0} \frac{(1+x)^{1/x} - e}{x}$ ,  c) $\displaystyle \lim_{x \to 0} \frac{2x^2 - x^3}{[\ln(1+x)]^2}$ ,

d) $\displaystyle \lim_{x \to 0} \frac{2\ln(1+x) + x^2 - 2x}{x^3}$ ,  e) $\displaystyle \lim_{x \to 0} \frac{2\sinh x - \tanh x}{e^x - 1}$ ,  f) $\displaystyle \lim_{x \to \infty} (e^{3x} - 5x)^{1/x}$ .

Lösungen:

a) $\frac{a^3}{b^3}$ ,   b) $-\frac{e}{2}$ ,   c) 2,   d) $\frac{2}{3}$ ,   e) 1,   f) $e^3$.

2. Berechnen Sie die folgenden Grenzwerte:

a) $\lim\limits_{x\to 0^+} \left( \dfrac{1+x}{\sqrt{x}} - \dfrac{1}{\sinh\sqrt{x}} \right)$ ,   b) $\lim\limits_{x\to 1}(1+\ln x)^{\frac{1}{x-1}}$ ,   c) $\lim\limits_{x\to 0^+}(1-\sin x)^{\ln\cot x}$ ,

d) $\lim\limits_{x\to 0^+}\left( \dfrac{1}{\sqrt{x}} - \dfrac{\sqrt{x}}{\ln(1+x)} \right)$ ,   e) $\lim\limits_{x\to 0} \dfrac{x-\sinh x}{x^3-x^4}$ ,   f) $\lim\limits_{x\to 0^+}\ln(e+x)^{1/x}$ ,

g) $\lim\limits_{x\to 0} \dfrac{\sqrt{1+x\sinh x}-\cosh\frac{x}{2}}{\left(\sinh\frac{x}{2}\right)^2}$ ,   h) $\lim\limits_{x\to 0^+}(\cot x)^x$ ,   i) $\lim\limits_{x\to 0} \dfrac{\tanh x - \sinh x}{x-\sinh x}$ .

Lösungen:

a) 0,   b) $e$,   c) 1,   d) 0,   e) $-\frac{1}{6}$,   f) $e^{\frac{1}{e}}$,   g) $\frac{3}{2}$,   h) 1,   i) 3.

3. Berechnen Sie die folgenden Grenzwerte:

a) $\lim\limits_{x\to 0} \dfrac{e^{2x}-2e^x+1}{\cos(3x)-2\cos(2x)+\cos x}$ ,   b) $\lim\limits_{x\to 0}\left(1+\sinh^2 x\right)^{2/x^2}$ ,   c) $\lim\limits_{x\to 0^+}(\cot x)^{\sin x}$ ,

d) $\lim\limits_{x\to 0} \dfrac{-1-x+\sqrt{1+2x}}{\sinh^2 x}$ ,   e) $\lim\limits_{x\to a}\left(2-\dfrac{x}{a}\right)^{\tan\frac{\pi x}{2a}}$ ,   f) $\lim\limits_{x\to 0^+} \dfrac{1-e^{\sqrt{x}}}{\sinh\sqrt{x}}$ ,

g) $\lim\limits_{x\to 0} \dfrac{1+x\ln(1+x)-\cosh x}{e^{x^2}-1}$ ,   h) $\lim\limits_{x\to\infty}\left(\dfrac{x+1}{x-1}\right)^{\sqrt{x}}$ ,   i) $\lim\limits_{x\to\infty}\left(\dfrac{x+1}{x-1}\right)^x$ .

Lösungen:

a) $-1$,   b) $e^2$,   c) 1,   d) $-\frac{1}{2}$,   e) $e^{2/\pi}$,   f) $-1$,   g) $\frac{1}{2}$,   h) 1,   i) $e^2$.

4. Berechnen Sie die folgenden Grenzwerte:

a) $\lim\limits_{x\to 0} \dfrac{x\sinh x+2-2\cosh x}{[\ln(1+x)]^2}$ ,   b) $\lim\limits_{x\to\infty}\left(1+e^{-x}\right)^{2x}$ ,   c) $\lim\limits_{x\to\infty}\left(\cos\dfrac{2}{x}\right)^{x^2}$ ,

d) $\lim\limits_{x\to\frac{\pi}{2}}\left(x-\dfrac{\pi}{2}\right)\tan x$ ,   e) $\lim\limits_{x\to 1} \dfrac{x^x-x}{1-x+\ln x}$ ,   f) $\lim\limits_{x\to 0^+}(1-2^x)^{\sin x}$ ,

g) $\lim\limits_{x\to 0} \dfrac{1+x^2-\sqrt{1+x^2}}{x\sin x}$ ,   h) $\lim\limits_{x\to 0}(e^{3x}-5x)^{1/x}$ ,   i) $\lim\limits_{x\to 1^+}(\ln x)^{x-1}$ .

Lösungen:

a) 0,   b) 1,   c) $\frac{1}{e^2}$,   d) $-1$,   e) $-2$,   f) 1,   g) $\frac{1}{2}$,   h) $\frac{1}{e^2}$,   i) 1.

5. Berechnen Sie den Grenzwert der Funktion für $x\to 1$ :

$$y = (x-1)^2 \frac{\tan\frac{\pi x}{2}}{\sin\pi x} .$$

Welchen Wert haben die Ableitungen $y'$ und $y''$ an der Stelle $x=1$?

Lösungen: $y(1) = \dfrac{2}{\pi^2}$ ,   $y'(1) = 0$ ,   $y''(1) = \dfrac{1}{3}$ .

6. Berechnen Sie die folgenden Grenzwerte:

a) $\lim_{x \to 0} (\cot x)^{\tan x}$,  b) $\lim_{x \to 2} \left( \dfrac{3}{x+1} \right)^{\frac{x}{x-2}}$,  c) $\lim_{x \to -2} (x+2)^{\tan \frac{x\pi}{2}}$,

d) $\lim_{x \to 0} \dfrac{1 - e^{x^2}}{x \sin x}$,  e) $\lim_{x \to 0} \left( \dfrac{1}{\cos x} \right)^{\cot x}$,  f) $\lim_{x \to 1} \dfrac{x^x - x}{x^x - 1}$,

g) $\lim_{x \to 0} \dfrac{x^2 - x^3}{\ln(1 + x^2)}$,  h) $\lim_{x \to 0^+} x^{\ln(x+1)}$,  i) $\lim_{x \to 0} \left( \dfrac{\cos x}{x^2} - \dfrac{\tan x}{x^3} \right)$,

j) $\lim_{x \to \pi^-} \dfrac{\tan x}{\sqrt{1 + \cos x}}$,  k) $\lim_{x \to 0} \left( \dfrac{1}{\sin x} + \dfrac{1}{\ln(1 - x)} \right)$,  l) $\lim_{x \to 0^+} (e^x - e^{-x})^{e^x - 1}$.

Lösungen:  a) 1,  b) $e^{-2/3}$,  c) 1,  d) $-1$,  e) 1,  f) 0,

g) 1,  h) 1,  i) $-\dfrac{5}{6}$,  j) $-\sqrt{2}$,  k) $\dfrac{1}{2}$,  l) 1.

# 1.16  Satz von TAYLOR, TAYLOR-Reihen

## 1.16.1  Grundlagen

- Satz von TAYLOR:

  Sei $I$ ein beliebiges Intervall, $f$ eine $(n+1)$-mal stetig differenzierbare Funktion auf $I$ und sei $x_0$ ein innerer Punkt von $I$. Dann gilt:

  - $\forall x \in I$ lässt sich $f$ durch die TAYLOR'sche Formel mit dem Entwicklungspunkt $x_0$ darstellen:

$$\boxed{f(x) = \underbrace{\sum_{\nu=0}^{n} \frac{f^{(\nu)}(x_0)}{\nu!}(x-x_0)^\nu}_{\text{Taylorpolynom } T_n(x,x_0)} + \underbrace{R_n(x,x_0)}_{\text{Restglied}}} \ .$$

  - Für das Restglied $R_n(x,x_0)$ gilt nach LAGRANGE:

$$R_n(x,x_0) = \frac{f^{(n+1)}(\xi)}{(n+1)!}(x-x_0)^{n+1} \ ,$$

  wobei: $x_0 < \xi < x$ bzw. $x < \xi < x_0$, oder in Standardschreibweise:

$$\boxed{R_n(x,x_0) = \frac{f^{(n+1)}(x_0 + \vartheta(x-x_0))}{(n+1)!}(x-x_0)^{n+1} \ , \quad 0 < \vartheta < 1} \ .$$

- TAYLOR-Reihe:

  Sei $f$ beliebig oft differenzierbar auf $I$. Dann lässt sich $f$ an der Stelle $x \in I$ genau dann durch die TAYLOR-Reihe $\sum\limits_{\nu=0}^{\infty} \dfrac{f^{(\nu)}(x_0)}{\nu!}(x-x_0)^\nu$ mit dem Entwicklungspunkt $x_0$ darstellen, wenn gilt:

$$\lim_{n\to\infty} R_n(x,x_0) = 0 \ .$$

## 1.16.2  Musterbeispiele

1. Gegeben ist die Funktion

$$f(x) = -\frac{x}{2} + \ln(1 + e^x) \ .$$

a) Ermitteln Sie das TAYLOR-Polynom $T_4(x,0)$.

b) Zeigen Sie, dass die TAYLOR-Reihe von $f$ nur gerade Glieder enthält.

**Lösung:**

a) TAYLOR-Polynom:

$$T_4(x,0) = f(0) + \frac{f'(0)}{1!}\,x + \frac{f''(0)}{2!}\,x^2 + \frac{f'''(0)}{3!}\,x^3 + \frac{f''''(0)}{4!}\,x^4 \ \text{mit } f(0) = \ln 2.$$

Ferner gilt:

$$f'(x) = -\frac{1}{2} + \frac{e^x}{1 + e^x} \implies f'(0) = -\frac{1}{2} + \frac{1}{2} = 0.$$

$$f''(x) = \frac{e^x}{1+e^x} - \frac{e^{2x}}{(1+e^x)^2} \implies f''(0) = \frac{1}{2} - \frac{1}{4} = \frac{1}{4} \ .$$

$$f'''(x) = \frac{e^x}{1+e^x} - \frac{3e^{2x}}{(1+e^x)^2} + \frac{2e^{3x}}{(1+e^x)^3} \implies f'''(0) = \frac{1}{2} - \frac{3}{4} + \frac{1}{4} = 0.$$

$$f''''(x) = \frac{e^x}{1+e^x} - \frac{7e^{2x}}{(1+e^x)^2} + \frac{12e^{3x}}{(1+e^x)^3} - \frac{6e^{4x}}{(1+e^x)^4} \implies f''''(0) = \cdots = -\frac{1}{8} \ .$$

Damit folgt:

$$\boxed{T_4(x,0) = \ln 2 + \frac{x^2}{8} - \frac{x^4}{192}} \ .$$

b) Durch Umformen erhalten wir:

$$f(x) = -\ln(e^{\frac{x}{2}}) + \ln(1+e^x) = \ln\left(\frac{1+e^x}{e^{\frac{x}{2}}}\right) = \ln\left(e^{\frac{x}{2}} + e^{-\frac{x}{2}}\right) = \ln(2\cosh x).$$

Damit ist aber $f$ offensichtlich eine gerade Funktion und ihre TAYLOR-Reihe enthält nur gerade $x$-Potenzen.

2. Gegeben ist die Funktion

$$f(x) = e^{2x-x^2} \ .$$

Ermitteln Sie das TAYLOR-Polynom $T_4(x,1)$.

**Lösung:**

$$T_4(x,1) = f(1) + \frac{f'(1)}{1!}(x-1) + \frac{f''(1)}{2!}(x-1)^2 + \frac{f'''(1)}{3!}(x-1)^3 + \frac{f''''(1)}{4!}(x-1)^4$$

mit $f(1) = e$.

Ferner gilt:

$f'(x) = 2(1-x)e^{2x-x^2} \implies f'(1) = 0.$
$f''(x) = -2e^{2x-x^2} + 4(1-x)^2 e^{2x-x^2} \implies f''(1) = -2e.$
$f'''(x) = -12(1-x)e^{2x-x^2} + 8(1-x)^3 e^{2x-x^2} \implies f'''(1) = 0.$
$f''''(x) = 12e^{2x-x^2} - 48(1-x)^2 + 16(1-x)^4 e^{2x-x^2} \implies f''''(1) = 12e.$

Damit folgt:

$$\boxed{T_4(x,1) = e - e(x-1)^2 + \frac{e}{2}(x-1)^4} \ .$$

3. Gegeben ist die Funktion

$$f(x) = \ln(1 + 3x^2) \ .$$

Ermitteln Sie die TAYLOR-Polynome $T_3(x,1)$ und $T_3(x,0)$.

**Lösung:**

Es gilt:

$f(x) = \ln(1 + 3x^2) \implies f(1) = \ln 4$ bzw. $f(0) = 0.$

$f'(x) = \dfrac{6x}{1+3x^2} \implies f'(1) = \dfrac{3}{2}$ bzw. $f'(0) = 0.$

$f''(x) = \dfrac{6 - 18x^2}{(1+3x^2)^2} \implies f''(1) = -\dfrac{3}{4}$ bzw. $f''(0) = 6.$

$f'''(x) = \dfrac{-36x(1+3x^2) - (6-18x^2)12x}{(1+3x^2)^3} \implies f'''(1) = 0$ bzw. $f'''(0) = 0.$

Damit folgt:

$$\boxed{T_3(x,1) = \ln 4 + \frac{3}{2}(x-1) - \frac{3}{8}(x-1)^2} \qquad \text{bzw.} \qquad \boxed{T_3(x,0) = 3x^2} \; .$$

4. Gegeben ist die Funktion

$$f(x) = \frac{x+2}{1+x^2} \; .$$

Ermitteln Sie das TAYLOR-Polynom $T_3(x, -2)$ und berechnen Sie damit näherungsweise $f(-1.9)$.

**Lösung:**

$$f(x) = \frac{x+2}{1+x^2} \Longrightarrow f(-2) = 0.$$

$$f'(x) = \frac{1 - 4x - x^2}{(1+x^2)^2} \Longrightarrow f'(-2) = \frac{1}{5}.$$

$$f''(x) = \frac{2x^3 + 12x^2 - 6x - 4}{(1+x^2)^3} \Longrightarrow f''(-2) = \frac{8}{25} \; .$$

$$f'''(x) = \frac{-6x^4 - 48x^3 + 36x^2 + 48x - 6}{(1-x^2)^4} \Longrightarrow f'''(-2) = \frac{66}{125} \; .$$

Damit folgt:

$$\boxed{T_3(x,-2) = \frac{1}{5}(x+2) + \frac{4}{25}(x+2)^2 + \frac{11}{125}(x+2)^3} \; .$$

Speziell für $x = -1.9$ folgt:

$$T_3(-1.9, -2) = \frac{0.1}{5} + \frac{4}{25} 0.01 + \frac{11}{125} 0.001 = 0.021688 \text{ , d.h. } f(-1.9) \approx 0.021688.$$

Zum Vergleich: Mit dem Taschenrechner folgt: $f(-1.9) \approx 0.021691974\ldots$

5. Entwickeln Sie die Funktion

$$f(x) = x - \frac{x}{1+x}$$

in eine TAYLOR-Reihe mit der Entwicklungsmitte $x_0 = 0$.

**Lösung:**

Es gilt: $f(x) = f(0) + \dfrac{f'(0)}{1!} x + \dfrac{f''(0)}{2!} x^2 + \cdots + \dfrac{f^{(n)}(0)}{n!} x^n + \cdots$  und ferner:

$$f(x) = x - \frac{x+1-1}{1+x} = x - 1 + \frac{1}{1+x} \Longrightarrow f(0) = 0.$$

$$f'(x) = 1 - \frac{1}{(1+x)^2} \Longrightarrow f'(0) = 0.$$

$$f''(x) = \frac{1 \cdot 2}{(1+x)^3} \Longrightarrow f''(0) = 2! \; .$$

$$f'''(x) = -\frac{1 \cdot 2 \cdot 3}{(1+x)^4} \Longrightarrow f'''(0) = -3! \; .$$

Damit drängt sich für $n \geq 2$ die folgende Vermutung auf:

$$f^{(n)}(x) = (-1)^n \frac{n!}{(1+x)^{n+1}} \implies f^{(n)}(0) = (-1)^n n! \ .$$

Der Beweis kann mittels vollständiger Induktion geführt werden.
Insgesamt ergibt sich dann:

$$\boxed{f(x) = x - \frac{x}{1+x} = \sum_{n=2}^{\infty} (-1)^n x^n} \ .$$

Bemerkung:
Eine weiterführende Umformung von $f(x)$ ergibt:

$$f(x) = x - \frac{x+1-1}{1+x} = x - 1 + \frac{1}{1+x} = \frac{(x-1)(x+1)+1}{1+x} = \frac{x^2}{1+x}$$

Die TAYLOR-Reihe der Funktion $g(x) := \dfrac{1}{1+x}$ ist bekanntlich $\displaystyle\sum_{k=0}^{\infty} (-1)^k x^k$, woraus

durch Multiplikation mit $x^2$ die TAYLOR-Reihe für $f(x)$ folgt.

6. Entwickeln Sie die Funktion $f(x) = \ln(x - x^2)$ in eine TAYLOR-Reihe mit der Entwicklungsmitte $x_0 = \frac{1}{2}$. Untersuchen Sie ferner, ob die TAYLOR-Reihe $f(x)$ an der Stelle $x = \frac{1}{4}$ darstellt.

**Lösung:**

Es gilt: $f(x) = f(0) + \dfrac{f'(0)}{1!} x + \dfrac{f''(0)}{2!} x^2 + \cdots + \dfrac{f^{(n)}(0)}{n!} x^n + \cdots$     und ferner:

$$f(x) = \ln x + \ln(1-x) \implies f(\tfrac{1}{2}) = 2\ln\tfrac{1}{2} = -2\ln 2.$$

$$f'(x) = \frac{1}{x} - \frac{1}{1-x} \implies f'\left(\frac{1}{2}\right) = 0.$$

$$f''(x) = -\frac{1}{x^2} - \frac{1}{(1-x)^2} \implies f''\left(\frac{1}{2}\right) = -\frac{2}{4} = -\frac{1}{2} \ .$$

$$f'''(x) = \frac{1 \cdot 2}{x^3} - \frac{1 \cdot 2}{(1-x)^3} \implies f'''\left(\frac{1}{2}\right) = 0.$$

$$\vdots$$

$$f^{(\nu)}(x) = (-1)^{\nu+1} \frac{(\nu-1)!}{x^\nu} - \frac{(\nu-1)!}{(1-x)^\nu} \implies f^{(\nu)}\left(\frac{1}{2}\right) = \left[(-1)^{\nu+1} - 1\right]\frac{(\nu-1)!}{(\frac{1}{2})^\nu} \ .$$

Damit folgt:

$$\underline{f(x) = -2\ln 2 + \sum_{\nu=1}^{\infty} \left[(-1)^{\nu+1} - 1\right] 2^\nu \frac{(x-\frac{1}{2})^\nu}{\nu}} = -2\ln 2 - \underline{\sum_{\mu=1}^{\infty} 2^{2\mu} \frac{(x-\frac{1}{2})^{2\mu}}{\mu}} \ .$$

Bekanntlich stellt die TAYLOR-Reihe die Funktion $f(x)$ an einer Stelle $x_1$ dar, wenn die Folge der Restglieder $\{R_n(x_1, x_0)\}$ eine Nullfolge ist. Das Restglied $R_n(x, x_0)$ nach LAGRANGE hat im vorliegenden Fall die Gestalt:

$$R_n(x, \tfrac{1}{2}) = \left[(-1)^{n+2} \frac{n!}{[\frac{1}{2} - \vartheta(x-\frac{1}{2})]^n} - \frac{n!}{[\frac{1}{2} + \vartheta(x-\frac{1}{2})]^n}\right] \frac{(x-\frac{1}{2})^{n+1}}{(n+1)!} \ .$$

Speziell für $x = \frac{1}{4}$ folgt dann:

$$R_n(\tfrac{1}{4}, \tfrac{1}{2}) = \left| \left[(-1)^{n+2} \frac{n!}{(\frac{1}{2} + \frac{\vartheta}{4})^n} - \frac{n!}{(\frac{1}{2} - \frac{\vartheta}{4})^n}\right] \frac{(-1)^{n+1}(\frac{1}{4})^{n+1}}{(n+1)!} \right| \leq$$

$$\leq n!\Big[\frac{1}{|\frac{1}{2}+\frac{\vartheta}{4}|^n}+\frac{1}{|\frac{1}{2}-\frac{\vartheta}{4}|^n}\Big]\frac{(\frac{1}{4})^{n+1}}{(n+1)!}\leq (2^n+4^n)\frac{(\frac{1}{4})^{n+1}}{n+1}\leq\Big(1+\frac{1}{2^n}\Big)\frac{1}{4(n+1)}\leq$$

$$\leq\frac{1}{2(n+1)}\longrightarrow 0\ \text{für}\ n\to\infty.$$

Daher stellt die TAYLOR-Reihe die Funktion $f$ an der Stelle $x=\frac{1}{4}$ dar.

7. Entwickeln Sie die Funktion $f(x)=\dfrac{x+3}{x^2-x-2}$ an der Stelle $x_0=0$ in eine TAYLOR-Reihe.

   Für welche $x\in\mathbb{R}$ stellt die TAYLOR-Reihe die Funktion dar?

**Lösung:**

Die im Satz von TAYLOR auftretenden Ableitungen von $f$ sind in der vorliegenden Form nicht allgemein in einfacher Weise ermittelbar. Da $f$ eine rationale Funktion ist, kann sie in Partialbrüche zerlegt werden. Falls dabei die Nullstellen des Nenners alle einfach sind, treten in der Partialbruchzerlegung nur Terme der Form $\dfrac{c}{x-a}$ auf, für die alle Ableitungen einfach darstellbar sind.

Dann gilt:

$$f(x)=\frac{x+3}{x^2-x-2}=\frac{x+3}{(x-2)(x+1)}=\frac{5}{3}\frac{1}{x-2}-\frac{2}{3}\frac{1}{x+1}\ ,$$

$$f'(x)=-\frac{5}{3}\frac{1}{(x-2)^2}+\frac{2}{3}\frac{1}{(x+1)^2}\ ,\qquad f''(x)=\frac{5}{3}\frac{1\cdot 2}{(x-2)^3}-\frac{2}{3}\frac{1\cdot 2}{(x+1)^3}$$

und in weiterer Folge:

$$f^{(\nu)}(x)=\frac{5}{3}(-1)^\nu\frac{\nu!}{(x-2)^{\nu+1}}-\frac{2}{3}(-1)^\nu\frac{\nu!}{(x+1)^{\nu+1}}\qquad\text{bzw.}$$

$$f^{(\nu)}(0)=\frac{5}{3}\frac{(-1)}{2}\frac{\nu!}{2^\nu}-\frac{2}{3}(-1)^\nu\nu!,$$

woraus folgt:

$$\underline{f(x)=-\frac{5}{6}\sum_{\nu=0}^{\infty}\frac{1}{2^\nu}x^\nu-\frac{2}{3}\sum_{\nu=0}^{\infty}(-1)^\nu x^\nu=-\sum_{\nu=0}^{\infty}\Big(\frac{5}{6}\frac{1}{2^\nu}+\frac{2}{3}(-1)^\nu\Big)x^\nu\ .}$$

Da die TAYLOR-Reihe für jedes (feste) $x$ mit $|x|\geq 1$ divergiert, weil die Reihenglieder keine Nullfolge bilden, betrachten wir im Folgenden nur den Fall $x\in(-1,1)$. Wir verwenden die Restgliedformel von CAUCHY:

$$R_n(x,x_0)=\frac{f^{(n+1)}\big(x_0+\vartheta(x-x_0)\big)}{n!}(1-\vartheta)^n(x-x_0)^{n+1},\quad\text{d.h. speziell:}$$

$$R_n(x,0)=\Big(\frac{5}{3}(-1)^{n+1}\frac{(n+1)!}{(\vartheta x-2)^{n+2}}-\frac{2}{3}(-1)^{n+1}\frac{(n+1)!}{(\vartheta x+1)^{n+2}}\Big)\frac{(1-\vartheta)^n}{n!}x^{n+1}\ .$$

$$|R_n(x,0)|\leq\Big(\frac{5}{3}\frac{n+1}{|2-\vartheta x|^{n+2}}+\frac{2}{3}\frac{n+1}{|1+\vartheta x|^{n+2}}\Big)(1-\vartheta)^n|x|\leq$$

$$\leq\frac{n+1}{(1-\vartheta|x|)^{n+2}}(1-\vartheta)^n|x|^n=\frac{n+1}{(1-\vartheta|x|)^2}\Big(\frac{1-\vartheta}{1-\vartheta|x|}\Big)^n|x|^n\longrightarrow 0.$$

Wegen $0 < \dfrac{1-\vartheta}{1-\vartheta|x|} < 1$ und $|x| < 1$ bilden die Restglieder eine Nullfolge, d.h. die TAYLOR-Reihe stellt die Funktion im Intervall $(-1,1)$ dar.

**Aufgabe:**
Ermitteln Sie die Reihenentwicklung von $f(x)$ unter Verwendung der geometrischen Reihe.

8. Berechnen Sie mittels einer geeigneten Reihenentwicklung $\sqrt{10}$ auf 2 Nachkommastellen genau.

**Lösung:**
Es kann die Binomialreihe benutzt werden:

$$\sqrt{10} = \sqrt{a^2 + (10 - a^2)} = a\sqrt{1 + \frac{10 - a^2}{a^2}} \ , \text{ wobei } a \text{ so gewählt werden soll, dass }$$

$\dfrac{10 - a^2}{a^2} \ll 1$ gilt.

$a = 3$:  Damit folgt: $\sqrt{10} = 3\sqrt{1 + \dfrac{1}{9}} \approx 3\left(1 + \dfrac{1}{2}\dfrac{1}{9} - \dfrac{1}{8}\dfrac{1}{81}\right) = 3.1620...$

Dabei wurde mit dem TAYLOR-Polynom $T_2(x,0)$ für die Funktion $f(x) = \sqrt{1+x}$ approximiert. Der Fehler kann mit dem Restglied $R_2(x,0) = \dfrac{f'''(\vartheta x)}{3!}\, x^3$ abgeschätzt werden. Es gilt mit $x = \frac{1}{9}$:

$$|R_2(x,0)| = \frac{1}{6}\,\frac{3}{8(\sqrt{1 + \vartheta x})^5}\,|x|^3 \le \frac{1}{16}\frac{1}{9^3} \approx 0.000771..., \text{ woraus insgesamt der maxi-}$$

male Approximationsfehler $0.00231...$ folgt. D.h. aber, dass die Näherung mit dem 2. TAYLOR-Polynom bereits die geforderte Genauigkeit aufweist.

**Bemerkung:**
Mit der Wahl von $a = 3.1$ hätte bereits eine Approximation mit dem ersten TAYLOR-Polynom ausgereicht.

## 1.16.3  Beispiele mit Lösungen

1. Bestimmen Sie das 5-te TAYLOR-Polynom von $f(x) = \tan x$ an der Stelle $x_0 = 0$ . (Hinweis: Benützen Sie für $y = \tan x$ die Gleichung $y' = 1 + y^2$ ).
   Lösung:        $T_5(x,0) = x + \dfrac{x^3}{3} + \dfrac{2}{15}x^5.$

2. Approximieren Sie die Funktion $f(x) = \cos(\sin x)$ durch das TAYLOR-Polynom vom Grad 4.
   Lösung: $f(x) \approx 1 - \dfrac{x^2}{2} + \dfrac{5}{24}x^4.$

3. Bestimmen Sie das TAYLOR-Polynom $T_4(x,1)$ der Funktion

$$f(x) = \ln(1 + \ln x) .$$

   Lösung:   $T_4(x,1) = (x-1) - (x-1)^2 + \dfrac{7}{6}(x-1)^3 - \dfrac{35}{24}(x-1)^4.$

4. Gegeben ist die Funktion $f(x) = e^{x+\sqrt{x}}$. Zeigen Sie, dass das TAYLOR-Polynom $T_3(x, 1)$ die Funktion $f(x)$ an der Stelle $x = 1.1$ auf 3 Dezimalen genau approximiert.

   Lösung:   $T_3(x, 1) = e^2 \left( 1 + \dfrac{3}{2}(x - 1) + (x - 1)^2 + \dfrac{7}{16}(x - 1)^3 \right).$

   $T_3(1.1, 1) = 8.574537787...$, $f(1.1) = 8.574638614...$ (mittels Taschenrechner).

5. Für kleinere Beträge von $x$ benutzen Techniker oft die Näherung:
   $(1 + x)^\alpha \approx 1 + \alpha x$, $\alpha \in \mathbb{R}$.
   Schätzen Sie für folgende $\alpha$ den Fehler im Bereich $|x| \leq 10^{-2}$ ab:

   a) $|\alpha| < 1$,   b) $\alpha = \dfrac{1}{2}$,   c) $\alpha = -\dfrac{1}{2}$.

   Lösungen:   a) $|R_1(x)| \leq 11 \cdot 10^{-5}$,   b) $|R_1(x)| \leq 13 \cdot 10^{-6}$,   c) $|R_1(x)| \leq 39 \cdot 10^{-6}$.

6. Approximieren Sie die Funktion $f(x) = 1 + x \sin x^2$ durch das dritte TAYLOR'sche Polynom.
   Lösung: $f(x) \approx 1 + x^3$.

7. Entwickeln Sie die folgenden Funktionen an den angegebenen Stellen $x_0$ in eine TAYLOR-Reihe:

$$(a) \ \ f(x) = \frac{1}{x}, \ \ x_0 = -2; \ \ \ (b) \ \ f(x) = 10^{4-3x}, \ \ x_0 = 0.$$

   Für welche $x \in \mathbb{R}$ stellen die TAYLOR-Reihen die jeweilige Funktion dar ?

   Lösungen: (a) $f(x) = -\displaystyle\sum_{k=0}^{\infty} \frac{1}{2^{k+1}}(x + 2)^k$ für $-4 < x < 0$.

   (b) $f(x) = \displaystyle\sum_{k=0}^{\infty} \frac{10^4(-3\ln 10)^k}{k!}x^k$ für $x \in \mathbb{R}$.

8. Entwickeln die Funktion $f(x) = \dfrac{1}{x}$ an der Stelle $x_0 = 3$ in eine TAYLOR-Reihe und bestimmen Sie ihren Konvergenzbereich. Wieviele Glieder dieser Reihe benötigt man, um den Funktionswert an der Stelle $x_0 = 4$ bis auf einen Fehler $\leq 0,005$ zu berechnen?

   Lösung: $f(x) = \displaystyle\sum_{n=0}^{\infty} \frac{(-1)^n}{3^{n+1}}(x - 3)^n$;   $0 < x < 6$,   5 Glieder.

9. Entwickeln Sie die Funktion $f(x) = e^x + e^{-x} + 2\cos x$ an der Stelle $x_0 = 0$ in eine TAYLOR-Reihe.

   Lösung: $f(x) = 4 \displaystyle\sum_{n=0}^{\infty} \frac{x^{4n}}{(4n)!}$.

10. Entwickeln Sie die Funktion $f(x) = 2e^x \sinh x$ um $x_0 = 0$ in eine TAYLOR-Reihe.

   Lösung:   $f(x) = \displaystyle\sum_{n=1}^{\infty} \frac{(2x)^n}{n!}$.

11. Entwickeln Sie die Funktion $f(x) = \ln\left(\dfrac{x + 3}{5 - x}\right)$ an der Stelle $x_0 = 0$ in eine TAYLOR-Reihe.

Lösung:   $f(x) = \ln\dfrac{3}{5} + \displaystyle\sum_{k=1}^{\infty}\left(-\dfrac{(-1)^k}{3^k} + \dfrac{1}{5^k}\right)\dfrac{x^k}{k}$ .

12. Entwickeln Sie die Funktion $f(x) = (1+x)e^x$ an der Stelle $x_0 = -1$ in eine TAYLOR-Reihe und zeigen Sie, dass diese für alle $x \in \mathbb{R}$ die Funktion darstellt.

Lösung:   $(1+x)e^x = \dfrac{1}{e}\displaystyle\sum_{n=1}^{\infty}\dfrac{(x+1)^n}{(n-1)!}$ .

13. Bestimmen Sie die TAYLOR-Entwicklung der Funktion $f(x) = x^4 + 2x^3 - 5x^2 + 3$ um den Entwicklungspunkt $x_0 = -1$.

Lösung: $f(x) = -3 + 12(x+1) - 5(x+1)^2 - 2(x+1)^3 + (x+1)^4$.

14. Entwickeln Sie die Funktion $f(x) = \cos\left(x + \dfrac{\pi}{4}\right)$ an der Stelle $x_0 = 0$ in eine Potenzreihe und bestimme ihren Konvergenzradius.

Lösung: $f(x) = \dfrac{1}{\sqrt{2}}\displaystyle\sum_{n=0}^{\infty}(-1)^{\left[\frac{n+1}{2}\right]}\dfrac{x^n}{n!}$ ,    $R = \infty$.

15. Entwickeln Sie die Funktion $f(x) = x^3\ln x^3$ an der Stelle $x_0 = 1$ in eine TAYLOR-Reihe.

Lösung:

$$f(x) = 3(x-1) + \frac{15}{2}(x-1)^2 + \frac{11}{2}(x-1)^3 + 18\sum_{n=4}^{\infty}(-1)^n\frac{(n-4)!}{n!}(x-1)^n.$$

# 1.17 Fixpunkte und Nullstellen

## 1.17.1 Grundlagen

- Eine Abbildung $f : [a, b] \to \mathbb{R}$ heißt innere Abbildung oder Selbstabbildung des Intervalls $[a, b]$, wenn gilt: $f([a, b]) \subset [a, b]$.

- Sei $f$ eine innere Abbildung eines Intervalls $[a, b]$. $\xi \in [a, b]$ heißt Fixpunkt von $f$, wenn gilt: $f(\xi) = \xi$.

- Sei $X \in D(f) \subset \mathbb{R}$ und $f : X \to \mathbb{R}$. $f$ heißt auf $X$ kontrahierende Abbildung, wenn es ein $q$ mit $0 < q < 1$ gibt, so dass für alle $x, y \in X$ gilt:

$$|f(x) - f(y)| \leq q|x - y| \ .$$

Bemerkung: Die Kontraktionsbedingung ist eine LIPSCHITZ-Bedingung.

- Kontraktionssatz:
  Eine kontrahierende Selbstabbildung $f$ des Intervalls $[a, b]$ besitzt genau einen Fixpunkt $\xi$. Dieser Fixpunkt ist Grenzwert der Iterationsfolge $\{x_n\} : x_{n+1} = f(x_n)$, $x_0 \in [a, b]$ beliebig. Ferner gilt die Fehlerabschätzung

$$|\xi - x_n| \leq \frac{q^n}{1 - q} |x_1 - x_0| \ ,$$

mit der LIPSCHITZ-Konstanten $q$, $q < 1$.

- NEWTON-Iteration:
  Sei $f \in C^2[a, b]$ und es gelte:
  (i)   $f$ besitzt in $[a, b]$ eine Nullstelle.
  (ii)  $f'(x) \neq 0$ in ganz $[a, b]$, d.h. $f(x)$ ist streng monoton auf $[a, b]$.
  (iii) $f$ ist in $[a, b]$ konvex oder konkav.
  (iv)  Für $g(x) := x - \dfrac{f(x)}{f'(x)}$ gelte: $g(a) \in [a, b]$ und $g(b) \in [a, b]$.
  Dann folgt:

  1. Für $x_0 \in [a, b]$ beliebig liegen alle $x_n$ gemäß

  $$x_{n+1} = x_n - \frac{f(x_n)}{f'(x_n)}$$

  in $[a, b]$ und die Folge $\{x_n\}$ konvergiert monoton gegen $\xi$.

  2. Bezeichne: $m = \min\limits_{[a,b]} |f'(x)|$ und $M = \max\limits_{[a,b]} |f''(x)|$. Dann lässt sich der Fehler nach $n$ Iterationsschritten abschätzen:

  $$|\xi - x_n| \leq \frac{M}{2m} |x_n - x_{n-1}|^2 .$$

## 1.17.2  Musterbeispiele

1. Zeigen Sie, dass die Funktion

$$f(x) = \frac{x - \sqrt{1-x}}{1+x}$$

auf dem Intervall $[0,1]$ genau eine Nullstelle besitzt und berechnen Sie dieselbe.
**Lösung:**
$f(x)$ ist auf $[0,1]$ stetig und es gilt: $f(0) = -1 < 0$, $f(1) = \frac{1}{2} > 0$.
Nach dem Nullstellensatz von BOLZANO besitzt dann $f(x)$ eine Nullstelle in $(0,1)$,
d.h. $\exists \xi \in (0,1): \; f(\xi) = 0$.

Weiters ist die Funktion $f(x)$ wegen $f'(x) = \dfrac{\left(1 + \frac{1}{2\sqrt{1-x}}\right)(1+x) - x + \sqrt{1-x}}{(1+x)^2} =$

$$= \frac{2(1+x)\sqrt{1-x} + 1 + x - 2x\sqrt{1-x} + 2 - 2x}{2(1+x)^2\sqrt{1-x}} = \frac{2\sqrt{1-x} + 3 - x}{2(1+x)^2\sqrt{1-x}} > 0 \text{ auf } [0,1]$$

monoton wachsend und damit injektiv bzw. bijektiv, d.h. es gibt nur eine Nullstelle.
$f(x)$ besitzt genau dann eine Nullstelle, wenn gilt: $x = \sqrt{1-x}$.
Durch Quadrieren erhalten wir: $x^2 = 1 - x$. Die Wurzeln dieser Gleichung sind:
$x_{1/2} = \dfrac{-1 \pm \sqrt{5}}{2}$, wovon nur $x_1 = \dfrac{-1+\sqrt{5}}{2}$ im Intervall $[0,1]$ liegt, d.h. $\xi = \dfrac{\sqrt{5}-1}{2}$.

2. Zeigen Sie, dass $x = 1$ die einzige Nullstelle der Funktion $f(x) = x\ln x - 1 + x$ ist.
**Lösung:**
Wegen $f'(x) = \ln x + 2 = 0$ falls $x = \dfrac{1}{e^2}$ und $f''(x) = \dfrac{1}{x} > 0$, insbesondere auch für
$x = \dfrac{1}{e^2}$, liegt dort ein (das einzige) Minimum der Funktion vor.
Wegen $\lim\limits_{x \to 0} f(x) = -1$, $f\left(\dfrac{1}{e^2}\right) = -1 - \dfrac{1}{e^2}$ und weil $f(x)$ auf $\left(0, \dfrac{1}{e^2}\right)$ monoton fällt
($f'(x)$ ist dort negativ), liegt in diesem Intervall keine Nullstelle vor. Für $x > \dfrac{1}{e^2}$ ist
$f(x)$ monoton wachsend und kann daher dort höchstens eine Nullstelle besitzen.

3. Gegeben ist die Funktion

$$f(x) = 6 + 3x - 6x^2 + x^3 \; .$$

a) Zeigen Sie, dass $f(x)$ im Intervall $(1,3)$ genau eine Nullstelle besitzt.
b) Zeigen Sie ferner, dass $f(x)$ zwei weitere reelle Nullstellen hat.
**Lösung:**
zu a): $f(x)$ ist stetig und es gilt: $f(1) = 4 > 0$ und $f(3) = -12 < 0$. Dann besitzt
aber $f(x)$ nach dem Nullstellensatz von BOLZANO im Intervall $(1,3)$ mindestens
eine Nullstelle. Wegen $f'(x) = 3 - 12x + 3x^2 = 3[(x-2)^2 - 3] < 0$ in $(1,3)$, ist $f(x)$
dort monoton fallend und kann daher höchstens einmal den Wert 0 annehmen, d.h.
es gibt in $(1,3)$ genau eine Nullstelle.
zu b): Wegen $f(3) = -12 < 0$ und $f(6) = 24 > 0$ besitzt $f(x)$ in $(3,6)$ mindestens
eine Nullstelle. (BOLZANO) Ferner besitzt $f(x)$ wegen $f(-1) = -4 < 0$ und
$f(1) = 4 > 0$ im Intervall $(-1,1)$ mindestens eine Nullstelle.
Da aber $f(x)$ ein Polynom 3. Grades ist, gibt es nur diese 3 Nullstellen.

4. Bestimmen Sie mit Hilfe des NEWTON'schen Näherungsverfahrens (2 Schritte) die Nullstellen der Funktion

$$f(x) = \sqrt[3]{x^2} - x + 1 \qquad \text{für} \quad x > 1 \; .$$

**Lösung:**

Es gilt: $f'(x) = \dfrac{2}{3\sqrt[3]{x}} - 1 < 0$ für $x \geq 1$, d.h. $f(x)$ ist auf $[1, \infty]$ streng monoton wachsend. Wegen $f(2) \approx 0.587 > 0$ und $f(4) \approx -0.48 < 0$ besitzt dann $f(x)$ nach dem Nullstellensatz von BOLZANO eine (und wegen $f'(x) > 0$ nur eine) Nullstelle.

Weiters gilt: $f''(x) = -\dfrac{2}{9\sqrt[3]{x^4}} < 0$, d.h. $f(x)$ ist konkav.

Für die Funktion $g(x) := x - \dfrac{f(x)}{f'(x)} = x - \dfrac{\sqrt[3]{x^2} - x + 1}{\frac{2}{3\sqrt[3]{x}} - 1}$ gilt: $g(2) \approx 3.247 \in (2, 4)$ und

$g(4) \approx 3.172 \in (2, 4)$ Damit sind alle Voraussetzungen für die NEWTON-Iteration erfüllt. Als Startwert wählen wir $x_0 = 3$. Aus der Rekursionsformel

$$x_{n+1} = x_n - \frac{f(x_n)}{f'(x_n)} = x_n - \frac{\sqrt[3]{x_n^2} - x_n + 1}{\frac{2}{3\sqrt[3]{x_n}} - 1}$$

erhalten wir $x_1 = 3.148921...$, $x_2 = 3.147899...$

5. Gegeben ist die Gleichung

$$\frac{50}{x^3} = \frac{1}{(x - 3)^2} \; .$$

Zeigen Sie, dass diese Gleichung im Intervall $(4, 5)$ genau eine Lösung besitzt und berechnen Sie letztere näherungsweise bis auf mindestens 5 Nachkommastellen genau.

**Lösung:**

Auf dem Intervall $[4, 5]$ gilt: $\dfrac{50}{x^3} = \dfrac{1}{(x - 3)^2} \Longleftrightarrow 50(x - 3)^2 = x^3$.

Die gestellte Aufgabe ist daher äquivalent mit dem Nachweis, dass die Funktion $f(x) := 50(x-3)^2 - x^3$ in $(4, 5)$ nur eine Nullstelle besitzt. Wegen $f(4) = 50 - 64 < 0$ und $f(5) = 200 - 125 > 0$ besitzt die stetige Funktion $f(x)$ auf dem Intervall $(4, 5)$ nach dem Nullstellensatz von BOLZANO mindestens eine Nullstelle.

Aus $f'(x) = 100(x - 3) - 3x^2 = -3x^2 + 100x - 300 = \underbrace{\dfrac{1600}{3} - 3\left(x - \dfrac{50}{3}\right)^2}_{< (4 - \frac{50}{3})^2} >$

$$\frac{1600}{3} - 3\left(-\frac{38}{3}\right)^2 = \frac{1600}{3} - 3\frac{(38)^2}{9} = \frac{1600 - (38)^2}{3} = 52 > 0$$

folgt, dass $f(x)$ auf $(4, 5)$ monoton wächst und daher höchstens eine Nullstelle besitzen kann.

Damit ist die Existenz genau einer Lösung der gegebenen Gleichung bewiesen.

Zur näherungsweisen Berechnung der Nullstelle der Funktion $f(x)$ verwenden wir das NEWTON'sche Verfahren, wobei wir zunächst die Voraussetzungen überprüfen müssen:

a) $f(x)$ besitzt eine Nullstelle im Intervall $(4, 5)$.

b) $f'(x) \neq 0$ in $(4, 5)$, d.h. $f(x)$ ist monoton in $(4, 5)$.

c) Wegen $f''(x) = 100 - 9x$ ist $f''(x) > 0$ in $(4, 5)$, d.h. $f(x)$ ist dort konvex.

d) Für $g(x) := x - \dfrac{f(x)}{f'(x)}$ gilt: $g(4) = 4 + \dfrac{7}{26} \in [4, 5]$ und $g(5) = 5 - \dfrac{3}{5} \in [4, 5]$

Alle Voraussetzungen sind damit erfüllt. Als Startwert $x_1$ wählen wir 4.5. Aus der Rekursionsformel

$$x_{n+1} = x_n - \frac{f(x_n)}{f'(x_n)}$$

erhalten wir $x_2 = 4.260504202...$, $x_3 = 4.231070294...$, $x_4 = 4.230605317...$ .

Für die Fehlerabschätzung gilt die Formel: $|\xi - x_n| \leq \dfrac{M}{2m}|x_n - x_{n-1}|^2$,

wobei $M = \max\limits_{[4,5]}|f''(x)|$ und $m = \min\limits_{[4,5]}|f'(x)|$.

Im vorliegenden Fall ist $M = \max\limits_{[4,5]}|100 - 6x| = 100 - 24 = 76$. Zur Ermittlung von $m$ benützen wir die Eigenschaft der Montonie von $f'(x)$ - $f(x)$ ist ja konvex - und erhalten damit: $m = |f'(4)| = 100 - 48 = 52$. Ferner ist $|x_4 - x_3| = 0.87623.10^{-4}$, woraus die Fehlerabschätzung $|\xi - x_4| \leq \dfrac{76}{104}|x_4 - x_3|^2 = 0.56...10^{-8}$ folgt. Damit ist aber mit der Näherung $x_4$ die vorgegebene Genauigkeit bereits erreicht.

Somit: $\xi \approx 4.230605...$ .

6. Ermitteln Sie die Anzahl der Iterationsschritte bei der Bestimmung der Nullstellen der Funktion $f(x) = \tan x + x - 1$ unter Verwendung des Kontraktionssatzes im Intervall $I = \left(0, \dfrac{\pi}{2}\right)$ , wenn das Ergebnis auf 4 Nachkommastellen genau sein soll.

**Lösung:**

$\tan x + x - 1 = 0 \iff x = \arctan(1 - x) =: g(x).$ $\quad |g'(x)| = \dfrac{1}{1 + (1 - x)^2} \leq 1$,

wobei die Gleichheit nur in $x = 1$ gilt. $\implies g(x)$ ist kontrahierend z. B. in $[0.2, 0.7]$ und ist dort eine innere Abbildung.

$x_{n+1} = \arctan(1 - x_n)$; wähle $x_0 = \frac{1}{2}$, $\implies x_1 = \arctan\frac{1}{2} \approx 0.4636...$, $\quad ...$ , $x_{22} \approx 0.4797...$

Es liegt „alternierende Konvergenz" vor.

Fehlerabschätzung nach dem Kontraktionssatz:

$|\xi - x_n| \leq \dfrac{q^n}{1 - q}|x_1 - x_0|$, wobei $q = \max\limits_{[0.2, 0.7]}\dfrac{1}{1 + (1 - x)^2} = \dfrac{100}{109}$.

Forderung: $|\xi - x_n| < 10^{-4}$:

$|x_1 - x_0| \approx 0.0364 \implies \left(\dfrac{100}{109}\right)^n \geq \dfrac{9}{109}\dfrac{10^{-4}}{0.0364} \implies n \geq 98$.

7. Ermitteln Sie im Intervall $I = \left(0, \dfrac{\pi}{2}\right)$ die Nullstellen der Funktion

$$f(x) = \tan x + x - 1$$

mit Hife des Iterationsverfahrens von NEWTON.

**Lösung:**

Mit $f'(x) = \dfrac{1}{\cos^2 x} + 1 = 2 + \tan^2 x$ folgt $f' > 0 \implies f \uparrow$ .

Mit $f'' = 2\tan x \dfrac{1}{\cos^2 x} = 2\tan x(1+\tan^2 x) > 0$ auf $[0.2,\,0.7]$ folgt: $f(x)$ ist konvex

auf dem Intervall $[0.2, 0.7]$.

$f(0.2) = -0.59\ldots, f(0.7) = 0.54\ldots \Longrightarrow$ es gibt eine Nullstelle in $[0.2,\,0.7]$ und
wegen $f'(x) > 0$ ist dies die einzige auf $I$.

Für $g(x) := x - \dfrac{\tan x + x - 1}{\tan^2 x + 2}$ gilt: $g(0.2) = 0.492\ldots \in [0.2,\,0.7]$;

$g(0.7) = 0.499\ldots \in [0.2,\,0.7]$.

Damit sind alle Voraussetzungen für die NEWTON-Iteration erfüllt:

$$x_{n+1} = x_n - \frac{\tan x_n + x_n - 1}{\tan^2 x_n + 2}\,, \quad x_0 = \frac{1}{2}$$

$\Longrightarrow x_1 = 0.479854875\ldots, \ x_2 = 0.479731011\ldots, \ \underline{x_3 = 0.479731007\ldots}$.

Fehlerabschätzung:

$$m = \min_{[0.2,0.7]}(2 + \tan^2 x) = 2.041\ldots\,, \quad M = \max_{[0.2,0.7]}\left(2\tan x(1 + \tan^2 x)\right) = 2.879\ldots$$

$$\Longrightarrow |\xi - x_2| \le \frac{2.879}{2\cdot 2.041}|x_2 - x_1|^2 = \frac{2.879}{4.082}(0.00013)^2 \approx 10^{-8}.$$

8. Bestimmen Sie näherungsweise die kleinste Wurzel der Gleichung $5x = e^x$. Wieviele Wurzeln gibt es überhaupt?

**Lösung:**
Wir setzen $f(x) := e^x - 5x$. Wegen $f'(x) = e^x - 5$ besitzt $f(x)$ bei $\ln 5$ ein Extremum. Dies ist ein Minimum, da $f''(x) = e^x > 0$ gilt. $f(x)$ ist daher konvex. Weiters ist dann $f(x)$ auf $I_1 := (-\infty, \ln 5)$ streng monoton fallend und auf $I_2 := (\ln 5, \infty)$ streng monoton wachsend. Mit $f(-1) = e^{-1} + 5 > 0$ und $f(\ln 5) = 5 - 5\ln 5 < 0$ folgt: $f(x)$ besitzt auf $I_1$ genau eine Nullstelle. Wegen $f(\ln 20) = 20 - 5\ln 20 > 0$ besitzt $f(x)$ auch auf $I_2$ genau eine Nullstelle, d.h. insgesamt gibt es 2 Nullstellen. Zur Berechnung der kleineren Nullstelle in $I_1$ wählen wir für die NEWTON-Iteration das Teilintervall $I_0 = (-1, \ln 3)$. Wegen $f(\ln 3) = 3 - 5\ln 3 < 0$ liegt die Nullstelle in diesem Intervall. Dort ist $f(x)$ streng monoton fallend und konvex. Für die Funktion

$$g(x) = x - \frac{f(x)}{f'(x)} = x - \frac{e^x - 5x}{e^x - 5} \text{ gilt: } g(-1) \approx 0.159 \in I_0 \text{ und } g(\ln 3) \approx -0.148 \in I_0.$$

Die NEWTON-Iteration konvergiert dann gegen die gesuchte Nullstelle. Mit dem Startwert $x_0 = 0$ folgt $x_1 = 0.25$, $x_2 \approx 0.259156525$, $x_3 \approx 0.259171101$ .

9. Zeigen Sie: Die Funktion

$$f(x) = \sqrt{2} + \frac{\ln x}{\sqrt{2}}$$

besitzt in $I = [1, e]$ genau einen Fixpunkt $\xi$. Berechnen Sie $\xi$ auf eine Dezimale genau.

**Lösung:**
$f(x)$ ist streng monoton wachsend. Wegen $f(1) = \sqrt{2} \in I$ und $f(e) = \sqrt{2} + \dfrac{1}{\sqrt{2}} \in I$

ist $f(x)$ eine innere Abbildung. Seien $x, x' \in I$ beliebig. Dann ist

$$|f(x) - f(x')| = \left| \sqrt{2} + \frac{\ln x}{\sqrt{2}} - \sqrt{2} - \frac{\ln x'}{\sqrt{2}} \right| = \cdots = \frac{1}{\sqrt{2}} \left| \frac{\ln x - \ln x'}{x - x'} \right| |x - x'|.$$

Nach dem 1. Mittelwertsatz ist $\dfrac{\ln x - \ln x'}{x - x'} = \dfrac{1}{x^*} < 1$, da $x^* \in (1, e)$. Dann ist aber

$|f(x) - f(x')| < \dfrac{1}{\sqrt{2}} |x - x'|$, d.h. $f(x)$ ist kontrahierend mit $q = \dfrac{1}{\sqrt{2}}$. Daher ist

der Kontraktionssatz anwendbar, und die Folge $\{x_n\} : x_{n+1} = f(x_n)$ mit $x_0 \in [1, e]$

beliebig, konvergiert gegen den Fixpunkt. Aus $x_{n+1} = \sqrt{2} + \dfrac{\ln x_n}{\sqrt{2}}$ und dem gewählten

Startwert $x_0 = 2$ folgt: $x_1 \approx 1.9043$, $x_2 \approx 1.8697$, $x_3 \approx 1.8567$, $x_4 \approx 1.8518$, $x_5 \approx 1.8499$, d.h. $\xi \approx 1.85$

Fehlerabschätzung: $|\xi - x_5| \leq \dfrac{\left( \frac{1}{\sqrt{2}} \right)^5}{1 - \frac{1}{\sqrt{2}}} |x_1 - x_0| \approx \dfrac{0.0957}{4(\sqrt{2} - 1)} \approx 0.05776$, d.h. die erste

Dezimale ist sicher.

## 1.17.3   Beispiele mit Lösungen

1. Berechnen Sie näherungsweise (2 Schritte) den Schnittpunkt der beiden Kurven:

$$y_1 = x^3, \quad y_2 = \sqrt{1 - x^2}.$$

Lösung:
$x = g(x) = \sqrt[6]{1 - x^2}$, Startpunkt $x_0 = 0.8$ gewählt, $x_1 = 0.843\ldots$, $x_2 = 0.813\ldots$.

2. Bestimmen Sie sämtliche reelle Nullstellen der Funktion $f(x) = x^3 + x - 5$ mit Hilfe eines Näherungsverfahrens (3 Schritte).

Lösung: Wegen $f'(x) > 0$ gibt es nur eine reelle Nullstelle. Newton-Iteration:
$x_0 = 1$ gewählt, $x_3 = 1,5164\ldots$.

3. Bestimmen Sie alle reellen Nullstellen der Funktion

$$f(x) = x^3 + 0.13 x^2 + 1.13 x - 1.74$$

durch ein Näherungsverfahren auf 2 Dezimalstellen genau.

Lösung: Wegen $f'(x) > 0$ gibt es nur eine reelle Nullstelle. Newton-Iteration:
$x_0 = 1$ gewählt, $\xi \approx 0.87$.

4. Bestimmen Sie sämtliche reellen Nullstellen der Funktion

$$f(x) = \frac{x^3 + 3x + 2}{10}$$

durch ein Näherungsverfahren (2 Schritte).

Lösung: Wegen $f' > 0$ gibt es nur eine reelle Nullstelle. Newton-Iteration:
$x_0 = -1$ gewählt, $x_2 = -0.598\ldots$.

5. Bestimmen Sie die reellen Wurzeln der Gleichung $x^5 + x - 1 = 0$ zeichnerisch und verbessern Sie dann die erhaltenen Werte durch ein Näherungsverfahren (2 Schritte).

Lösung: Wegen $f'(x) > 0$ gibt es nur eine reelle Nullstelle. Newton-Iteration:
$x_0 = 0.75$, $x_2 = 0.755\ldots$.

6. Beweisen Sie, dass die Funktion $f(x) = e^x - 2 + x^3$ in $[0, 1]$ genau eine Nullstelle besitzt. Zeigen Sie ferner, dass in $[0, 1]$ das NEWTON'sche Näherungsverfahren anwendbar ist und berechnen Sie damit näherungsweise (auf 4 Dezimalen genau) die Nullstelle $\xi$ von $f$.

   Lösung: $\xi \approx 0.5867\ldots$

7. Zeigen Sie: Die Funktion $f(x) = \dfrac{1}{1 + x^2}$ besitzt im Intervall $[0, 1]$ genau einen Fixpunkt $\xi$. Berechnen Sie $\xi$ auf 2 Dezimalen genau.

   Lösung: $\xi \approx 0.68$ .

8. Bestimmen Sie genähert alle reellen Nullstellen der Funktion $f(x) = x^3 + x - 1$.

   Lösung: Eine reelle Nullstelle $\xi \approx 0.68$ .

9. Gegeben ist die Funktion $dif(x) = \ln x - \frac{1}{x}$ . Skizzieren Sie den Graphen der Funktion, bestimmen Sie graphisch ihre Nullstelle $\xi$ und verbessern Sie den erhaltenen Wert durch ein geeignetes Näherungsverfahren. (3 Schritte).

   Lösung: Startwert $x_0 = 1.6$, mittels Newtonverfahren $\xi \approx 1.7632$

# 1.18  Kurvendiskussion

## 1.18.1  Grundlagen

Der im Folgenden zusammengestellte Katalog von Untersuchungspunkten bei Kurvendiskussionen erhebt keinen Anspruch auf Vollständigkeit.

- **Definitionsbereich, Stetigkeitsbereich** und eventuelle **stetige Ergänzbarkeit.**

- **Symmetrieeigenschaften** bzw. **Periodizität:**

    1. $f(-x) = f(x)$: gerade Funktion. Der Graph ist symmetrisch zur $y$-Achse.
    2. $f(-x) = -f(x)$: ungerade Funktion. Der Graph ist zentralsymmetrisch zum Koordinatenursprung.
    3. Es gibt eine reelle Zahl $p$, so dass auf ganz $\mathbb{R}$ gilt: $f(x + p) = f(x)$.

- **Nullstellen:** entweder geschlossene oder numerische Lösung (z.B. Newtonverfahren).

- **Extremwerte:**

    1. Relatives Maximum: $f' = 0, \dots, f^{(2n-1)} = 0,\ f^{(2n)} < 0$.
    2. Relatives Minimum: $f' = 0, \dots, f^{(2n-1)} = 0,\ f^{(2n)} > 0$.

- **Wendepunkte:** $f'' = 0, \dots, f^{(2n)} = 0,\ f^{(2n+1)} \neq 0$.

- **Tangenten:** Untersuchung an besonders wichtigen Punkten.

- **Differenzierbarkeit an besonders kritischen Stellen:**
  $f'(x_0)$ existiert nicht, $f$ ist aber an $x_0$ stetig.

    1. $\lim\limits_{x \to x_0^-} f'(x) = a, \quad \lim\limits_{x \to x_0^+} f'(x) = b, \quad a \neq b$ endlich: „Knick" in $x_0$.
    2. $\lim\limits_{x \to x_0^-} f'(x) = \pm\infty, \quad \lim\limits_{x \to x_0^+} f'(x) = \mp\infty,$ unterschiedliches Vorzeichen: „Spitze" in $x_0$.
    3. $\lim\limits_{x \to x_0^-} f'(x) = \lim\limits_{x \to x_0^+} f'(x) = \pm\infty,$ Wendepunkt mit vertikaler Tangente in $x_0$.

- **Asymptoten:**

    1. vertikal: $\lim\limits_{x \to x_0^-} f(x) = \pm\infty, \quad \lim\limits_{x \to x_0^+} f(x) = \pm\infty,$
    2. Asymptoten der Form $y = kx + d$, falls die Grenzwerte $k = \lim\limits_{x \to \pm\infty} \dfrac{f(x)}{x}$ und $d = \lim\limits_{x \to \pm\infty} \big(f(x) - kx\big)$ existieren.

- **Monotonie** (falls $f$ differenzierbar):

    1. monoton wachsend: $f' \geq 0$, streng monoton wachsend: $f' > 0$.
    2. monoton fallend: $f' \leq 0$, streng monoton fallend: $f' < 0$.

- **Konvexität** (falls $f$ zweimal differenzierbar):

  1. konvex: $f'' \geq 0$, streng konvex: $f'' > 0$.
  2. konkav: $f'' \leq 0$, streng konkav: $f'' < 0$.

- **Skizze**

## 1.18.2 Musterbeispiele

1. Gegeben ist die Funktion

$$f(x) = \frac{x - x^2}{2 - x - x^2}, \quad x \in \mathbb{R} \setminus \{-2, 1\} \, .$$

Zeigen Sie, dass $f(x)$ an $x = 1$ stetig ergänzt werden kann. Diskutieren Sie die stetig ergänzte Funktion (Nullstellen, Extrema, Wendepunkte, Asymptoten, Monotonie, Wertebereich $B(f)$, Skizze).

**Lösung:**

Wegen $f(x) = \dfrac{x(1-x)}{(1-x)(2+x)} = \dfrac{x}{2+x}$ ist $f(x)$ an $x = 1$ stetig ergänzbar durch:

$$\tilde{f}(x) = \frac{x}{2+x} = 1 - \frac{2}{2+x} \text{ mit } \boxed{D(\tilde{f}) = \mathbb{R} \setminus \{-2\}} \text{ und } \tilde{f}(1) = \frac{1}{3} \, .$$

Nullstellen: $\tilde{f}(x) = 0 : \Longrightarrow \boxed{N(0,0)}$ .

Extrema: $\tilde{f}'(x) = \dfrac{2}{(2+x)^2} \neq 0$ in ganz $D$. Daher besitzt $\tilde{f}$ keine Extrema.

Wendepunkte: $\tilde{f}''(x) = \dfrac{-4}{(2+x)^3} \neq 0$ in ganz $D$. Daher besitzt $\tilde{f}$ keine Wendepunkte.

Asymptoten: Vertikale Asymptote $x = -2$ und horizontale Asymptote $y = 1$.

Monotonie: Wegen $\tilde{f}'(x) = \dfrac{2}{(2+x)^2} > 0$ in ganz $D$ ist $\tilde{f}(x)$ monoton wachsend auf $(-\infty, -2)$ und auf $(-2, \infty)$.

Bildmenge: Auf $(-\infty, -2)$ nimmt $\tilde{f}$ alle Werte größer 1, und auf $(-2, \infty)$ alle Werte kleiner 1. Damit erhalten wir für die Bildmenge: $\boxed{B(\tilde{f}) = \mathbb{R} \setminus \{1\}}$ .

2. Diskutieren Sie die Funktion

$$f(x) = \frac{x - 1}{x - 3\sqrt{x} + 4} \, .$$

(Definitionsmenge, Nullstellen, absolute Extrema, Asymptoten, $\lim\limits_{x \to 0^+} f'(x)$, Skizze).

**Lösung:**

Definitionsbereich: Zunächst muss gelten: $x \geq 0$. Als nächstes überprüfen wir, ob dort der Nenner Null werden kann: $x - 3\sqrt{x} + 4 = 0 \Longrightarrow (\sqrt{x})_{1/2} = \frac{3}{2} \pm \sqrt{\frac{9}{4} - 4} \notin \mathbb{R}$, d.h. der Nenner wird nie Null. Somit: $\boxed{D(f) = \{x \in \mathbb{R} \mid x \geq 0\}}$ .

Nullstellen: $\boxed{N(1,0)}$ .

Extrema: $f'(x) = \dfrac{(x - 3\sqrt{x} + 4) - (x - 1)(1 - \frac{3}{2\sqrt{x}})}{(x - 3\sqrt{x} + 4)^2}$ .

$f'(x) = 0 \Longleftrightarrow x - 3\sqrt{x} + 4 - x + 1 + \dfrac{3}{2}\sqrt{x} - \dfrac{3}{2\sqrt{x}} = 0 \Longleftrightarrow x - \dfrac{10}{3}\sqrt{x} + 1 = 0 \Longrightarrow$

$(\sqrt{x})_{1/2} = \dfrac{5}{3} \pm \sqrt{\dfrac{25}{9} - \dfrac{9}{9}} = \dfrac{5 \pm 4}{3}$ d.h. $x_1 = 9$ und $x_2 = \frac{1}{9}$, woraus folgt:

$\boxed{E_1(9, 2)}$ und $\boxed{E_2(\frac{1}{9}, -\frac{2}{7})}$ . Da $f(x)$ auf $x > 1$ positiv und auf $x < 1$ negativ ist und auf $x > 0$ stetig und differenzierbar ist, vermuten wir, dass $E_1$ ein absolutes Maximum und $E_2$ ein absolutes Minimum ist.

$E_1$: $f(x) \leq 2 \Longleftrightarrow \dfrac{x - 1}{x - 3\sqrt{x} + 4} \leq 2 \Longleftrightarrow x - 1 \leq 2x - 6\sqrt{x} + 8 \Longleftrightarrow$

$\quad 0 \leq x - 6\sqrt{x} + 9 \Longleftrightarrow 0 \leq (\sqrt{x} - 3)^2 \cdots$ w.A.

$E_2$: $f(x) \geq -\dfrac{2}{7} \Longleftrightarrow \dfrac{x - 1}{x - 3\sqrt{x} + 4} \geq -\dfrac{2}{7} \Longleftrightarrow -7x + 7 \leq 2x - 6\sqrt{x} + 8 \Longleftrightarrow$

$\quad 0 \leq 9x - 6\sqrt{x} + 1 \Longleftrightarrow 0 \leq (3\sqrt{x} - 1)^2 \cdots$ w.A.

Asymptoten: Wegen $\lim\limits_{x \to \infty} f(x) = 1$ ist $y = 1$ Asymptote.

$\lim\limits_{x \to \infty} f'(x) = -\infty$.

3. Diskutieren Sie die Funktion

$$f(x) = \sqrt{1 + x^2} - \sqrt{1 - x^2} \ .$$

(Definitionsmenge, Symmetrie, Nullstellen, Extrema, Monotonieverhalten, Bildmenge, $\lim\limits_{x \to -1^+} f'(x)$ und $\lim\limits_{x \to 1^-} f'(x)$, Skizze).

**Lösung:**

Definitionsbereich: $\sqrt{1 + x^2}$ ist für alle $x \in \mathbb{R}$ definiert, aber $\sqrt{1 - x^2}$ ist nur für $-1 \leq x \leq 1$ definiert. $\Longrightarrow \boxed{D(f) = [-1, 1]}$ .

Symmetrie: Da $x$ nur quadratisch vorkommt ist $f(-x) = f(x)$, d.h. $f$ ist eine gerade Funktion und daher ist die $y$-Achse Symmetrieachse des Graphen.

Nullstellen: $f(x) = 0 \Longleftrightarrow \sqrt{1 + x^2} = \sqrt{1 - x^2} \overset{D(f)}{\Longleftrightarrow} 1 + x^2 = 1 - x^2 \Longleftrightarrow x = 0.$
$\Longrightarrow \boxed{N(0, 0)}$ .

Extrema: $f'(x) = \dfrac{x}{\sqrt{1 + x^2}} + \dfrac{x}{\sqrt{1 - x^2}} = \dfrac{x}{\sqrt{1 + x^2}\sqrt{1 - x^2}} \big( \underbrace{\sqrt{1 - x^2} + \sqrt{1 + x^2}}_{>0} \big).$

Somit: $f'(x) = 0 \Longleftrightarrow x = 0$, also $\boxed{E(0, 0)}$ .

Monotonieverhalten: Wegen $f'(x) > 0$ auf $(0, 1]$ ist $f$ dort streng monoton wachsend und wegen $f'(x) < 0$ auf $[-1, 0)$ ist $f$ dort streng monoton fallend. Dann ist aber $E$ ein Minimum.

Bildmenge: Auf Grund des Monotonieverhaltens von $f$, der Symmetrie und der Bildwerte $f(0) = 0$ und $f(1) = \sqrt{2}$ folgt: $\boxed{B(f) = [0, \sqrt{2}]}$ .

Grenzwerte der Ableitung an den Rändern des Definitionsbereiches:

$\lim\limits_{x \to 1^-} f'(x) = \lim\limits_{x \to 1^-} \dfrac{x}{\sqrt{1 + x^2}\sqrt{1 - x^2}} \big( \sqrt{1 - x^2} + \sqrt{1 + x^2} \big) = +\infty.$

Analog (bzw. wegen der Symmetrie) folgt: $\lim\limits_{x \to -1^+} f'(x) = -\infty$.

4. Diskutieren Sie die Funktion

$$f(x) = x \sqrt{\frac{1-x}{1+x}} \, .$$

(Definitionsmenge, Nullstellen, Extrema, Monotonieverhalten, Asymptoten, Bildmenge, $\lim\limits_{x \to 1^-} f'(x)$, Skizze).

**Lösung:**

<u>Definitionsbereich</u>: $x \in D(f) \Longleftrightarrow \dfrac{1-x}{1+x} \geq 0 \Longleftrightarrow x \in (-1,1]$, d.h. $\boxed{D(f) = (-1,1]}$.

<u>Nullstellen</u>: $f(x) = 0 \Longleftrightarrow x = 0$ oder $x = 1$, d.h. $\boxed{N_1(0,0)}$, $\boxed{N_2(1,0)}$.

<u>Extrema</u>: $f'(x) = \sqrt{\dfrac{1-x}{1+x}} + x \dfrac{\frac{-(1+x)-(1-x)}{(1+x)^2}}{2\sqrt{\frac{1-x}{1+x}}} = \sqrt{\dfrac{1-x}{1+x}} - \dfrac{x}{\sqrt{1-x}\,(1+x)^{3/2}} =$

$$= \frac{(1+x)(1-x) - x}{\sqrt{1-x}\,(1+x)^{3/2}} = \frac{1-x-x^2}{\sqrt{1-x}\,(1+x)^{3/2}} \, .$$

$f'(x) = 0 \Longleftrightarrow x^2 + x - 1 = 0 \Longrightarrow x_{1/2} = -\dfrac{1}{2} \pm \sqrt{\dfrac{1}{4}+1} = \dfrac{-1 \pm \sqrt{5}}{2}$. $x_2 = \dfrac{-\sqrt{5}-1}{2}$

liegt nicht im Definitionsbereich. Somit: $\boxed{E\left(\dfrac{\sqrt{5}-1}{2}, \dfrac{\sqrt{5}-1}{2}\sqrt{\sqrt{5}-2}\right)}$.

<u>Monotonieverhalten</u>: Wegen $f'(x) > 0$ auf $(-1, \frac{\sqrt{5}-1}{2})$ ist $f$ dort streng monoton wachsend und wegen $f'(x) < 0$ auf $(\frac{\sqrt{5}-1}{2}, 1)$ ist $f$ dort streng monoton fallend. Dann ist aber $E$ ein Maximum.

<u>Asymptoten</u>: Wegen $\lim\limits_{\to -1} f(x) = -\infty$ ist $x = -1$ eine Asymptote.

<u>Bildmenge</u>: $f(x)$ wächst auf $(-1, \frac{\sqrt{5}-1}{2}]$ monoton von $-\infty$ nach $\dfrac{\sqrt{5}-1}{2}\sqrt{\sqrt{5}-2}$ und fällt dann wieder monoton bis $f(1) = 0$. Damit erhalten wir für die Bildmenge:

$$\boxed{B(f) = \left(-\infty, \frac{\sqrt{5}-1}{2}\sqrt{\sqrt{5}-2}\right]} \, .$$

$$\lim_{x \to 1^-} f'(x) = \lim_{x \to 1^-} \frac{1-x-x^2}{\sqrt{1-x}\,(1+x)^{3/2}} = -\infty.$$

5. Diskutieren Sie die Funktion

$$f(x) = \frac{x+1}{\sqrt{x^4 - x^2 + 2}} \, .$$

(Definitionsmenge, Nullstellen, Extrema, Monotonieverhalten, Asymptoten, Bildmenge, Skizze).

**Lösung:**

<u>Definitionsbereich</u>: Der Radikand des Nenners ist stets positiv:

$$x^4 - x^2 + 2 = \left(x^2 - \frac{1}{2}\right)^2 + \frac{7}{4} > 0, \text{ d.h. } \boxed{D(f) = \mathbb{R}} \, .$$

<u>Nullstellen</u>: $f(x) = 0 \Longleftrightarrow x = -1$, d.h. $\boxed{N(-1,0)}$.

<u>Extrema</u>: $f'(x) = \dfrac{1}{\sqrt{x^4 - x^2 + 2}} - \dfrac{(x+1)(4x^3 - 2x)}{2(\sqrt{x^4 - x^2 + 2})^3} = \cdots = \dfrac{-x^4 - 2x^3 + x + 2}{(\sqrt{x^4 - x^2 + 2})^3} =$

$$= -\frac{(x-1)(x+2)(x^2+x+1)}{2(\sqrt{x^4-x^2+2})^3} \implies f'(x)=0 \iff x=1 \text{ oder } x=-2, \text{ dh.}$$

$$\boxed{E_1\left(-2, -\frac{1}{\sqrt{14}}\right)} \quad \text{und} \quad \boxed{E_2\left(1, \sqrt{2}\right)}.$$

<u>Monotonieverhalten</u>: Wegen $f'(x)<0$ auf $(-\infty, -2)$ und auf $(1, \infty)$ ist $f$ dort monoton fallend und wegen $f'(x)>0$ auf $(-2,1)$ ist $f$ dort monoton wachsend. Daher ist $E_1$ ein Minimum und $E_2$ ein Maximum.

<u>Asymptoten</u>: Wegen $\lim\limits_{x\to\pm\infty} f(x)=0$ ist die $x$-Achse Asymptote.

<u>Bildmenge</u>: $f$ nimmt als stetige Funktion auf $\mathbb{R}$ (bzw. zunächst auf jedem kompakten Teilintervall von $\mathbb{R}$) jeden Wert zwischen Maximum und Minimum an.

$$\implies \boxed{B(f) = \left[-\frac{1}{\sqrt{14}}, \sqrt{2}\right]}.$$

6. Diskutieren Sie die Funktion

$$f(x) = (3x-11)\sqrt{x^3+8}.$$

(Definitionsmenge, Nullstellen, Extrema, Monotonieverhalten, Wendepunkte, Bildmenge, Skizze).

**Lösung:**

<u>Definitionsbereich</u>: Der Radikand der Wurzel muss positiv sein, d.h. $x^3+8 \geq 0 \implies x \geq -2$. Somit: $\boxed{D(f)=[-2, \infty)}$.

<u>Nullstellen</u>: $f(x)=0 \iff x=-2$ oder $x=\frac{11}{3}$. Somit: $\boxed{N_1(-2, 0)}$, $\boxed{N_2(\frac{11}{3}, 0)}$.

<u>Extrema</u>: $f'(x) = 3\sqrt{x^3+8} + (3x-11)\dfrac{3x^2}{2\sqrt{x^3+8}} = 3\,\dfrac{5x^3-11x^2+16}{2\sqrt{x^3+8}}$.

$f'(x)=0 \iff 5x^3-11x^2+16=0$. Eine Wurzel dieser Gleichung kann man leicht erraten: $x=-1$. Durch Polynomdivision erhalten wir dann: $5x^3-11x^2+16 = (x+1)(5x^2-16x+16)$. Da $5x^2-16x+16$ wegen $5x^2-16x+16 \iff 5(x-\frac{8}{5})^2+\frac{16}{5}>0$ nie Null wird, erhalten wir nur ein Extremum: $\boxed{E(-1, -14\sqrt{7})}$.

<u>Monotonieverhalten</u>: Wegen $f'(x)<0$ auf $(-2, -1)$ ist $f$ dort monoton fallend und wegen $f'(x)>0$ auf $(-1, \infty)$ ist $f$ dort monoton wachsend. Daher ist $E$ ein Minimum.

<u>Wendepunkte</u>: $f''(x) = \dfrac{3x(15x^4-11x^3+192x-352)}{4(x^3+8)^{3/2}}$

$f''(x)=0 \iff x=0$ oder $15x^4-11x^3+192x-352=0$. Das Polynom $P(x)=15x^4-11x^3+192x-352$ hat wegen $P(-2)=-408$ jeweils mindestens eine Nullstelle kleiner bzw. größer als $-2$. Durch Plotten des Polynoms erkennt man, dass es überhaupt nur zwei reelle Nullstellen gibt, wobei die kleinere außerhalb von $D(f)$ liegt. Die größere kann näherungsweise berechnet werden. Sie liegt bei etwa $1.79$. Somit: $\boxed{W_1(0, -11\sqrt{8})}$, $\boxed{W_1(1.79, -20.83)}$.

<u>Bildmenge</u>: Da das Minimum ein absolutes ist und da $\lim\limits_{x\to\infty} f(x)=\infty$ folgt: $\boxed{B(f)=[-14\sqrt{7}, \infty)}$.

7. Diskutieren Sie die Funktion

$$f(x) = \sqrt[3]{\frac{(x-1)^2}{1+x}} \ .$$

(Definitionsmenge, Nullstellen, Extrema, Wendepunkte, Asymptoten, Bildmenge, $\lim_{x \to 1^-} f'(x)$, $\lim_{x \to 1^+} f'(x)$, Skizze).

**Lösung:**
Definitionsbereich: Da die dritte Wurzel auch für negative Zahlen definiert ist, kann der Radikand beliebig reell sein. Lediglich die Nullstelle des Nenners des Radikanden $x = -1$ ist auszuschließen. $\Longrightarrow$ $\boxed{D(f) = \mathbb{R} \setminus \{-1\}}$ .

Nullstellen: $\boxed{N(1,0)}$ .

Extrema: Aus $f(x) = (x-1)^{2/3}(x+1)^{-1/3}$ folgt: $f'(x) = \frac{2}{3}(x-1)^{-1/3}(x+1)^{-1/3} - \frac{1}{3}(x-1)^{2/3}(x+1)^{-4/3} = \cdots = \frac{1}{3}(x-1)^{-1/3}(x+1)^{-4/3}(x+3)$ .

Damit erhalten wir: $f'(x) = 0 \Longleftrightarrow x = -3$, d.h. $\boxed{E(-3,-2)}$ .

$$f''(x) = -\frac{1}{9}(x-1)^{-4/3}(x+1)^{-4/3}(x+3) - \frac{4}{9}(x-1)^{-1/3}(x+1)^{-7/3}(x+3) +$$

$$+\frac{3}{9}(x-1)^{-1/3}(x+1)^{-4/3} = \cdots = -\frac{1}{9}(x-1)^{-4/3}(x+1)^{-7/3}(2x^2+12x-6).$$

Wegen $f''(-3) < 0$ ist $E$ ein Maximum.

Wendepunkte:
$f''(x) = 0 \Longleftrightarrow 2x^2 + 12x - 6 \Longleftrightarrow x = -3 + 2\sqrt{3}$ oder $x = -3 - 2\sqrt{3}$.

Somit: $\boxed{W_1\left(-3+2\sqrt{3}, \sqrt[3]{3\sqrt{3}-5}\right)}$ und $\boxed{W_2\left(-3-2\sqrt{3}, -\sqrt[3]{3\sqrt{3}+5}\right)}$ .

Asymptoten: $x = -1$ ist (vertikale) Asymptote.

Bildmenge: Wegen $\lim_{x \to -\infty} f(x) = -\infty$ und $\lim_{x \to -1^-} f(x) = -\infty$ ist $E$ auf $(-\infty, -1)$ ein absolutes Maximum und es gilt: $f((-\infty, -1)) = (-\infty, -2]$. Für $x > -1$ ist $f(x)$ nicht negativ, Null bei $x = 1$ und es ist $\lim_{x \to \infty} f(x) = \infty$. Daraus folgt: $f((-1, \infty)) = [0, \infty)$. Insgesamt gilt dann: $\boxed{B(f) = (-\infty, -2] \cup [0, \infty}$ .

Grenzwerte der Ableitung an $x = 1$:

$$\lim_{x \to 1^-} f'(x) = \lim_{x \to 1^-} \frac{1}{3}(x-1)^{-1/3}(x+1)^{-4/3}(x+3) = -\infty,$$

$$\lim_{x \to 1^+} f'(x) = \lim_{x \to 1^+} \frac{1}{3}(x-1)^{-1/3}(x+1)^{-4/3}(x+3) = \infty.$$

Im Punkt $(1, 0)$ besitzt der Graph von $f$ daher eine Spitze.

8. Diskutieren Sie die Funktion

$$f(x) = \sqrt[3]{x^2 - 1}(x+1) \ .$$

(Definitionsmenge, Nullstellen, Extrema, Wendepunkte, Bildmenge, $\lim_{x \to 1^-} f'(x)$, $\lim_{x \to 1^+} f'(x)$, Skizze).

**Lösung:**

<u>Definitionsbereich</u>: Da die dritte Wurzel auch für negative Zahlen definiert ist, gilt: $\boxed{D(f) = \mathbb{R}}$ .

<u>Nullstellen</u>: $f(x) = 0 \Longleftrightarrow x = -1$ oder $x = 1$. Daraus: $\boxed{N_1(-1,0)}$ und $\boxed{N_2(1,0)}$ .

<u>Extrema</u>: Aus $f(x) = (x-1)^{1/3}(x+1)^{4/3}$ folgt: $f'(x) = \dfrac{1}{3}(x-1)^{-2/3}(x+1)^{4/3} + \dfrac{4}{3}(x-1)^{1/3}(x+1)^{1/3} = \cdots = \dfrac{1}{3}(x-1)^{-2/3}(x+1)^{1/3}(5x-3)$.

Es gilt: $f'(x) = 0 \Longleftrightarrow x = -1$ oder $x = \dfrac{3}{5}$ . $\Longrightarrow \boxed{E_1(-1,0)}$ , $\boxed{E_2\left(\dfrac{3}{5}, -\dfrac{8}{5}\sqrt[3]{\dfrac{16}{25}}\right)}$ .

<u>Wendepunkte</u>: $f''(x) = \dfrac{1}{9}(x-1)^{-5/3}(x+1)^{-2/3}(10x^2 - 12x - 6)$.

Es gilt: $f''(x) = 0 \Longleftrightarrow (10x^2 - 12x - 6) = 0 \Longleftrightarrow x = \dfrac{3 - \sqrt{24}}{5}$ oder $x = \dfrac{3 + \sqrt{24}}{5}$ .

$\boxed{W_1\left(\dfrac{3 - \sqrt{24}}{5}, -\sqrt[3]{\dfrac{6\sqrt{24} - 8}{25}}\,\dfrac{8 - \sqrt{24}}{5}\right)}$ , $\boxed{W_2\left(\dfrac{3 + \sqrt{24}}{5}, \sqrt[3]{\dfrac{6\sqrt{24} + 8}{25}}\,\dfrac{8 + \sqrt{24}}{5}\right)}$ .

Wegen $f''(\frac{3}{5}) > 0$ ist $E_2$ ein Minimum. Eine Entscheidung für $x = -1$ mit Hilfe der zweiten Ableitung ist nicht möglich, da letztere gar nicht existiert.

Aus $f(x) = (x-1)^{1/3}(x+1)^{4/3}$ erkennt man aber, dass in $U(-1)$ $f$ stets negativ ist. Daher ist $E_1$ ein Maximum.

<u>Bildmenge</u>: $f$ ist auf ganz $\mathbb{R}$ stetig und es gilt: $\lim\limits_{x \to -\infty} = -\infty$ und $\lim\limits_{x \to \infty} = \infty$. Dann ist aber $\boxed{B(f) = \mathbb{R}}$ .

<u>Grenzwerte der Ableitung an $x = 1$</u>:

$$\lim_{x \to 1^-} f'(x) = \lim_{x \to 1^-} \frac{1}{3}(x-1)^{-2/3}(x+1)^{1/3}(5x-3) = \infty,$$

$$\lim_{x \to 1^+} f'(x) = \lim_{x \to 1^+} \frac{1}{3}(x-1)^{-2/3}(x+1)^{1/3}(5x-3) = \infty.$$

Dann liegt aber ein Wendepunkt mit vertikaler Wendetangente vor, d.h. $\boxed{W_3(1,0)}$.

9. Diskutieren Sie die Funktion $f(x) = \ln x + (\ln x)^2$ .
   (Definitionsmenge, Nullstellen, Extrema, Monotonie, Wendepunkte, Bildmenge, Skizze).

**Lösung:**

<u>Definitionsbereich</u>: Da der Logarithmus nur für positive $x$ definiert ist, folgt: $\boxed{D(f) = (0, \infty)}$ .

<u>Nullstellen</u>: $f(x) = \ln x(1 + \ln x) = 0 \Longleftrightarrow x = 1$ oder $x = \dfrac{1}{e}$ . $\Longrightarrow \boxed{N_1(1,0)}$ und $\boxed{N_2\left(\tfrac{1}{e}, 0\right)}$ .

<u>Extrema</u>: $f'(x) = \dfrac{1}{x} + 2\ln x \dfrac{1}{x} = \dfrac{1 + 2\ln x}{x}$ . $f'(x) = 0 \Longleftrightarrow x = \dfrac{1}{\sqrt{e}}$ .

Daraus: $\boxed{E\left(\dfrac{1}{\sqrt{e}}, -\dfrac{1}{4}\right)}$ .

<u>Monotonie:</u> $f'(x) < 0$ auf $\left(0, \frac{1}{\sqrt{e}}\right)$ und daher dort monoton fallend. $f'(x) > 0$ auf $\left(\frac{1}{\sqrt{e}}, \infty\right)$ und daher dort monoton wachsend. Dann ist aber $E$ ein (sogar absolutes) Minimum.

<u>Wendepunkte:</u> $f''(x) = -\frac{1}{x^2} + 2\frac{1}{x^2} - \frac{2}{x^2}\ln x = \frac{1 - 2\ln x}{x^2}$ . $f''(x) = 0 \iff x = \sqrt{e}.$

Somit $\boxed{W\left(\sqrt{e}, \frac{3}{4}\right)}$ .

<u>Bildmenge:</u> Da $E$ ein absolutes Minimum ist und $\lim\limits_{x\to\infty} f(x) = \infty$ erhalten wir:

$\boxed{B(f) = \left[-\frac{1}{4}, \infty\right)}$ .

10. Diskutieren Sie die Funktion

$$f(x) = \ln(1 - x + x^2) \, .$$

(Definitionsmenge, Nullstellen, Extrema, Monotonie, Wendepunkte, Symmetrieverhalten, Bildmenge, Skizze).

**Lösung:**

<u>Definitionsbereich:</u> Da der Logarithmus nur für positive Argumente definiert ist, untersuchen wir, für welche $x$ der Term $1 - x + x^2$ positiv ist.

Wegen $1 - x + x^2 = \left(x - \frac{1}{2}\right)^2 + \frac{3}{4}$ ist das für alle $x$ der Fall und wir erhalten $\boxed{D(f) = \mathbb{R}}$ .

<u>Nullstellen:</u> $f(x) = \ln(1 - x + x^2) = 0 \iff 1 - x + x^2 = 1 \iff x = 0$ oder $x = 1.$

Somit: $\boxed{N_1(0, 0)}$ und $\boxed{N_1(1, 0)}$ .

<u>Extrema:</u> $f'(x) = \dfrac{-1 + 2x}{1 - x + x^2}.$ $f'(x) = 0 \iff x = \frac{1}{2} \Longrightarrow \boxed{E\left(\frac{1}{2}, \ln\frac{3}{4}\right)}$ .

<u>Monotonie:</u> $f'(x) < 0$ auf $\left(-\infty, \frac{1}{2}\right)$ und daher dort monoton fallend. $f'(x) > 0$ auf $\left(\frac{1}{2}, \infty\right)$ und daher dort monoton wachsend. Dann ist aber $E$ ein (sogar absolutes) Minimum.

<u>Wendepunkte:</u> $f''(x) = \dfrac{2(1 - x + x^2) - (-1 + 2x)^2}{(1 - x + x^2)^2} = \dfrac{1 + 2x - 2x^2}{(1 - x + x^2)^2}$ .

$f''(x) = 0 \iff 1 - x + x^2 = 0 \iff x = \dfrac{1 + \sqrt{3}}{2}$ oder $x = \dfrac{1 - \sqrt{3}}{2}$ .

Somit: $\boxed{W_1\left(\dfrac{1 + \sqrt{3}}{2}, \ln\frac{3}{2}\right)}$ und $\boxed{W_2\left(\dfrac{1 - \sqrt{3}}{2}, \ln\frac{3}{2}\right)}$ .

<u>Symmetrieachse:</u> Aus $\ln(1 - x + x^2) = \left(x - \frac{1}{2}\right)^2 + \frac{3}{4}$ folgt, dass $x = \frac{1}{2}$ Symmetrieachse ist.

<u>Bildmenge:</u> Da $E$ ein absolutes Minimum ist und $\lim\limits_{x\to\infty} f(x) = \infty$ erhalten wir:

$\boxed{B(f) = \left[\ln\frac{3}{4}, \infty\right)}$ .

11. Diskutieren Sie die Funktion

$$f(x) = x^2 + \ln(1+x) \ .$$

(Definitionsmenge, Nullstellen, Extrema, Monotonie, Wendepunkte, Bildmenge, Umkehrbarkeit, Skizze).

**Lösung:**
Definitionsbereich: Da der Logarithmus nur für positive Argumente definiert ist, folgt: $\boxed{D(f) = (-1, \infty)}$ .

Nullstellen: Zunächst ist klar, dass $x = 0$ eine Nullstelle ist, d.h. $\boxed{N(0,0)}$ .Wir werden später zeigen, dass es keine weiteren Nullstellen gibt, da $f$ streng monoton ist.

Extrema: $f'(x) = 2x + \dfrac{1}{1+x} = \dfrac{2x^2 + 2x + 1}{1+x}$ .

Wegen $2x^2 + 2x + 1 = 2\left(x + \dfrac{1}{2}\right)^2 + \dfrac{1}{2} > 0$ ist $f'(x) > 0$ auf dem gesamten Definitionsbereich $\Longrightarrow$ $f$ hat keine Extrema.

Monotonie: Wegen $f'(x) > 0$ auf $D(f)$ ist $f$ dort streng monoton wachsend.

Wendepunkte: $f''(x) = 2 - \dfrac{1}{(1+x)^2} = \dfrac{2(1+x)^2 - 1}{(1+x)^2}$ .

$f''(x) = 0 \Longleftrightarrow (1-x)^2 = \dfrac{1}{2} \Longleftrightarrow x = -1 + \dfrac{1}{\sqrt{2}}$ oder $x = -1 - \dfrac{1}{\sqrt{2}}$ .

Die zweite Wurzel entfällt, da sie nicht im Definitionsbereich liegt.

Somit: $\boxed{W\left(-1 + \dfrac{1}{\sqrt{2}} \ , \ \dfrac{3}{2} - \sqrt{2} - \dfrac{1}{2}\ln 2\right)}$ .

Bildmenge: $f(x)$ ist auf $D(f)$ stetig und es gilt:
$\displaystyle\lim_{x \to -1^+} f(x) = -\infty$ und $\displaystyle\lim_{x \to \infty} f(x) = \infty$. Daher ist $\boxed{B(f) = \mathbb{R}}$ .

Umkehrbarkeit: Da $f$ auf $D(f)$ stetig und streng monoton ist, ist $f$ auf der gesamten Bildmenge umkehrbar.

12. Diskutieren Sie die Funktion

$$f(x) = \ln(2 + \sin x) \ .$$

(Definitionsmenge, Periodizität, Nullstellen, Extrema, Wendepunkte, Bildmenge, Skizze).

**Lösung:**
Definitionsbereich: Der Wertebereich der Sinusfunktion ist $[-1, 1] \Longrightarrow 2 + \sin x \geq 1$ und der Logarithmus ist dann stets definiert. Daraus folgt: $\boxed{D(f) = \mathbb{R}}$ .

Periodizität: $\sin x$ ist periodisch mit der Periode $2\pi \Longrightarrow f(x)$ ist ebenfalls periodisch mit der Periode $2\pi$. Es genügt daher, dass wir uns im Folgenden auf ein Periodenintervall, z.B. $[0, 2\pi]$, beschränken.

Nullstellen: $f(x) = 0 \Longleftrightarrow 2 + \sin x = 1 \Longleftrightarrow \sin x = -1$, woraus auf $[0, 2\pi]$ folgt:
$x = \dfrac{3\pi}{2}$. Somit: $\boxed{N\left(\dfrac{3\pi}{2}, 0\right)}$ .

Extrema: $f'(x) = \dfrac{\cos x}{2 + \sin x}$ . $\quad f'(x) = 0 \Longleftrightarrow \cos x = 0 \overset{[0,2\pi]}{\Longleftrightarrow} x = \dfrac{\pi}{2}$ oder $x = \dfrac{3\pi}{2}$ .

Somit: $\boxed{E_1\left(\dfrac{\pi}{2}, \ln 3\right)}$ und $\boxed{E_2\left(\dfrac{3\pi}{2}, 0\right)}$ .

Wendepunkte: $f''(x) = \dfrac{-\sin x(2 + \sin x) - \cos^2 x}{(2 + \sin x)^2} = \dfrac{-1 - 2\sin x}{(2 + \sin x)^2}$ .

$f''(x) = 0 \Longleftrightarrow \sin x = -\dfrac{1}{2} \overset{[0,2\pi]}{\Longleftrightarrow} x = \dfrac{7\pi}{6}$ oder $x = \dfrac{11\pi}{6}$ .

Somit: $\boxed{W_1\left(\dfrac{7\pi}{6}, \ln\dfrac{3}{2}\right)}$ und $\boxed{W_2\left(\dfrac{11\pi}{6}, \ln\dfrac{3}{2}\right)}$ .

Wegen $f''(\pi/2) = -1/3 < 0$ ist $E_1$ ein Maximum und wegen $f''(3\pi/2) = 1 > 0$ ist $E_2$ ein Minimum.

Bildmenge: Da der Wertebereich von $2 + \sin x$ das Intervall $[1,3]$ ist und weil $f$ streng monoton wächst, ist $\boxed{B(f) = [0, \ln 3]}$ .

13. Diskutieren Sie die Funktion

$$f(x) = 2e^x - e^{2x} .$$

(Definitionsmenge, Nullstellen, Extrema, Wendepunkte, Asymptoten, Bildmenge, Skizze). Bestimmen Sie ferner auf der Bildmenge von $\mathbb{R}_+$ die Umkehrfunktion.

**Lösung:**

Definitionsbereich: $\boxed{D(f) = \mathbb{R}}$ .

Nullstellen: $f(x) = e^x(2 - e^x) = 0 \Longleftrightarrow x = \ln 2$ . Somit: $\boxed{N(\ln 2, 0)}$ .

Extrema: $f'(x) = 2e^x(1 - e^x) \quad f'(x) = 0 \Longleftrightarrow x = 0$ . Somit: $\boxed{E(0, 1)}$ .

Wendepunkte: $f''(x) = 2e^x(1 - 2e^x)$ . $\quad f''(x) = 0 \Longleftrightarrow x = -\ln 2$ .

Somit: $\boxed{W\left(-\ln 2, \dfrac{3}{4}\right)}$ . Wegen $f''(0) = -2 < 0$ ist $E$ ein Maximum.

Asymptoten: Wegen $\lim\limits_{x \to -\infty} f(x) = 0$ ist die $x$-Achse Asymptote.

Bildmenge: Da $E$ sogar ein absolutes Maximum ist ($f$ wächst auf $(-\infty, 0)$ monoton und fällt auf $(0, \infty)$ monoton), und weil $\lim\limits_{x \to \infty} f(x) = -\infty$ ist, erhalten wir $\boxed{B(f) = (-\infty, 1]}$ .

Umkehrfunktion: $f(x)$ ist auf $(0, \infty)$ streng monoton. Daher existiert auf der Bildmenge dieses Intervalls, nämlich auf $(-\infty, 1]$ die Umkehrfunktion. Aus $y = 2e^x - e^{2x}$ folgt $e^{2x} - 2x^x + y = 0$ und weiters: $e^x = 1 \pm \sqrt{1 - y}$ . Das untere Vorzeichen entfällt, da $e^x$ immer positiv ist. Somit: $\boxed{x = f^{-1}(y) = \ln(1 + \sqrt{1 - y})}$ .

14. Gegeben ist die Funktion $y(x) = x^3 e^{-3x}$ .
Bestimmen Sie den Definitionsbereich, die Nullstellen, die Extrema und Wendepunkte. Skizzieren Sie den Graphen der Funktion.

**Lösung:**

Definitionsbereich: $\boxed{D(f) = \mathbb{R}}$ .

Nullstellen: $\boxed{N(0,0)}$ .

Extrema: $f'(x) = (3x^2 - 3x^3)e^{-3x} = 0 \Longleftrightarrow x_1 = 0,\ x_2 = 1$.
Mit $f''(x) = (6x - 18x^2 + 9x^3)e^{-3x}$ liegt wegen $f''(1) = -3e^{-3} < 0$ für $\boxed{E(1, e^{-3})}$
ein Maximum vor. Wegen $f''(0) = 0$ betrachten wir bei $x_1 = 0$ die dritte Ableitung:
$f'''(x) = (6 - 54x + 81x^2 - 27x^3)e^{-3x}$. Wegen $f'''(0) = 6 \neq 0$ liegt bei $x_1 = 0$ kein
Extremum vor.

Wendepunkte: Aus $f''(x) = 3x(3x^2 - 6x + 2)e^{-3x} = 0$ folgt:
$x_3 = 0,\ x_4 = 1 - \dfrac{1}{\sqrt{3}}$ , $x_5 = 1 + \dfrac{1}{\sqrt{3}}$. Das liefert die Wendepunkte: $\boxed{W_1 = (0,0)}$ ,

$$\boxed{W_2 = \left(1 - \frac{1}{\sqrt{3}},\left(1 - \frac{1}{\sqrt{3}}\right)^3 e^{-3+\sqrt{3}}\right)} \ , \quad \boxed{W_3 = \left(1 + \frac{1}{\sqrt{3}},\left(1 + \frac{1}{\sqrt{3}}\right)^3 e^{-3-\sqrt{3}}\right)} \ .$$

15. Diskutieren Sie die Funktion

$$f(x) = e^x - \frac{1}{e} - \frac{(x+1)^2}{2} \ .$$

(Definitionsmenge, Nullstellen, Extrema, Wendepunkte, Monotonie, Verhalten für $x \to \pm\infty$, Skizze).

**Lösung:**

Definitionsbereich: $\boxed{D(f) = \mathbb{R}}$ .

Nullstellen: Bei $x = -1$ liegt offensichtlich eine Nullstelle vor, d.h. $\boxed{N(-1,0)}$ .
Wegen $f'(x) = e^x - x - 1 \geq 0$ auf ganz $\mathbb{R}$ (Null nur an $x = 0$) ist $f(x)$ (streng)
monoton wachsend auf $\mathbb{R}$. Dann ist aber $x = -1$ die einzige Nullstelle.

Extrema: $f'(x) = 0$ nur für $x = 0$. Weiters ist: $f''(x) = e^x - 1$. Wegen $f''(0) = 0$
liegt dann kein Extremum vor.

Wendepunkte: $f''(x) = e^x - 1 = 0 \Longleftrightarrow x = 0$. Das liefert: $\boxed{W\left(0, \dfrac{e-2}{2e}\right)}$ .

Monotonie: $f(x)$ ist auf $\mathbb{R}$ streng monoton wachsend.

Verhalten im Unendlichen: $\lim\limits_{x \to \pm\infty} f(x) = \pm\infty$.

16. Diskutieren Sie die Funktion $f(x) = \ln(1 + e^x)$ .
(Definitionsbereich, Stetigkeit und Differenzierbarkeit, Monotonie, Nullstellen, Extrema, Wendepunkte, Asymptoten, Skizze).

**Lösung:**

Definitionsbereich: $\boxed{D(f) = \mathbb{R}}$ .

Stetigkeit: $f(x)$ ist auf ganz $\mathbb{R}$ stetig.

Differenzierbarkeit: $f(x)$ ist auf ganz $\mathbb{R}$ differenzierbar.

Monotonie: $f'(x) = \dfrac{e^x}{1 + e^x} > 0$ auf ganz $\mathbb{R}$. $f(x)$ ist daher auf $\mathbb{R}$ streng monoton wachsend.

<u>Nullstellen:</u> Wegen der strengen Monotonie besitzt $f(x)$, wenn überhaupt, nur eine Nullstelle. Da $e^x > 0$ auf ganz $\mathbb{R}$ ist, besitzt $f(x)$ keine Nullstelle.

<u>Extrema:</u> Wegen der strengen Monotonie existiert kein Extremum.

<u>Wendepunkte:</u> $f''(x) = \dfrac{e^x}{(1 + e^x)^2} > 0$ existiert kein Wendepunkt.

<u>Asymptoten:</u> Wegen $\lim\limits_{x\to-\infty} f(x) = 0$ ist $y = 0$ Asymptote. Untersuchung auf Asymptoten der Form $y = kx + d$:

$$k = \lim_{x\to+\infty} \frac{f(x)}{x} = \lim_{x\to+\infty} \frac{\ln(1 + e^x)}{x} = \lim_{x\to+\infty} \frac{\frac{e^x}{1+e^x}}{1} = 1.$$

Weiters: $d = \lim\limits_{x\to+\infty} \Big(f(x) - kx\Big) = \lim\limits_{x\to+\infty} \Big(\ln(1 + e^x) - \ln e^x\Big) = \lim\limits_{x\to+\infty} \ln\left(\dfrac{1 + e^x}{e^x}\right) =$ $\ln\left(\lim\limits_{x\to+\infty} \dfrac{1 + e^x}{e^x}\right) = 0 \Longrightarrow y = x.$

17. Diskutieren Sie die Funktion

$$f(x) = \cos\left(\frac{\pi}{2}\sin x\right) .$$

(Definitionsmenge und Bildmenge, Periodizität, Nullstellen, Extrema, Skizze).

**Lösung:**

<u>Definitionsbereich und Bildmenge:</u> Der Wertebereich der Sinusfunktion ist $[-1, 1]$. Auf dem Intervall $\left[-\dfrac{\pi}{2}, \dfrac{\pi}{2}\right]$ nimmt der Kosinus alle Werte von Null bis 1 an.

Somit: $\boxed{D(f) = \mathbb{R}}$ und $\boxed{B(f) = [0, 1]}$.

<u>Periodizität:</u> Falls $f$ periodisch ist, gibt es eine Zahl $p$, so dass für alle $x \in \mathbb{R}$ gilt: $f(x + p) = f(x)$. Wir nehmen an, $f$ sei periodisch.

$$f(x + p) = \cos\left(\frac{\pi}{2}\sin(x + p)\right) = \cos\left[\frac{\pi}{2}(\sin x \cos p + \cos x \sin p)\right] \overset{!}{=} \cos\left(\frac{\pi}{2}\sin x\right) .$$

Dann gilt entweder:

a) $\sin x \cos p + \cos x \sin p = \pm \sin x$    oder

b) $\dfrac{\pi}{2}(\sin x \cos p + \cos x \sin p) = \pm\left(2\pi - \dfrac{\pi}{2}\sin x\right)$.

zu a) $\sin x$ und $\cos x$ sind linear unabhängig. Dann erhalten wir mittels Koeffizientenvergleich: $\cos p = 1$ und $\sin p = 0$, woraus folgt: $p = 2\pi$ oder $\cos p = -1$ und $\sin p = 0$, woraus folgt: $p = \pi$. Letzeres ist die kleinere Periode.

zu b) Koeffizientenvergleich nach den linear unabhängigen Funktionen 1, $\sin x$ und $\cos x$ liefert einen Widerspruch. Daher entfällt b).

Somit: $\boxed{p = \pi}$. Wie beschränken uns daher im Folgenden auf das Intervall $[0, \pi]$.

<u>Nullstellen:</u> $f(x) = \cos\left(\dfrac{\pi}{2}\sin x\right) = 0 \Longleftrightarrow \dfrac{\pi}{2}\sin x = \dfrac{\pi}{2}$ oder $\dfrac{\pi}{2}\sin x = \dfrac{3\pi}{2}$.

Der erste Fall liefert $x = \dfrac{\pi}{2}$. Der zweite Fall ergäbe $\sin x = 3$, was unmöglich ist.

Somit: $\boxed{N\left(\dfrac{\pi}{2}, 0\right)}$.

Extrema: $f'(x) = -\sin\left(\frac{\pi}{2}\sin x\right)\frac{\pi}{2}\cos x.$

$f'(x) = 0 \iff \sin\left(\frac{\pi}{2}\sin x\right) = 0$ oder $\cos x = 0$. Der erste Fall liefert $x = 0$ und

$x = \pi$. Der zweite Fall ergibt $x = \frac{\pi}{2}$ .

Somit: $\boxed{E_1\,(0,1)}$ , $\boxed{E_2\left(\frac{\pi}{2},0\right)}$ und $\boxed{E_3\,(\pi,1)}$ .

Da $f$ nur Werte zwischen Null und 1 annimmt, sind $E_1$ und $E_3$ Maxima, während $E_2$ ein Minimum ist.

18. Gegeben ist die Funktion $f(x) = \sin(2x) + 2\cos x$ für $0 \le x \le 2\pi$.
    Bestimmen Sie die Nullstellen, die Extrema und Wendepunkte der Funktion und skizzieren Sie den Graphen von $f(x)$.
    **Lösung:**
    Nullstellen:   $f(x) = 2\sin x\cos x + 2\cos x = 2\cos x(\sin x + 1) = 0,$

    falls $\cos x = 0 \implies x_1 = \frac{\pi}{2}$ , $x_2 = \frac{3\pi}{2}$ oder $\sin x = -1 \implies x_3 = x = \frac{3\pi}{2}$.

    Somit:   $\boxed{N_1\left(\frac{\pi}{2},0\right)}$ , $\boxed{N_2\left(\frac{3\pi}{2},0\right)}$ .

    Extrema:
    $f'(x) = 2\cos(2x) - 2\sin x = 2(\cos^2 x - \sin^2 x - \sin x) = 2(1 - \sin x - 2\sin^2 x).$

    $f'(x) = 0 \implies \sin x = \frac{-1 \pm \sqrt{1+8}}{4} = \frac{-1 \pm 3}{4}$ ,

    d.h. $\sin x = \frac{1}{2} \implies x_4 = \frac{\pi}{6}$ , $x_5 = \frac{5\pi}{6}$ oder $\sin x = -1 \implies x_6 = \frac{3\pi}{2}$ .

    Zur Kassifizierung benötigen wir die zweite Ableitung: $f''(x) = -4\sin(2x) - 2\cos x.$
    Wegen $f'(x_4) = -3\sqrt{3} < 0$, $f'(x_5) = 3\sqrt{3} > 0$, $f'(x_6) = 0$ liegen zunächst zwei

    Extrema vor: $\boxed{E_1\left(\frac{\pi}{6},\frac{3\sqrt{3}}{2}\right)}$ $\cdots$ Maximum, $\boxed{E_2\left(\frac{5\pi}{6},-\frac{3\sqrt{3}}{2}\right)}$ $\cdots$ Minimum.

    Wendepunkte: $f''(x) = -2\cos x(1+4\sin x) = 0$ falls $\cos x = 0 \implies x_7 = \frac{\pi}{2}$ , $x_8 = \frac{3\pi}{2}$

    oder $\sin x = -\frac{1}{4} \implies x_9 \approx 3.39$, $x_{10} \approx 6.03$. Das liefert die Wendepunkte:

    $\boxed{W_1(\frac{\pi}{2},0)}$ , $\boxed{W_2(\frac{3\pi}{2},0)}$ , $\boxed{W_3(3.39..,-1.45..)}$ , $\boxed{W_4(6.03..,1.45..)}$ .

    Natürlich ist noch zu überprüfen, ob an diesen Stellen $f'''(x) \ne 0$ ist. Das ist aber der Fall.

19. Diskutieren Sie die Funktion

    $$f(x) = |x| + 2\frac{1+x-x^2}{x+2} .$$

    (Definitionsmenge, Nullstellen, Extrema, Asymptoten, $\lim\limits_{x\to 0^-} f'(x)$ und $\lim\limits_{x\to 0^+} f'(x)$,
    Skizze).

**Lösung:**

Definitionsbereich: $\boxed{D(f) = \mathbb{R} \setminus \{-2\}}$ .

Wegen des Terms $|x|$ unterteilen wir den Definitionsbereich.

- **x ≥ 0**: Hier gilt: $f(x) = x + 2\dfrac{1 + x - x^2}{x + 2} = \dfrac{-x^2 + 4x + 2}{x + 2}$ .

  Nullstellen:
  $f(x) = 0 \iff x^2 - 4x - 2 = 0 \implies x_{1/2} = 2 \pm \sqrt{4 + 2}$, woraus wegen $x \geq 0$ nur

  $x = 2 + \sqrt{6}$ möglich ist, d.h. $\boxed{N_1(2 + \sqrt{6}, 0)}$ .

  Extrema: $f'(x) = \dfrac{(-2x + 4)(x + 2) - (-x^2 + 4x + 2)}{(x + 2)^2} = \dfrac{-x^2 - 4x + 6}{(x + 2)^2}$ .

  Weiters ist $f''(x) = \dfrac{-20}{(x + 2)^3} \leq 0$ auf $x \geq 0$, d.h. die Funktion ist dort konkav.

  $f'(x) = 0 \iff x^2 + 4x - 6 = 0 \implies x = -2 \pm \sqrt{4 + 6}$, woraus wegen $x \geq 0$

  nur $x = -2 + \sqrt{10}$ möglich ist, d.h. $\boxed{E_1(-2 + \sqrt{10}, 8 - 2\sqrt{10})}$ und wegen

  $f''(-2 + \sqrt{10}) < 0$ ist dies ein Maximum.

  Asymptoten: Keine vertikale Asymptote für $x \geq 0$.

  Asymptote der Form $y = kx + d$: $k = \lim\limits_{x \to \infty} \dfrac{f(x)}{x} = \lim\limits_{x \to \infty} \dfrac{-x^2 + 4x + 2}{x(x + 2)} = -1$

  und $d = \lim\limits_{x \to \infty}(f(x) - kx) = \lim\limits_{x \to \infty}\left(2x + 2\dfrac{1 + x - x^2}{x + 2}\right) = \lim\limits_{x \to \infty}\dfrac{6x + 2}{x + 2} = 6$.

  Somit: $y = -x + 6$ ist Asymptote.

  $\lim\limits_{x \to 0^+} f'(x) = \lim\limits_{x \to 0^+} \dfrac{-x^2 - 4x + 6}{(x + 2)^2} = \dfrac{3}{2}$ .

- **x < 0, x ≠ -2**: Hier gilt: $f(x) = -x + 2\dfrac{1 + x - x^2}{x + 2} = \dfrac{-3x^2 + 2}{x + 2}$ .

  Nullstellen:
  $f(x) = 0 \iff -3x^2 + 2 = 0 \implies x_{1/2} = \pm\sqrt{\dfrac{2}{3}}$, woraus wegen $x < 0$ nur

  $x = -\sqrt{\dfrac{2}{3}}$ möglich ist, d.h. $\boxed{N_2\left(-\sqrt{\dfrac{2}{3}}, 0\right)}$ .

  Extrema: $f'(x) = \dfrac{-6x(x + 2) - (-3x^2 + 2)}{(x + 2)^2} = \dfrac{-3x^2 - 12x - 2}{(x + 2)^2}$ .

  Weiters ist $f''(x) = \dfrac{-20}{(x + 2)^3} < 0$ auf $-2 < x < 0$, d.h. die Funktion ist dort

  konkav und wegen $f''(x) > 0$ ist $f(x)$ auf $x < -2$ konvex.

  $f'(x) = 0 \iff 3x^2 + 12x + 2 = 0 \implies x = -2 \pm \sqrt{4 - \dfrac{2}{3}} = -2 \pm \sqrt{\dfrac{10}{3}}$. Nach-

  dem beide Wurzeln negativ sind, folgt: $\boxed{E_2\left(-2 + \sqrt{\dfrac{10}{3}}, 12 - 6\sqrt{\dfrac{10}{3}}\right)}$ und wegen

  $f''(-2 + \sqrt{\dfrac{10}{3}}) < 0$ ist dies ein Maximum. Weiters $\boxed{E_3\left(-2 - \sqrt{\dfrac{10}{3}}, 12 + 6\sqrt{\dfrac{10}{3}}\right)}$

  und wegen $f''(-2 + \sqrt{\dfrac{10}{3}}) > 0$ ist dies ein Minimum.

  Asymptoten: Vertikale Asymptote $x = -2$.

  Asymptote der Form $y = kx + d$: $k = \lim\limits_{x \to -\infty} \dfrac{f(x)}{x} = \lim\limits_{x \to -\infty} \dfrac{-3x^2 + 2}{x(x + 2)} = -3$ und

$$d = \lim_{x \to -\infty} (f(x) - kx) = \lim_{x \to -\infty} \left( 3x + \frac{-3x^2 + 2}{x + 2} \right) = \lim_{x \to -\infty} \frac{6x + 2}{x + 2} = 6.$$

Somit: $y = -3x + 6$ ist Asymptote.

$$\lim_{x \to 0^-} f'(x) = \lim_{x \to 0^-} \frac{-3x^2 - 12x - 2}{(x + 2)^2} = -\frac{1}{2} .$$

20. Gegeben ist die Funktion

$$y = f(x) = x^3 - 3x^2 + |2x - 3| + 3 .$$

Bestimmen Sie die Nullstellen, die Extrema, die Wendepunkte sowie die Grenzwerte $\lim_{x \to \frac{3}{2}^+} y'(x)$ und $\lim_{x \to \frac{3}{2}^-} y'(x)$.

In welchen Punkten ist die Funktion differenzierbar? Skizzieren Sie den Graphen der Funktion.

**Lösung:**

Die Funktion ist auf ganz $\mathbb{R}$ definiert. Wir unterteilen in zwei Intervalle:

- $\mathbf{x \geq \frac{3}{2}}$: Hier gilt: $f(x) = x^3 - 3x^2 + 2x = x(x^2 - 3x + 2)$.

  <u>Nullstellen:</u> $f(x) = 0 \implies x_1 = 0,\ x_2 = 1,\ x_3 = 2$. Da $x_1$ und $x_2$ nicht im betrachteten Teilintervall liegen, verbleibt nur $\boxed{N(2, 0)}$.

  <u>Extrema:</u> $f'(x) = 3x^2 - 6x + 2 = 0 \implies x_4 = 1 - \dfrac{1}{\sqrt{3}}$ und $x_5 = 1 + \dfrac{1}{\sqrt{3}}$. $x_4$ liegt nicht im betrachteten Intervall. Mit $f''(x) = 6x - 6$ folgt $f''(x_5) > 0$. Damit ist $\boxed{E\left(1 + \frac{1}{\sqrt{3}},\ -\frac{2}{3\sqrt{3}}\right)}$ ein Minimum.

  <u>Wendepunkte:</u> $f''(x) > 0$ für $x \geq \frac{3}{2}$. Daher liegt kein Wendepunkt vor.

- $\mathbf{x < \frac{3}{2}}$: Hier gilt: $f(x) = x^3 - 3x^2 - 2x + 6$.

  <u>Nullstellen:</u> $f(x) = 0 \implies x_1 = -\sqrt{2},\ x_2 = \sqrt{2},\ x_3 = 3$. Da $x_3$ nicht im betrachteten Teilintervall liegt, verbleiben nur $\boxed{N_1(-\sqrt{2}, 0)}$ und $\boxed{N_2(\sqrt{2}, 0)}$.

  <u>Extrema:</u> $f'(x) = 3x^2 - 6x - 2 = 0 \implies x_4 = 1 - \sqrt{\dfrac{5}{3}}$ und $x_5 = 1 + \sqrt{\dfrac{5}{3}}$. $x_5$ liegt nicht im betrachteten Intervall. Mit $f''(x) = 6x - 6$ folgt $f''(x_4) < 0$. Damit ist $\boxed{E\left(1 - \sqrt{\frac{5}{3}},\ 2 + \frac{10\sqrt{5}}{3\sqrt{3}}\right)}$ ein Maximum.

  <u>Wendepunkte:</u> $f''(x) = 0$ für $x = 1$. Das liefert den Wendepunkt $\boxed{W(1, 2)}$.

Wegen $\lim\limits_{x \to \frac{3}{2}^-} y'(x) = \lim\limits_{x \to \frac{3}{2}^+} (3x^2 - 6x - 2) = -\dfrac{17}{4}$

und $\lim\limits_{x \to \frac{3}{2}^+} y'(x) = \lim\limits_{x \to \frac{3}{2}^-} (3x^2 - 6x + 2) = -\dfrac{1}{4}$ ist $f(x)$ nur für $x \neq \frac{3}{2}$ differenzierbar.

Der Graph von $f$ hat an $x = \frac{3}{2}$ einen Knick.

21. Gegeben ist die Funktion $f(x) = x(3 - \sqrt{|x|})$.

Bestimmen Sie den Definitionsbereich, die Nullstellen und die Extrema. Berechnen Sie $\lim_{x \to 0^+} f'$. Skizzieren Sie den Graphen der Funktion.

**Lösung:**

Definitionsbereich: $\boxed{D(f) = \mathbb{R}}$ .

Wegen $f(-x) = -f(x)$ handelt es sich um eine ungerade Funktion. Daher genügt es, die weiteren Untersuchungen nur für positive $x$ durchzuführen. Dort gilt dann: $f(x) = x(3 - \sqrt{x})$.

Nullstellen: $\boxed{N_1(9,0)}$ , $\boxed{N_2(0,0)}$ , $\boxed{N_3(-9,0)}$ .

Extrema: Aus $f'(x) = 3 - \dfrac{3}{2}\sqrt{x} = 0$ folgt: $x = 4$. Das liefert $\boxed{E_1(4,4)}$ und

$\boxed{E_2(-4,-4)}$ . Mit $f''(x) = -\dfrac{3}{4\sqrt{x}}$ folgt $f''(4) = -\dfrac{3}{8} < 0$. Dann ist aber $E_1$ ein

Maximum und entsprechend $E_2$ ein Minimum.

$\lim_{x \to 0^+} f' = \lim_{x \to 0^+} \left(3 - \dfrac{3}{2}\sqrt{x}\right) = 3$.

22. Gegeben ist die Funktion $f(x) = \dfrac{x^2}{2} + \dfrac{u'(x)}{6}$ mit $u(x) = |(x-2)^2(x+1)|$.

Bestimmen Sie den Definitionsbereich, die Nullstellen und die relativen Extrema. Ermitteln Sie weiters den links- und rechtsseitigen Grenzwert von $f(x)$ an der Stelle $x = -1$. Skizzieren Sie den Graphen der Funktion.

**Lösung:**

$u(x) = \begin{cases} (x-2)^2(x+1) & \text{für } x \geq -1 \\ -(x-2)^2(x+1) & \text{für } x < -1 \end{cases} \implies u'(x) = \begin{cases} 3x(x-2) & \text{für } x > -1 \\ -3x(x-2) & \text{für } x < -1 \end{cases}$ .

$u(x)$ ist an der Stelle $x = -1$ nicht differenzierbar. Daher ist $f(x)$ dort nicht definiert.

Definitionsbereich: $\boxed{D(f) = \mathbb{R} \setminus \{-1\}}$ .

- **x > −1**: $f(x) = \dfrac{x^2}{2} + \dfrac{3x^2 - 6x}{6} = x^2 - x$.

  Nullstellen: $\boxed{N_1(0,0)}$ , $\boxed{N_2(1,0)}$ .

  Extrema: Aus $f'(x) = 2x - 1 = 0$ folgt $x = \dfrac{1}{2}$ und damit $\boxed{E\left(\dfrac{1}{2}, -\dfrac{1}{4}\right)}$ .

  Wegen $f''(x) = 2 > 0$ ist $E$ ein Minimum.

- **x < −1**: $f(x) = \dfrac{x^2}{2} - \dfrac{3x^2 - 6x}{6} = x$.

  $f(x)$ hat hier keine Nullstellen und keine Extrema.

$\lim_{x \to -1^+} f(x) = \lim_{x \to -1^+} (x^2 - x) = 2$ und $\lim_{x \to -1^-} f(x) = \lim_{x \to -1^-} x = -1$.

$f(x)$ besitzt daher an der Stelle $x = -1$ eine Sprungstelle.

23. Gegeben ist die Funktion

$$y = |x|\sqrt{\dfrac{x}{x+2}} .$$

Bestimmen Sie den Definitionsbereich, die Nullstellen und Extrema sowie die Asymptoten. Skizzieren Sie den Graphen der Funktion.

**Lösung:**

Definitionsbereich:   Es muss $\dfrac{x}{x+2} \geq 0$ sein. Das ist für $x \geq 0$ und für $x < -2$ der Fall. Somit: $\boxed{D(f) = (-\infty, -2) \cup [0, \infty)}$ .

Nullstellen:   $\boxed{N(0,0)}$ .

Extrema:   Für $x \geq 0$ folgt aus $f'(x) = \sqrt{\dfrac{x}{x+2}}\left(1 + \dfrac{1}{x+2}\right) = 0$: $x = 0$ und damit $\boxed{E_1(0,0)}$ . Wegen $f(x) \geq 0$ ist dies ein Minimum. Für $x < -2$ folgt aus $f'(x) = -\sqrt{\dfrac{x}{x+2}}\left(1 + \dfrac{1}{x+2}\right) = 0$: $x = -3$ und damit $\boxed{E_2(-3, 3\sqrt{3})}$ . Da $f(x)$ für $x \to -\infty$ und für $x \to -2$ unbeschränkt wächst, ist dies ebenfalls ein Minimum.

Asymptoten:   Zunächst ist $x = -2$ eine vertikale Asymtote.

Weitere Asymptoten der Form $y = kx + d$: $k = \lim\limits_{x \to \infty} \dfrac{f(x)}{x} = \lim\limits_{x \to \infty} \sqrt{\dfrac{x}{x+2}} = 1$.

$d = \lim\limits_{x \to \infty} \big(f(x) - kx\big) = \lim\limits_{x \to \infty}\left(x\sqrt{\dfrac{x}{x+2}} - x\right) = \cdots = -1$, d.h. $\underline{y = x - 1}$. Weiters:

$k = \lim\limits_{x \to -\infty} \dfrac{f(x)}{x} = \lim\limits_{x \to -\infty} -\sqrt{\dfrac{x}{x+2}} = -1$.

$d = \lim\limits_{x \to -\infty} \big(f(x) - kx\big) = \lim\limits_{x \to -\infty}\left(-x\sqrt{\dfrac{x}{x+2}} + x\right) = \cdots = 1$, d.h. $\underline{y = 1 - x}$.

## 1.18.3   Beispiele mit Lösungen

1. Gegeben ist die Funktion $y = f(x) = \ln x + \dfrac{1}{\ln x}$ .
   Bestimmen Sie:
   a) Den Definitionsbereich und die Nullstellen,
   b) die Extrema,
   c) die Asymptoten.
   Zeigen Sie, dass die Funktion zwischen $x = e$ und $x = e^2$ einen Wendepunkt besitzt. Skizzieren Sie den Graphen der Funktion.
   Lösung:
   a) $D(f) = (0, \infty) \setminus \{1\}$, keine Nullstellen.
   b) $E_1(e, 2) \cdots$ Minimum, $E_2(\frac{1}{e}, -2) \cdots$ Maximum.
   c) vertikale Asymptoten bei $x = 0$ und $x = 1$.
   Mit $y''(x) = \dfrac{2 + \ln x - (\ln x)^3}{x^2(\ln x)^3}$ folgt: $y''(e) > 0$ und $y''(e^2) < 0$. $\implies$ Wendepunkt in $(e, e^2)$.

2. Gegeben ist die Funktion $y = f(x) = \dfrac{x^3}{x^2 - x - 1}$ .
   Bestimmen Sie:

a) Den Definitionsbereich und die Nullstellen,
b) die Extrema und Wendepukte,
c) die Asymptoten.
Skizzieren Sie den Graphen der Funktion.

Lösung:
a) $D(f) = \mathbb{R} \setminus \{\frac{1-\sqrt{5}}{2}, \frac{1+\sqrt{5}}{2}\}$, $N(0,0)$.
b) $E_1(3, \frac{27}{5}) \cdots$ Minimum,  $E_2(-1,-1) \cdots$ Maximum, $W(0,0)$.
c) Vertikale Asymptoten bei $\frac{1\pm\sqrt{5}}{2}$, weitere Asymptote: $y = x + 1$.

3. Gegeben sei die Funktion $y = f(x) = x + 2 + \dfrac{3x - 2}{(x-1)^2}$ .

   Bestimmen Sie:
   a) Den Definitionsbereich und die Nullstellen,
   b) die Extrema und Wendepunkte,
   c) die Asymptoten.
   Skizzieren Sie den Graphen der Funktion.

   Lösung:
   a) $D(f) = \mathbb{R} \setminus \{1\}$, $N(0,0)$,
   b) $E(3, \frac{27}{4}) \cdots$ Minimum , $W(0,0)$,
   c) Vertikale Asymptote bei $x = 1$, weitere Asymptote: $y = x + 2$.

4. Gegeben ist die Funktion $y = f(x) = \dfrac{\sqrt{x} - 2}{x - 3}$ .

   Bestimmen Sie:
   a) Den Definitionsbereich,
   b) die Nullstellen und die Extrema,
   c) $\lim\limits_{x \to 0^+} y'(x)$,

   d) die Asymptoten.
   Skizzieren Sie den Graphen der Funktion und zeigen Sie, dass gilt: $\int_0^1 y(x)\,dx \geq \dfrac{1}{2}$ .

   Lösung:
   a) $D(f) = [0,3) \cup (3, \infty)$,
   b) $N(4,0)$,  $E_1(1, \frac{1}{2}) \cdots$ Minimum,  $E_2(9, \frac{1}{6}) \cdots$ Maximum,

   c) $\lim\limits_{x \to 0^+} y'(x) = -\infty$.

   d) Vertikale Asymptote bei $x = 3$, weitere Asymptote: $y = 0$.

5. Gegeben sei die Funktion $y = (x+1)^2 \sqrt[3]{x^2}$ .
   Bestimmen Sie:
   a) Den Definitionsbereich und die Nullstellen
   b) die Extrema und Wendepunkte,
   c) die Tangente im Punkt $x = 0$,
   d) die Fläche, die die Kurve mit der $x$-Achse einschließt.
   Skizzieren Sie den Graphen der Funktionen.

   Lösung:
   a) $D(f) = \mathbb{R}$,  $N_1(-1,0)$, $N_2(0,0)$,
   b) $E_1(-1,0) \cdots$ Minimum, $E_2(-\frac{1}{4}, \frac{9}{32\sqrt[3]{2}}) \cdots$ Maximum,

$W_1(0.085, 0.23)$, $W_2(-0.585, 0.12)$,
   c) $A = \frac{27}{220}$ .

6. Gegeben sei die Funktion $f(x) = x + \sqrt{1-x}$ .
   a) Bestimmen Sie den Definitionsbereich und die Nullstellen von $f(x)$.
   b) Bestimmen Sie die Extremstellen und Wendepunkte von $f(x)$.
   c) Skizzieren Sie die Graphen der Funktion.

   Lösung:
   a) $D(f) = (-\infty, 1]$,   $N(-\frac{1+\sqrt{5}}{2}, 0)$,
   b) $E(\frac{3}{4}, \frac{5}{4}) \cdots$ Maximum,   keine Wendepunkte.

7. Gegeben sind die Funktionen $y_1 = f_1(x)$ und $y_2 = f_2(x)$ gemäß $y^2 - x^4 + x^6 = 0$.
   a) Bestimmen Sie den Definitionsbereich der Funktionen.
   b) Bestimmen Sie die Nullstellen, Extremstellen und Wendepunkte der Graphen
   von $f_1$ und $f_2$.
   c) Wo besitzen die Graphen vertikale Tangenten?
   Lösung:
   a) $D = [-1, 1]$,   b) $N_1(-1, 0)$, $N_2(0, 0)$, $N_3(1, 0)$,   Extrema bei $x = \pm\sqrt{\frac{2}{3}}$,

   Wendepunkte bei $x = \pm\sqrt{\dfrac{9 - \sqrt{33}}{12}}$,   c) Vertikale Tangenten bei $x = \pm 1$.

8. Gegeben ist die Kurve $y(x) = 2\sqrt[3]{x^2} - 4\sqrt[3]{x}$ .
   Bestimmen Sie
   a) Den Definitionsbereich und die Nullstellen,
   b) die Extrema und Wendepunkte,
   c) die Steigung der Tangenten in den Wendepunkten.
   Skizzieren Sie die Kurve.
   Lösung:
   a) $D = \mathbb{R}$, $N_1(0, 0)$, $N_2(8, 0)$, b) $E(1, -2) \cdots$ Minimum, $W(8, 0)$, bei $x = 0$ liegt
   ein Wendepunkt mit vertikaler Wendetangente vor, c) $y'(0) = -\infty$, $y'(8) = \frac{1}{3}$.

9. Bestimmen Sie den Definitionsbereich die Nullstellen und die relativen Extrema der
   Funktion $y(x) = \sqrt[3]{x}\, e^{3-x}$.
   Lösung:   $D = \mathbb{R}$,   $N(0, 0)$,   relatives Maximum bei $x = \frac{1}{3}$.

10. Gegeben ist die Funktion $y(x) = (a - x)(a + x)^{2/3}$, $a \in \mathbb{R}$, $a > 0$.
    Bestimmen Sie
    a) Den Definitionsbereich und die Nullstellen,
    b) die Extrema und Wendepunkte,
    c) $\lim\limits_{x \to -a^+} y'(x)$ und $\lim\limits_{x \to -a^-} y'(x)$.
    Skizzieren Sie den Graphen der Funktion.
    Lösung:
    a) $D = \mathbb{R}$,   $N_1(-a, 0)$, $N_2(a, 0)$,

    b) $E\left(-\dfrac{a}{5}, \dfrac{6a}{5}\left(\dfrac{4a}{5}\right)^{2/3}\right) \cdots$ Maximum,   $W\left(-\dfrac{7a}{5}, -\dfrac{12a}{5}\left(\dfrac{2a}{5}\right)^{2/3}\right)$,
    c) $\lim\limits_{x \to -a^+} y'(x) = \infty$,   $\lim\limits_{x \to -a^-} y'(x) = -\infty$, d.h. an $x = -a$ liegt eine Spitze vor.

11. Gegeben ist die Funktion $y(x) = 3\cosh x + \dfrac{1}{\cosh x}$ .

Bestimmen Sie

a) Den Definitionsbereich und die Nullstellen,

b) die Extrema und Wendepunkte.

Skizzieren Sie den Graphen der Funktion.

Lösung:

a) $D = \mathbb{R}$, keine Nullstellen, b) $E(0,4)\cdots$ Minimum, keine Wendepunkte.

12. Gegeben ist die Funktion $f(x) = \sqrt{|x^2 - 2x|}$ .

Bestimmen Sie die Definitionsmenge, die Nullstellen, die Extrema sowie die Asymptoten. Untersuchen Sie ferner das Verhalten von $f'(x)$ an den Stellen $x = 0$ und $x = 2$ und skizzieren Sie den Graphen der Funktion.

Lösung: $D(f) = \mathbb{R}$, $N_1(0,0)$, $N_2(2,0)$, $E(1,1)\cdots$ Maximum,

Asymptoten: $y_1 = -1 + x$, $y_2 = 1 - x$, der Graph hat an $x = 0$ und $x = 2$ jeweils eine Spitze.

13. Gegeben ist die Funktion $f(x) = \ln(\sqrt{x} + 1) - \ln(\sqrt{x} - 1)$ .

Bestimmen Sie die Definitionsmenge, die Nullstellen, die Extrema, die Asymptoten und die Bildmenge. Untersuchen Sie ferner die Funktion auf Monotonie und skizzieren Sie den Graphen von $f$.

Lösung: $D(f) = (1, \infty)$, keine Nullstellen, keine Extrema, Asymptoten: $y = 0$ und $x = 1$, $B(f) = (0, \infty)$, $f$ ist auf $D(f)$ monoton fallend.

14. Diskutieren Sie die Funktion $f(x) = \dfrac{x - 2\sqrt{x} + 2}{x + \sqrt{x}}$ .

(Definitionsmenge, Nullstellen, Extrema, Asymptoten, Skizze). Überlegen Sie (ohne Berechnung von $f''$), dass und warum ein Minimum und ein Wendepunkt vorliegen muss.

Lösung: $D(f) = (0, \infty)$, keine Nullstellen, $E(\frac{14+4\sqrt{10}}{9}, \frac{20-2\sqrt{10}}{20+7\sqrt{10}})$, Asymptoten: $x = 0$ und $y = 1$. $f'(4) > 0$, $f'(\frac{1}{4}) < 0 \Longrightarrow E$ ist Minimum.

$f'(x) = 0$ im Minimum und $f'(x) \longrightarrow 0$ für $x \to \infty \Longrightarrow \exists \xi : f''(\xi) = 0$ nach ROLLE. Dann ist aber $\xi$ ein Wendepunkt von $f$.

15. Gegeben ist die Funktion $y = e^x \ln\left(\dfrac{x+1}{e}\right)$ .

Bestimmen Sie

a) den Definitionsbereich und die Nullstellen,

b) die Extrema und Wendepunkte,

c) $\lim\limits_{x \to -1^+} y(x)$.

Skizzieren Sie den Graphen der Funktion.

Lösung:

a) $D = (-1, \infty)$, $N(e-1, 0)$, b) kein Extremum, $W(0, -1)$, c) $\lim\limits_{x \to -1^+} y(x) = -\infty$.

# 1.19   Unbestimmte Integrale, Stammfunktion

## 1.19.1   Grundlagen

- Sei $I$ ein beliebiges Intervall. Die Funktionen $f$ und $F$ seien auf $I$ definiert und $F$ sei dort differenzierbar und es gelte: $F'(x) = f(x)$. Dann heißt $F$ <u>Stammfunktion von $f$ auf $I$</u>.

- Sei $I$ ein beliebiges Intervall und sei $f \in R[a, b]$ für jedes $[a, b] \subset I$. Ist $x_0 \in I$, so heißt die Funktion $F$ mit $D(F) = I$ und

$$F(x) = \int_{x_0}^x f(t)\,dt$$

  <u>Integral von $f$ als Funktion der oberen Grenze</u> (kurz: <u>Integralfunktion</u>). Ist insbesondere $f(x)$ stetig auf $I$, so ist die Integralfunktion $F(x)$ dort differenzierbar und es gilt: $F'(x) = f(x)$.

- Integration und Differentiation sind also „zueinander inverse" Operationen.

- Sei $f$ auf dem Intervall $I$ definiert und besitze dort eine Stammfunktion.

  Die Menge aller Stammfunktionen von $f(x)$ auf $I$, die sich nur durch eine Konstante unterscheiden, heißt <u>unbestimmtes Integral</u>

$$\int f(x)\,dx \ .$$

- Das unbestimmte Integral ist linear bezüglich des Integranden, d.h.

$$\int \Big(\lambda f(x) + \mu g(x)\Big)\,dx = \lambda \int f(x)\,dx + \mu \int g(x)\,dx \ .$$

Da Integration und Differentiation „zueinander inverse" Operationen sind, können aus Rechenregeln der Differentiation (Produktregel und Kettenregel) solche für die Integration gewonnen werden.

- Partielle Integration:
  Seien $f$ und $g$ stetig differenzierbar auf dem Intervall $I$. Dann gilt:

$$\int f(x)g'(x)\,dx = f(x)g(x) - \int f'(x)g(x)\,dx \ .$$

- Integration durch Substitution:
  Sei $\varphi(u)$ stetig differenzierbar auf $I_u$ und sei $f(x)$ stetig auf $I_x = \varphi(I_u)$. Bezeichne $F$ eine Stammfunktion von $f$. Dann gilt:

  (i) $\displaystyle\int f\big(\varphi(u)\big)\frac{d\varphi}{du}(u)\,du = F\big(\varphi(u)\big) = \int f(x)\,dx\,\Big|_{x=\varphi(u)},$

  (ii) Falls $\dfrac{d\varphi}{du}(u) \neq 0$ auf $I_u$: $\displaystyle\int f(x)\,dx = \int f\big(\varphi(u)\big)\frac{d\varphi}{du}(u)\,du\,\Big|_{u=\varphi^{-1}(x)}.$

Rationale Funktionen können in Partialbrüche zerlegt werden. Ihre Integration ist daher relativ einfach. Wegen der Eigenschaft der Umkehrung der Differentiation durch Integration können Differentiationstabellen auch als Integrationstabellen benutzt werden. Solche Tabellen sind aber nicht lückenlos. Mittels der partiellen Integration bzw. der Substitution lassen sich manche Integrale auf einfachere (Grundintegrale), insbesondere oft auf Integrale mit rationalem Integranden zurückführen: $\int R(x)\,dx$.

1. Seien $P(x)$ und $Q(x)$ Polynome. Dann führt partielle Integration $\int P(x)\ln\big(Q(x)\big)\,dx$ in ein Integral mit rationalem Integranden über.

2. Seien $P(x)$ und $Q(x)$ Polynome. Dann führt partielle Integration $\int P(x)\arctan\big(Q(x)\big)\,dx$ in ein Integral mit rationalem Integranden über.

3. $\int R\big(x,\sqrt{ax+b}\,\big)\,dx.$    Substitution: $u=\sqrt{ax+b}\Longrightarrow \int R^*(u)\,du.$

4. $\int R\left(x,\sqrt[n]{\dfrac{ax+b}{cx+d}}\,\right)\,dx.$    Substitution: $u=\sqrt[n]{\dfrac{ax+b}{cx+d}}\Longrightarrow \int R^*(u)\,du.$

5. $\int R(e^{ax})\,dx$, z.B. bei Hyperbelfunktionen. Substitution: $u=e^{ax}\Longrightarrow \int R^*(u)\,du.$

6. $\int R(\sin x,\cos x)\,dx.$    Substitution: $u=\tan\dfrac{x}{2}\Longrightarrow \int R^*(u)\,du.$

7. $\int R\big(x,\sqrt{ax^2+bx+c}\,\big)\,dx.$    Quadratische Ergänzung: $ax^2+bx+c=a(x+\alpha)^2+\beta$

   mit: $\alpha=\dfrac{b}{2a},\ \beta=c-a\alpha^2=c-\dfrac{b^2}{4a}$ .

   **Fallunterscheidungen:**

   (a) $\beta>0,\ a<0$: Substitution: $x=-\alpha+\sqrt{-\dfrac{\beta}{a}}\,\sin u \Longrightarrow \int \tilde R(\sin u,\cos u)\,du,$ Typ 6.

   (b) $\beta<0,\ a>0$: Substitution: $x=-\alpha+\sqrt{-\dfrac{\beta}{a}}\,\cosh u \Longrightarrow \int \tilde R(\sinh u,\cosh u)\,du = \int \hat R(e^u)\,du,$   Typ 5.

   (c) $\beta>0,\ a>0$: Substitution: $x=-\alpha+\sqrt{\dfrac{\beta}{a}}\,\sinh u \Longrightarrow \int \tilde R(\sinh u,\cosh u)\,du = \int \hat R(e^u)\,du,$   Typ 5.

8. $\int R\big(x,\sqrt{\alpha x+\beta},\sqrt{\gamma x+\delta}\big)\,dx.$    Substitution: $u=\sqrt{\gamma x+\delta}\Longrightarrow$

   $\int \tilde R\left(u,\sqrt{\dfrac{\alpha}{\gamma}u^2-\dfrac{\alpha\delta}{\gamma}u+\beta}\right)\,du,$   Typ 7.

9. $\int \dfrac{R(x^n)}{\sqrt[n]{ax^n+b}}\,dx.$    Substitution: $u=\sqrt[n]{a+\dfrac{b}{x^n}}\Longrightarrow \int R^*(u)\,du.$

10. $\displaystyle\int x^p(a + bx^q)^r \, dx$    mit $p, q, r \in \mathbb{Q}$, $a, b \in \mathbb{R}$.

**Fallunterscheidungen:**

(a) $r \in \mathbb{Z}$: Substitution: $u = x^{1/g}$, wobei $g$ den Nenner von $\dfrac{p+1}{q}$ bezeichnet.

     $\Longrightarrow \displaystyle\int R^*(u) \, du$.

(b) $\dfrac{p+1}{q} \in \mathbb{Z}$: Substitution: $u = (a + bx^q)^{1/g}$, wobei $g$ den Nenner von $r$ bezeichnet.

     $\Longrightarrow \displaystyle\int R^*(u) \, du$.

(c) $\left(r + \dfrac{p+1}{q}\right) \in \mathbb{Z}$: Substitution: $u = (b + ax^{-q})^{1/g}$, wobei $g$ den Nenner von $r$

     bezeichnet. $\Longrightarrow \displaystyle\int R^*(u) \, du$.

## 1.19.2   Musterbeispiele

1. Bestimmen Sie   $\displaystyle\int \frac{dx}{x^3(x+2)}$ .

**Lösung:**
Der Integrand ist eine rationale Funktion und kann daher in Partialbrüche zerlegt werden:

$$\frac{1}{x^3(x+2)} = \frac{1}{8x} - \frac{1}{4x^2} + \frac{1}{2x^3} - \frac{1}{8}\frac{1}{x+2} .$$

Integration liefert dann:

$$\int \frac{dx}{x^3(x+2)} = \frac{1}{8}\ln|x| + \frac{1}{4x} - \frac{1}{4x^2} - \frac{1}{8}\ln|x+2| + C .$$

2. Bestimmen Sie   $\displaystyle\int \frac{x^2 + 2x - 4}{(x^2 + 4x)(x^2 + 1)} \, dx$ .

**Lösung:**
Der Integrand ist eine rationale Funktion und kann daher in Partialbrüche zerlegt werden:

$$\frac{x^2 + 2x - 4}{(x^2 + 4x)(x^2 + 1)} = -\frac{1}{x} - \frac{1}{17}\frac{1}{x+4} + \frac{1}{17}\frac{18x + 13}{x^2 + 1} .$$

Integration liefert dann:

$$\int \frac{x^2 + 2x - 4}{(x^2 + 4x)(x^2 + 1)} \, dx = -\ln|x| - \frac{1}{17}\ln|x+4| + \frac{9}{17}\int \frac{2x}{x^2 + 1} \, dx + \frac{1}{13}\int \frac{dx}{x^2 + 1} =$$

$$= -\ln|x| - \frac{1}{17}\ln|x+4| + \frac{9}{17}\ln(x^2 + 1) + \frac{13}{17}\arctan x + C.$$

3. Bestimmen Sie   $\displaystyle\int \frac{-75x + 113}{(x+3)(x^2 + 4)^2} \, dx$ .

**Lösung:**
Der Integrand ist eine rationale Funktion und kann daher in Partialbrüche zerlegt werden:

$$\frac{-75x + 113}{(x+3)(x^2+4)^2} = \frac{2}{x+3} + \frac{-2x+6}{x^2+4} + \frac{-26x+3}{(x^2+4)^2} =$$

$$= \frac{2}{x+3} - \frac{2x}{x^2+4} + \frac{6}{x^2+4} - \frac{26x}{(x^2+4)^2} + \frac{3}{(x^2+4)^2} \ .$$

Integration liefert dann:

$$\int \frac{-75x + 113}{(x+3)(x^2+4)^2} \, dx = 2\ln|x+3| - \underbrace{\int \frac{2x}{x^2+4} \, dx}_{I_1} + 3\underbrace{\int \frac{1}{x^2+4} \, dx}_{I_2} -$$

$$- 13\underbrace{\int \frac{2x}{(x^2+4)^2} \, dx}_{I_3} + \frac{3}{4}\underbrace{\int \frac{4}{(x^2+4)^2} \, dx}_{I_4} \ .$$

$I_1$ : Das Integral ist von der Form: $\int \dfrac{f'(x)}{f(x)} \, dx = \ln\big(f(x)\big) + C.$

$\qquad \Longrightarrow I_1 = \ln(x^2+4) + C_1.$

$I_2$ : Substitution $x = 2u$ führt zu: $I_2 = \dfrac{1}{2} \int \dfrac{du}{1+u^2} = \dfrac{1}{2} \arctan\left(\dfrac{x}{2}\right) + C_2.$

$I_3$ : Das Integral ist von der Form: $\int \dfrac{f'(x)}{f^2(x)} \, dx = -\dfrac{1}{f(x)} + C.$

$\qquad \Longrightarrow I_3 = -\dfrac{1}{x^2+4} \ .$

$I_4$ : $I_4 = \int \dfrac{(4+x^2) - x^2}{(x^2+4)^2} \, dx = \underbrace{\int \dfrac{dx}{x^2+4}}_{I_2} - \dfrac{1}{2} \int x \dfrac{2x}{(x^2+4)^2} \, dx \ .$

Partielle Integration des letzten Integrals liefert dann:

$$I_4 = I_2 - \frac{x}{2}I_3 + \frac{1}{2} \int I_3 \, dx = I_2 - \frac{x}{2}I_3 - \frac{1}{2}I_2 = \frac{1}{4} \arctan\left(\frac{x}{2}\right) + \frac{1}{2} \frac{x}{x^2+4} + C_4.$$

Insgesamt folgt dann nach Vereinfachung:

$$\int \frac{-75x + 113}{(x+3)(x^2+4)^2} \, dx = 2\ln|x+3| - \ln(x^2+4) + \frac{51}{16} \arctan\left(\frac{x}{2}\right) + \frac{1}{8} \frac{3x+104}{x^2+4} + C.$$

4. Bestimmen Sie $\ I = \int (1+3x^2) \ln(x - x^2) \, dx$ für $0 < x < 1$.

**Lösung:**
Partielle Integration mit $f(x) = \ln(x - x^2)$ und $g'(x) = 1 + 3x^2$ liefert dann mit
$f'(x) = \dfrac{1-2x}{x - x^2}$ und $g(x) = x + x^3$:

$$I = \int (1+3x^2) \ln(x - x^2) \, dx = (x + x^3) \ln(x - x^2) - \int (x + x^3) \frac{1 - 2x}{x - x^2} \, dx =$$

$$= (x + x^3)\ln(x - x^2) - \underbrace{\int \frac{2x^4 - x^3 + 2x^2 - x}{x^2 - x}\, dx}_{I_1}\ .$$

Der Integrand von $I_1$ ist eine „unechte" rationale Funktion. Mittels Polynomdivision und anschließender Partialbruchzerlegung erhalten wir

$$\int \left(2x^2 + x + 3 + \frac{2}{x-1}\right) dx = \frac{2}{3}x^3 + \frac{x^2}{2} + 3x + 2\ln(1-x) - C,\ \text{und damit schließlich}$$

$$I = \int (1 + 3x^2)\ln(x + x^2\, dx = (x + x^3)\ln(x - x^2) - \frac{2}{3}x^3 - \frac{x^2}{2} - 3x - 2\ln(1-x) + C\ .$$

5. Bestimmen Sie    $I = \int (1 + 2x)\arctan x\, dx$ .

**Lösung:**
Partielle Integration mit $f(x) = \arctan x$ und $g'(x) = 1 + 2x$ liefert dann mit $f'(x) = \dfrac{1}{1+x^2}$ und $g(x) = x + x^2$:

$$I = \int (1 + 2x)\arctan x\, dx = (x + x^2)\arctan x - \int (x + x^2)\frac{1}{1+x^2}\, dx = \cdots$$

$$= (x + x^2)\arctan x - \int \left(1 + \frac{x}{1+x^2} - \frac{1}{1+x^2}\right) dx = \cdots$$

$$= (x^2 + x + 1)\arctan x - x - \frac{\ln(1+x^2)}{2} + C.$$

6. Bestimmen Sie    $I = \int \dfrac{(x+1)\sqrt{2x-1}}{x(x-1)}\, dx$ .

**Lösung:**
Der Integrand ist auf $[\frac{1}{2}, 1)$ und auf $(1, \infty)$ stetig und besitzt daher dort eine Stammfunktion, d.h. das unbestimmte Integral ist dort definiert. Mit der naheliegenden Substitution $u = \sqrt{2x-1}$ bzw. $x = \dfrac{u^2+1}{2} =: \varphi(u),\ \varphi'(u) = u$ folgt dann:

$$I = \int \frac{\left(\frac{u^2+1}{2} + 1\right)u}{\frac{u^2+1}{2}\left(\frac{u^2+1}{2} - 1\right)}\, u\, du = 2\int \frac{u^2(u^2 + 3)}{(u^2+1)(u^2-1)}\, du\ .$$

Nach Polynomdivision und Partialbruchzerlegung folgt:

$$I = \int \left(2 + \frac{2}{1+u^2} - \frac{2}{u+1} + \frac{2}{u-1}\right) du = 2u + 2\arctan u + 2\ln\left|\frac{u-1}{u+1}\right| + C.$$

Rücktransformation liefert:

$$I = \int \frac{(x+1)\sqrt{2x-1}}{x(x-1)}\, dx = 2\sqrt{2x-1} + 2\arctan\sqrt{2x-1} + 2\ln\left|\frac{\sqrt{2x-1}-1}{\sqrt{2x-1}+1}\right| + C\ .$$

Wegen des Absolutbetrages in der Logarithmusfunktion gilt dies sowohl auf $[\frac{1}{2}, 1)$ als auch auf $(1, \infty)$.

7. Bestimmen Sie    $I = \int \sqrt{\dfrac{x-1}{x+1}}\, dx$ .

**Lösung:**

Der Integrand ist auf $[-\infty, -1)$ und auf $(1, \infty)$ stetig und besitzt daher dort eine Stammfunktion, d.h. das unbestimmte Integral ist dort definiert. Mit der Substitution $u = \sqrt{\dfrac{x-1}{x+1}}$ bzw. $x = \dfrac{1+u^2}{1-u^2} =: \varphi(u)$, $\varphi'(u) = \dfrac{4u}{(1-u^2)^2}$ folgt dann:

$$I = \int \frac{4u^2}{(1-u^2)^2}\, du = \cdots = \int \left(-\frac{1}{u+1} + \frac{1}{(u+1)^2} + \frac{1}{u-1} + \frac{1}{(u-1)^2}\right) du =$$

$$= \ln\left|\frac{u-1}{u+1}\right| - \frac{1}{u+1} - \frac{1}{u-1} + C.$$

Rücktransformation liefert:

$$I = \ln\left|\frac{\sqrt{x-1} - \sqrt{x+1}}{\sqrt{x-1} + \sqrt{x+1}}\right| + \sqrt{x^2-1} + C = \cdots = \ln\left|x - \sqrt{x^2-1}\right| + \sqrt{x^2-1} + C.$$

8. Bestimmen Sie $\quad I = \displaystyle\int \frac{e^{x\sqrt{2}} - e^{\frac{x}{\sqrt{2}}}}{e^{x\sqrt{2}} + e^{\frac{x}{\sqrt{2}}}}\, dx$ .

**Lösung:**

Mit der Substitution $u = e^{\frac{x}{\sqrt{2}}}$ bzw. $x = \sqrt{2}\ln u =: \varphi(u)$, $\varphi'(u) = \dfrac{\sqrt{2}}{u}$ folgt dann:

$$I = \sqrt{2}\int \frac{u^2 - u}{u^2 + u}\frac{du}{u} = \sqrt{2}\int \frac{u-1}{u(u+1)}\, du = \sqrt{2}\int\left(-\frac{1}{u} + \frac{2}{u+1}\right) du =$$

$$-\sqrt{2}\ln|u| + 2\sqrt{2}\ln|u+1| + C = \cdots = -x + 2\sqrt{2}\ln\left(1 + e^{\frac{x}{\sqrt{2}}}\right) + C.$$

9. Bestimmen Sie $\quad I = \displaystyle\int \frac{dx}{1 + \sin x + \cos x} \quad$ für $0 < x < \pi$ .

**Lösung:**

Der Integrand ist eine rationale Funktion in $\sin x$ und $\cos x$. Daher substituieren wir: $u = \tan\left(\dfrac{x}{2}\right)$ bzw. $x = 2\arctan u =: \varphi(u)$, $\varphi'(u) = \dfrac{2}{1+u^2}$ .

Mit: $\sin x = 2\sin\left(\dfrac{x}{2}\right)\cos\left(\dfrac{x}{2}\right) = 2\tan\left(\dfrac{x}{2}\right)\dfrac{1}{\cos^2\left(\frac{x}{2}\right)} = \dfrac{2\tan\left(\frac{x}{2}\right)}{1 + \tan^2\left(\frac{x}{2}\right)} = \dfrac{2u}{1+u^2}$

und $\cos x = \cos^2\left(\dfrac{x}{2}\right) - \sin^2\left(\dfrac{x}{2}\right) = \cdots = \dfrac{1 - \tan^2\left(\frac{x}{2}\right)}{1 + \tan^2\left(\frac{x}{2}\right)} = \dfrac{1-u^2}{1+u^2}$

folgt dann:

$$I = \int \frac{\frac{2}{1+u^2}}{1 + \frac{2u}{1+u^2} + \frac{1-u^2}{1+u^2}}\, du = \cdots = \int \frac{du}{1+u} = \ln|1+u| + C.$$

Rücktransformation liefert:

$$I = \int \frac{dx}{1 + \sin x + \cos x} = \ln\left|1 + \tan\left(\frac{x}{2}\right)\right| = \ln\left|1 + \frac{\sin x}{1 + \cos x}\right| + C.$$

10. Bestimmen Sie $\quad I = \displaystyle\int \frac{x^2}{\sqrt{1 - 2x - x^2}}$ .

**Lösung:**
Der Integrand ist auf $I_x(-1 - \sqrt{2}, -1 + \sqrt{2})$ stetig und besitzt daher dort eine Stammfunktion, d.h. das unbestimmte Integral ist dort definiert.
Quadratische Ergänzung des Radikanden: $1 - 2x - x^2 = 2 - (x+1)^2$ und anschließende Substitution: $x = -1 + \sqrt{2}\sin u =: \varphi(u)$, $\varphi'(u) = \sqrt{2}\cos u$ liefert:

$$I = \int \frac{(-1 + \sqrt{2}\sin u)^2 \sqrt{2}\cos u}{\sqrt{2}\sqrt{1 - \sin^2 u}} \, du = \int \frac{(-1 + \sqrt{2}\sin u)^2 \cos u}{|\cos u|} \, du \ .$$

Dem Intervall $I_x$ entspricht das Intervall $I_u = (-\frac{\pi}{2}, \frac{\pi}{2})$. Da dort $\cos u \geq 0$ gilt, ist also $|\cos u| = \cos u$. Damit erhalten wir:

$$I = \int (1 - 2\sqrt{2}\sin u + 2\sin^2 u) \, du = \int (2 - 2\cos(2u) - 2\sqrt{2}\sin u) \, du =$$

$$= 2u - \sin(2u) + 2\sqrt{2}\cos u + C = 2u - 2\sin u \cos u + 2\sqrt{2}\cos u + C.$$

Rücktransformation liefert:

$$I = 2\arcsin\left(\frac{x+1}{\sqrt{2}}\right) - 2\frac{x+1}{\sqrt{2}}\sqrt{1 - \left(\frac{x+1}{\sqrt{2}}\right)^2} + 2\sqrt{2}\sqrt{1 - \left(\frac{x+1}{\sqrt{2}}\right)^2} = \cdots$$

$$= 2\arcsin\left(\frac{x+1}{\sqrt{2}}\right) - \frac{x-3}{2}\sqrt{1 - 2x - x^2} + C.$$

11. Bestimmen Sie $\quad I = \displaystyle\int \frac{dx}{\sqrt{x^2 - 2x}} \ .$

**Lösung:**
Der Integrand ist auf $I_1 = (-\infty, 0)$ und auf $I_2 = (2, \infty)$ stetig und besitzt daher dort jeweils eine Stammfunktion, d.h. das unbestimmte Integral ist dort definiert.
Wir betrachten zunächst das Intervall $I_2$.
Quadratische Ergänzung des Radikanden: $x^2 - 2x = (x-1)^2 - 1$ und anschließende Substitution: $x = 1 + \cosh u =: \varphi(u)$, $\varphi'(u) = \sinh u$ liefert:

$$I = \int \frac{\sinh u}{\sqrt{(\cosh^2 u) - 1}} \, du = \int \frac{\sinh u}{|\sinh u|} \, du = \int du = u + C, \text{ da wir ohne Beschränkung}$$

der Allgemeinheit $u \geq 0$ wählen können. Rücktransformation liefert dann:

$$I = \text{Arcosh}(x - 1) + C \ .$$

Auf $I_1$ substituieren wir $x = 1 - \cosh u$ und erhalten damit:

$$I = \text{Arcosh}(1 - x) + C \ .$$

12. Bestimmen Sie $\quad I = \displaystyle\int \frac{2x - 3}{\sqrt{x^2 - 4x + 13}} \, dx \ .$

**Lösung:**
Der Integrand ist auf ganz $\mathbb{R}$ stetig und besitzt daher dort eine Stammfunktion, d.h. das unbestimmte Integral ist dort definiert.
Quadratische Ergänzung des Radikanden: $x^2 - 4x + 13 = (x - 2)^2 + 9$ und anschließende Substitution: $x = 2 + 3\sinh u =: \varphi(u)$, $\varphi'(u) = 3\cosh u$ liefert:

$$I = \int \frac{4 + 6\sinh u - 3}{3\cosh u} \, 3\cosh u \, du = \int (1 - 6\sinh u) \, du = u + 6\cosh u + C.$$

Rücktransformation liefert:

$$I = \int \frac{2x-3}{\sqrt{x^2-4x+13}}\,dx = \text{Arsinh}\left(\frac{x-2}{3}\right) + 2\sqrt{x^2-4x+13} + C\ .$$

13. Bestimmen Sie $\quad I = \int \dfrac{1+\sqrt{x}}{\sqrt{1+x}}\,dx\ .$

**Lösung:**

Der Integrand ist für $x \geq 0$ stetig und besitzt daher dort eine Stammfunktion, d.h. das unbestimmte Integral ist dort definiert.

Mit der Substitution $x = u^2 =: \varphi(u)$, $\varphi'(u) = 2u$ folgt:

$$I = 2\int \frac{1+u}{\sqrt{1+u^2}}\,u\,du = 2\int \frac{u+u^2}{\sqrt{1+u^2}}\,du\ .$$

Mit der weiteren Substitution $u = \sinh v =: \psi(v)$, $\psi'(v) = \cosh v$ folgt weiter:

$$I = 2\int \frac{\sinh v + \sinh^2 v}{\cosh v}\,\cosh v\,dv = \int \left(2\sinh v + \cosh(2v) - 1\right)dv =$$

$$= 2\cosh v + \frac{\sinh(2v)}{2} - v + C = 2\cosh v + \sinh v\cosh v - v + C.$$

Rücktransformation liefert dann: $I = 2\sqrt{1+u^2} + u\sqrt{1+u^2} - \text{Arsinh}\,u + C$ bzw.

$$I = \int \frac{1+\sqrt{x}}{\sqrt{1+x}}\,dx = 2\sqrt{1+x} + \sqrt{x}\sqrt{1+x} - \text{Arsinh}(\sqrt{x}\,) + C\ .$$

14. Bestimmen Sie $\quad I = \int \dfrac{dx}{x^3\sqrt[3]{x^3-1}}\,,\quad x > 1.$

**Lösung:**

Mit der Substitution (vergl. Grundlagen) $u = \sqrt[3]{1 - \dfrac{1}{x^3}}$ bzw. $x = \dfrac{1}{\sqrt[3]{1-u^3}} =: \varphi(u)$,

$\varphi'(u) = \dfrac{u^2}{\left(\sqrt[3]{1-u^3}\right)^{4/3}}$ folgt: $I = \int u\,du = \dfrac{u^2}{2} + C.$

Rücktransformation liefert dann: $I = \int \dfrac{dx}{x^3\sqrt[3]{x^3-1}}\,dx = \dfrac{\sqrt[3]{(x^3-1)^2}}{2x^2} + C.$

15. Bestimmen Sie $\quad I = \int \dfrac{x}{\sqrt{1+\sqrt{1+x^2}}}\,dx\ .$

**Lösung:**

Mit der naheliegenden Substitution $1 + x^2 = u^2$ d.h. $x = \sqrt{u^2-1} =: \varphi(u)$, falls $x \geq 0$, $\varphi'(u) = \dfrac{u}{\sqrt{u^2-1}}$ folgt:

$$I = \int \frac{\sqrt{u^2-1}}{\sqrt{1+u}}\,\frac{u}{\sqrt{u^2-1}}\,du = \int \frac{u}{\sqrt{1+u}}\,du = \int \frac{1+u-1}{\sqrt{1+u}}\,du =$$

$$= \int \sqrt{1+u}\,du - \int \frac{du}{\sqrt{1+u}} = \frac{2}{3}(1+u)^{3/2} - 2\sqrt{1+u} + C.$$

Rücktransformation liefert dann:

$$I = \int \frac{x}{\sqrt{1 + \sqrt{1 + x^2}}}\, dx = \frac{2}{3}\left(1 + \sqrt{1 + x^2}\right)^{3/2} - 2\sqrt{1 + \sqrt{1 + x^2}} + C\,.$$

Bemerkung:
Für $x < 0$ folgt mit der Substitution $x = -\sqrt{u^2 - 1}$ das gleiche Ergebnis.

16. Bestimmen Sie   $I = \int \dfrac{\ln x}{\sqrt{a + x}}\, dx$,   $a > 0,\ x > 0$.

**Lösung:**
Da die Ableitung der Logarithmusfunktion eine rationale Funktion ist, liegt es nahe, eine partielle Integration zu versuchen. Dazu setzen wir:

$$f(x) = \ln x \text{ und } g'(x) = \frac{1}{\sqrt{a + x}}\,. \text{ Mit } f'(x) = \frac{1}{x} \text{ und } g(x) = 2\sqrt{a + x} \text{ erhalten wir:}$$

$$I = 2\sqrt{a + x}\, \ln x - 2\underbrace{\int \frac{\sqrt{a + x}}{x}\, dx}_{I_1}\,.$$

Im Integral $I_1$ bietet sich die Substitution $x = -a + u^2 =: \varphi(u)$ an. Mit $\varphi'(u) = 2u$ folgt dann:

$$I_1 = 2\int \frac{u^2}{u^2 - a}\, du = \cdots = 2\int \left(1 + \frac{\sqrt{a}}{2}\,\frac{1}{u - \sqrt{a}} - \frac{\sqrt{a}}{2}\,\frac{1}{u + \sqrt{a}}\right) du =$$

$$= 2u + \sqrt{a}\, \ln(u - \sqrt{a}) - \sqrt{a}\, \ln(u + \sqrt{a}) + C^*.$$

Rücktransformation liefert dann insgesamt:

$$I = \int \frac{\ln x}{\sqrt{a + x}}\, dx = 2\sqrt{a + x}\, \ln x - 4\sqrt{a + x} + 2\sqrt{a}\, \ln\left(\frac{\sqrt{a + x} + \sqrt{a}}{\sqrt{a + x} - \sqrt{a}}\right) + C\,.$$

17. Bestimmen Sie eine Stammfunktion $F(x)$ von $f(x) = \dfrac{\sqrt[3]{x}}{\sqrt{x} + \sqrt[6]{x}}$,   $x > 0$.

**Lösung:**

Dazu ermitteln wir das unbestimmte Integral $I = \int \dfrac{\sqrt[3]{x}}{\sqrt{x} + \sqrt[6]{x}}\, dx$. Der Integrand ist eine rationale Funktion von $\sqrt[6]{x}$. Daher liegt die Substitution $x = u^6 =: \varphi(u)$ nahe. Mit $\varphi'(u) = 6u^5$ folgt dann:

$$I = \int \frac{u^2}{u^3 + u}6u^5\, du = 6\int \frac{u^6}{1 + u^2}\, du = \cdots = 6\int \left(u^4 - u^2 + 1 - \frac{1}{1 + u^2}\right) du =$$

$$= \frac{6}{5}u^5 - 2u^3 + 6u - 6\arctan u + C.$$

Rücktransformation liefert dann mit $C = 0$ die spezielle Stammfunktion

$$F(x) = \frac{6}{5}x^{5/6} - 2\sqrt{x} + 6\sqrt[6]{x} - 6\arctan \sqrt[6]{x}\,.$$

18. Bestimmen Sie   $I = \int \dfrac{\sqrt{x} + 3}{1 + x}\, dx$,   $x > 0$.

**Lösung:**
Eine naheliegende Substitution ist hier: $x = u^2 = \varphi(u)$. Mit $\varphi'(u) = 2u$ folgt:

$$I = \int \frac{u+3}{1+u^2} 2u\, du = 2 \int \frac{u^2+3u}{1+u^2}\, du = \cdots = \int \left( 2 + 3\frac{2u}{1+u^2} - 2\frac{1}{1+u^2} \right) du =$$

$$= 2u + 3\ln(1+u^2) - 2\arctan u + C.$$

Rücktransformation liefert dann:

$$I = \int \frac{\sqrt{x}+3}{1+x}\, dx = 2\sqrt{x} + 3\ln(1+x) - 2\arctan\sqrt{x} + C .$$

19. Gegeben ist die Funktion $f(x) = \dfrac{e^x + 1}{\sqrt{e^x - 4}}$ .

    Geben Sie ein geeignetes Intervall $[a, b] \subset \mathbb{R}$ an, für das $f(x)$ eine Stammfunktion besitzt und ermitteln Sie dort alle Stammfunktionen.

**Lösung:**
Da der Radikand im Nenner positiv sein muss, folgt: $a > \ln 4, \ b > a$ beliebig.

Wir ermitteln auf diesem Intervall das unbestimmte Integral als Menge aller Stammfunktionen:

$I = \int \dfrac{e^x + 1}{\sqrt{e^x - 4}}\, dx$. Eine naheliegende Substitution ist: $e^x = u$ bzw. $x = \ln u =: \varphi(u)$.

Mit $\varphi'(u) = \dfrac{1}{u}$ folgt dann: $\quad I = \int \dfrac{u+1}{\sqrt{u-4}} \dfrac{1}{u}\, du = \int \dfrac{u+1}{u\sqrt{u-4}}\, du.$

Die weitere Substitution $u = 4 + v^2 =: \psi(v)$ liefert mit $\psi'(v) = 2v$:

$$I = \int \frac{4+v^2+1}{(4+v^2)v} 2v\, dv = 2 \int \left( 1 + \frac{1}{4+v^2} \right) dv = 2v + \arctan\left(\frac{v}{2}\right) + C.$$

Rücktransformation liefert dann:

$$I = 2\sqrt{u-4} + \arctan\left(\frac{\sqrt{u-4}}{2}\right) + C = 2\sqrt{e^x - 4} + \arctan\left(\frac{\sqrt{e^x - 4}}{2}\right) + C .$$

20. Bestimmen Sie $\quad I = \int \dfrac{x}{\cosh^2 x}\, dx$ .

**Lösung:**
Das vorliegende Integral kann mittels partieller Integration vereinfacht werden. Dazu setzen wir: $f(x) = x, \ g(x) = \dfrac{1}{\cosh^2 x}$. Mit $f'(x) = 1$ und $g(x) = \tanh x$ folgt dann:

$$I = x\tanh x - \int \tanh x = x\tanh x - \ln(\cosh x) + C.$$

21. Bestimmen Sie $\quad I = \int \dfrac{\sqrt{x}(1 + \ln x) + \cot(1 + \ln x)}{x}\, dx$ .

**Lösung:**
Hier bieten sich für eine Substitution die Wurzelfunktion oder die Logarithmusfunktion an. Wir entscheiden uns für letztere: $x = e^u =: \varphi(u)$ und $\varphi'(u) = e^u$. Damit folgt:

$$I = \int \frac{e^{u/2}(1+u) + \cot(1+u)}{e^u} e^u \, du = \int e^{u/2}(1+u) \, du + \int \cot(1+u) \, du.$$

Das erste Integral wird partiell integriert:

$$I = 2e^{u/2}(1+u) - 2\int e^{u/2} \, du + \ln\left(\sin(1+u)\right) + C = 2e^{u/2}(u-1) + \ln\left(\sin(1+u)\right) + C.$$

Rücktransformation liefert:

$$I = \int \frac{\sqrt{x}(1+\ln x) + \cot(1+\ln x)}{x} \, dx = 2\sqrt{x}(\ln x - 1) + \ln\left(\sin(1+\ln x)\right) + C \,.$$

## 1.19.3   Beispiele mit Lösungen

1. Berechnen Sie das Integral $\displaystyle\int \frac{\sqrt{x^2+2x+2}}{1+\sqrt{x^2+2x+2}} \, dx.$

   Lösung: $(x+1) - \text{Arsinh}(x+1) - \dfrac{2}{2+x+\sqrt{x^2+2x+2}} + C.$

2. Berechnen Sie das Integral $\displaystyle\int \frac{6x^3 + 13x^2 + 101x - 7}{(x^2+1)(x^2+4x+20)} \, dx.$

   Lösung: $\dfrac{5}{2}\ln(x^2+1) + \dfrac{1}{2}\ln(x^2+4x+20) - \dfrac{9}{4}\arctan\dfrac{x+2}{4} + C.$

3. Berechnen Sie das Integral $\displaystyle\int \frac{dx}{1+\sqrt{x}+\sqrt{1+x}} \,.$

   Lösung: $\sqrt{x} - \dfrac{1}{2}\ln|\sqrt{x}+\sqrt{x+1}| + \dfrac{1}{4(\sqrt{x}+\sqrt{x+1})^2} + C.$

4. Berechnen Sie die Integrale

$$I_1 = \int e^{\cos^2 x} \sin x \cos x \, dx, \quad I_2 = \int x^2 \arcsin x \, dx.$$

   Lösungen: $I_1 = -\dfrac{1}{2}e^{\cos^2 x} + C, \qquad I_2 = \dfrac{x^3}{3}\arcsin x - \dfrac{1}{9}(1-x^2)^{3/2} + \dfrac{1}{3}\sqrt{1-x^2} + C.$

5. Berechnen Sie die folgenden Integrale:

   a) $\displaystyle\int \frac{\tanh x}{\ln(\cosh x)} \, dx,$ \quad b) $\displaystyle\int x^m \ln x \, dx, \quad m \in \mathbb{N}_0,$ \quad c) $\displaystyle\int \frac{1+\sin x}{\sin x(1+\cos x)} \, dx.$

   Lösungen: a)  $\ln|\ln(\cosh x)| + C,$  b)  $\dfrac{x^{m+1}}{m+1}\left(\ln x - \dfrac{1}{m+1}\right) + C,$

   c)  $\dfrac{1}{2}\ln|\tan\dfrac{x}{2}| + \dfrac{1}{4}\tan^2\dfrac{x}{2} + \tan\dfrac{x}{2} + C.$

6. Berechnen Sie das Integral $\displaystyle\int \frac{e^{-x}\,dx}{(e^x+e^{-x})^2} \,.$

   Lösung: $\dfrac{1}{2}\arctan e^x + \dfrac{e^x}{2(1+e^{2x})} + C.$

7. Berechnen Sie das Integral $\displaystyle\int \frac{dx}{(2+\cos x)^2}$ .

Lösung: $\displaystyle\frac{4\sqrt{3}}{9}\arctan\left(\frac{1}{\sqrt{3}}\tan\frac{x}{2}\right) - \frac{2}{3}\frac{\tan\frac{x}{2}}{\left(\tan\frac{x}{2}\right)^2+3}$ .

8. Berechnen Sie das Integral $\displaystyle\int \ln(1-x^4)\,dx$.

Lösung: $x\ln(1-x^4) - 4x + \ln\left|\dfrac{x+1}{x-1}\right| + 2\arctan x + C$.

9. Berechnen Sie die Integrale

a) $\displaystyle\int \frac{(\arcsin x)-2}{\sqrt{1-x^2}}\,dx$,        b) $\displaystyle\int\left(e^{2x}+\sqrt[3]{e^x}\,\right)dx$.

Lösungen: a) $\dfrac{1}{2}(\arcsin x)^2 - 2\arcsin x + C$,        b) $\dfrac{1}{2}e^{2x} + 3e^{x/3} + C$.

10. Berechnen Sie die Integrale

a) $\displaystyle\int \ln(1+x^2)\,dx$,        b) $\displaystyle\int \frac{\cos 2x}{\sin^4 x}\,dx$.

Lösungen: a) $x\ln(1+x^2) - 2x + 2\arctan x + C$,        b) $-\dfrac{\cot^3 x}{3} + \cot x + C$.

11. Berechnen Sie $\displaystyle\int \frac{x\arcsin x}{\sqrt{x+1}}\,dx$.

Lösung: $\dfrac{2}{3}(x-2)\sqrt{1+x}\,\arcsin x + \dfrac{4}{9}(x-4)\sqrt{1-x} + C$.

12. Berechnen Sie $\displaystyle\int \frac{\ln(x^2+1)}{(x+1)^2}\,dx$.

Lösung: $-\dfrac{\ln(x^2+1)}{x+1} - \ln|x+1| + \dfrac{1}{2}\ln(x^2+1) + \arctan x + C$.

13. Berechnen Sie das Integral $\displaystyle\int \frac{\sin x}{16+9\cos^2 x}$ .

Lösung: $-\dfrac{1}{12}\arctan\left(\dfrac{3}{4}\cos x\right) + C$.

14. Berechnen Sie $\displaystyle I = \int \frac{\ln x}{(2x+5)^3}\,dx$.

Lösung: $I = \dfrac{1}{20(2x+5)} - \dfrac{\ln x}{4(2x+5)^2} + \dfrac{1}{100}\ln\left|\dfrac{2x}{2x+5}\right| + C$.

15. Berechnen Sie:

a) $\displaystyle\int (e^{3x}+\sqrt{e^x})\,dx$        b) $\displaystyle\int \frac{\pi-\arcsin x}{\sqrt{1-x^2}}\,dx$, $\quad |x| < 1$.

Lösungen: a) $\dfrac{1}{3}e^{3x} + 2\sqrt{e^x} + C$,        b) $\pi\arcsin x - \dfrac{1}{2}(\arcsin x)^2 + C$.

# 1.20 Bestimmte Integrale

## 1.20.1 Grundlagen

- Hauptsatz der Differential- und Integralrechnung:
  Sei $f$ stetig auf $[a, b]$ und sei $F$ eine Stammfunktion von $f$ auf $[a, b]$. Dann gilt:

$$\boxed{\int_a^b f(t)\, dt = F(b) - F(a)} \ .$$

- Integration durch Substitution:
  Sei $\varphi'(u)$ stetig auf dem Intervall $[\alpha, \beta]$ und sei $f(x)$ stetig auf der Bildmenge $\varphi[\alpha, \beta]$.
  Dann gilt:

$$\int_{\varphi(\alpha)}^{\varphi(\beta)} f(x)\, dx = \int_\alpha^\beta f(\varphi(u))\varphi'(u)\, du \ .$$

- Partielle Integration:
  Seien $f$ und $g$ stetig differenzierbar auf dem Intervall $[a, b]$. Dann gilt:

$$\int_a^b f(x)g'(x)\, dx = f(x)g(x)\Big|_a^b - \int_a^b f'(x)g(x)\, dx \ .$$

## 1.20.2 Musterbeispiele

1. Berechnen Sie $\quad I = \displaystyle\int_{-1}^1 \sqrt{x^2 - x^4}\, dx$ .

   **Lösung:**
   $$I = \int_{-1}^1 |x|\sqrt{1 - x^2}\, dx = 2\int_0^1 x\sqrt{1 - x^2}\, dx = -\frac{2}{3}(1 - x^2)^{3/2}\Big|_0^1 = \frac{2}{3} \ .$$

2. Berechnen Sie $\quad I = \displaystyle\int_0^1 \frac{\sqrt[3]{x}}{1 + x}\, dx$ .

   **Lösung:**
   Mit der Substitution $x = u^3 =: \varphi(u)$, $0 \le u \le 1$ folgt mit $\varphi'(u) = 3u^2$:

   $$I = \int_0^1 \frac{u}{1 + u^3} 3u^2\, du = 3\int_0^1 \frac{1 + u^3 - 1}{1 + u^3}\, du = 3\int_0^1 du - \underbrace{\int \frac{3}{1 + u^3}\, du}_{I_1} \ .$$

   Für das Integral $I_1$ zerlegen wir den Integranden in Partialbrüche:
   $$\frac{3}{1 + u^3} = \frac{1}{1 + u} + \frac{-u + 2}{u^2 - u + 1} \ . \quad \text{Damit erhalten wir:}$$

   $$I_1 = \int_0^1 \frac{du}{1 + u} - \frac{1}{2}\int_0^1 \frac{(2u - 1) - 3}{u^2 - u + 1}\, du =$$

   $$= \int_0^1 \frac{du}{1 + u} - \frac{1}{2}\int_0^1 \frac{2u - 1}{u^2 - u + 1}\, du + \frac{3}{2}\underbrace{\int_0^1 \frac{du}{(u - \frac{1}{2})^2 + \frac{3}{4}}\, du}_{I_2} =$$

   $$= \ln|1 + u|\Big|_0^1 - \frac{1}{2}\ln(u^2 - u + 1)\Big|_0^1 + \frac{3}{2}I_2 = \ln 2 + \frac{3}{2}I_2 \ .$$

In $I_2$ substituieren wir mit $u = \frac{1}{2} + \frac{\sqrt{3}}{2} v$, woraus folgt:

$$I_2 = \int_{u=0}^{u=1} \frac{2}{\sqrt{3}} \frac{dv}{1+v^2} = \frac{2}{\sqrt{3}} \arctan v \Big|_{u=0}^{u=1} = \frac{2}{\sqrt{3}} \arctan \left( \frac{2u-1}{\sqrt{3}} \right) \Big|_0^1 =$$

$$= \frac{2}{\sqrt{3}} \left( \arctan \left( \frac{1}{\sqrt{3}} \right) - \arctan \left( -\frac{1}{\sqrt{3}} \right) \right) = \frac{4}{\sqrt{3}} \frac{\pi}{6} = \frac{2\pi}{3\sqrt{3}} \,.$$

Insgesamt folgt dann:

$$I = \int_0^1 \frac{\sqrt[3]{x}}{1+x} \, dx = 3 - I_1 = 3 - \ln 2 - \frac{3}{2} I_2 = 3 - \ln 2 - \frac{\pi}{\sqrt{3}} \,.$$

3. Berechnen Sie $\quad I = \int_{3/4}^1 \ln(1 - \sqrt{1-x}) \, dx$ .

**Lösung:**
Mit der Substitution $1 - x = u^2$ bzw. $x = 1 - u^2 =: \varphi(u)$, $0 \leq u \leq \frac{1}{2}$ folgt mit $\varphi'(u) = -2u$:

$$I = \int_{1/2}^0 \ln(1-u) \, (-2u) \, du = 2 \int_0^{1/2} u \ln(1-u) \, du.$$

Partielle Integration mit $f(u) = \ln(1-u)$, $g'(u) = 2u$ , $f'(u) = -\frac{1}{1-u}$ , $g(u) = u^2$
liefert:

$$I = u^2 \ln(1-u) \Big|_0^{1/2} + \int_0^{1/2} \frac{u^2}{1-u} \, du = \frac{1}{4} \ln \left( \frac{1}{2} \right) + \int_0^{1/2} \left( -u - 1 + \frac{1}{1-u} \right) du =$$

$$-\frac{\ln 2}{4} + \left( -\frac{u^2}{2} - u - \ln(1-u) \right) \Big|_0^{1/2} = -\frac{\ln 2}{4} - \frac{1}{8} - \frac{1}{2} - \ln \left( \frac{1}{2} \right) = \frac{3}{4} \ln 2 - \frac{5}{8} \,.$$

4. Berechnen Sie $\quad I = \int_{-3/4}^{7/4} \frac{dx}{\sqrt{6 + x - x^2}}$ .

**Lösung:**

$$I = \int_{-3/4}^{7/4} \frac{dx}{\sqrt{\frac{25}{4} - (x - \frac{1}{2})^2}} \,. \quad \text{Das legt die Substitution } x = \frac{1}{2} + \frac{5}{2} \sin t \,, \quad -\frac{\pi}{6} \leq t \leq \frac{\pi}{6}$$

nahe.

$$\Longrightarrow I = \int_{-\frac{\pi}{6}}^{\frac{\pi}{6}} \frac{1}{\frac{5}{2} |\cos t|} \frac{5}{2} \cos t \, dt = \int_{-\frac{\pi}{6}}^{\frac{\pi}{6}} dt = \frac{\pi}{3} \,.$$

5. Berechnen Sie $\quad I = \int_4^9 \frac{\sqrt{x} + 1}{x - \sqrt{x}} \, dx$ .

**Lösung:**
Mit der Substitution $x = u^2 =: \varphi(u)$, $\varphi'(u) = 2u$ folgt zunächst für das unbestimmte Integral:

$$I^* = \int \frac{\sqrt{x} + 1}{x - \sqrt{x}} \, dx = \int \frac{u+1}{u^2 - u} \, 2u \, du = \int \left( 2 + \frac{4}{u-1} \right) du = 2u + 4 \ln |u-1| + C,$$

bzw. nach Rücktransformation: $I^* = 2\sqrt{x} + 4 \ln |\sqrt{x} - 1| + C$ .

Einsetzen der Grenzen liefert dann:

$$I = 2\sqrt{x} + 4\ln|\sqrt{x} - 1| + C\Big|_4^9 = 6 + 4\ln 2 - 4 - 4\ln 1 = 2 + 4\ln 2.$$

6. Berechnen Sie $\quad I = \displaystyle\int_0^{45} \frac{dx}{\sqrt{2 + \sqrt{4 + x}}}$ .

**Lösung:**
Die Substitution $x = -4 + u^2 =: \varphi(u)$, $\varphi'(u) = 2u$ liefert für das unbestimmte Integral:

$$I^* = \int \frac{dx}{\sqrt{2 + \sqrt{4 + x}}} = \int \frac{2u}{\sqrt{2 + u}}\, du. \qquad \text{Mittels der partiellen Integration mit}$$

$f(u) = 2u$, $g'(u) = \dfrac{1}{\sqrt{2 + u}}$ , $f'(u) = 2$, $g(u) = 2\sqrt{2 + u}$ erhalten wir:

$$I^* = 4u\sqrt{2 + u} - 4\int \sqrt{2 + u}\, du = 4u\sqrt{2 + u} - \frac{8}{3}(2 + u)^{3/2} + C$$

und nach Rücktransformation: $I^* = 4\sqrt{4 + x}\sqrt{2 + \sqrt{4 + x}} - \dfrac{8}{3}(2 + \sqrt{4 + x})^{3/2} + C.$

Einsetzen der Grenzen liefert dann:

$$I = 4\sqrt{4 + x}\sqrt{2 + \sqrt{4 + x}} - \frac{8}{3}(2 + \sqrt{4 + x})^{3/2} + C\Big|_0^{45} = \cdots = \frac{52}{3}\ .$$

7. Berechnen Sie $\quad I = \displaystyle\int_1^{\sqrt{2}} \ln(x + \sqrt{x^2 - 1})\, dx$ .

**Lösung:**

(a) Mittels Substitution: $x = \cosh u =: \varphi(u)$, $\varphi'(u) = \sinh u$.

$$I^* = \int \ln(x + \sqrt{x^2 - 1})\, dx = \int \ln(\cosh u + \sqrt{\cosh^2 u - 1})\sinh u\, du =$$

$$= \int \ln(\underbrace{\cosh u + \sinh u}_{e^u})\sinh u\, du = \int u \sinh u\, du \stackrel{part.Int.}{=} u\cosh u - \sinh u + C.$$

Rücktransformation und Einsetzen der Grenzen liefert:

$$I = \int_1^{\sqrt{2}} \ln(x + \sqrt{x^2 - 1})\, dx = x\,\mathrm{Arcosh}\,x - \sqrt{x^2 - 1} + C\Big|_1^{\sqrt{2}} = \sqrt{2}\,\mathrm{Arcosh}\sqrt{2} - 1.$$

(b) Mittels partieller Integration:

$$f(x) = \ln(x + \sqrt{x^2 - 1}), \ g'(x) = 1, \ f'(x) = \frac{1 + \frac{x}{\sqrt{x^2-1}}}{x + \sqrt{x^2 - 1}} \ , \ g(x) = x \Longrightarrow$$

$$I = x\ln(x + \sqrt{x^2 - 1})\Big|_1^{\sqrt{2}} - \int_1^{\sqrt{2}} \frac{1 + \frac{x}{\sqrt{x^2-1}}}{x + \sqrt{x^2 - 1}}\, x\, dx =$$

$$= \sqrt{2}\ln(\sqrt{2} + 1) - \int_1^{\sqrt{2}} \frac{x}{\sqrt{x^2 - 1}}\, dx = \sqrt{2}\ln(\sqrt{2} + 1) - \sqrt{x^2 - 1}\Big|_1^{\sqrt{2}} =$$

$$= \sqrt{2}\ln(\sqrt{2} + 1) - 1.$$

8. Berechnen Sie $\quad I = \displaystyle\int_{\pi/2}^{\pi} \frac{\cos x}{1 - \cos x}\, dx$ .

**Lösung:**

Wir ermitteln zunächst das unbestimmte Integral:

$$I^* = \int \frac{\cos x}{1 - \cos x}\, dx = \int \frac{(\cos x - 1) + 1}{1 - \cos x}\, dx = \int \left( -1 + \frac{1}{1 - \cos x} \right) dx =$$

$$= -x + \int \frac{1 + \cos x}{\sin^2 x}\, dx = -x + \int \frac{dx}{\sin^2 x} + \int \frac{\cos x}{\sin^2 x}\, dx = -x - \cot x - \frac{1}{\sin x} + C.$$

In dieser Form ist das Einsetzen der Grenzen ungünstig. Daher formen wir um:

$$I^* = -x - \frac{1 + \cos x}{\sin x} + C = -x - \frac{\sin^2 x}{\sin x (1 - \cos x)} + C = -x - \frac{\sin x}{1 - \cos x} + C.$$

Nun ist das Einsetzen der Grenzen unproblematisch:

$$I = \int_{\pi/2}^{\pi} \frac{\cos x}{1 - \cos x}\, dx = -x - \frac{\sin x}{1 - \cos x} + C \Big|_{\pi/2}^{\pi} = 1 - \frac{\pi}{2}\,.$$

**Bemerkung:**

Natürlich kann auch die „Standardsubstitution" $\tan\left(\dfrac{x}{2}\right) = u$ verwendet werden.

9. Berechnen Sie $\quad I = \displaystyle\int_0^{\pi/3} \frac{\sin(2x) + 2\tan x}{\cos^2 x}\, dx$ .

**Lösung:**

Für das unbestimmte Integral erhalten wir:

$$I^* = \int \frac{2\sin x \cos x + 2\frac{\sin x}{\cos x}}{\cos^2 x}\, dx = 2\int \frac{\cos x + \frac{1}{\cos x}}{\cos^2 x}\, \sin x\, dx\,.$$

Mit der Substitution $\cos x = u$ folgt dann:

$$I^* = -2\int \frac{u + \frac{1}{u}}{u^2}\, du = -2\int \left( \frac{1}{u} + \frac{1}{u^3} \right) du = -2\ln u + \frac{1}{u^2} + C.$$

Rücktransformation und Einsetzen der Grenzen liefert:

$$I = \int_0^{\pi/3} \frac{\sin(2x) + 2\tan x}{\cos^2 x}\, dx = -2\ln\cos x + \frac{1}{\cos^2 x}\Big|_0^{\pi/3} = \cdots = 3 + 2\ln 2\,.$$

10. Berechnen Sie $\quad I = \displaystyle\int_1^e \ln x\, \frac{2 + x^2}{x}\, dx$ .

**Lösung:**

Wir ermitteln zunächst das unbestimmte Integral. Unmittelbare partielle Integration eliminiert zwar den Logarithmus im ersten Faktor des Integranden. Er kommt aber bei der Integration des zweiten Faktors durch die Hintertür wieder ins Spiel. Eine additive Zerlegung des Integranden macht die Sache übersichtlicher.

$$I^* = \int \ln x\, \frac{2}{x}\, dx + \int x \ln x\, dx =: I_1^* + I_2^*.$$

$$I_1^* = \int \ln x\, \frac{2}{x}\, dx \overset{part.Int.}{=} 2(\ln x)^2 - \int \ln x\, \frac{2}{x} = 2(\ln x)^2 - I_1^* \implies I_1^* = (\ln x)^2.$$

$$I_2^* = \int x \ln x\, dx \overset{part.Int.}{=} \frac{x^2}{2} \ln x - \int \frac{x^2}{2}\, \frac{1}{x}\, dx = \frac{x^2}{2} \ln x - \frac{x^2}{4}\,.$$

Insgesamt folgt dann:

$$I = \int_1^e \ln x \, \frac{2+x^2}{x} \, dx = (\ln x)^2 + \frac{x^2}{2} \ln x - \frac{x^2}{4} \Big|_1^e = \frac{5+e^2}{4} \; .$$

11. Berechnen Sie $\quad I = \displaystyle\int_{-1/2}^{1/2} \frac{3}{x+2} \sqrt{\frac{x+1}{x^3-x^2-x+1}} \, dx$ .

**Lösung:**
Wir faktorisieren zunächst das Polynom im Nenner des Radikanden:
$x^3 - x^2 - x + 1 = (x-1)^2(x+1)$. Damit vereinfacht sich das Integral zu:

$$I = \int_{-1/2}^{1/2} \frac{3}{(x+2)|x-1|} \, dx = - \int_{-1/2}^{1/2} \frac{3}{(x+2)(x-1)} \, dx =$$

$$= \int_{-1/2}^{1/2} \frac{dx}{x+2} - \int_{-1/2}^{1/2} \frac{dx}{x-1} = \ln|x+2| - \ln|x-1| \; \Big|_{-1/2}^{1/2} =$$

$$= \ln\left(\frac{5}{2}\right) - \ln\left(\frac{1}{2}\right) - \ln\left(\frac{3}{2}\right) + \ln\left(\frac{3}{2}\right) = \ln 5.$$

12. Berechnen Sie $\quad I = \displaystyle\int_{\pi/2}^{\pi} \frac{\sin x}{(1-\cos x)^2} \arctan\left(\frac{\sin x}{1+\cos x}\right) dx$ .

**Lösung:**
Mit den Formeln $1 - \cos x = 2\sin^2\left(\frac{x}{2}\right)$ und $1 + \cos x = 2\cos^2\left(\frac{x}{2}\right)$ folgt:

$$I = \int_{\pi/2}^{\pi} \frac{2\sin\left(\frac{x}{2}\right)\cos\left(\frac{x}{2}\right)}{4\sin^4\left(\frac{x}{2}\right)} \arctan\left(\frac{2\sin\left(\frac{x}{2}\right)\cos\left(\frac{x}{2}\right)}{2\cos^2\left(\frac{x}{2}\right)}\right) dx =$$

$$= \int_{\pi/2}^{\pi} \frac{\cos\left(\frac{x}{2}\right)}{2\sin^3\left(\frac{x}{2}\right)} \arctan\left(\tan\left(\frac{x}{2}\right)\right) dx = \frac{1}{4}\int_{\pi/2}^{\pi} x \, \frac{\cos\left(\frac{x}{2}\right)}{\sin^3\left(\frac{x}{2}\right)} \, dx \; .$$

Mittels partieller Integration erhalten wir:

$$I = - \underbrace{\frac{x}{4\sin^2\left(\frac{x}{2}\right)} \Big|_{\pi/2}^{\pi}}_{0} + \frac{1}{4}\int_{\pi/2}^{\pi} \frac{dx}{\sin^2\left(\frac{x}{2}\right)} = -\frac{1}{2} \cot\left(\frac{x}{2}\right) \; \Big|_{\pi/2}^{\pi} = \frac{1}{2} \; .$$

13. Berechnen Sie das Integral

$$I = \int_3^4 \frac{dx}{\sqrt{(x-1)^3(x-2)}}$$

mit Hilfe der Substitution $x = 1 + u^n$, wobei $n$ geeignet zu wählen ist.

**Lösung:**
Wir wählen $n = 2$:  $x = 1 + u^2 =: \varphi(u)$, $\varphi'(u) = 2u$, $\sqrt{2} \leq u \leq \sqrt{3}$ liefert:

$$I = \int_{\sqrt{2}}^{\sqrt{3}} \frac{1}{u^3\sqrt{u^2-1}} \, 2u \, du = 2\int_{\sqrt{2}}^{\sqrt{3}} \frac{1}{u^2\sqrt{u^2-1}} \, du \; .$$

Mit der weiteren Substitution: $u = \cosh v =: \psi(v)$, $\psi'(v) = \sinh v$ folgt dann:

$$I = 2\int_{u=\sqrt{2}}^{\sqrt{3}} \frac{1}{\cosh^2 v \, \sinh v} \, \sinh v \, dv = 2\int_{u=\sqrt{2}}^{\sqrt{3}} \frac{1}{\cosh^2 v} \, dv = 2\tanh v \; \Big|_{u=\sqrt{2}}^{\sqrt{3}} =$$

$$= 2 \frac{\sqrt{\cosh^2 v - 1}}{\cosh v} \Big|_{u=\sqrt{2}}^{\sqrt{3}} = 2 \frac{\sqrt{u^2 - 1}}{u} \Big|_{\sqrt{2}}^{\sqrt{3}} = 2\sqrt{\frac{2}{3}} - 2\sqrt{\frac{1}{2}} = \sqrt{\frac{2}{3}}(2 - \sqrt{3}).$$

14. Gegeben ist das Integral $I = \int_0^{1/2} \frac{\cos x}{\sqrt{1 + x^2}} \, dx$ .

Geben Sie eine möglichst gute Abschätzung für $I$ nach oben an.

**Lösung:**

(a) Mit $\cos x \leq 1$ folgt:

$$I \leq \int_0^{1/2} \frac{1}{\sqrt{1 + x^2}} \, dx = \operatorname{Arsinh} x \Big|_0^{1/2} = \ln\left(x + \sqrt{x^2 + 1}\right) \Big|_0^{1/2} =$$

$$= \ln\left(\frac{1}{2} + \sqrt{\frac{1}{4} + 1}\right), \quad \text{d.h.} \quad M_1 = \ln\left(\frac{1 + \sqrt{5}}{2}\right) \approx 0.4812.$$

(b) Mit $\dfrac{1}{\sqrt{1 + x^2}} \leq 1$ folgt:

$$I \leq \int_0^{1/2} \cos x \, dx = \sin\left(\frac{1}{2}\right), \quad \text{d.h.} \quad M_2 = \sin\left(\frac{1}{2}\right) \approx 0.4794.$$

(c) Mittels der Ungleichung von Cauchy-Schwarz:

$$\int_a^b f(x) g(x) \, dx \leq \sqrt{\int_a^b f^2(x) \, dx} \sqrt{\int_a^b g^2(x) \, dx} \, .$$

$$\Longrightarrow I = \int_0^{1/2} \frac{\cos x}{\sqrt{1 + x^2}} \, dx \leq \sqrt{\int_0^{1/2} \cos^2 x \, dx} \sqrt{\int_0^{1/2} \frac{1}{1 + x^2} \, dx} =$$

$$= \sqrt{\frac{1 + \sin 1}{4}} \sqrt{\arctan\left(\frac{1}{2}\right)} \quad \text{d.h.} \quad M_3 = \sqrt{\frac{1 + \sin 1}{4} \arctan\left(\frac{1}{2}\right)} \approx 0.4620.$$

## 1.20.3 Beispiele mit Lösungen

1. Lösen Sie folgende bestimmten Integrale:

a) $\displaystyle\int_0^1 \frac{dx}{\sqrt{x} + \sqrt{x+1}}$ ,   b) $\displaystyle\int_{-1}^1 \frac{dx}{x^2 + 2x + 5}$ ,   c) $\displaystyle\int_0^{\ln 2} \frac{\tanh x}{2\sqrt{\cosh x - 1}} \, dx$ ,

d) $\displaystyle\int_0^{\pi/4} \frac{x}{\cos^2 x} \, dx$ ,   e) $\displaystyle\int_0^{\pi/4} (\tan x)^2 \, dx$ ,   f) $\displaystyle\int_1^e (\ln x)^2 \, dx$ ,

g) $\displaystyle\int_0^1 \arctan\sqrt{\frac{x}{3}} \, dx$ ,   h) $\displaystyle\int_1^e \frac{x \ln x}{(1 + 2\ln x)^2} \, dx$ ,   i) $\displaystyle\int_0^{\pi/2} (\cos x)\sqrt{\sin x} \, dx$ .

**Lösungen:**

a) $\dfrac{4}{3}(\sqrt{2} - 1)$,   b) $\dfrac{\pi}{8}$ ,   c) $\arctan\left(\dfrac{1}{2}\right)$,   d) $\dfrac{\pi}{4} - \dfrac{\ln 2}{2}$ ,   e) $1 - \dfrac{\pi}{4}$ ,   f) $e - 2$,

g) $\dfrac{2\pi}{3} - \sqrt{3}$ ,   h) $\dfrac{e^2}{12} - \dfrac{1}{4}$ ,   i) $\dfrac{2}{3}$ .

2. Berechnen Sie $\displaystyle\int_0^{\pi/2} e^{2x} \sin^2 x \, dx$.

   Lösung: $\dfrac{3}{8} e^\pi - \dfrac{1}{8}$ .

3. Berechnen Sie das Integral $\quad I = \displaystyle\int_{-1/4}^{1/3} \dfrac{dx}{(x+1)\sqrt{x^2 + 2x + 2}}$ .

   Lösung: $\ln \dfrac{3}{2}$ .

4. Ermitteln Sie das bestimmte Integral $\quad \displaystyle\int_0^{\pi^2/4} x \sin \sqrt{x} \, dx$.

   Lösung: $\dfrac{3\pi^2}{2} - 12$.

5. Berechnen Sie das Integral $\quad \displaystyle\int_{-\frac{3}{8}}^{0} \dfrac{dx}{\sqrt{2 - 3x - 4x^2}}$ .

   Lösung: $\dfrac{1}{2} \arcsin \dfrac{3}{\sqrt{41}}$ .

6. Berechnen Sie das bestimmte Integral $\quad \displaystyle\int_{-1}^{+1} x e^{|x|x} \, dx$.

   Lösung: $-1 + \dfrac{1 + e^2}{2e}$ .

7. Ermitteln Sie das folgende Integral: $\quad \displaystyle\int_0^{\sqrt{\pi}} x^3 \sin(x^2) \, dx$.

   Lösung: $\dfrac{\pi}{2}$ .

8. Berechnen Sie $\quad I = \displaystyle\int_0^3 \left( e^{3x} - \sqrt[3]{e^x} \right) dx$.

   Lösung: $I = \dfrac{e^9}{3} - 3e + \dfrac{8}{3}$ .

9. Berechnen Sie $\quad I = \displaystyle\int_0^{\frac{\pi}{2}} \dfrac{1 - \cos x}{1 + \cos x} \, dx$.

   Lösung: $2 - \dfrac{\pi}{2}$ .

10. Berechnen Sie die folgenden bestimmten Integrale:

   a) $\displaystyle\int_{1/2}^{1} \dfrac{x+2}{x(1+x^3)} \, dx$, $\quad$ b) $\displaystyle\int_{\sqrt{3}/2}^{1} \dfrac{x \, dx}{\sqrt{1 - \sqrt{1 - x^2}}}$ , $\quad$ c) $\displaystyle\int_{\ln 2}^{\ln 3} \dfrac{e^x + 3}{e^{2x} - 1} \, dx$.

   Lösungen:

   a) $-\dfrac{\ln 2}{3} + \dfrac{7 \ln 3}{6} - \dfrac{\pi}{6\sqrt{3}}$ , $\quad$ b) $\dfrac{4}{3} - \dfrac{5\sqrt{2}}{6}$ , $\quad$ c) $7 \ln 2 - 4 \ln 3$.

11. Bestimmen Sie $a \in \mathbb{R}$ so, dass gilt: $\int_1^e (x-a) \ln x \, dx = 0$ .

   Lösung:  $a = \dfrac{1+e^2}{4}$ .

12. Berechen Sie das Integral  $\int_0^{\frac{1}{2}} \dfrac{4x}{1-x^4} \, dx.$

   Lösung:  $\ln \frac{5}{3}$ .

13. Berechnen Sie das Integral $\int_{-1}^0 x^2 (1+x)^{2/3} \, dx.$

   Lösung:  $\dfrac{27}{220}$ .

14. Berechnen Sie das Integral $I = \int_1^{16} \dfrac{\sqrt{x}}{-3 - 2\sqrt{x} + x}$ .

   Lösung:  $I = 6 - \dfrac{\ln 5}{2} - 4 \ln 2.$

15. Bestimmen Sie eine möglichst kleine Zahl $M \in \mathbb{R}_+$ derart, dass gilt:

$$\int_{\pi/6}^{\pi/2} \frac{\sin x}{x} \, dx \le M \ .$$

   Lösung:
   a) Mit $\sin x \le 1$ folgt: $M = \ln 3 \approx 1.0986.$
   b) Mit $\sin x \le x$ folgt $M = \dfrac{\pi}{3} \approx 1.0472.$

   c) Mittels der Ungleichung von Cauchy-Schwarz folgt: $M = \sqrt{\dfrac{2}{3} + \dfrac{\sqrt{3}}{2\pi}} \approx 0.9707.$
   d) Mittels des TAYLOR-Polynoms $T_3(x,0)$ folgt: $M = 0.8557.$

# 1.21   Anwendungen der Integralrechnung

## 1.21.1   Grundlagen

- Bogenlänge in kartesischen Koordinaten:
  Ist $f$ stetig differenzierbar auf $[a, b]$, so ist die Kurve

$$K = \left\{ (x, y) \mid y = f(x) , \ a \leq x \leq b \right\}$$

  rektifizierbar und es gilt:

$$L_K = \int_a^b \sqrt{1 + \left( f'(x) \right)^2} \, dx \ .$$

- Bogenlänge in Polarkoordinaten:
  Ist $r(\varphi)$ stetig differenzierbar auf $[\alpha, \beta]$, so ist die durch $r = r(\varphi)$, $\alpha \leq \varphi \leq \beta$ dargestellte Kurve $K$ rektifizierbar und es gilt:

$$L_K = \int_\alpha^\beta \sqrt{r^2(\varphi) + r'^2(\varphi)} \, d\varphi \ .$$

- Bogenlänge in Parameterform:
  Sind $x(t)$ und $y(t)$ stetig differenzierbar auf $[a, b]$, so ist die durch $x(t)$ und $y(t)$ dargestellte Kurve $K$ rektifizierbar und es gilt:

$$L_K = \int_a^b \sqrt{\dot{x}^2(t) + \dot{y}^2(t)} \, dt \ .$$

- Berechnung von Flächeninhalten mittels Polarkoordinaten:
  Ist $r(\varphi)$ stetig auf $[\alpha, \beta]$, so gilt für den Flächeninhalt des von den Strahlen $\varphi = \alpha$ und $\varphi = \beta$ und der Kurve $r = r(\varphi)$ berandeten Bereiches:

$$A = \frac{1}{2} \int_\alpha^\beta r^2(\varphi) \, d\varphi \ .$$

- Berechnung von Flächeninhalten in Parameterform:
  Ist $y(t)$ stetig und $x(t)$ stetig differenzierbar und monoton auf $[a, b]$, so gilt für den Flächeninhalt unter der Kurve $K : \{x(t), y(t)\}$:

$$A = \int_a^b y(t)\dot{x}(t) \, dt \ .$$

- Berechnung von Volumsinhalten von Drehkörpern in kartesischen Koordinaten:
  Rotiert das Flächenstück unter dem Graphen von $f(x)$, $a \leq x \leq b$ um die $x$-Achse, so besitzt der so entstehende Drehkörper den Volumsinhalt:

$$V = \pi \int_a^b y^2(x) \, dx \ .$$

- Berechnung von Volumsinhalten von Drehkörpern in Parameterdarstellung:
  Rotiert das Flächenstück unter der Kurve $K : \{x(t), y(t)\}$, mit $y(t)$ stetig und $x(t)$ stetig differenzierbar und monoton, um die $x$-Achse, so besitzt der so entstehende Drehkörper den Volumsinhalt:

$$V = \pi \int_a^b y^2(t)\dot{x}(t)\, dx \ .$$

- Berechnung von Oberflächen von Drehkörpern in kartesischen Koordinaten:
  Rotiert der Graph von $f(x)$, $a \leq x \leq b$ um die $x$-Achse, so besitzt der so entstehende Drehkörper den Oberflächeninhalt:

$$V = 2\pi \int_a^b y(x)\sqrt{1 + \left(f'(x)\right)^2}\, dx \ .$$

- Berechnung von Oberflächen von Drehkörpern in Parameterform:
  Rotiert die Kurve $K : \{x(t), y(t)\}$, mit $x(t)$ und $y(t)$ stetig differenzierbar, um die $x$-Achse, so besitzt der so entstehende Drehkörper den Oberflächeninhalt:

$$V = 2\pi \int_a^b y(t)\sqrt{\dot{x}^2(t) + \dot{y}^2(t)}\, dx \ .$$

## 1.21.2 Musterbeispiele

1. Berechnen Sie die Bogenlänge der Kurve

$$K = \left\{(x, y) \ \Big| \ y = (3x - 2)\left(\frac{x}{2} + 1\right) - \frac{1}{12}\ln(3x + 2) \ , \quad 0 \leq x \leq 2\right\} \ .$$

**Lösung:**

$y(x)$ ist auf $[0, 2]$ stetig differenzierbar. $\implies L_K = \int_0^2 \sqrt{1 + \left(y'(x)\right)^2}\,dx$.

Mit $y' = 3\left(\dfrac{x}{2} + 1\right) + \dfrac{1}{2}(3x - 2) - \dfrac{1}{4(3x + 2)} = (3x + 2) - \dfrac{1}{4(3x + 2)}$  folgt:

$$1 + (y')^2 = 1 + (3x + 2)^2 - \frac{1}{2} + \frac{1}{16(3x + 2)^2} = \left((3x + 2) + \frac{1}{4(3x + 2)}\right)^2 .$$

Damit erhalten wir:

$$L_K = \int_0^2 \left((3x + 2) + \frac{1}{4(3x + 2)}\right) dx = \frac{3x^2}{2} + 2x + \frac{1}{12}\ln(3x + 2)\Big|_0^2 =$$

$$= 6 + 4 + \frac{1}{12}\ln 8 - \frac{1}{12}\ln 2 = 10 + \frac{\ln 2}{6} \ .$$

2. Berechnen Sie die Bogenlänge der Kurve

$$K = \left\{(x, y) \ \Big| \ y = x^2 - \frac{\ln x}{8} \ , \quad 1 \leq x \leq \sqrt{e}\right\} \ .$$

**Lösung:**

$y(x)$ ist auf $[1, \sqrt{e}]$ stetig differenzierbar. $\implies L_K = \int_1^2 \sqrt{1 + \left(y'(x)\right)^2}\,dx.$

Mit $1 + (y')^2 = 1 + \left(2x - \dfrac{1}{8x}\right)^2 = \cdots = \left(2x + \dfrac{1}{8x}\right)^2$ folgt:

$$L_K = \int_1^{\sqrt{e}} \left(2x + \frac{1}{8x}\right) dx = x^2 + \frac{1}{8}\ln x\Big|_1^{\sqrt{e}} = e + \frac{1}{16} - 1 = e - \frac{15}{16}.$$

3. Ermitteln Sie die Bogenlänge jenes Stückes der Kurve

$$y = \frac{a}{2}\ln\left(\frac{a + \sqrt{a^2 - x^2}}{a - \sqrt{a^2 - x^2}}\right) - \sqrt{a^2 - x^2}, \quad a > 0,$$

das zwischen $x_1 = 1$ und $x_2 = 2$ liegt.

**Lösung:**

$y(x)$ ist auf $[1, 2]$ stetig differenzierbar. $\Longrightarrow L = \int_1^2 \sqrt{1 + \big(y'(x)\big)^2}\,dx.$

Aus $y = \dfrac{a}{2}\ln\left(a + \sqrt{a^2 - x^2}\right) - \dfrac{a}{2}\ln\left(a - \sqrt{a^2 - x^2}\right) - \sqrt{a^2 - x^2}$ folgt:

$$y' = \frac{a}{2}\frac{\frac{-x}{\sqrt{a^2-x^2}}}{a + \sqrt{a^2 - x^2}} - \frac{a}{2}\frac{\frac{x}{\sqrt{a^2-x^2}}}{a - \sqrt{a^2 - x^2}} + \frac{x}{\sqrt{a^2 - x^2}} =$$

$$= \frac{-ax}{2\sqrt{a^2 - x^2}}\left(\frac{1}{a + \sqrt{a^2 - x^2}} + \frac{1}{a - \sqrt{a^2 - x^2}}\right) + \frac{x}{\sqrt{a^2 - x^2}} =$$

$$= \frac{-ax}{2\sqrt{a^2 - x^2}}\frac{2a}{x^2} + \frac{x}{\sqrt{a^2 - x^2}} = -\frac{\sqrt{a^2 - x^2}}{x} \quad \text{Damit erhalten wir:}$$

$$1 + (y')^2 = 1 + \frac{a^2 - x^2}{x^2} = \frac{a^2}{x^2} \quad \text{und weiters:} \quad L = \int_1^2 \frac{a}{x}\,dx = a\ln x\Big|_1^2 = a\ln 2.$$

4. Berechnen Sie die Bogenlänge der Kurve $r(\varphi) = a(\cos\varphi + \sin\varphi), \quad a > 0$.

**Lösung:**

$r(\varphi)$ ist auf $\left[-\dfrac{\pi}{4}, \dfrac{3\pi}{4}\right]$ stetig differenzierbar. $\Longrightarrow L = \int_{-\frac{\pi}{4}}^{\frac{3\pi}{4}} \sqrt{r^2 + \big(r'(x)\big)^2}\,d\varphi.$

Mit $r^2 + \big(r'(x)\big)^2 = a^2(1 + 2\sin\varphi\cos\varphi) + a^2(1 - 2\sin\varphi\cos\varphi) = 2a^2$ folgt:

$$L = \int_{-\frac{\pi}{4}}^{\frac{3\pi}{4}} \sqrt{2}\,a\,d\varphi = a\pi\sqrt{2}.$$

**Bemerkung:**

Die Kurve ist eine Kreislinie mit der Darstellung in kartesischen Koordinaten:

$\left(x - \dfrac{a}{2}\right)^2 + \left(y - \dfrac{a}{2}\right)^2 = \dfrac{a^2}{2}$ d.h. mit Radius $R = \dfrac{a}{\sqrt{2}} \implies L = a\pi\sqrt{2}.$

5. Berechnen Sie die Bogenlänge der Kurve in Polarkoordinaten:

$$r = \frac{e^\varphi - 1}{e^\varphi + 1}, \quad 0 \le \varphi \le \alpha, \quad \alpha \in \mathbb{R}, \quad \alpha > 0.$$

**Lösung:**

$r(\varphi)$ ist auf $[0, \alpha]$ stetig differenzierbar. $\Longrightarrow L = \int_0^{2\pi} \sqrt{r^2 + \big(r'(x)\big)^2}\,d\varphi.$

Mit $r' = \dfrac{e^\varphi(e^\varphi + 1) - e^\varphi(e^\varphi - 1)}{(e^\varphi + 1)^2}$ folgt:

$$r^2 + \left(r'(x)\right)^2 = \left(\frac{e^\varphi - 1}{e^\varphi + 1}\right)^2 + \left(\frac{2e^\varphi}{(e^\varphi + 1)^2}\right)^2 = \frac{(e^{2\varphi} - 1)^2 + 4e^{2\varphi}}{(e^\varphi + 1)^4} = \left(\frac{e^{2\varphi} + 1}{(e^\varphi + 1)^2}\right)^2.$$

Damit ist: $L = \displaystyle\int_0^\alpha \frac{e^{2\varphi} + 1}{(e^\varphi + 1)^2}\, d\varphi$ . Mit der Substitution $u = e^\varphi$ folgt dann:

$$L = \int_{\varphi=0}^\alpha \frac{u^2 + 1}{u(u+1)^2}\, du = \cdots = \int_{\varphi=0}^\alpha \left(\frac{1}{u} - \frac{2}{(u+1)^2}\right) du = \cdots = \varphi + \frac{2}{e^\varphi + 1}\, \Big|_0^\alpha =$$

$$= \alpha + \frac{2}{e^\alpha + 1} - 1.$$

6. Gegeben ist die Kurve $K$ in Parameterdarstellung

$$x(t) = 2\cos t - \cos 2t, \quad y(t) = 2\sin t - \sin 2t\,, \quad t \in \mathbb{R}\,.$$

Berechnen Sie die Bogenlänge der Kurve zwischen den Punkten mit $t = 0$ und $t = \pi$.

**Lösung:**

$x(t)$ und $y(t)$ sind stetig differenzierbar. $\Longrightarrow L_K = \displaystyle\int_a^b \sqrt{\dot{x}^2(t) + \dot{y}^2(t)}\, dt.$

Mit $\dot{x}(t) = -2\sin t + 2\sin(2t)$ und $\dot{y}(t) = 2\cos t - 2\cos(2t)$ folgt:

$\dot{x}^2(t) + \dot{y}^2(t) = 4\sin^2 t - 8\sin t \sin(2t) + 4\sin^2(2t) + 4\cos^2 t - 8\cos t \cos(2t) + 4\cos^2(2t) =$

$\cdots = 8(1 - \cos t) = 16\sin^2\left(\dfrac{t}{2}\right).$

$$\Longrightarrow L_K = \int_0^\pi 4\left|\sin\left(\frac{t}{2}\right)\right| dt = \int_0^\pi 4\sin\left(\frac{t}{2}\right) dt = -8\cos\left(\frac{t}{2}\right)\Big|_0^\pi = 8.$$

7. Bestimmen Sie die Bogenlänge der Kurve $K$ in Parameterdarstellung:

$$x(t) = \frac{1}{3}\left(t^2 + 15\right)^{3/2}, \quad y(t) = \frac{5}{2}\left(t\sqrt{1 - t^2} + \arcsin t\right), \quad -\frac{1}{2} \le t \le \frac{1}{2}\,.$$

**Lösung:**

$x(t)$ und $y(t)$ sind auf $\left[-\dfrac{1}{2}, \dfrac{1}{2}\right]$ stetig differenzierbar.

$$\dot{x}(t) = t\sqrt{t^2 + 15}\,, \quad \dot{y}(t) = \frac{5}{2}\left(\sqrt{1 - t^2} - \frac{t^2}{\sqrt{1 - t^2}} + \frac{1}{\sqrt{1 - t^2}}\right) = 5\sqrt{1 - t^2}\,.$$

$\dot{x}^2(t) + \dot{y}^2(t) = t^2(t^2 + 15) + 25(1 - t^2) = t^4 - 10t^2 + 25 = (t^2 - 5)^2.$ Daraus folgt:

$$L_K = \int_{-\frac{1}{2}}^{\frac{1}{2}} |t^2 - 5|\, dt = \int_{-\frac{1}{2}}^{\frac{1}{2}} (5 - t^2)\, dt = \left(5t - \frac{t^3}{3}\right)\Big|_{-\frac{1}{2}}^{\frac{1}{2}} = \cdots = \frac{59}{12}\,.$$

8. Bestimmen Sie die von der Kurve $r = \sqrt{2 + \sin\varphi + \cos\varphi}$ eingeschlossene Fläche.

**Lösung:**

$r^2(\varphi)$ ist auf $[0, 2\pi]$ stetig. $\Longrightarrow A = \dfrac{1}{2}\displaystyle\int_0^{2\pi} r^2(\varphi)\, d\varphi.$ Damit folgt:

$$A = \frac{1}{2}\int_0^{2\pi} (2 + \sin\varphi + \cos\varphi)\, d\varphi = 2\pi.$$

9. Bestimmen Sie den Inhalt der Fläche, die von der Kurve $r(\varphi) = \dfrac{\sqrt{\cos\varphi}}{2+\sin\varphi}$ eingeschlossen wird.

**Lösung:**

$r(\varphi)$ ist auf $\left[-\dfrac{\pi}{2},\dfrac{\pi}{2}\right]$ definiert und dort stetig. $\implies A = \dfrac{1}{2}\displaystyle\int_{-\frac{\pi}{2}}^{\frac{\pi}{2}} r^2(\varphi)\,d\varphi.$

Damit folgt:

$$A = \frac{1}{2}\int_{-\frac{\pi}{2}}^{\frac{\pi}{2}} \frac{\cos\varphi}{(2+\sin\varphi)^2}\,d\varphi = -\frac{1}{2}\,\frac{1}{2+\sin\varphi}\,\Big|_{-\frac{\pi}{2}}^{\frac{\pi}{2}} = -\frac{1}{2}\left(\frac{1}{3}-1\right) = \frac{1}{3}\,.$$

10. Berechnen Sie den Flächeninhalt zwischen der Kurve $K$:

$$x(t)=t^2,\quad y(t)=\frac{t}{3}(3-t^2),\quad 0\le t\le\sqrt{3}$$

und der positiven $x$-Achse.

**Lösung:**

$y(t)$ und $x(t)$ sind auf $[0,\sqrt{3}\,]$ stetig bzw. stetig differenzierbar.

$$\implies A = \int_0^{\sqrt{3}} y(t)\dot{x}(t)\,dt = \int_0^{\sqrt{3}} \frac{t}{3}(3-t^2)2t\,dt = \int_0^{\sqrt{3}}\left(2t^2 - \frac{2}{3}t^4\right)dt =$$

$$= \left(\frac{2}{3}t^3 - \frac{2}{15}t^5\right)\Big|_0^{\sqrt{3}} = \cdots = \frac{4\sqrt{3}}{5}\,.$$

11. Berechnen Sie den Flächeninhalt zwischen der Kurve $K$:

$$x(t)=2t-\sin t,\quad y(t)=-t+2\cos t,\quad 0\le t\le\frac{\pi}{4}$$

und der positiven $x$-Achse.

**Lösung:**

$$A = \int_0^{\frac{\pi}{4}} y(t)\dot{x}(t)\,dt = \int_0^{\frac{\pi}{4}} (-t+2\cos t)(2-\cos t)\,dt =$$

$$= \int_0^{\frac{\pi}{4}}\left(-2t + t\cos t + 4\cos t - 2\cos^2 t\right)dt = \cdots$$

$$= \left(-t^2 + t\sin t + \cos t + 4\sin t - t - \frac{1}{2}\sin(2t)\right)\Big|_0^{\frac{\pi}{4}} =$$

$$= -\frac{\pi^2}{16} + \frac{\pi}{4\sqrt{2}} + \frac{1}{\sqrt{2}} + \frac{4}{\sqrt{2}} - \frac{\pi}{4} - \frac{1}{2} - 1 = -\frac{\pi^2}{16} - \frac{\pi}{4\sqrt{2}}(\sqrt{2}-1) + \frac{5\sqrt{2}-3}{2}\,.$$

12. Bestimmen Sie das Volumen des Rotationskörpers, der entsteht, wenn man das Flächenstück unter dem Parabelbogen $y = 3 - \sqrt{3x}$ von $x = 0$ bis $x = 3$ um die $x$-Achse rotieren läßt.

**Lösung:**  $y^2(x)$ ist auf $[0,3]$ stetig. $\implies V = \pi\displaystyle\int_0^3 y^2(x)\,dx.$ Damit folgt:

$$V = \pi\int_0^3 (9 - 6\sqrt{3x} + 3x)\,dx = \pi\left(9x - 6\sqrt{3}\,\frac{2}{3}x^{3/2} + \frac{3}{2}x^2\right)\Big|_0^3 = \pi\left(27 - 36 + \frac{27}{2}\right) =$$

$$= \frac{9\pi}{2}\,.$$

13. Berechnen Sie das Volumen des Rotationskörpers, der durch Rotation der Kurve

$$2y = x + \sqrt{x^2 - 4} \quad \text{für} \quad 2 \leq x \leq \frac{5}{2}$$

um die $y$-Achse entsteht.

**Lösung:**
Da hier die Rotation um die $y$-Achse erfolgt, müssen wir die Funktionsgleichung nach $x$ auflösen.
Quadrieren von $2y - x = \sqrt{x^2 - 4}$ liefert $4y^2 - 4xy + x^2 = x^2 - 4$, woraus folgt:
$x = \frac{1}{y} + y$. Für die Grenzen bezüglich $y$ gilt: $1 \leq y \leq 2$. Damit erhalten wir:

$$V = \pi \int_1^2 x^2(x)\, dy = \pi \int_1^2 \left( \frac{1}{y^2} + 2 + y^2 \right) dy = \pi \left( -\frac{1}{y} + 2y + \frac{y^3}{3} \right) \Big|_1^2 = \cdots = \frac{29\pi}{6}.$$

14. Berechnen Sie das Volumen des Rotationskörpers, der entsteht, wenn das von den Kurven $y_1 = x^2 + 1$ und $y_2 = 2$ begrenzte Flächenstück um die $x$-Achse rotiert.

**Lösung:**
Für das Flächenstück gilt: $y_1(x) \leq y(x) \leq y_2(x)$,  $-1 \leq x \leq 1$. Damit folgt:

$$V = \pi \int_{-1}^1 \left( y_2^2(x) - y_1^2(x) \right) dx = \pi \int_{-1}^1 \left( 4 - x^4 - 2x^2 - 1 \right) dx = 2\pi \left( 3x - \frac{x^5}{5} - \frac{2x^3}{3} \right) \Big|_0^1 =$$

$$\cdots = \frac{64\pi}{15}.$$

15. Bestimmen Sie das Volumen des Rotationskörpers, der entsteht, wenn die Fläche, die unter der Kurve $y = \dfrac{1}{\sqrt{x}(1 + \sqrt{x - 1})}$, $1 \leq x \leq 3$, liegt, um die $x$-Achse rotiert.

**Lösung:**

$$V = \pi \int_1^3 y^2(x)\, dx = \pi \int_1^3 \frac{1}{x(1 + \sqrt{x-1})^2}\, dx.$$

Mit der Substitution $x = 1 + u^2$ folgt daraus:

$$V = \pi \int_0^{\sqrt{2}} \frac{2u}{(1 + u^2)(1 + u)^2}\, du.$$

Der Integrand ist eine rationale Funktion und kann daher in Partialbrüche zerlegt werden:

$$\frac{2u}{(1 + u^2)(1 + u)^2} = \frac{1}{1 + u^2} - \frac{1}{(1 + u)^2}.$$ Damit erhalten wir:

$$V = \pi \int_0^{\sqrt{2}} \left( \frac{1}{1 + u^2} - \frac{1}{(1 + u)^2} \right) du = \pi \left( \arctan u + \frac{1}{1 + u} \right) \Big|_0^{\sqrt{2}} =$$

$$= \pi \left( \arctan \sqrt{2} + \frac{1}{1 + \sqrt{2}} - 1 \right) = \pi \left( \arctan \sqrt{2} + \sqrt{2} - 2 \right).$$

16. Das Flächenstück zwischen dem Zykloidenbogen

$$x(t) = a(t - \sin t), \quad y(t) = a(1 - \cos t), \quad 0 \leq t \leq 2\pi$$

und der positiven $x$-Achse rotiert um letztere. Berechne Sie den Volumsinhalt des so entstehenden Rotationskörpers.

**Lösung:**

$y(t)$ und $x(t)$ sind auf $[0, 2\pi]$ stetig bzw. stetig differenzierbar.

$$\Longrightarrow V = \pi \int_0^{2\pi} y^2(x)\dot{x}(t)\,dt = \pi \int_0^{2\pi} a^2(1-\cos t)^2 a(1-\cos t)\,dt$$

Mit $(1-\cos t)^3 = 1 - 3\cos t + 3\underbrace{\cos^2 t}_{\frac{1+\cos(2t)}{2}} - \underbrace{\cos^3 t}_{\frac{3\cos t}{4}+\frac{\cos(3t)}{4}} = \frac{5}{2} - \frac{15\cos t}{4} + \frac{3\cos(2t)}{2} - \frac{\cos(3t)}{4}$

folgt dann:

$$V = \pi a^3 \int_0^{2\pi} \left( \frac{5}{2} - \frac{15\cos t}{4} + \frac{3\cos(2t)}{2} - \frac{\cos(3t)}{4} \right)\,dt = 5a^3\pi^2.$$

17. Das Flächenstück zwischen dem Zissoidenbogen

$$x(t) = \sin^2 t, \quad y(t) = \frac{\sin^3 t}{\cos t}, \quad 0 \le t \le \frac{\pi}{4}$$

und der positiven $x$-Achse rotiert um letztere. Berechnen Sie den Volumsinhalt des so entstehenden Rotationskörpers.

**Lösung:**

$y(t)$ und $x(t)$ sind auf $\left[0, \frac{\pi}{4}\right]$ stetig bzw. stetig differenzierbar.

$$\Longrightarrow V = \pi \int_0^{\frac{\pi}{4}} y^2(x)\dot{x}(t)\,dt = \pi \int_0^{\frac{\pi}{4}} \frac{\sin^6 t}{\cos^2 t} 2\sin t \cos t\,dt = 2\pi \int_0^{\frac{\pi}{4}} \frac{\sin^7 t}{\cos t}\,dt =$$

$$= 2\pi \int_0^{\frac{\pi}{4}} \frac{\sin^7 t}{1-\sin^2 t} \cos t\,dt.$$

Mit der Substitution $\sin^2 t = u$, $\quad 0 \le u \le \frac{1}{2}$ folgt dann:

$$V = \pi \int_0^{\frac{1}{2}} \frac{u^3}{1-u}\,du = \cdots = \pi \int_0^{\frac{1}{2}} \left( -u^2 - u - 1 + \frac{1}{1-u} \right)\,du =$$

$$= \pi \left( -\frac{u^3}{3} - \frac{u^2}{2} - u - \ln|1-u| \right)\bigg|_0^{\frac{1}{2}} = \cdots = \pi \left( \ln 2 - \frac{2}{3} \right).$$

18. Die Kurve $y = \sqrt{1+x}$, $0 \le x \le 1$, rotiert um die $x$-Achse. Berechnen Sie die Oberfläche der entstehenden Rotationsfläche.

**Lösung:**

$y = \sqrt{1+x}$ ist auf $[0, 1]$ stetig differenzierbar. $\Longrightarrow O = 2\pi \int_0^1 y(x)\sqrt{1+y'^2(x)}\,dx.$

Mit $y'(x) = \frac{1}{2\sqrt{1+x}}$ folgt daraus:

$$O = 2\pi \int_0^1 \sqrt{1+x}\sqrt{1 + \frac{1}{4(1+x)^2}}\,dx = \cdots = 2\pi \int_0^1 \sqrt{\frac{5}{4} + x}\,dx =$$

$$= 2\pi \frac{3}{2} \left( \sqrt{\frac{5}{4} + x} \right)^{3/2}\bigg|_0^1 = \frac{4\pi}{3} \left( \left(\frac{9}{4}\right)^{3/2} - \left(\frac{5}{4}\right)^{3/2} \right) = \frac{\pi}{6}(27 - \sqrt{125}).$$

19. Berechnen Sie den Inhalt der Fläche, die durch Rotation der Kurve
$y = (x-1)^2$, $0 \leq x \leq 1$ um die $y$-Achse entsteht.

**Lösung:**
Wegen der Rotation der Kurve um die $y$-Achse ist die Kurve in der Form $x = g(y)$ darzustellen. Für $x \in [0,1]$ erhalten wir: $x(y) = 1 - \sqrt{y}$, $0 \leq y \leq 1$. Das liefert:

$$O = 2\pi \int_0^1 x(y)\sqrt{1 + x'^2(y)}\, dy = 2\pi \int_0^1 (1 - \sqrt{y})\sqrt{1 + \frac{1}{4y}}\, dy \ .$$

Mit der Substitution $y = u^2$ folgt zunächst:

$$O = 2\pi \int_0^1 (1-u)\sqrt{1 + \frac{1}{4u^2}}\, 2u\, du = \cdots = 2\pi \int_0^1 (1-u)\sqrt{1 + 4u^2}\, du.$$

Weitere Substitution $u = \dfrac{\sinh v}{2}$ ergibt:

$$O = \frac{\pi}{2} \int_{u=0}^1 (2 - \sinh v)\cosh v \, \cosh v\, dv = \underbrace{\pi \int_{u=0}^1 \cosh^2 v\, dv}_{I_1} - \underbrace{\frac{\pi}{2} \int_{u=0}^1 \cosh^2 v \sinh v\, dv}_{I_2}.$$

$I_1$: Mit der Beziehung $\cosh^2 v = \dfrac{1 + \cosh(2v)}{2}$ folgt:

$$I_1 = \frac{\pi}{2} \int_{u=0}^1 \left(1 + \cosh(2v)\right) dv = \frac{\pi}{2} \left(v + \frac{\sinh(2v)}{2}\right)\bigg|_{u=0}^1 =$$

$$= \frac{\pi}{2}\left(\mathrm{Arsinh}(2u) + 2u\sqrt{1+4u^2}\right)\bigg|_{u=0}^1 = \frac{\pi}{2}\left(\mathrm{Arsinh}\,2 + 2\sqrt{5}\right).$$

$I_2$: $I_2 = \dfrac{\pi}{2}\dfrac{\cosh^3 v}{3}\bigg|_{u=0}^1 = \dfrac{\pi}{6}(1+4u^2)^{3/2}\bigg|_0^1 = \dfrac{\pi}{6}(\sqrt{125} - 1).$

Insgesamt gilt dann: $O = \dfrac{\pi}{2}\left(\mathrm{Arsinh}\,2 + 2\sqrt{5}\right) - \dfrac{\pi}{6}(\sqrt{125}-1).$

20. Der Asteroidenbogen

$$x(t) = a\cos^3 t, \quad y(t) = a\sin^3 t, \quad 0 \leq t \leq \frac{\pi}{2}, \quad a > 0$$

rotiert um die $x$-Achse. Berechnen Sie den Inhalt der dabei entstehenden Rotationsfläche.

**Lösung:**
$x(t)$ und $y(t)$ sind stetig differenzierbar. $\implies O = 2\pi \int_a^b y(t)\sqrt{\dot{x}^2(t) + \dot{y}^2(t)}\, dt.$

Mit $\dot{x}(t) = -3a\cos^2 t \sin t$ und $\dot{y}(t) = 3a\sin^2 t \cos t$ folgt:

$$\sqrt{\dot{x}^2(t) + \dot{y}^2(t)} = \sqrt{9a^2 \sin^2 t \cos^2 t(\sin^2 t + \cos^2 t)} = 3a|\sin t \cos t| = 3a\sin t \cos t.$$

$$\implies O = 6a^2\pi \int_0^{\frac{\pi}{2}} \sin^4 t \cos t\, dt = 6\pi a^2 \frac{\sin^5 t}{5}\bigg|_0^{\frac{\pi}{2}} = \frac{6\pi a^2}{5}\ .$$

21. Der Zykloidenbogen

$$x(t) = \frac{1}{2}\left(t - \sin t\right), \quad y(t) = \frac{1}{2}\left(1 - \cos t\right), \quad 0 \leq t \leq 2\pi$$

rotiert um die $x$-Achse. Berechnen Sie den Inhalt der dabei entstehenden Rotationsfläche.

**Lösung:**

$x(t)$ und $y(t)$ sind stetig differenzierbar. $\implies O = 2\pi \int_a^b y(t)\sqrt{\dot{x}^2(t) + \dot{y}^2(t)}\, dt$.

Mit $\dot{x}(t) = \frac{1}{2}\left(1 - \cos t\right)$ und $\dot{y}(t) = \frac{1}{2}\sin t$ folgt:

$$\sqrt{\dot{x}^2(t) + \dot{y}^2(t)} = \sqrt{\frac{1}{4}\left(1 - 2\cos t + \cos^2 t + \sin^2 t\right)} = \frac{1}{2}\sqrt{2 - 2\cos t} = \frac{1}{2}\sqrt{4\sin^2\left(\frac{t}{2}\right)} =$$

$$= \left|\sin\left(\frac{t}{2}\right)\right| = \sin\left(\frac{t}{2}\right).$$

Damit erhalten wir:

$$O = 2\pi \int_0^{2\pi} \frac{1}{2}(1 - \cos t)\sin\left(\frac{t}{2}\right) dt = 2\pi \int_0^{2\pi} \sin^3\left(\frac{t}{2}\right) dt =$$

$$= 2\pi \int_0^{2\pi} \sin\left(\frac{t}{2}\right)\left[1 - \cos^2\left(\frac{t}{2}\right)\right] dt = 2\pi \left[-2\cos\left(\frac{t}{2}\right) + \frac{2}{3}\cos^3\left(\frac{t}{2}\right)\right]\Big|_0^{2\pi} =$$

$$= 4\pi\left[-\cos\pi + \cos 0 + \frac{1}{3}\left(\cos^3(\pi) - \cos^3 0\right)\right] = \frac{16\pi}{3}.$$

## 1.21.3   Beispiele mit Lösungen

1. Bestimmen Sie die Bogenlänge der Kurve

$$x(t) = \frac{4}{3}\sqrt{2t^3}\,,\quad y(t) = t^2 - t\,,\quad t \geq 0$$

zwischen den Schnittpunkten mit der $x$-Achse.

Lösung:   $s = 2$.

2. Berechnen Sie die Bogenlänge der Kettenlinie $y = a\cosh\left(\frac{x}{a}\right)$, $0 \leq x \leq b$,
$a, b \in \mathbb{R}$.
Lösung: $L = a\sinh\left(\frac{b}{a}\right)$.

3. Berechnen Sie die Bogenlänge der Asteroide $x^{\frac{2}{3}} + y^{\frac{2}{3}} = 1$, $0 \leq x \leq 1$.
Lösung: $L = \dfrac{3}{2}$.

4. Berechnen Sie die Bogenlänge der Traktrix

$$x = a\,\mathrm{Arcosh}\left(\frac{a}{y}\right) - \sqrt{a^2 - y^2}\,,\ 0 < b \leq y \leq a\,,\ a, b \in \mathbb{R}.$$

Lösung: $a\ln\left(\dfrac{a}{b}\right)$.

5. Berechnen Sie die Bogenlänge der Kurve $y = a\ln\left(\dfrac{a^2}{a^2 - x^2}\right)$, $0 \leq x \leq b$, $0 \leq b < a$.
Lösung: $-b + \ln\left(\dfrac{a+b}{a-b}\right)$.

6. Bestimmen Sie die Bogenlänge der Kurve $2r = 1 - \cos\varphi$, $\quad 0 \le \varphi \le \pi$.

Lösung: $L = 2$.

7. Berechnen Sie die Bogenlänge der Kardioide $r = a(1 + \cos\varphi)$, $a > 0$.

Lösung: $L = 8a$.

8. Berechnen Sie die Bogenlänge des Zykloidenbogens

$$x(t) = a(t - \sin t), \quad y(t) = a(1 - \cos t), \quad 0 \le t \le 2\pi .$$

Lösung: $L = 8a$.

9. Gegeben ist die Kurve $r = \dfrac{\sqrt{\cos\varphi}}{1 + \sin\varphi}$ in ebenen Polarkoordinaten im 1. Quadranten. Berechnen Sie den zulässigen Wertebereich für $r$ sowie den Flächeninhalt des von der Kurve und den Koordinatenachsen eingeschlossenen Bereichs.

Lösung: $0 \le r \le 1$, $\quad A = \dfrac{1}{4}$ .

10. Gegeben ist die folgende Kurve in Parameterdarstellung:

$$x(t) = \sin t, \quad y(t) = \sin(2t), \quad t \in [0, 2\pi] .$$

Berechnen Sie den Inhalt des von der Kurve eingeschlossenen Flächenstücks.

Lösung: $A = \dfrac{8}{3}$ .

11. Gegeben ist die Kurve mit der Parameterdarstellung $x = t^2, y = (t - 1)^2$. Berechnen Sie die Fläche, die von dieser Kurve und der Sehne $x = 1$ eingeschlossen wird.

Lösung: $A = \dfrac{8}{3}$ .

12. Bestimmen Sie das Volumen des Rotationskörpers, der entsteht, wenn die Fläche, die von den Kurven $x^2 - 3y = 0$ und $y = \sqrt{4 - x^2}$ eingeschlossen wird, um die $y$-Achse rotiert.

Lösung: $V = \dfrac{19\pi}{6}$ .

13. Bestimmen Sie das Volumen des Rotationskörpers, der entsteht, wenn man die Fläche, die von der Kurve $\sqrt[4]{\dfrac{1}{1 - 2x - 4x^2}}$ und den Geraden $x = -\dfrac{1}{4}$, $x = 0$ begrenzt wird, um die $x$-Achse rotieren läßt.

Lösung: $\dfrac{\pi}{2} \arcsin \dfrac{1}{\sqrt{5}}$ .

14. Berechnen Sie den Inhalt des Volumsbereiches, der von der um die $x$-Achse rotierenden Schleife $y^2 = \dfrac{x(2 - x)^2}{4 - x}$ zwischen den Grenzen $x_1 = 0$ und $x_2 = 2$ gebildet wird.

Lösung: $V = 16\pi \left( \ln 2 - \dfrac{2}{3} \right)$.

15. Gegeben ist die Kurve $\vec{x}(t) = \begin{pmatrix} t^2/2 \\ 2 - t^2 \end{pmatrix}$.

    Die von der Kurve und den Koordinatenachsen eingeschlossene Fläche rotiert um die $x$-Achse. Berechnen Sie das Volumen des entstehenden Rotationskörpers.

    Lösung: $V = \dfrac{4\pi}{3}$ .

16. Berechnen Sie die Oberfläche des Rotationskörpers, der durch Rotation des Flächenstücks

$$B: \quad \begin{aligned} 0 \leq y \leq \sqrt{ax - x^2} \qquad &a > 0 \\ 0 \leq x \leq b \qquad\qquad &0 < b < a \end{aligned}$$

    um die $x$-Achse entsteht.

    Lösung:  $O = ab\pi$.

17. Berechnen Sie den Inhalt der Fläche, die durch Rotation der Zykloide

$$x = a(t - \sin t), \;\; y = a(1 - \cos t), \;\; 0 \leq t \leq \pi$$

    um die Gerade $x = a\pi$ entsteht.

    Lösung: $A = 8\pi a^2 \left( \pi - \dfrac{4}{3} \right)$.

18. Berechnen Sie den Inhalt der Fläche, die durch Rotation der Kurve $x = 1 + t, \; y = t^2, \; -1 \leq t \leq 1$ um die $y$-Achse entsteht.

    Lösung: $O = \dfrac{\pi}{2} \left( 4\sqrt{5} + \ln \left( \dfrac{2 + \sqrt{5}}{-2 + \sqrt{5}} \right) \right) \approx 18{,}5849$.

# 1.22 Uneigentliche Integrale

## 1.22.1 Grundlagen

Uneigentliche Integrale werden mit einem Grenzprozess aus RIEMANN-Integralen eingeführt.

- Eine Funktion $f$ heißt uneigentlich integrierbar auf $[a, b)$, wenn $f$ auf jedem Intervall
  $[a, B] \subset [a, b)$ RIEMANN-integrierbar ist und

$$\lim_{B \to b^-} \int_a^B f(x)\, dx = \int_a^{b^-} f(x)\, dx$$

  existiert.

- Eine Funktion $f$ heißt uneigentlich integrierbar auf $(a, b]$, wenn $f$ auf jedem Intervall
  $[A, b] \subset (a, b]$ RIEMANN-integrierbar ist und

$$\lim_{A \to a^+} \int_A^b f(x)\, dx = \int_{a^+}^b f(x)\, dx$$

  existiert.

Da diese Definitionen nicht besonders „benutzerfreundlich" sind, werden einfacher zu
handhabende Konvergenzkriterien hergeleitet und benutzt.

- Vergleichskriterium für uneigentliche Integrale:
  Die Funktionen $f$ und $g$ seien R-integrierbar auf jedem Intervall $[a, B] \subset [a, b)$
  und es gelte: $|f(x)| \leq g(x)$ auf $[a, b)$. Konvergiert $\int_a^{b^-} g(x)\, dx$, so konvergiert auch
  $\int_a^{b^-} f(x)\, dx$ und es gilt: $\int_a^{b^-} f(x)\, dx \leq \int_a^{b^-} g(x)\, dx$ .

- Grenzwertkriterium für uneigentliche Integrale:
  Die Funktionen $f$ und $g$ seien R-integrierbar auf jedem Intervall $[a, B] \subset [a, b)$ und
  es gelte: $f(x) \geq 0$ und $g(x) \geq 0$ auf $[a, b)$. Existiert der Grenzwert $\lim\limits_{x \to b^-} \dfrac{f(x)}{g(x)} =: q$,
  wobei $0 < q < \infty$, so sind $\int_a^{b^-} f(x)\, dx$ und $\int_a^{b^-} g(x)\, dx$ beide konvergent oder beide
  divergent.

Die Fälle mit kritischer unterer Grenze sind analog.

## 1.22.2 Musterbeispiele

1. Berechnen Sie (im Fall der Konvergenz) die uneigentlichen Integrale

$$I_1 = \int_0^{1/4} \frac{dx}{\sqrt{x}(1 - \sqrt{x})} \qquad \text{und} \qquad I_2 = \int_{1/4}^1 \frac{dx}{\sqrt{x}(1 - \sqrt{x})} \ .$$

**Lösung:**

Zunächst wird das unbestimmte Integral $I = \displaystyle\int \frac{dx}{\sqrt{x}(1 - \sqrt{x})}$ berechnet.

Dazu substituieren wir: $x = u^2$ und erhalten:

$$I = \left( \int \frac{1}{u(1-u)} 2u\,du \right)\bigg|_{u=\sqrt{x}} = -2\ln(1-\sqrt{x}) + C.$$

$\underline{I_1:}\quad I_1 = \lim_{\varepsilon\to 0} \int_\varepsilon^{1/4} \frac{dx}{\sqrt{x}(1-\sqrt{x})} = -2\ln\left(1-\frac{1}{2}\right) + 2\underbrace{\lim_{\varepsilon\to 0}\ln(1-\sqrt{\varepsilon})}_{0} = 2\ln 2.$

$\underline{I_2:}\quad I_2 = \lim_{B\to 1^-} \frac{dx}{\sqrt{x}(1-\sqrt{x})} = -2\lim_{B\to 1^-}\ln(1-\sqrt{B}) + 2\ln\left(1-\frac{1}{2}\right).$

Nachdem dieser Grenzwert nicht existiert, konvergiert $I_2$ nicht.

2. Berechnen Sie das uneigentliche Integral $\displaystyle\int_{0+}^1 \frac{\ln x}{\sqrt[3]{x}}\,dx$ .

**Lösung:**

Zunächst wird das unbestimmte Integral $I = \displaystyle\int \frac{\ln x}{\sqrt[3]{x}}\,dx$ berechnet.

Dazu substituieren wir: $x = u^3$ und erhalten: $I = \displaystyle\int \frac{\ln(u^3)}{u} 3u^2\,du = 9\int u\ln u\,du,$

woraus mittels partieller Integration folgt: $I = 9\left(\dfrac{u^2}{2}\ln u - \dfrac{u^2}{4}\right) + C.$

Rücktransformation liefert dann: $I = \dfrac{3}{4}\sqrt[3]{x^2}(2\ln x - 3) + C.$

Damit erhalten wir für das uneigentliche Integral:

$$\int_{0+}^1 \frac{\ln x}{\sqrt[3]{x}}\,dx = \lim_{\varepsilon\to 0}\int_\varepsilon^1 \frac{\ln x}{\sqrt[3]{x}}\,dx = -\frac{9}{4} - \frac{3}{4}\underbrace{\lim_{\varepsilon\to 0}\left(\sqrt[3]{\varepsilon^2}(2\ln\varepsilon - 3)\right)}_{0} = -\frac{9}{4}\ .$$

3. Berechnen Sie das uneigentliche Integral $I^* = \displaystyle\int_0^{1^-} \frac{\arcsin x}{\sqrt{1-x}}\,dx.$

**Lösung:**

Zunächst wird das unbestimmte Integral $I = \displaystyle\int \frac{\arcsin x}{\sqrt{1-x}}\,dx$ berechnet.

Partielle Integration mit $f(x) = \arcsin x$ und $g'(x) = \dfrac{1}{\sqrt{1-x}}$ liefert:

$$I = \int \frac{\arcsin x}{\sqrt{1-x}}\,dx = -2\sqrt{1-x}\arcsin x + 2\int \frac{\sqrt{1-x}}{\sqrt{1-x^2}}\,dx =$$

$$= -2\sqrt{1-x}\arcsin x + 4\sqrt{1+x} + C.$$

Damit erhalten wir für das uneigentliche Integral:

$$I^* = \lim_{B\to 1}\int_0^B \frac{\arcsin x}{\sqrt{1-x}}\,dx = \underbrace{\lim_{B\to 1}\left(-2\sqrt{1-B}\arcsin B + 4\sqrt{1+B}\right)}_{4\sqrt{2}} - 4 = 4(\sqrt{2}-1).$$

4. Berechnen Sie das uneigentliche Integral $\quad I^* = \displaystyle\int_{0+}^{\pi/2} \frac{\cos x}{\sqrt{\sin x}(1+\sin x)}\,dx$ .

**Lösung:**

Zur Ermittlung des unbestimmten Integrals substituieren wir: $\sin x = u^2$.

$$I = \int \frac{\cos x}{\sqrt{\sin x}(1 + \sin x)}\, dx = \cdots = 2 \int \frac{du}{1 + u^2} = 2 \arctan u + C.$$

Rücktransformation liefert dann: $I = 2 \arctan(\sqrt{\sin x}\,) + C$.

Damit erhalten wir für das uneigentliche Integral:

$$I^* = \lim_{\varepsilon \to 0} \int_\varepsilon^{\pi/2} \frac{\cos x}{\sqrt{\sin x}(1 + \sin x)}\, dx = 2\frac{\pi}{4} - 2 \underbrace{\lim_{\varepsilon \to 0} \arctan(\sqrt{\sin \varepsilon}\,)}_{0} = \frac{\pi}{2}\,.$$

5. Berechnen Sie den CAUCHY-Hauptwert des uneigentlichen Integrals $\int_{-\pi/4}^{\pi/4} \cot x\, dx$.

**Lösung:**

Es handelt sich um ein uneigentliches Integal, da der Integrand auf dem Integrationsintervall nicht beschränkt ist. Der CAUCHY-Hauptwert ist als „symmetrischer Grenzwert" definiert:

$$\mathrm{CH} \int_{-\pi/4}^{\pi/4} \cot x\, dx = \lim_{\varepsilon \to 0} \int_{-\pi/4}^{-\varepsilon} \cot x\, dx + \lim_{\varepsilon \to 0} \int_\varepsilon^{\pi/4} \cot x\, dx =$$

$$= \lim_{\varepsilon \to 0} \ln |\sin(-\varepsilon)| - \ln \left|\sin\left(-\frac{\pi}{4}\right)\right| + \ln \sin\left(\frac{\pi}{4}\right) - \lim_{\varepsilon \to 0} \ln |\sin(\varepsilon)| = 0.$$

6. Untersuchen Sie das uneigentliche Integral $I = \int_0^\infty \left(x - \frac{x^4}{1 + x^3}\right) dx$ auf Konvergenz.

**Lösung:**

$f(x) := x - \dfrac{x^4}{1 + x^3} = \dfrac{x}{1 + x^3} \geq 0$ auf $[0, \infty)$. Es liegt nahe, als Vergleichsfunktion

$g(x) := \dfrac{1}{1 + x^2} \geq 0$ auf $[0, \infty)$ zu wählen. (Beide verhalten sich asymptotisch wie

$h(x) := \dfrac{1}{x^2}$ . Unter Verwendung des Grenzwertkriteriums folgt dann:

$$\lim_{x \to \infty} \frac{f(x)}{g(x)} = \lim_{x \to \infty} \frac{\frac{x}{1+x^3}}{\frac{1}{1+x^2}} = \lim_{x \to \infty} \frac{x(1 + x^2)}{1 + x^3} = 1 \in (0, \infty).$$

Nachdem das Integral $\int_0^\infty \dfrac{1}{1 + x^2}\, dx$ konvergiert, konvergiert auch das Integral $I$.

7. Zeigen Sie, dass das uneigentliche Integral $I = \int_0^1 \dfrac{x^2\, dx}{\sqrt{1 - \sqrt{1 - x^4}}}$ existiert und geben Sie eine obere Schranke an.

**Lösung:**

Für kleine $x$ gilt nach TAYLOR: $\sqrt{1 - x^4} \approx 1 - \dfrac{x^4}{2} \implies \sqrt{1 - \sqrt{1 - x^4}} \approx \dfrac{x^2}{\sqrt{2}}$.

Das legt die folgende Vermutung nahe:

$$0 \leq f(x) := \frac{x^2}{\sqrt{1 - \sqrt{1 - x^4}}} \leq \sqrt{2} =: g(x)\,.$$

Zum Beweis quadrieren wir die Ungleichung (mit positiven Termen!):

$$\frac{x^4}{1 - \sqrt{1 - x^4}} \leq 2 \iff \frac{x^4}{2} \leq 1 - \sqrt{1 - x^4} \iff \sqrt{1 - x^4} \leq 1 - \frac{x^4}{2} \ .$$

Weiteres Quadrieren der letzten Ungleichung liefert:

$$1 - x^4 \leq 1 - x^4 + \frac{x^8}{4} \iff 0 \leq \frac{x^8}{4} \ ,$$

was offensichtlich wahr ist.

Da nun $\int_0^1 g(x)\,dx$ konvergiert, konvergiert auch $I$. Ferner folgt dann für $I$ die

Abschätzung: $I = \int_0^1 \frac{x^2\,dx}{\sqrt{1 - \sqrt{1 - x^4}}} \leq \int_0^1 \sqrt{2}\,dx = \sqrt{2}$ .

8. Zeigen Sie, dass das uneigentliche Integral

$$\int_0^1 \frac{dx}{x^\alpha(1 + x)} \ , \quad \alpha \in \mathbb{R}$$

für alle $\alpha < 1$ konvergiert, und bestimmen Sie seinen Wert für $\alpha = \dfrac{1}{2}$ .

**Lösung:**

Wir verwenden das Grenzwertkriterium mit $g(x) = \dfrac{1}{x^\alpha} \geq 0$ auf $(0, 1)$. Wegen

$$\lim_{x \to 0} \frac{f(x)}{g(x)} = \lim_{x \to 0} \frac{\frac{1}{x^\alpha(1+x)}}{\frac{1}{x^\alpha}} = \lim_{x \to 0} \frac{1}{1 + x} = 1 \in (0, \infty)$$

sind beide Integrale entweder konvergent oder beide divergent. Da nun das Integral $\int_0^1 g(x)\,dx = \int_0^1 \frac{1}{x^\alpha}\,dx$ nur für $\alpha < 1$ konvergiert, konvergiert auch $\int_0^1 \frac{dx}{x^\alpha(1 + x)}$ nur für $\alpha < 1$.

$\underline{\alpha = \dfrac{1}{2}:}$  $I = \int_0^1 \dfrac{dx}{\sqrt{x}(1 + x)}$ .   Mit der Substitution $x = u^2$ folgt daraus:

$$I = 2 \int_0^1 \frac{du}{1 + u^2} = 2 \arctan u \Big|_0^1 = \frac{\pi}{2} \ .$$

9. Untersuchen Sie das uneigentliche Integral $I = \int_e^\infty \dfrac{e^{\sqrt{\ln x}}}{1 + x^4}\,dx$ auf Konvergenz und geben Sie eine Abschätzung nach oben an.

**Lösung:**

Auf $(e, \infty)$ ist $\ln x$ monoton wachsend und größer als 1. Dann gilt: $\sqrt{\ln x} < \ln x$. Damit erhalten wir:

$$0 < f(x) := \frac{e^{\sqrt{\ln x}}}{1 + x^4} < \frac{e^{\ln x}}{1 + x^4} = \frac{x}{1 + x^4} < \frac{1}{x^3} =: g(x) \ .$$

Wegen der offensichtlichen Konvergenz des Integrals $\int_e^\infty \dfrac{1}{x^3}\,dx$ konvergiert $I$.

Ferner folgt die Abschätzung: $I < \int_e^\infty \dfrac{1}{x^3}\,dx < \dfrac{1}{2e^2}$ .

10. Untersuchen Sie das uneigentliche Integral

$$I = \int_0^\infty \frac{\sin x^2}{\sqrt{x}(1+x)}\, dx$$

auf Konvergenz und geben Sie eine Abschätzung nach oben an.

**Lösung:**
Das vorliegende Integral ist in zweifacher Weise ein uneigentliches Integral: Einerseits ist der Integrand bei $x = 0$ unbeschränkt und andererseits ist das Integrationsintervall nicht endlich. In solchen Fällen wird das Integrationsintervall zerlegt:

$$I = \underbrace{\int_0^1 \frac{\sin x^2}{\sqrt{x}(1+x)}\, dx}_{I_1} + \underbrace{\int_1^\infty \frac{\sin x^2}{\sqrt{x}(1+x)}\, dx}_{I_2} \ .$$

$\underline{I_1}$: Auf $(0,1)$ gilt:

$$|f(x)| := \left| \frac{\sin x^2}{\sqrt{x}(1+x)} \right| \le \frac{1}{\sqrt{x}} \ . \quad \text{Da das Integral } \int_0^1 \frac{dx}{\sqrt{x}} \text{ konvergiert, konvergiert } I_1.$$

$\underline{I_2}$: Auf $(1,\infty)$ gilt:

$$|f(x)| := \left| \frac{\sin x^2}{\sqrt{x}(1+x)} \right| \le \frac{1}{x^{3/2}} \ . \ \text{Da das Integral } \int_1^\infty \frac{dx}{x^{3/2}} \text{ konvergiert, konvergiert } I_2.$$

Abschätzung: $I = I_1 + I_2 \le \int_0^1 \frac{dx}{\sqrt{x}} + \int_1^\infty \frac{dx}{x^{3/2}} = 2\sqrt{x}\Big|_0^1 - \frac{2}{\sqrt{x}}\Big|_1^\infty = 2 + 2 = 4.$

**Bemerkung:**
Eine bessere Abschätzung erhalten wir, wenn wir nur $\sin x^2$ mit 1 nach oben abschätzen. $I \le \int_0^\infty \frac{dx}{\sqrt{x}(1+x)} = \cdots = 2\arctan\sqrt{x}\Big|_0^\infty = \pi.$

### 1.22.3  Beispiele mit Lösungen

1. Berechnen Sie die folgenden uneigentlichen Integrale:

$$(a) \ \int_0^1 \sqrt{\frac{x}{1-x}}\, dx\ , \quad (b) \ \int_0^1 \frac{\arcsin x}{\sqrt{1-x^2}}\, dx\ , \quad (c) \ \int_1^\infty \frac{dx}{x\sqrt{x^2+1}} \ .$$

Lösung: (a) $\dfrac{\pi}{2}$, (b) $\dfrac{\pi^2}{8}$, (c) $\ln(1+\sqrt{2})$.

2. Bestimmen Sie das Integral $\displaystyle \int_1^2 \frac{dx}{x(1+\sqrt{x-1})}$ .

Lösung: $\ln\dfrac{1}{\sqrt{2}} + \dfrac{\pi}{4}$ .

3. Existiert das uneigentliche Integral

$$\int_0^2 \frac{9x^2 - 14x + 1}{x^3 - 2x^2 + x - 2}\, dx\,?$$

Lösung: Nein.

4. Existiert der Cauchy-Hauptwert des Integrals $\displaystyle\int_{-1}^{1} \frac{4 - 4x}{x^2(x-2)^2}\, dx$ ?

   Lösung: Nein.

5. Berechnen Sie (im Fall der Konvergenz) das uneigentliche Integral

$$\int_0^1 \frac{dx}{\sqrt[3]{x^2}\left(\sqrt[3]{x} + 1\right)^3}\,.$$

   Lösung: $\dfrac{9}{8}$ .

6. Berechnen Sie $\displaystyle\int_0^\infty \frac{dx}{x^2 + 1 + x\sqrt{x^2 + 1}}$ .

   Lösung: 1.

7. Zeigen Sie, dass das uneigentliche Integral $I = \displaystyle\int_0^1 \frac{dx}{\sqrt{x(1-x)}}$ konvergiert und geben

   Sie eine obere Schranke für $I$ an.
   Lösung:  $I \leq 4$.

8. Untersuchen Sie das uneigentliche Integral $\displaystyle\int_0^\infty \ln(1 + e^{-x})\, dx$ auf Konvergenz.

   Lösung:  Konvergent.

9. Berechnen Sie das uneigentliche Integral $I = \displaystyle\int_1^\infty \frac{dx}{x^4\sqrt{x^2 - 1}}$ .

   Lösung:  $I = \dfrac{2}{3}$ .

10. Untersuchen Sie das uneigentliche Integral  $I = \displaystyle\int_1^\infty \frac{\ln x}{1 + x^2}\, dx$ auf Konvergenz und

    geben Sie eine Abschätzung nach oben an.
    Lösung:  Konvergent, $I \leq 1$.

# 1.23 Potenzreihen

## 1.23.1 Grundlagen

- Potenzreihen $\sum\limits_{n=n_0}^{\infty} a_n(x - x_0)^n$ konvergieren in symmetrischen Intervallen (im Komplexen in Kreisscheiben) um den Entwicklungspunkt $x_0$ bzw. $z_0$, deren Größe durch den Konvergenzradius $R$ gegeben ist. Dieser wird durch die Formel von CAUCHY-HADAMARD bestimmt:

  1. $R = 0$,                 falls     $\limsup\limits_{n\to\infty} |a_n|^{\frac{1}{n}} = \infty$,

  2. $R = \dfrac{1}{\limsup\limits_{n\to\infty} |a_n|^{\frac{1}{n}}}$ ,    falls    $0 < \limsup\limits_{n\to\infty} |a_n|^{\frac{1}{n}} < \infty$,

  3. $R = \infty$,             falls     $\limsup\limits_{n\to\infty} |a_n|^{\frac{1}{n}} = 0$,

  bzw. symbolisch:      $\boxed{R = \dfrac{1}{\limsup\limits_{n\to\infty} |a_n|^{\frac{1}{n}}}}$ .

- Nach EULER erhält man den Konvergenzradius auch durch

$$\frac{1}{R} = \lim_{n\to\infty} \left| \frac{a_{n+1}}{a_n} \right| ,$$

  falls dieser Grenzwert existiert.

- Im Konvergenzintervall (Konvergenzkreisscheibe) konvergieren Potenzreihen absolut und auf kompakten Teilmengen auch gleichmäßig. Daher dürfen Potenzreihen miteinander multipliziert werden und auch gliedweise integriert und differenziert werden.

- Auf der Konvergenzmenge besitzen Potenzreihen eine Summenfunktion, die dort in eine TAYLOR-Reihe entwickelt werden kann. Diese stimmt mit der Potenzreihe überein.

## 1.23.2 Musterbeispiele

1. Ermitteln Sie alle $x \in \mathbb{R}$, für die die Potenzreihe $\sum\limits_{n=1}^{\infty} \dfrac{n + 3^n}{n^2}\, (x - 1)^n$ konvergiert.

   **Lösung:**

   Es gilt: $a_n = \dfrac{n + 3^n}{n^2}$ . Da es sich dabei um einen Bruch handelt, ist es naheliegend, den Konvergenzradius mittels der Formel von EULER zu ermitteln:

$$\frac{1}{R} = \lim_{n\to\infty} \left| \frac{a_{n+1}}{a_n} \right| = \lim_{n\to\infty} \frac{\frac{(n+1)+3^{n+1}}{(n+1)^2}}{\frac{n+3^n}{n^2}} = \lim_{n\to\infty} \frac{\left((n+1) + 3^{n+1}\right)n^2}{(n+1)^2(n+3^n)} =$$

$$= \underbrace{\lim_{n\to\infty} \frac{n^2}{(n+1)^2}}_{1} \underbrace{\lim_{n\to\infty} \frac{(n+1)3^{-n-1} + 1}{n\,3^{-n} + 1}}_{1}\, 3 = 3 \implies R = \frac{1}{3},\ \text{d.h.}\ \frac{2}{3} < x < \frac{4}{3} .$$

Die Formeln für den Konvergenzradius sagen nichts aus über die Konvergenz der Potenzreihe am Rand des Konvergenzintervalls. Dies muss getrennt untersucht werden:

$$\underline{x = \frac{2}{3}}: \quad \sum_{n=1}^{\infty} \frac{n + 3^n}{n^2} \frac{(-1)^n}{3^n} = \sum_{n=1}^{\infty} \left( \frac{(-1)^n}{n\,3^n} + \frac{(-1)^n}{n^2} \right).$$

Da beide Teilreihen nach dem LEIBNIZ-Kriterium konvergieren, konvergiert die Potenzreihe am linken Randpunkt.

$$\underline{x = \frac{4}{3}}: \quad \sum_{n=1}^{\infty} \frac{n + 3^n}{n^2} \frac{1}{3^n} = \sum_{n=1}^{\infty} \left( \frac{1}{n\,3^n} + \frac{1}{n^2} \right).$$

Da beide Teilreihen offensichtlich konvergieren, konvergiert die Potenzreihe auch am linken Randpunkt.

Die Potenzreihe $\displaystyle\sum_{n=1}^{\infty} \frac{n + 3^n}{n^2} (x - 1)^n$ konvergiert daher für alle $x \in \left[ \dfrac{2}{3}, \dfrac{4}{3} \right]$.

2. Für welche $x \in \mathbb{R}$ konvergiert die Potenzreihe $\displaystyle\sum_{n=1}^{\infty} \frac{(n!)^2}{(2n)!} x^n$ ?

**Lösung:**   Mit $a_n = \dfrac{(n!)^2}{(2n)!}$ folgt:

$$\frac{1}{R} = \lim_{n \to \infty} \left| \frac{a_{n+1}}{a_n} \right| = \lim_{n \to \infty} \frac{\frac{[(n+1)!]^2}{[2(n+1)]!}}{\frac{(n!)^2}{(2n)!}} = \lim_{n \to \infty} \frac{(n+1)!(n+1)!(2n)!}{(2n+2)!\,n!\,n!} =$$

$$= \lim_{n \to \infty} \frac{(n+1)(n+1)}{(2n+2)(2n+1)} = \lim_{n \to \infty} \frac{n+1}{2(2n+1)} = \frac{1}{4} \implies R = 4, \text{ d.h. } -4 < x < 4.$$

Untersuchung der Randpunkte des Konvergenzintervalls:

$$\underline{x = -4}: \quad \sum_{n=1}^{\infty} \frac{(n!)^2}{(2n)!} 4^n =: \sum_{n=1}^{\infty} b_n.$$

Wegen $\left| \dfrac{b_{n+1}}{b_n} \right| = \cdots = \dfrac{2n+2}{2n+1} > 1$ ist die Folge $\{b_n\}$ der Reihenglieder

monoton wachsend und damit keine Nullfolge. Die Potenzreihe divergiert

daher an der Stelle $x = -4$.

$\underline{x = 4}:$   analog.

Insgesamt gilt dann:
Die Potenzreihe ist für $x \in (-4, 4)$ konvergent und für $x \in \mathbb{R} \setminus (-4, 4)$ divergent.

3. Ermitteln Sie alle $x \in \mathbb{R}$, für die die Potenzreihe $\displaystyle\sum_{n=0}^{\infty} \frac{x^n}{(n+1)2^n}$ konvergiert.

**Lösung:**

Es gilt: $a_n = \dfrac{1}{(n+1)2^n}$ . Nach der Formel von CAUCHY-HADAMARD folgt:

$$\frac{1}{R} = \limsup_{n \to \infty} |a_n|^{\frac{1}{n}} = \limsup_{n \to \infty} \left( \frac{1}{(n+1)2^n} \right)^{\frac{1}{n}} = \frac{1}{2} \frac{1}{\lim\limits_{n \to \infty} \sqrt[n]{n+1}}.$$

Wegen $\sqrt[n]{n} \leq \sqrt[n]{n+1} \leq \sqrt[n]{2n}$ folgt aus dem Einschließungskriterium für Folgen:

$$\underbrace{\lim_{n\to\infty} \sqrt[n]{n}}_{1} \leq \lim_{n\to\infty} \sqrt[n]{n+1} \leq \lim_{n\to\infty} \sqrt[n]{2n} = \underbrace{\lim_{n\to\infty} \sqrt[n]{n}}_{1} \underbrace{\lim_{n\to\infty} \sqrt[n]{2}}_{1} \quad \text{d.h.} \quad \lim_{n\to\infty} \sqrt[n]{n+1} = 1.$$

Damit erhalten wir $R = 2$ und damit zunächst Konvergenz für $-2 < x < 2$.

Untersuchung der Randpunkte des Konvergenzintervalls:

$\underline{x = -2}$: Die Reihe $\displaystyle\sum_{n=0}^{\infty} \frac{(-1)^n 2^n}{(n+1)2^n} = \sum_{n=0}^{\infty} \frac{(-1)^n}{n+1}$ ist nach dem LEIBNIZ-Kriterium

konvergent.

$\underline{x = 2}$: Die Reihe $\displaystyle\sum_{n=0}^{\infty} \frac{2^n}{(n+1)2^n} = \sum_{n=0}^{\infty} \frac{1}{n+1}$ ist divergent (harmonische Reihe).

Die vorliegende Potenzreihe konvergiert daher für $-2 \leq x < 2$.

4. Untersuchen Sie, für welche $x \in \mathbb{R}$ die Potenzreihe $\displaystyle\sum_{n=2}^{\infty} (-1)^n \frac{\ln n}{n} (x+3)^n$ konvergiert.

**Lösung:**

Es gilt: $a_n = (-1)^n \dfrac{\ln n}{n}$ . Wir ermitteln den Konvergenzradius mittels:

$$\frac{1}{R} = \lim_{n\to\infty} \left| \frac{a_{n+1}}{a_n} \right| = \lim_{n\to\infty} \left| \frac{\frac{(-1)^{n+1} \ln(n+1)}{n+1}}{(-1)^n \frac{\ln n}{n}} \right| = \underbrace{\lim_{n\to\infty} \frac{n}{n+1}}_{1} \lim_{n\to\infty} \frac{\ln(n+1)}{\ln n} \ .$$

Zur Bestimmung des letzten Grenzwertes setzen wir zu reellen Werten fort, um die Regel von l'HOSPITAL verwenden zu können:

$$\lim_{x\to\infty} \frac{\ln(x+1)}{\ln x} = \lim_{x\to\infty} \frac{\frac{1}{x+1}}{\frac{1}{x}} = \lim_{x\to\infty} \frac{x}{x+1} = 1.$$

Damit ist $R = 1$ und die Potenzreihe konvergiert sicher für $x \in (-4, -2)$.

Untersuchung der Randpunkte des Konvergenzintervalls:

$\underline{x = -4}$: Die Reihe $\displaystyle\sum_{n=2}^{\infty} (-1)^n \frac{\ln n}{n} (-1)^n = \sum_{n=2}^{\infty} \frac{\ln n}{n}$ ist divergent, da wegen $\dfrac{\ln n}{n} > \dfrac{1}{n}$

für $n \geq 2$ die harmonische Reihe eine divergente Minorante darstellt.

$\underline{x = 2}$: Die Reihe $\displaystyle\sum_{n=2}^{\infty} (-1)^n \frac{\ln n}{n}$ ist alternierend. Um zu zeigen, dass $\left\{ \dfrac{\ln n}{n} \right\}$ eine

monoton fallende Nullfolge ist, setzen wir wieder zu reellen Werten fort.

Mit $f(x) := \dfrac{\ln x}{x}$ folgt: $f'(x) = \dfrac{1 - \ln x}{x^2} < 0$ für $x \geq 2$.

Damit ist $f(x)$ monoton fallend und wegen $\displaystyle\lim_{x\to 0} \frac{\ln x}{x} = \lim_{x\to 0} \frac{1}{x} = 0$ ist

dann $\left\{ \dfrac{\ln n}{n} \right\}$ eine monoton fallende Nullfolge.

Nach dem LEIBNIZ-Kriterium ist dann die Reihe konvergent.

Insgesamt gilt: Die Potenzreihe konvergiert für $-4 < x \leq -2$.

5. Bestimmen Sie alle $x \in \mathbb{R}$, für welche die Potenzreihe $\sum\limits_{k=1}^{\infty} \dfrac{3^k x^k}{\sqrt{(3k-2)2^k}}$ konvergiert

**Lösung:**

Mit $a_k = \dfrac{3^k}{\sqrt{(3k-2)2^k}}$ folgt für den Konvergenzradius:

$$R = \lim_{k \to \infty} \frac{a_k}{a_{k+1}} = \lim_{k \to \infty} \frac{\frac{3^k}{\sqrt{(3k-2)2^k}}}{\frac{3^{k+1}}{\sqrt{(3k+1)2^{k+1}}}} = \frac{\sqrt{2}}{3} \lim_{k \to \infty} \frac{\sqrt{3k+1}}{\sqrt{3k-2}} = \frac{\sqrt{2}}{3} \ .$$

Untersuchung der Randpunkte:

$\underline{x = -\dfrac{\sqrt{2}}{3}}$: Die Reihe $\sum\limits_{k=1}^{\infty} \dfrac{(-1)^k}{\sqrt{3k-2}}$ ist konvergent (LEIBNITZ-Kriterium).

$\underline{x = \dfrac{\sqrt{2}}{3}}$: Die Reihe $\sum\limits_{k=1}^{\infty} \dfrac{1}{\sqrt{3k-2}}$ ist divergent (Vergleichskriterium).

Insgesamt folgt: Die Potenzreihe $\sum\limits_{k=1}^{\infty} \dfrac{3^k x^k}{\sqrt{(3k-2)2^k}}$ konvergiert für $-\dfrac{\sqrt{2}}{3} \leq x < \dfrac{\sqrt{2}}{3}$.

6. Bestimmen Sie alle $x \in \mathbb{R}$, für die die Potenzreihe $\sum\limits_{n=1}^{\infty}(5^n - 3^n + 1)x^n$ konvergiert.

Ermitteln Sie ferner die Summenfunktion.

**Lösung:**

Mit $a_n = 5^n - 3^n + 1$ folgt für den Konvergenzradius:

$$\frac{1}{R} = \limsup_{n \to \infty} |a_n|^{\frac{1}{n}} = \lim_{n \to \infty} \sqrt[n]{5^n - 3^n + 1} = 5 \lim_{n \to \infty} \sqrt[n]{1 - \left(\frac{3}{5}\right)^n + \left(\frac{1}{5}\right)^n} = 5.$$

Letzteres folgt aus $\sqrt[n]{\dfrac{1}{2}} \leq \sqrt[n]{1 - \left(\dfrac{3}{5}\right)^n + \left(\dfrac{1}{5}\right)^n} \leq 1$ und dem Einschließungskriterium für Folgen.

Untersuchung der Randpunkte:

$\underline{x = -\dfrac{1}{5}}$: Die Reihe $\sum\limits_{n=1}^{\infty} \left[1 - \left(\dfrac{3}{5}\right)^n + \left(\dfrac{1}{5}\right)^n\right]$ ist divergent, da die Reihenglieder

keine Nullfolge bilden.

$\underline{x = \dfrac{1}{5}}$: analog.

Konvergenz liegt daher nur für $-\dfrac{1}{5} < x < \dfrac{1}{5}$ vor.

Zur Bestimmung der Summenfunktion zerlegen wir die Potenzreihe in die für $|x| < \dfrac{1}{5}$ konvergenten Teilreihen:

$$\sum_{n=1}^{\infty} 5^n x^n = \sum_{n=1}^{\infty}(5x)^n = \frac{1}{1-5x} =: f_1(x),$$

$$\sum_{n=1}^{\infty} 3^n x^n = \sum_{n=1}^{\infty}(3x)^n = \frac{1}{1-3x} =: f_2(x) \text{ und}$$

$$\sum_{n=1}^{\infty} x^n = \frac{1}{1-x} =: f_3(x).$$

Das ergibt die Summenfunktion:

$$f(x) = f_1(x) - f_2(x) + f_3(x) = \frac{1}{1-5x} - \frac{1}{1-3x} + \frac{1}{1-x} = \frac{1 - 6x + 13x^3}{1 - 9x + 23x^2 - 15x^3}.$$

7. Bestimmen Sie mit Hilfe von Potenzreihen die Summe

$$s = \frac{1}{1 \cdot 3} + \frac{1}{2 \cdot 3^2} + \frac{1}{3 \cdot 3^3} + \frac{1}{4 \cdot 3^4} + \cdots$$

**Lösung:**

$s$ ist Summe der Reihe $\displaystyle\sum_{n=1}^{\infty} \frac{1}{n}\left(\frac{1}{3}\right)^n$. Sie ergibt sich aus der für $|x| < 1$ konvergenten

Potenzreihe $\displaystyle\sum_{n=1}^{\infty} \frac{1}{n} x^n$ durch Einsetzen von $x = \dfrac{1}{3}$

Diese Potenzreihe hat die Summenfunktion $f(x) := \displaystyle\sum_{n=1}^{\infty} \frac{1}{n} x^n$. Da die Potenzreihe

im kompakten Intervall $\left[-\frac{1}{2}, \frac{1}{2}\right]$ gleichmäßig konvergiert, darf sie dort gliedweise

differenziert werden: $f'(x) = \displaystyle\sum_{n=1}^{\infty} x^{n-1}$.

Multiplikation mit $x$ liefert: $xf'(x) = \displaystyle\sum_{n=1}^{\infty} x^n = \sum_{n=0}^{\infty} x^n - 1 = \frac{1}{1-x} - 1 = \frac{x}{1-x}$,

woraus folgt: $f'(x) = \dfrac{1}{1-x}$. Durch Integration folgt: $f(x) = -\ln(1-x) + C$.

Wegen $f(0) = 0$ ist $C = 0$, d.h. $f(x) = -\ln(1-x)$. Einsetzen von $x = \dfrac{1}{3}$ liefert

schließlich: $s = -\ln\left(\dfrac{2}{3}\right) = \ln\left(\dfrac{3}{2}\right)$.

8. Für welche positiven Zahlen $x \in \mathbb{R}$ ist die folgende Reihe konvergent?

$$1 + \left(\frac{x}{1-x}\right) + \left(\frac{x}{1-x}\right)^2 + \left(\frac{x}{1-x}\right)^3 + \cdots$$

**Lösung:**

In der Reihe $\displaystyle\sum_{n=0}^{\infty} \left(\frac{x}{1-x}\right)$ setzen wir $\dfrac{x}{1-x} = u$ und erhalten die Potenzreihe $\displaystyle\sum_{n=0}^{\infty} u^n$.

Sie konvergiert für $|u| < 1$, d.h. für $\left|\dfrac{x}{1-x}\right| < 1$.

Wir suchen also die positiven Lösungen der Ungleichungen $\quad -1 < \dfrac{x}{1-x} < 1$.

$\underline{0 < x < 1:}$

$$-1 < \frac{x}{1-x} < 1 \Longleftrightarrow -1 + x < x < 1 - x \Longleftrightarrow -1 < 0 < 1 - 2x \Longleftrightarrow 0 < x < \frac{1}{2}$$

$\underline{x > 1:}$

$$-1 < \frac{x}{1-x} < 1 \Longleftrightarrow -1 + x > x > 1 - x \Longleftrightarrow -1 > 0 > 1 - 2x, \text{ d.h. Widerspruch!}$$

Insgesamt folgt:

Die Reihe $\sum\limits_{n=0}^{\infty}\left(\dfrac{x}{1-x}\right)$ konvergiert nur für jene positiven $x$, für die gilt: $0 < x < \dfrac{1}{2}$ .

9. Entwickeln Sie die Funktion $f(x) = \dfrac{\tan x}{\ln(1+x)}$ an der Stelle $x_0 = 0$ in eine Potenzreihe (5 Glieder).

**Lösung:**

Wegen der absoluten Konvergenz von Potenzreihen ist auch eine Division zweier Potenzreihen möglich, wobei die Quotientenreihe mit unbestimmten Koeffizienten angesetzt wird und anschließend durch Multiplikation mit der Nennerreihe das Problem auf eine Multiplikation zweier Potenzreihen zurückgeführt wird.

$f(x) = \sum\limits_{n=0}^{\infty} c_n x^n$ soll dann der Quotient der beiden (TAYLOR-)Reihen

$$\tan x = x + \frac{x^3}{3} + \frac{2}{15}x^5 + \cdots \quad \text{und} \quad \ln(1+x) = x - \frac{x^2}{2} + \frac{x^3}{3} - \frac{x^4}{4} + \frac{x^5}{5} \pm \cdots$$

sein. Dann muss gelten:

$$x + \frac{x^3}{3} + \frac{2}{15}x^5 + \cdots =$$

$$\left(c_0 + c_1 x + c_2 x^2 + c_3 x^3 + c_4 x^4 + c_5 x^5 + \cdots\right)\left(x - \frac{x^2}{2} + \frac{x^3}{3} - \frac{x^4}{4} + \frac{x^5}{5} \pm \cdots\right) =$$

$$= c_0 x + \left(c_1 - \frac{c_0}{2}\right)x^2 + \left(c_2 - \frac{c_1}{2} + \frac{c_0}{3}\right)x^3 + \left(c_3 - \frac{c_2}{2} + \frac{c_1}{3} - \frac{c_0}{4}\right)x^4 +$$

$$+ \left(c_4 - \frac{c_3}{2} + \frac{c_2}{3} - \frac{c_1}{4} + \frac{c_0}{5}\right)x^5 + \cdots$$

Koeffizientenvergleich liefert:

$x^1:\quad c_0 = 1,$

$x^2:\quad c_1 - \dfrac{c_0}{2} = 0 \Longrightarrow c_1 = \dfrac{1}{2}\ ,$

$x^3:\quad c_2 - \dfrac{c_1}{2} + \dfrac{c_0}{3} = \dfrac{1}{3} \Longrightarrow c_2 = \dfrac{1}{4}\ ,$

$x^4:\quad c_3 - \dfrac{c_2}{2} + \dfrac{c_1}{3} - \dfrac{c_0}{4} = 0 \Longrightarrow c_3 = \dfrac{5}{24}\ ,$

$x^5:\quad c_4 - \dfrac{c_3}{2} + \dfrac{c_2}{3} - \dfrac{c_1}{4} + \dfrac{c_0}{5} = \dfrac{2}{15} \Longrightarrow c_4 = \dfrac{19}{240}\ .$

Damit folgt letztlich:   $f(x) = 1 + \dfrac{1}{2}x + \dfrac{1}{4}x^2 + \dfrac{5}{24}x^3 + \dfrac{19}{240}x^4 + \cdots$

10. Bestimmen Sie $\alpha, \beta, \gamma \in \mathbb{R}$ derart, dass die Potenzreihe mit dem Entwicklungspunkt $x_0 = 0$ der Funktion $f(x) = \ln(1+x) - \dfrac{x(\alpha + \beta x)}{1 + \gamma x}$ mit einer möglichst hohen Potenz von $x$ beginnt.

**Lösung:**

Unter Verwendung der TAYLOR-Reihen

$$\ln(1+x) = x - \frac{x^2}{2} + \frac{x^3}{3} - \frac{x^4}{4} \pm \cdots \quad \text{und}$$

$$\frac{1}{1+\gamma x} = 1 - \gamma x + \gamma^2 x^2 - \gamma^3 x^3 + \gamma^4 x^4 \pm \cdots$$

erhalten wir:

$$f(x) = x - \frac{x^2}{2} + \frac{x^3}{3} - \frac{x^4}{4} \pm \cdots - (\alpha x + \beta x^2)\left(1 - \gamma x + \gamma^2 x^2 - \gamma^3 x^3 + \gamma^4 x^4 \pm \cdots\right) =$$

$$= (1-\alpha)x + \left(-\frac{1}{2} + \alpha\gamma - \beta\right)x^2 + \left(\frac{1}{3} - \alpha\gamma^2 + \beta\gamma\right)x^3 + \left(-\frac{1}{4} + \alpha\gamma^3 - \beta\gamma^2\right)x^4 + \cdots$$

Mit den 3 noch wählbaren Konstanten können wir die ersten 3 Summanden zu Null machen. Das liefert die Gleichungen:

$$\alpha = 1, \quad \alpha\gamma - \beta = \frac{1}{2}, \quad \gamma(\alpha\gamma - \beta) = \frac{1}{3} \implies \alpha = 1, \ \beta = \frac{1}{6}, \ \gamma = \frac{2}{3}.$$

Der Koeffizient von $x^4$ ist dann $-\frac{1}{36} \neq 0$. Damit beginnt die Reihenentwicklung von $f(x)$ mit der 4. Potenz.

11. Bestimmen Sie mit Hilfe von Potenzreihen den Grenzwert $\quad l = \lim\limits_{x\to 0} \dfrac{x^3 \sin x}{(1 - \cos x)^2}$.

**Lösung:**
Unter Verwendung der TAYLOR-Reihen von $\sin x$ und $\cos x$ folgt:

$$l = \lim_{x\to 0} \frac{x^3\left(x - \frac{x^3}{6} \pm \cdots\right)}{\left(1 - 1 + \frac{x^2}{2} - \frac{x^4}{24} \pm \cdots\right)^2} = \lim_{x\to 0} \frac{x^4\left(1 - \frac{x^2}{6} \pm \cdots\right)}{x^4\left(\frac{1}{4} - \frac{x^2}{24} \pm \cdots\right)} = \lim_{x\to 0} \frac{1 - \frac{x^2}{6} \pm \cdots}{\frac{1}{4} - \frac{x^2}{24} \pm \cdots} = 4.$$

## 1.23.3 Beispiele mit Lösungen

1. Bestimmen Sie den Konvergenzradius der Potenzreihen

$$(a) \ \sum_{k=1}^{\infty} \frac{k^k}{k!}x^k, \qquad (b) \ \sum_{k=0}^{\infty}(1+k^2 2^k)x^k, \qquad (c) \ \sum_{k=0}^{\infty}(2k+1)(2x)^{2k}.$$

Lösung: (a) $\dfrac{1}{e}$, (b) $\dfrac{1}{2}$, (c) $\dfrac{1}{2}$.

2. Bestimmen Sie alle $x \in \mathbb{R}$, für die die folgenden Reihen konvergieren:

$$a) \ \sum_{n=1}^{\infty} \frac{2^n}{n^2}x^n, \quad b) \ \sum_{n=1}^{\infty} n^2\left(\frac{1-x}{1+x}\right)^n, \quad c) \ \sum_{n=1}^{\infty} \frac{n!}{n^n}x^n, \quad d) \ \sum_{n=1}^{\infty} \frac{x^{n-1}}{n\,3^n}.$$

Lösungen: a) $-\dfrac{1}{2} \leq x \leq \dfrac{1}{2}$, b) $x > 0$, c) $|x| < e$, d) $-3 \leq x < 3$.

3. Ermitteln Sie alle $x \in \mathbb{R}$, für die die folgenden Potenzreihen konvergieren:
(Berücksichtigen Sie insbesondere die Randpunkte des Konvergenzintervalls)

$$a) \ \sum_{n=1}^{\infty} \frac{n^2}{2^n}(x-1)^n, \qquad b) \ \sum_{n=1}^{\infty} \frac{2^n(n+1)}{n+3}x^n, \quad c) \ \sum_{n=1}^{\infty} \frac{n^2}{1+n^3}(x-1)^n,$$

$$d) \ \sum_{n=0}^{\infty} \frac{n-1}{n^2-n+1}(x-2)^n, \quad e) \ \sum_{n=0}^{\infty} \frac{2^n n!}{(2n)!}(x-1)^n, \quad f) \ \sum_{n=2}^{\infty} \frac{(-1)^n}{n(\ln n)^2}(x-1)^n.$$

Lösungen:
a) $x \in (-1, 3)$,   b) $x \in \left(-\frac{1}{2}, \frac{1}{2}\right)$,   c) $x \in [0, 2)$,   d) $x \in [1, 3)$,   e) $x \in \mathbb{R}$,
f) $x \in [0, 2]$.

4. Ermitteln Sie alle $x \in \mathbb{R}$, für die die folgenden Potenzreihen konvergieren:
   (Berücksichtigen Sie insbesondere die Randpunkte des Konvergenzintervalls.)

   a) $\displaystyle\sum_{n=1}^{\infty} \left(\frac{-2}{n}\right)^n (x-1)^n$,       b) $\displaystyle\sum_{n=0}^{\infty} \frac{n! \, 2^{2n}}{(2n)!} (x-1)^n$,   c) $\displaystyle\sum_{n=0}^{\infty} \frac{(2n+1)!}{(n!)^2} (x+1)^n$,

   d) $\displaystyle\sum_{n=1}^{\infty} \frac{a^n}{n^n} \left(x - \frac{1}{2}\right)^n$, $a > 0$,   e) $\displaystyle\sum_{n=0}^{\infty} n^2 2^n \left(x + \frac{1}{4}\right)^n$,   f) $\displaystyle\sum_{n=0}^{\infty} \frac{\sin \frac{n\pi}{4}}{n!} (\sqrt{2}\, x)^n$.

   Lösungen:
   a) $x \in \mathbb{R}$,   b) $x \in \mathbb{R}$,   c) $x \in \left(-\frac{5}{4}, \frac{3}{4}\right)$,   d) $x \in \mathbb{R}$,   e) $x \in \left(-\frac{3}{4}, \frac{1}{4}\right)$,   f) $x \in \mathbb{R}$.

5. Untersuchen Sie, für welche $x \in \mathbb{R}$ die Reihe $\displaystyle\sum_{n=1}^{\infty} \frac{x^{4n}}{(2 + 3x^4)^{n+1}}$ konvergiert.

   Lösung:   $x \in \mathbb{R}$.

6. Bestimmen Sie mit Hilfe von Potenzreihen die Summen

   (a)  $s = \dfrac{1}{1 \cdot 2} - \dfrac{1}{2 \cdot 2^2} + \dfrac{1}{3 \cdot 2^3} - \dfrac{1}{4 \cdot 2^4} + \cdots$,       (b)  $s = 1 + \dfrac{2}{2} + \dfrac{3}{2^2} + \dfrac{4}{2^3} + \dfrac{5}{2^4} + \cdots$.

   Lösung:  (a) $s = \ln \dfrac{3}{2}$,   (b) $s = 4$.

7. Es sei $x \in (-1, 1)$. Berechnen Sie   $\displaystyle\sum_{n=1}^{\infty} n(n+1)x^n$.

   Lösung:

   $$\sum_{n=1}^{\infty} n(n+1)x^n = \frac{2x}{(1-x)^3}.$$

8. Stellen Sie die Funktion $f(x) = \dfrac{1+x^2}{2x} \ln\left(\dfrac{1+x}{1-x}\right)$ durch eine Potenzreihe um den
   Punkt $x_0 = 0$ ( bis $x^4$).

   Hinweis: Entwickeln Sie zuerst $\ln\left(\dfrac{1+x}{1-x}\right)$ in eine TAYLOR-Reihe.

   Lösung: $f(x) = 1 + \dfrac{4}{3}x^2 + \dfrac{8}{15}x^4 + \cdots$.

9. Berechnen Sie das Integral $I = \displaystyle\int_{1/2}^{1} \sin(\pi x) \cdot \ln x \, dx$ angenähert durch eine
   Reihenentwicklung des Integranden (fünf Glieder).

   Lösung: $\sin(\pi x) \ln x \approx -\pi (x-1)^2 + \dfrac{\pi}{2}(x-1)^3 + \left(\dfrac{\pi^3}{6} - \dfrac{\pi}{3}\right)(x-1)^4$,   $I \approx -0,135$.

10. Bestimmen Sie mit Hilfe von Potenzreihen den Grenzwert $\displaystyle\lim_{x \to 0} \frac{\sqrt{\cos(ax)} - \sqrt{\cos(bx)}}{x^2}$.

    Lösung:  $\dfrac{a^2 - b^2}{4}$.

11. Bestimmen Sie den jeweiligen Konvergenzradius für die die folgenden Potenzreihen:

a) $\sum_{n=1}^{\infty} n! \left(\frac{2x}{n}\right)^n$ ,   b) $\sum_{n=0}^{\infty} \frac{(n!)^3}{(3n)!} x^n$ ,   c) $\sum_{n=0}^{\infty} 2 \cosh n \; x^n$ .

Lösungen:

a) $R = \frac{e}{2}$,   b) $R = 27$,   c) $R = \frac{1}{e}$ .

12. Bestimmen Sie den jeweiligen Konvergenzradius für die die folgenden Potenzreihen:

a) $\sum_{n=0}^{\infty} \binom{n+a}{n} x^n$, $a > 0$ ,   b) $\sum_{n=1}^{\infty} \frac{a^n}{n^n} \left(x - \frac{1}{2}\right)^n$, $a > 0$ ,   c) $\sum_{n=1}^{\infty} \frac{n!}{2^n n^n} (x+1)^n$ ,

d) $\sum_{n=0}^{\infty} \frac{\sin\left[\frac{\pi(n+1)}{2}\right]}{2^{\frac{n+1}{2}}} x^n$ ,     e) $\sum_{n=1}^{\infty} (-1)^n \binom{2n}{n} x^n$ ,     f) $\sum_{n=1}^{\infty} \sqrt{n^n} x^n$ .

Lösungen:

a) $R = 1$,   b) $R = \infty$,   c) $R = 2e$,   d) $R = \sqrt{2}$,   e) $R = \frac{1}{4}$,   f) $R = 0$ .

13. Bestimmen Sie jeweils alle $x \in \mathbb{R}$, für die die folgenden Reihen konvergieren:

a) $\sum_{n=4}^{\infty} \frac{2n+1}{(n+1)(n-3)} x^{2n}$ ,   b) $\sum_{n=1}^{\infty} \frac{(-1)^n}{n + \sqrt{n}} (x^2 - 3)^n$ ,   c) $\sum_{k=1}^{\infty} \frac{(-1)^k}{k^2} (x-2)^k$ ,

d) $\sum_{k=1}^{\infty} \frac{(-1)^n}{(x+1)^n}$ , $x > -1$ ,   e) $\sum_{k=0}^{\infty} \frac{k+1}{(2k+3)^2} x^k$ ,     f) $\sum_{n=1}^{\infty} \frac{4^{n+1}}{(n+1)^3} x^n$ .

Lösungen:

a) $-1 < x < 1$,   b) $-2 \leq x < -\sqrt{2}$  bzw.  $\sqrt{2} < x \leq 2$,   c) $1 \leq x \leq 3$,

d) $x > 0$,   e) $x \in [-1, 1)$,   f) $x \in \left[-\frac{1}{4}, \frac{1}{4}\right]$ .

14. Bestimmen Sie alle $x \in \mathbb{R}$, für die die Reihe  $\sum_{k=0}^{\infty} \frac{(x^2 + 6x + 7)^k}{2^{k+1}}$  konvergiert.

Lösung:  $x \in (-5, -3) \cup (-3, -1)$ .

# 1.24   FOURIER-Reihen

## 1.24.1   Grundlagen

- Sei $f(x)$ eine R-integrierbare periodische Funktion mit der Periode $T$, so ist $f$ in eine FOURIER-Reihe der Form

$$f(x) = \frac{a_0}{2} + \sum_{\nu=1}^{\infty} \left( a_\nu \cos \frac{2\pi\nu x}{T} + b_\nu \sin \frac{2\pi\nu x}{T} \right)$$

entwickelbar, wobei für die FOURIER-Koeffizienten gilt:

$$a_\nu = \frac{2}{T} \int_{-\frac{T}{2}}^{\frac{T}{2}} f(x) \cos \frac{2\pi\nu x}{T} \, dx, \ \nu = 0, 1, 2, \dots ,$$

$$b_\nu = \frac{2}{T} \int_{-\frac{T}{2}}^{\frac{T}{2}} f(x) \sin \frac{2\pi\nu x}{T} \, dx, \ \nu = 1, 2, 3, \dots .$$

- Sei $f(x)$ eine $T$-periodische R-integrierbare Funktion. Falls an einer Stelle $x_0$ rechts- und linksseitiger Grenzwert $f(x_0^+)$ bzw. $f(x_0^-)$ sowie die verallgemeinerten rechts- und linksseitigen Ableitungen

$$f_+'(x_0) = \lim_{h\to 0^+} \frac{f(x_0+h) - f(x_0^+)}{h} \ , \qquad f_-'(x_0) = \lim_{h\to 0^+} \frac{f(x_0-h) - f(x_0^-)}{h} \ ,$$

existieren, konvergiert die FOURIER-Reihe gegen das arithmetische Mittel $\dfrac{f(x_0^+) + f(x_0^-)}{2}$, d.h. aber im Fall der Stetigkeit an $x_0$, dass die FOURIER-Reihe gegen $f(x_0)$ konvergiert.

- Sei $f(x)$ eine $T$-periodische R-integrierbare Funktion.

    - Die FOURIER-Reihe einer geraden Funktion hat die Form
    $$f(x) = \frac{a_0}{2} + \sum_{\nu=1}^{\infty} a_\nu \cos \frac{2\pi\nu x}{T}.$$

    - Die FOURIER-Reihe einer ungeraden Funktion hat die Form
    $$f(x) = \sum_{\nu=1}^{\infty} b_\nu \sin \frac{2\pi\nu x}{T}.$$

## 1.24.2   Musterbeispiele

1. Entwickeln Sie die Vorzeichenfunktion

$$f(x) = \text{sign}(x) := \begin{cases} -1 & \text{für} & -\pi < x < 0 \\ 0 & \text{für} & x = -\pi, 0, \pi \\ +1 & \text{für} & 0 < x < \pi \end{cases} , \ f(x \pm 2\pi) = f(x) ,$$

in eine FOURIER-Reihe.

Bestimmen Sie ferner die Summe der Reihe $\displaystyle\sum_{n=0}^{\infty} \frac{(-1)^n}{2n+1}$ .

**Lösung:**

Die Vorzeichenfunktion ist eine ungerade Funktion. Ihre FOURIER-Reihe enthält nur Sinusglieder. Es ist

$$b_\nu = \frac{1}{\pi} \int_{-\pi}^{\pi} \text{sign}(x) \sin \nu x \, dx = \frac{2}{\pi} \int_0^\pi 1 \sin \nu x \, dx = -\frac{2}{\nu\pi} \cos \nu x \Big|_0^\pi = \frac{2}{\nu\pi}(1 - (-1)^\nu).$$

Daraus folgt: $b_{2n} = 0$, $b_{2n+1} = \dfrac{4}{(2n+1)\pi}$. Für die FOURIER-Reihe folgt dann:

$$\text{sign}(x) = \frac{4}{\pi} \sum_{n=0}^\infty \frac{\sin(2n+1)x}{2n+1} .$$

Die FOURIER-Reihe stellt die Funktion $\text{sign}(x)$ überall dar, da alle Voraussetzungen dafür erfüllt sind (siehe Grundlagen). Setzen wir für $x = \frac{\pi}{2}$, so folgt: $\displaystyle\sum_{n=0}^\infty \frac{(-1)^n}{2n+1} = \frac{\pi}{4}$.

2. Entwickeln Sie die **Betragsfunktion** $f(x) = |x|$ für $-\pi \leq x \leq \pi$, $f(x \pm 2\pi) = f(x)$, in eine FOURIER-Reihe.

   Bestimmen Sie ferner die Summe der Reihe $\displaystyle\sum_{n=0}^\infty \frac{1}{(2n+1)^2}$ .

**Lösung:**

Die Betragsfunktion ist eine gerade Funktion. Daher enthält ihre FOURIER-Reihe nur Cosinus-Glieder. Es gilt:

$$a_0 = \frac{1}{\pi} \int_{-\pi}^{\pi} |x| \, dx = \frac{2}{\pi} \int_0^\pi x \, dx = \frac{x^2}{\pi} \Big|_0^\pi = \pi$$

$$a_\nu = \frac{1}{\pi} \int_{-\pi}^{\pi} |x| \cos \nu x \, dx = \frac{2}{\pi} \int_0^\pi x \cos \nu x \, dx = \underbrace{\frac{2x}{\nu\pi} \sin \nu x \Big|_0^\pi}_{0} - \frac{2}{\nu\pi} \int_0^\pi \sin \nu x \, dx =$$

$$= \frac{2}{\nu^2\pi} \cos \nu x \Big|_0^\pi = -\frac{2}{\nu^2\pi}(1 - (-1)^\nu).$$

Daraus folgt: $a_{2n} = 0$, $a_{2n+1} = -\dfrac{4}{(2n+1)^2\pi}$ . Für die FOURIER-Reihe folgt dann:

$$|x| = \frac{\pi}{2} - \frac{4}{\pi} \sum_{n=0}^\infty \frac{\cos(2n+1)x}{(2n+1)^2} .$$

Die FOURIER-Reihe stellt die Funktion $|x|$ überall dar. Setzen wir für $x = 0$, so folgt: $0 = \dfrac{\pi}{2} - \dfrac{4}{\pi} \displaystyle\sum_{n=0}^\infty \frac{1}{(2n+1)^2}$ und daraus $\displaystyle\sum_{n=0}^\infty \frac{1}{(2n+1)^2} = \frac{\pi^2}{8}$ .

3. Entwickeln Sie die **Sägezahnfunktion** $f(x) = x$ für $-\pi < x < \pi$, $f(x \pm 2\pi)$, in eine FOURIER-Reihe.

**Lösung:**

Die Sägezahnfunktion ist eine ungerade Funktion. Ihre FOURIER-Reihe enthält nur Sinusglieder. Es ist

$$b_\nu = \frac{1}{\pi} \int_{-\pi}^{\pi} x \sin \nu x \, dx = \frac{2}{\pi} \int_0^\pi x \sin \nu x \, dx = -\frac{2x}{\nu\pi} \cos \nu x \Big|_0^\pi + \frac{2}{\nu\pi} \int_0^\pi \cos \nu x \, dx =$$

$$= \frac{2}{\nu}(-1)^{\nu+1} + \underbrace{\frac{2}{\nu^2\pi}\sin\nu x\big|_0^\pi}_{0} = \frac{2}{\nu}(-1)^{\nu+1}.$$ Für die FOURIER-Reihe folgt dann:

$$x = 2\sum_{\nu=1}^\infty \frac{(-1)^{\nu+1}}{\nu}\sin\nu x \ .$$

4. Entwickeln Sie die Funktion $f(x) = x^2$ für $-\pi \leq x \leq \pi$, $f(x \pm 2\pi) = f(x)$ in eine FOURIER-Reihe.

Bestimmen Sie ferner die Summen der Reihen $\displaystyle\sum_{\nu=1}^\infty \frac{1}{\nu^2}$ und $\displaystyle\sum_{\nu=1}^\infty \frac{(-1)^\nu}{\nu^2}$ .

**Lösung:**

$f(x)$ ist eine gerade Funktion. Ihre FOURIER-Reihe enthält nur Cosinusglieder. Es ist

$$a_0 = \frac{1}{\pi}\int_{-\pi}^\pi x^2\,dx = \frac{2}{\pi}\int_0^\pi x^2\,dx = \frac{2x^3}{3\pi}\Big|_0^\pi = \frac{2\pi^2}{3} \ ,$$

$$a_\nu = \frac{1}{\pi}\int_{-\pi}^\pi x^2\cos\nu x\,dx = \frac{2}{\pi}\int_0^\pi x^2\cos\nu x\,dx = \underbrace{\frac{2x^2}{\nu\pi}\sin\nu x\Big|_0^\pi}_{0} - \frac{4}{\nu\pi}\int_0^\pi x\sin\nu x\,dx =$$

$$= \frac{4}{\nu^2\pi}x\cos\nu x\Big|_0^\pi - \frac{4}{\nu^2\pi}\int_0^\pi \cos\nu x\,dx = \frac{4}{\nu^2}(-1)^\nu - \underbrace{\frac{4}{\nu^3\pi}\sin\nu x\Big|_0^\pi}_{0} = \frac{4}{\nu^2}(-1)^\nu.$$

Für die FOURIER-Reihe folgt dann:

$$x^2 = \frac{\pi^2}{3} + 4\sum_{\nu=1}^\infty (-1)^\nu\frac{\cos\nu x}{\nu^2} \ .$$

Die FOURIER-Reihe stellt die Funktion $x^2$ überall dar.

Setzen wir für $x = \pi$, so folgt: $\pi^2 = \dfrac{\pi^2}{3} + 4\displaystyle\sum_{\nu=1}^\infty \frac{1}{\nu^2}$ und daraus $\displaystyle\sum_{\nu=1}^\infty \frac{1}{\nu^2} = \frac{\pi^2}{6}$ .

Setzen wir für $x = 0$, so folgt: $0 = \dfrac{\pi^2}{3} + 4\displaystyle\sum_{\nu=1}^\infty \frac{(-1)^\nu}{\nu^2}$ und daraus $\displaystyle\sum_{\nu=1}^\infty \frac{(-1)^\nu}{\nu^2} = -\frac{\pi^2}{12}$ .

5. Entwickeln Sie die folgende Funktion in eine FOURIER-Reihe:

$$f(x) = \begin{cases} \dfrac{4x}{\pi^2}(x+\pi) & \text{für} \quad -\pi < x < 0 \\[2mm] \dfrac{4x}{\pi^2}(\pi - x) & \text{für} \quad 0 \leq x \leq \pi \end{cases} \quad , \quad f(x \pm 2\pi) = f(x) \ .$$

Ermitteln Sie daraus die Summe der Reihe $\displaystyle\sum_{k=0}^\infty \frac{(-1)^k}{(2k+1)^3}$ .

**Lösung:**

$f(x)$ ist eine ungerade Funktion. Ihre FOURIER-Reihe enthält nur Sinusglieder. Es ist

$$b_n = \frac{2}{\pi}\int_0^\pi \frac{4x}{\pi^2}(\pi - x)\sin(nx)\,dx = \frac{8}{\pi^3}\int_0^\pi (\pi x - x^2)\sin(nx)\,dx =$$

$$= \underbrace{-\frac{8}{\pi^3 n}(\pi x - x^2)\cos(nx)\Big|_0^\pi}_{0} + \frac{8}{\pi^3 n}\int_0^\pi (\pi - 2x)\cos(nx)\,dx =$$

$$= \underbrace{\frac{8(\pi - 2x)}{\pi^3 n^2}\sin(nx)\Big|_0^\pi}_{0} + \frac{16}{\pi^3 n^2}\int_0^\pi \sin(nx)\,dx = -\frac{16}{\pi^3 n^3}\cos(nx)\Big|_0^\pi = \frac{16[1-(-1)^n]}{\pi^3 n^3}.$$

Daraus folgt: $b_{2k} = 0$, $b_{2k+1} = \dfrac{32}{\pi^3(2k+1)^3}$ . Für die FOURIER-Reihe folgt dann:

$$f(x) = \frac{32}{\pi^3}\sum_{k=0}^\infty \frac{\sin[(2k+1)x]}{(2k+1)^3} .$$

Die FOURIER-Reihe stellt $f(x)$ überall dar, ausgenommen an den Sprungstellen $x_n = (2n+1)\pi$, $n \in \mathbb{Z}$. Daher können wir für $x = \dfrac{\pi}{2}$ einsetzen und erhalten so:

$$\sum_{k=0}^\infty \frac{(-1)^k}{(2k+1)^3} = \frac{\pi^3}{32} .$$

6. Entwickeln Sie die Funktion

$$f(x) = \begin{cases} \sin\left(\dfrac{x}{2}\right) & \text{für} \quad 0 \le x \le \pi \\[2mm] -\sin\left(\dfrac{x}{2}\right) & \text{für} \quad -\pi < x < 0 \end{cases} , \qquad f(x \pm 2\pi) = f(x) ,$$

in eine FOURIER-Reihe. Bestimmen Sie ferner die Summe der Reihe $\displaystyle\sum_{k=1}^\infty \frac{1}{4k^2 - 1}$ .

**Lösung:**
$f(x)$ ist eine gerade Funktion. Ihre FOURIER-Reihe enthält nur Cosinusglieder. Es ist

$$a_0 = \frac{1}{\pi}\int_{-\pi}^\pi f(x)\,dx = \frac{2}{\pi}\int_0^\pi \sin\left(\frac{x}{2}\right)\,dx = -\frac{4}{\pi}\cos\left(\frac{x}{2}\right)\Big|_0^\pi = \frac{4}{\pi} ,$$

$$a_k = \frac{1}{\pi}\int_{-\pi}^\pi f(x)\cos(kx)\,dx = \frac{2}{\pi}\int_0^\pi \sin\left(\frac{x}{2}\right)\cos(kx)\,dx.$$

Wegen $\quad \sin\left(\dfrac{x}{2}\right)\cos(kx) = \dfrac{\sin\left[\left(k+\frac{1}{2}\right)x\right] - \sin\left[\left(k-\frac{1}{2}\right)x\right]}{2} \quad$ folgt:

$$a_k = -\frac{1}{\pi}\left(\frac{\cos\left[\left(k+\frac{1}{2}\right)x\right]}{k+\frac{1}{2}} - \frac{\cos\left[\left(k-\frac{1}{2}\right)x\right]}{k-\frac{1}{2}}\right)\Bigg|_0^\pi =$$

$$= -\frac{1}{\pi}\underbrace{\frac{\cos\left[\left(k+\frac{1}{2}\right)\pi\right]}{k+\frac{1}{2}}}_{0} + \frac{1}{\pi\left(k+\frac{1}{2}\right)} + \frac{1}{\pi}\underbrace{\frac{\cos\left[\left(k-\frac{1}{2}\right)\pi\right]}{k-\frac{1}{2}}}_{0} - \frac{1}{\pi\left(k-\frac{1}{2}\right)} =$$

$$= \cdots = -\frac{4}{(4k^2-1)\pi} .$$

Für die FOURIER-Reihe folgt dann: $f(x) = \dfrac{2}{\pi} - \dfrac{4}{\pi} \displaystyle\sum_{k=1}^{\infty} \dfrac{\cos(kx)}{4k^2 - 1}$ .

Sie stellt $f(x)$ überall dar. Daher können wir für $x = 0$ einsetzen und erhalten so:

$$\sum_{k=1}^{\infty} \frac{1}{4k^2 - 1} = \frac{1}{2} .$$

7. Entwickeln Sie die Funktion

$$f(x) = \begin{cases} 0 & \text{für} \quad -\pi \le x \le \frac{\pi}{2} \\[2mm] 1 & \text{für} \quad \frac{\pi}{2} < x < \pi \end{cases} \quad , \quad f(x \pm 2\pi) = f(x) ,$$

in eine FOURIER-Reihe.

**Lösung:**

$f(x)$ ist weder gerade noch ungerade. Es ist:

$$a_0 = \frac{1}{\pi} \int_{-\pi}^{\pi} f(x)\, dx = \frac{1}{\pi} \int_{\pi/2}^{\pi} dx = \frac{1}{2} ,$$

$$a_k = \frac{1}{\pi} \int_{-\pi}^{\pi} f(x) \cos(kx)\, dx = \frac{1}{\pi} \int_{\pi/2}^{\pi} \cos(kx)\, dx = \frac{1}{k\pi} \sin(kx) \Big|_{\pi/2}^{\pi} = -\frac{1}{k\pi} \sin\left(\frac{k\pi}{2}\right)$$

$$\Longrightarrow a_{2n} = 0, \quad a_{2n+1} = \frac{(-1)^{n+1}}{(2n+1)\pi} ,$$

$$b_k = \frac{1}{\pi} \int_{-\pi}^{\pi} f(x) \sin(kx)\, dx = \frac{1}{\pi} \int_{\pi/2}^{\pi} \sin(kx)\, dx = -\frac{1}{k\pi} \cos(kx) \Big|_{\pi/2}^{\pi} =$$

$$= -\frac{1}{k\pi} \left[ \cos(k\pi) - \cos\left(\frac{k\pi}{2}\right) \right] \Longrightarrow b_{2n} = -\frac{1}{2n\pi} \left(1 - (-1)^n\right), \; b_{2n+1} = \frac{1}{(2n+1)\pi},$$

bzw. $b_{4l} = 0, \; b_{4l+2} = -\dfrac{1}{(2l+1)\pi}$ .

Für die FOURIER-Reihe folgt dann:

$$f(x) = \frac{1}{4} + \frac{1}{\pi} \sum_{n=0}^{\infty} \frac{(-1)^{n+1}}{2n+1} \cos[(2n+1)x] + \frac{1}{\pi} \sum_{n=0}^{\infty} \frac{1}{2n+1} \sin[(2n+1)x] -$$

$$- \frac{1}{\pi} \sum_{l=0}^{\infty} \frac{1}{2l+1} \sin[(4l+2)x].$$

8. Entwickeln Sie die Funktion

$$f(x) = \begin{cases} 1 & \text{für} \quad -\pi < x < 0 \\[2mm] -1 + \dfrac{2x}{\pi} & \text{für} \quad 0 \le x < \pi \end{cases} \quad , \quad f(x \pm 2\pi) = f(x) ,$$

in eine FOURIER-Reihe.

**Lösung:**
Für die FOURIER-Koeffizienten gilt:

$$a_0 = \frac{1}{\pi} \int_{-\pi}^{\pi} f(x)\,dx = \frac{1}{\pi} \int_{-\pi}^{0} dx + \frac{1}{\pi} \int_{0}^{\pi} \left( -1 + \frac{2x}{\pi} \right) dx = \frac{x}{\pi} \bigg|_{-\pi}^{0} - \frac{x}{\pi} \bigg|_{0}^{\pi} + \frac{x^2}{\pi^2} \bigg|_{0}^{\pi} = 1,$$

$$a_k = \frac{1}{\pi} \int_{-\pi}^{\pi} f(x) \cos(kx)\,dx = \frac{1}{\pi} \int_{-\pi}^{0} \cos(kx)\,dx + \frac{1}{\pi} \int_{0}^{\pi} \left( -1 + \frac{2x}{\pi} \right) \cos(kx)\,dx =$$

$$= \underbrace{\frac{1}{k\pi} \sin(kx) \bigg|_{-\pi}^{0}}_{0} + \underbrace{\frac{1}{k\pi} \left( -1 + \frac{2x}{\pi} \right) \sin(kx) \bigg|_{0}^{\pi}}_{0} - \frac{2}{k\pi^2} \int_{0}^{\pi} \sin(kx)\,dx =$$

$$= \frac{2}{k^2\pi^2} \cos(kx) \bigg|_{0}^{\pi} = -\frac{2}{k^2\pi^2} \big( 1 - (-1)^k \big) \implies a_{2n} = 0, \ a_{2n+1} = -\frac{4}{(2n+1)^2\pi^2} \,,$$

$$b_k = \frac{1}{\pi} \int_{-\pi}^{\pi} f(x) \sin(kx)\,dx = \frac{1}{\pi} \int_{-\pi}^{0} \sin(kx)\,dx + \frac{1}{\pi} \int_{0}^{\pi} \left( -1 + \frac{2x}{\pi} \right) \sin(kx)\,dx =$$

$$= -\frac{1}{k\pi} \cos(kx) \bigg|_{-\pi}^{0} - \frac{1}{k\pi} \left( -1 + \frac{2x}{\pi} \right) \cos(kx) \bigg|_{0}^{\pi} + \frac{2}{k\pi^2} \int_{0}^{\pi} \cos(kx)\,dx =$$

$$= -\frac{1}{k\pi} + \frac{(-1)^k}{k\pi} - \frac{(-1)^k}{k\pi} - \frac{1}{k\pi} + \underbrace{\frac{2}{k^2\pi^2} \sin(k\pi)}_{0} = -\frac{2}{k\pi} \,.$$

Für die FOURIER-Reihe folgt dann:

$$f(x) = \frac{1}{2} - \frac{4}{\pi^2} \sum_{n=0}^{\infty} \frac{\cos([(2n+1)x]}{(2n+1)^2} - \frac{2}{\pi} \sum_{k=1}^{\infty} \frac{\sin(kx)}{k} \,.$$

9. Entwickeln Sie die Funktion

$$f(x) = \begin{cases} 0 & \text{für} \quad -\pi \le x < -\frac{\pi}{2} \\ x + \frac{\pi}{2} & \text{für} \quad -\frac{\pi}{2} \le x \le \frac{\pi}{2} \\ 0 & \text{für} \quad \frac{\pi}{2} < x < \pi \end{cases} \,, \quad f(x \pm 2\pi) = f(x) \,,$$

in eine FOURIER-Reihe.

**Lösung:**
Für die FOURIER-Koeffizienten gilt:

$$a_0 = \frac{1}{\pi} \int_{-\pi}^{\pi} f(x)\,dx = \frac{1}{\pi} \int_{-\pi/2}^{\pi/2} \left( x + \frac{\pi}{2} \right) dx = \frac{1}{\pi} \left( \frac{x^2}{2} + \frac{\pi x}{2} \right) \bigg|_{-\pi/2}^{\pi/2} = \frac{\pi}{2} \,,$$

$$a_n = \frac{1}{\pi} \int_{-\pi}^{\pi} f(x) \cos(nx)\,dx = \frac{1}{\pi} \int_{-\pi/2}^{\pi/2} \left( x + \frac{\pi}{2} \right) \cos(nx)\,dx =$$

$$= \frac{1}{\pi} \underbrace{\int_{-\pi/2}^{\pi/2} x \cos(nx)\,dx}_{0} + \frac{1}{2} \int_{-\pi/2}^{\pi/2} \cos(nx)\,dx = \frac{1}{2n} \sin(nx) \bigg|_{-\pi/2}^{\pi/2} = \frac{\sin\left( \frac{n\pi}{2} \right)}{n}$$

$$\implies a_{2k} = 0, \ a_{2k+1} = \frac{(-1)^k}{2k+1} \,,$$

$$b_n = \frac{1}{\pi} \int_{-\pi}^{\pi} f(x) \sin(nx)\,dx = \frac{1}{\pi} \int_{-\pi/2}^{\pi/2} \left( x + \frac{\pi}{2} \right) \sin(nx)\,dx =$$

$$= \frac{1}{\pi} \int_{-\pi/2}^{\pi/2} x \sin(nx)\, dx + \frac{1}{2} \underbrace{\int_{-\pi/2}^{\pi/2} \sin(nx)\, dx}_{0} = \frac{2}{\pi} \int_{0}^{\pi/2} x \sin(nx)\, dx =$$

$$= -\frac{2x}{n\pi} \cos(nx) \Big|_{0}^{\pi/2} + \frac{2}{n\pi} \int_{0}^{\pi/2} \cos(nx)\, dx = -\frac{\cos\left(\frac{n\pi}{2}\right)}{n} + \frac{2\sin\left(\frac{n\pi}{2}\right)}{n^2 \pi}$$

$$\Longrightarrow b_{2k} = \frac{(-1)^{k+1}}{2k}, \qquad b_{2k+1} = \frac{2(-1)^k}{\pi(2k+1)^2}.$$

Für die FOURIER-Reihe folgt dann:

$$f(x) = \frac{\pi}{4} + \sum_{k=0}^{\infty} \frac{(-1)^k}{2k+1} \cos[(2k+1)x] + \frac{1}{2} \sum_{k=1}^{\infty} \frac{(-1)^{k+1}}{k} \sin(2kx) +$$

$$+ \frac{2}{\pi} \sum_{k=0}^{\infty} \frac{(-1)^k}{(2k+1)^2} \sin[(2k+1)x].$$

10. Entwickeln Sie die Funktion

$$f(x) = x^2 + x + 1, \quad \text{für} \quad -\pi < x < \pi, \quad f(x \pm 2\pi) = f(x),$$

in eine FOURIER-Reihe.

Geben Sie weiters mit Hilfe dieser Reihenentwicklung eine Darstellung von $\pi^2$ als unendliche Reihe an.

**Lösung:**

Bisweilen ist eine additive Zerlegung der Funktion $f(x)$ sinvoll. Wegen der Linearität des RIEMANN-Integrals in den Koeffizientenformeln ist dann die FOURIER-Reihe der Funktion ebenfalls die Summe der FOURIER-Reihen der Teilfunktionen. Praktisch macht das einen Sinn, wenn entweder die Teilfunktionen gerade bzw. ungerade sind, oder wenn die FOURIER-Reihen der Teilfunktionen bekannt sind. Dies ist aber im vorliegenden Beispiel der Fall. Es gilt mit $f(x) = f_1(x) + f_2(x) + f_3(x) = x^2 + x + 1$:

$$f_1(x) = x^2 = \frac{\pi^2}{3} + 4 \sum_{\nu=1}^{\infty} (-1)^\nu \frac{\cos \nu x}{\nu^2} \quad \text{(vergleiche oben)}.$$

$$f_2(x) = x = 2 \sum_{\nu=1}^{\infty} \frac{(-1)^{\nu+1}}{\nu} \sin \nu x \quad \text{(vergleiche oben)}.$$

$f_3(x) = 1 = 1$ (trivial).

Damit erhalten wir insgesamt:

$$f(x) = x^2 + x + 1 = 1 + \frac{\pi^2}{3} + 4 \sum_{\nu=1}^{\infty} \frac{(-1)^\nu}{\nu^2} \cos(\nu x) + \sum_{\nu=1}^{\infty} \frac{2(-1)^{\nu+1}}{\nu} \sin \nu x.$$

Mit $x = 0$ (die FOURIER-Reihe stellt dort die Funktion dar) erhalten wir dann:

$$\pi^2 = 12 \sum_{n=1}^{\infty} \frac{(-1)^{n+1}}{n^2}.$$

## 1.24.3 Beispiele mit Lösungen

1. Entwickeln Sie die Funktion

$$f(x) = \begin{cases} -\dfrac{\pi}{2} & \text{für} \quad -\pi \leq x < -\dfrac{\pi}{2} \\[2mm] x & \text{für} \quad -\dfrac{\pi}{2} \leq x \leq \dfrac{\pi}{2} \\[2mm] \dfrac{\pi}{2} & \text{für} \quad \dfrac{\pi}{2} < x < \pi \end{cases} \quad , \qquad f(x \pm 2\pi) = f(x) \ ,$$

in eine FOURIER-Reihe.
Lösung:

$$f(x) = -\frac{1}{2}\sum_{k=1}^{\infty}\frac{1}{k}\sin(2kx) + \sum_{k=0}^{\infty}\left(\frac{1}{2k+1} + \frac{2(-1)^k}{\pi(2k+1)^2}\right)\sin\big((2k+1)x\big) \ .$$

2. Entwickeln Sie die Funktion

$$f(x) = |x| + x^2, \quad -\pi < x \leq \pi, \quad f(x \pm 2\pi) = f(x) \ ,$$

in eine FOURIER-Reihe.
Lösung:

$$f(x) = \frac{\pi}{2} + \frac{\pi^2}{3} + \sum_{k=1}^{\infty}\frac{1}{k^2}\cos(2kx) - \frac{4(1+\pi)}{\pi}\sum_{k=0}^{\infty}\frac{1}{(2k+1)^2}\cos[(2k+1)x].$$

3. Entwickeln Sie die Funktion

$$f(x) = \begin{cases} -e^x & \text{für} \quad -\pi \leq x < 0 \\[2mm] e^{-x} & \text{für} \quad 0 \leq x < \pi \end{cases} \quad , \qquad f(x \pm 2\pi) = f(x) \ ,$$

in eine FOURIER-Reihe.
Lösung:

$$f(x) = \frac{2}{\pi}\sum_{k=1}^{\infty}\frac{k}{1+k^2}\left(1 - e^{-\pi}(-1)^k\right)\sin(kx).$$

4. Entwickeln Sie die Funktion

$$f(x) = \begin{cases} \cos x & \quad -\pi \leq x < 0 \\[2mm] \sin x & \quad 0 \leq x < \pi \end{cases} \quad , \qquad f(x \pm 2\pi) = f(x) \ ,$$

in eine FOURIER-Reihe.
Lösung:

$$f(x) = \frac{1}{\pi} + \frac{\cos x + \sin x}{2} + \frac{2}{\pi}\sum_{k=1}^{\infty}\frac{1}{1-4k^2}\cos(2kx) + \frac{4}{\pi}\sum_{k=1}^{\infty}\frac{k}{1-4k^2}\sin(2kx).$$

5. Entwickeln Sie die Funktion

$$f(x) = \begin{cases} 3x^2 + 1 & -\pi \leq x < 0 \\ 3x^2 - 1 & 0 \leq x < \pi \end{cases} \quad , \qquad f(x \pm 2\pi) = f(x) \; ,$$

in eine FOURIER-Reihe.

Lösung:

$$f(x) = \pi^2 + 12 \sum_{n=1}^{\infty} \frac{(-1)^n}{n^2} \cos(nx) - \frac{4}{\pi} \sum_{k=0}^{\infty} \frac{1}{2k+1} \sin[(2k+1)x].$$

6. Entwickeln Sie die Funktion

$$f(x) = |x| - x, \quad -\pi < x < \pi, \quad f(x \pm 2\pi) = f(x) \; ,$$

in eine FOURIER-Reihe.

Lösung:

$$f(x) = \frac{\pi}{2} - \frac{4}{\pi} \sum_{k=0}^{\infty} \frac{1}{(2k+1)^2} \cos[(2k+1)x] + 2 \sum_{n=1}^{\infty} \frac{(-1)^n}{n} \sin(nx) \; .$$

7. Entwickeln Sie die Funktion

$$f(x) = \begin{cases} 1 + \dfrac{x}{\pi} & \text{für} \quad -\pi \leq x \leq 0 \\ 1 - \left(\dfrac{x}{\pi}\right)^2 & \text{für} \quad 0 \leq x \leq \pi \end{cases} \quad , \qquad f(x \pm 2\pi) = f(x) \; ,$$

in eine FOURIER-Reihe.

Lösung:

$$f(x) = \frac{7}{12} + \frac{1}{\pi^2} \sum_{k=1}^{\infty} \frac{\left(1 - 3(-1)^k\right)}{k^2} \cos(kx) + \frac{4}{\pi^3} \sum_{n=0}^{\infty} \frac{1}{(2n+1)^3} \sin[(2n+1)x].$$

8. Entwickeln Sie die Funktion $f(x) = |\sin x| \; , \; -\pi \leq x \leq \pi \; , \; f(x \pm 2\pi) = f(x) \; ,$ in eine FOURIER-Reihe.

Lösung:

$$f(x) = \frac{2}{\pi} + \frac{4}{\pi} \sum_{k=1}^{\infty} \frac{1}{1 - 4k^2} \cos(2kx).$$

9. Entwickeln Sie die Funktion

$$f(x) = \begin{cases} (x+1)^2 - 1 & \text{für} \; -2 \leq x \leq 0 \\ 1 - (x-1)^2 & \text{für} \quad 0 \leq x \leq 2 \end{cases} \quad , \qquad f(x \pm 4) = f(x) \; ,$$

in eine FOURIER-Reihe und bestimmen Sie die Reihensumme

$$s = 1 - \frac{1}{3^3} + \frac{1}{5^3} - \frac{1}{7^3} \pm \cdots \; .$$

Lösung:  $\quad f(x) = \dfrac{32}{\pi^3} \sum_{k=0}^{\infty} \dfrac{1}{(2k+1)^3} \sin\left(\dfrac{(2k+1)\pi x}{2}\right) \; , \qquad s = \dfrac{\pi^3}{32} \; .$

# Kapitel 2

# Einführung in die lineare Algebra

## 2.1 Elementare analytische Geometrie

### 2.1.1 Grundlagen

- Verschiedene Darstellungen einer Geraden im $\mathbb{R}^3$:

  - Gerade in Parameterform durch den Punkt $P$ (Ortsvektor $\vec{p}$) in Richtung $\vec{g}$:

    $$g: \ \vec{x}(t) = \vec{p} + t\vec{g} \ .$$

  - Als Schnittgerade zweier Ebenen $E_1$ und $E_2$: $g = E_1 \cap E_2$.

- Verschiedene Darstellungen einer Ebene im $\mathbb{R}^3$:

  - Ebene in Parameterform durch den Punkt $P$ (Ortsvektor $\vec{p}$), aufgespannt durch die Vektoren $\vec{a}$ und $\vec{b}$:

    $$E: \ \vec{x}(t, \tau) = \vec{p} + t\vec{a} + \tau\vec{b} \ .$$

  - HESSE-Normalform einer Ebene durch den Punkt $P$ (Ortsvektor $\vec{p}$) mit dem Normalenvektor $\vec{n}$:

    $$E: \ (\vec{x} - \vec{p}) \cdot \vec{n} = 0 \ .$$

  - Als lineare Funktion: $E: \ ax + by + cz = d$.

  - In Abschnittsform: $E: \ \dfrac{x}{a} + \dfrac{y}{b} + \dfrac{z}{c} = 1$, wobei $a, b, c$ die jeweiligen Achsabschnitte auf den Koordinatenachsen bezeichnen.

  - Ebene durch 3 Punkte $A(a_1, a_2, a_3)$, $B(b_1, b_2, b_3)$, $C(c_1, c_2, c_3)$ in Determinantenform:

    $$\begin{vmatrix} x - a_1 & b_1 - a_1 & c_1 - a_1 \\ y - a_2 & b_2 - a_2 & c_2 - a_2 \\ z - a_3 & b_3 - a_3 & c_3 - a_3 \end{vmatrix} = 0 \ .$$

- Abstand $d$ zweier windschiefer Geraden $g_1: \ \vec{x}(t) = \vec{a} + t\vec{g_1}$ und $g_2: \ \vec{x}(\tau) = \vec{b} + \tau\vec{g_2}$

  $$d = \frac{\left| (\vec{b} - \vec{a}), \vec{g_1}, \vec{g_2}) \right|}{|\vec{g_1} \times \vec{g_2}|} \ .$$

Folgerung:
Zwei Geraden $g_1$ und $g_2$ schneiden sich, wenn das Spatprodukt $\left((\vec{b}-\vec{a}),\vec{g_1},\vec{g_2}\right)$ Null ist.

- Flächeninhalt des von zwei Vektoren $\vec{a}$ und $\vec{b}$ aufgespannten Parallelogramms bzw. Dreiecks: $A_P = |\vec{a}\times\vec{b}|$ bzw. $A_D = \dfrac{|\vec{a}\times\vec{b}|}{2}$ .

- Volumsinhalt des von drei Vektoren $\vec{a}$, $\vec{b}$ und $\vec{c}$ aufgespannten Parallelepipeds:

$$V = \frac{\left|\left(\vec{a},\vec{b},\vec{c}\right)\right|}{6} .$$

## 2.1.2   Musterbeispiele

1. Für welchen Wert von $d$ schneiden sich die 3 Ebenen
   $E_1:\ x-y+z=0\ ,\quad E_2:\ 3x-y-z+2=0\quad$ und $\quad E_3:\ 4x-y-2z+d=0$
   längs einer Geraden?

   **Lösung:**
   Dazu muss die Schnittgerade $g$ von $E_1$ und $E_2$ in $E_3$ enthalten sein. Setzen wir in $E_1$ und $E_2$ $z=t$, so folgt aus den beiden Gleichungen $x-y=-t$ und $3x-y=t-2$, d.h.

   $x=t-1$ und $y=2t-1$ und damit für die Schnittgerade: $g:\ \vec{x}(t) = \begin{pmatrix} t-1 \\ 2t-1 \\ t \end{pmatrix}$ .

   Durch Einsetzen von $g$ in $E_3$ folgt dann: $4(t-1)-(2t-1)-2t+d=0 \Longrightarrow d=3$.

2. Bezeichne $g$ die Schnittgerade der $xy$-Ebene mit der durch die drei Punkte $A(2,3,5)$, $B(1,4,7)$ und $C(5,5,4)$ festgelegten Ebene $E$. Ermitteln Sie den Winkel zwischen $g$ und der $y$-Achse.

   **Lösung:**

   $$E:\ \begin{vmatrix} x-2 & y-3 & z-5 \\ 1-2 & 4-3 & 7-5 \\ 5-2 & 5-3 & 4-5 \end{vmatrix} = \begin{vmatrix} x-2 & y-3 & z-5 \\ -1 & 1 & 2 \\ 3 & 2 & -1 \end{vmatrix} = 0 \Longrightarrow x-y+z=4 .$$

   Der Schnitt mit der $xy$-Ebene ($z=0$) liefert dann $g:\ x-y=4$ bzw. $y=x-4$. Sie schneidet die $y$-Achse unter $45°$.

3. Durch den Punkt $P(1,1,-6)$ soll eine Ebene $E$ so gelegt werden, dass sie von der Geraden $g:\ x(t)=1+3t,\ y(t)=-5-2t,\ z(t)=-2+t$ unter rechtem Winkel durchstoßen wird.

   **Lösung:**

   Die Gerade $g$ besitzt den Richtungsvektor $\vec{n} = \begin{pmatrix} 3 \\ -2 \\ 1 \end{pmatrix}$. Die dazu normalen Ebenen haben dann die Form $3x-2y+z=d$. Die gesuchte Ebene soll den Punkt $P$ enthalten, d.h. $3\cdot 1-2\cdot 1+1\cdot(-6)=d \Longrightarrow d=-5$. Somit: $E:\ 3x-2y+z=-5$.

4. Die Gerade $g_1$ ist als Schnittgerade der beiden Ebenen $E_1:\ 8x-3y=2$ und $E_2:\ y-8z=-22$ gegeben und die Gerade $g_2$ als Schnittgerade der beiden Ebenen

$E_3$ : $7x - 4y = -1$ und $E_4$ : $3y - 7z = -15$. Zeigen Sie, dass sich die beiden Geraden schneiden und bestimmen Sie ihre Winkelsymmetralen.

**Lösung:**

Schnittgerade $g_1$:

Wir setzen $x = 3t$ und erhalten aus $E_1$: $y = -\dfrac{2}{3} + 8t$ und aus $E_2$: $z = \dfrac{8}{3} + t$.

Das liefert: $\vec{x}_1(t) = \begin{pmatrix} 0 \\ -\frac{2}{3} \\ \frac{8}{3} \end{pmatrix} + t \begin{pmatrix} 3 \\ 8 \\ 1 \end{pmatrix}$ mit dem Richtungsvektor $\vec{g}_1 = \dfrac{1}{\sqrt{74}} \begin{pmatrix} 3 \\ 8 \\ 1 \end{pmatrix}$.

Schnittgerade $g_2$:

Wir setzen $x = 4\tau$ und erhalten aus $E_3$: $y = \dfrac{1}{4} + 7\tau$ und aus $E_4$: $z = \dfrac{9}{4} + 3\tau$.

Das liefert: $\vec{x}_2(\tau) = \begin{pmatrix} 0 \\ \frac{1}{4} \\ \frac{9}{4} \end{pmatrix} + \tau \begin{pmatrix} 4 \\ 7 \\ 3 \end{pmatrix}$ mit dem Richtungsvektor $\vec{g}_2 = \dfrac{1}{\sqrt{74}} \begin{pmatrix} 4 \\ 7 \\ 3 \end{pmatrix}$.

Schnittpunkt $S$:

Aus $\vec{x}_1(t) = \vec{x}_2(\tau)$ folgt das (überbestimmte) Gleichungssystem:

$$\begin{aligned} 3t &= 4\tau \\ -\frac{2}{3} + 8t &= \frac{1}{4} + 7\tau \\ \frac{8}{3} + t &= \frac{9}{4} + 3\tau \end{aligned} \quad .$$

Aus der ersten Gleichung folgt $\tau = \dfrac{3}{4} t$ und damit aus der zweiten Gleichung $t = \dfrac{1}{3}$ und damit $\tau = \dfrac{1}{4}$. Mit diesen Werten ist aber die dritte Gleichung ebenfalls erfüllt. Für den Schnittpunkt ergibt sich dann: $S(1, 2, 3)$.

Winkelsymmetralen:

Mit Hilfe der (normierten) Richtungsvektoren erhalten wir:

$$\vec{s}_1 = S + t(\vec{g}_1 + \vec{g}_2) = \begin{pmatrix} 1 \\ 2 \\ 3 \end{pmatrix} + \frac{t}{\sqrt{74}} \left[ \begin{pmatrix} 3 \\ 8 \\ 1 \end{pmatrix} + \begin{pmatrix} 4 \\ 7 \\ 3 \end{pmatrix} \right] = \begin{pmatrix} 1 \\ 2 \\ 3 \end{pmatrix} + t^* \begin{pmatrix} 7 \\ 15 \\ 4 \end{pmatrix},$$

$$\vec{s}_2 = S + t(\vec{g}_1 - \vec{g}_2) = \begin{pmatrix} 1 \\ 2 \\ 3 \end{pmatrix} + \frac{t}{\sqrt{74}} \left[ \begin{pmatrix} 3 \\ 8 \\ 1 \end{pmatrix} - \begin{pmatrix} 4 \\ 7 \\ 3 \end{pmatrix} \right] = \begin{pmatrix} 1 \\ 2 \\ 3 \end{pmatrix} + t^* \begin{pmatrix} -1 \\ 1 \\ -2 \end{pmatrix}.$$

5. Bestimmen Sie eine Ebene $E$, die zwischen den Ebenen $E_1$ : $x - 2y + z - 2 = 0$ und $E_2$ : $x - 2y + z - 6 = 0$ liegt und den Abstand zwischen diesen beiden Ebenen im Verhältnis 1:3 teilt.

**Lösung:**

Die Ebene $E$ teilt natürlich auch den Abstand der Schnittpunkte der beiden Ebenen mit der $z$-Achse im Verhältnis 1:3 . $E_1$ schneidet die $z$-Achse bei $z = 2$ und $E_2$ bei $z = 6$. Dann muss $E$ die $z$-Achse entweder bei $z = 3$ oder bei $z = 5$ schneiden. Das ergibt die Ebenen $E$ : $x - 2y + z - 3 = 0$ bzw. $E^*$ : $x - 2y + z - 5 = 0$.

6. Durch die Gerade $g$ : $y = -x + 1$, $z = 4$ ist eine Ebene so zu legen, dass sie mit den Koordinatenebenen ein Tetraeder mit dem Volumsinhalt $V = \dfrac{1}{3}$ bildet.

**Lösung:**
Wir setzen die gesuchte Ebene (die nicht durch den Koordinatenursprung geht) unbestimmt an: $ax + by + cz = 1$. Einsetzen von $g$ liefert: $ax + b(-x + 1) + 4c = 1$, d.h. $(a - b)x = 1 - b - 4c$. Da aber $x$ dabei beliebig ist, muss gelten: $a = b$ und $b = 1 - 4c$. Damit erhalten wir ein Ebenenbüschel um $g$: $(1-4c)x + (1-4c)y + cz = 1$.
Es schneidet die Koordinatenachsen in $x = \dfrac{1}{1 - 4c}$ , $y = \dfrac{1}{1 - 4c}$ und $z = \dfrac{1}{c}$ .

Das gesuchte Tetraeder hat dann den Volumsinhalt $V = \dfrac{1}{6} \dfrac{1}{c(1 - 4c)^2}$ .   Das liefert

die Gleichung $c(1 - 4c)^2 = \dfrac{1}{2}$ bzw. $16c^3 - 8c^2 + c - \dfrac{1}{2} = \left(c - \dfrac{1}{2}\right)(16c^2 + 1) = 0$ mit

der einzigen reellen Wurzel $c = \dfrac{1}{2}$ .

Die gesuchte Ebene ist dann   $-x - y + \dfrac{z}{2} = 1$.

7. Gegeben sind zwei Punkte $A(2, 2, -4)$ und $B(-3, 1, 3)$. Bestimmen Sie die Menge aller Punkte $C(x, y, z)$, so dass der Volumsinhalt der durch den Koordinatenursprung $O$, $A$, $B$ und $C$ aufgespannten Pyramide gleich 4 ist.

**Lösung:**
Der Volumsinhalt dieser Pyramide ist bekanntlich ein Sechstel des Absolutbetrages des Spatprodukts der Ortsvektoren von $A$, $B$ und $C$, d.h. aber: $|(\vec{A}, \vec{B}, \vec{C})| = 6 \cdot 4$ .

Dann gilt: $\begin{vmatrix} 2 & 2 & -4 \\ -3 & 1 & 3 \\ x & y & z \end{vmatrix} = \pm 24 \implies 10x + 6y + 8z = \pm 24$, bzw. $5x + 3y + 4z = \pm 12$.

**Bemerkung:**
Da der Volumsinhalt einer (schiefen) Pyramide durch den Inhalt der Grundfläche (Dreieck $OAB$) und der Höhe $h$ bestimmt ist, kann der Punkt $C$ beliebig in einer parallel zu $OAB$ gelegenen Ebene mit Abstand $h$ gewählt werden.

8. Legen Sie durch den Punkt $P(1, -2, 1)$ eine Gerade $h$ derart, dass sie Gerade $g$ : $\vec{x}(t) = (1 + 3t)\vec{e}_1 + (2 + 2t)\vec{e}_2 + (3 + t)\vec{e}_3$ unter rechtem Winkel schneidet.

**Lösung:**
Die gesuchte Gerade $h$ liegt in der Normalebene $E$ zu $g$ und enthält den Punkt $P$.
$E$ : $3x + 2x + z = d$ ist normal zu $g$. Aus $P \in E \implies 3 \cdot 1 + 2(-2) + 1 \cdot 1 = d = 0$.
Zur Ermittlung des Schnittpunktes $S$ (Durchstoßpunktes) von $g$ mit $E$ setzen wir
$g$ in $E$ ein: $3(1 + 3t) + 2(2 + 2t) + (3 + t) = 0 \implies t_S = -\dfrac{5}{7} \implies S\left(-\dfrac{8}{7}, \dfrac{4}{7}, \dfrac{16}{7}\right).$

Weiteres erhalten wir: $\overrightarrow{PS} = \begin{pmatrix} -\dfrac{15}{7} \\ \dfrac{18}{7} \\ \dfrac{9}{7} \end{pmatrix}$ und damit: $h$ : $\vec{x}(\tau) = \begin{pmatrix} 1 \\ -2 \\ 1 \end{pmatrix} + \tau \begin{pmatrix} -15 \\ 18 \\ 9 \end{pmatrix}$.

9. Legen Sie durch den Schnittpunkt der Geraden

$$g_1: \quad \frac{x+2}{2} = \frac{y-1}{3} = z+1$$

mit der Ebene $E$, die durch die Punkte $A(1,0,0)$, $B(0,1,0)$ und $C(0,0,1)$ bestimmt ist, eine Parallele $g_3$ zur Geraden

$$g_2: \quad \frac{x-2}{2} = \frac{y+2}{2} = \frac{z-1}{3} .$$

**Lösung:**
Da für die Ebene $E$ alle Achsabschnitte 1 sind, hat sie die Form $x+y+z=1$.
Zur Gewinnung einer Parameterdarstellung von $g_1$ setzen wir $x = 2t$ und erhalten:

$$g_1: \quad \vec{x}(t) = \begin{pmatrix} 0 \\ 4 \\ 0 \end{pmatrix} + t \begin{pmatrix} 2 \\ 3 \\ 1 \end{pmatrix} .$$

Zur Gewinnung einer Parameterdarstellung von $g_2$ setzen wir $x = 2\tau$ und erhalten:

$$g_2: \quad \vec{x}(\tau) = \begin{pmatrix} 0 \\ -4 \\ -2 \end{pmatrix} + \tau \begin{pmatrix} 2 \\ 2 \\ 3 \end{pmatrix} .$$

Um den Schnittpunkt $S$ von $g_1$ mit $E$ zu ermitteln, setzen wir die Parameterdarstellung von $g_1$ in $E$ ein: $2t + (4+3t) + t = 1 \Longrightarrow t_S = -\frac{1}{2} \Longrightarrow S\left(-1, \frac{5}{2}, -\frac{1}{2}\right)$.

Die gesuchte Gerade ist dann $g_3: \quad \vec{x}(\sigma) = \begin{pmatrix} -1 \\ \frac{5}{2} \\ -\frac{1}{2} \end{pmatrix} + \sigma \begin{pmatrix} 2 \\ 2 \\ 3 \end{pmatrix} .$

10. Unter welchem Winkel schneidet die Gerade $g_1$, gegeben durch die zwei Ebenen $E_1: \ 2x - y = 0$ und $E_2: \ 3y - 2z - 4 = 0$ die Gerade $g_2$, die als Schnittgerade der Ebenen $E_3: \ 2x - 3y + 2 = 0$ und $E_4: \ y - 2z - 2 = 0$ definiert ist?

**Lösung:**
Mit $x = t$ folgt aus $E_1$ und $E_2$ für $g_1$ die Parameterdarstellung

$$g_1: \quad \vec{x}(t) = \begin{pmatrix} 0 \\ 0 \\ -2 \end{pmatrix} + t \begin{pmatrix} 1 \\ 2 \\ 3 \end{pmatrix} .$$

Mit $x = 3\tau - 1$ folgt aus $E_3$ und $E_4$ für $g_1$ die Parameterdarstellung

$$g_2: \quad \vec{x}(\tau) = \begin{pmatrix} -1 \\ 0 \\ -1 \end{pmatrix} + \tau \begin{pmatrix} 3 \\ 2 \\ 1 \end{pmatrix} .$$

Die beiden Geraden schneiden sich, falls das (überbestimmte) Gleichungssystem $t = -1 + 3\tau$, $2t = 2\tau$ und $-2 + 3t = -1 + \tau$, das aus $\vec{x}(t) = \vec{x}(\tau)$ folgt, eine Lösung besitzt. Das ist aber mit $t = \tau = \dfrac{1}{2}$ der Fall.

Als Schnittpunkt $S$ erhalten wir dann: $S\left(\dfrac{1}{2}, 1, -\dfrac{1}{2}\right)$. Der Schnittwinkel der beiden

Geraden ergibt sich dann aus deren Richtungsvektoren $\vec{g}_1 = \begin{pmatrix} 1 \\ 2 \\ 3 \end{pmatrix}$ und $\vec{g}_2 = \begin{pmatrix} 3 \\ 2 \\ 1 \end{pmatrix}$

gemäß $\cos\alpha = \dfrac{(\vec{g}_1, \vec{g}_2)}{|\vec{g}_1|\,|\vec{g}_2|} = \dfrac{3+4+3}{\sqrt{1+4+9}\sqrt{9+4+1}} = \dfrac{10}{14} = \dfrac{5}{7}$ .

11. Ermitteln Sie den kürzesten Abstand der beiden (windschiefen) Geraden:

$$g_1 : \vec{x}(t) = \begin{pmatrix} 0 \\ 3 \\ 2 \end{pmatrix} + t \begin{pmatrix} 1 \\ 1 \\ 2 \end{pmatrix} = \vec{a} + t\vec{g}_1 \text{ und } g_2 : \vec{x}(\tau) = \begin{pmatrix} 0 \\ -2 \\ -2 \end{pmatrix} + \tau \begin{pmatrix} 1 \\ 2 \\ 1 \end{pmatrix} = \vec{b} + t\vec{g}_2.$$

**Lösung:**
Die beiden Richtungsvektoren $\vec{g}_1$ und $\vec{g}_2$ definieren eine Schar paralleler Ebenen mit
dem normierten Normalenvektor $\vec{n} = \dfrac{\vec{g}_1 \times \vec{g}_2}{|\vec{g}_1 \times \vec{g}_2|}$ . Die Ebene $E_1\,(\vec{n}, \vec{x}) = (\vec{n}, \vec{a})$ enthält
die Gerade $g_1$ und besitzt den Normalabstand $(\vec{n}, \vec{a})$ vom Ursprung. Eine weitere
Ebene $E_2\,(\vec{n}, \vec{x}) = (\vec{n}, \vec{b})$ enthält die Gerade $g_2$ und besitzt den Normalabstand
$(\vec{n}, \vec{b})$ vom Ursprung. Der Abstand dieser beiden Ebenen ist dann der Abstand der
beiden Geraden und ist durch $d = |(\vec{n}, \vec{b}) - (\vec{n}, \vec{a})| = \dfrac{\left|\left((\vec{b} - \vec{a}), \vec{g}_1, \vec{g}_2\right)\right|}{|\vec{g}_1 \times \vec{g}_2|}$ gegeben. Im
vorliegenden Fall erhalten wir damit

$$d = \dfrac{\left| \begin{vmatrix} 0 & 1 & 1 \\ -5 & 1 & 2 \\ -4 & 2 & 1 \end{vmatrix} \right|}{\left| \begin{pmatrix} 1 \\ 1 \\ 2 \end{pmatrix} \times \begin{pmatrix} 1 \\ 2 \\ 1 \end{pmatrix} \right|} = \dfrac{|-9|}{\left| \begin{pmatrix} -3 \\ 1 \\ 1 \end{pmatrix} \right|} = \dfrac{9}{\sqrt{11}} \ .$$

12. Gesucht ist eine Ebene, die den Winkel zwischen den Ebenen $E_1 :\ x + 2y - z = 1$
und $E_2 :\ x - y + 2z = 1$ halbiert.

**Lösung:**
Die gesuchte Ebene enthält die Schnittgerade $g$ der Ebenen $E_1$ und $E_2$. Ihr Nor-
malenvektor teilt den Winkel zwischen den Normalenvektoren von $E_1$ und $E_2$. Zur
Bestimmung der Schnittgeraden setzen wir $x = t$ und erhalten dann weiters: $y = 1-t$

und $z = 1-t$. Das ergibt die Schnittgerade $g : \vec{x}(t) = \begin{pmatrix} 0 \\ 1 \\ 1 \end{pmatrix} + t \begin{pmatrix} 1 \\ -1 \\ -1 \end{pmatrix}$. Sie enthält

mit $t = 0$ den Punkt $P(0, 1, 1)$. Die normierten Normalenvektoren der Ebenen $E_1$

und $E_2$ sind $\vec{n}_1 = \dfrac{1}{\sqrt{6}} \begin{pmatrix} 1 \\ 2 \\ -1 \end{pmatrix}$ und $\vec{n}_2 = \dfrac{1}{\sqrt{6}} \begin{pmatrix} 1 \\ -1 \\ 2 \end{pmatrix}$.

Mit $\vec{n}_3 := \dfrac{\vec{n}_1 + \vec{n}_2}{|\vec{n}_1 + \vec{n}_2|} = \dfrac{1}{\sqrt{6}}\begin{pmatrix} 2 \\ 1 \\ 1 \end{pmatrix}$ und $\vec{n}_4 := \dfrac{\vec{n}_1 - \vec{n}_2}{|\vec{n}_1 - \vec{n}_2|} = \dfrac{1}{\sqrt{2}}\begin{pmatrix} 0 \\ 1 \\ -1 \end{pmatrix}$ erhalten wir

zwei winkelhalbierende Ebenen $E_3$ und $E_4$. $E_3 : 2x+y+z = d_3$ und $E_4 : y-z = d_4$. Da sie die Schnittgerade $g$ und damit den Punkt $P$ enthalten sollen, ist $d_3 = 2$ und $d_4 = 0$ zu wählen, d.h. aber $E_3 : 2x + y + z = 2$, $E_4 : y - z = 0$.

13. Gegeben sind die vier Punkte $A(1,1,-1)$, $B(3,0,-2)$, $C(2,4,0)$ und $D(0,a,1)$. Bestimmen Sie $a \in \mathbb{R}$ so, dass das Viereck $ABCD$ eben ist und berechnen Sie anschließend seinen Flächeninhalt.

**Lösung:**
Damit das Viereck $ABCD$ eben ist, müssen die Vektoren $\vec{b} := \overrightarrow{AB}$, $\vec{c} := \overrightarrow{AC}$ und $\vec{d} := \overrightarrow{AD}$ komplanar sein. Dann ist aber ihr Spatprodukt Null, d.h.:

$$0 = (\vec{b},\vec{c},\vec{d}) = \begin{vmatrix} 2 & 1 & -1 \\ -1 & 3 & a-1 \\ -1 & 1 & 2 \end{vmatrix} = -3a + 15 \Longrightarrow a = 5.$$

Zur Berechnung des Flächeninhalts des Vierecks $ABCD$ zerlegen wir dieses in die beiden Dreiecke $ABC$ und $ACD$. Deren Flächeninhalte sind dann:

$$A_1 = \frac{1}{2}|\vec{b} \times \vec{c}| = \frac{1}{2}\left|\begin{pmatrix} 2 \\ -1 \\ -1 \end{pmatrix} \times \begin{pmatrix} 1 \\ 3 \\ 1 \end{pmatrix}\right| = \frac{1}{2}\left|\begin{pmatrix} 2 \\ -3 \\ 7 \end{pmatrix}\right| = \frac{\sqrt{62}}{2} \quad \text{und}$$

$$A_2 = \frac{1}{2}|\vec{c} \times \vec{d}| = \frac{1}{2}\left|\begin{pmatrix} 1 \\ 3 \\ 1 \end{pmatrix} \times \begin{pmatrix} -1 \\ 4 \\ 2 \end{pmatrix}\right| = \frac{1}{2}\left|\begin{pmatrix} 2 \\ -3 \\ 7 \end{pmatrix}\right| = \frac{\sqrt{62}}{2},$$

woraus insgesamt folgt: $A = \sqrt{62}$.

14. Ermitteln Sie auf der Geraden $g : x = t$, $y = t - 1$, $z = 2t - 1$ jenen Punkt $P$, der von den Ebenen $E_1 : 3x - 2y + z = 1$ und $E_2 : 2x + y - 3z = 4$ den gleichen Abstand hat. Berechnen sie ferner diesen Abstand $d$.

**Lösung:**
$P$ muss auf einer winkelhalbierenden Ebene von $E_1$ und $E_2$ liegen. Deren Normalvektoren $\vec{n}_3$ und $\vec{n}_3$ berechnen sich aus den normierten Normalvektoren von $E_1$ und $E_2$:

$$\vec{n}_3 = \vec{n}_1 + \vec{n}_2 = \frac{1}{\sqrt{14}}\begin{pmatrix} 3 \\ -2 \\ 1 \end{pmatrix} + \frac{1}{\sqrt{14}}\begin{pmatrix} 2 \\ 1 \\ -3 \end{pmatrix} = \frac{1}{\sqrt{14}}\begin{pmatrix} 5 \\ -1 \\ -2 \end{pmatrix} \quad \text{und}$$

$$\vec{n}_4 = \vec{n}_1 - \vec{n}_2 = \frac{1}{\sqrt{14}}\begin{pmatrix} 3 \\ -2 \\ 1 \end{pmatrix} - \frac{1}{\sqrt{14}}\begin{pmatrix} 2 \\ 1 \\ -3 \end{pmatrix} = \frac{1}{\sqrt{14}}\begin{pmatrix} 1 \\ -3 \\ 4 \end{pmatrix}.$$

Damit erhalten wir für die winkelhalbierenden Ebenen: $E_3 : 5x - y - 2z = d_3$ und $E_4 : x - 3y + 4z = d_4$. Sie müssen die Schnittgerade und damit einen speziellen Punkt derselben enthalten. Ein solcher Punkt ist etwa $Q(2,3,1)$. Daraus folgt dann durch Einsetzen: $d_3 = 5$ und $d_4 = -3$. $P$ ist dann der Durchstoßpunkt von $g$ mit $E_3$ bzw. $E_4$.
Einsetzen von $g$ in $E_3$ liefert: $5t - (t - 1) - 2(2t - 1) = 5 \Longrightarrow$ Widerspruch, d.h. $g$ schneidet $E_3$ nicht.

Einsetzen von $g$ in $E_4$ liefert: $t - 3(t-1) + 4(2t-1) = -3 \Longrightarrow t = -\dfrac{1}{3}$ .

Damit erhalten wir $P\left(-\dfrac{1}{3}, -\dfrac{4}{3}, -\dfrac{5}{3}\right)$ .

Zur Ermittlung des Abstandes $d$ legen wir eine Ebene durch $P$ parallel zu $E_1$.

$E_1' : \ 3x - 2y + z = 3\left(-\tfrac{1}{3}\right) - 2\left(-\tfrac{4}{3}\right) + 1\left(-\tfrac{5}{3}\right) = 0 \Longrightarrow d = \dfrac{1-0}{|\vec{n}_1|} = \dfrac{1}{\sqrt{14}}$ .

15. Legen Sie durch den Punkt $P(-1, 0, -3)$ zwei Geraden, die die Gerade $g : \ x = 5t-1, \ y = 4t-1$ und $z = -3t+4$ unter dem Winkel von $60°$ schneiden. Bestimmen Sie den Flächeninhalt des durch diese 3 Geraden begrenzten Dreiecks.

**Lösung:**

Sei $\vec{x}(t)$ ein beliebiger Punkt auf $g$. Die Gerade $g_1$ durch diesen Punkt und $P$ besitzt

den Richtungsvektor $\vec{g}_1 = \begin{pmatrix} 5t \\ -1+4t \\ 7-3t \end{pmatrix}$, der mit dem Richtungsvektor der Geraden

$g\text{:}\ \vec{g} = \begin{pmatrix} 5 \\ 4 \\ -3 \end{pmatrix}$ den Winkel $\alpha$ einschließt, für den gilt:

$$\cos\alpha = \frac{(\vec{g}, \vec{g}_1)}{|\vec{g}|\,|\vec{g}_1|} = \frac{25t + 4(-1+4t) - 3(7-3t)}{\sqrt{50}\,\sqrt{25t^2 + (-1+4t)^2 + (7-3t)^2}} \overset{!}{=} \cos 60° = \frac{1}{2}\ .$$

$$\Longrightarrow 100t - 50 = \sqrt{50}\,\sqrt{50t^2 - 50t + 50} \quad\text{bzw.}\quad 2t - 1 = \sqrt{t^2 - t + 1}\ .$$

Quadrieren liefert: $3t^2 - 3t = 0$, woraus $t_1 = 0$ und $t_2 = 1$ folgen. Das ergibt die Geraden:

$$g_1 : \ \vec{x}(\tau) = \begin{pmatrix} -1 \\ 0 \\ -3 \end{pmatrix} + \tau \begin{pmatrix} 0 \\ -1 \\ 7 \end{pmatrix} \quad\text{und}\quad g_2 : \ \vec{x}(\sigma) = \begin{pmatrix} -1 \\ 0 \\ -3 \end{pmatrix} + \sigma \begin{pmatrix} 5 \\ 3 \\ 4 \end{pmatrix}$$

mit den Schnittpunkten $S_1(-1, -1, 4)$ und $S_2(4, 3, 1)$ auf $g$.

Der Flächeninhalt des Dreiecks $PS_1S_2$ ist dann

$$A = \frac{|\overrightarrow{PS_1} \times \overrightarrow{PS_1}|}{2} = \frac{1}{2}\left| \begin{pmatrix} 0 \\ -1 \\ 7 \end{pmatrix} \times \begin{pmatrix} 5 \\ 3 \\ 4 \end{pmatrix} \right| = \frac{1}{2}\left| \begin{pmatrix} -25 \\ 35 \\ 5 \end{pmatrix} \right| = \frac{\sqrt{1875}}{2} = \frac{25\sqrt{3}}{2}\ .$$

16. Legen Sie durch den Koordinatenursprung eine Gerade $g$, die normal zu den Vektoren $\vec{a} = \begin{pmatrix} 7 \\ 1 \\ 0 \end{pmatrix}$ und $\vec{b} = \begin{pmatrix} 6 \\ -1 \\ 1 \end{pmatrix}$ ist. Legen Sie ferner durch diese Gerade eine Ebene $E$, die durch den Punkt $P(4, 2, -1)$ verläuft.

**Lösung:**

Als Richtungsvektor $\vec{g}$ der Geraden $g$ verwenden wir dann $\vec{g} = \vec{a} \times \vec{b}$. Er ist normal

zu $\vec{a}$ und $\vec{b}$. Es ist $\vec{a} \times \vec{b} = \begin{pmatrix} 7 \\ 1 \\ 0 \end{pmatrix} \times \begin{pmatrix} 6 \\ -1 \\ 1 \end{pmatrix} = \begin{pmatrix} 1 \\ -7 \\ -13 \end{pmatrix} \Longrightarrow g : \ \vec{x}(t) = t \begin{pmatrix} 1 \\ -7 \\ -13 \end{pmatrix}.$

Die Gerade $g$ enthält mit $t = 0$ und $t = 1$ die Punkte $P_1(0, 0, 0)$ und $P_2(1, -7, -13)$. Die gesuchte Ebene wird durch die 3 Punkte $P$, $P_1$ und $P_2$ festgelegt, bzw. von den beiden Vektoren $\vec{p} = \overrightarrow{P_1P_2}$ und $\vec{q} = \overrightarrow{P_1P}$ aufgespannt. Das liefert dann eine Parameterdarstellung von $E$: $\vec{x}(t,s) = t \begin{pmatrix} 1 \\ -7 \\ -13 \end{pmatrix} + s \begin{pmatrix} 4 \\ 2 \\ -1 \end{pmatrix}$ bzw. in Linearform: $11x - 17y + 10z = 0$.

17. Legen Sie durch die Gerade $g_1 : \vec{x}(t) = \begin{pmatrix} -1 \\ 3 \\ -1 \end{pmatrix} + t \begin{pmatrix} 1 \\ -2 \\ 4 \end{pmatrix}$ eine Ebene $E$ derart, dass sie parallel zur Geraden $g_2 : \vec{x}(\tau) = \begin{pmatrix} 1 \\ 0 \\ -1 \end{pmatrix} + t \begin{pmatrix} 1 \\ 3 \\ 1 \end{pmatrix}$ ist. Ermitteln Sie ferner den Abstand $d^*$ dieser Ebene von $g_2$.

**Lösung:**
Der Normalenvektor von $E$ ist dann normal zu den Richtungsvektoren der beiden Geraden: $\vec{n} = \vec{g_1} \times \vec{g_2} = \begin{pmatrix} 1 \\ -2 \\ 4 \end{pmatrix} \times \begin{pmatrix} 1 \\ 3 \\ 1 \end{pmatrix} = \begin{pmatrix} -14 \\ 3 \\ 5 \end{pmatrix} \implies E : -14x + 3y + 5z = d.$

Der Punkt $Q(-1, 3, -1)$ der Geraden $g_1$ muss in $E$ liegen, woraus $d = 18$ folgt. Somit ist $E : -14x + 3y + 5z = 18$. Die Parallelebene $E'$, die die Gerade $g_2$ und damit den Punkt $R(1, 0, -1)$ enthält, ist $-14x + 3y + 5z = -19$.

Der gesuchte Abstand ist dann: $d^* = \left| \dfrac{18 - (-19)}{\sqrt{14^2 + 3^2 + 5^2}} \right| = \dfrac{37}{\sqrt{230}}$ .

18. Bestimmen Sie auf der Schnittgeraden $g$ der Ebenen $E_1 : x - y = -1$ und $E_2 : x - 2y + z = 3$ einen Punkt $P_1$ derart, dass der Flächeninhalt des Dreiecks $\Delta$ mit den Eckpunkten $P_1$, $P_2(1, 0, 0)$ und $P_3(0, 2, 0)$ minimal ist. Ermitteln Sie ferner die Ebene $E$ durch diese drei Punkte.

**Lösung:**

Mit $x = t$ erhalten wir für die Schnittgerade $g : \vec{x}(t) = \begin{pmatrix} 0 \\ 1 \\ 5 \end{pmatrix} + t \begin{pmatrix} 1 \\ 1 \\ 1 \end{pmatrix}$ und damit $P_1(t, t+1, t+5)$. Das Dreieck $\Delta$ wird dann von den Vektoren $\vec{a} = \overrightarrow{P_2P_1}$ und $\vec{b} = \overrightarrow{P_2P_3}$ aufgespannt und besitzt den Flächeninhalt

$$A = \frac{|\vec{a} \times \vec{b}|}{2} = \frac{1}{2} \left| \begin{pmatrix} t-1 \\ t+1 \\ t+5 \end{pmatrix} \times \begin{pmatrix} -1 \\ 2 \\ 0 \end{pmatrix} \right| = \frac{1}{2} \left| \begin{pmatrix} -2t-10 \\ -t-5 \\ 3t-1 \end{pmatrix} \right| =$$

$$= \frac{\sqrt{14t^2 + 44t + 126}}{2} = \frac{\sqrt{14 \left( t + \frac{11}{7} \right)^2 + \frac{640}{7}}}{2} .$$

$A$ ist offensichtlich minimal, wenn $t = -\dfrac{11}{7} \implies P_1 \left( -\dfrac{11}{7}, -\dfrac{4}{7}, \dfrac{24}{7} \right)$. Für dieses $t$ ist $\vec{a} = \begin{pmatrix} -\frac{18}{7} \\ -\frac{4}{7} \\ \frac{24}{7} \end{pmatrix}$. Der Normalenvektor der von $\vec{a}$ und $\vec{b}$ aufgespannten Ebene $E$ ist

$$\text{dann: } \vec{n} = \vec{a} \times \vec{b} = \frac{1}{7} \begin{pmatrix} -18 \\ -4 \\ 24 \end{pmatrix} \times \begin{pmatrix} -1 \\ 2 \\ 0 \end{pmatrix} = \frac{1}{7} \begin{pmatrix} -48 \\ -24 \\ -40 \end{pmatrix} \implies E: \; 6x + 3y + 5z = 6.$$

19. Bestimmen Sie eine Ebene $E$, die normal zur Ebene: $E_1 : \; x - y - z = 5$ ist und die Gerade $g : \; \vec{x}(t) = (3 + t)\vec{e}_1 + (2 + 2t)\vec{e}_2 + (1 + 3t)\vec{e}_3$ enthält.

**Lösung:**
Die gesuchte Ebene wird einerseits vom Normalenvektor der gegebenen Ebene $E_1$

$\vec{n}_1 = \begin{pmatrix} 1 \\ -1 \\ -1 \end{pmatrix}$ und andererseits dem Richtungsvektor $\vec{g} = \begin{pmatrix} 1 \\ 2 \\ 3 \end{pmatrix}$ der Geraden $g$

aufgespannt und enthält mit $t = 0$ den Punkt $P(3, 2, 1)$. Das liefert die Parameter-

darstellung für $E: \; \vec{x}(r, s) = \begin{pmatrix} 3 \\ 2 \\ 1 \end{pmatrix} + r \begin{pmatrix} 1 \\ -1 \\ -1 \end{pmatrix} + s \begin{pmatrix} 1 \\ 2 \\ 3 \end{pmatrix} \implies x + 4y - 3z = 8.$

20. Gegeben sind die Punkte $P(1, 2, 3)$, $Q(2, 3, 1)$ und $R(3, 1, 2)$. Bestimmen Sie:
   a) Einen Winkel des Dreiecks $PQR$,
   b) die Gleichung der Ebene $E$ durch die Punkte $P, Q, R$,
   c) die Gleichung der Parallelebene $E'$ durch den Punkt $S(4, 1, 2)$,
   d) den Abstand $\Delta$ der Ebene $E$ vom Punkt $T(2, 3, 4)$,
   e) den Inhalt der Dreiecksfläche.

**Lösung:** Das Dreieck $PQR$ wird von den Vektoren

$\vec{a} = \overrightarrow{PQ} = \begin{pmatrix} 1 \\ 1 \\ -2 \end{pmatrix}$ und $\vec{b} = \overrightarrow{PR} = \begin{pmatrix} 2 \\ -1 \\ -1 \end{pmatrix}$ aufgespannt.

(a) Für den Winkel $\alpha$ bei $P$ gilt dann:

$$\cos \alpha = \frac{(\vec{a}, \vec{b})}{|\vec{a}|\,|\vec{b}|} = \frac{1}{\sqrt{6}\sqrt{6}} \left(1 \cdot 2 + 1(-1) + (-2)(-1)\right) = \frac{1}{2} \implies \alpha = \frac{\pi}{3}\,.$$

(b) Die Flächennormale des Dreiecks $PQR$ und damit der Ebene $E$ ist bestimmt

durch: $\vec{n} = \vec{a} \times \vec{b} = \begin{pmatrix} -3 \\ -3 \\ -3 \end{pmatrix} \implies E: \; x + y + z = d.$

Da $E$ den Punkt $P(1, 2, 3)$ enthält, folgt: $d = 6$, d.h. $E: \; x + y + z = 6.$

(c) $E'$ enthält den Punkt $S(4, 1, 2) \implies d = 7$, d.h. $E: \; x + y + z = 7.$

(d) Dazu legen wir eine Ebene $E^*$ parallel zu $E$ durch den Punkt $T(2, 3, 4)$. Es ist

$E^* : \; x + y + z = 9$. Mit dem Normalenvektor $\vec{n} = \begin{pmatrix} 1 \\ 1 \\ 1 \end{pmatrix}$ erhalten wir dann

$$\Delta = \frac{|d_E - d_{E^*}|}{|\vec{n}|} = \frac{3}{\sqrt{3}} = \sqrt{3}\,.$$

(e) $A = \left| \dfrac{\vec{a} \times \vec{b}}{2} \right| = \dfrac{1}{2} \left| \begin{pmatrix} -3 \\ -3 \\ -3 \end{pmatrix} \right| = \dfrac{\sqrt{27}}{2} = \dfrac{3\sqrt{3}}{2}\,.$

21. Gegeben ist das Dreieck $\Delta$ mit den Eckpunkten $P(0,0,1)$, $Q(0,1,0)$ und $R\left(3,\frac{1}{2},\frac{1}{2}\right)$ sowie die Ebene $E: x+z=1$. Bestimmen Sie die Gleichung der Geraden $g$, die den Schwerpunkt $S$ von $\Delta$ enthält und normal zur Dreiecksfläche ist. Berechnen Sie ferner, wo und unter welchem Winkel $\alpha$ $g$ die Ebene $E$ durchstößt.

**Lösung:**

Bekanntlich gilt für den Ortsvektor des Schwerpunkts: $\overrightarrow{OS} = \frac{1}{3}\left(\overrightarrow{OP}+\overrightarrow{OQ}+\overrightarrow{OR}\right)$.

Das ergibt $\overrightarrow{OS} = \begin{pmatrix} 1 \\ \frac{1}{2} \\ \frac{1}{2} \end{pmatrix} \implies S\left(1,\frac{1}{2},\frac{1}{2}\right)$. Für die Flächennormale von $\Delta$ gilt:

$$\vec{n} = \overrightarrow{PQ} \times \overrightarrow{PR} = \begin{pmatrix} 0 \\ 1 \\ -1 \end{pmatrix} \times \begin{pmatrix} 3 \\ \frac{1}{2} \\ -\frac{1}{2} \end{pmatrix} = \begin{pmatrix} 0 \\ -3 \\ -3 \end{pmatrix} \implies g: \vec{x}(t) = \begin{pmatrix} 1 \\ \frac{1}{2} \\ \frac{1}{2} \end{pmatrix} + t \begin{pmatrix} 0 \\ 1 \\ 1 \end{pmatrix}.$$

Den Durchstoßpunkt der Geraden $g$ mit der Ebene $E$ erhalten wir durch Einsetzen von $g$ in $E$: $1+\frac{1}{2}+t=1$, d.h. $t=-\frac{1}{2} \implies D(1,0,0)$.

Für den Winkel $\alpha$ gilt: $\alpha=90-\beta$ mit $\cos\beta = \frac{(\vec{n}_E,\vec{n})}{|\vec{n}_E|\,|\vec{n}|} = \frac{1}{\sqrt{2}\sqrt{2}} = \frac{1}{2} \implies \alpha = 30°$.

22. Untersuchen Sie, für welche $a \in \mathbb{R}$ sich die Geraden $g_1: 2x+y=4$, $g_2: 4x-y=2$ und $g_3: 2x-2y=a$ in einem Punkt $S$ schneiden und bestimmen Sie diesen.

**Lösung:**

Wir bestimmen zunächst den Schnittpunkt von $g_1$ und $g_2$. Addition der beiden Geradengleichungen ergibt $x=1$ und weiters $y=2$. Dieser Punkt liegt auch auf $g_3$, falls $a=-2$ ist, d.h. $S(1,2)$ ist dann gemeinsamer Schnittpunkt der drei Geraden.

23. Spiegeln Sie den Punkt $P(4,3,2)$ an der Ebene $E: 2x+z=5$.

**Lösung:**

Dazu bestimmen wir eine Gerade $g$ durch $P$, die normal zu $E$ ist. Ihr Richtungsvektor $\vec{g}$ ist dann durch den Normalenvektor der Ebene bestimmt. Damit erhalten wir

$$g: \vec{x}(t) = \begin{pmatrix} 4 \\ 3 \\ 2 \end{pmatrix} + t \begin{pmatrix} 2 \\ 0 \\ 1 \end{pmatrix}.$$ Als nächstes berechnen wir den Parameterwert $t_0$ des

Schnittpunktes von $g$ mit $E$: $8+4t+2+t=5 \implies t_0=-1$. Der Spiegelpunkt $\bar{P}$ hat dann den Parameterwert $t^*=-2$ und damit ist $\bar{P}(0,3,0)$.

24. Spiegeln Sie die Gerade $g: \vec{x}(t) = \begin{pmatrix} 1 \\ 1 \\ 0 \end{pmatrix} + t \begin{pmatrix} 0 \\ 0 \\ t \end{pmatrix}$ an der Ebene $E: x+y+z=1$.

**Lösung:**

Die Spiegelgerade geht durch den Durchstoßpunkt $D$ von $g$, für den durch Einsetzen von $g$ in $E$ folgt: $1+1+t=1$, d.h. $t_0=-1 \implies D(1,1,-1)$. Den Richtungsvektor $\vec{g}'$ der Spiegelgeraden erhalten wir, indem wir im Richtungsvektor $\vec{g}$ der Geraden $g$ die Normalkomponente bezüglich der Ebene $E$: $\vec{g}_n$ durch $-\vec{g}_n$ ersetzen. Das ist aber gleichbedeutend mit $\vec{g}' = \vec{g} - 2\vec{g}_n$.

Mit $\vec{g}_n = (\vec{g}, \vec{n})\vec{n} = \left\{ \begin{pmatrix} 0 \\ 0 \\ 1 \end{pmatrix} \cdot \dfrac{1}{\sqrt{3}} \begin{pmatrix} 1 \\ 1 \\ 1 \end{pmatrix} \right\} \dfrac{1}{\sqrt{3}} \begin{pmatrix} 1 \\ 1 \\ 1 \end{pmatrix} = \begin{pmatrix} \frac{1}{3} \\ \frac{1}{3} \\ \frac{1}{3} \end{pmatrix}$ erhalten wir für die

Spiegelgerade $g' : \vec{x}(\tau) = \begin{pmatrix} 1 \\ 1 \\ -1 \end{pmatrix} + \tau \begin{pmatrix} -2 \\ -2 \\ 1 \end{pmatrix}$.

25. Gegeben sind der Punkt $P(1,0,2)$ sowie die zwei Ebenen $E_1 : \ x + y + z = 4$ und

$E_2 : \ \vec{x}(s,t) = \begin{pmatrix} 0 \\ 2 \\ 1 \end{pmatrix} + s \begin{pmatrix} 1 \\ 0 \\ 1 \end{pmatrix} + t \begin{pmatrix} 2 \\ -1 \\ 0 \end{pmatrix}$. Bestimmen Sie:

a) Den Normalabstand $d_1$ von $P$ nach $E_1$,
b) die Schnittgerade $g$ von $E_1$ mit $E_2$ und
c) jene Ebene $E_3$, die normal zu $g$ ist und durch $P$ geht.

**Lösung:**

a) Die Ebene $E_1^* : \ x + y + z = 3$ ist parallel zu $E_1$ und geht durch $P$. Dann ist

$$d_1 = \frac{|4 - 3|}{\sqrt{3}} = \frac{1}{\sqrt{3}} \ .$$

b) Einsetzen von $E_2$ in $E_1$ liefert: $(s + 2t) + (2 - t) + (1 + s) = 4 \Longrightarrow t = 1 - 2s$,

woraus dann aus $E_2$ folgt: $g : \ \vec{x}(s) = \begin{pmatrix} 2 \\ 1 \\ 1 \end{pmatrix} + s \begin{pmatrix} -3 \\ 2 \\ 1 \end{pmatrix}$.

c) Da die Ebene $E_3$ normal zu $g$ sein soll, ist ihr Normalenvektor $\vec{n}$ durch den

Richtungsvektor von $g$: $\vec{g} = \begin{pmatrix} -3 \\ 2 \\ 1 \end{pmatrix}$ bestimmt. Das liefert zunächst:

$-3x + 2y + z = d_3$. $E_3$ soll den Punkt $P$ enthalten. Dann ist $d_3 = -1$ und damit

$E_3 : \ 3x - 2y - z = 1$ .

## 2.1.3   Beispiele mit Lösungen

1. Bestimmen Sie eine Ebene $E$ durch den Punkt $P(1,2,0)$, die die Schnittgerade der
   beiden Ebenen $E_1 : \ x + y - z = -1$ und $E_2 : \ 2x + 2y + z = 4$ enthält.

   Lösung: $E : \ x + y + z = 3$ .

2. Vom Punkt $P(1,1,1)$ werden die Lote auf die beiden Ebenen $E_1 : \ x + y - z = 7$
   und $E_2 : \ 5x - 2y + z = 34$ gefällt. Ermitteln Sie die Schnittpunkte $D_1, D_2$ der Lote
   mit den Ebenen $E_1$ bzw. $E_2$, sowie den Winkel zwischen $E_1$ und $E_2$.

   Lösung: $D_1(3,3,-1)$, $D_2(6,-1,2)$, $\alpha \approx 77{,}8°$.

3. Gegeben sind die zwei Ebenen $E_1$ und $E_2$:
   $E_1$ durch die Gleichung $x + 2y - 3z = 7$ und
   $E_2$ durch die drei Punkte $P_1(0,1,1)$, $P_2(1,0,1)$, $P_3(1,1,0)$.

Berechnen Sie den Winkel, den die beiden Ebenen einschließen.
Lösung: $\alpha = \pi/2$ .

4. Im $\mathbb{R}^3$ sollen sich die beiden Geraden
$$g_1 : x - 1 = \frac{y+1}{2} = -\frac{z+1}{a} \quad \text{und} \quad g_2 : x + 2 = y - 1 = z \quad \text{schneiden.}$$
a) Welchen Wert muss $a$ dann haben?
b) Welche Koordinaten hat der Schnittpunkt?
c) Bestimmen Sie die Gleichung der Ebene, in der $g_1$ und $g_2$ liegen in parameterfreier Form.

Lösung:  a) $a = -\dfrac{9}{5}$ ,  b) $S(6, 9, 8)$,  c) $x + 4y - 5z = 2$ .

5. Bestimmen Sie die Schnittgerade $g$ der beiden Ebenen $E_1 :$  $4x - 3y + z = 1$ und $E_2 :$ $y - 2z = 0$. Unter welchem Winkel $\alpha$ schneidet $g$ die $xy$-Ebene?

Lösung: $\vec{x}(t) = \begin{pmatrix} \frac{1}{4} \\ 0 \\ 0 \end{pmatrix} + t \begin{pmatrix} \frac{5}{4} \\ 2 \\ 1 \end{pmatrix}$ ,  $\alpha \approx 23°$.

6. Legen Sie durch den Punkt $A(1, 1, 2)$ eine Ebene $E$ derart, dass sie die Schnittgerade $g$ der Ebenen $x + y - z = 1$ und $2x + y - 2z = 0$ unter rechtem Winkel schneidet. Unter welchem Winkel schneidet $E$ die $x$-Achse?

Lösung:  $E :$ $x + z = 3$,  $\alpha = 45°$.

7. Unter welchem Winkel schneidet die Gerade $g :$ $\vec{x}(t) = \vec{a} + t\vec{b}$ die Ebene $E :$ $(\vec{x} - \vec{c}) \cdot \vec{d}$

mit:  $\vec{a} = \begin{pmatrix} 7 \\ 4 \\ 1 \end{pmatrix}$ ,  $\vec{b} = \begin{pmatrix} 1 \\ -1 \\ 1 \end{pmatrix}$ ,  $\vec{c} = \begin{pmatrix} -1 \\ 3 \\ -2 \end{pmatrix}$  und  $\vec{d} = \begin{pmatrix} 1 \\ 0 \\ 2 \end{pmatrix}$ .

Lösung:  $\alpha = \dfrac{\pi}{2} - \arccos\sqrt{\dfrac{3}{5}}$ .

8. Gegeben sind die vier Ebenen $E_1 :$  $2x + y + z = 4$ ,  $E_2 :$  $x + 3y + z = 1$ , $E_3 :$ $x + 2y - z = 2$ und $E_4 :$ $-x - y + 3z = -1$. Bestimmen Sie:
a) Die Schnittgerade $g$ der Ebenen $E_1$ und $E_2$,
b) den Durchstoßpunkt $P$ dieser Geraden mit der Ebene $E_3$,
c) die Gerade $g_1$, die normal zu $E_4$ ist und $P$ enthält.

Lösung:

a) $g :$ $\vec{x}(t) = \begin{pmatrix} 0 \\ -\frac{3}{2} \\ \frac{11}{2} \end{pmatrix} + t \begin{pmatrix} 1 \\ \frac{1}{2} \\ -\frac{5}{2} \end{pmatrix}$ ,  b) $P\left(\dfrac{7}{3}, -\dfrac{1}{3}, -\dfrac{1}{3}\right)$,

c) $g_1 :$ $\vec{x}(\tau) = \begin{pmatrix} \frac{7}{3} \\ -\frac{1}{3} \\ -\frac{1}{3} \end{pmatrix} + \tau \begin{pmatrix} -1 \\ -1 \\ 3 \end{pmatrix}$ .

9. Gegeben sind die Ebenen $E_1 :$ $x + y - z = 4$, $E_2 :$  $2x + ay + 3z = 3$, $a \in \mathbb{R}$ und der Punkt $P(0, 1, -3)$.

a) Bestimmen Sie $a$ so, dass die Ebene $E_2$ den Punkt $P$ enthält.

b) In welchem Punkt $Q$ durchstößt die Schnittgerade von $E_1$ und $E_2$ die $xy$-Ebene?

c) Welcher Punkt $R$ der Ebene $E_1$ besitzt den kleinsten Abstand vom Ursprung?

Lösung:   a) $a = 12$,   b) $Q\left(\dfrac{9}{2}, -\dfrac{1}{2}, 0\right)$,   c) $R\left(\dfrac{4}{3}, \dfrac{4}{3}, -\dfrac{4}{3}\right)$.

10. Gegeben sind die Ebene $E: \ x + z = 7$ und die Gerade $g: \ \vec{x}(t) = \begin{pmatrix} 0 \\ 1 \\ -2 \end{pmatrix} + t \begin{pmatrix} 1 \\ 1 \\ 2 \end{pmatrix}$.

   Bestimmen Sie:

   a) Die Gleichung der Ebene $E_1$, die $g$ enthält und die normal zu $E$ ist,

   b) den Winkel $\alpha$, den die Flächennormale von $E$ mit $g$ einschließt und

   c) jene Gerade $g_1$, die in $E$ liegt und $g$ unter rechtem Winkel schneidet.

   Lösung:   a) $E_1: \ x + y - z = 3$,   b) $\alpha = 30°$,   c) $g_1: \ \vec{x}(\tau) = \begin{pmatrix} 3 \\ 4 \\ 4 \end{pmatrix} + \tau \begin{pmatrix} 1 \\ 1 \\ -1 \end{pmatrix}$.

11. Prüfen Sie, ob sich die Geraden $g_1: \ 2x - 3y = 6$, $g_2: \ 3x + y = 9$ und $g_3: \ x + 4y = 3$ in einem Punkt $S$ schneiden und bestimmen Sie diesen gegebenenfalls.

   Lösung:   ja,   $S(3, 0)$.

12. Vom Punkt $P(1,1,1)$ aus werden auf die beiden Ebenen $E_1: \ x + y - z = 7$ und $E_2: \ 5x - 2y + z = 34$ die Lote gefällt. Bestimmen Sie:

   a) Die Schnittpunkte $S_1$ und $S_2$ der Lote mit der entsprechenden Ebene,

   b) den Flächeninhalt des Dreiecks, das von $P$ und den Schnittpunkten gebildet wird,

   c) den Winkel zwischen den Ebenen.

   Lösung:   a) $S_1(3, 3, -1)$, $S_2(6, -1, 2)$,   b) $A = \sqrt{86}$,   c) $\alpha \approx 77{,}8°$.

13. Bestimmen Sie den Normalabstand der Geraden

$$g_1: \ \vec{x}(t) = \begin{pmatrix} 1 \\ 2 \\ 0 \end{pmatrix} + t \begin{pmatrix} 0 \\ 2 \\ 1 \end{pmatrix} \quad \text{und } g_2: \ \vec{x}(\tau) = \begin{pmatrix} 0 \\ 1 \\ 1 \end{pmatrix} + \tau \begin{pmatrix} 1 \\ -1 \\ 1 \end{pmatrix}.$$

   Lösung:   $d = \dfrac{6}{\sqrt{14}}$.

14. Spiegeln Sie den Punkt $P(2, 0, 1)$ an der Ebene $E: \ x + y + z = 6$.

   Lösung:   $\bar{P} = (4, 2, 3)$.

15. Bestimmen Sie die Gleichung der Ebene $E$, die durch die Gerade

$$g: \ \vec{x}(t) = \begin{pmatrix} 1 \\ 0 \\ 1 \end{pmatrix} + t \begin{pmatrix} 1 \\ 1 \\ -1 \end{pmatrix} \quad \text{und den Punkt } P(1,1,1) \text{ bestimmt ist. Ermitteln Sie}$$

   ferner jenen Punkt $Q$ von $E$, der den kürzesten Abstand vom Ursprung hat.

   Lösung:   $E: \ x + z = 2$,   $Q(1, 0, 1)$.

16. Gegeben sind die drei Ebenen $E_1: \ x - y + 2z = 0$, $E_2: \ 2x + y - z = 3$ und $E_3: \ 11x + y + 2z = 12$.

a) Zeigen Sie, dass sich die drei Ebenen längs einer Geraden schneiden.

b) Bestimmen Sie jene Ebene, die normal zu $g$ ist und den Punkt $P(1,1,1)$ enthält.

c) Berechnen Sie den Winkel zwischen $E_1$ und $E_2$.

Lösung:   b) $x - 5y - 3z = -7$,   c) $\alpha \approx 99,6°$.

17. Gibt es eine reelle Zahl $a$, so dass die vier Punkte $A(1,0,2)$, $B(2,-1,3)$, $C(1,4,a)$ und $D(0,1,-2)$ in einer Ebene liegen?

Lösung:   Nein.

18. Ermitteln Sie den Volumsinhalt und den Schwerpunkt der Pyramide mit den Eckpunkten $A(1,-1,2)$, $B(0,1,1)$, $C(2,1,3)$ und $D(0,0,4)$.

Lösung:   $V = 2$,   $S\left(\dfrac{3}{4}, \dfrac{1}{4}, \dfrac{10}{4}\right)$.

19. Ermitteln Sie den Abstand der beiden windschiefen Geraden

$$g_1 : \ \vec{x}(t) = \begin{pmatrix} 1 \\ -1 \\ 0 \end{pmatrix} + t \begin{pmatrix} 0 \\ 1 \\ 2 \end{pmatrix}, \quad g_2 : \ \vec{x}(\tau) = \begin{pmatrix} -2 \\ 0 \\ 1 \end{pmatrix} + \tau \begin{pmatrix} 1 \\ -1 \\ 2 \end{pmatrix}.$$

Lösung:   $d = \dfrac{11}{\sqrt{21}}$.

20. Bestimmen Sie den Durchstoßpunkt der Geraden $g : \ \vec{x}(t) = \begin{pmatrix} 1 \\ 1 \\ -3 \end{pmatrix} + t \begin{pmatrix} 2 \\ 1 \\ 4 \end{pmatrix}$ mit der Kugel $K : \ x^2 + y^2 + z^2 - 2x + 4y + 2z = 14$.

Lösung:

$$P_1\left(\frac{31}{21} + \frac{4\sqrt{43}}{21}, \ \frac{26}{21} + \frac{2\sqrt{43}}{21}, \ -\frac{43}{21} + \frac{8\sqrt{43}}{21}\right),$$

$$P_2\left(\frac{31}{21} - \frac{4\sqrt{43}}{21}, \ \frac{26}{21} - \frac{2\sqrt{43}}{21}, \ -\frac{43}{21} - \frac{8\sqrt{43}}{21}\right).$$

# 2.2   Vektoren und Vektorräume

## 2.2.1   Grundlagen

- Untervektorraum: Eine (nichtleere) Teilmenge $W \subset V$ eines Vektorraumes $V$ über dem Körper $\mathbb{K}$, z.B. $\mathbb{R}$ oder $\mathbb{C}$ heißt Untervektorraum, wenn für alle $\vec{a}, \vec{b} \in W$ und alle $\lambda \in \mathbb{K}$ gilt: $\vec{a} + \vec{b} \in W$ und $\lambda \vec{a} \in W$.

  Mit $\lambda = 0$ enthält dann jeder Vektorraum den Nullvektorraum, der nur aus dem Nullvektor besteht.

- $n$ Vektoren $\vec{a}_1, \vec{a}_2, \ldots \vec{a}_n$ heißen linear unabhängig, wenn aus

  $$\lambda_1 \vec{a}_1 + \lambda_2 \vec{a}_2 + \cdots + \lambda_n \vec{a}_n = \vec{0}$$

  folgt: $\lambda_1 = \lambda_2 = \cdots = \lambda_n = 0$.

- Besitzt ein Vektorraum $V$ nur endlich viele linear unabhängige Vektoren, so bezeichnet deren maximale Anzahl $n$ die Dimension von $V$.

- In einem $n$-dimensionalen Vektorraum $V$ bilden jeweils $n$ linear unabhängige Vektoren $(\vec{c}_1, \vec{c}_2, \ldots, \vec{c}_n)$ eine Basis $\mathcal{B}$ von $V$.

  Jeder Vektor $\vec{a}$ ist dann eindeutig auf die Basisvektoren aufspannbar, d.h. in

  $$\vec{a} = \lambda_1 \vec{c}_1 + \lambda_2 \vec{c}_2 + \cdots + \lambda_n \vec{c}_n$$

  sind die Zahlen $\lambda_1, \lambda_2, \ldots, \lambda_n$ (die Koordinaten des Vektors $\vec{a}$ bezüglich der Basis $\mathcal{B}$) eindeutig bestimmt.

- Die Basisvektoren $\vec{e}_i$ der „kanonischen Basis" $\mathcal{E}$ enthalten an der $i$-ten Stelle die Eins, sonst jeweils die Null.

- $k$ Vektoren $\vec{a}_1, \vec{a}_2, \ldots, \vec{a}_k$ in einem Vektorraum $V$ spannen gemäß

  $$W = \{\vec{a} = \lambda_1 \vec{a}_1 + \lambda_2 \vec{a}_2 + \cdots + \lambda_k \vec{a}_k \mid \lambda_1, \lambda_2, \ldots, \lambda_k \in \mathbb{R}\}$$

  einen Untervektorraum $W$ auf. Bezeichnung: $W = \text{Span}(\vec{a}_1, \vec{a}_2, \ldots, \vec{a}_k)$. Dabei ist die Dimension von $W$ durch die Anzahl der linear unabhängigen Vektoren von $\vec{a}_1, \vec{a}_2, \ldots, \vec{a}_k$ gegeben.

- Im Vektorraum $\mathbb{R}^n$ wird durch die Bilinearform

  $$(\vec{x}, \vec{y}) = \sum_{i=1}^{n} x_i y_i$$

  ein Skalarprodukt (inneres Produkt) definiert. Dabei bezeichnen $x_i$ und $y_i$ die $i$-ten Koordinaten der Vektoren $\vec{x}$ bzw. $\vec{y}$ bezüglich der kanonischen Basis $\mathcal{E}$.

- Im Vektorraum $\mathbb{C}^n$ wird durch die Bilinearform

  $$(\vec{x}, \vec{y}) = \sum_{i=1}^{n} x_i \bar{y}_i$$

  ein Skalarprodukt definiert.

- Zwei Vektoren $\vec{x}$ und $\vec{y}$ heißen orthogonal, wenn $(\vec{x}, \vec{y}) = 0$.

- Durch $\|\vec{x}\| := \sqrt{(\vec{x}, \vec{x})}$ wird dem Vektor $\vec{x}$ eine „Länge" (Norm) zugeordnet.

- Zwei Vektoren $\vec{x}, \vec{y} \neq \vec{0}$ eines Vektorraumes über $\mathbb{R}$ kann durch

$$\cos \varphi := \frac{(\vec{x}, \vec{y})}{\|\vec{x}\|\|\vec{y}\|}$$

ein „Winkel" zugeordnet werden.

- Orthogonalisierungsverfahren von GRAM-SCHMIDT:
  Gegeben seien $n$ linear unabhängige Vektoren $\vec{a}_1, \vec{a}_2, \ldots \vec{a}_n$ aus einem Innenprodukt-raum (Vektorraum mit innerem Produkt, z.B. der $\mathbb{R}^n$). Dann gibt es Konstanten $\lambda_{ij}, i = 1 \ldots n, j = 1 \ldots i$, so dass die Vektoren $\vec{c}_i = \lambda_{i1}\vec{a}_1 + \lambda_{i2}\vec{a}_2 + \cdots + \lambda_{ii}\vec{a}_i, \quad \lambda_{ii} \neq 0$
  ein Orthonormalsystem bilden.
  Die $\vec{c}_i$ sind dann durch

$$\vec{c}_1 = \frac{\vec{a}_1}{\|\vec{a}_1\|}, \quad \vec{c}_i = \frac{\vec{a}_i - \sum\limits_{k=1}^{i-1}(\vec{a}_i, \vec{c}_k)\vec{c}_k}{\left\|\vec{a}_i - \sum\limits_{k=1}^{i-1}(\vec{a}_i, \vec{c}_k)\vec{c}_k\right\|}, \quad i \geq 2$$

rekursiv gegeben.

- Im $\mathbb{R}^3$ wird ein Vektorprodukt definiert durch

$$\vec{x} \times \vec{y} := \begin{pmatrix} x_2y_3 - x_3y_2 \\ x_3y_1 - x_1y_3 \\ x_1y_2 - x_2y_1 \end{pmatrix} = (x_2y_3 - x_3y_2)\vec{e}_1 + (x_3y_1 - x_1y_3)\vec{e}_2 + (x_1y_2 - x_2y_1)\vec{e}_3 =$$

$$= \begin{vmatrix} \vec{e}_1 & \vec{e}_2 & \vec{e}_3 \\ x_1 & x_2 & x_3 \\ y_1 & y_2 & y_3 \end{vmatrix}.$$

## 2.2.2 Musterbeispiele

1. Untersuchen Sie, ob die folgenden Mengen von Vektoren des $\mathbb{R}^n$ Untervektorräume sind:
   a) $U = \{\vec{x} \in \mathbb{R}^n \,|\, 3x_1 + x_2 = 0\}$, \qquad b) $V = \{\vec{x} \in \mathbb{R}^n \,|\, 3x_1 + x_2 = 1\}$,

   c) $W = \{\vec{x} \in \mathbb{R}^n \,|\, x_1 \geq 0\}$.

   **Lösung:**
   a) Zu zeigen ist, dass mit $\vec{x}, \vec{y} \in U$ gilt: $(\vec{x} + \vec{y}) \in U$ und $(\lambda\vec{x}) \in U$ für alle $\lambda \in \mathbb{R}$.

   Wegen $3(x_1 + y_1) + (x_2 + y_2) = \underbrace{(3x_1 + x_2)}_{0} + \underbrace{(3y_1 + y_2)}_{0} = 0$ ist $(\vec{x} + \vec{y}) \in U$.

   Wegen $3(\lambda x_1) + \lambda x_2 = \lambda\underbrace{(3x_1 + x_2)}_{0} = 0$ ist auch $(\lambda\vec{x}) \in U$.

   Damit ist $U$ Untervektorraum von $\mathbb{R}^n$.

   b) Seien $\vec{x}, \vec{y} \in V$. Wegen $3(x_1 + y_1) + (x_2 + y_2) = \underbrace{(3x_1 + x_2)}_{1} + \underbrace{(3y_1 + y_2)}_{1} = 2 \neq 1$

ist $(\vec{x} + \vec{y}) \notin V$, d.h. $V$ ist nicht Untervektorraum von $\mathbb{R}^n$.

c) Seien $\vec{x}, \vec{y} \in W$. Wegen $x_1 \geq 0$ und $y_1 \geq 0$ ist auch $(\vec{x} + \vec{y})_1 = x_1 + y_1 \geq 0$, d.h. $(\vec{x} + \vec{y}) \in W$ aber wegen $\lambda x_1 < 0$ für $\lambda < 0$ ist $(\lambda \vec{x}) \notin W$. Damit ist $W$ kein Untervektorraum von $\mathbb{R}^n$.

2. Sind die Vektoren

$$\vec{a} = \begin{pmatrix} 1 \\ 4 \\ 3 \\ 2 \end{pmatrix} , \quad \vec{b} = \begin{pmatrix} 2 \\ 1 \\ 3 \\ 4 \end{pmatrix} , \quad \vec{c} = \begin{pmatrix} 0 \\ 1 \\ 1 \\ 0 \end{pmatrix} , \quad \vec{d} = \begin{pmatrix} 3 \\ 4 \\ 5 \\ 6 \end{pmatrix}$$

linear abhängig oder unabhängig? Geben Sie eine Basis des von ihnen aufgespannten Untervektorraumes an. Welche Dimension hat dieser Raum?

**Lösung:**

Die Vektoren $\vec{a}, \vec{b}, \vec{c}$ und $\vec{d}$ sind genau dann linear unabhängig, wenn die Gleichung

$$\kappa \vec{a} + \lambda \vec{b} + \mu \vec{c} + \nu \vec{d} = \vec{0}$$

nur für $\kappa = \lambda = \mu = \nu = 0$ erfüllt ist. Komponentenweise angeschrieben heißt das, dass das lineare Gleichungssystem

$$
\begin{array}{rcrcrcrcl}
\kappa & + & 2\lambda & & & + & 3\nu & = & 0 \\
4\kappa & + & \lambda & + & \mu & + & 4\nu & = & 0 \\
3\kappa & + & 3\lambda & + & \mu & + & 5\nu & = & 0 \\
2\kappa & + & 4\lambda & & & + & 6\nu & = & 0
\end{array}
$$

nur die triviale Lösung besitzt. Da die vierte Gleichung äquivalent zur ersten ist, kann sie weggelassen werden. Subtraktion des Vierfachen der ersten Gleichung von der zweiten Gleichung und Subtraktion des Dreifachen der ersten Gleichung von der dritten Gleichung liefert dann

$$
\begin{array}{rcrcrcrcl}
\kappa & + & 2\lambda & & & + & 3\nu & = & 0 \\
& - & 7\lambda & + & \mu & - & 8\nu & = & 0 \\
& - & 3\lambda & + & \mu & - & 4\nu & = & 0
\end{array} \;,
$$

woraus aus der letzten Gleichung $\mu = 4\nu + 3\lambda$ folgt. Mittels der zweiten Gleichung ergibt sich $\lambda = -\nu$ und damit weiters $\mu = \nu$. Schließlich ergibt die erste Gleichung $\kappa = -\nu$. Dabei ist $\nu \in \mathbb{R}$ beliebig.

Insgesamt sind dann die Vektoren $\vec{a}, \vec{b}, \vec{c}$ und $\vec{d}$ linear abhängig, die Vektoren $\vec{a}, \vec{b}$ und $\vec{c}$ aber linar unabhängig. Sie spannen den Untervektorraum Span $(\vec{a}, \vec{b}, \vec{c}) =: U$ der Dimension 3 auf und sind eine Basis von $U$.

3. Die Vektoren $\vec{u} = (1, -2, 5, -3)^T$, $\vec{v} = (2, 3, 1, -4)^T$ und $\vec{w} = (3, 8, -3, -5)^T$ spannen einen Unterraum $U$ des $\mathbb{R}^4$ auf. Bestimmen Sie $\dim U$.

**Lösung:**

$\dim U$ ist gleich der Anzahl der linear unabhängigen Vektoren von $\vec{u}, \vec{v}$ und $\vec{w}$. Aus der Vektorgleichung $\lambda \vec{u} + \mu \vec{v} + \nu \vec{w} = \vec{0}$ folgt das Gleichungssystem

$$
\begin{array}{rcrcrcl}
\lambda & + & 2\mu & + & 3\nu & = & 0 \\
-2\lambda & + & 3\mu & + & 8\nu & = & 0 \\
5\lambda & + & \mu & - & 3\nu & = & 0 \\
-3\lambda & - & 4\mu & - & 5\nu & = & 0 \;.
\end{array}
$$

Wird von der ersten Gleichung die zweite subtrahiert und die dritte addiert, so folgt: $0\lambda - 5\mu + 0\nu = 0$, d.h. $\mu = 0$. Mit diesem Ergebnis folgt aus der ersten und zweiten Gleichung $\lambda = \nu = 0$. Damit hat des Gleichungssystem nur die triviale Lösung und die Vektoren $\vec{u}, \vec{v}$ und $\vec{w}$ sind dann linear unabhängig und es gilt: $\dim U = 3$.

4. Zerlegen Sie den Vektor $\vec{x} = 2\vec{e}_2$ in drei Vektoren $\vec{a}_1$, $\vec{a}_2$ und $\vec{a}_3$, die parallel zu den Vektoren $\vec{b}_1 = 3\vec{e}_1 + \vec{e}_2 + \vec{e}_3$, $\vec{b}_2 = \vec{e}_1 + 3\vec{e}_2 + \vec{e}_3$ und $\vec{b}_3 = \vec{e}_1 + \vec{e}_2 + 3\vec{e}_3$ sind.

**Lösung:**

Es gilt: $\vec{x} = \begin{pmatrix} 0 \\ 2 \\ 0 \end{pmatrix} = \lambda \begin{pmatrix} 3 \\ 1 \\ 1 \end{pmatrix} + \mu \begin{pmatrix} 1 \\ 3 \\ 1 \end{pmatrix} + \nu \begin{pmatrix} 1 \\ 1 \\ 3 \end{pmatrix}$. Diese Vektorgleichung muss komponentenweise erfüllt sein. Das liefert das Gleichungssystem:

$$\begin{array}{rcrcrcl} 3\lambda &+& \mu &+& \nu &=& 0 \\ \lambda &+& 3\mu &+& \nu &=& 2 \\ \lambda &+& \mu &+& 3\nu &=& 0 \end{array}$$ . Mit $\nu = -3\lambda - \mu$ aus der ersten Gleichung folgt:

$$\begin{array}{rcrcl} 2\lambda &-& 2\mu &=& -2 \\ 8\lambda &+& 2\mu &=& 0 \end{array}$$ . Addition der beiden Gleichungen ergibt dann $\lambda = -\dfrac{1}{5}$,

woraus weiters folgt: $\mu = \dfrac{4}{5}$ und $\nu = -\dfrac{1}{5}$ . Insgesamt erhalten wir:

$$\vec{x} = \vec{a}_1 + \vec{a}_2 + \vec{a}_3 = -\frac{1}{5} \begin{pmatrix} 3 \\ 1 \\ 1 \end{pmatrix} + \frac{4}{5} \begin{pmatrix} 1 \\ 3 \\ 1 \end{pmatrix} - \frac{1}{5} \begin{pmatrix} 1 \\ 1 \\ 3 \end{pmatrix} .$$

5. Bestimmen Sie Zahlen $r, s$ und $t$ und einen Vektor $\vec{c}$ so, dass die drei Vektoren

$$\vec{a} = \begin{pmatrix} \frac{1}{\sqrt{2}} \\ \frac{1}{2} \\ r \end{pmatrix}, \quad \vec{b} = \begin{pmatrix} 0 \\ s \\ t \end{pmatrix} \quad \text{und} \quad \vec{c}$$

paarweise orthogonal sind und den Betrag 1 haben.

**Lösung:**

Aus $|\vec{a}| = \sqrt{\frac{1}{2} + \frac{1}{4} + r^2} = 1$ folgt z.B.: $r = \frac{1}{2}$ .

Aus $(\vec{a}, \vec{b}) = \frac{s+t}{2}$ folgt zunächst $t = -s$ und aus $|\vec{b}| = \sqrt{s^2 + t^2} = 1$ erhalten wir dann etwa $s = \frac{1}{\sqrt{2}}$ und $t = -\frac{1}{\sqrt{2}}$. Da $\vec{c}$ auf $\vec{a}$ und $\vec{b}$ normal stehen soll, muss wegen

$|\vec{c}| = 1$ gelten: $\vec{c} = \dfrac{\vec{a} \times \vec{b}}{|\vec{a} \times \vec{b}|}$ . Mit $\vec{a} \times \vec{b} = \begin{vmatrix} \vec{e}_1 & \vec{e}_2 & \vec{e}_3 \\ \frac{1}{\sqrt{2}} & \frac{1}{2} & \frac{1}{2} \\ 0 & \frac{1}{\sqrt{2}} & -\frac{1}{\sqrt{2}} \end{vmatrix} = \begin{pmatrix} -\frac{1}{\sqrt{2}} \\ \frac{1}{2} \\ \frac{1}{2} \end{pmatrix}$ fogt dann

wegen $|\vec{a} \times \vec{b}| = 1$: $\vec{c} = \begin{pmatrix} -\frac{1}{\sqrt{2}} \\ \frac{1}{2} \\ \frac{1}{2} \end{pmatrix}$ .

6. Gegeben sind die Vektoren $\vec{a} = \begin{pmatrix} 4 \\ 2 \\ -1 \end{pmatrix}$ und $\vec{b} = \begin{pmatrix} 2 \\ -3 \\ 5 \end{pmatrix}$. Bestimmen Sie einen

Vektor $\vec{c}$ mit der Länge 3, der normal zu $\vec{a}$ ist, und für den der Absolutbetrag des

Vektorprodukts $\vec{b} \times \vec{c}$ maximal ist.

**Lösung:**

$|\vec{b} \times \vec{c}| = |\vec{b}||\vec{c}|\sin\alpha = \sqrt{38} \cdot 3\sin\alpha$ soll maximal sein. Dann ist aber $\alpha = \frac{\pi}{2}$ d.h. $\vec{c} \perp \vec{b}$. Da aber auch $\vec{c} \perp \vec{a}$ ist, muss gelten: $\vec{c} = \lambda(\vec{a} \times \vec{b})$.

Mit $\vec{a} \times \vec{b} = \cdots = \begin{pmatrix} 7 \\ -22 \\ -16 \end{pmatrix}$ folgt dann mit $|\vec{c}| = 3$:   $3 = |\lambda|\sqrt{789}$ und daraus

$\lambda = \pm\dfrac{3}{\sqrt{789}}$ . Damit erhalten wir: $\vec{c} = \pm\dfrac{3}{\sqrt{789}}\begin{pmatrix} 7 \\ -22 \\ -16 \end{pmatrix}$ .

7. Stellen Sie $\vec{x} = (0,1,2)^T$ als Summe zweier zueinander orthogonaler Vektoren dar, wobei einer der beiden Vektoren parallel zum Vektor $\vec{y} = (2,1,0)^T$ sein soll.

**Lösung:**

Es soll also gelten: $\vec{x} = \alpha\vec{y} + \vec{z}$ und $(\vec{y},\vec{z}) = 0$. Mit $\vec{z} = \vec{x} - \alpha\vec{y}$ folgt daraus: $0 = (\vec{y}, \vec{x} - \alpha\vec{y}) = \underbrace{(\vec{y},\vec{x})}_{1} - \alpha\underbrace{(\vec{y},\vec{y})}_{5}$, d.h. $\alpha = \frac{1}{5}$ und weiters $\vec{z} = \left(-\frac{2}{5}, \frac{4}{5}, 2\right)^T$.

8. Der Vektor $\vec{a} = \begin{pmatrix} 2 \\ 3 \\ 7 \end{pmatrix}$ ist in drei Vektoren zu zerlegen, die parallel zu den Vektoren

$\vec{b} = \begin{pmatrix} 2 \\ 1 \\ 0 \end{pmatrix}$,   $\vec{c} = \begin{pmatrix} 4 \\ r \\ 1 \end{pmatrix}$ und $\vec{d} = \begin{pmatrix} 1 \\ 0 \\ 1 \end{pmatrix}$ sind.

a) Für welche Werte von $r$ ist eine Zerlegung möglich?

b) Geben Sie die Zerlegung für $r = 1$ an.

**Lösung:**

a) Die Vektoren $\vec{b}$, $\vec{c}$ und $\vec{d}$ müssen linear unabhängig sein. Das ist der Fall, wenn das Spatprodukt $(\vec{b},\vec{c},\vec{d})$ nicht Null ist.

$(\vec{b},\vec{c},\vec{d}) = \begin{vmatrix} 2 & 1 & 0 \\ 4 & r & 1 \\ 1 & 0 & 1 \end{vmatrix} = \cdots = 2r - 3 \Longrightarrow r \neq \frac{3}{2}$ .

b) Zerlegung: $\alpha\vec{b} + \beta\vec{c} + \gamma\vec{d} = \vec{a}$.

Komponentenweise folgt daraus das lineare Gleichungssystem:

$$\begin{aligned} 2\alpha &+ 4\beta &+ \gamma &= 2 \\ \alpha &+ \beta & &= 3 \\ & \beta &+ \gamma &= 7 \end{aligned}$$ . Aus der zweiten Gleichung folgt $\alpha = 3 - \beta$ und aus der dritten Gleichung folgt $\gamma = 7 - \beta$. Einsetzen in die erste Gleichung liefert: $\beta = -11$, $\alpha = 14$ und $\gamma = 18$. Damit folgt: $\vec{a} = 14\vec{b} - 11\vec{c} + 18\vec{d}$.

9. Bestimmen Sie den Flächeninhalt des Dreiecks $\Delta$ mit den Eckpunkten $P(1,2,3)$, $Q(0,0,5)$ und $R(-1,1,1)$. Welchen Flächeninhalt hat die Projektion von $\Delta$ in die $yz$-Ebene?

**Lösung:**

Es gilt: $A_\Delta = \frac{1}{2}\left|\overrightarrow{PQ} \times \overrightarrow{PR}\right|$. Mit $\overrightarrow{PQ} = \begin{pmatrix} -1 \\ -2 \\ 2 \end{pmatrix}$ und $\overrightarrow{PR} = \begin{pmatrix} -2 \\ -1 \\ -2 \end{pmatrix}$ folgt zunächst:

$$\overrightarrow{PQ} \times \overrightarrow{PR} = \begin{vmatrix} \vec{e_1} & \vec{e_2} & \vec{e_3} \\ -1 & -2 & 2 \\ -2 & -1 & -2 \end{vmatrix} = \begin{pmatrix} 6 \\ -6 \\ -3 \end{pmatrix} \implies A_\Delta = \frac{1}{2}\sqrt{36 + 36 + 9} = \frac{9}{2}.$$

Zur Ermittlung der Projektion benötigen wir den Projektionswinkel $\alpha$. Es gilt: $\cos\alpha = (\vec{n}, \vec{e_1})$, wobei $\vec{n}$ den normierten Normalvektor des Dreiecks $\Delta$ bezeichnet.

Aus $\vec{n} = \dfrac{\overrightarrow{PQ} \times \overrightarrow{PR}}{\left|\overrightarrow{PQ} \times \overrightarrow{PR}\right|}$ folgt dann: $\vec{n} = \dfrac{1}{3}\begin{pmatrix} 2 \\ -2 \\ -1 \end{pmatrix}$ und damit $\cos\alpha = \dfrac{2}{3}$.

Wir erhalten also $\bar{A}_\Delta = A_\Delta \cos\alpha = 3$.

**Bemerkung:**
Der Flächeninhalt $\bar{A}_\Delta$ kann auch wie oben mit den Projektionen $\bar{P}(0,2,3)$, $\bar{Q}(0,0,5)$ und $\bar{R}(0,1,1)$ berechnet werden.

10. Berechnen Sie $(\vec{a} \times \vec{b}) \cdot (\vec{c} \times \vec{d})$ mit $\vec{a} = \begin{pmatrix} 3 \\ -1 \\ 5 \end{pmatrix}$, $\vec{b} = \begin{pmatrix} -6 \\ 2 \\ 1 \end{pmatrix}$, $\vec{c} = \begin{pmatrix} 2 \\ -1 \\ 4 \end{pmatrix}$

und $\vec{d} = \begin{pmatrix} 1 \\ 0 \\ 2 \end{pmatrix}$

**Lösung:**
Mit der Identität von LAGRANGE

$$(\vec{a} \times \vec{b}) \cdot (\vec{c} \times \vec{d}) = (\vec{a}, \vec{c})(\vec{b}, \vec{d}) - (\vec{b}, \vec{c})(\vec{a}, \vec{d})$$

folgt: $(\vec{a} \times \vec{b}) \cdot (\vec{c} \times \vec{d}) = 27(-4) - (-10)13 = 22$.

11. Bestimmen Sie mittels des GRAM-SCHMIDT'schen Orthogonalisierungsverfahrens eine Orthonormalbasis des von den Vektoren $\vec{x} = (1,0,1,0)^T$, $\vec{y} = (1,1,1,0)^T$ und $\vec{z} = (1,1,0,1)^T$ aufgespannten Unterraumes $U$ von $\mathbb{R}^4$.

**Lösung:**
Die Vektoren $\vec{x}, \vec{y}$ und $\vec{z}$ sind offensichtlich linear unabhängig. Daher liegt dann mit $(\vec{x}, \vec{y}, \vec{z})$ eine Basis von $U$ vor. Gesucht ist eine Orthonormalbasis $\mathcal{C} = (\vec{c_1}, \vec{c_2}, \vec{c_3})$.
$\vec{c_1} = \dfrac{\vec{x}}{\|\vec{x}\|} = \dfrac{1}{\sqrt{2}}(1,0,1,0)^T$.
Der Vektor $\vec{b} = \vec{y} - (\vec{y}, \vec{c_1})\vec{c_1} = (1,1,1,0)^T - \frac{1}{2}2(1,0,1,0)^T = (0,1,0,0)^T$ ist orthogonal zu $\vec{c_1}$ und (zufällig) bereits normiert, d.h. $\vec{c_2} = (0,1,0,0)^T$.
Der Vektor
$\vec{c} = \vec{z} - (\vec{z}, \vec{c_1})\vec{c_1} - (\vec{z}, \vec{c_2})\vec{c_2} = (1,1,0,1)^T - \frac{1}{2}(1,0,1,0)^T - 1(0,1,0,0)^T = \left(\frac{1}{2}, 0, -\frac{1}{2}, 1\right)^T$
ist orthogonal zu $\vec{c_1}$ und $\vec{c_2}$, aber nicht normiert. $\implies \vec{c_3} = \dfrac{\vec{c}}{\|\vec{c}\|} = \dfrac{1}{\sqrt{6}}(1,0,-1,2)^T$.

12. Gegeben ist der Untervektorraum $W \subset \mathbb{R}^3$ durch $W = \text{Span}\,(\vec{e_1} + \vec{e_3}, \vec{e_2} - \vec{e_1})$. Ermitteln Sie eine Orthonormalbasis $\mathcal{C} = (\vec{w_1}, \vec{w_2})$ von $W$.

**Lösung:**

Wähle: $\vec{w}_1 = \dfrac{\vec{e}_1 + \vec{e}_3}{\sqrt{2}}$ .

Der Vektor $\vec{\hat{w}}_2 = (\vec{e}_2 - \vec{e}_1) - \left(\vec{e}_2 - \vec{e}_1, \dfrac{\vec{e}_1 + \vec{e}_3}{\sqrt{2}}\right)\dfrac{\vec{e}_1 + \vec{e}_3}{\sqrt{2}} = \cdots = \dfrac{2\vec{e}_2 - \vec{e}_1 + \vec{e}_3}{2}$

ist orthogonal zu $\vec{w}_1 \Longrightarrow \vec{w}_2 = \dfrac{\vec{\hat{w}}_2}{\|\vec{\hat{w}}_2\|} = \dfrac{2\vec{e}_2 - \vec{e}_1 + \vec{e}_3}{\sqrt{6}}$ .

13. Gegeben ist der Vektorraum $V$ über $\mathbb{R}$ mit der Orthonormalbasis $\mathcal{B} = (\vec{v}_1, \vec{v}_2, \vec{v}_3, \vec{v}_4)$. Ermitteln Sie eine Orthonormalbasis $\mathcal{B}' = (\vec{w}_1, \vec{w}_2, \vec{w}_3)$ des Untervektorraumes $U = \text{Span}\,(\vec{u}_1, \vec{u}_2, \vec{u}_3)$, wobei $\quad \vec{u}_1 = \vec{v}_1 - \vec{v}_2 + \vec{v}_3 - \vec{v}_4, \quad \vec{u}_2 = 5\vec{v}_1 + \vec{v}_2 + \vec{v}_3 + \vec{v}_4 \quad$ und $\vec{u}_3 = 2\vec{v}_1 + 3\vec{v}_2 + 4\vec{v}_3 - \vec{v}_4$.

**Lösung:**

Wähle $\vec{w}_1 = \dfrac{\vec{u}_1}{\|\vec{u}_1\|} = \dfrac{\vec{v}_1 - \vec{v}_2 + \vec{v}_3 - \vec{v}_4}{2}$ .

$\vec{\hat{w}}_2 = \vec{u}_2 - (\vec{u}_2, \vec{w}_1)\vec{w}_1 =$

$= (5\vec{v}_1 + \vec{v}_2 + \vec{v}_3 + \vec{v}_4) - \dfrac{1}{4}\underbrace{(5\vec{v}_1 + \vec{v}_2 + \vec{v}_3 + \vec{v}_4, \vec{v}_1 - \vec{v}_2 + \vec{v}_3 - \vec{v}_4)}_{4}(\vec{v}_1 - \vec{v}_2 + \vec{v}_3 - \vec{v}_4) =$

$= (5\vec{v}_1 + \vec{v}_2 + \vec{v}_3 + \vec{v}_4) - (\vec{v}_1 - \vec{v}_2 + \vec{v}_3 - \vec{v}_4) = 4\vec{v}_1 + 2\vec{v}_2 + 2\vec{v}_4$ .

$\Longrightarrow \vec{w}_2 = \dfrac{\vec{\hat{w}}_2}{\|\vec{\hat{w}}_2\|} = \dfrac{2\vec{v}_1 + \vec{v}_2 + \vec{v}_4}{\sqrt{6}}$ .

$\vec{\hat{w}}_3 = \vec{u}_3 - (\vec{u}_3, \vec{w}_1)\vec{w}_1 - (\vec{u}_3, \vec{w}_2)\vec{w}_2 = (2\vec{v}_1 + 3\vec{v}_2 + 4\vec{v}_3 - \vec{v}_4) -$

$\quad - \dfrac{1}{4}\underbrace{(2\vec{v}_1 + 3\vec{v}_2 + 4\vec{v}_3 - \vec{v}_4, \vec{v}_1 - \vec{v}_2 + \vec{v}_3 - \vec{v}_4)}_{4}(\vec{v}_1 - \vec{v}_2 + \vec{v}_3 - \vec{v}_4) -$

$\quad - \dfrac{1}{6}\underbrace{(2\vec{v}_1 + 3\vec{v}_2 + 4\vec{v}_3 - \vec{v}_4, 2\vec{v}_1 + \vec{v}_2 + \vec{v}_4)}_{6}(2\vec{v}_1 + \vec{v}_2 + \vec{v}_4) = -\vec{v}_1 + 3\vec{v}_2 + 3\vec{v}_3 - \vec{v}_4$ .

$\Longrightarrow \vec{w}_3 = \dfrac{\vec{\hat{w}}_3}{\|\vec{\hat{w}}_3\|} = \dfrac{\vec{v}_1 - 3\vec{v}_2 - 3\vec{v}_3 + \vec{v}_4}{\sqrt{20}}$ .

## 2.2.3  Beispiele mit Lösungen

1. Untersuchen Sie, ob die folgenden Untermengen des Vektorraums $\mathbb{R}^3$ Untervektorräume sind:

a) $U_1 = \left\{\begin{pmatrix} x_1 \\ x_2 \\ x_3 \end{pmatrix} \,\middle|\, x_1 = x_2 = x_3\right\}$ ,   b) $U_2 = \left\{\begin{pmatrix} x_1 \\ x_2 \\ x_3 \end{pmatrix} \,\middle|\, x_1 + x_2 + x_3 = 0\right\}$ ,

c) $U_3 = \left\{\begin{pmatrix} x_1 \\ x_2 \\ x_3 \end{pmatrix} \,\middle|\, x_2 < 0\right\}$ ,       d) $U_4 = \left\{\begin{pmatrix} x_1 \\ x_2 \\ x_3 \end{pmatrix} \,\middle|\, x_1^2 + x_2^2 + x_3^2 \leq 1\right\}$ .

Lösungen:   a) Ja,   b) Ja,   c) Nein,   d) Nein.

2. Gegeben sind die Vektoren $\vec{x} = \begin{pmatrix} 0 \\ 2 \\ 2 \end{pmatrix}$ , $\vec{b}_1 = \begin{pmatrix} 1 \\ 2 \\ 0 \end{pmatrix}$ , $\vec{b}_2 = \begin{pmatrix} 3 \\ 1 \\ 1 \end{pmatrix}$ , $\vec{b}_3 = \begin{pmatrix} 1 \\ 2 \\ 3 \end{pmatrix}$ .

Stellen Sie den Vektor $\vec{x}$ als Summe $\vec{a}_1 + \vec{a}_2 + \vec{a}_3$ von drei Vektoren dar, die jeweils parallel zu den Vektoren $\vec{b}_1$, $\vec{b}_2$ und $\vec{b}_3$ sind.

Lösung: $\vec{x} = \begin{pmatrix} \frac{2}{5} \\ \frac{4}{5} \\ 0 \end{pmatrix} + \begin{pmatrix} -\frac{6}{5} \\ -\frac{2}{5} \\ -\frac{2}{5} \end{pmatrix} + \begin{pmatrix} \frac{4}{5} \\ \frac{8}{5} \\ \frac{12}{5} \end{pmatrix}$ .

3. Untersuchen Sie, für welche $s \in \mathbb{R}$ die Vektoren

$$\vec{b}_1 = \begin{pmatrix} 2 \\ 4 \\ s \end{pmatrix}, \quad \vec{b}_2 = \begin{pmatrix} s+3 \\ 5 \\ 2 \end{pmatrix}, \quad \vec{b}_3 = \begin{pmatrix} 4 \\ -2 \\ 2s \end{pmatrix}$$

linear abhängig sind und stellen Sie in diesen Fällen $\vec{b}_3$ als Linearkombination von $\vec{b}_1$ und $\vec{b}_2$ dar.

Lösung:

a) $s_1 = 1$, $\quad \vec{b}_3 = -\dfrac{14}{3}\vec{b}_1 + \dfrac{10}{3}\vec{b}_2$, $\qquad$ b) $s_1 = -4$, $\quad \vec{b}_3 = \dfrac{9}{7}\vec{b}_1 - \dfrac{10}{7}\vec{b}_2$ .

4. Bestimmen Sie die Dimension des von den Vektoren

$$\vec{c}_1 = \begin{pmatrix} -1 \\ 3 \\ 7 \\ 0 \end{pmatrix}, \quad \vec{c}_2 = \begin{pmatrix} 2 \\ -5 \\ -11 \\ 1 \end{pmatrix}, \quad \vec{c}_3 = \begin{pmatrix} 3 \\ 2 \\ 12 \\ 11 \end{pmatrix}, \quad \vec{c}_4 = \begin{pmatrix} 1 \\ -2 \\ -4 \\ 1 \end{pmatrix}$$

aufgespannten Vektorraumes.

Lösung: $3$ .

5. Bestimmen Sie eine Basis für den von den Vektoren

$$\vec{a}_1 = \begin{pmatrix} 1 \\ 2 \\ 0 \\ 1 \end{pmatrix}, \quad \vec{a}_2 = \begin{pmatrix} -1 \\ 1 \\ 0 \\ 2 \end{pmatrix}, \quad \vec{a}_3 = \begin{pmatrix} 1 \\ 5 \\ 2 \\ -4 \end{pmatrix}, \quad \vec{a}_4 = \begin{pmatrix} 0 \\ 3 \\ 1 \\ -1 \end{pmatrix}$$

aufgespannten Untervektorraum des $\mathbb{R}^4$.

Lösung: $(\vec{a}_1, \vec{a}_2, \vec{a}_3)$ .

6. Stellen Sie den Vektor $\vec{a} = \begin{pmatrix} 3 \\ 9 \\ -7 \\ 2 \end{pmatrix}$ als Linearkombination der Vektoren

$$\vec{b}_1 = \begin{pmatrix} 1 \\ 6 \\ 4 \\ 3 \end{pmatrix}, \quad \vec{b}_2 = \begin{pmatrix} 1 \\ 9 \\ 0 \\ -1 \end{pmatrix}, \quad \vec{b}_3 = \begin{pmatrix} 0 \\ 0 \\ 7 \\ 5 \end{pmatrix} \quad \text{und} \quad \vec{b}_4 = \begin{pmatrix} 1 \\ 0 \\ 0 \\ 4 \end{pmatrix} \quad \text{dar.}$$

Lösung: $\vec{a} = \vec{b}_2 - \vec{b}_3 + 2\vec{b}_4$.

7. Der Vektor $\vec{a} = \begin{pmatrix} 2 \\ 3 \\ 7 \end{pmatrix}$ ist als Linearkombination der Vektoren

$$\vec{a}_1 = \begin{pmatrix} 2 \\ 1 \\ 0 \end{pmatrix}, \; \vec{a}_2 = \begin{pmatrix} 4 \\ \alpha \\ 1 \end{pmatrix} \; \text{und} \; \vec{a}_3 = \begin{pmatrix} 1 \\ 0 \\ 1 \end{pmatrix}, \; \alpha \in \mathbb{R} \; \text{darzustellen.}$$

a) Für welche Werte von $\alpha$ ist eine solche Darstellung möglich?

b) Bestimmen Sie die Darstellung für den Fall $\alpha = 1$.

Lösung:   a) $\alpha \in \mathbb{R} \setminus \left\{ \frac{3}{2} \right\}$ ,   b) $\vec{a} = 14\vec{a}_1 - 11\vec{a}_2 + 18\vec{a}_3$.

8. Welche Aussagen lassen sich über Länge und Richtung der Vektoren $\vec{a} \times \vec{b}$, $\vec{b} \times \vec{c}$ und $\vec{c} \times \vec{a}$ machen, falls $\vec{a}, \vec{b}, \vec{c} \in \mathbb{R}^3$ sind, mit $\vec{a} + \vec{b} + \vec{c} = \vec{0}$?

Lösung:   $\vec{a} \times \vec{b} = \vec{b} \times \vec{c} = \vec{c} \times \vec{a}$, d.h. alle drei Vektoren sind gleich lang und gleich orientiert.

9. Bestimmen Sie Zahlen $r, s, t, x, y$ und $z$ derart, dass die Vektoren $\vec{v}_1 = \frac{1}{2}\vec{e}_1 - \frac{1}{2}\vec{e}_2 + r\vec{e}_3$, $\vec{v}_2 = s\vec{e}_1 + t\vec{e}_2 + \frac{1}{\sqrt{2}}\vec{e}_3$ und $\vec{v}_3 = x\vec{e}_1 + y\vec{e}_2 + z\vec{e}_3$ ein normiertes orthogonales Dreibein bilden.

Lösung:   $r = \frac{1}{\sqrt{2}}$ , $s = -\frac{1}{2}$ , $t = \frac{1}{2}$ , $x = y = \frac{1}{\sqrt{2}}$ und $z = 0$.

10. Ermitteln Sie reelle Zahlen $t, u, v, x, y, z$ so, dass die Vektoren

$$\vec{a} = \begin{pmatrix} \frac{1}{\sqrt{2}} \\ \frac{1}{\sqrt{2}} \\ t \end{pmatrix}, \quad \vec{b} = \begin{pmatrix} -\frac{1}{\sqrt{2}} \\ u \\ v \end{pmatrix} \quad \text{und} \quad \vec{c} = \begin{pmatrix} x \\ y \\ z \end{pmatrix}$$

paarweise orthogonal sind und den Betrag 1 haben.

Lösung:   $t = 0$, $u = \frac{1}{\sqrt{2}}$ , $v = 0$, $x = 0$, $y = 0$ und $z = \pm 1$.

11. Berechnen Sie $\vec{x} = \frac{1}{2} \left[ (\vec{a} \times \vec{b}) - (\vec{c}, \vec{d})\vec{z} \right]$ mit

$$\vec{a} = \begin{pmatrix} 1 \\ 0 \\ -3 \end{pmatrix}, \quad \vec{b} = \begin{pmatrix} -2 \\ 3 \\ 1 \end{pmatrix}, \quad \vec{c} = \begin{pmatrix} 17 \\ 6 \\ -3 \end{pmatrix}, \quad \vec{d} = \begin{pmatrix} 0 \\ 1 \\ 3 \end{pmatrix} \quad \text{und} \quad \vec{z} = \begin{pmatrix} 1 \\ -1 \\ 5 \end{pmatrix}.$$

Lösung:   $\vec{x} = \begin{pmatrix} 6 \\ 1 \\ 9 \end{pmatrix}$ .

12. Berechnen Sie das Spatprodukt der drei Vektoren:

$$\vec{a} = \begin{pmatrix} 3 \\ 2 \\ -1 \end{pmatrix}, \quad \vec{b} = \begin{pmatrix} 0 \\ 1 \\ 2 \end{pmatrix}, \quad \vec{c} = \begin{pmatrix} 3 \\ 0 \\ -4 \end{pmatrix}.$$

Lösung:   $(\vec{a}, \vec{b}, \vec{c}) = 3$ .

13. Bestimmen Sie eine Orthonormalbasis $\mathcal{C} = (\vec{c}_1, \vec{c}_2, \vec{c}_3)$ des von den Vektoren

$$\vec{a} = (1, -1, 0, 1)^T, \quad \vec{b} = (-1, 1, 1, 1)^T, \quad \vec{c} = (0, 2, 1, 1)^T$$

aufgespannten Vektorraums.

Lösung: $\vec{c}_1 = \frac{1}{\sqrt{3}}(1, -1, 0, 1)^T, \quad \vec{c}_2 = \frac{1}{\sqrt{33}}(-2, 2, 3, 4)^T, \quad \vec{c}_3 = \frac{1}{\sqrt{2}}(1, 1, 0, 0)^T$.

14. Orthogonalisieren Sie das Vektorsystem

$$\vec{a}_1 = \begin{pmatrix} 2 \\ 1 \\ -1 \\ 1 \end{pmatrix}, \quad \vec{a}_2 = \begin{pmatrix} -1 \\ -1 \\ 0 \\ 0 \end{pmatrix}, \quad \vec{a}_3 = \begin{pmatrix} 0 \\ 1 \\ 1 \\ 1 \end{pmatrix}.$$

Lösung:

$$\vec{b}_1 = \frac{1}{\sqrt{2}} \begin{pmatrix} 1 \\ 1 \\ 0 \\ 0 \end{pmatrix}, \quad \vec{b}_2 = \frac{1}{\sqrt{10}} \begin{pmatrix} -1 \\ 1 \\ 2 \\ 2 \end{pmatrix}, \quad \vec{a}_3 = \frac{1}{\sqrt{15}} \begin{pmatrix} 1 \\ -1 \\ -2 \\ 3 \end{pmatrix}.$$

15. Sei $\mathcal{C} = (\vec{c}_1, \vec{c}_2, \vec{c}_3, \vec{c}_4)$ eine Orthonormalbasis des Vektorraums $V$.
Bestimmen Sie eine Orthonormalbasis $\mathcal{B} = (\vec{b}_1, \vec{b}_2)$ des von den beiden Vektoren

$$\vec{a}_1 = \vec{c}_1 - 2\vec{c}_2 + 2\vec{c}_3 - 4\vec{c}_4 \quad \text{und} \quad \vec{a}_2 = -\vec{c}_1 + 6\vec{c}_2 + 4\vec{c}_3 - 8\vec{c}_4$$

aufgespannten Untervektorraums $W$.

Lösung:
$\vec{b}_1 = \frac{1}{5}(\vec{c}_1 - 2\vec{c}_2 + 2\vec{c}_3 - 4\vec{c}_4), \quad \vec{b}_2 = \frac{1}{5}(-2\vec{c}_1 + 4\vec{c}_2 + \vec{c}_3 - 2\vec{c}_4).$

## 2.3  Matrizen

### 2.3.1  Grundlagen

- Eine Matrix $A$ ist ein rechteckiges Zahlenschema

$$A = \begin{pmatrix} a_{11} & a_{12} & \cdots & a_{1n} \\ a_{21} & a_{22} & \cdots & a_{2n} \\ \vdots & \vdots & & \vdots \\ a_{m1} & a_{m2} & \cdots & a_{mn} \end{pmatrix},$$

bestehend aus Zahlen $a_{ik}$, den Matrixelementen.
Die Zeilen von $A$ heißen Zeilenvektoren von $A$ und die Spalten von $A$ heißen Spaltenvektoren von $A$.
Die Elemente $a_{ii}$ bilden die Hauptdiagonale von $A$.
Sind alle Matrixelemente Null, dann heißt $A$ Nullmatrix.

- Die Menge aller Matrizen mit $m$ Zeilen und $n$ Spalten mit Matrixelementen aus einem Zahlkörper $\mathbb{K}$, z.B. $\mathbb{R}$ oder $\mathbb{C}$ wird mit $M(m \times n; \mathbb{K})$ bezeichnet.

- Die transponierte Matrix $A^T \in M(n \times m; \mathbb{K})$ entsteht aus $A$ durch Spiegelung an der Hauptdiagonale.

- Für Matrizen $A$ mit komplexen Matrixelementen, d.h. $A \in M(m \times n; \mathbb{C})$ wird die adjungierte Matrix $A^\dagger = (\bar{A})^T$ definiert. Dabei entsteht $\bar{A}$ aus $A$ durch komplexe Konjugation aller Matrixelemente.

- Die Anzahl der linear unabhängigen Zeilenvektoren bzw. Spaltenvektoren von $A$ ist stets gleich und heißt Rang von $A$.

- Ist $m = n$, so heißt $A$ quadratisch.

- Eine quadratische Matrix $A$ heißt
  a) Diagonalmatrix, wenn alle Elemente außerhalb der Hauptdiagonale Null sind,
  b) obere Dreiecksmatrix, wenn alle Elemente unterhalb der Hauptdiagonale Null sind,
  c) untere Dreiecksmatrix, wenn alle Elemente oberhalb der Hauptdiagonale Null sind und
  d) Einheitsmatrix $E$, wenn sie diagonal ist und alle Diagonalelemente 1 sind.

- Eine quadratische Matrix $A \in M(n \times n; \mathbb{K})$ heißt regulär, wenn sie maximalen Rang $n$ hat. Sie ist dann invertierbar, d.h. es gibt eine Matrix $A^{-1}$, für die gilt: $AA^{-1} = A^{-1}A = E$.

- Für Matrizen $A \in M(m \times n; \mathbb{K})$ werden die folgenden elementaren Zeilenumformungen definiert:
  a) Multiplikation einer Zeile mit einer Zahl $\lambda \neq 0$,
  b) Addition einer Zeile zu einer anderen,
  c) Addition des $\lambda$-fachen einer Zeile zu einer anderen und
  d) Vertauschung zweier Zeilen.

- Elementare Zeilenumformungen ändern den Rang einer Matrix $A$ nicht.

- Mittels elementarer Zeilenumformungen kann stets die sogenannte Zeilenstufenform erzielt werden:

$$A' = \begin{pmatrix} a'_{1j_1} \cdots \\ \quad a'_{2j_2} \cdots \\ \qquad a'_{3j_3} \cdots \\ \qquad\qquad \ddots \\ \qquad\qquad\quad a'_{k-1 j_{k-1}} \cdots \\ \qquad\qquad\qquad a'_{k j_k} \cdots \end{pmatrix}$$

Dabei sind alle Matrixelemente unterhalb der Stufenlinie Null, während alle Elemente $a'_{i j_i}$ an den Stufenkanten von Null verschieden sind.

Offensichtlich ist der Rang der Zeilenstufenmatrix $A'$ und damit auch der von $A$ gleich $k$.

**Bemerkung:** In der Zeilenstufenform können links Nullspalten auftreten und unten Nullzeilen.

- Ist die Matrix $A$ regulär, so kann sie über die Zeilenstufenform hinaus zur Einheitsmatrix umgeformt werden.

- Bestimmung der inversen Matrix $A^{-1}$ mittels elementarer Zeilenumformungen:
  Elementare Zeilenumformungen, - simultan an der Matrix $A$ und an der Einheitsmatrix $E$ durchgeführt - die $A$ in die Einheitsmatrix überführen, liefern bei $E$ die inverse Matrix $A^{-1}$.

- Bestimmung der inversen Matrix $A^{-1}$ mittels der Adjunkten:
  Bezeichne $A_{ik}$ die Matrix, die aus $A$ durch Streichung der $i$-ten Zeile und der $k$-ten Spalte entsteht. Dann heißt:

$$\operatorname{adj} A := \left( (-1)^{i+k} \det A_{ik} \right)^T$$

die zu $A$ adjunkte Matrix. Mit Hilfe dieser Matrix kann die inverse Matrix $A^{-1}$ wie folgt berechnet werden:

$$A^{-1} = \frac{\operatorname{adj} A}{\det A} .$$

## 2.3.2 Musterbeispiele

1. Stellen Sie die Matrix

$$A = \begin{pmatrix} 2 & 0 & 4 \\ 6 & 2 & 8 \\ 0 & 2 & 0 \end{pmatrix}$$

als Summe einer symmetrischen Matrix $H$ und einer schiefsymmetrischen Matrix $K$ dar.

**Lösung:**

Aus $A = \underbrace{\dfrac{A + A^T}{2}}_{H} + \underbrace{\dfrac{A - A^T}{2}}_{K}$ folgt:

$$H = \frac{1}{2}\left\{\begin{pmatrix} 2 & 0 & 4 \\ 6 & 2 & 8 \\ 0 & 2 & 0 \end{pmatrix} + \begin{pmatrix} 2 & 6 & 0 \\ 0 & 2 & 2 \\ 4 & 8 & 0 \end{pmatrix}\right\} = \begin{pmatrix} 2 & 3 & 2 \\ 3 & 2 & 5 \\ 2 & 5 & 0 \end{pmatrix} \quad \text{und}$$

$$K = \frac{1}{2}\left\{\begin{pmatrix} 2 & 0 & 4 \\ 6 & 2 & 8 \\ 0 & 2 & 0 \end{pmatrix} - \begin{pmatrix} 2 & 6 & 0 \\ 0 & 2 & 2 \\ 4 & 8 & 0 \end{pmatrix}\right\} = \begin{pmatrix} 0 & -3 & 2 \\ 3 & 0 & 3 \\ -2 & -3 & 0 \end{pmatrix}.$$

2. Berechnen Sie die Matrix $X = (AB)^T C$, wobei

$$A = \begin{pmatrix} 1 & 2 & 0 \\ -2 & 5 & 1 \end{pmatrix}, \qquad B = \begin{pmatrix} 1 & 2 \\ -1 & -3 \\ 2 & 1 \end{pmatrix}, \qquad C = \begin{pmatrix} 2 & 4 \\ -1 & 3 \end{pmatrix}.$$

**Lösung:**

Aus $AB = \begin{pmatrix} 1 & 2 & 0 \\ -2 & 5 & 1 \end{pmatrix} \begin{pmatrix} 1 & 2 \\ -1 & -3 \\ 2 & 1 \end{pmatrix} = \begin{pmatrix} -1 & -4 \\ -5 & -18 \end{pmatrix}$ folgt:

$$X = \begin{pmatrix} -1 & -5 \\ -4 & -18 \end{pmatrix} \begin{pmatrix} 2 & 4 \\ -1 & 3 \end{pmatrix} = \begin{pmatrix} 3 & -19 \\ 10 & -70 \end{pmatrix}.$$

3. Gegeben ist die Matrix

$$A = \begin{pmatrix} 1 & 1 \\ 0 & 1 \end{pmatrix}.$$

Bestimmen Sie alle $2 \times 2$ Matrizen

$$B = \begin{pmatrix} a & b \\ c & d \end{pmatrix}, \quad a, b, c, d \in \mathbb{R},$$

die der Gleichung $AB = BA$ genügen, d.h. die mit $A$ kommutieren.

**Lösung:**

$$AB = \begin{pmatrix} 1 & 1 \\ 0 & 1 \end{pmatrix} \begin{pmatrix} a & b \\ c & d \end{pmatrix} = \begin{pmatrix} a+c & b+d \\ c & d \end{pmatrix} \quad \text{und}$$

$$BA = \begin{pmatrix} a & b \\ c & d \end{pmatrix} \begin{pmatrix} 1 & 1 \\ 0 & 1 \end{pmatrix} = \begin{pmatrix} a & a+b \\ c & c+d \end{pmatrix} \implies c = 0, \ d = a \quad \text{d.h.}$$

$$B = \begin{pmatrix} a & b \\ 0 & a \end{pmatrix}, \quad a, b \in \mathbb{R} \text{ beliebig.}$$

4. Bestimmen Sie den Rang der Matrix

$$A = \begin{pmatrix} 7 & -2 & 1 & -2 \\ 0 & 2 & 6 & 3 \\ 7 & 2 & 13 & 4 \\ 7 & 0 & 7 & 1 \end{pmatrix}.$$

**Lösung:**

Zur Bestimmung von $\operatorname{rg} A$ wird $A$ durch elementare Zeilenumformungen auf Zeilenstufenform gebracht. Subtraktion der ersten Zeile von der dritten und von der vierten liefert:

$$A' = \begin{pmatrix} 7 & -2 & 1 & -2 \\ 0 & 2 & 6 & 3 \\ 0 & 4 & 12 & 6 \\ 0 & 2 & 6 & 3 \end{pmatrix} \Longrightarrow B = \begin{pmatrix} 7 & -2 & 1 & -2 \\ 0 & 2 & 6 & 3 \\ 0 & 0 & 0 & 0 \\ 0 & 0 & 0 & 0 \end{pmatrix} \quad \cdots \quad \text{Zeilenstufenform .}$$

Dabei wurde $B$ durch Subtraktion der zweiten Zeile von der vierten und durch Subtraktion des Doppelten der zweiten Zeile von der dritten erzielt. Offensichtlich ist $\operatorname{rg} B = 2$ und damit auch $\operatorname{rg} A = 2$.

5. Seien $a, d \in \mathbb{R}$ und $a \neq 0$. Bestimmen Sie, in Abhängigkeit von $d$, den Rang der Matrix

$$A = \begin{pmatrix} a & a+d & a+2d \\ a+d & a+2d & a \\ a+2d & a & a+d \end{pmatrix}.$$

**Lösung:**

Um die Zeilenstufenform zu erhalten, wird zunächst die zweite Zeile von der dritten und anschließend die erste Zeile von der zweiten subtrahiert.

$$\Longrightarrow A' = \begin{pmatrix} a & a+d & a+2d \\ d & d & -2d \\ d & -2d & d \end{pmatrix}.$$

Subtraktion der zweiten Gleichung von der dritten liefert: $A'' = \begin{pmatrix} a & a+d & a+2d \\ d & d & -2d \\ 0 & -3d & 3d \end{pmatrix}$.

Für $d = 0$ ist $\operatorname{rg} A'' = 1$ und damit auch $\operatorname{rg} A = 1$. Sei nun $d \neq 0$.

Addition der mit $-\frac{a}{d}$ multiplizierten zweiten Zeile zur ersten und anschließende Vertauschung dieser beiden Zeilen liefert zunächst:

$$A''' = \begin{pmatrix} d & d & -2d \\ 0 & d & 3a+2d \\ 0 & -3d & 3d \end{pmatrix} \quad \text{und schließlich folgt durch Addition des Dreifachen}$$

der zweiten Zeile zur dritten die Zeilenstufenform $B = \begin{pmatrix} d & d & -2d \\ 0 & d & 3a+2d \\ 0 & 0 & 9a+9d \end{pmatrix}$.

Insgesamt ergibt sich dann:

a) $\operatorname{rg} A = 3$, falls $d \neq 0$ und $d \neq -a$,

b) $\operatorname{rg} A = 2$, falls $d \neq 0$ und $d = -a$,

c) $\operatorname{rg} A = 1$, falls $d = 0$.

6. Bestimmen Sie den Rang der Matrix $A$ mit den Elementen $a_{ik} = a_i + a_k$, $i, k = 1, 2, 3$, $a_1 \neq a_2$.

**Lösung:**

Dazu wird die Matrix $A = \begin{pmatrix} 2a_1 & a_1+a_2 & a_1+a_3 \\ a_2+a_1 & 2a_2 & a_2+a_3 \\ a_3+a_1 & a_3+a_2 & 2a_3 \end{pmatrix}$ zunächst mittels der zwei

elementaren Spaltenoperationen - Subtraktion der zweiten Spalte von der ersten und Subtraktion der dritten Spalte von der zweiten - umgeformt:

$$A' = \begin{pmatrix} a_1 - a_2 & a_2 - a_3 & a_1 + a_3 \\ a_1 - a_2 & a_2 - a_3 & a_2 + a_3 \\ a_1 - a_2 & a_2 - a_3 & 2a_3 \end{pmatrix}.$$

Die zwei elementaren Zeilenoperationen - Subtraktion der zweiten Zeile von der dritten und Subtraktion der ersten Zeile von der zweiten - liefern:

$$A'' = \begin{pmatrix} a_1 - a_2 & a_2 - a_3 & a_1 + a_3 \\ 0 & 0 & a_2 - a_1 \\ 0 & 0 & a_3 - a_2 \end{pmatrix}, \quad \text{woraus nach Subtraktion der mit } \frac{a_3 - a_2}{a_2 - a_1}$$

multiplizierten zweiten Zeile von der dritten die Zeilenstufenform vorliegt:

$$B = \begin{pmatrix} a_1 - a_2 & a_2 - a_3 & a_1 + a_3 \\ 0 & 0 & a_2 - a_1 \\ 0 & 0 & 0 \end{pmatrix} \implies \text{rg} A = 2.$$

7. Ermitteln Sie die Inverse $A^{-1}$ der Matrix

$$A = \begin{pmatrix} 1 & 0 & 1 & 0 \\ 2 & 1 & 3 & 2 \\ 3 & 0 & 2 & 0 \\ 1 & 3 & 1 & 7 \end{pmatrix}.$$

**Lösung:**
Dazu wird die Matrix $A$ und simultan die Einheitsmatrix $E$ mittels elementarer Zeilenoperationen zur Einheitsmatrix umgeformt, wobei dann aus $E$ die Inverse $A^{-1}$ entsteht. Aus

$$A = \begin{pmatrix} 1 & 0 & 1 & 0 \\ 2 & 1 & 3 & 2 \\ 3 & 0 & 2 & 0 \\ 1 & 3 & 1 & 7 \end{pmatrix} \quad \text{bzw.} \quad E = \begin{pmatrix} 1 & 0 & 0 & 0 \\ 0 & 1 & 0 & 0 \\ 0 & 0 & 1 & 0 \\ 0 & 0 & 0 & 1 \end{pmatrix}$$

folgt durch Subtraktion des Doppelten der ersten Zeile von der zweiten und des Dreifachen der ersten Zeile von der zweiten und der ersten von der vierten:

$$\begin{pmatrix} 1 & 0 & 1 & 0 \\ 0 & 1 & 1 & 2 \\ 0 & 0 & -1 & 0 \\ 0 & 3 & 0 & 7 \end{pmatrix} \quad \text{bzw.} \quad \begin{pmatrix} 1 & 0 & 0 & 0 \\ -2 & 1 & 0 & 0 \\ -3 & 0 & 1 & 0 \\ -1 & 0 & 0 & 1 \end{pmatrix}$$

und weiters durch Subtraktion des Dreifachen der zweiten Zeile von der vierten:

$$\begin{pmatrix} 1 & 0 & 1 & 0 \\ 0 & 1 & 1 & 2 \\ 0 & 0 & -1 & 0 \\ 0 & 0 & -3 & 1 \end{pmatrix} \quad \text{bzw.} \quad \begin{pmatrix} 1 & 0 & 0 & 0 \\ -2 & 1 & 0 & 0 \\ -3 & 0 & 1 & 0 \\ 5 & -3 & 0 & 1 \end{pmatrix}$$

sowie durch Subtraktion des Dreifachen der dritten Zeile von der vierten:

$$\begin{pmatrix} 1 & 0 & 1 & 0 \\ 0 & 1 & 1 & 2 \\ 0 & 0 & -1 & 0 \\ 0 & 0 & 0 & 1 \end{pmatrix} \quad \text{bzw.} \quad \begin{pmatrix} 1 & 0 & 0 & 0 \\ -2 & 1 & 0 & 0 \\ -3 & 0 & 1 & 0 \\ 14 & -3 & -3 & 1 \end{pmatrix}.$$

Weiters ergibt sich durch Addition der dritten Zeile zur ersten und zur zweiten

Zeile sowie durch Subtraktion des Doppelten der vierten Zeile von der zweiten:

$$\begin{pmatrix} 1 & 0 & 0 & 0 \\ 0 & 1 & 0 & 2 \\ 0 & 0 & -1 & 0 \\ 0 & 0 & 0 & 1 \end{pmatrix} \quad \text{bzw.} \quad \begin{pmatrix} -2 & 0 & 1 & 0 \\ -5 & 1 & 1 & 0 \\ -3 & 0 & 1 & 0 \\ 14 & -3 & -3 & 1 \end{pmatrix}$$

$$\begin{pmatrix} 1 & 0 & 0 & 0 \\ 0 & 1 & 0 & 0 \\ 0 & 0 & -1 & 0 \\ 0 & 0 & 0 & 1 \end{pmatrix} \quad \text{bzw.} \quad \begin{pmatrix} -2 & 0 & 1 & 0 \\ -33 & 7 & 7 & -2 \\ -3 & 0 & 1 & 0 \\ 14 & -3 & -3 & 1 \end{pmatrix}$$

und schließlich durch Multiplikation der dritten Zeile mit $-1$:

$$E = \begin{pmatrix} 1 & 0 & 0 & 0 \\ 0 & 1 & 0 & 0 \\ 0 & 0 & 1 & 0 \\ 0 & 0 & 0 & 1 \end{pmatrix} \quad \text{bzw.} \quad \begin{pmatrix} -2 & 0 & 1 & 0 \\ -33 & 7 & 7 & -2 \\ 3 & 0 & -1 & 0 \\ 14 & -3 & -3 & 1 \end{pmatrix} = A^{-1} .$$

8. Berechnen Sie $C^{-1}$ für $C = \begin{pmatrix} 1 & 0 & 2 \\ 2 & -1 & 3 \\ 4 & 1 & 8 \end{pmatrix}$.

**Lösung:**

Es ist $\det C = \begin{vmatrix} 1 & 0 & 2 \\ 2 & -1 & 3 \\ 4 & 1 & 8 \end{vmatrix} = \begin{vmatrix} -1 & 3 \\ 1 & 8 \end{vmatrix} + 2 \begin{vmatrix} 2 & -1 \\ 4 & 1 \end{vmatrix} = -11 + 2 \cdot 6 = 1$ und

$$C^{-1} = \frac{1}{\det C} \begin{pmatrix} \begin{vmatrix} -1 & 3 \\ 1 & 8 \end{vmatrix} & -\begin{vmatrix} 2 & 3 \\ 4 & 8 \end{vmatrix} & \begin{vmatrix} 2 & -1 \\ 4 & 1 \end{vmatrix} \\[2mm] -\begin{vmatrix} 0 & 2 \\ 1 & 8 \end{vmatrix} & \begin{vmatrix} 1 & 2 \\ 4 & 8 \end{vmatrix} & -\begin{vmatrix} 1 & 0 \\ 4 & 1 \end{vmatrix} \\[2mm] \begin{vmatrix} 0 & 2 \\ -1 & 3 \end{vmatrix} & -\begin{vmatrix} 1 & 2 \\ 2 & 3 \end{vmatrix} & \begin{vmatrix} 1 & 0 \\ 2 & -1 \end{vmatrix} \end{pmatrix}^T = \begin{pmatrix} -11 & -4 & 6 \\ 2 & 0 & -1 \\ 2 & 1 & -1 \end{pmatrix}^T .$$

$$\Longrightarrow C^{-1} = \begin{pmatrix} -11 & 2 & 2 \\ -4 & 0 & 1 \\ 6 & -1 & -1 \end{pmatrix} .$$

9. Gegeben ist die Matrix

$$A = \begin{pmatrix} 1 & \alpha & -1 \\ 0 & -2 & 3 \\ \alpha & -1 & 2 \end{pmatrix} .$$

a) Für welche Werte von $\alpha$ existiert die inverse Matrix $A^{-1}$?
b) Ermitteln Sie die inverse Matrix für $\alpha = -1$.

**Lösung:**
a) Dies ist der Fall, wenn $\det A \neq 0$ ist.

$$\det A = \begin{vmatrix} 1 & \alpha & -1 \\ 0 & -2 & 3 \\ \alpha & -1 & 2 \end{vmatrix} = \begin{vmatrix} -2 & 3 \\ -1 & 2 \end{vmatrix} + \alpha \begin{vmatrix} \alpha & -1 \\ -2 & 3 \end{vmatrix} = -1 + 3\alpha^2 - 2\alpha .$$

$\det A = 0$ für $\alpha_1 = 1$ und $\alpha_2 = -\dfrac{1}{3}$ .

Daher existiert $A^{-1}$ für alle anderen Werte von $\alpha$.

b) Für $\alpha = -1$ ist $A = \begin{pmatrix} 1 & -1 & -1 \\ 0 & -2 & 3 \\ -1 & -1 & 2 \end{pmatrix}$ und $\det A = 4$. Damit folgt:

$$A^{-1} = \frac{1}{\det A} \begin{pmatrix} \begin{vmatrix} -2 & 3 \\ -1 & 2 \end{vmatrix} & -\begin{vmatrix} 0 & 3 \\ -1 & 2 \end{vmatrix} & \begin{vmatrix} 0 & -2 \\ -1 & -1 \end{vmatrix} \\[2mm] -\begin{vmatrix} -1 & -1 \\ -1 & 2 \end{vmatrix} & \begin{vmatrix} 1 & -1 \\ -1 & 2 \end{vmatrix} & -\begin{vmatrix} 1 & -1 \\ -1 & -1 \end{vmatrix} \\[2mm] \begin{vmatrix} -1 & -1 \\ -2 & 3 \end{vmatrix} & -\begin{vmatrix} 1 & -1 \\ 0 & 3 \end{vmatrix} & \begin{vmatrix} 1 & -1 \\ 0 & -2 \end{vmatrix} \end{pmatrix}^T =$$

$$= \frac{1}{4} \begin{pmatrix} -1 & -3 & -2 \\ 3 & 1 & 2 \\ -5 & -3 & -2 \end{pmatrix}^T = \frac{1}{4} \begin{pmatrix} -1 & 3 & -5 \\ -3 & 1 & -3 \\ -2 & 2 & -2 \end{pmatrix} .$$

10. Zeigen Sie, dass für die Matrix $P = \begin{pmatrix} 0 & 1 & 0 \\ 0 & 0 & 1 \\ 1 & 0 & 0 \end{pmatrix}$ gilt: $P^{-1} = P^2$ .

**Lösung:**
Wegen $\det P = 1 \neq 0$ existiert die Inverse $P^{-1}$ und es gilt dann:

$$P^{-1} = P^2 \Longleftrightarrow P^3 = E$$

$$P^3 = \begin{pmatrix} 0 & 1 & 0 \\ 0 & 0 & 1 \\ 1 & 0 & 0 \end{pmatrix} \begin{pmatrix} 0 & 1 & 0 \\ 0 & 0 & 1 \\ 1 & 0 & 0 \end{pmatrix} \begin{pmatrix} 0 & 1 & 0 \\ 0 & 0 & 1 \\ 1 & 0 & 0 \end{pmatrix} = \begin{pmatrix} 0 & 1 & 0 \\ 0 & 0 & 1 \\ 1 & 0 & 0 \end{pmatrix} \begin{pmatrix} 0 & 0 & 1 \\ 1 & 0 & 0 \\ 0 & 1 & 0 \end{pmatrix} = E .$$

11. Bestimmen Sie $x, y, z, w$ so, dass gilt:

$$3 \begin{pmatrix} x & y \\ z & w \end{pmatrix} = \begin{pmatrix} x & 6 \\ -1 & 2w \end{pmatrix} + \begin{pmatrix} 4 & x+y \\ z+w & 3 \end{pmatrix} .$$

**Lösung:**
Diese Matrizengleichung entspricht den vier skalaren Gleichungen
$3x = x + 4$, $3y = 6 + x + y$, $3z = -1 + z + w$ und $3w = 2w + 3$.
Aus der ersten folgt $x = 2$, aus der vierten $w = 3$, aus der zweiten $y = 4$ und aus der dritten $z = 1$.

12. Ermitteln Sie alle Lösungen der Matrizengleichung $AX = B$ mit $A = \begin{pmatrix} 1 & 2 \\ -2 & -4 \end{pmatrix}$ und $B = \begin{pmatrix} -7 & 1 \\ 14 & -2 \end{pmatrix}$.

**Lösung:**
Wegen $\det A = 0$ ist $A$ nicht invertierbar und damit eine Lösung der Matrizengleichung durch Multiplikation mit $A^{-1}$ nicht möglich. Mit dem unbestimmten Ansatz

$$X = \begin{pmatrix} x & y \\ z & w \end{pmatrix} \text{ folgt: } \begin{pmatrix} 1 & 2 \\ -2 & -4 \end{pmatrix} \begin{pmatrix} x & y \\ z & w \end{pmatrix} = \begin{pmatrix} -7 & 1 \\ 14 & -2 \end{pmatrix} \text{ und daraus:}$$

$x + 2z = -7$, $y + 2w = 1$, $-2x - 4w = 14$ und $-2y - 4w = -2$, d.h. $x = -7 - 2z$

und $y = 1 - 2w \Longrightarrow X = \begin{pmatrix} -7 - 2z & 1 - 2w \\ z & w \end{pmatrix}$ , $z$ und $w$ beliebig.

13. Gegeben sind die Matrizen

$$A = \begin{pmatrix} 0 & 1 & -1 \\ 1 & -2 & 3 \\ 1 & 0 & 1 \end{pmatrix} \quad \text{und} \quad B = \frac{1}{2} \begin{pmatrix} 1 & 0 & -2 \\ 3 & 2 & 2 \\ 4 & 2 & 2 \end{pmatrix} .$$

Bestimmen Sie eine Zahl $a \in \mathbb{R}$, $a > 0$ und einen Vektor $\vec{x} \neq \vec{0}$ derart, dass die Gleichung $A^2\vec{x} = aB^{-1}\vec{x}$ gilt.

**Lösung:**

Es ist $A^2 = \begin{pmatrix} 0 & 1 & -1 \\ 1 & -2 & 3 \\ 1 & 0 & 1 \end{pmatrix} \begin{pmatrix} 0 & 1 & -1 \\ 1 & -2 & 3 \\ 1 & 0 & 1 \end{pmatrix} = \begin{pmatrix} 0 & -2 & 2 \\ 1 & 5 & -4 \\ 1 & 1 & 0 \end{pmatrix}.$

Wegen $\det B = \frac{1}{8}\left( \begin{vmatrix} 2 & 2 \\ 2 & 2 \end{vmatrix} - 2 \begin{vmatrix} 3 & 2 \\ 4 & 2 \end{vmatrix} \right) = \frac{1}{2}$ existiert $B^{-1}$ und es gilt:

$$B^{-1} = 2\frac{1}{4} \begin{pmatrix} 0 & -2 & 2 \\ 1 & 5 & -4 \\ 1 & 1 & 0 \end{pmatrix}^T = \begin{pmatrix} 0 & -2 & 2 \\ 1 & 5 & -4 \\ -1 & -1 & 1 \end{pmatrix} .$$

Damit erhalten wir für $A^2\vec{x} = aB^{-1}\vec{x}$ bzw. $(A^2 - aB^{-1})\vec{x} = \vec{0}$ nur dann eine nicht-triviale Lösung, wenn $\det(A^2 - aB^{-1}) \neq 0$ gilt, d.h.

$$\begin{vmatrix} 0 & -2 + 2a & 2 - 2a \\ 1 - a & 5 - 5a & -4 + 4a \\ 1 + a & 1 + a & -a \end{vmatrix} = (1 - a)^2 \begin{vmatrix} 0 & -2 & 2 \\ 1 & 5 & -4 \\ 1 + a & 1 + a & -a \end{vmatrix} =$$

$$= (1 - a)^2 \begin{vmatrix} 0 & 0 & 2 \\ 1 & 1 & -4 \\ 1 + a & 1 & -a \end{vmatrix} = 2(1 - a)^2 \bigl(1 - (1 + a)\bigr) = -2a(1 - a)^2 \neq 0 .$$

Wegen $a > 0$ kommt nur $a = 1$ in Frage. Der zugehörige Lösungsvektor $\vec{x}$ genügt

der Gleichung $(A^2 - B^{-1})\vec{x} = \begin{pmatrix} 0 & 0 & 0 \\ 0 & 0 & 0 \\ 2 & 2 & -1 \end{pmatrix} \vec{x} = \begin{pmatrix} 0 \\ 0 \\ 2x + 2y - z \end{pmatrix} = \begin{pmatrix} 0 \\ 0 \\ 0 \end{pmatrix} .$

Mit $x = t$, $y = \tau$ folgt $z = 2t + 2\tau$ bzw. $\vec{x} = \begin{pmatrix} t \\ \tau \\ 2t + 2\tau \end{pmatrix} = t \begin{pmatrix} 1 \\ 0 \\ 2 \end{pmatrix} + \tau \begin{pmatrix} 0 \\ 1 \\ 2 \end{pmatrix} .$

## 2.3.3   Beispiele mit Lösungen

1. Stellen Sie das Produkt $AB$ der Matrizen

$$A = \begin{pmatrix} 1 & 0 & 2 \\ 3 & 5 & 1 \\ 7 & 0 & 2 \end{pmatrix} \quad \text{und} \quad B = \begin{pmatrix} 8 & 1 & 1 \\ 1 & 1 & 0 \\ 8 & 0 & 5 \end{pmatrix}$$

als Summe einer symmetrischen Matrix $H$ und einer schiefsymmetrischen Matrix $K$ dar.

Lösung:   $H = \dfrac{1}{2}\begin{pmatrix} 48 & 38 & 83 \\ 38 & 16 & 15 \\ 83 & 15 & 34 \end{pmatrix}$ ,   $K = \dfrac{1}{2}\begin{pmatrix} 0 & -36 & -61 \\ 36 & 0 & 1 \\ 61 & -1 & 0 \end{pmatrix}$ .

2. Berechnen Sie die Matrix $X = (A + A^T)^2(A - A^T)^2$, wobei

$$A = \begin{pmatrix} 1 & 2 & -1 \\ -1 & -1 & 2 \\ 1 & 2 & 1 \end{pmatrix} .$$

Lösung:   $X = \begin{pmatrix} -65 & 24 & -16 \\ 0 & -189 & 126 \\ -52 & 120 & -80 \end{pmatrix}$ .

3. Gegeben sind die Matrizen $A = \begin{pmatrix} 1 & -1 \\ 2 & -1 \end{pmatrix}$ , $B = \begin{pmatrix} 1 & 1 \\ 4 & -1 \end{pmatrix}$ . Berechnen Sie die Matrix $M = AB + BA$.

Lösung:   $M = \begin{pmatrix} 0 & 0 \\ 0 & 0 \end{pmatrix}$ .

4. In der quadratischen $n$-reihigen Matrix $A$ sind alle Matrixelemente $a$. Berechnen Sie $AAA$ und verallgemeinern Sie auf $A^k$, $k \in \mathbb{N}$.

Lösung:   $AAA = n^2 a^2 A$,   $A^k = n^{k-1} a^{k-1} A$ .

5. Gegeben sind die Matrizen

$$A = \begin{pmatrix} 4 & 6 & -1 \\ 3 & 0 & 2 \\ 1 & -2 & 5 \end{pmatrix} , \quad B = \begin{pmatrix} 2 & 4 \\ 0 & 1 \\ 1 & 2 \end{pmatrix} \quad \text{und} \quad C = (3, 1, 2) .$$

a) Bilden Sie das Produkt $(AB)^T C^T$.
b) Welchen Rang hat dieses Produkt?

Lösung:   a) $(AB)^T C^T = \begin{pmatrix} 43 \\ 100 \end{pmatrix}$,   b) 2 .

6. Gegeben ist die Matrix

$$A = \begin{pmatrix} 1 & 0 \\ 1 & 1 \end{pmatrix} .$$

Bestimmen Sie alle $2 \times 2$ Matrizen

$$B = \begin{pmatrix} a & b \\ c & d \end{pmatrix} , \quad a, b, c, d \in \mathbb{R} ,$$

die der Gleichung $AB = BA$ genügen, d.h. die mit $A$ kommutieren.

Lösung: $B = \begin{pmatrix} a & 0 \\ c & a \end{pmatrix} , \quad a, c$ beliebig .

7. Gegeben ist die Matrix $A = \begin{pmatrix} 1 & -i \\ i & 1 \end{pmatrix}$.
   Bestimmen sie alle Matrizen $B \in M(2 \times 2; \mathbb{C})$, die mit $A$ vertauschbar sind. Gibt es darunter auch Nullteiler von $A$, d.h. Matrizen $B$ mit $AB = 0$?

   Lösung: $B = \begin{pmatrix} a & b \\ -b & a \end{pmatrix} , \quad a, b \in \mathbb{C}, \quad$ Nullteiler, falls $B = \begin{pmatrix} a & ia \\ -ia & a \end{pmatrix} , \quad a \in \mathbb{C} .$

8. Bestimmen Sie den Rang der jeweiligen Matrix $A$, für deren Elemente gilt:
   $a_{ik} = i + k$ bzw. $a_{ik} = i - k, \quad 1 \leq i \leq n, \ 1 \leq k \leq n, \ n \geq 2$.

   Lösung: $\operatorname{rg} A = 2$

9. Für welche $x \in \mathbb{R}$ ist die Matrix

   $$A = \begin{pmatrix} 1 + x & 1 + x^2 & 1 + x^3 \\ 1 & 1 + x & 1 + x^2 \\ 1 + \frac{1}{x} & 1 & 1 + x \end{pmatrix}$$

   singulär?

   Lösung: $x_1 = -1, \ x_2 = \dfrac{3 + \sqrt{5}}{2} , \ x_3 = \dfrac{3 - \sqrt{5}}{2} .$

10. Bestimmen Sie die inverse Matrix zu

    $$A = \begin{pmatrix} 1 & 2 & 3 \\ 3 & 2 & 1 \\ 1 & 0 & 1 \end{pmatrix} .$$

    Lösung: $A^{-1} = \dfrac{1}{4} \begin{pmatrix} -1 & 1 & 2 \\ 1 & 1 & -4 \\ 1 & -1 & 2 \end{pmatrix} .$

11. Gegeben sind die Matrizen

    $$A = \begin{pmatrix} 1 & \alpha & 3 \\ 0 & 2 & 2\alpha \\ 2 & \alpha & -\alpha \end{pmatrix} , \ \alpha \in \mathbb{R} \quad \text{und} \quad B = \begin{pmatrix} 2a & 0 & -a \\ -b & b & 0 \end{pmatrix} , \ a, b \in \mathbb{R} .$$

    Untersuchen Sie, für welche Werte von $\alpha$ die Matrix $A$ invertierbar ist. Berechnen Sie für $\alpha = -1$ die Matrix $C = AB^T$ und bestimmen Sie deren Rang in Abhängigkeit von $a$ und $b$.

Lösung:  $\alpha \neq 3$ und $\alpha \neq -2$,  $C = \begin{pmatrix} -a & -2b \\ 2a & 2b \\ 3a & -3b \end{pmatrix}$  $\operatorname{rg} C = 0$: $a = 0$, $b = 0$,

$\operatorname{rg} C = 1$: $a = 0$, $b \neq 0$ oder $a \neq 0$, $b = 0$,  $\operatorname{rg} C = 2$: $a \neq 0$, $b \neq 0$.

12. Ermitteln Sie $\left(A^T\right)^{-1}$ für $A = \begin{pmatrix} 2 & 5 \\ 3 & -4 \end{pmatrix}$.

Lösung:  $\left(A^T\right)^{-1} = \dfrac{1}{23} \begin{pmatrix} 4 & 3 \\ 5 & -2 \end{pmatrix}$.

13. Gegeben sind die Matrizen

$$A = \begin{pmatrix} 1 & -2 & 0 \\ 1 & -1 & 2 \\ 0 & 3 & 1 \end{pmatrix} \quad \text{und} \quad B = \frac{1}{32} \begin{pmatrix} -24 & -6 & -128 \\ 0 & 168 & 0 \\ 92 & -5 & 240 \end{pmatrix}.$$

Berechnen Sie die Matrix $(A^2 - B)^{-1}$.

Lösung:  $(A^2 - B)^{-1} = \begin{pmatrix} -4 & -3 & 0 \\ 0 & -4 & 0 \\ -1 & -2 & -2 \end{pmatrix}$.

14. Lösen Sie die Gleichung $A\vec{x} = A^{-1}\vec{b} + \vec{c}$ mit

$$A = \begin{pmatrix} -1 & 2 & 2 \\ 2 & -1 & 2 \\ 2 & 2 & -1 \end{pmatrix}, \quad \vec{b} = \begin{pmatrix} 1 \\ 2 \\ 3 \end{pmatrix}, \quad \vec{b} = \frac{1}{3}\begin{pmatrix} 6 \\ 7 \\ 8 \end{pmatrix}, \quad \vec{x} = \begin{pmatrix} x \\ y \\ z \end{pmatrix}.$$

Lösung:  $x = y = z = 1$.

15. Bestimmen Sie $a, b, x, y$ so, dass gilt:

$$\begin{pmatrix} x & 2x \\ a & a \end{pmatrix} - \begin{pmatrix} 2y & y \\ -b & b \end{pmatrix} = \begin{pmatrix} 0 & 3 \\ 7 & 1 \end{pmatrix}.$$

Lösung:  $a = 4$, $b = 3$, $x = 2$, $y = 1$.

16. Gegeben ist die Matrix $A = \begin{pmatrix} 1 & z & 0 \\ x & 1 & y \\ 1 & w & 0 \end{pmatrix}$. Ermitteln Sie alle $x, y, z, w \in \mathbb{R}$ derart,

dass gilt: $AA^T = \begin{pmatrix} 2 & 1 & 1 \\ 1 & 5 & 0 \\ 1 & 0 & 1 \end{pmatrix}$.

Lösung:  $x = 0$, $y = \pm 2$, $z = 1$ und $w = 0$.

17. Bestimmen Sie alle Matrizen $B \in M(2 \times 2; \mathbb{R})$, die der Gleichung $B^2 = 0$ genügen.

Lösung:  $B = \begin{pmatrix} a & b \\ -\dfrac{a^2}{b} & -a \end{pmatrix}$,  $a, b \in \mathbb{R}$, $b \neq 0$.

18. Bestimmen Sie alle Lösungen der gemischt quadratischen Matrizengleichung

$$X^2 - 2X + E_2 = 0, \quad X \in M(2 \times 2; \mathbb{R}) .$$

Lösung:   $X_1 = \begin{pmatrix} 1 & 0 \\ c & 1 \end{pmatrix} \ c \in \mathbb{R}, \quad X_2 = \begin{pmatrix} a & b \\ -\frac{(1-a)^2}{b} & 2-a \end{pmatrix} \ a \in \mathbb{R}, \ b \in \mathbb{R} \setminus \{0\} .$

## 2.4  Determinanten

### 2.4.1  Grundlagen

Einer quadratischen Matrix $A \in M(n \times n; \mathbb{K})$ läßt sich eine Zahl aus $\mathbb{K}$, $\mathbb{K} = \mathbb{R}$ oder $\mathbb{C}$ zuordnen. Diese Zuordnung (Abbildung) ist durch drei Forderungen eindeutig festgelegt:
a) Sie soll bezüglich jedes Spaltenvektors linear sein,
b) sie soll alternierend sein, d.h. bei einer Spaltenvertauschung ändert sich das Vorzeichen,
b) sie soll der Einheitsmatrix $E$ den Wert 1 zuordnen.
Die so zugeordnete Zahl heißt dann Determinante der Matrix $A$.

$$\text{Schreibweisen:} \quad \det A \text{ bzw. } |A| = \begin{vmatrix} a_{11} & \cdots & a_{1k} & \cdots & a_{1n} \\ \vdots & & \vdots & & \vdots \\ a_{i1} & \cdots & a_{ik} & \cdots & a_{in} \\ \vdots & & \vdots & & \vdots \\ a_{n1} & \cdots & a_{nk} & \cdots & a_{nn} \end{vmatrix}.$$

Determinanten besitzen folgende Eigenschaften:

$$\bullet \text{ Linearität in den Spalten:} \begin{vmatrix} a_{11} & \cdots & \lambda a_{1k} + \mu a'_{1k} & \cdots & a_{1n} \\ \vdots & & \vdots & & \vdots \\ a_{i1} & \cdots & \lambda a_{ik} + \mu a'_{1k} & \cdots & a_{in} \\ \vdots & & \vdots & & \vdots \\ a_{n1} & \cdots & \lambda a_{nk} + \mu a'_{1k} & \cdots & a_{nn} \end{vmatrix} =$$

$$= \lambda \begin{vmatrix} a_{11} & \cdots & a_{1k} & \cdots & a_{1n} \\ \vdots & & \vdots & & \vdots \\ a_{i1} & \cdots & a_{ik} & \cdots & a_{in} \\ \vdots & & \vdots & & \vdots \\ a_{n1} & \cdots & a_{nk} & \cdots & a_{nn} \end{vmatrix} + \mu \begin{vmatrix} a_{11} & \cdots & a'_{1k} & \cdots & a_{1n} \\ \vdots & & \vdots & & \vdots \\ a_{i1} & \cdots & a'_{ik} & \cdots & a_{in} \\ \vdots & & \vdots & & \vdots \\ a_{n1} & \cdots & a'_{nk} & \cdots & a_{nn} \end{vmatrix}.$$

- Hat $A$ zwei gleiche Spalten, so ist $\det A = 0$.

- $\det E = 1$.

- $\det A^T = \det A$. Daher gelten alle Eigenschaften bezüglich der Spalten analog für Zeilen.

- $\det(\lambda A) = \lambda^n \det A$.

- Spaltenvertauschung führt zu einem Vorzeichenwechsel.

- Besitzt $A$ eine Nullspalte, so gilt: $\det A = 0$.

- Wird in $A$ zu einer Spalte das Vielfache einer anderen Spalte addiert, ändert das den Wert der Determinante nicht.

- Die Determinante einer Dreiecksmatrix ist gleich dem Produkt der Diagonalelemente.

- $\det A \neq 0$ tritt nur auf, wenn $A$ invertierbar ist, d.h. wenn Rang $A = n$.

- $\det(AB) = \det A \det B$ (Multiplikationssatz) $\implies \det A^{-1} = \dfrac{1}{\det A}$ .

Zur Berechnung von $\det A$ kann der Entwicklungssatz von LAPLACE verwendet werden: Bezeichne $A_{ik}$ die Matrix, die aus $A$ durch Streichung der $i$-ten Zeile und der $k$-ten Spalte entsteht. Dann gilt:

$$\det A = \sum_{i=1}^{n} (-1)^{i+k} a_{ik} \det A_{ik} \quad \cdots \quad \text{Entwicklung nach der } k\text{-ten Spalte,}$$

$$\det A = \sum_{k=1}^{n} (-1)^{i+k} a_{ik} \det A_{ik} \quad \cdots \quad \text{Entwicklung nach der } i\text{-ten Zeile.}$$

Dabei ist es zweckmäßig, vorher durch Addition geeigneter Vielfacher von Spalten oder Zeilen möglichst viele Nullen in einer Spalte bzw. Zeile zu erzeugen.

Für die Berechnung von 3-reihigen Determinanten (und nur dieser!) existiert mit der Regel von SARRUS ein einfaches Verfahren. Dabei werden die zweite und die dritte Spalte rechts angefügt und die Determinante entsprechend dem folgendem Schema berechnet:

$\det A$ ist die Summe der Produkte der Matrixelemente längs der absteigenden Pfeile, vermindert um die Summe der Produkte der Matrixelemente längs der aufsteigenden Pfeile, d.h.

$$\det A = a_{11}a_{22}a_{33} + a_{12}a_{23}a_{31} + a_{13}a_{21}a_{32} - (a_{31}a_{22}a_{13} + a_{32}a_{23}a_{11} + a_{33}a_{21}a_{12}) \ .$$

Für Blockmatrizen, d.s. Matrizen, deren Elemente selber Matrizen sind, kann die Determinante bisweilen mittels der Determinanten der Teilmatrizen berechnet werden:
Seien $A_1$ und $A_2$ quadratische, nicht notwendig gleichartige Matrizen. Die Rechtecksmatrix $B$ sei beliebig. Mit $0$ wird eine entsprechend Nullmatrix bezeichnet. Dann gilt:

$$\det \begin{pmatrix} A_1 & B \\ 0 & A_2 \end{pmatrix} = \det A_1 \det A_2 \ .$$

## 2.4.2  Musterbeispiele

1. Berechnen Sie mittels verschiedener Methoden $\det A$ mit $A = \begin{pmatrix} 1 & 2 & 3 \\ 1 & 1 & 2 \\ 2 & -1 & 2 \end{pmatrix}$.
   **Lösung:**

   (a) Durch Entwicklung nach der ersten Spalte:

   $$\det A = \begin{vmatrix} 1 & 2 & 3 \\ 1 & 1 & 2 \\ 2 & -1 & 2 \end{vmatrix} = 1 \begin{vmatrix} 1 & 2 \\ -1 & 2 \end{vmatrix} - 1 \begin{vmatrix} 2 & 3 \\ -1 & 2 \end{vmatrix} + 2 \begin{vmatrix} 2 & 3 \\ 1 & 2 \end{vmatrix} =$$
   $$= (2+2) - (4+3) + 2(4-3) = -1.$$

   (b) Durch Entwicklung nach der ersten Spalte unter vorheriger Erzeugung möglichst vieler Nullen in dieser Spalte mittels elementarer Zeilenumformungen:

   $$\det A = \begin{vmatrix} 1 & 2 & 3 \\ 1 & 1 & 2 \\ 2 & -1 & 2 \end{vmatrix} = \begin{vmatrix} 1 & 2 & 3 \\ 0 & -1 & -1 \\ 0 & -5 & -4 \end{vmatrix} = 1 \begin{vmatrix} -1 & -1 \\ -5 & -4 \end{vmatrix} = -1.$$

   (c) Durch Herstellung der Halbdiagonalform mittels elementarer Zeilenumformungen:

   $$\det A = \begin{vmatrix} 1 & 2 & 3 \\ 1 & 1 & 2 \\ 2 & -1 & 2 \end{vmatrix} = \begin{vmatrix} 1 & 2 & 3 \\ 0 & -1 & -1 \\ 0 & -5 & -4 \end{vmatrix} = \begin{vmatrix} 1 & 2 & 3 \\ 0 & -1 & -1 \\ 0 & 0 & 1 \end{vmatrix} = -1.$$

   (d) Unter Verwendung der Regel von SARRUS:

   Aus

   $$\begin{array}{ccccc} 1 & 2 & 3 & 1 & 2 \\ 1 & 1 & 2 & 1 & 1 \\ 2 & -1 & 2 & 2 & -1 \end{array} \quad \text{folgt:}$$

   $$\det A = 2 + 8 - 3 - (6 - 2 + 4) = -1.$$

2. Berechnen Sie die Determinante $D = \begin{vmatrix} 1 & 2 & -1 & 2 \\ 3 & 0 & 1 & 5 \\ 1 & -2 & 0 & 3 \\ -2 & -4 & 1 & 6 \end{vmatrix}$.

   **Lösung:**
   Durch elementare Zeilenoperationen lassen sich am einfachsten in der dritten Spalte Nullen erzeugen, wodurch eine Entwicklung nach der dritten Spalte sinnvoll wird:

   $$D = \begin{vmatrix} 4 & 2 & 0 & 7 \\ 3 & 0 & 1 & 5 \\ 1 & -2 & 0 & 3 \\ -5 & -4 & 0 & 1 \end{vmatrix} = - \begin{vmatrix} 4 & 2 & 7 \\ 1 & -2 & 3 \\ -5 & -4 & 1 \end{vmatrix}. \quad \text{Durch weitere Zeilenoperationen folgt:}$$

   $$D = - \begin{vmatrix} 0 & 10 & -5 \\ 1 & -2 & 3 \\ 0 & -14 & 16 \end{vmatrix} = \begin{vmatrix} 10 & -5 \\ -14 & 16 \end{vmatrix} = 160 - 70 = 90.$$

3. Berechnen Sie die Determinante

$$D = \det A \quad \text{mit} \quad A = \begin{pmatrix} 1 & 1 & 2 & 0 \\ 3 & 1 & 3 & -1 \\ 2 & -5 & -1 & -4 \\ -3 & 4 & 17 & -13 \end{pmatrix}.$$

**Lösung:**

Hier ist es zweckmäßig, durch elementare Spaltenoperationen in der ersten Zeile Nullen zu erzeugen:

$$D = \begin{vmatrix} 1 & 0 & 0 & 0 \\ 3 & -2 & -3 & -1 \\ 2 & -7 & -5 & -4 \\ -3 & 7 & 23 & -13 \end{vmatrix} = \begin{vmatrix} -2 & -3 & -1 \\ -7 & -5 & -4 \\ 7 & 23 & -13 \end{vmatrix}.$$ Weitere Spaltenoperationen liefern:

$$D = \begin{vmatrix} 0 & 0 & -1 \\ 1 & 7 & -4 \\ 33 & 62 & -13 \end{vmatrix} = - \begin{vmatrix} 1 & 7 \\ 33 & 62 \end{vmatrix} = 169.$$

4. Berechnen Sie die Determinante

$$D = \begin{vmatrix} b^2 + c^2 & a^2 & a^2 \\ b^2 & c^2 + a^2 & b^2 \\ c^2 & c^2 & a^2 + b^2 \end{vmatrix}.$$

**Lösung:**

Entwicklung nach der ersten Zeile liefert:

$$D = (b^2 + c^2) \begin{vmatrix} a^2 + c^2 & b^2 \\ c^2 & a^2 + b^2 \end{vmatrix} - a^2 \begin{vmatrix} b^2 & b^2 \\ c^2 & a^2 + b^2 \end{vmatrix} + a^2 \begin{vmatrix} b^2 & a^2 + c^2 \\ c^2 & c^2 \end{vmatrix} =$$

$$= (b^2 + c^2)(a^2 + c^2)(a^2 + b^2) - (b^2 + c^2)b^2 c^2 - a^2 b^2(a^2 + b^2) + a^2 b^2 c^2 + a^2 b^2 c^2 - a^2 c^2(a^2 + c^2).$$
Durch Ausmultiplizieren folgt dann: $D = 4a^2 b^2 c^2$.

5. Berechnen Sie die Determinante

$$D = \begin{vmatrix} 1 & a & 0 & 0 & 0 \\ -1 & 1 & a^2 & 0 & 0 \\ 0 & -1 & 1 & a^3 & 0 \\ 0 & 0 & -1 & 1 & a^4 \\ 0 & 0 & 0 & -1 & 1 \end{vmatrix}, \quad a \in \mathbb{R}.$$

**Lösung:**

Addition der vierten Spalte zur fünften und anschließende Entwicklung nach der fünften Spalte liefert:

$$D = \begin{vmatrix} 1 & a & 0 & 0 \\ -1 & 1 & a^2 & 0 \\ 0 & -1 & 1 & a^3 \\ 0 & 0 & -1 & 1 + a^4 \end{vmatrix} \overset{Z.Op.}{=\!=} \begin{vmatrix} 1 & a & 0 & 0 \\ 0 & 1 + a & a^2 & 0 \\ 0 & -1 & 1 & a^3 \\ 0 & 0 & -1 & 1 + a^4 \end{vmatrix} = \begin{vmatrix} 1 + a & a^2 & 0 \\ -1 & 1 & a^3 \\ 0 & -1 & 1 + a^4 \end{vmatrix}.$$

Entwicklung nach der ersten Spalte liefert dann:

$$D = (1 + a) \begin{vmatrix} 1 & a^3 \\ -1 & 1 + a^4 \end{vmatrix} + \begin{vmatrix} a^2 & 0 \\ -1 & 1 + a^4 \end{vmatrix} = (1 + a)(1 + a^4) + (1 + a)a^3 + a^2(1 + a^4) =$$

$$= 1 + a + a^2 + a^3 + 2a^4 + a^5 + a^6.$$

6. Berechnen Sie $D_n = \det A$ für

$$
A = \begin{pmatrix}
a & ab & ab^2 & \cdots & ab^{n-2} & ab^{n-1} & ab^n \\
1 & a & ab & \cdots & ab^{n-3} & ab^{n-2} & ab^{n-1} \\
0 & 1 & a & \cdots & ab^{n-4} & ab^{n-3} & ab^{n-2} \\
\vdots & \vdots & \vdots & \vdots & \vdots & \vdots & \vdots \\
0 & 0 & 0 & \cdots & a & ab & ab^2 \\
0 & 0 & 0 & \cdots & 1 & a & ab \\
0 & 0 & 0 & \cdots & 0 & 1 & a
\end{pmatrix}.
$$

**Lösung:**
Es liegen zwei verschiedene Lösungswege nahe:

(a) Überführung von $A$ auf Halbdiagonalform:
Zunächst wird der Fall $b = 0$ behandelt. In diesem Fall ist $A$ diagonal und es
gilt trivialerweise: $\det A = a^{n+1}$. Falls $b \neq 0$, lassen sich folgende elementare
Zeilenoperationen durchführen: Die mit $b$ multiplizierte zweite Zeile wird von
der ersten subtrahiert, die mit $b$ multiplizierte dritte Zeile wird von der zweiten
subtrahiert und so fort, bis schließlich die mit $b$ multiplizierte letzte Zeile wird
von der vorletzten subtrahiert wird. Das liefert

$$
A' = \begin{pmatrix}
a-b & 0 & 0 & \cdots & 0 & 0 & 0 \\
1 & a-b & 0 & \cdots & 0 & 0 & 0 \\
0 & 1 & a-b & \cdots & 0 & 0 & 0 \\
\vdots & \vdots & \vdots & \vdots & \vdots & \vdots & \vdots \\
0 & 0 & 0 & \cdots & a-b & 0 & 0 \\
0 & 0 & 0 & \cdots & 1 & a-b & 0 \\
0 & 0 & 0 & \cdots & 0 & 1 & a
\end{pmatrix}.
$$

Damit ist $A'$ von Halbdiagonalform und es gilt: $\det A' = \det A = a(a-b)^n$.
Der Fall $b = 0$ ist hier bereits enthalten.

(b) Entwicklung nach der letzten Zeile:

$$
D_n = - \begin{vmatrix}
a & ab & ab^2 & \cdots & ab^{n-2} & ab^n \\
1 & a & ab & \cdots & ab^{n-3} & ab^{n-1} \\
0 & 1 & a & \cdots & ab^{n-4} & ab^{n-2} \\
\vdots & \vdots & \vdots & \vdots & \vdots & \vdots \\
0 & 0 & 0 & \cdots & a & ab^2 \\
0 & 0 & 0 & \cdots & 1 & ab
\end{vmatrix}
+ a \begin{vmatrix}
a & ab & ab^2 & \cdots & ab^{n-2} & ab^{n-1} \\
1 & a & ab & \cdots & ab^{n-3} & ab^{n-2} \\
0 & 1 & a & \cdots & ab^{n-4} & ab^{n-3} \\
\vdots & \vdots & \vdots & \vdots & \vdots & \vdots \\
0 & 0 & 0 & \cdots & a & ab \\
0 & 0 & 0 & \cdots & 1 & a
\end{vmatrix}.
$$

Nach Herausheben des Faktors $b$ aus der letzten Spalte der ersten Determinante
folgt: $D_n = -bD_{n-1} + aD_{n-1} = (a-b)D_{n-1}$ und weiter rekursiv:

$$
D_n = (a-b)^{n-1}D_2 = (a-b)^{n-1}\begin{vmatrix} a & ab \\ 1 & a \end{vmatrix} = (a-b)^{n-1}(a^2 - ab) = a(a-b)^n.
$$

7. Berechnen Sie die Determinante

$$D = \begin{vmatrix} a_1 & a_2 & a_3 & a_4 \\ a_2 & a_3 & a_4 & a_1 \\ a_3 & a_4 & a_1 & a_2 \\ a_4 & a_1 & a_2 & a_3 \end{vmatrix}$$

mit $a_k = a + (k-1)d$ für $k = 1, 2, 3, 4$.

**Lösung:**

Aus $D = \begin{vmatrix} a & a+d & a+2d & a+3d \\ a+d & a+2d & a+3d & a \\ a+2d & a+3d & a & a+d \\ a+3d & a & a+d & a+2d \end{vmatrix}$ folgt durch die elementare Zeilenum-

formungen (Subtraktion der vorhergehenden Zeile zur jeweiligen Zeile):

$$D = \begin{vmatrix} a & a+d & a+2d & a+3d \\ d & d & d & -3d \\ d & d & -3d & d \\ d & -3d & d & d \end{vmatrix}.$$

Herausheben des Faktors $d$ aus der zweiten, dritten und vierten Zeile sowie additive Trennung in der ersten Zeile liefert:

$$D = d^3 \begin{vmatrix} a & a & a & a \\ 1 & 1 & 1 & -3 \\ 1 & 1 & -3 & 1 \\ 1 & -3 & 1 & 1 \end{vmatrix} + d^4 \begin{vmatrix} 0 & 1 & 2 & 3 \\ 1 & 1 & 1 & -3 \\ 1 & 1 & -3 & 1 \\ 1 & -3 & 1 & 1 \end{vmatrix}.$$

Werden nunmehr in beiden Determinanten die erste, zweite und dritte Spalte zur vierten addiert und anschließend nach der vierten Spalte entwickelt, so ergibt sich:

$$D = -4ad^3 \begin{vmatrix} 1 & 1 & 1 \\ 1 & 1 & -3 \\ 1 & -3 & 1 \end{vmatrix} - 6d^4 \begin{vmatrix} 1 & 1 & 1 \\ 1 & 1 & -3 \\ 1 & -3 & 1 \end{vmatrix} = -(4a+6d)d^3 \begin{vmatrix} 1 & 1 & 1 \\ 1 & 1 & -3 \\ 1 & -3 & 1 \end{vmatrix},$$

woraus mittels elementarer Zeilenumformungen

$$D = -(4a+6d)d^3 \begin{vmatrix} 1 & 1 & 1 \\ 0 & 0 & -4 \\ 0 & -4 & 0 \end{vmatrix} = (4a+6d)d^3 \, 16 = 32d^3(2a+3d) \text{ folgt.}$$

8. Bestimmen Sie $\alpha \in \mathbb{R}$ so, dass die folgende Determinante den Wert 10 besitzt:

$$\begin{vmatrix} 1 & \alpha & 3 & 0 \\ 0 & 4 & \alpha & 1 \\ 2 & 1 & -1 & \alpha \\ 0 & 0 & 5 & 1 \end{vmatrix}$$

**Lösung:**

Nach einer elementaren Zeilenoperation folgt:

$$D = \begin{vmatrix} 1 & \alpha & 3 & 0 \\ 0 & 4 & \alpha & 1 \\ 0 & 1-2\alpha & -7 & \alpha \\ 0 & 0 & 5 & 1 \end{vmatrix} = \begin{vmatrix} 4 & \alpha & 1 \\ 1-2\alpha & -7 & \alpha \\ 0 & 5 & 1 \end{vmatrix} \overset{Sp.Op.}{=} \begin{vmatrix} 4 & \alpha-5 & 1 \\ 1-2\alpha & -7-5\alpha & \alpha \\ 0 & 0 & 1 \end{vmatrix}$$

und daraus: $D = 4(-7 - 5\alpha) - (1 - 2\alpha)(\alpha - 5) = 2\alpha^2 - 31\alpha - 23 \overset{!}{=} 10$

$\Longrightarrow \alpha_1 = -1, \ \alpha_2 = \dfrac{33}{2}$ .

9. Berechnen Sie $\det A$ für

$$A = \begin{pmatrix} 1 & 2 & 3 & 4 & 0 & 0 & 0 \\ 1 & 0 & 2 & 3 & 0 & 0 & 0 \\ 0 & 1 & 1 & 1 & 0 & 0 & 0 \\ 2 & 3 & 0 & 1 & 0 & 0 & 0 \\ 6 & 7 & 1 & 3 & 1 & 2 & 1 \\ 9 & 5 & 3 & 2 & 0 & 3 & 5 \\ 4 & 3 & 0 & 5 & 1 & 2 & 4 \end{pmatrix} .$$

**Lösung:**

Es liegt eine Blockmatrix der Form $A = \begin{pmatrix} A_1 & 0 \\ B & A_2 \end{pmatrix}$ vor, wobei

$$A_1 = \begin{pmatrix} 1 & 2 & 3 & 4 \\ 1 & 0 & 2 & 3 \\ 0 & 1 & 1 & 1 \\ 2 & 3 & 0 & 1 \end{pmatrix}, \quad A_2 = \begin{pmatrix} 1 & 2 & 1 \\ 0 & 3 & 5 \\ 1 & 2 & 4 \end{pmatrix} \quad \text{und} \quad B = \begin{pmatrix} 6 & 7 & 1 & 3 \\ 9 & 5 & 3 & 2 \\ 4 & 3 & 0 & 5 \end{pmatrix} .$$

$$\det A_1 = \begin{vmatrix} 1 & 2 & 3 & 4 \\ 1 & 0 & 2 & 3 \\ 0 & 1 & 1 & 1 \\ 2 & 3 & 0 & 1 \end{vmatrix} \overset{Z.Op.}{=} \begin{vmatrix} 1 & 2 & 3 & 4 \\ 0 & -2 & -1 & -1 \\ 0 & 1 & 1 & 1 \\ 0 & -1 & -6 & -7 \end{vmatrix} = \begin{vmatrix} -2 & -1 & -1 \\ 1 & 1 & 1 \\ -1 & -6 & -7 \end{vmatrix} \overset{Z.Op.}{=}$$

$$= \begin{vmatrix} 0 & 1 & 1 \\ 1 & 1 & 1 \\ 0 & -5 & -6 \end{vmatrix} = - \begin{vmatrix} 1 & 1 \\ -5 & -6 \end{vmatrix} = 6 - 5 = 1.$$

$$\det A_2 = \begin{vmatrix} 1 & 2 & 1 \\ 0 & 3 & 5 \\ 1 & 2 & 4 \end{vmatrix} \overset{Z.Op.}{=} \begin{vmatrix} 1 & 2 & 1 \\ 0 & 3 & 5 \\ 0 & 0 & 3 \end{vmatrix} = 9.$$

Insgesamt: $\det A = \det A_1 \det A_2 = 9$.

10. Sei $a \in M(3 \times 1; \mathbb{R})$ und $b \in M(1 \times 3; \mathbb{R})$. Bilden Sie $A = E_3 + ab$ und berechnen Sie $\det A$.

**Lösung:** $A = \begin{pmatrix} 1 + a_1 b_1 & a_1 b_2 & a_1 b_3 \\ a_2 b_1 & 1 + a_2 b_2 & a_2 b_3 \\ a_3 b_1 & a_3 b_2 & 1 + a_3 b_3 \end{pmatrix} .$

Falls alle $a_i b_i$ von Null verschieden sind, kann aus der ersten Zeile der Faktor $a_1$ und aus der ersten Spalte der Faktor $b_1$ herausgezogen werden. Analoges gilt für die zweiten und dritten Zeilen und Spalten. Das ergibt:

$$\det A = \prod_{i=1}^{3} (a_i b_i) \begin{vmatrix} 1 + \frac{1}{a_1 b_1} & 1 & 1 \\ 1 & 1 + \frac{1}{a_2 b_2} & 1 \\ 1 & 1 & 1 + \frac{1}{a_3 b_3} \end{vmatrix} .$$

Subtraktion der zweiten Zeile von der dritten und der ersten Zeile von der zweiten liefert:

$$\det A = \prod_{i=1}^{3}(a_i b_i) \begin{vmatrix} 1 + \frac{1}{a_1 b_1} & 1 & 1 \\ -\frac{1}{a_1 b_1} & \frac{1}{a_2 b_2} & 0 \\ 0 & -\frac{1}{a_2 b_2} & \frac{1}{a_3 b_3} \end{vmatrix}.$$

Nun kann nach der ersten Spalte entwickelt werden:

$$\det A = \prod_{i=1}^{3}(a_i b_i)\left( \left(1 + \frac{1}{a_1 b_1}\right) \begin{vmatrix} \frac{1}{a_2 b_2} & 0 \\ -\frac{1}{a_2 b_2} & \frac{1}{a_3 b_3} \end{vmatrix} + \frac{1}{a_1 b_1} \begin{vmatrix} 1 & 1 \\ -\frac{1}{a_2 b_2} & \frac{1}{a_3 b_3} \end{vmatrix} \right) =$$

$$= \prod_{i=1}^{3}(a_i b_i)\left( \left(1 + \frac{1}{a_1 b_1}\right) \frac{1}{a_2 b_2 a_3 b_3} + \frac{1}{a_1 b_1 a_3 b_3} + \frac{1}{a_1 b_1 a_2 b_2} \right) = 1 + a_1 b_1 + a_2 b_2 + a_3 b_3$$

bzw. $\det A = 1 + ba$.

Falls ein $a_i b_i$ Null ist, treten in der $i$-ten Zeile oder der $i$-ten Spalte bis auf das Diagonalelement 1 nur Nullen auf. Entwicklung nach dieser Zeile oder Spalte liefert dann das gleiche Problem um eine Dimension weniger. Das Ergebnis ist aber stets dasselbe.

## 2.4.3 Beispiele mit Lösungen

1. Berechnen Sie die folgenden Determinanten:

$$D_1 = \begin{vmatrix} 16 & 22 & 4 \\ 4 & -3 & 2 \\ 12 & 25 & 2 \end{vmatrix}, \quad D_2 = \begin{vmatrix} 5 & 1 & 8 \\ 15 & 3 & 6 \\ 10 & 4 & 2 \end{vmatrix}.$$

Lösung: $D_1 = 0$, $D_2 = 180$.

2. Berechnen Sie die Determinante $D = \begin{vmatrix} a-b & d-e & g-h \\ b-c & e-f & h-i \\ c-a & f-d & i-g \end{vmatrix}$.

Lösung: $D = 0$.

3. Berechnen Sie unter Anwendung des Determinantenmultiplikationssatzes

$$D = \begin{vmatrix} 1 & 2 & 0 & -2 \\ 1 & 3 & 1 & -3 \\ -2 & -1 & 2 & 0 \\ -1 & 4 & -1 & 2 \end{vmatrix} \begin{vmatrix} 1 & 3 & -2 & 4 \\ 0 & 1 & 3 & -2 \\ 2 & 1 & -1 & 1 \\ 0 & 2 & 1 & 0 \end{vmatrix}.$$

Lösung: $D = 169$.

4. Von welchem Grad in $x$ ist das Polynom

$$P(x) = \begin{vmatrix} x^2 & x^3 & x^4 & x^5 \\ -2 & 0 & 3 & 1 \\ 4 & 1 & -1 & -3 \\ 0 & 1 & 5 & 2 \end{vmatrix} ?$$

Lösung: Grad $P(x) = 4$.

5. Addiert man zu allen $n^2$ Elementen einer $n$-reihigen Determinante $\Delta = \det(a_{ik})$ eine Unbestimmte $x$, so ist die entsprechende Determinante $D(x) = \det(a_{ik} + x)$ ein Polynom in $x$. Untersuchen Sie, welchen Grad dieses Polynom hat.

Lösung:   $D(x)$ ist höchstens vom Grad 1.

6. Berechnen Sie die Determinante

$$\begin{vmatrix} 1 & 1 & 1 & 1 \\ 1 & 1+a & 1 & 1 \\ 1 & 1 & 1+b & 1 \\ 1 & 1 & 1 & 1+c \end{vmatrix}.$$

Lösung:   $\det A = abc$.

7. Berechnen Sie die Determinante $D_n$, $n \in \mathbb{N}$:

$$D_n = \begin{vmatrix} 1 & \binom{n}{1} & \binom{n+1}{2} & \binom{n+2}{3} \\ 1 & \binom{n+1}{1} & \binom{n+2}{2} & \binom{n+3}{3} \\ 1 & \binom{n+2}{1} & \binom{n+3}{2} & \binom{n+4}{3} \\ 1 & \binom{n+3}{1} & \binom{n+4}{2} & \binom{n+5}{3} \end{vmatrix}.$$

Lösung:   $D_n = 1$.

8. Berechnen Sie die Determinante

$$D = \begin{vmatrix} 1 & 1 & 1 & 1 & 1 \\ 1 & x & 0 & 0 & 0 \\ 1 & 0 & x & 0 & 0 \\ 1 & 0 & 0 & x & 0 \\ 1 & 0 & 0 & 0 & x \end{vmatrix}, \quad x \in \mathbb{R}.$$

Lösung:   $D = x^3(x - 4)$.

9. Berechnen Sie die Determinante

$$D = \begin{vmatrix} 1 & 0 & a & -a \\ -a & 1 & 0 & a \\ a & -a & 1 & 0 \\ 0 & a & -a & 1 \end{vmatrix}, \quad a \in \mathbb{R}.$$

Lösung:   $D = 1 - 2a^2 + 4a^3$.

10. Berechnen Sie die Determinante

$$D = \begin{vmatrix} x & x+y & x+2y & x+3y \\ x+3y & x & x+y & x+2y \\ x+2y & x+3y & x & x+y \\ x+y & x+2y & x+3y & x \end{vmatrix}, \quad x, y \in \mathbb{R}.$$

Lösung:   $D = -32y^3(2x + 3y)$.

# 2.5 Lineare Gleichungssysteme

## 2.5.1 Grundlagen

- Die $m$ linearen Gleichungen

$$a_{11}x_1 + \cdots + a_{1k}x_k + \cdots + a_{1n}x_n = b_1$$
$$\vdots$$
$$a_{i1}x_1 + \cdots + a_{ik}x_k + \cdots + a_{in}x_n = b_i$$
$$\vdots$$
$$a_{m1}x_1 + \cdots + a_{mk}x_k + \cdots + a_{mn}x_n = b_m$$

heißen lineares Gleichungssystem in den $n$ Unbekannten $x_1, \ldots, x_k, \ldots, x_n$ mit den Koeffizienten $a_{ik}$ und rechter Seite $b_1, \ldots, b_i, \ldots, b_m$.
Sind alle $b_i$ Null, so heißt das Gleichungssystem homogen, anderenfalls inhomogen.

- Werden die Koeffizienten $a_{ik}$, die Unbekannten $x_1, \ldots, x_k, \ldots, x_n$ und die die rechte Seite $b_1, \ldots, b_i, \ldots, b_m$ zur Matrix $A$, zum Vektor $\vec{x}$ und zum Vektor der rechten Seite $\vec{b}$ zusammengefasst, ergibt sich die kompaktere Schreibweise $A\vec{x} = \vec{b}$.

- $x_1, \ldots, x_k, \ldots, x_n$ bzw. $\vec{x}$ heißt Lösung bzw. Lösungsvektor des Gleichungssystems, wenn damit alle Gleichungen des Systems erfüllt sind.

- Die Zusammenfassung der Koeffizientenmatrix $A$ und der rechten Seite $\vec{b}$: $(A, \vec{b})$ heißt erweiterte Koeffizientenmatrix.

- Wird die erweiterte Koeffizientenmatrix auf Zeilenstufenform gebracht, so ist daraus die Lösbarkeit des linearen Gleichungssystems ablesbar:

$$(A'\vec{b}') = \begin{pmatrix}
a'_{1j_1} \cdots & & & & & & b'_1 \\
& a'_{2j_2} \cdots & & & & & b'_2 \\
& & a'_{3j_3} \cdots & & & & b'_3 \\
& & & \ddots & & & \vdots \\
& & & & a'_{k-1j_{k-1}} \cdots & & b'_{k-1} \\
& & & & & a'_{kj_k} \cdots & b'_k \\
& & & & & & b'_{k+1} \\
& & & & & & \vdots \\
& & & & & & b'_m
\end{pmatrix}$$

1. Das Gleichungssystem ist lösbar, wenn $b'_{k+1} = \cdots = b'_m = 0$ ist, d.h. wenn der Rang der erweiterten Koeffizientenmatrix gleich dem Rang von $A$ ist.

2. Das Gleichungssystem ist eindeutig lösbar, wenn $m = n$ ist und wenn der Rang von $A$ maximal, d.h. $n$ ist. Dann existiert die inverse Matrix $A^{-1}$ und es ist $\vec{x} = A^{-1}\vec{b}$.

3. Das Gleichungssystem ist universell (für beliebige rechte Seite) lösbar, wenn in der Zeilenstufenform von $A$ keine Nullzeilen auftreten, d.h. wenn $A$ den Rang $m$ besitzt.

- Die allgemeine Lösung des inhomogenen Gleichungssystems ist stets als Summe einer speziellen Lösung des inhomogenen Systems und der allgemeinen Lösung des zugehörigen homogenen Systems darstellbar.

- Lösung eines linearen Gleichungssystems mittels der CRAMER'schen Regel: Sei das Gleichungssystem $A\vec{x} = \vec{b}$ eindeutig lösbar. $A_k$ bezeichne die Matrix, die aus $A$ durch Ersetzen der $k$-ten Spalte mit der rechten Seite $\vec{b}$ entsteht. Dann ist

$$x_k = \frac{\det A_k}{\det A}, \quad k = 1, 2, \ldots, n \,.$$

## 2.5.2  Musterbeispiele

1. Bestimmen Sie alle Lösungen des linearen Gleichungssystems

$$
\begin{array}{rcrcrcrcr}
x_1 & + & x_2 & + & x_3 & + & x_4 & = & 0 \\
x_1 & + & x_2 & + & x_3 & - & x_4 & = & 4 \\
x_1 & + & x_2 & - & x_3 & + & x_4 & = & -4 \\
x_1 & - & x_2 & + & x_3 & + & x_4 & = & 2
\end{array} \,.
$$

**Lösung:**
Wir subtrahieren jeweils die zweite, dritte und vierte Zeile von der ersten und erhalten: $x_4 = -2$, $x_3 = 2$, $x_2 = -1$ und nach Einsetzen dieser Werte in die erste Gleichung: $x_1 = 1$.

2. Untersuchen Sie, ob das Gleichungssystem

$$
\begin{array}{rcrcrcr}
3x & + & 4y & - & 2z & = & 0 \\
x & + & y & + & z & = & 0 \\
3x & + & 6y & & & = & 0 \\
2x & + & 2y & + & z & = & 0
\end{array}
$$

lösbar ist und ermitteln Sie gegebenenfalls die Lösung.

**Lösung:**
Dieses homogene Gleichungssystem besitzt auf jeden Fall die triviale Lösung. Ob es weitere Lösungen gibt, hängt davon ab, wieviele der vier Gleichungen linear unabhängig sind. Dazu wird das Gleichungssystem durch elementare Zeilenoperationen umgeformt. Subtraktion des Dreifachen der zweiten Zeile von der ersten und der dritten Zeile sowie Subtraktion des Doppelten der zweiten Zeile von der vierten und anschließende Vertauschung der ersten beiden Zeilen liefert:

$$
\begin{array}{rcrcrcr}
x & + & y & + & z & = & 0 \\
 & & y & - & 5z & = & 0 \\
 & & 3y & - & 3z & = & 0 \\
 & & & - & z & = & 0
\end{array} \,.
$$

Damit ergibt sich von der vierten Gleichung aufwärts: Das Gleichungssystem ist eindeutig lösbar mit $x = y = z = 0$.

3. Untersuchen Sie, ob das Gleichungssystem

$$\begin{aligned} x \;-\; 2y \;&=\; 3 \\ 2x \;+\; y \;&=\; 1 \\ 3x \;-\; y \;&=\; 4 \end{aligned}$$

lösbar ist und ermitteln Sie gegebenenfalls die Lösung.

**Lösung:**
Mittes elementarer Zeilenoperationen folgt zunächst:

$$\begin{aligned} x \;-\; 2y \;&=\; 3 \\ 5y \;&=\; -5 \\ 5y \;&=\; -5 \end{aligned} \;.$$

Damit ist das Gleichungssystem offensichtlich eindeutig lösbar mit $x = 1$, $y = -1$.

4. Untersuchen Sie, ob das Gleichungssystem

$$\begin{aligned} x \;-\; y \;+\; 2z \;&=\; 4 \\ x \;+\; y \;+\; 5z \;&=\; -3 \\ 2x \;-\; 4y \;+\; z \;&=\; 1 \end{aligned}$$

lösbar ist.

**Lösung:**
Mittes elementarer Zeilenoperationen wird zunächst $x$ in der zweiten und dritten Gleichung eliminiert:

$$\begin{aligned} x \;-\; y \;+\; 2z \;&=\; 4 \\ 2y \;+\; 3z \;&=\; -7 \\ -2y \;-\; 3z \;&=\; -7 \end{aligned} \;.$$

Subtraktion der zweiten Gleichung von der dritten liefert:

$$\begin{aligned} x \;-\; y \;+\; 2z \;&=\; 4 \\ 2y \;+\; 3z \;&=\; -7 \\ 0 \cdot z \;&=\; -14 \end{aligned} \;.$$

Da die dritte Gleichung für kein $z$ erfüllbar ist, ist das Gleichungssystem nicht lösbar.

5. Bestimmen Sie alle Lösungen des Gleichungssystems

$$\begin{aligned} 2x \;+\; 2y \;-\; 4z \;&=\; 0 \\ x \;-\; 2y \;-\; z \;&=\; 0 \\ -2x \;+\; y \;+\; 3z \;&=\; 0 \end{aligned} \;.$$

**Lösung:**
Mittels elementarer Zeilenoperationen folgt:

$$\begin{aligned} x \;-\; 2y \;-\; z \;&=\; 0 \\ 6y \;-\; 2z \;&=\; 0 \\ -3y \;+\; z \;&=\; 0 \end{aligned} \qquad \text{bzw. weiters} \qquad \begin{aligned} x \;-\; 2y \;-\; z \;&=\; 0 \\ 6y \;-\; 2z \;&=\; 0 \\ 0 \cdot z \;&=\; 0 \end{aligned} \;.$$

Damit bleibt $z$ unbestimmt, woraus folgt: $x = 5t$, $y = t$, $z = 3t$, $t \in \mathbb{R}$ beliebig.

6. Ermitteln Sie jene reelle Zahl $a$, für die das Gleichungssystem

$$\begin{array}{rcrcrcl}
ax & + & 2y & - & 4z & = & 0 \\
x & - & 2y & - & z & = & 0 \\
2x & - & y & - & 3z & = & 0
\end{array}$$

nichttriviale Lösungen besitzt und bestimmen Sie diese.

**Lösung:**
Mit der elementaren Zeilenoperation - Subtraktion des Zweifachen der zweiten Gleichung von der dritten - erhalten wir das äquivalente Gleichungssystem (mit derselben Lösungsmenge):

$$\begin{array}{rcrcrcl}
ax & + & 2y & - & 4z & = & 0 \\
x & - & 2y & - & z & = & 0 \\
 & & 3y & - & z & = & 0
\end{array} \ .$$

Aus der dritten Gleichung folgt $z = 3y$ und damit aus der zweiten: $x = 5y$. Die erste Gleichung liefert dann: $(5a - 10)y = 0$. Mit $a \neq 2$ folgt $y = 0$ und damit letzlich die triviale Lösung. Fall aber $a = 2$ gilt, bleibt $y$ beliebig und es ergibt sich als Lösung: $x = 5t$, $y = t$, $z = 3t$, $t \in \mathbb{R}$, d.i. eine Gerade durch den Ursprung.

7. Ermitteln Sie jene reelle Zahl $\lambda$, für die das Gleichungssystem

$$\begin{array}{rcrcrcl}
3x_1 & + & 3x_2 & + & x_3 & = & 2 \\
x_1 & - & x_2 & - & x_3 & = & 0 \\
2x_1 & + & 4x_2 & + & \lambda x_3 & = & 2
\end{array}$$

unendlich viele Lösungen besitzt.

**Lösung:**
Mit Hilfe von elementaren Zeilenoperationen bringen wir die erweiterte Koeffizientenmatrix

$$(A, \vec{b}) = \left( \begin{array}{ccc|c}
3 & 3 & 1 & 2 \\
1 & -1 & -1 & 0 \\
2 & 4 & \lambda & 2
\end{array} \right)$$

auf Zeilenstufenform. Dazu subtrahieren wir die dreifache zweite Zeile von der ersten und die zweifache zweite Zeile von der dritten und vertauschen anschließend erste und zweite Zeile:

$$(A, \vec{b}) \longrightarrow \left( \begin{array}{ccc|c}
1 & -1 & -1 & 0 \\
0 & 6 & 4 & 2 \\
0 & 6 & \lambda + 2 & 2
\end{array} \right) \ .$$

Durch Subtraktion der zweiten Zeile von der dritten folgt dann die Zeilenstufenform:

$$\longrightarrow \left( \begin{array}{ccc|c}
1 & -1 & -1 & 0 \\
0 & 6 & 4 & 2 \\
0 & 0 & \lambda - 2 & 0
\end{array} \right) = (A', \vec{b}') \ .$$

Für $\lambda \neq 2$ folgt dann mit $x_3 = 0$, $x_2 = \frac{1}{3}$, $x_1 = \frac{1}{3}$ eine eindeutig bestimmte Lösung. Für $\lambda = 2$ folgen $x_3 = t$, $x_2 = \frac{1}{3} - \frac{2}{3}t$, $x_1 = \frac{1}{3} + \frac{1}{3}t$, $t \in \mathbb{R}$ unendlich viele Lösungen.

8. Ermitteln Sie jene reelle Zahl $a$, für die das Gleichungssystem

$$\begin{array}{rcrcrcl}
x & + & 2y & - & az & = & 1 \\
-x & + & 4y & + & 2z & = & 0 \\
2x & + & y & + & 3z & = & 2
\end{array}$$

keine Lösung besitzt.

**Lösung:**

Mit den elementaren Zeilenoperationen - Addition der ersten Gleichung zur zweiten und Subtraktion des Zweifachen der ersten Gleichung von der dritten - erhalten wir das äquivalente Gleichungssystem (mit derselben Lösungsmenge):

$$\begin{array}{rcrcrcl}
x & + & 2y & - & az & = & 1 \\
 & & 6y & + & (2-a)z & = & 1 \\
 & - & 3y & + & (3+2a)z & = & 0
\end{array}\quad.$$

Weitere Zeilenoperationen - Addition des Zweifachen der dritten Gleichung zur zweiten und anschließende Vertauschung dieser beiden Gleichungen liefert:

$$\begin{array}{rcrcrcl}
x & + & 2y & - & az & = & 1 \\
 & - & 3y & + & (3+2a)z & = & 0 \\
 & & & & (3a+8)z & = & 1
\end{array}\quad.$$

Aus der letzten Gleichung folgt dann, dass das Gleichungssystem für $a = -\dfrac{8}{3}$ keine Lösung besitzt.

9. Bestimmen Sie jene Zahlen $\lambda \in \mathbb{R}$, für die das Gleichungssystem

$$\begin{array}{rcrcrcl}
2x & + & y & + & z & = & 0 \\
-2\lambda x & + & \lambda y & + & 9z & = & 6 \\
2x & + & 2y & + & \lambda z & = & 1
\end{array}$$

a) eindeutig lösbar ist,
b) keine Lösung besitzt,
c) unendlich viele Lösungen besitzt.

**Lösung:**

Für $\lambda = 0$ ist das Gleichungssystem eindeutig lösbar mit $x = -\frac{7}{6}$, $y = \frac{5}{3}$, $z = \frac{2}{3}$. Für $\lambda \neq 0$ folgt mittels der elementaren Zeilenoperationen: Addition der mit $\lambda$ multiplizierten ersten Gleichung zur zweiten und Subtraktion der ersten Gleichung von der dritten:

$$\begin{array}{rcrcrcl}
2x & + & y & + & z & = & 0 \\
 & & 2\lambda y & + & (9+\lambda)z & = & 6 \\
 & & y & + & (\lambda-1)z & = & 1
\end{array}\quad.$$

Vertauschung der zweiten und der dritten Gleichung und anschließende Subtraktion der mit $2\lambda$ multiplizierten zweiten Gleichung von der dritten liefert:

$$\begin{array}{rcrcrcl}
2x & + & y & + & z & = & 0 \\
 & & 2\lambda y & + & (9+\lambda)z & = & 6 \\
 & & & & (9+3\lambda-2\lambda^2)z & = & 6-2\lambda
\end{array}\quad.$$

Der Koeffizient von $z$ in der dritten Gleichung ist Null, falls $\lambda = 3$ oder $\lambda = -\dfrac{3}{2}$. Im zweiten Fall liefert die dritte Zeile einen Widerspruch, im ersten Fall wird sie zur Nullzeile. Insgesamt gilt dann:

a) $\lambda \neq 3$, $\lambda \neq -\dfrac{3}{2}$,  b) $\lambda = -\dfrac{3}{2}$,  c) $\lambda = 3$.

10. Bestimmen Sie alle Lösungen des linearen Gleichungssystems $A\vec{x} = \vec{b}$ mit

$$A = \begin{pmatrix} 1 & 1 & -1 & 1 \\ 2 & -1 & -1 & 2 \\ 0 & -3 & 1 & 0 \\ -3 & 3 & 1 & -3 \end{pmatrix}, \quad \vec{b} = \begin{pmatrix} 3 \\ 4 \\ -2 \\ -5 \end{pmatrix}.$$

**Lösung:**
Dazu bringen wir die erweiterte Koeffizientenmatrix mit Hilfe von elementaren Zeilenoperationen auf Zeilenstufenform:

$$(A, \vec{b}) = \left( \begin{array}{cccc|c} 1 & 1 & -1 & 1 & 3 \\ 2 & -1 & -1 & 2 & 4 \\ 0 & -3 & 1 & 0 & -2 \\ -3 & 3 & 1 & -3 & -5 \end{array} \right) \longrightarrow \left( \begin{array}{cccc|c} 1 & 1 & -1 & 1 & 3 \\ 0 & -3 & 1 & 0 & -2 \\ 0 & -3 & 1 & 0 & -2 \\ 0 & 6 & -2 & 0 & 4 \end{array} \right) \longrightarrow$$

$$\longrightarrow \left( \begin{array}{cccc|c} 1 & 1 & -1 & 1 & 3 \\ 0 & -3 & 1 & 0 & -2 \\ 0 & 0 & 0 & 0 & 0 \\ 0 & 0 & 0 & 0 & 0 \end{array} \right) = (A', \vec{b}').$$

Wegen $\mathrm{rg}(A, \vec{b}) = \mathrm{rg}A = 2 < 4$ ist das Gleichungssystems zwar lösbar, aber nicht eindeutig. Setzen wir $x_3 = 3\lambda$ und $x_4 = \mu$, dann folgt aus der ersten und der zweiten Gleichung: $x_2 = \frac{2}{3} + \lambda$ und $x_1 = \frac{7}{3} + 2\lambda - \mu$. Dabei sind $\lambda, \mu \in \mathbb{R}$ beliebig.

11. Untersuchen Sie das Gleichungssystem $A\vec{x} = \vec{b}$ mit

$$A = \begin{pmatrix} 1 & 1 & 1 \\ 1 & -1 & -1 \\ 2 & 2 & 0 \\ 1 & 0 & 1 \\ 1 & -1 & 4 \end{pmatrix}, \quad \vec{b} = \begin{pmatrix} 1 \\ 0 \\ -1 \\ 5 \\ 3 \end{pmatrix}$$

auf Lösbarkeit.

**Lösung:**
Wir bringen die erweiterte Koeffizientenmatrix mittels elementarer Zeilenoperationen auf Zeilenstufenform:

$$(A, \vec{b}) = \left( \begin{array}{ccc|c} 1 & 1 & 1 & 1 \\ 1 & -1 & -1 & 0 \\ 2 & 2 & 0 & -1 \\ 1 & 0 & 1 & 5 \\ 1 & -1 & 4 & 3 \end{array} \right) \longrightarrow \left( \begin{array}{ccc|c} 1 & 1 & 1 & 1 \\ 0 & -2 & -2 & -1 \\ 0 & 0 & -2 & -3 \\ 0 & -1 & 0 & 4 \\ 0 & -2 & 3 & 2 \end{array} \right) \longrightarrow$$

$$\longrightarrow \left(\begin{array}{ccc|c} 1 & 1 & 1 & 1 \\ 0 & -1 & 0 & 4 \\ 0 & -2 & -2 & -1 \\ 0 & -2 & 3 & 2 \\ 0 & 0 & -2 & -3 \end{array}\right) \longrightarrow \left(\begin{array}{ccc|c} 1 & 1 & 1 & 1 \\ 0 & -1 & 0 & 4 \\ 0 & 0 & -2 & -9 \\ 0 & 0 & 3 & -6 \\ 0 & 0 & -2 & -3 \end{array}\right) \longrightarrow$$

$$\longrightarrow \left(\begin{array}{ccc|c} 1 & 1 & 1 & 1 \\ 0 & -1 & 0 & 4 \\ 0 & 0 & 1 & -2 \\ 0 & 0 & -2 & -9 \\ 0 & 0 & -2 & -3 \end{array}\right) \longrightarrow \left(\begin{array}{ccc|c} 1 & 1 & 1 & 1 \\ 0 & -1 & 0 & 4 \\ 0 & 0 & 1 & -2 \\ 0 & 0 & 0 & -13 \\ 0 & 0 & 0 & -7 \end{array}\right) \longrightarrow$$

$$\longrightarrow \left(\begin{array}{ccc|c} 1 & 1 & 1 & 1 \\ 0 & -1 & 0 & 4 \\ 0 & 0 & 1 & -2 \\ 0 & 0 & 0 & -13 \\ 0 & 0 & 0 & 0 \end{array}\right) = (A', \vec{b}') \, .$$

Die vierte Zeile birgt einen Widerspruch. Daher ist das Gleichungssystem unlösbar.

12. Untersuchen Sie, wie viele linear unabhängige Lösungen das Gleichungssystem $A\vec{x} = \vec{0}$ besitzt, wobei

$$A = \left(\begin{array}{cccc} 2 & 3 & 2 & 1 \\ 1 & 0 & 1 & 2 \\ 3 & 3 & 3 & 3 \\ 2 & 3 & 2 & 1 \end{array}\right) \quad \text{und} \quad \vec{x} = \left(\begin{array}{c} x_1 \\ x_2 \\ x_3 \\ x_4 \end{array}\right) \, .$$

**Lösung:**
Dazu wird die Koeffizientenmatrix $A$ auf Zeilenstufenform gebracht:

$$A = \left(\begin{array}{cccc} 2 & 3 & 2 & 1 \\ 1 & 0 & 1 & 2 \\ 3 & 3 & 3 & 3 \\ 2 & 3 & 2 & 1 \end{array}\right) \longrightarrow \left(\begin{array}{cccc} 1 & 0 & 1 & 2 \\ 2 & 3 & 2 & 1 \\ 3 & 3 & 3 & 3 \\ 2 & 3 & 2 & 1 \end{array}\right) \longrightarrow \left(\begin{array}{cccc} 1 & 0 & 1 & 2 \\ 0 & 3 & 0 & -3 \\ 0 & 3 & 0 & -3 \\ 0 & 3 & 0 & -3 \end{array}\right) \longrightarrow$$

$$\longrightarrow \left(\begin{array}{cccc} 1 & 0 & 1 & 2 \\ 0 & 3 & 0 & -3 \\ 0 & 0 & 0 & 0 \\ 0 & 0 & 0 & 0 \end{array}\right) = B \, , \quad \text{d.h. das Gleichungssystem besitzt 2 linear unabängige}$$

Lösungen, bzw. der Lösungsraum hat die Dimension 2.

13. Untersuchen Sie, ob das Gleichungssystem $A\vec{x} = \vec{b}$ mit

$$A = \left(\begin{array}{ccc} -2 & 0 & 1 \\ -3 & 1 & 2 \\ 0 & 2 & 1 \end{array}\right) \quad \text{und} \quad \vec{b} = \left(\begin{array}{c} 1 \\ 2 \\ 1 \end{array}\right)$$

lösbar ist und bestimmen Sie gegebenenfalls die Lösungen.

**Lösung:**
Dazu wird die erweiterte Koeffizientenmatrix $(A, \vec{b})$ auf Zeilenstufenform gebracht:

$$(A, b) = \begin{pmatrix} -2 & 0 & 1 & | & 1 \\ -3 & 1 & 2 & | & 2 \\ 0 & 2 & 1 & | & 1 \end{pmatrix} \longrightarrow \begin{pmatrix} -2 & 0 & 1 & | & 1 \\ 0 & 1 & \frac{1}{2} & | & \frac{1}{2} \\ 0 & 2 & 1 & | & 1 \end{pmatrix} \longrightarrow \begin{pmatrix} -2 & 0 & 1 & | & 1 \\ 0 & 1 & \frac{1}{2} & | & \frac{1}{2} \\ 0 & 0 & 0 & | & 0 \end{pmatrix}.$$

Da die letzte Zeile eine Nullzeile ist, bleibt $z$ unbestimmt. Mit $z = 1 + 2t$ folgt:
$y = -t$, $x = t$, $t \in \mathbb{R}$ beliebig, bzw.

$$\vec{x} = \begin{pmatrix} 0 \\ 0 \\ 1 \end{pmatrix} + t \begin{pmatrix} 1 \\ -1 \\ 2 \end{pmatrix}, \quad t \in \mathbb{R}.$$

14. Lösen Sie das lineare Gleichungssystem $A\vec{x} = \vec{b}$ mit dem Eliminationsverfahren von GAUSS. Dabei ist

$$A = \begin{pmatrix} 1 & 1 & 1 & 1 & 1 \\ 1 & -1 & 5 & -1 & -2 \\ 2 & 0 & 1 & 0 & -1 \end{pmatrix} \quad \text{und} \quad \vec{b} = \begin{pmatrix} 5 \\ 1 \\ 0 \end{pmatrix}.$$

**Lösung:**
Dazu wird die erweiterte Koeffizienzenmatrix $(A, \vec{b})$ auf Zeilenstufenform gebracht:

$$(A, \vec{b}) = \begin{pmatrix} 1 & 1 & 1 & 1 & 1 & | & 5 \\ 1 & -1 & 5 & -1 & -2 & | & 1 \\ 2 & 0 & 1 & 0 & -1 & | & 0 \end{pmatrix} \longrightarrow \begin{pmatrix} 1 & 1 & 1 & 1 & 1 & | & 5 \\ 0 & -2 & 4 & -2 & -3 & | & -4 \\ 0 & -2 & -1 & -2 & -3 & | & -10 \end{pmatrix} \longrightarrow$$

$$\longrightarrow \begin{pmatrix} 1 & 1 & 1 & 1 & 1 & | & 5 \\ 0 & -2 & 4 & -2 & -3 & | & -4 \\ 0 & 0 & -5 & 0 & 0 & | & -6 \end{pmatrix} = (A', \vec{b}') \,.$$

Aus dieser folgt: $x_3 = \frac{6}{5}$, $x_2 = \frac{22}{5} - x_4 - \frac{3}{2}x_5$, $x_1 = -\frac{3}{5} + \frac{1}{2}x_5$, wobei $x_4$ und $x_5$ frei wählbar sind. Mit $x_4 = t$ und $x_5 = 2\tau$ ergibt sich:

$$\vec{x} = \frac{1}{5}\begin{pmatrix} -3 \\ 22 \\ 6 \\ 0 \\ 0 \end{pmatrix} + t \begin{pmatrix} 0 \\ -1 \\ 0 \\ 1 \\ 0 \end{pmatrix} + \tau \begin{pmatrix} 1 \\ -3 \\ 0 \\ 0 \\ 2 \end{pmatrix}, \quad t, \tau \in \mathbb{R} \text{ beliebig.}$$

15. Untersuchen Sie das Gleichungssystem $A\vec{x} = \vec{b}$ mit

$$A = \begin{pmatrix} 2 & -1 & 1 \\ 1 & 1 & 0 \\ 3 & -2 & -2 \end{pmatrix}, \quad \vec{b} = \begin{pmatrix} 5 \\ 0 \\ 1 \end{pmatrix}$$

auf Lösbarkeit und ermitteln Sie gegebenenfalls die Lösung mit Hilfe der inversen Matrix $A^{-1}$.

**Lösung:**
Das Gleichungssystem ist (eindeutig) lösbar, falls $\det A \neq 0$ ist.

$$\det A = \begin{vmatrix} 2 & -1 & 1 \\ 1 & 1 & 0 \\ 3 & -2 & -2 \end{vmatrix} = \begin{vmatrix} 3 & -1 & 1 \\ 0 & 1 & 0 \\ 5 & -2 & -2 \end{vmatrix} = \begin{vmatrix} 3 & 1 \\ 5 & -2 \end{vmatrix} = -11 \neq 0.$$

Damit existiert aber die inverse Matrix $A^{-1}$.

$$A^{-1} = \frac{1}{\det A} \begin{pmatrix} \begin{vmatrix} 1 & 0 \\ -2 & -2 \end{vmatrix} & -\begin{vmatrix} 1 & 0 \\ 3 & -2 \end{vmatrix} & \begin{vmatrix} 1 & 1 \\ 3 & -2 \end{vmatrix} \\ -\begin{vmatrix} -1 & 1 \\ -2 & -2 \end{vmatrix} & \begin{vmatrix} 2 & 1 \\ 3 & -2 \end{vmatrix} & -\begin{vmatrix} 2 & -1 \\ 3 & -2 \end{vmatrix} \\ \begin{vmatrix} -1 & 1 \\ 1 & 0 \end{vmatrix} & -\begin{vmatrix} 2 & 1 \\ 1 & 0 \end{vmatrix} & \begin{vmatrix} 2 & -1 \\ 1 & 1 \end{vmatrix} \end{pmatrix}^T =$$

$$= \frac{1}{-11} \begin{pmatrix} -2 & 2 & -5 \\ -4 & -7 & 1 \\ -1 & 1 & 3 \end{pmatrix}^T = \frac{1}{11} \begin{pmatrix} 2 & 4 & 1 \\ -2 & 7 & -1 \\ 5 & -1 & -3 \end{pmatrix}.$$

Das liefert die Lösung $\vec{x} = A^{-1}\vec{b} = \frac{1}{11} \begin{pmatrix} 2 & 4 & 1 \\ -2 & 7 & -1 \\ 5 & -1 & -3 \end{pmatrix} \begin{pmatrix} 5 \\ 0 \\ 1 \end{pmatrix} = \begin{pmatrix} 1 \\ -1 \\ 2 \end{pmatrix}.$

16. Gegeben sind

$$A = \begin{pmatrix} -2 & 0 & 1 \\ -3 & 1 & 2 \\ 0 & 2 & -1 \end{pmatrix}, \quad \vec{b} = \begin{pmatrix} 1 \\ 2 \\ -1 \end{pmatrix} \quad \text{und} \quad \vec{x} = \begin{pmatrix} x \\ y \\ z \end{pmatrix}.$$

Ermitteln Sie $A^{-1}$ und die Lösung des Gleichungssystem $A^2\vec{x} = \vec{b}$.

**Lösung:**

Mit $\det A = -2\begin{vmatrix} 1 & 2 \\ 2 & -1 \end{vmatrix} + \begin{vmatrix} -3 & 1 \\ 0 & 2 \end{vmatrix} = 4$ folgt:

$$A^{-1} = \frac{1}{\det A} \begin{pmatrix} \begin{vmatrix} 1 & 2 \\ 2 & -1 \end{vmatrix} & -\begin{vmatrix} -3 & 2 \\ 0 & -1 \end{vmatrix} & \begin{vmatrix} -3 & 1 \\ 0 & 2 \end{vmatrix} \\ -\begin{vmatrix} 0 & 1 \\ 2 & -1 \end{vmatrix} & \begin{vmatrix} -2 & 1 \\ 0 & -1 \end{vmatrix} & -\begin{vmatrix} -2 & 0 \\ 0 & 2 \end{vmatrix} \\ \begin{vmatrix} 0 & 1 \\ 1 & 2 \end{vmatrix} & -\begin{vmatrix} -2 & 1 \\ -3 & 2 \end{vmatrix} & \begin{vmatrix} -2 & 0 \\ -3 & 1 \end{vmatrix} \end{pmatrix}^T =$$

$$= \frac{1}{4} \begin{pmatrix} -5 & -3 & -6 \\ 2 & 2 & 4 \\ -1 & 1 & -2 \end{pmatrix}^T = \frac{1}{4} \begin{pmatrix} -5 & 2 & -1 \\ -3 & 2 & 1 \\ -6 & 4 & -2 \end{pmatrix}.$$

Wegen $(A^2)^{-1} = (A^{-1})^2$ folgt dann für die Lösung:

$$\vec{x} = (A^{-1})^2\vec{b} = \frac{1}{16} \begin{pmatrix} 25 & -10 & 9 \\ 3 & 2 & 3 \\ 30 & -12 & 14 \end{pmatrix} \begin{pmatrix} 1 \\ 2 \\ -1 \end{pmatrix} = \frac{1}{4} \begin{pmatrix} -1 \\ 1 \\ -2 \end{pmatrix}.$$

17. Lösen Sie das folgende lineare Gleichungssystem mit Hilfe der CRAMER'schen Regel:

$$\begin{array}{rcrcrcr} x_1 & - & 3x_2 & + & 5x_3 & = & -6 \\ 2x_1 & + & x_2 & - & x_3 & = & 6 \\ x_1 & + & x_2 & - & 2x_3 & = & 5 \end{array}.$$

**Lösung:**

$$\det A = \begin{vmatrix} 1 & -3 & 5 \\ 2 & 1 & -1 \\ 1 & 1 & -2 \end{vmatrix} = \begin{vmatrix} 1 & -1 \\ 1 & -2 \end{vmatrix} - 2 \begin{vmatrix} -3 & 5 \\ 1 & -2 \end{vmatrix} + \begin{vmatrix} -3 & 5 \\ 1 & -1 \end{vmatrix} = -1 - 2 \cdot 1 - 2 = -5,$$

$$\det A_1 = \begin{vmatrix} -6 & -3 & 5 \\ 6 & 1 & -1 \\ 5 & 1 & -2 \end{vmatrix} = \cdots = -10, \ \det A_2 = \begin{vmatrix} 1 & -6 & 5 \\ 2 & 6 & -1 \\ 1 & 5 & -2 \end{vmatrix} = \cdots = -5 \text{ und}$$

$$\det A_3 = \begin{vmatrix} 1 & -3 & -6 \\ 2 & 1 & 6 \\ 1 & 1 & 5 \end{vmatrix} = \cdots = 5.$$

$$\Longrightarrow x_1 = \frac{\det A_1}{\det A} = \frac{-10}{-5} = 2, \ x_2 = \frac{\det A_2}{\det A} = \frac{-5}{-5} = 1, \ x_3 = \frac{\det A_3}{\det A} = \frac{5}{-5} = -1.$$

18. Lösen Sie das folgende lineare Gleichungssystem mit Hilfe der CRAMER'schen Regel:

$$\begin{array}{rcrcrcrcr} 2x_1 & + & 4x_2 & + & x_3 & + & x_4 & = & 20 \\ x_1 & - & 2x_2 & + & 2x_3 & - & x_4 & = & -1 \\ -x_1 & + & 2x_2 & + & 2x_3 & + & 2x_4 & = & 12 \\ x_1 & + & 6x_2 & - & x_3 & - & x_4 & = & 0 \end{array} \quad .$$

**Lösung:**

$$\det A = \begin{vmatrix} 2 & 4 & 1 & 1 \\ 1 & -2 & 2 & -1 \\ -1 & 2 & 2 & 2 \\ 1 & 6 & -1 & -1 \end{vmatrix} = \begin{vmatrix} 0 & 8 & 5 & 5 \\ 0 & 0 & 4 & 1 \\ -1 & 2 & 2 & 2 \\ 0 & 8 & 1 & 1 \end{vmatrix} = - \begin{vmatrix} 8 & 5 & 5 \\ 0 & 4 & 1 \\ 8 & 1 & 1 \end{vmatrix} = - \begin{vmatrix} 0 & 4 & 4 \\ 0 & 4 & 1 \\ 8 & 1 & 1 \end{vmatrix} =$$

$$= -8 \begin{vmatrix} 4 & 4 \\ 4 & 1 \end{vmatrix} = 96,$$

$$\det A_1 = \begin{vmatrix} 20 & 4 & 1 & 1 \\ -1 & -2 & 2 & -1 \\ 12 & 2 & 2 & 2 \\ 0 & 6 & -1 & -1 \end{vmatrix} = 480, \quad \det A_2 = \begin{vmatrix} 2 & 20 & 1 & 1 \\ 1 & -1 & 2 & -1 \\ -1 & 12 & 2 & 2 \\ 1 & 0 & -1 & -1 \end{vmatrix} = 48,$$

$$\det A_3 = \begin{vmatrix} 2 & 4 & 20 & 1 \\ 1 & -2 & -1 & -1 \\ -1 & 2 & 12 & 2 \\ 1 & 6 & 0 & -1 \end{vmatrix} = 96, \quad \det A_4 = \begin{vmatrix} 2 & 4 & 1 & 20 \\ 1 & -2 & 2 & -1 \\ -1 & 2 & 2 & 12 \\ 1 & 6 & -1 & 0 \end{vmatrix} = 672.$$

$$\Longrightarrow x_1 = \frac{\det A_1}{\det A} = \frac{480}{96} = 5, \ x_2 = \frac{\det A_2}{\det A} = \frac{48}{96} = \frac{1}{2}, \ x_3 = \frac{\det A_3}{\det A} = \frac{96}{96} = 1,$$

$$x_4 = \frac{\det A_4}{\det A} = \frac{672}{96} = 7.$$

## 2.5.3 Beispiele mit Lösungen

1. Bestimmen Sie den Rang des linearen Gleichungssystems

$$\begin{pmatrix} 1 & 3 & 4 & 1 \\ 0 & 5 & 8 & -1 \\ 2 & 1 & 0 & 3 \end{pmatrix} \begin{pmatrix} v \\ x \\ y \\ z \end{pmatrix} = \begin{pmatrix} 0 \\ 0 \\ 0 \end{pmatrix}$$

und geben Sie zwei linear unabhängige Lösungsvektoren an. Kann man mehr als zwei linear unabhängige Lösungsvektoren finden?

Lösung:   Der Rang ist 2.

$$\vec{x}_1 = \begin{pmatrix} 4 \\ -8 \\ 5 \\ 0 \end{pmatrix} \text{ und } \vec{x}_2 = \begin{pmatrix} -8 \\ 1 \\ 0 \\ 5 \end{pmatrix} \text{ sind linear unabhängige Lösungsvektoren. Nein.}$$

2. Untersuchen Sie, ob das Gleichungssystem

$$\begin{array}{rcrcrcl} 2x & + & y & - & z & = & 1 \\ x & - & 2y & + & 3z & = & 0 \\ x & - & 3y & + & z & = & 2 \end{array}$$

lösbar ist und ermitteln Sie gegebenenfalls die Lösung.

Lösung:   Lösbar,   $x = \dfrac{9}{17}$ , $y = -\dfrac{12}{17}$ , $z = -\dfrac{11}{17}$ .

3. Untersuchen Sie, ob $x = 2$, $y = 0$ und $z = -2$ die einzige Lösung des folgenden Gleichungssystems ist:

$$\begin{array}{rcrcrcl} x & + & y & + & z & = & 0 \\ 2x & - & 5y & - & 3z & = & 10 \\ 4x & + & 8y & + & 2z & = & 4 \end{array}$$

Lösung:   Ja.

4. Untersuchen Sie, ob das Gleichungssystem

$$\begin{array}{rcrcrcl} x & + & 2y & + & 3z & = & 4 \\ 2x & + & y & - & z & = & 3 \\ 3x & + & 3y & + & 2z & = & 10 \end{array}$$

lösbar ist.

Lösung:   Nein.

5. Untersuchen Sie, wie viele linear unabhängige Lösungen das Gleichungssystem $A\vec{x} = \vec{0}$ besitzt, wobei

$$A = \begin{pmatrix} 3 & 1 & 5 & 7 \\ 5 & 1 & 6 & 8 \\ 2 & 2 & 8 & 12 \\ 6 & 0 & 3 & 3 \end{pmatrix} \text{ und } \vec{x} = \begin{pmatrix} x_1 \\ x_2 \\ x_3 \\ x_4 \end{pmatrix} .$$

Lösung: 2.

6. Gegeben sind

$$A = \begin{pmatrix} 1 & 0 & 1 & 0 \\ 1 & 2 & 9 & 2 \\ 2 & 0 & 2 & 1 \\ -2 & 1 & 2 & 1 \end{pmatrix}, \quad \vec{b} = \begin{pmatrix} 1 \\ 3 \\ 2 \\ \lambda \end{pmatrix} \quad \text{und} \quad \vec{x} = \begin{pmatrix} x_1 \\ x_2 \\ x_3 \\ x_4 \end{pmatrix}.$$

Untersuchen Sie, für welche $\lambda \in \mathbb{R}$ das Gleichungssystem $A\vec{x} = \vec{b}$ lösbar ist.

Lösung: $\lambda = -1$.

7. Untersuchen Sie ob das lineare Gleichungssystem

$$\begin{array}{rcrcrcr} x & + & 2y & + & 3z & = & 4 \\ 2x & + & 3y & + & 4z & = & 1 \\ 3x & + & 4y & + & z & = & 2 \end{array}$$

lösbar ist und bestimmen Sie gegebenenfalls die Lösung.

Lösung: ja, $x = -11$, $y = 9$, $z = -1$.

8. Lösen Sie das folgende lineare Gleichungssystem mit Hilfe der CRAMER'schen Regel:

$$\begin{array}{rcrcrcr} x_1 & + & x_2 & + & x_3 & = & 3 \\ x_1 & - & 2x_2 & - & x_3 & = & 2 \\ 2x_1 & + & x_2 & - & x_3 & = & -6 \end{array}.$$

Lösung: $x_1 = 1$, $x_2 = -3$, $x_3 = 5$.

9. Untersuchen Sie, für welche Werte von $\lambda, \mu \in \mathbb{R}$ das lineare Gleichungssystem

$$\begin{array}{rcrcrcr} x & + & (1 - \mu)y & + & z & = & 1 \\ x & + & (3 - \mu)y & + & \lambda z & = & 3 \\ x & + & y & + & (\lambda + 1)z & = & 2 \end{array}$$

unlösbar ist.

Lösung: $\mu \neq 1$, $2\lambda - \lambda\mu + \mu = 0$.

10. Lösen Sie das folgende lineare Gleichungssystem mit Hilfe der CRAMER'schen Regel:

$$\begin{array}{rcrcrcrcr} x_1 & - & 2x_2 & - & 3x_3 & - & 4x_4 & = & 2 \\ 2x_1 & + & x_2 & + & 4x_3 & - & 3x_4 & = & -5 \\ 3x_1 & - & 4x_2 & + & x_3 & + & 2x_4 & = & -3 \\ 4x_1 & + & 3x_2 & - & 2x_3 & + & x_4 & = & 1 \end{array}.$$

Lösung: $x_1 = -\dfrac{13}{30}$, $x_2 = \dfrac{1}{5}$, $x_3 = -\dfrac{31}{30}$, $x_4 = \dfrac{1}{15}$.

11. Lösen Sie das lineare Gleichungssystem

$$\begin{array}{rcrcrcrcr} x & + & y & + & z & + & u & = & 0 \\ 2x & + & 2y & + & 3z & + & u & = & 0 \\ 4x & + & 4y & + & 7z & + & u & = & 0 \end{array}.$$

Welchen Rang besitzt das Gleichungssystem?

Lösung:
$x = 2r,\ y = 2s,\ z = -r - s,\ u = -r - s\ ;\quad r, s \in \mathbb{R}\ ,\qquad$ der Rang ist 2.

12. Gegeben ist das inhomogene Gleichungssystem

$$\begin{array}{rcrcrcl}
3x & + & 6y & - & 4z & = & 2 \\
x & - & y & + & 3z & = & 7 \\
-6x & - & 12y & + & 8z & = & \alpha
\end{array}.$$

a) Für welche $\alpha \in \mathbb{R}$ ist das Gleichungssystem lösbar?
b) Bestimmen Sie in diesem Fall die Lösungen.
c) Welchen Rang hat die Koeffizientenmatrix?
d) Bestimmen Sie die Eigenwerte der Koeffizientenmatrix.

Lösung:
a) $\alpha = -4,\quad$ b) $x = \dfrac{44}{9} - 14t,\ y = 13t - \dfrac{19}{9}\ ,\ z = 9t,\ t \in \mathbb{R},\quad$ c) der Rang ist 2,

d) $\lambda_1 = 0,\ \lambda_2 = 5 + \sqrt{6},\ \lambda_3 = 5 - \sqrt{6}\ .$

13. Lösen Sie das lineare Gleichungssystem $A\vec{x} = \vec{b}$ mit dem Eliminationsverfahren von GAUSS. Dabei ist

$$A = \begin{pmatrix} 1 & 1 & 1 & 1 \\ 1 & -1 & -1 & 0 \\ -1 & 1 & 1 & 2 \\ 0 & 1 & 0 & 1 \end{pmatrix} \quad \text{und} \quad \vec{b} = \begin{pmatrix} 2 \\ 1 \\ 1 \\ 0 \end{pmatrix}.$$

Lösung: $x_1 = 1,\ x_2 = -1,\ x_3 = 1$ und $x_4 = 1$.

14. Gegeben ist das lineare Gleichungssystem $A\vec{x} = \vec{b}$ mit $A = \begin{pmatrix} 1 & 1 & -2 \\ 2 & -1 & -1 \\ 4 & 1 & 1 \\ 0 & 1 & -5 \end{pmatrix}.$

Für welche rechte Seite $\vec{b}$ ist das Gleichungssystem lösbar?

Lösung: $\vec{b} = \begin{pmatrix} b_1 \\ -6b_1 + 2b_3 + 3b_4 \\ b_3 \\ b_4 \end{pmatrix},\ b_1, b_3, b_4 \in \mathbb{R}$ beliebig.

15. Bestimmen Sie den Lösungsraum des linearen Gleichungssystems

$$\begin{array}{rcrcrcrcrcl}
x_1 & - & x_2 & & & & & + & x_5 & = & 1 \\
x_1 & & & + & x_3 & - & x_4 & & & = & 2 \\
& & x_2 & & & + & x_4 & - & x_5 & = & 0
\end{array}.$$

Lösung: $X = \begin{pmatrix} 1 \\ 0 \\ 1 \\ 0 \\ 0 \end{pmatrix} + \mathbb{R} \begin{pmatrix} -1 \\ -1 \\ 2 \\ 1 \\ 0 \end{pmatrix} + \mathbb{R} \begin{pmatrix} 0 \\ 1 \\ 0 \\ 0 \\ 1 \end{pmatrix}.$

16. Bestimmen Sie den Lösungsraum des linearen Gleichungssystems

$$
\begin{array}{rcrcrcrcl}
5x_1 & + & 2x_2 & + & x_3 & - & x_4 & = & 2 \\
-x_1 & & & - & 2x_3 & + & 2x_4 & = & 0 \\
x_1 & + & 4x_2 & & & & & = & 4 \\
2x_1 & + & x_2 & + & 7x_3 & - & 7x_4 & = & 1
\end{array}
$$

Ist das Gleichungssystem auch für beliebige rechte Seite lösbar?

Lösung: $\quad X = \begin{pmatrix} 0 \\ 1 \\ 0 \\ 0 \end{pmatrix} + \mathbb{R} \begin{pmatrix} 0 \\ 0 \\ 1 \\ 1 \end{pmatrix}$ , nein.

# 2.6 Lineare Abbildungen

## 2.6.1 Grundlagen

- Seien $V$ und $W$ Vektorräume über dem gemeinsamen Körper $\mathbb{K}$. Eine Abbildung $F : V \to W$ heißt linear, wenn für beliebige Vektoren $\vec{a}$ und $\vec{b}$ und beliebige Zahlen $\lambda \in \mathbb{K}$ gilt:
  a) $F(\vec{a} + \vec{b}) = F(\vec{a}) + F(\vec{b})$ und
  b) $F(\lambda \vec{a}) = \lambda F(\vec{a})$.

- Eine lineare Abbildung $F$ ist bereits durch die Angabe der Bilder der Basisvektoren von $V$ auf ganz $W$ erklärt.

- Seien $V$ und $W$ Vektorräume über $\mathbb{K}$ mit den Basen $\mathcal{A}$ bzw. $\mathcal{B}$ und $F : V \to W$ eine lineare Abbildung. Die Koordinatenvektoren der Bilder der Basisvektoren von $V$ bilden als Spaltenvektoren eine Matrix $M_{\mathcal{B}}^{\mathcal{A}}(F)$. Sie heißt Darstellungsmatrix der linearen Abbildung $F$ bezüglich der Basen $\mathcal{A}$ und $\mathcal{B}$.

- Seien $V$, $W$ und $U$ Vektorräume über $\mathbb{K}$ mit den Basen $\mathcal{A}$ bzw. $\mathcal{B}$ bzw. $\mathcal{C}$. Ferner seien $F : V \to W$ und $G : W \to U$ lineare Abbildungen. Dann gilt für die zusammengesetzte Abbildung $H = G \circ F$ von $V$ nach $U$: $M_{\mathcal{C}}^{\mathcal{A}}(H) = M_{\mathcal{C}}^{\mathcal{B}}(G) M_{\mathcal{B}}^{\mathcal{A}}(F)$.

- Die Menge der Bilder von $V$ unter der linearen Abbildung $F$ wird mit Im $F$ bezeichnet und ist ein Untervektorraum von $W$. Die Dimension von Im $F$ heißt Rang von $F$: rang $F$.

- Die Menge aller Vektoren von $V$, die auf den Nullvektor abgebildet werden, heißt Kern von $F$ und wird mit ker $F$ bezeichnet. ker $F$ ist ein Untervektorraum von $V$.

- Dimensionsformel: Es gilt: $\dim V = \dim \ker F + \dim \text{Im} F$.

- Eine lineare Abbildung $F : V \to W$ ist
  a) surjektiv, wenn Im $F = W$ gilt,
  b) injektiv, wenn ker $F$ der Nullvektorraum ist,
  c) bijektiv, wenn $F$ sowohl surjektiv als auch injektiv ist. In diesem Fall ist die Darstellungsmatrix von $F$ invertierbar und es gilt: $M_{\mathcal{A}}^{\mathcal{B}}(F^{-1}) = \left( M_{\mathcal{B}}^{\mathcal{A}}(F) \right)^{-1}$.

- Wird in einem Vektorraum $V$ mit der Basis $\mathcal{A}$ eine neue Basis $\mathcal{B}$ eingeführt, so sind die neuen Basisvektoren als Linearkombinationen der alten darstellbar:

$$\begin{aligned} \vec{w}_1 &= a_{11}\vec{v}_1 + a_{12}\vec{v}_2 + \cdots + a_{1n}\vec{v}_n \\ \vec{w}_2 &= a_{21}\vec{v}_1 + a_{22}\vec{v}_2 + \cdots + a_{2n}\vec{v}_n \\ &\vdots \\ \vec{w}_n &= a_{n1}\vec{v}_1 + a_{n2}\vec{v}_2 + \cdots + a_{nn}\vec{v}_n \end{aligned}$$

Die Koeffizienten $a_{ik}$ der rechten Seite von $\vec{w}_i$, als Spalten eingetragen, bilden die Übergangsmatrix $S$ des Basiswechsel von $\mathcal{A}$ nach $\mathcal{B}$. Der Koordinatenvektor $\vec{x}$ eines Vektors $\vec{v} \in V$ bezüglich der Basis $\mathcal{A}$ wird dabei in den Koordinatenvektor $\vec{y}$ bezüglich der Basis $\mathcal{B}$ gemäß $\vec{y} = T\vec{x}$ transformiert, wobei gilt: $T = S^{-1}$.

- Seien $V$ und $W$ zwei Vektorräume mit den Basen $\mathcal{A}$ und $\mathcal{B}$. In $V$ und $W$ werden neue Basen $\mathcal{A}'$ und $\mathcal{B}'$ eingeführt. Bezeichne $S_1$ bzw. $S_2$ die Übergangsmatrizen von $\mathcal{A}$ nach $\mathcal{A}'$ bzw. von $\mathcal{B}$ nach $\mathcal{B}'$. Sei ferner $F$ eine lineare Abbildung von $V$ nach $W$, so transformieren sich ihre Darstellungsmatrizen gemäß: $M_{\mathcal{B}'}^{\mathcal{A}'}(F) = (S_2)^{-1} M_{\mathcal{B}}^{\mathcal{A}}(F) S_1$ .

- Eine lineare Abbildung $F : V \to V$ heißt Endomorphismus von $V$ und im Falle der Umkehrbarkeit Automorphismus von $V$.

- Eine Matrix $A \in M(n \times n; \mathbb{R})$ heißt orthogonal, wenn $A^T A = E_n$ gilt. Darüber hinaus heißt sie eigentlich orthogonal, wenn $\det A = +1$ gilt.

- Ein Automorphismus $F : \ \mathbb{R}^2 \to \mathbb{R}^2$ stellt eine Drehung um den Nullpunkt dar, wenn die Darstellungsmatrix $M_{\mathcal{E}_2}^{\mathcal{E}_2}(F)$ eigentlich orthogonal ist. Erfolgt die Drehung um den Winkel $\varphi$, so ist $M_{\mathcal{E}_2}^{\mathcal{E}_2}(F) = \begin{pmatrix} \cos \varphi & -\sin \varphi \\ \sin \varphi & \cos \varphi \end{pmatrix}$.

- Ein Automorphismus $F : \ \mathbb{R}^3 \to \mathbb{R}^3$ stellt eine Drehung um eine Achse dar, wenn die Darstellungsmatrix $M_{\mathcal{E}_3}^{\mathcal{E}_3}(F)$ eigentlich orthogonal ist.

- Ein Automorphismus $F : \ \mathbb{R}^2 \to \mathbb{R}^2$ stellt eine Spiegelung an einer Gerade durch den Nullpunkt dar, wenn die Darstellungsmatrix $M_{\mathcal{E}_2}^{\mathcal{E}_2}(F)$ zwar orthogonal ist aber $\det M_{\mathcal{E}_2}^{\mathcal{E}_2}(F) = -1$ gilt. Erfolgt die Spiegelung an einer Geraden, die mit der positiven $x$-Achse den Winkel $\varphi$ einschließt, so ist $M_{\mathcal{E}_2}^{\mathcal{E}_2}(F) = \begin{pmatrix} \cos(2\varphi) & \sin(2\varphi) \\ \sin(2\varphi) & -\cos(2\varphi) \end{pmatrix}$.

- Ein Automorphismus $F : \ \mathbb{R}^3 \to \mathbb{R}^3$ stellt eine Spiegelung an einer Ebene durch den Nullpunkt dar, wenn die Darstellungsmatrix $M_{\mathcal{E}_3}^{\mathcal{E}_3}(F)$ symmetrisch und orthogonal ist und $\det M_{\mathcal{E}_3}^{\mathcal{E}_3}(F) = -1$ gilt.

## 2.6.2  Musterbeispiele

1. Untersuchen Sie, ob die folgenden Abbildungen linear sind:
   a) $F : \ \mathbb{R}^2 \to \mathbb{R}$ mit $F(x, y) = 2x - 3y + 1$,

   b) $F : \ \mathbb{R}^3 \to \mathbb{R}^2$ mit $F(x, y, z) = \begin{pmatrix} x + y - z \\ 3x - y + 5z \end{pmatrix}$,

   c) $F : \ \mathbb{R}^2 \to \mathbb{R}^2$ mit $F(x, y) = \begin{pmatrix} xy \\ x + y \end{pmatrix}$.

**Lösung:**

a) $F(\lambda x, \lambda y) = 2\lambda x - 3\lambda y + 1 \neq \lambda(2x - 3y + 1) \Longrightarrow F$ ist nicht linear.

b) $F(\lambda x, \lambda y, \lambda z) = \begin{pmatrix} \lambda x + \lambda y - \lambda z \\ 3\lambda x - \lambda y + 5\lambda z \end{pmatrix} = \lambda \begin{pmatrix} x + y - z \\ 3x - y + 5z \end{pmatrix}$ und

$$F(x_1 + x_2, y_1 + y_2, z_1 + z_2) = \begin{pmatrix} (x_1 + x_2) + (y_1 + y_2) - (z_1 + z_2) \\ 3(x_1 + x_2) - (y_1 + y_2) + 5(z_1 + z_2) \end{pmatrix} =$$

$$= \begin{pmatrix} x_1 + y_1 - z_1 \\ 3x_1 - y_1 + 5z_1 \end{pmatrix} + \begin{pmatrix} x_2 + y_2 - z_2 \\ 3x_2 - y_2 + 5z_2 \end{pmatrix} = F(x_1, y_1, z_1) + F(x_2, y_2, z_2)$$

$\Longrightarrow F$ ist linear.

c) $F(\lambda x, \lambda y) = \begin{pmatrix} \lambda x \lambda y \\ \lambda x + \lambda y \end{pmatrix} = \lambda \begin{pmatrix} \lambda xy \\ x + y \end{pmatrix} \neq \lambda \begin{pmatrix} xy \\ x + y \end{pmatrix} \Longrightarrow F$ ist nicht linear.

2. Durch die lineare Abbildung $F : \mathbb{R}^3 \to \mathbb{R}^2$ werden die Punkte $P_1(1, 0, 0)$, $P_2(0, 1, 0)$ und $P_3(1, 1, 1)$ in die Punkte $Q_1(2, 1)$, $Q_2(3, -1)$ und $Q_3(6, 0)$ übergeführt. Durch welche Matrix $A$ wird diese Abbildung beschrieben und auf welchen Punkt $Q$ wird $P(2, 1, 3)$ abgebildet?

**Lösung:**

Bezeichne $\vec{x}_i$ den Ortsvektor von $P_i$ und $\vec{y}_i$ den Ortsvektor von $Q_i$. Aus $\vec{y}_i = A\vec{x}_i$ und $A = (a_{jk})$ folgt:

$$\begin{pmatrix} 2 \\ 1 \end{pmatrix} = \begin{pmatrix} a_{11} & a_{12} & a_{13} \\ a_{21} & a_{22} & a_{23} \end{pmatrix} \begin{pmatrix} 1 \\ 0 \\ 0 \end{pmatrix} \Longrightarrow a_{11} = 2, \ a_{21} = 1,$$

$$\begin{pmatrix} 3 \\ -1 \end{pmatrix} = \begin{pmatrix} a_{11} & a_{12} & a_{13} \\ a_{21} & a_{22} & a_{23} \end{pmatrix} \begin{pmatrix} 0 \\ 1 \\ 0 \end{pmatrix} \Longrightarrow a_{12} = 3, \ a_{22} = -1,$$

$$\begin{pmatrix} 6 \\ 0 \end{pmatrix} = \begin{pmatrix} a_{11} & a_{12} & a_{13} \\ a_{21} & a_{22} & a_{23} \end{pmatrix} \begin{pmatrix} 1 \\ 1 \\ 1 \end{pmatrix} \Longrightarrow \begin{cases} a_{13} = 6 - a_{11} - a_{12} = 1 \\ a_{23} = 0 - a_{21} - a_{22} = 0 \end{cases}.$$

Somit: $A = \begin{pmatrix} 2 & 3 & 1 \\ 1 & -1 & 0 \end{pmatrix}$.

3. Die lineare Abbildung $F : \mathbb{R}^3 \to \mathbb{R}^2$ ist gegeben durch $F(\vec{x}_i) = \vec{y}_i$, $i = 1, 2, 3$ mit

$$\vec{x}_1 = \begin{pmatrix} 1 \\ 1 \\ 1 \end{pmatrix}, \ \vec{x}_2 = \begin{pmatrix} 1 \\ 0 \\ 1 \end{pmatrix}, \ \vec{x}_3 = \begin{pmatrix} -1 \\ 0 \\ 1 \end{pmatrix}, \ \vec{y}_1 = \begin{pmatrix} 1 \\ 0 \end{pmatrix}, \ \vec{y}_2 = \begin{pmatrix} 1 \\ 1 \end{pmatrix}, \ \vec{y}_3 = \begin{pmatrix} 1 \\ -1 \end{pmatrix}.$$

Ermitteln Sie die Darstellungsmatrix $M_{\mathcal{E}_2}^{\mathcal{E}_3}(F)$.

**Lösung:**

Die Problemstellung ist analog zum vorhergehenden Beispiel. Anstatt die Darstellungsmatrix unbestimmt anzusetzen und aus den Vektoren $\vec{x}_i$ und ihren Bildvektoren $\vec{y}_i$ zu bestimmen, wird sie aus den Bildern der Basisvektoren $\vec{e}_i$ ermittelt. Dazu werden die kanonischen Basisvektoren $\vec{e}_i$ auf die Vektoren $\vec{x}_i$ aufgespannt: $\vec{e}_1 = \frac{1}{2}(\vec{x}_2 - \vec{x}_3)$, $\vec{e}_2 = \vec{x}_1 - \vec{x}_2$, $\vec{e}_3 = \frac{1}{2}(\vec{x}_2 + \vec{x}_3)$. Daraus folgt:

$$F(\vec{e}_1) = F\left(\tfrac{1}{2}(\vec{x}_2 - \vec{x}_3)\right) = \tfrac{1}{2}\left(F(\vec{x}_2) - F(\vec{x}_3)\right) = \tfrac{1}{2}(\vec{y}_2 - \vec{y}_3) = \begin{pmatrix} 0 \\ 1 \end{pmatrix},$$

$$F(\vec{e}_2) = F(\vec{x}_1 - \vec{x}_2) = F(\vec{x}_1) - F(\vec{x}_2) = \vec{y}_1 - \vec{y}_2 = \begin{pmatrix} 0 \\ -1 \end{pmatrix},$$

$$F(\vec{e}_3) = F\left(\tfrac{1}{2}(\vec{x}_2 + \vec{x}_3)\right) = \tfrac{1}{2}\left(F(\vec{x}_2) + F(\vec{x}_3)\right) = \tfrac{1}{2}(\vec{y}_2 + \vec{y}_3) = \begin{pmatrix} 1 \\ 0 \end{pmatrix}.$$

$$\Longrightarrow M_{\mathcal{E}_2}^{\mathcal{E}_3}(F) = \begin{pmatrix} 0 & 0 & 1 \\ 1 & -1 & 0 \end{pmatrix}.$$

4. Vom $\mathbb{R}^2$, versehen mit der Basis $\mathcal{A} = (\vec{a}_1, \vec{a}_2)$, mit $\vec{a}_1 = \begin{pmatrix} 1 \\ 2 \end{pmatrix}$, $\vec{a}_2 = \begin{pmatrix} 2 \\ 1 \end{pmatrix}$, wird

eine lineare Abbildung in den $\mathbb{R}^3$, versehen mit der Basis $\mathcal{B} = (\vec{b}_1, \vec{b}_2, \vec{b}_3)$, mit

$$\vec{b}_1 = \begin{pmatrix} 1 \\ 1 \\ 1 \end{pmatrix}, \ \vec{b}_2 = \begin{pmatrix} 1 \\ -1 \\ 0 \end{pmatrix}, \ \vec{b}_3 = \begin{pmatrix} 2 \\ 1 \\ 0 \end{pmatrix}, \text{ definiert durch } F(\vec{x}_i) = \vec{y}_i \text{ mit:}$$

$$\vec{x}_1 = \begin{pmatrix} 1 \\ 1 \end{pmatrix}, \ \vec{x}_2 = \begin{pmatrix} 0 \\ 1 \end{pmatrix}, \ \vec{y}_1 = \begin{pmatrix} 1 \\ 0 \\ 1 \end{pmatrix}, \ \vec{y}_2 = \begin{pmatrix} 0 \\ 1 \\ 0 \end{pmatrix}.$$

Bestimmen Sie die Darstellungsmatrix $M_{\mathcal{B}}^{\mathcal{A}}(F)$.

**Lösung:**

Zunächst werden die Basisvektoren $\vec{a}_1, \vec{a}_2$ auf die Vektoren $\vec{x}_1, \vec{x}_2$, deren Bilder ja bekannt sind, aufgespannt: $\vec{a}_1 = \vec{x}_1 + \vec{x}_2$, $\vec{a}_2 = 2\vec{x}_1 - \vec{x}_2$. Damit folgt:

$$F(\vec{a}_1) = F(\vec{x}_1) + F(\vec{x}_2) = \vec{y}_1 + \vec{y}_2 = \begin{pmatrix} 1 \\ 1 \\ 1 \end{pmatrix} = \vec{b}_1 \,,$$

$$F(\vec{a}_2) = 2F(\vec{x}_1) - F(\vec{x}_2) = 2\vec{y}_1 - \vec{y}_2 = \begin{pmatrix} 2 \\ -1 \\ 2 \end{pmatrix} = \cdots = 2\vec{b}_1 + 2\vec{b}_2 - \vec{b}_3 \,.$$

$$\Longrightarrow M_{\mathcal{B}}^{\mathcal{A}}(F) = \begin{pmatrix} 1 & 2 \\ 0 & 2 \\ 0 & -1 \end{pmatrix}.$$

5. Gegeben ist die lineare Abbildung $F : \mathbb{R}^3 \to \mathbb{R}^4$. $\mathcal{E}_3$ und $\mathcal{E}_4$ bezeichnen die kanonischen Basen von $\mathbb{R}^3$ und $\mathbb{R}^4$. Ferner sei:

$$F(\vec{e}_1) = \begin{pmatrix} 1 \\ -3 \\ 2 \\ 4 \end{pmatrix}, \quad F(\vec{e}_2) = \begin{pmatrix} 5 \\ -3 \\ 0 \\ 2 \end{pmatrix}, \quad F(\vec{e}_3) = \begin{pmatrix} -2 \\ 0 \\ 1 \\ 1 \end{pmatrix}.$$

Bestimmen Sie $M_{\mathcal{E}_4}^{\mathcal{E}_3}(F)$, ker $F$ und rang $F$.

**Lösung:**

$$M_{\mathcal{E}_4}^{\mathcal{E}_3}(F) = \begin{pmatrix} 1 & 5 & -2 \\ -3 & -3 & 0 \\ 2 & 0 & 1 \\ 4 & 2 & 1 \end{pmatrix}.$$

$$\text{Sei } \vec{x} \in \ker F \Longrightarrow \begin{pmatrix} 1 & 5 & -2 \\ -3 & -3 & 0 \\ 2 & 0 & 1 \\ 4 & 2 & 1 \end{pmatrix} \begin{pmatrix} x_1 \\ x_2 \\ x_3 \end{pmatrix} = \begin{pmatrix} 0 \\ 0 \\ 0 \\ 0 \end{pmatrix} \quad \text{d.h.}$$

$$
\begin{array}{rcl}
x_1 + 5x_2 - 2x_3 &=& 0 \\
-3x_1 - 3x_2 &=& 0 \\
2x_1 + x_3 &=& 0 \\
4x_1 + 2x_2 + x_3 &=& 0
\end{array}
\quad \xrightarrow{\text{Z.Op.}} \quad
\begin{array}{rcl}
x_1 + 5x_2 - 2x_3 &=& 0 \\
12x_2 - 6x_3 &=& 0 \\
-10x_2 + 5x_3 &=& 0 \\
-18x_2 + 9x_3 &=& 0
\end{array}
.
$$

Weitere Zeilenoperationen liefern:
$$
\begin{array}{rcl}
x_1 + 5x_2 - 2x_3 &=& 0 \\
2x_2 - x_3 &=& 0 \\
- 25x_3 &=& 0
\end{array}
.
$$

$\Longrightarrow \quad x_1 = x_2 = x_3 = 0$ d.h. $\ker F = \{\vec{0}\}$. Aus der Dimensionsformel folgt dann:
$\operatorname{rang} F = \dim \operatorname{Im} F = \dim V - \dim \ker F = 3 - 0 = 3$.

6. Gegeben sind die drei Vektorräume $V = \mathbb{R}^4$, $W = \mathbb{R}^3$ und $U = \mathbb{R}^2$ mit den Basen
$\mathcal{A} = (\vec{a}_1, \vec{a}_2, \vec{a}_3, \vec{a}_4)$, $\mathcal{B} = (\vec{b}_1, \vec{b}_2, \vec{b}_3)$ und $\mathcal{C} = (\vec{c}_1, \vec{c}_2)$.
Ferner sind die zwei linearen Abbildungen $F : V \to W$ und $G : W \to U$ durch

$$
\begin{aligned}
F(\vec{a}_1) &= \vec{b}_2 - \vec{b}_3, \\
F(\vec{a}_2) &= \vec{b}_1 + \vec{b}_2, \\
F(\vec{a}_3) &= \vec{b}_1 - \vec{b}_3, \\
F(\vec{a}_4) &= \vec{b}_1 + \vec{b}_2 + \vec{b}_3,
\end{aligned}
\qquad \text{bzw.} \qquad
M_{\mathcal{C}}^{\mathcal{B}}(G) = \begin{pmatrix} 1 & 1 & 0 \\ 2 & 0 & -1 \end{pmatrix}
\qquad \text{gegeben.}
$$

a) Bestimmen Sie $G(\vec{b}_1 + \vec{b}_2)$.
b) Bestimmen Sie $\ker H$ mit $H : V \to U$, $H = G \circ F$.

**Lösung:**

a) Der Koordinatenvektor von $\vec{b}_1 + \vec{b}_2$ ist $\vec{y} = \begin{pmatrix} 1 \\ 1 \\ 0 \end{pmatrix}$. Er wird durch $G$ in den

Koordinatenvektor $\vec{z}$ von $G(\vec{b}_1 + \vec{b}_2)$ abgebildet und es gilt dabei:

$$
\vec{z} = M_{\mathcal{C}}^{\mathcal{B}}(G)\vec{y} = \begin{pmatrix} 1 & 1 & 0 \\ 2 & 0 & -1 \end{pmatrix} \begin{pmatrix} 1 \\ 1 \\ 0 \end{pmatrix} = \begin{pmatrix} 2 \\ 2 \end{pmatrix} \implies G(\vec{b}_1 + \vec{b}_2) = 2\vec{c}_1 + 2\vec{c}_2 .
$$

b) $F$ besitzt die Darstellungsmatrix $M_{\mathcal{B}}^{\mathcal{A}}(F) = \begin{pmatrix} 0 & 1 & 1 & 1 \\ 1 & 1 & 0 & 1 \\ -1 & 0 & -1 & 1 \end{pmatrix}$. Damit folgt:

$$
M_{\mathcal{C}}^{\mathcal{A}}(H) = M_{\mathcal{C}}^{\mathcal{B}}(G) M_{\mathcal{B}}^{\mathcal{A}}(F) = \begin{pmatrix} 1 & 1 & 0 \\ 2 & 0 & -1 \end{pmatrix} \begin{pmatrix} 0 & 1 & 1 & 1 \\ 1 & 1 & 0 & 1 \\ -1 & 0 & -1 & 1 \end{pmatrix} = \begin{pmatrix} 1 & 2 & 1 & 2 \\ 1 & 2 & 3 & 1 \end{pmatrix}.
$$

Sei nun $\vec{x}$ ein Koordinatenvektor von $\vec{a} \in \ker H$. Dann gilt:

$$
\begin{pmatrix} 1 & 2 & 1 & 2 \\ 1 & 2 & 3 & 1 \end{pmatrix} \begin{pmatrix} x_1 \\ x_1 \\ x_3 \\ x_4 \end{pmatrix} = \begin{pmatrix} 0 \\ 0 \end{pmatrix} \implies
\begin{array}{rcl}
x_1 + 2x_2 + x_3 + 2x_4 &=& 0 \\
x_1 + 2x_2 + 3x_3 + x_4 &=& 0
\end{array}
$$

mit den Lösungen $x_4 = 2x_3$, $x_1 = -2x_2 - 5x_3$, $x_2, x_3$ beliebig. Somit:

$$\vec{x} = x_2 \begin{pmatrix} -2 \\ 1 \\ 0 \\ 0 \end{pmatrix} + x_3 \begin{pmatrix} -5 \\ 0 \\ 1 \\ 2 \end{pmatrix} \implies \vec{a} = x_2(-2\vec{a}_1 + \vec{a}_2) + x_3(-5\vec{a}_1 + \vec{a}_3 + 2\vec{a}_4),$$

woraus folgt:   $\ker H = \mathrm{Span}(-2\vec{a}_1 + \vec{a}_2, -5\vec{a}_1 + \vec{a}_3 + 2\vec{a}_4)$.

7. Gegeben sind die Vektorräume $U = \mathbb{R}^2$, $V = \mathbb{R}^3$ und $W = \mathbb{R}^2$ mit den Basen $\mathcal{A} = (\vec{a}_1, \vec{a}_2)$, $\mathcal{B} = (\vec{b}_1, \vec{b}_2, \vec{b}_3)$ und $\mathcal{C} = (\vec{c}_1, \vec{c}_2)$.
Ferner sind die zwei linearen Abbildungen $F : U \to V$ und $G : V \to W$ durch

$$\begin{aligned} F(\vec{a}_1) &= \vec{b}_1 - \vec{b}_2, \\ F(\vec{a}_2) &= 2\vec{b}_2 + 3\vec{b}_3, \end{aligned} \qquad \text{bzw.} \qquad M_{\mathcal{C}}^{\mathcal{B}}(G) = \begin{pmatrix} 1 & 0 & 2 \\ -1 & 1 & 1 \end{pmatrix} \qquad \text{gegeben.}$$

a) Untersuchen Sie, ob $F$ injektiv ist.
b) Bestimmen Sie $\mathrm{Im}\, G$.
c) Zeigen Sie, dass die Abbildung $H : U \to W$, $H = G \circ F$ bijektiv ist.

**Lösung:**

a) $F$ ist genau dann injektiv, wenn $\ker F = \{0\}$. Sei nun $\vec{a} = \lambda_1 \vec{a}_1 + \lambda_2 \vec{a}_2 \in \ker F$.

$$F(\lambda_1 \vec{a}_1 + \lambda_2 \vec{a}_2) = \lambda_1 F(\vec{a}_1) + F(\vec{a}_2) = \lambda_1(\vec{b}_1 - \vec{b}_2) + \lambda_2(2\vec{b}_2 + 3\vec{b}_3) =$$
$$= \lambda_1 \vec{b}_1 + (-\lambda_1 + 2\lambda_2)\vec{b}_2 + 3\lambda_2 \vec{b}_3 = \vec{0}.$$

$\vec{b}_1, \vec{b}_2, \vec{b}_3$ sind linear unabhängig. $\implies \lambda_1 = \lambda_2 = 0$, d.h. $\vec{a} = \vec{0}$ bzw. $\ker F = \{0\}$.
Somit ist $F$ injektiv.

b) Sei $\vec{b} = y_1 \vec{b}_1 + y_2 \vec{b}_2 + y_3 \vec{b}_2 \in V$ beliebig. Aus $G(\vec{b}) = z_1 \vec{c}_1 + z_2 \vec{c}_2$ folgt:

$$\begin{pmatrix} z_1 \\ z_2 \end{pmatrix} = M_{\mathcal{C}}^{\mathcal{B}}(G) \begin{pmatrix} y_1 \\ y_2 \\ y_3 \end{pmatrix} = \begin{pmatrix} 1 & 0 & 2 \\ -1 & 1 & 1 \end{pmatrix} \begin{pmatrix} y_1 \\ y_2 \\ y_3 \end{pmatrix} = \begin{pmatrix} y_1 + 2y_3 \\ -y_1 + y_2 + y_3 \end{pmatrix}.$$

Dann ist $\vec{c} = F(\vec{b}) = (y_1 + 2y_3)\vec{c}_1 + (-y_1 + y_2 + y_3)\vec{c}_2$ und wegen der linearen Unabhängigkeit von $\vec{c}_1$ und $\vec{c}_2$:   $\mathrm{Im}\, G = W = \mathbb{R}^2$.

c) Mit $M_{\mathcal{B}}^{\mathcal{A}}(F) = \begin{pmatrix} 1 & 0 \\ -1 & 2 \\ 0 & 3 \end{pmatrix}$ folgt:

$$M_{\mathcal{C}}^{\mathcal{A}}(H) = M_{\mathcal{C}}^{\mathcal{B}}(G) M_{\mathcal{B}}^{\mathcal{A}}(F) = \begin{pmatrix} 1 & 0 & 2 \\ -1 & 1 & 1 \end{pmatrix} \begin{pmatrix} 1 & 0 \\ -1 & 2 \\ 0 & 3 \end{pmatrix} = \begin{pmatrix} 1 & 6 \\ -2 & 5 \end{pmatrix}.$$

Wegen $\det M_{\mathcal{C}}^{\mathcal{A}}(H) = \begin{vmatrix} 1 & 6 \\ -2 & 5 \end{vmatrix} = 17 \neq 0$ ist $M_{\mathcal{C}}^{\mathcal{A}}(H)$ und damit $H$ invertierbar,

d.h. $H = G \circ F$ ist bijektiv.

8. Gegeben sind die Vektorräume $V, W, U$ mit den Basen $\mathcal{A} = (\vec{a}_1, \vec{a}_2, \vec{a}_3)$, $\mathcal{B} = (\vec{b}_1, \vec{b}_2)$ und $\mathcal{C} = (\vec{c}_1, \vec{c}_2, \vec{c}_3)$.
Ferner sind die zwei linearen Abbildungen $F : V \to W$ und $G : W \to U$ durch

$$M_{\mathcal{B}}^{\mathcal{A}}(F) = \begin{pmatrix} 1 & 1 & -1 \\ -1 & 1 & 2 \end{pmatrix} \qquad \text{bzw.} \qquad \begin{matrix} G(\vec{b}_1) = \vec{c}_1 + \vec{c}_2 - \vec{c}_3, \\ G(\vec{b}_2) = \vec{c}_1 - \vec{c}_2 + \vec{c}_3 \end{matrix} \qquad \text{gegeben.}$$

Bestimmen Sie $\operatorname{Im} H$ und $\dim \operatorname{Im} H$ mit $H = G \circ F$.

**Lösung:**

$$\begin{aligned} F(\vec{a}_1) &= \vec{b}_1 - \vec{b}_2, \\ \text{Für die Abbildung } F \text{ gilt:} \quad F(\vec{a}_2) &= \vec{b}_1 + \vec{b}_2, \qquad \text{und damit} \\ F(\vec{a}_3) &= -\vec{b}_1 + 2\vec{b}_2 \end{aligned}$$

$H(\vec{a}_1) = G\big(F(\vec{a}_1)\big) = G(\vec{b}_1 - \vec{b}_2) = G(\vec{b}_1) - G(\vec{b}_2) = \vec{c}_1 + \vec{c}_2 - \vec{c}_3 - \vec{c}_1 + \vec{c}_2 - \vec{c}_3 = 2\vec{c}_2 - 2\vec{c}_3.$
Analog: $\quad H(\vec{a}_2) = \cdots = 2\vec{c}_1, \quad H(\vec{a}_3) = \cdots = \vec{c}_1 - 3\vec{c}_2 + 3\vec{c}_3.$

$\operatorname{Im} H = \operatorname{Span}(\vec{c}_2 - \vec{c}_3, \vec{c}_1, \vec{c}_1 - 3\vec{c}_2 + 3\vec{c}_3).$

Wegen $\vec{c}_1 - 3\vec{c}_2 + 3\vec{c}_3 = \vec{c}_1 - 3(\vec{c}_2 - \vec{c}_3)$ und da $\vec{c}_2 - \vec{c}_3$ und $\vec{c}_1$ linear unabhängig sind, ist $\dim \operatorname{Im} H = 2$.

9. Gegeben ist der Vektorraum $\mathbb{R}^2$ mit den Basen $\mathcal{E}_2$ und $\mathcal{A} = (\vec{a}_1, \vec{a}_1)$ mit $\vec{a}_1 = \vec{e}_1 + \vec{e}_2$ und $\vec{a}_2 = \vec{e}_1 + 2\vec{e}_2$, sowie der Vektorraum $\mathbb{R}^3$ mit den Basen $\mathcal{E}_3$ und $\mathcal{B} = (\vec{b}_1, \vec{b}_2, \vec{b}_2)$ mit $\vec{b}_1 = \vec{e}_1 + \vec{e}_3$, $\vec{b}_2 = \vec{e}_2 - \vec{e}_3$ und $\vec{b}_3 = \vec{e}_3$.
Ferner ist die lineare Abbildung $F$ gegeben durch ihre Darstellungsmatrix
$$M_{\mathcal{E}_3}^{\mathcal{E}_2}(F) = \begin{pmatrix} 1 & 3 \\ 2 & 0 \\ -1 & 1 \end{pmatrix}. \qquad \text{Bestimmen Sie } M_{\mathcal{B}}^{\mathcal{A}}(F).$$

**Lösung:**

Die Übergangsmatrix des Basiswechsels von $\mathcal{E}_2$ zu $\mathcal{A}$ ist $S_1 = \begin{pmatrix} 1 & 1 \\ 1 & 2 \end{pmatrix}$ und jene

des Basiswechsels von $\mathcal{E}_3$ zu $\mathcal{B}$ ist $S_2 = \begin{pmatrix} 1 & 0 & 0 \\ 0 & 1 & 0 \\ 1 & -1 & 1 \end{pmatrix}$. Mit $(S_2)^{-1} = \begin{pmatrix} 1 & 0 & 0 \\ 0 & 1 & 0 \\ -1 & 1 & 1 \end{pmatrix}$

folgt dann:

$$M_{\mathcal{B}}^{\mathcal{A}}(F) = (S_2)^{-1} M_{\mathcal{E}_3}^{\mathcal{E}_2}(F) S_1 = \begin{pmatrix} 1 & 0 & 0 \\ 0 & 1 & 0 \\ -1 & 1 & 1 \end{pmatrix} \begin{pmatrix} 1 & 3 \\ 2 & 0 \\ -1 & 1 \end{pmatrix} \begin{pmatrix} 1 & 1 \\ 1 & 2 \end{pmatrix} = \begin{pmatrix} 4 & 7 \\ 2 & 2 \\ -2 & -4 \end{pmatrix}.$$

Alternative Lösungsmethode:
$F(\vec{a}_1) = F(\vec{e}_1) + F(\vec{e}_2) = \cdots = 4\vec{e}_1 + 2\vec{e}_2 = 4\vec{b}_1 + 2\vec{b}_2 - 2\vec{b}_3,$
$F(\vec{a}_2) = F(\vec{e}_1) + 2F(\vec{e}_2) = \cdots = 7\vec{e}_1 + 2\vec{e}_2 = 7\vec{b}_1 + 2\vec{b}_2 - 4\vec{b}_3.$

$$\Longrightarrow M_{\mathcal{B}}^{\mathcal{A}}(F) = \begin{pmatrix} 4 & 7 \\ 2 & 2 \\ -2 & -4 \end{pmatrix}.$$

10. Bestimmen Sie jeweils eine Matrix $A$, die im $\mathbb{R}^2$
   a) die Spiegelung am Ursprung,
   b) die Spiegelung an der $x$-Achse,
   c) die Spiegelung an der Geraden $y = -x$ beschreibt.

**Lösung:**

a) Im $\mathbb{R}^2$ ist eine Spiegelung am Ursprung gleichbedeutend mit einer Drehung um $\varphi = 180°$. Aus der allgemeinen Drehmatrix $A = \begin{pmatrix} \cos\varphi & -\sin\varphi \\ \sin\varphi & \cos\varphi \end{pmatrix}$ wird dann

$$A = \begin{pmatrix} -1 & 0 \\ 0 & -1 \end{pmatrix}.$$

b) Da die Spiegelgerade hier die $x$-Achse ist, ist der Winkel $\varphi$ in der allgemeinen Spiegelungsmatrix $A = \begin{pmatrix} \cos(2\varphi) & \sin(2\varphi) \\ \sin(2\varphi) & -\cos(2\varphi) \end{pmatrix}$ gleich Null, woraus folgt:

$$A = \begin{pmatrix} 1 & 0 \\ 0 & -1 \end{pmatrix}.$$

c) Hier schließt die Spiegelgerade mit der positiven $x$-Achse den Winkel $\varphi = \frac{3\pi}{4}$ ein, so dass aus der allgemeinen Spiegelungsmatrix folgt: $A = \begin{pmatrix} 0 & -1 \\ -1 & 0 \end{pmatrix}.$

11. Ermitteln Sie jene orthogonale Matrix $A$, die eine Spiegelung an einer Ebene $E$, insbesondere an der Ebene $E: \dfrac{x}{2} + \dfrac{y}{2} + \dfrac{z}{\sqrt{2}} = 1$ vermittelt.

**Lösung:**

Bezeichne $\vec{n}$ den normierten Normalenvektor der Spiegelebene $E$. Die Projektion des Vektors $\vec{x}$ parallel zu $\vec{n}$ ist durch $(\vec{x}, \vec{n})\vec{n}$ bestimmt. Für den gespiegelten Vektor $\vec{y}$ gilt dann:

$$\vec{y} = \vec{x} - 2(\vec{x}, \vec{n})\vec{n} \text{ bzw. komponentenweise: } y_i = x_i - 2\sum_{k=1}^{3} x_k n_k n_i = x_i - 2\sum_{k=1}^{3}(n_i n_k) x_k.$$

Zusammengefasst ergibt das: $\vec{y} = \vec{x} - 2\vec{n}\vec{n}^T\vec{x} = \left(E - 2\vec{n}\vec{n}^T\right)\vec{x}$

Dabei bedeutet $\vec{n}\vec{n}^T$ das Matrizenprodukt der Spalte $\vec{n}$ mit der Zeile $\vec{n}^T$, bzw. das dyadische Produkt von $\vec{n}$ mit $\vec{n}$. Damit folgt: $\underline{A = E - 2\vec{n}\vec{n}^T}$.

Speziell mit $\vec{n} = \begin{pmatrix} \frac{1}{2} \\ \frac{1}{2} \\ \frac{1}{\sqrt{2}} \end{pmatrix}$ ergibt sich:

$$A = E - 2 \begin{pmatrix} \frac{1}{4} & \frac{1}{4} & \frac{1}{2\sqrt{2}} \\ \frac{1}{4} & \frac{1}{4} & \frac{1}{2\sqrt{2}} \\ \frac{1}{2\sqrt{2}} & \frac{1}{2\sqrt{2}} & \frac{1}{2} \end{pmatrix} = \begin{pmatrix} \frac{1}{2} & -\frac{1}{2} & -\frac{1}{\sqrt{2}} \\ -\frac{1}{2} & \frac{1}{2} & -\frac{1}{\sqrt{2}} \\ -\frac{1}{\sqrt{2}} & -\frac{1}{\sqrt{2}} & 0 \end{pmatrix}.$$

Überprüfen Sie: $AA^T = E$, $\det A = -1$.

12. Ermitteln Sie zu einer gegebenen Spiegelungsmatrix im $\mathbb{R}^3$ die Spiegelebene, insbesondere für die Matrix $A = \dfrac{1}{3}\begin{pmatrix} 2 & 1 & -2 \\ 1 & 2 & 2 \\ -2 & 2 & -1 \end{pmatrix}$.

**Lösung:**

Bei einer Spiegelung an einer Ebene $E$ im $\mathbb{R}^3$ gilt: Der Vektor $A\vec{x} - \vec{x}$ ist normal zur Spiegelebene, bzw. parallel zum Normalvektor von $E$. Dann ist $\vec{n} = \dfrac{A\vec{x} - \vec{x}}{\|A\vec{x} - \vec{x}\|}$, unabhängig von $\vec{x}$. Für die Spiegelebene $E$ gilt also: $(\vec{n}, \vec{x}) = 0$.

Speziell für $A = \dfrac{1}{3} \begin{pmatrix} 2 & 1 & -2 \\ 1 & 2 & 2 \\ -2 & 2 & -1 \end{pmatrix}$ folgt:

$$A\vec{x} - \vec{x} = (A - E)\vec{x} = \frac{1}{3} \begin{pmatrix} -1 & 1 & -2 \\ 1 & -1 & 2 \\ -2 & 2 & -4 \end{pmatrix} \vec{x} = \begin{pmatrix} -\frac{1}{3}x + \frac{1}{3}y - \frac{2}{3}z \\ \frac{1}{3}x - \frac{1}{3}y + \frac{2}{3}z \\ -\frac{2}{3}x + \frac{2}{3}y - \frac{4}{3}z \end{pmatrix} =$$

$$\left( -\frac{x}{3} + \frac{y}{3} - \frac{2z}{3} \right) \begin{pmatrix} 1 \\ -1 \\ 2 \end{pmatrix} \implies \vec{n} = \frac{1}{\sqrt{6}} \begin{pmatrix} 1 \\ -1 \\ 2 \end{pmatrix}$$ und somit $E: \; x - y + 2z = 0$.

**Bemerkung:** Der zu spiegelnde Vektor $\vec{x}$ darf dabei nicht in der Spiegelebene liegen.

## 2.6.3  Beispiele mit Lösungen

1. Untersuchen Sie, ob die folgenden Abbildungen linear sind:

   a) $F: \mathbb{R}^3 \to \mathbb{R}$ mit $F(x, y, z) = x - 2|y| + z$ ,

   b) $F: \mathbb{R} \to \mathbb{R}^2$ mit $F(x) = \begin{pmatrix} x + 1 \\ x - 1 \end{pmatrix}$ ,

   c) $F: \mathbb{R}^3 \to \mathbb{R}^2$ mit $F(x, y, z) = \begin{pmatrix} x + y + 3z \\ 2x - z + 2y \end{pmatrix}$ .

   Lösung:   a) Nein,   b) nein,   c) ja.

2. Die lineare Abbildung $F: \mathbb{R}^2 \to \mathbb{R}^3$ bilde die Vektoren

   $$\vec{x}_1 = \begin{pmatrix} 1 \\ -1 \end{pmatrix}, \; \vec{x}_2 = \begin{pmatrix} 2 \\ -1 \end{pmatrix} \text{ in die Vektoren } \vec{y}_1 = \begin{pmatrix} 2 \\ -1 \\ 0 \end{pmatrix}, \; \vec{y}_2 = \begin{pmatrix} 1 \\ 0 \\ 1 \end{pmatrix} \text{ ab.}$$

   Durch welche Matrix $A$ wird diese Abbildung beschrieben?

   Lösung:   $A = \begin{pmatrix} -1 & -3 \\ 1 & 2 \\ 1 & 1 \end{pmatrix}$ .

3. Welche $2 \times 2$-Matrix beschreibt eine zentrische Streckung mit dem Faktor 3 und eine nachfolgende Drehung um $\dfrac{2\pi}{3}$? Erhält man das gleiche Resultat, wenn man zuerst die Drehung und dann die Streckung ausführt?

   Lösung:   $A = \dfrac{3}{2} \begin{pmatrix} -1 & -\sqrt{3} \\ \sqrt{3} & -1 \end{pmatrix}$ ,   ja.

4. Gegeben sind die Vektorräume $V = \mathbb{R}^4$ und $W = \mathbb{R}^4$ mit den Basen $\mathcal{A} = (\vec{a}_1, \vec{a}_2, \vec{a}_3, \vec{a}_4)$

und $\mathcal{B} = (\vec{b}_1, \vec{b}_2, \vec{b}_3, \vec{b}_4)$, sowie die lineare Abbildung $F$ gemäß
$F(\vec{a}_1) = 2\vec{b}_1 - \vec{b}_3$, $F(\vec{a}_2) = \vec{b}_2 - \vec{b}_4$, $F(\vec{a}_3) = \vec{b}_3 + \vec{b}_4$ und $F(\vec{a}_4) = \vec{b}_2 + \vec{b}_3$.
Bestimmen Sie rang $F$, ker $F$ und Im $F$.

Lösung:
rang $F = 3$,   ker $F = \mathrm{Span}(\vec{a}_2 + \vec{a}_3 - \vec{a}_4)$,   Im $F = \mathrm{Span}(2\vec{b}_1 - \vec{b}_3, \vec{b}_2 - \vec{b}_4, \vec{b}_3 + \vec{b}_4)$.

5. Gegeben sind die Vektorräume $V$ und $W$ mit den jeweiligen Basen $\mathcal{A} = (\vec{v}_1, \vec{v}_2, \vec{v}_3)$
und $\mathcal{B} = (\vec{w}_1, \vec{w}_2, \vec{w}_3)$, sowie die lineare Abbildung $F$ gemäß
$F(\vec{v}_1) = \vec{w}_1 - \vec{w}_2 + 2\vec{w}_3$, $F(\vec{v}_2) = \vec{w}_2 + \vec{w}_3$ und $F(\vec{v}_3) = \vec{w}_1 + \alpha\vec{w}_2 + \beta\vec{w}_3$ mit $\alpha, \beta \in \mathbb{R}$.
Bestimmen Sie $\alpha$ und $\beta$ so, dass $(\vec{v}_1 + 2\vec{v}_2 - \vec{v}_3) \in \ker F$.

Lösung:   $\alpha = 1$, $\beta = 4$.

6. Gegeben sind die Vektorräume $V, W, U$ mit den Basen $\mathcal{A} = (\vec{v}_1, \vec{v}_2)$, $\mathcal{B} = (\vec{w}_1, \vec{w}_2, \vec{w}_3)$
und $\mathcal{C} = (\vec{u}_1, \vec{u}_2)$.
Ferner sind die zwei linearen Abbildungen $F : V \to W$ und $G : W \to U$ durch

$$\begin{matrix} F(\vec{v}_1) = \vec{w}_1 - \vec{w}_2, \\ F(\vec{v}_2) = \vec{w}_2 + \vec{w}_3, \end{matrix} \qquad \text{bzw.} \qquad M_{\mathcal{C}}^{\mathcal{B}}(G) = \begin{pmatrix} 2 & 0 & -1 \\ 1 & 1 & 0 \end{pmatrix} \qquad \text{gegeben.}$$

a) Bestimmen Sie Im $F$ und ker $G$.
b) Untersuchen Sie $F, G$ und $H : V \to U$, $H = G \circ F$, auf Injektivität, Surjektivität
   bzw. Bijektivität.

Lösung:

(a) Im $F = \mathrm{Span}(\vec{w}_1 - \vec{w}_2, \vec{w}_2 + \vec{w}_3)$ mit dim Im $F = 2$.
    ker $G = \mathrm{Span}(\vec{w}_1 - \vec{w}_2 + \vec{w}_3)$ mit dim ker $G = 1$.

(b) dim Im $F = 2 \Longrightarrow F$ ist nicht surjektiv.
    dim ker $F = \dim V - \dim \mathrm{Im}\, F = 0 \Longrightarrow F$ ist injektiv.
    dim ker $G = 1 \neq 0 \Longrightarrow G$ ist nicht injektiv.
    dim Im $G = \dim W - \dim \ker G = 2 = \dim U$ und Im $G \subset U \Longrightarrow$ Im $G = U$,
    d.h. $G$ ist surjektiv.
    $F$ ist injektiv und $G$ ist surjektiv $\Longrightarrow H$ ist bijektiv.

7. Gegeben sind die Vektorräume $V$ und $W$ mit den Basen $\mathcal{A} = (\vec{v}_1, \vec{v}_2, \vec{v}_3, \vec{v}_4)$ und
   $\mathcal{B} = (\vec{w}_1, \vec{w}_2, \vec{w}_3, \vec{w}_4)$. Ferner ist die lineare Abbildung $F : V \to W$ durch
   $F(\vec{v}_1) = \vec{w}_1 + 2\vec{w}_2 + \vec{w}_3$, $F(\vec{v}_2) = \vec{w}_2 + \vec{w}_4$, $F(\vec{v}_3) = -2\vec{w}_1$ und $F(\vec{v}_4) = 3\vec{w}_1 + \vec{w}_2$
   gegeben.
   a) Bestimmen Sie die Darstellungsmatrix $M_{\mathcal{A}}^{\mathcal{B}}(F^{-1})$.
   b) Bestimmen Sie ker $F$ und Im $F$.

Lösung:

a) $M_{\mathcal{A}}^{\mathcal{B}}(F^{-1}) = \begin{pmatrix} 0 & 0 & 1 & 0 \\ 0 & 0 & 0 & 1 \\ -\frac{1}{2} & \frac{3}{2} & -\frac{5}{2} & -\frac{3}{2} \\ 0 & 1 & -2 & -1 \end{pmatrix}$,   b) ker $F = \{0\}$,   Im $F = W$.

8. Gegeben sind die Vektorräume $V, W, U$ mit den Basen $\mathcal{A} = (\vec{v}_1, \vec{v}_2)$, $\mathcal{B} = (\vec{w}_1, \vec{w}_2, \vec{w}_3)$
   und $\mathcal{C} = (\vec{u}_1, \vec{u}_2)$.
   Ferner sind die zwei linearen Abbildungen $F : V \to W$ und $G : W \to U$ durch

$$M_{\mathcal{B}}^{\mathcal{A}}(F) = \begin{pmatrix} 1 & 0 \\ -1 & 2 \\ 0 & 3 \end{pmatrix}, \qquad \begin{array}{l} G(\vec{w}_1) = \vec{u}_1 - \vec{u}_2, \\ G(\vec{w}_2) = \vec{u}_2, \\ G(\vec{w}_3) = 2\vec{u}_1 + \vec{u}_2, \end{array} \qquad \text{gegeben.}$$

a) Bestimmen Sie ker $F$.

b) Untersuchen Sie, ob $G$ surjektiv ist.

c) Zeigen Sie, dass die Abbildung $H : V \to U$, $H = G \circ F$ bijektiv ist.

Lösung:   a) ker $F = \{0\}$,   b) $G$ ist surjektiv.

9. Seien $\mathcal{A} = (\vec{v}_1, \vec{v}_2, \vec{v}_3)$ und $\mathcal{B} = (\vec{w}_1, \vec{w}_2, \vec{w}_3, \vec{w}_4)$ Basen der Vektorräume $V$ und $W$. Sei $F : V \to W$ eine lineare Abbildung, die bezüglich $\mathcal{A}$ und $\mathcal{B}$ durch die Matrix

$$A = \begin{pmatrix} 1 & 3 & 1 \\ -1 & 0 & 2 \\ 0 & 1 & -3 \\ 2 & 0 & 4 \end{pmatrix}$$

dargestellt wird.

a) Berechnen Sie $F(\vec{v}_1 - \vec{v}_2 + 2\vec{v}_3)$.

b) Bestimmen Sie ker $F$ und Im $F$.

c) Untersuchen Sie, ob $F$ injektiv oder surjektiv ist.

Lösung:

a) $F(\vec{v}_1 - \vec{v}_2 + 2\vec{v}_3) = 3\vec{w}_2 - 7\vec{w}_3 + 10\vec{w}_4$.

b) ker $F = \{0\}$,   Im $F = \text{Span}(\vec{w}_1 - \vec{w}_2 + 2\vec{w}_4, 3\vec{w}_1 + \vec{w}_3, \vec{w}_1 + 2\vec{w}_2 - 3\vec{w}_3 + 4\vec{w}_4)$.

c) $F$ ist injektiv, aber nicht surjektiv.

10. Sei $F : V \to W$ eine lineare Abbildung. Ferner seien $\mathcal{A} = (\vec{v}_1, \vec{v}_2, \vec{v}_3)$ und $\mathcal{B} = (\vec{w}_1, \vec{w}_2, \vec{w}_3)$ Basen der Vektorräume $V$ und $W$ und es gelte:

$F(\vec{v}_1) = \vec{w}_2 + 2\vec{w}_3,$

$F(\vec{v}_2) = 3\vec{w}_1 + 4\vec{w}_2 + 5\vec{w}_3,$

$F(\vec{v}_3) = 6\vec{w}_1 + 7\vec{w}_2 + 8\vec{w}_3.$

a) Bestimmen Sie die Darstellungsmatrix $M_{\mathcal{B}}^{\mathcal{A}}(F)$.

b) Untersuchen Sie, ob $F$ injektiv, surjektiv oder bijektiv ist.

c) Bestimmen Sie ker $F$ und Im $F$.

Lösung:

a) $M_{\mathcal{B}}^{\mathcal{A}}(F) = \begin{pmatrix} 0 & 3 & 6 \\ 1 & 4 & 7 \\ 2 & 5 & 8 \end{pmatrix}$,   b) $F$ ist weder injektiv, surjektiv oder bijektiv.

c) ker $F = \text{Span}(\vec{v}_1 - 2\vec{v}_2 + \vec{v}_3)$,   Im $F = \text{Span}(\vec{w}_2 + 2\vec{w}_3, 3\vec{w}_1 + 4\vec{w}_2 + 5\vec{w}_3)$.

11. Sei $\mathcal{B} = (\vec{b}_1, \vec{b}_2, \vec{b}_3)$ eine Basis eines dreidimensionalen Vektorraumes $V$. Zeigen Sie, dass durch

$\vec{a}_1 = 2\vec{b}_1 + \vec{b}_2,$

$\vec{a}_2 = 3\vec{b}_1 + \vec{b}_2 + \vec{b}_3,$

$\vec{a}_3 = -\vec{b}_1 + 2\vec{b}_2 + \vec{b}_3,$

ebenfalls eine Basis $\mathcal{A} = (\vec{a}_1, \vec{a}_2, \vec{a}_3)$ von $V$ gegeben ist. Bestimmen Sie ferner die Matrix $T$ für die Transformation $x = Ty$ der zugehörigen Koordinatenspalten $x$ und

$y$, wobei $x$ und $y$ die Koordinatenspalten eines beliebigen Vektors $\vec{c} \in V$ bezüglich der Basis $\mathcal{A}$ bzw. $\mathcal{B}$ sind.

Lösung: $\quad T = \dfrac{1}{6} \begin{pmatrix} 1 & 4 & -7 \\ 1 & -2 & 5 \\ -1 & 2 & 1 \end{pmatrix}$.

12. Sind die folgenden Matrizen orthogonal?

$$A_1 = \begin{pmatrix} 1 & 1 \\ 1 & -1 \end{pmatrix}, \quad A_2 = \frac{1}{3} \begin{pmatrix} 2 & -2 & 1 \\ 1 & 2 & 2 \\ -2 & -1 & 2 \end{pmatrix}, \quad A_3 = \frac{1}{2} \begin{pmatrix} 1 & -1 & 1 & 1 \\ 1 & -1 & -1 & 1 \\ 1 & 1 & -1 & -1 \\ 1 & 1 & 1 & 1 \end{pmatrix}.$$

Lösung: a) Nein, b) ja, c) nein.

13. Bestimmen Sie reelle Zahlen $a, b, c$ so, dass die Matrix $A = \begin{pmatrix} \frac{1}{2} & a & 0 \\ b & \frac{1}{2} & 0 \\ 0 & 0 & c \end{pmatrix}$ eine Drehung im $\mathbb{R}^3$ darstellt. Geben Sie ferner Drehachse und Drehwinkel an.

Lösung: $\quad a = \pm\dfrac{\sqrt{3}}{2}$, $b = \mp\dfrac{\sqrt{3}}{2}$, $c = 1$, $\quad z$-Achse, $\varphi = \mp 30°$.

14. Zeigen Sie, dass die Matrix

$$A = \begin{pmatrix} \frac{1}{2} & \frac{1}{\sqrt{2}} & \frac{1}{2} \\ \frac{1}{\sqrt{2}} & 0 & -\frac{1}{\sqrt{2}} \\ \frac{1}{2} & -\frac{1}{\sqrt{2}} & \frac{1}{2} \end{pmatrix}$$

eine Spiegelung an einer Ebene $E$ vermittelt. Bestimmen Sie $E$.

Lösung: $\quad E : x - \sqrt{2}y - z = 0$.

# 2.7 Eigenwerte und Eigenvektoren

## 2.7.1 Grundlagen

- Sei $A \in M(n \times n; \mathbb{K})$ mit $\mathbb{K} = \mathbb{R}$ oder $\mathbb{C}$. Ein Vektor $\vec{x} \neq \vec{0}$ heißt Eigenvektor zum Eigenwert $\lambda$, falls gilt: $A\vec{x} = \lambda\vec{x}$.

- Ein Eigenwert einer Matrix $A$ ist Nullstelle des charakteristischen Polynoms von $A$: $\det(A - \lambda E) = 0$.

- Ein Eigenvektor einer Matrix $A$ zum Eigenwert $\lambda$ ist eine nichttriviale Lösung des homogenen Gleichungssystems $(A - \lambda E)\vec{x} = \vec{0}$.

- Zu einem mehrfachen Eigenwert (mehrfache Nullstelle des charakteristischen Polynoms) $\lambda_k$ der Vielfachheit $\nu_k$ gibt es $\mu_k$ linear unabhängige Eigenvektoren. Dabei ist $\mu_k$ durch den Rangabfall des homogenen Gleichungssystems $(A - \lambda_k E)\vec{x} = \vec{0}$ bestimmt: $\mu_k = n - \text{rang}\,(A - \lambda_k E)$.

- Eigenvektoren zu verschiedenen Eigenwerten sind linear unabhängig.

- Ist $\lambda$ ein Eigenwert der Matrix $A$, so gilt:
  a) $\lambda$ ist auch Eigenwert von $A^T$,
  b) $s\lambda$ ist Eigenwert von $sA$ für $s \in \mathbb{K}$,
  c) $\lambda^k$ ist Eigenwert von $A^k$ für $k \in \mathbb{N}$,
  d) $\dfrac{1}{\lambda}$ ist Eigenwert von $A^{-1}$, falls $A^{-1}$ existiert.

- Reelle symmetrische Matrizen besitzen nur reelle Eigenwerte. Ihre Eigenvektoren zu verschiedenen Eigenwerten sind orthogonal.

- Zu jeder reellen symmetrischen Matrix $A$ gibt es eine orthogonale Matrix $S$, deren Spaltenvektoren von den normierten Eigenvektoren von $A$ gebildet werden, so dass die Matrix $D = S^T A S$ diagonal ist. Die Diagonalelemente von $D$ sind dann die Eigenwerte von $A$.

- Für $A \in M(n \times n; \mathbb{K})$ mit $\mathbb{K} = \mathbb{R}$ oder $\mathbb{C}$ gelte für jeden Eigenwert $\lambda_k$: $\mu_k = \nu_k$. Dann besitzt $A$ $n$ linear unabhängige Eigenvektoren, die als Spaltenvektoren eine Matrix $T \in M(n \times n; \mathbb{K})$ bilden. Mit dieser Matrix ist $A$ diagonalisierbar: $D = T^{-1}AT$.

- Eine eigentlich orthogonale Matrix $A \in M(3 \times 3; \mathbb{R})$, d.h. $AA^T$, $\det A = +1$, mit $A \neq E_3$ beschreibt eine Drehung im $\mathbb{R}^3$ um eine Achse. Diese wird vom Eigenvektor $\vec{a}$ zum Eigenwert 1 aufgespannt. Ist $\vec{x}$ ein Vektor der Länge 1 normal zu $\vec{a}$, d.h. aus der Drehebene, so ist auch $A\vec{x}$ in der Drehebene und mit $\cos\varphi = (\vec{x}, A\vec{x})$ ergibt sich dann der Drehwinkel der von $A$ vermittelten Drehung.

## 2.7.2  Musterbeispiele

1. Ermitteln Sie die Eigenwerte und die normierten Eigenvektoren der Matrix

$$A = \begin{pmatrix} 1 & 2 \\ -1 & 4 \end{pmatrix}.$$

**Lösung:**

Das charakteristische Poynom $\det(A - \lambda E) = \begin{vmatrix} 1-\lambda & 2 \\ -1 & 4-\lambda \end{vmatrix} = \lambda^2 - 5\lambda + 6$ hat
die Wurzeln $\lambda_1 = 3$ und $\lambda_2 = 2$. (Eigenwerte von $A$)
Der Eigenvektor zum Eigenwert $\lambda_1 = 3$ wird durch das homogene Gleichungssystem
$\begin{pmatrix} -2 & 2 \\ -1 & 1 \end{pmatrix} \begin{pmatrix} x \\ y \end{pmatrix} = \begin{pmatrix} 0 \\ 0 \end{pmatrix}$ bestimmt, dessen Lösung offensichtlich $x = t$, $y = t$ ist.

Damit erhalten wir den normierten Eigenvektor $\vec{x}_I = \dfrac{1}{\sqrt{2}} \begin{pmatrix} 1 \\ 1 \end{pmatrix}$.
Der Eigenvektor zum Eigenwert $\lambda_2 = 2$ wird durch das homogene Gleichungssystem
$\begin{pmatrix} -1 & 2 \\ -1 & 2 \end{pmatrix} \begin{pmatrix} x \\ y \end{pmatrix} = \begin{pmatrix} 0 \\ 0 \end{pmatrix}$ bestimmt, dessen Lösung offensichtlich $x = 2t$, $y = t$

ist. Damit erhalten wir den normierten Eigenvektor $\vec{x}_{II} = \dfrac{1}{\sqrt{5}} \begin{pmatrix} 2 \\ 1 \end{pmatrix}$.

2. Bestimmen Sie die Eigenwerte und die normierten Eigenvektoren der Matrix

$$A = \begin{pmatrix} 3 & 0 & 3 \\ 0 & 1 & -2 \\ 4 & 0 & 2 \end{pmatrix}.$$

**Lösung:**
Das charakteristische Poynom

$$\det(A - \lambda E) = \begin{vmatrix} 3-\lambda & 0 & 3 \\ 0 & 1-\lambda & -2 \\ 4 & 0 & 2-\lambda \end{vmatrix} = (1-\lambda) \begin{vmatrix} 3-\lambda & 3 \\ 4 & 2-\lambda \end{vmatrix} = (1-\lambda)(\lambda^2 - 5\lambda - 6)$$

besitzt die Wurzeln $\lambda_1 = 1$, $\lambda_2 = -1$ und $\lambda_3 = 6$.
Für den Eigenvektor zum Eigenwert $\lambda_1 = 1$ erhalten wir das Gleichungssystem

$$\begin{array}{rcrcl} 2x_1 & + & 3x_3 & = & 0 \\ & - & 2x_3 & = & 0 \\ 4x_1 & + & x_3 & = & 0 \end{array}$$

mit den Lösungen $x_1 = x_3 = 0$ und $x_2$ beliebig. Damit erhalten wir den normierten
Eigenvektor $\vec{x}_I = \begin{pmatrix} 0 \\ 1 \\ 0 \end{pmatrix}$.
Für den Eigenvektor zum Eigenwert $\lambda_2 = -1$ erhalten wir das Gleichungssystem

$$\begin{array}{rcrcl} 4x_1 & + & 3x_3 & = & 0 \\ 2x_2 & - & 2x_3 & = & 0 \\ 4x_1 & + & 3x_3 & = & 0 \end{array}$$

mit den Lösungen $x_1 = -3t$, $x_2 = 4t$ und $x_3 = 4t$ $t \in \mathbb{R}$ beliebig. Damit erhalten wir den normierten Eigenvektor $\vec{x}_{II} = \dfrac{1}{\sqrt{41}} \begin{pmatrix} -3 \\ 4 \\ 4 \end{pmatrix}$.

Für den Eigenvektor zum Eigenwert $\lambda_3 = 6$ erhalten wir das Gleichungssystem

$$
\begin{array}{rrrcl}
-3x_1 & & + \ 3x_3 & = & 0 \\
 & - \ 5x_2 & - \ 2x_3 & = & 0 \\
4x_1 & & - \ 4x_3 & = & 0
\end{array}
$$

mit den Lösungen $x_1 = 5t$, $x_2 = -2t$ und $x_3 = 5t$ $t \in \mathbb{R}$ beliebig. Damit erhalten wir den normierten Eigenvektor $\vec{x}_{III} = \dfrac{1}{\sqrt{54}} \begin{pmatrix} 5 \\ -2 \\ 5 \end{pmatrix}$.

3. Gegeben ist die Matrix

$$
A = \begin{pmatrix} 1 & -3 & 3 \\ 3 & -5 & 3 \\ 6 & -6 & 4 \end{pmatrix}
$$

mit den Eigenwerten $\lambda_1 = \lambda_2 = -2$ und $\lambda_3 = 4$. Ermitteln Sie die normierten Eigenvektoren von $A$.

**Lösung:**
Die Eigenvektoren von $A$ sind bestimmt durch die Lösungen des jeweiligen homogenen Gleichungssystems $(A - \lambda_i E)\vec{x} = \vec{0}$.
Für $\lambda_1 = \lambda_2 = -2$ folgt:

$$
\begin{pmatrix} 3 & -3 & 3 \\ 3 & -3 & 3 \\ 6 & -6 & 6 \end{pmatrix} \begin{pmatrix} x_1 \\ x_2 \\ x_3 \end{pmatrix} = \begin{pmatrix} 0 \\ 0 \\ 0 \end{pmatrix}
$$

Der Rang dieser Koeffizientenmatrix ist offensichtlich 1, d.h. der Rangabfall ist 2. Dann gibt es aber zu $\lambda = -2$ zwei linear unabhängige Eigenvektoren. Wir erhalten aus der ersten Zeile des obigen Gleichungssystems: $x_1 - x_2 + x_3 = 0$, woraus mit $x_1 = t$ und $x_2 = \tau$ folgt:

$$
\vec{x} = \begin{pmatrix} t \\ \tau \\ \tau - t \end{pmatrix} = t \begin{pmatrix} 1 \\ 0 \\ -1 \end{pmatrix} + \tau \begin{pmatrix} 0 \\ 1 \\ 1 \end{pmatrix} \quad \text{und damit die normierten Eigenvektoren}
$$

$$
\vec{x}_I = \frac{1}{\sqrt{2}} \begin{pmatrix} 1 \\ 0 \\ -1 \end{pmatrix}, \quad \vec{x}_{II} = \frac{1}{\sqrt{2}} \begin{pmatrix} 0 \\ 1 \\ 1 \end{pmatrix}.
$$

Für den einfachen Eigenwert $\lambda_3 = 4$ folgt:

$$
\begin{pmatrix} -3 & -3 & 3 \\ 3 & -9 & 3 \\ 6 & -6 & 0 \end{pmatrix} \begin{pmatrix} x_1 \\ x_2 \\ x_3 \end{pmatrix} = \begin{pmatrix} 0 \\ 0 \\ 0 \end{pmatrix}.
$$

Da die zweite Zeile der Koeffizientenmatrix dieses Gleichungssystems als Summe der ersten und der dritten darstellbar ist, können wir sie streichen. Aus der dritten

Zeile folgt dann: $x_2 = x_1$ und weiters aus der ersten Zeile: $x_3 = 2x_1$. Damit ist der
Eigenvektor $\vec{x}_3 = \begin{pmatrix} 1 \\ 1 \\ 2 \end{pmatrix}$ bzw. normiert: $\vec{x}_{III} = \dfrac{1}{\sqrt{6}} \begin{pmatrix} 1 \\ 1 \\ 2 \end{pmatrix}$.

4. Bestimmen Sie die Eigenwerte und die normierten Eigenvektoren der Matrix

$$A = \begin{pmatrix} 1 & 3 & 7 \\ 0 & 2 & 4 \\ 1 & 1 & 3 \end{pmatrix}.$$

**Lösung:**
Das charakteristische Poynom

$$\det(A - \lambda E) = \begin{vmatrix} 1-\lambda & 3 & 7 \\ 0 & 2-\lambda & 4 \\ 1 & 1 & 3-\lambda \end{vmatrix} = (1-\lambda) \begin{vmatrix} 2-\lambda & 4 \\ 1 & 3-\lambda \end{vmatrix} + \begin{vmatrix} 3 & 7 \\ 2-\lambda & 4 \end{vmatrix} =$$

$$= (1-\lambda)(2-\lambda)(3-\lambda) - 4(1-\lambda) + 12 - 7(2-\lambda) = \cdots = -\lambda^3 + 6\lambda = 0 \text{ besitzt die}$$
Wurzeln $\lambda_1 = \lambda_2 = 0$ und $\lambda_3 = 6$.
$A$ besitzt also zum zweifachen Eigenwert $\lambda = 0$ nur einen Eigenvektor.
Für den Eigenvektor zum Eigenwert $\lambda = 0$ erhalten wir das Gleichungssystem

$$\begin{aligned} x_1 + 3x_2 + 7x_3 &= 0 \\ 2x_2 + 4x_3 &= 0 \end{aligned} \quad \text{mit der Lösung:}$$

$$x_1 = -x_3, \ x_2 = -x_3 \text{ und } x_3 \text{ beliebig.} \quad \Longrightarrow \vec{x}_I = \frac{1}{\sqrt{6}} \begin{pmatrix} -1 \\ -2 \\ 1 \end{pmatrix}.$$

Für den Eigenvektor zum Eigenwert $\lambda = 6$ erhalten wir das Gleichungssystem

$$\begin{aligned} -5x_1 + 3x_2 + 7x_3 &= 0 \\ - 4x_2 + 4x_3 &= 0 \end{aligned} \quad \text{mit der Lösung:}$$

$$x_1 = 2x_3, \ x_2 = -x_3 \text{ und } x_3 \text{ beliebig.} \quad \Longrightarrow \vec{x}_{II} = \frac{1}{\sqrt{6}} \begin{pmatrix} 2 \\ 1 \\ 1 \end{pmatrix}.$$

5. Bestimmen Sie die Eigenwerte der Matrix

$$A = \begin{pmatrix} 1 & 2 & 3 & 0 \\ 2 & 4 & 6 & 0 \\ 3 & 6 & 1 & 0 \\ 5 & 7 & 3 & 2 \end{pmatrix}.$$

Welche Eigenwerte besitzt die transponierte Matrix $A^T$ und bilden die Eigenvektoren von $A$ eine Basis des $\mathbb{R}^4$?

**Lösung:**
Das charakteristische Poynom ist

$$\det(A - \lambda E) = \begin{vmatrix} 1-\lambda & 2 & 3 & 0 \\ 2 & 4-\lambda & 6 & 0 \\ 3 & 6 & 1-\lambda & 0 \\ 5 & 7 & 3 & 2-\lambda \end{vmatrix} = (2-\lambda) \begin{vmatrix} 1-\lambda & 2 & 3 \\ 2 & 4-\lambda & 6 \\ 3 & 6 & 1-\lambda \end{vmatrix} =$$

$$= (2 - \lambda)\Big((1 - \lambda)[(4 - \lambda)(1 - \lambda) - 36] - 2[2(1 - \lambda) - 18] + 3[12 - 3(4 - \lambda)]\Big) =$$
$$= \cdots = -(2 - \lambda)\lambda(\lambda + 4)(\lambda - 10). \implies \lambda_1 = -4, \ \lambda_2 = 0, \ \lambda_3 = 2, \ \lambda_4 = 10.$$

Die Eigenvektoren von $A^T$ sind die gleichen wie von $A$. Die Eigenwerte sind verschieden. Daher sind die Eigenvektoren linear unabhängig und bilden somit eine Basis des $\mathbb{R}^4$.

6. Bestimmen Sie die Eigenwerte und die normierten Eigenvektoren der Matrix

$$A = \begin{pmatrix} 0 & 0 & 0 & 1 \\ 0 & 1 & 0 & 0 \\ 0 & 0 & -1 & 0 \\ 1 & 0 & 0 & 0 \end{pmatrix}.$$

Berechnen Sie ferner $A^2$. Was kann man aus dem Ergebnis schließen?

**Lösung:**
Das charakteristische Poynom

$$\det(A - \lambda E) = \begin{vmatrix} -\lambda & 0 & 0 & 1 \\ 0 & 1 - \lambda & 0 & 0 \\ 0 & 0 & -1 - \lambda & 0 \\ 1 & 0 & 0 & -\lambda \end{vmatrix} = (1 - \lambda)(-1 - \lambda) \begin{vmatrix} -\lambda & 1 \\ 1 & -\lambda \end{vmatrix} =$$

$$= (1 - \lambda)(-1 - \lambda)(\lambda^2 - 1) \text{ besitzt die Wurzeln} \quad \lambda_1 = \lambda_2 = 1, \ \lambda_3 = \lambda_4 = -1.$$

Für die Eigenvektoren zum Eigenwert $\lambda = 1$ erhalten wir das Gleichungssystem

$$\begin{aligned} -x_1 \qquad\quad + x_4 &= 0 \\ - 2x_3 \qquad\quad &= 0 \end{aligned} \quad \text{mit der Lösung:}$$

$x_1 = x_4$, $x_3 = 0$ und $x_2$, $x_4$ beliebig. $\implies \vec{x}_I = \dfrac{1}{\sqrt{2}} \begin{pmatrix} 1 \\ 0 \\ 0 \\ 1 \end{pmatrix}, \ \vec{x}_{II} = \begin{pmatrix} 0 \\ 1 \\ 0 \\ 0 \end{pmatrix}.$

Für die Eigenvektoren zum Eigenwert $\lambda = -1$ erhalten wir das Gleichungssystem

$$\begin{aligned} x_1 \qquad\quad + x_4 &= 0 \\ 2x_2 \qquad\quad &= 0 \end{aligned} \quad \text{mit der Lösung:}$$

$x_1 = -x_4$, $x_2 = 0$ und $x_3$, $x_4$ beliebig. $\implies \vec{x}_{III} = \dfrac{1}{\sqrt{2}} \begin{pmatrix} 1 \\ 0 \\ 0 \\ -1 \end{pmatrix}, \ \vec{x}_{IV} = \begin{pmatrix} 0 \\ 0 \\ 1 \\ 0 \end{pmatrix}.$

Es ist $A^2 = E \implies A^{-1} = A$.

7. Bestimmen Sie die Eigenwerte der Matrix $A = \begin{pmatrix} \dfrac{1}{3} & -\dfrac{2}{3} & \dfrac{4}{3} \\ -\dfrac{2}{3} & \dfrac{7}{3} & -\dfrac{2}{3} \\ \dfrac{4}{3} & -\dfrac{2}{3} & \dfrac{1}{3} \end{pmatrix}.$

**Lösung:**
Es gilt: Die Eigenwerte einer Matrix $A = sB$ sind die $s$-fachen Eigenwerte von $B$.
Im vorliegenden Beispiel ist $s = \frac{1}{3}$ und $B = \begin{pmatrix} 1 & -2 & 4 \\ -2 & 7 & -2 \\ 4 & -2 & 1 \end{pmatrix}$.
Für das charakteristische Polynom von $B$ erhalten wir:

$$\det(B - \lambda E) = \begin{vmatrix} 1-\lambda & -2 & 4 \\ -2 & 7-\lambda & -2 \\ 4 & -2 & 1-\lambda \end{vmatrix} = \cdots = -\lambda^3 + 9\lambda^2 + 9\lambda - 81 = (9-\lambda)(\lambda^2 - 9),$$

d.h. $B$ hat die Eigenwerte $\lambda_1 = -3$, $\lambda_2 = 3$ und $\lambda_3 = 9$.
Die Eigenwerte von $A$ sind dann $\lambda_1 = -1$, $\lambda_2 = 1$ und $\lambda_3 = 3$.

8. Gegeben sind die Matrizen $A = \begin{pmatrix} 0 & 1 & -2 \\ 3 & 2 & 1 \end{pmatrix}$ und $B = \begin{pmatrix} -2 & 1 \\ 3 & 0 \\ -1 & 2 \end{pmatrix}$.

Berechnen Sie die Eigenwerte von $C = \left( (AB)^T \right)^{-1}$.

**Lösung:**
Wir berechnen zunächst das Matrizenprodukt $AB$:

$$AB = \begin{pmatrix} 0 & 1 & -2 \\ 3 & 2 & 1 \end{pmatrix} \begin{pmatrix} -2 & 1 \\ 3 & 0 \\ -1 & 2 \end{pmatrix} = \begin{pmatrix} 5 & -4 \\ -1 & 5 \end{pmatrix}.$$

Da die Eigenwerte von $C^T$ und die von $C$ dieselben sind und die der inversen Matrix reziprok zu denen der Matrix sind, berechnen wir zunächst die Eigenwerte von $AB$:

$$0 = \begin{vmatrix} 5-\lambda & -4 \\ -1 & 5-\lambda \end{vmatrix} = (5-\lambda)(5-\lambda) - 4 = \lambda^2 - 10\lambda + 21 \implies \lambda_1 = 3, \ \lambda_2 = 7.$$

$C$ hat dann die Eigenwerte $\lambda_1^* = \frac{1}{3}$ und $\lambda_2^* = \frac{1}{7}$.

9. Bestimmen Sie die Eigenwerte der Matrix $A^T B C^{-1}$, wobei

$$A = \begin{pmatrix} 5 & 2 \\ 0 & 1 \\ -5 & 2 \end{pmatrix}, \qquad B = \begin{pmatrix} 2 & -2 \\ -3 & 7 \\ 1 & 0 \end{pmatrix}, \qquad C = \begin{pmatrix} 2 & 1 \\ 5 & 3 \end{pmatrix}.$$

**Lösung:**
Mit $C^{-1} = \begin{pmatrix} 3 & -1 \\ -5 & 2 \end{pmatrix}$ folgt:

$$A^T B C^{-1} = \begin{pmatrix} 5 & 0 & -5 \\ 2 & 1 & 2 \end{pmatrix} \begin{pmatrix} 2 & -2 \\ -3 & 7 \\ 1 & 0 \end{pmatrix} \begin{pmatrix} 3 & -1 \\ -5 & 2 \end{pmatrix} =$$

$$= \begin{pmatrix} 5 & 0 & -5 \\ 2 & 1 & 2 \end{pmatrix} \begin{pmatrix} 16 & -6 \\ -44 & 17 \\ 3 & -1 \end{pmatrix} = \begin{pmatrix} 65 & -25 \\ -6 & 3 \end{pmatrix}.$$

Das charakteristische Polynom dieser Matrix: $\lambda^2 - 68\lambda + 45$ besitzt die Wurzeln $\lambda_1 = 34 + \sqrt{1111}$ und $\lambda_2 = 34 - \sqrt{1111}$.

10. Die Matrix $A \in M(2 \times 2; \mathbb{R})$ besitze die Eigenwerte $\lambda_1 = 0$ und $\lambda_2 = 1$ sowie die Eigenvektoren $\vec{x}_1 = \begin{pmatrix} 1 \\ 2 \end{pmatrix}$ und $\vec{x}_2 = \begin{pmatrix} 2 \\ -1 \end{pmatrix}$. Bestimmen Sie $A$.

**Lösung:**

Mit dem unbestimmten Ansatz $A = \begin{pmatrix} a & b \\ c & d \end{pmatrix}$ folgt:

$$\begin{pmatrix} a & b \\ c & d \end{pmatrix} \begin{pmatrix} 1 \\ 2 \end{pmatrix} = \begin{pmatrix} a + 2b \\ c + 2d \end{pmatrix} = \begin{pmatrix} 0 \\ 0 \end{pmatrix} \implies a + 2b = 0, \ c + 2d = 0.$$

$$\begin{pmatrix} a & b \\ c & d \end{pmatrix} \begin{pmatrix} 2 \\ -1 \end{pmatrix} = \begin{pmatrix} 2a - b \\ 2c - d \end{pmatrix} = \begin{pmatrix} 2 \\ -1 \end{pmatrix} \implies 2a - b = 2, \ 2c - d = -1.$$

Die Lösung dieses Gleichungssystems ist: $a = \frac{4}{5}$, $b = -\frac{2}{5}$, $c = -\frac{2}{5}$ und $d = \frac{1}{5}$.

$$\implies A = \frac{1}{5} \begin{pmatrix} 4 & -2 \\ -2 & 1 \end{pmatrix}.$$

11. Gegeben ist die symmetrische Matrix $A = \begin{pmatrix} 4 & 0 & 3 \\ 0 & -2 & 0 \\ 3 & 0 & -4 \end{pmatrix}$.

Ermitteln Sie jene (orthogonale) Transformationsmatrix $S$, für die $D := S^T A S$ diagonal wird.

**Lösung:**

Die Transformationsmatrix $S$, für die die Matrix $D = S^T A S$ diagonal ist, wird von den normierten Eigenvektoren von $A$ - als Spaltenvektoren - gebildet. Wegen der Symmetrie der Matrix $A$ sind diese paarweise orthogonal. Die Diagonalelemente von $D$ sind dann die Eigenwerte von $A$. Wir ermitteln also zunächst diese Eigenwerte:

$$0 = \det(A - \lambda E) = \begin{vmatrix} 4 - \lambda & 0 & 3 \\ 0 & -2 - \lambda & 0 \\ 3 & 0 & -4 - \lambda \end{vmatrix} = -(2 + \lambda) \begin{vmatrix} 4 - \lambda & 3 \\ 3 & -4 - \lambda \end{vmatrix} =$$

$$= -(2 + \lambda)(\lambda^2 - 16 - 9) = -(2 + \lambda)(\lambda^2 - 25) \implies \lambda_1 = -2, \ \lambda_2 = 5, \ \lambda_3 = -5.$$

Für den Eigenvektor zum Eigenwert $\lambda_1 = -2$ folgt das Gleichungssystem

$$\begin{aligned} 6x_1 & & + & \ 3x_3 & = & \ 0 \\ 0x_1 & + \ 0x_2 & + & \ 0x_3 & = & \ 0 \\ 3x_1 & & - & \ 2x_3 & = & \ 0 \end{aligned}$$

mit den Lösungen $x_1 = 0$, $x_2 = t$, $x_3 = 0$, $t \in \mathbb{R}$ beliebig.

Damit erhalten wir den normierten Eigenvektor $\vec{x}_I = \begin{pmatrix} 0 \\ 1 \\ 0 \end{pmatrix}$.

Für den Eigenvektor zum Eigenwert $\lambda_2 = 5$ erhalten wir das Gleichungssystem

$$\begin{aligned} -x_1 & & + & \ 3x_3 & = & \ 0 \\ & - \ 7x_2 & & & = & \ 0 \\ 3x_1 & & - & \ 9x_3 & = & \ 0 \end{aligned}$$

mit den Lösungen $x_1 = 3t$, $x_2 = 0$ und $x_3 = t$, $t \in \mathbb{R}$ beliebig.

Damit erhalten wir den normierten Eigenvektor $\vec{x}_{II} = \dfrac{1}{\sqrt{10}}\begin{pmatrix} 3 \\ 0 \\ 1 \end{pmatrix}$.

Für den Eigenvektor zum Eigenwert $\lambda_3 = -5$ erhalten wir das Gleichungssystem

$$
\begin{array}{rcrcrcl}
9x_1 & & & + & 3x_3 & = & 0 \\
& & -\;3x_2 & & & = & 0 \\
3x_1 & & & + & x_3 & = & 0
\end{array}
$$

mit den Lösungen $x_1 = t$, $x_2 = 0$ und $x_3 = -3t$, $t \in \mathbb{R}$ beliebig.

Damit erhalten wir den normierten Eigenvektor $\vec{x}_{III} = \dfrac{1}{\sqrt{10}}\begin{pmatrix} 1 \\ 0 \\ -3 \end{pmatrix}$.

Die Transformationsmatrix $S$ ist dann: $S = \dfrac{1}{\sqrt{10}}\begin{pmatrix} 0 & 3 & 1 \\ \sqrt{10} & 0 & 0 \\ 0 & 1 & -3 \end{pmatrix}$

und für $D$ folgt: $D = \begin{pmatrix} -2 & 0 & 0 \\ 0 & 5 & 0 \\ 0 & 0 & -5 \end{pmatrix}$.

12. Transformieren Sie die Matrix $A = \begin{pmatrix} -2 & -9 & -12 \\ 0 & 1 & 0 \\ 1 & 3 & 5 \end{pmatrix}$ auf Diagonalform.

**Lösung:**
Die Transformationsmatrix $T$, für die die Matrix $D = T^{-1}AT$ diagonal ist, wird von den Eigenvektoren von $A$ - als Spaltenvektoren - gebildet. Die Diagonalelemente von $D$ sind dann die Eigenwerte von $A$. Wir ermitteln also zunächst diese Eigenwerte:

$$
0 = \det(A - \lambda E) = \begin{vmatrix} -2-\lambda & -9 & -12 \\ 0 & 1-\lambda & 0 \\ 1 & 3 & 5-\lambda \end{vmatrix} = (1-\lambda)\begin{vmatrix} -2-\lambda & -12 \\ 1 & 5-\lambda \end{vmatrix} =
$$

$$
= (1-\lambda)(\lambda^2 - 3\lambda + 2) = (1-\lambda)^2(2-\lambda) \Longrightarrow \lambda_1 = \lambda_2 = 1,\ \lambda_3 = 2
$$

Für die Eigenvektoren zu den Eigenwerten $\lambda_1$ und $\lambda_2$ folgt das Gleichungssystem

$$
\begin{array}{rcrcrcl}
-3x_1 & - & 9x_2 & - & 12x_3 & = & 0 \\
0x_1 & + & 0x_2 & + & 0x_3 & = & 0 \\
x_1 & + & 3x_2 & + & 4x_3 & = & 0
\end{array}
$$

mit den Lösungen $x_3 = \tau$, $x_2 = t$, $x_1 = -3t - 4\tau$, $t, \tau \in \mathbb{R}$ beliebig.
Damit erhalten wir die zwei normierten und linear unabhängigen Eigenvektoren

$$
\vec{x}_I = \frac{1}{\sqrt{10}}\begin{pmatrix} -3 \\ 1 \\ 0 \end{pmatrix} \quad \text{und} \quad \vec{x}_{II} = \frac{1}{\sqrt{17}}\begin{pmatrix} -4 \\ 0 \\ 1 \end{pmatrix}.
$$

Für den Eigenvektor zum Eigenwert $\lambda_3 = 2$ erhalten wir das Gleichungssystem

$$
\begin{array}{rcrcrcl}
-4x_1 & - & 9x_2 & - & 12x_3 & = & 0 \\
& - & x_2 & & & = & 0 \\
x_1 & + & 3x_2 & + & 3x_3 & = & 0
\end{array}
$$

mit den Lösungen $x_2 = 0$, $x_3 = t$ und $x_1 = -3t$ $t \in \mathbb{R}$ beliebig.

Damit erhalten wir den normierten Eigenvektor $\vec{x}_{III} = \dfrac{1}{\sqrt{10}} \begin{pmatrix} -3 \\ 0 \\ 1 \end{pmatrix}$.

Die Transformationsmatrix $T$ ist dann: $T = \begin{pmatrix} -\dfrac{3}{\sqrt{10}} & -\dfrac{4}{\sqrt{17}} & -\dfrac{3}{\sqrt{10}} \\[2mm] \dfrac{1}{\sqrt{10}} & 0 & 0 \\[2mm] 0 & \dfrac{1}{\sqrt{17}} & \dfrac{1}{\sqrt{10}} \end{pmatrix}$

und für $D$ folgt: $D = \begin{pmatrix} 1 & 0 & 0 \\ 0 & 1 & 0 \\ 0 & 0 & 2 \end{pmatrix}$.

**Bemerkung**: Die Eigenvektoren von $A$ und damit die Spaltenvektoren von $T$ hätten nicht unbedingt normiert werden müssen.

13. Bestimmen Sie die Eigenwerte und Eigenvektoren der Matrix

$$A = \begin{pmatrix} 0 & -1 & 0 \\ 0 & 0 & 1 \\ -1 & -3 & 3 \end{pmatrix}.$$

Warum läßt sich die Matrix $A$ nicht diagonalisieren?

**Lösung:**

Das charakteristische Poynom $\det(A - \lambda E) = \begin{vmatrix} -\lambda & -1 & 0 \\ 0 & -\lambda & 1 \\ -1 & -3 & 3-\lambda \end{vmatrix} = \cdots = -(\lambda - 1)^3$

besitzt nur den Eigenwert $\lambda = 1$. Eigenvektoren zu diesem dreifachen Eigenwert sind Lösungen des homogenen Gleichungssystems

$$\begin{aligned} -x_1 \quad - \quad x_2 \qquad\quad &= 0 \\ -x_2 \quad + \quad x_3 &= 0 \end{aligned}$$

mit der Lösung $-x_1 = x_2 = x_3$ und damit existiert nur ein Eigenvektor $\vec{x} = \begin{pmatrix} -1 \\ 1 \\ 1 \end{pmatrix}$.

Dann ist aber $A$ nicht diagonalisierbar.

14. Ist die Matrix

$$A = \begin{pmatrix} 4 & 0 & 0 & 0 \\ 0 & 2 & 2 & 1 \\ 1 & 1 & 3 & 1 \\ 2 & 1 & 2 & 2 \end{pmatrix}$$

diagonalisierbar? Geben Sie die entsprechende Transformationsmatrix an.

**Lösung:**

Das charakteristische Poynom ist

$$\det(A - \lambda E) = \begin{vmatrix} 4-\lambda & 0 & 0 & 0 \\ 0 & 2-\lambda & 2 & 1 \\ 1 & 1 & 3-\lambda & 1 \\ 2 & 1 & 2 & 2-\lambda \end{vmatrix} = (4-\lambda) \begin{vmatrix} 2-\lambda & 2 & 1 \\ 1 & 3-\lambda & 1 \\ 1 & 2 & 2-\lambda \end{vmatrix} =$$

$$= \cdots = (\lambda-1)^2(\lambda-4)(\lambda-5).$$

$A$ ist diagonalisierbar, wenn zum zweifachen Eigenwert zwei linear unabhängige Eigenvektoren existieren. Diese müssen dem homogenen Gleichungssystem $3x_1 = 0$ und $x_2 + 2x_3 + x_4 = 0$ genügen. Es besitzt die Lösungen: $x_1 = 0$, $x_2 = -2x_3 - x_4$, $x_3, x_4$ beliebig. Dann gibt es aber zum Eigenwert $\lambda = 1$ zwei linear

unabhängige Eigenvektoren: $\vec{x}_1 = \begin{pmatrix} 0 \\ -2 \\ 1 \\ 0 \end{pmatrix}$ und $\vec{x}_2 = \begin{pmatrix} 0 \\ -1 \\ 0 \\ 1 \end{pmatrix}$ und damit letztlich

vier linear unabhängige Eigenvektoren. Somit ist $A$ diagonalisierbar.

Die weiteren Eigenvektoren ergeben sich zu $\vec{x}_3 = \begin{pmatrix} -3 \\ 4 \\ 3 \\ 2 \end{pmatrix}$ und $\vec{x}_4 = \begin{pmatrix} 0 \\ 1 \\ 1 \\ 1 \end{pmatrix}$.

Mit der Matrix $T = \begin{pmatrix} 0 & 0 & -3 & 0 \\ -2 & -1 & 4 & 1 \\ 1 & 0 & 3 & 1 \\ 0 & 1 & 2 & 1 \end{pmatrix}$ ist dann $D = T^{-1}AT$ diagonal mit den

Eigenwerten in der Hauptdiagonale.

15. Zeigen Sie, dass die Matrix

$$A = \begin{pmatrix} 0 & -1 & 0 \\ 0 & 0 & -1 \\ 1 & 0 & 0 \end{pmatrix}$$

eine Drehung im $\mathbb{R}^3$ bewirkt und bestimmen Sie Drehachse und Drehwinkel.

**Lösung:**
Die Spaltenvektoren von $A$ sind normiert und paarweise orthogonal. Ferner ist $\det A = +1$. Daher ist $A$ eigentlich orthogonal und vermittelt eine Drehung im $\mathbb{R}^3$. Die Drehachse wird vom Eigenvektor zum Eigenwert $+1$ aufgespannt. Er wird durch das homogene Gleichungssystem $-x_1 - x_2 = 0$, $-x_2 - x_3 = 0$ mit der Lösung $x_1 = 1$, $x_2 = -1$, $x_3 = 1$ bestimmt. Das liefert den Vektor der Drehachse:

$\vec{a} = \dfrac{1}{\sqrt{3}} \begin{pmatrix} 1 \\ -1 \\ 1 \end{pmatrix}$. Zur Ermittlung des Drehwinkels wird ein beliebiger normierter

Vektor normal zur Drehachse gewählt, z.B. $\vec{x} = \dfrac{1}{\sqrt{2}} \begin{pmatrix} 1 \\ 1 \\ 0 \end{pmatrix}$.

Sein Bild unter $A$ ist $\vec{y} = A\vec{x} = \begin{pmatrix} 0 & -1 & 0 \\ 0 & 0 & -1 \\ 1 & 0 & 0 \end{pmatrix} \dfrac{1}{\sqrt{2}} \begin{pmatrix} 1 \\ 1 \\ 0 \end{pmatrix} = \dfrac{1}{\sqrt{2}} \begin{pmatrix} -1 \\ 0 \\ 1 \end{pmatrix}$.

Daraus folgt für den Drehwinkel: $\cos \varphi = (\vec{x}, \vec{y}) = -\dfrac{1}{2} \implies \varphi = -60°$.

16. Eine Drehung um die Achse mit dem Richtungsvektor $\vec{a} = \begin{pmatrix} 0 \\ 1 \\ 1 \end{pmatrix}$ führt den Vektor

$\vec{x} = \begin{pmatrix} 1 \\ 0 \\ 0 \end{pmatrix}$ über in den Vektor $\vec{y} = \dfrac{1}{\sqrt{2}} \begin{pmatrix} 0 \\ 1 \\ -1 \end{pmatrix}$. Bestimmen Sie die Drehmatrix.

**Lösung:**

Mit dem unbestimmten Ansatz $A = \begin{pmatrix} a_{11} & a_{12} & a_{13} \\ a_{21} & a_{22} & a_{23} \\ a_{31} & a_{32} & a_{33} \end{pmatrix}$ folgt aus $\vec{y} = A\vec{x}$:

$a_{11} = 0$, $a_{21} = \dfrac{1}{\sqrt{2}}$ und $a_{31} = -\dfrac{1}{\sqrt{2}}$. Die Matrix $A$ soll orthogonal sein, d.h. ihre Spalten sind paarweise orthogonal. Das liefert: $a_{32} = a_{22}$ und $a_{23} = a_{33}$. Ferner soll $\vec{a}$ Eigenvektor von $A$ zum Eigenwert 1 sein. Das ergibt: $a_{13} = -a_{12}$ und $a_{33} = 1 - a_{22}$. Die Spalten müssen normiert sein und es soll $\det A = +1$ gelten. Daraus folgt letztlich:

$$A = \begin{pmatrix} 0 & -\frac{1}{\sqrt{2}} & \frac{1}{\sqrt{2}} \\ \frac{1}{\sqrt{2}} & \frac{1}{2} & \frac{1}{2} \\ -\frac{1}{\sqrt{2}} & \frac{1}{2} & \frac{1}{2} \end{pmatrix} .$$

### 2.7.3 Beispiele mit Lösungen

1. Bestimmen Sie die Eigenwerte und die normierten Eigenvektoren der Matrix

$$A = \begin{pmatrix} 1 & 0 & -2 \\ 3 & 7 & 1 \\ -1 & -2 & 0 \end{pmatrix} .$$

Lösung: $\lambda_1 = 0$, $\lambda_2 = 1$, $\lambda_3 = 7$.

$$\vec{x}_I = \frac{1}{\sqrt{6}} \begin{pmatrix} 2 \\ -1 \\ 1 \end{pmatrix}, \quad \vec{x}_{II} = \frac{1}{\sqrt{5}} \begin{pmatrix} -2 \\ 1 \\ 0 \end{pmatrix}, \quad \vec{x}_{III} = \frac{1}{\sqrt{110}} \begin{pmatrix} 1 \\ 10 \\ -3 \end{pmatrix} .$$

2. Bestimmen Sie die Eigenvektoren der Matrix

$$A = \begin{pmatrix} -2 & 2 & -3 \\ 2 & 1 & -6 \\ -1 & -2 & 0 \end{pmatrix} .$$

Lösung:

$$\lambda_1 = 5: \ \vec{x}_1 = t \begin{pmatrix} -1 \\ -2 \\ -1 \end{pmatrix}, \quad \lambda_2 = \lambda_3 = -3: \ \vec{x}_2 = t \begin{pmatrix} 3 \\ 0 \\ 1 \end{pmatrix}, \quad \vec{x}_3 = t \begin{pmatrix} 2 \\ -1 \\ 0 \end{pmatrix} .$$

3. Bestimmen Sie die Eigenwerte und die normierten Eigenvektoren der Matrix

$$A = \begin{pmatrix} 2 & 7 & 1 \\ 0 & 3 & 0 \\ 7 & 2 & 8 \end{pmatrix}.$$

Lösung:   $\lambda_1 = 1$, $\lambda_2 = 3$, $\lambda_3 = 9$.

$$\vec{x}_I = \frac{1}{\sqrt{2}} \begin{pmatrix} 1 \\ 0 \\ -1 \end{pmatrix}, \quad \vec{x}_{II} = \frac{1}{\sqrt{426}} \begin{pmatrix} 11 \\ 4 \\ -17 \end{pmatrix}, \quad \vec{x}_{III} = \frac{1}{\sqrt{50}} \begin{pmatrix} 1 \\ 0 \\ 7 \end{pmatrix}.$$

4. Bestimmen Sie die Eigenwerte der Matrix

$$A = \begin{pmatrix} 3 & 1 & -1 \\ 3 & 5 & -3 \\ 2 & 2 & 0 \end{pmatrix}.$$

Ermitteln Sie ferner den Eigenvektor zum größten Eigenwert.

Lösung:   $\lambda_1 = \lambda_2 = 2$, $\lambda_3 = 4$.

Eigenvektor zum Eigenwert $\lambda_3 = 4$:   $\vec{x}(t) = t \begin{pmatrix} 1 \\ 3 \\ 2 \end{pmatrix}$,   $t \in \mathbb{R}$.

5. Bestimmen Sie die Eigenwerte und die normierten Eigenvektoren der Matrix

$$A = \begin{pmatrix} -4 & -3 & 0 \\ 0 & -4 & 0 \\ -1 & -2 & -2 \end{pmatrix}.$$

Lösung:   $\lambda_1 = \lambda_2 = -4$, $\lambda_3 = -2$.

$$\lambda = -4 : \vec{x} = \frac{1}{\sqrt{5}} \begin{pmatrix} 2 \\ 0 \\ 1 \end{pmatrix}, \quad \lambda = -2 : \vec{x} = \begin{pmatrix} 0 \\ 0 \\ 1 \end{pmatrix}.$$

6. Bestimmen Sie die Eigenwerte und die normierten Eigenvektoren der Matrix

$$A = \begin{pmatrix} 1 & 1 & 0 \\ 0 & 2 & 0 \\ 0 & 2 & 1 \end{pmatrix}.$$

Lösung:   $\lambda_1 = \lambda_2 = 1$, $\lambda_3 = 2$.

$$\vec{x}_I = \begin{pmatrix} 1 \\ 0 \\ 0 \end{pmatrix}, \quad \vec{x}_{II} = \begin{pmatrix} 0 \\ 0 \\ 1 \end{pmatrix}, \quad \vec{x}_{III} = \frac{1}{\sqrt{6}} \begin{pmatrix} 1 \\ 1 \\ 2 \end{pmatrix}.$$

7. Bestimmen Sie die Eigenwerte und die normierten Eigenvektoren der Matrix

$$A = \begin{pmatrix} 1 & 1 & 2 \\ 2 & 1 & 2 \\ -2 & 1 & 1 \end{pmatrix}.$$

Lösung:   $\lambda_1 = \lambda_2 = \lambda_3 = 1$,   $\vec{x} = \frac{1}{\sqrt{6}} \begin{pmatrix} 1 \\ 2 \\ -1 \end{pmatrix}.$

8. Bestimmen Sie die Eigenwerte und die normierten Eigenvektoren der Matrix

$$A = \begin{pmatrix} 1 & \sqrt{2} & -\sqrt{2} \\ \sqrt{2} & 1 & 0 \\ \sqrt{2} & 0 & 1 \end{pmatrix}.$$

Lösung: $\lambda_1 = \lambda_2 = \lambda_3 = 1$, $\vec{x} = \dfrac{1}{\sqrt{2}} \begin{pmatrix} 0 \\ 1 \\ 1 \end{pmatrix}.$

9. Gegeben ist die Matrix $A = \begin{pmatrix} 5 & 0 & 0 \\ 0 & 2 & -3 \\ 0 & -3 & 2 \end{pmatrix}$. Bestimmen Sie jene Matrix $P$, die

$A$ diagonalisiert, d.h. $P^T A P = \begin{pmatrix} \lambda_1 & 0 & 0 \\ 0 & \lambda_2 & 0 \\ 0 & 0 & \lambda_3 \end{pmatrix}$. Dabei sind $\lambda_1$, $\lambda_2$ und $\lambda_3$ die

Eigenwerte von $A$. Zeigen Sie ferner: $P^T P = E$.

Lösung: $P = \dfrac{1}{\sqrt{2}} \begin{pmatrix} 0 & \sqrt{2} & 0 \\ 1 & 0 & 1 \\ 1 & 0 & -1 \end{pmatrix}.$

10. Gegeben ist die Matrix $A = \begin{pmatrix} 2 & \alpha & 0 \\ 1 & 1 & -1 \\ 2 & 1 & 0 \end{pmatrix}$. Untersuchen Sie, für welche $\alpha \in \mathbb{R}$ die

Matrix $A$ in $\mathbb{R}$ diagonalisierbar ist.

Lösung: $\alpha > \frac{3}{4}$, $\alpha \neq 3$.

11. Bestimmen Sie eine Matrix $A$ mit den Eigenwerten $\lambda_1 = 0$, $\lambda_2 = 1$ und $\lambda_3 = -1$ und

mit den zugehörigen Eigenvektoren: $\vec{x}_1 = \begin{pmatrix} 1 \\ 0 \\ 0 \end{pmatrix}$, $\vec{x}_2 = \begin{pmatrix} 0 \\ \sqrt{3} \\ 1 \end{pmatrix}$ und $\vec{x}_3 = \begin{pmatrix} 0 \\ -1 \\ \sqrt{3} \end{pmatrix}$.

Lösung: $A = \dfrac{1}{2} \begin{pmatrix} 0 & 0 & 0 \\ 0 & 1 & \sqrt{3} \\ 0 & \sqrt{3} & -1 \end{pmatrix}.$

12. Zeigen Sie, dass die Matrix $A = \begin{pmatrix} 0 & -1 & 0 \\ 1 & 0 & 0 \\ 0 & 0 & 1 \end{pmatrix}$ eine Drehung im $\mathbb{R}^3$ vermittelt wird.

Bestimmen Sie Drehachse und Drehwinkel.

Lösung: $A$ ist eigentlich orthogonal, $z$-Achse, $\varphi = 90°$.

13. Der Vektor $\vec{x} = \begin{pmatrix} 1 \\ 1 \\ 1 \end{pmatrix}$ geht durch eine Drehung des $\mathbb{R}^3$ in den Vektor $\vec{y} = \begin{pmatrix} 1 \\ -1 \\ 1 \end{pmatrix}$

über. Die Drehachse sei durch $\vec{a} = \vec{x} \times \vec{y}$ gegeben. Bestimmen Sie den Drehwinkel und die Drehmatrix $A$.

Lösung: $\varphi = 60°$, $A = \dfrac{1}{3} \begin{pmatrix} 2 & 2 & -1 \\ -2 & 1 & -2 \\ -1 & 2 & 2 \end{pmatrix}.$

# 2.8   Kurven 2. Ordnung (Kegelschnitte)

## 2.8.1   Grundlagen

Kegelschnitte bzw. Kurven 2. Ordnung sind von der Form

$$ax^2 + 2bxy + cy^2 + 2dx + 2ey + f = 0 \ .$$

- **Klassifizierung von Kegelschnitten:**
  Dazu führen wir folgende Größen ein:

$$\Delta = \begin{vmatrix} a & b & d \\ b & c & e \\ d & e & f \end{vmatrix} \ , \quad \delta = \begin{vmatrix} a & b \\ b & c \end{vmatrix} \ , \quad s = a + c \ .$$

1. $\delta \neq 0$: Kegelschnitt mit Mittelpunkt:

    (a) $\Delta \neq 0$: Eigentlicher Kegelschnitt:

       i. $\delta > 0$: Ellipse,
          reelle Ellipse, falls $\Delta \cdot s < 0$, imaginäre Ellipse, falls $\Delta \cdot s > 0$.
       ii. $\delta < 0$: Hyperbel.

    (b) $\Delta = 0$: Uneigentlicher (entarteter) Kegelschnitt:

       i. $\delta > 0$: Imaginäres, nichtparalleles Geradenpaar mit reellem Schnittpunkt,
       ii. $\delta < 0$: Reelles, nichtparalleles Geradenpaar.

2. $\delta = 0$: Kegelschnitt ohne Mittelpunkt:

    (a) $\Delta \neq 0$: Parabel.

    (b) $\Delta = 0$: parallele Geraden:

       i. verschieden, falls $d^2 > af$,
       ii. zusammenfallend, falls $d^2 = af$ und
       iii. imaginär, falls $d^2 < af$.

- **Transformation auf Normalform:**
  Mit $A = \begin{pmatrix} a & b \\ b & c \end{pmatrix}$, $\quad \vec{p} = \begin{pmatrix} 2d \\ 2e \end{pmatrix}$, $\quad \vec{x} = \begin{pmatrix} x \\ y \end{pmatrix}$ erhalten wir: $\vec{x}^T A \vec{x} + \vec{p}^T \vec{x} + f = 0$.
  Die Transformation auf Normalform besteht aus einer Translation (Elimination von linearen Gliedern) und einer Drehung (Elimination des gemischt quadratischen Termes). Die Reihenfolge dieser Transformationen ist abhängig davon, ob ein Kegelschnitt mit Mittelpunkt vorliegt oder nicht.

1. $\det A \neq 0$:

    (a) Translation auf Mittelpunktslage:
       Mit der Translation $\vec{x} = \vec{y} + \vec{q}$, wobei $\vec{q} = -\dfrac{1}{2} A^{-1} \vec{p}$ folgt: $\vec{y}^T A \vec{y} + f^* = 0$.
       Dabei ist $f^* = f - \dfrac{1}{4} \vec{p}^T A^{-1} \vec{p}$.

    (b) Bestimmung der Drehmatrix:
       Die symmetrische Matrix $A$ kann durch eine orthogonale Matrix $T$ auf Diagonalform transformiert werden. Dabei sind die Spaltenvektoren von $T$ die normierten Eigenvektoren von $A$, die aber so zu wählen sind, dass $\det T = +1$ gilt.

(c) Drehung auf Hauptlage:

Mit $\vec{y} = T\vec{z}$ und $D = T^T A T$ folgt aus $\vec{y}^T A \vec{y} + f^* = 0$: $\vec{z}^T D \vec{z} + f^* = 0$.

Dabei ist $D = \begin{pmatrix} \lambda_1 & 0 \\ 0 & \lambda_2 \end{pmatrix}$. $\lambda_1$ und $\lambda_2$ sind die Eigenwerte von $A$, die beide wegen $\det A \neq 0$ nicht Null sind.

(d) Normalform:

    i. $f^* \neq 0$: $-\dfrac{\lambda_1}{f^*} \xi^2 - \dfrac{\lambda_2}{f^*} \eta^2 = 1$,

    ii. $f^* = 0$: $\lambda_1 \xi^2 + \lambda_2 \eta^2 = 0$.

2. $\det A = 0$:

In diesem Fall wird zuerst eine Drehung ausgeführt. Die entsprechende Drehmatrix $T$ ergibt sich auch hier wieder aus den normierten Eigenvektoren von $A$ mit $\det T = +1$.

(a) Drehung auf Hauptlage:

Mit $\vec{x} = T\vec{y}$ und $D = T^T A T$ folgt aus $\vec{x}^T A \vec{x} + \vec{p}^T \vec{x} + f = 0$:

$\vec{y}^T D \vec{y} + \vec{p}^T T \vec{y} + f = 0$. Dabei ist $D = \begin{pmatrix} 0 & 0 \\ 0 & \lambda \end{pmatrix}$, da wegen $\det A = 0$ ein Eigenwert von $A$ Null ist.

(b) Translation (mit Elimination eines linearen und des absoluten Gliedes):

Für die Translation $\vec{y} = \vec{z} + \vec{q}$ kann $\vec{q}$ so gewählt werden, dass der Kegelschnitt von der Form $\lambda \eta^2 = c\xi$ ist. Für $c \neq 0$ stellt dies eine Parabel in Normallage dar.

## 2.8.2 Musterbeispiele

1. Gegeben ist der Kegelschnitt

$$3x_1^2 + 2x_1 x_2 - x_2^2 - 5x_1 + 3x_2 - 2 = 0 \ .$$

Bestimmen Sie den Typ des Kegelschnittes, den Mittelpunkt, den Drehwinkel und die Normalform.

**Lösung:** Es ist

$$a = 3, \ b = 1, \ c = -1, \ d = -\frac{5}{2}, \ e = \frac{3}{2}, \ f = -2, \ A = \begin{pmatrix} 3 & 1 \\ 1 & -1 \end{pmatrix} \text{ und } \vec{p} = \begin{pmatrix} -5 \\ 3 \end{pmatrix}.$$

Wegen $\delta = \begin{vmatrix} a & b \\ b & c \end{vmatrix} = \begin{vmatrix} 3 & 1 \\ 1 & -1 \end{vmatrix} = -4 \neq 0$ liegt ein Kegelschnitt mit Mittelpunkt vor.

Wegen $\Delta = \begin{vmatrix} a & b & d \\ b & c & e \\ d & e & f \end{vmatrix} = \begin{vmatrix} 3 & 1 & -\frac{5}{2} \\ 1 & -1 & \frac{3}{2} \\ -\frac{5}{2} & \frac{3}{2} & -2 \end{vmatrix} = 0$ handelt es sich um einen un-

eigentlichen (entarteten) Kegelschnitt und wegen $\delta < 0$ um ein sich schneidendes Geradenpaar.

Translation auf Mittelpunktslage:

$$\vec{x} = \vec{y} + \vec{q} \text{ mit } \vec{q} = -\frac{1}{2} A^{-1} \vec{p} = \frac{1}{8} \begin{pmatrix} -1 & -1 \\ -1 & 3 \end{pmatrix} \begin{pmatrix} -5 \\ 3 \end{pmatrix} = \frac{1}{4} \begin{pmatrix} 1 \\ 7 \end{pmatrix} \implies M\left(\frac{1}{4}, \frac{7}{4}\right).$$

$$f^* = f - \frac{1}{4}\vec{p}^T A^{-1}\vec{p} = -2 - \frac{1}{4}(-5,3)\left(-\frac{1}{4}\right)\begin{pmatrix} -1 & -1 \\ -1 & 3 \end{pmatrix}\begin{pmatrix} -5 \\ 3 \end{pmatrix} = \cdots = 0.$$

Drehung in Normallage:
Die Eigenwerte von $A$ ergeben sich aus dem charakteristischen Polynom

$$\det(A - \lambda E) = \begin{vmatrix} 3 - \lambda & 1 \\ 1 & -1 - \lambda \end{vmatrix} = \lambda^2 - 2\lambda - 4 \text{ zu } \lambda_1 = 1 + \sqrt{5} \text{ und } \lambda_2 = 1 - \sqrt{5}.$$

Die zugehörigen normierten Eigenvektoren sind dann:

$$\vec{x}_I = \frac{1}{\sqrt{10 + 4\sqrt{5}}}\begin{pmatrix} \sqrt{5} + 2 \\ 1 \end{pmatrix}, \quad \vec{x}_{II} = \frac{1}{\sqrt{10 + 4\sqrt{5}}}\begin{pmatrix} -1 \\ \sqrt{5} + 2 \end{pmatrix}.$$

Hinweis: Die Vorzeichen in den Komponenten der Eigenvektoren sind dabei so zu wählen, dass die nachfolgende Drehmatrix eigentlich orthogonal ist, d.h. dass gilt: $\det T = +1$.

Daraus ergibt sich die Drehmatrix zu $T = \dfrac{1}{\sqrt{10 + 4\sqrt{5}}}\begin{pmatrix} \sqrt{5} + 2 & -1 \\ 1 & \sqrt{5} + 2 \end{pmatrix}$ und

der Drehwinkel $\varphi = \arcsin \dfrac{1}{\sqrt{10 + 4\sqrt{5}}} \approx 13,3°$.

Die Normalform ist dann: $(\sqrt{5} + 1)\xi^2 - (\sqrt{5} - 1)\eta^2 = 0$.

2. Gegeben ist der Kegelschnitt

$$x_1^2 - x_1 x_2 + x_2 + 1 = 0.$$

Bestimmen Sie den Typ des Kegelschnittes, den Mittelpunkt, den Drehwinkel und die Normalform.

**Lösung:** Es ist

$$a = 1, \ b = -\frac{1}{2}, \ c = 0, \ d = 0, \ e = \frac{1}{2}, \ f = 1, \ A = \begin{pmatrix} 1 & -\frac{1}{2} \\ -\frac{1}{2} & 0 \end{pmatrix} \text{ und } \vec{p} = \begin{pmatrix} 0 \\ 1 \end{pmatrix}.$$

Wegen $\delta = \begin{vmatrix} 1 & -\frac{1}{2} \\ -\frac{1}{2} & 0 \end{vmatrix} = -\frac{1}{4} \neq 0$ liegt ein Kegelschnitt mit Mittelpunkt vor.

Wegen $\Delta = \begin{vmatrix} 1 & -\frac{1}{2} & 0 \\ -\frac{1}{2} & 0 & \frac{1}{2} \\ 0 & \frac{1}{2} & 1 \end{vmatrix} = -\frac{1}{2} \neq 0$ handelt es sich um einen eigentlichen

Kegelschnitt und wegen $\delta < 0$ um eine Hyperbel.
Translation auf Mittelpunktslage:

$$\vec{x} = \vec{y} + \vec{q} \text{ mit } \vec{q} = -\frac{1}{2}A^{-1}\vec{p} = -\frac{1}{2}\begin{pmatrix} 0 & -2 \\ -2 & -4 \end{pmatrix}\begin{pmatrix} 0 \\ 1 \end{pmatrix} = \begin{pmatrix} 1 \\ 2 \end{pmatrix} \implies M(1,2).$$

$$f^* = f - \frac{1}{4}\vec{p}^T A^{-1}\vec{p} = 1 - \frac{1}{4}(0,1)\begin{pmatrix} 0 & -2 \\ -2 & -4 \end{pmatrix}\begin{pmatrix} 0 \\ 1 \end{pmatrix} = \cdots = 2.$$

Drehung in Normallage:
Die Eigenwerte von $A$ ergeben sich aus dem charakteristischen Polynom

$$\det(A - \lambda E) = \begin{vmatrix} 1 - \lambda & -\frac{1}{2} \\ -\frac{1}{2} & -\lambda \end{vmatrix} = \lambda^2 - \lambda - \frac{1}{4} \text{ zu } \lambda_1 = \frac{1}{2} + \frac{1}{\sqrt{2}} \text{ und } \lambda_2 = \frac{1}{2} - \frac{1}{\sqrt{2}}.$$

Die zugehörigen normierten Eigenvektoren sind dann:

$$\vec{x}_I = \frac{1}{\sqrt{4 + 2\sqrt{2}}} \begin{pmatrix} 1 \\ 1 + \sqrt{2} \end{pmatrix} , \quad \vec{x}_{II} = \frac{1}{\sqrt{4 + 2\sqrt{2}}} \begin{pmatrix} -1 - \sqrt{2} \\ 1 \end{pmatrix} .$$

Daraus ergibt sich die Drehmatrix zu $T = \dfrac{1}{\sqrt{4 + 2\sqrt{2}}} \begin{pmatrix} 1 & -1 - \sqrt{2} \\ 1 + \sqrt{2} & 1 \end{pmatrix}$ und

der Drehwinkel $\varphi = \arccos \dfrac{1}{\sqrt{4 + 2\sqrt{2}}} \approx 67{,}5°$.

Die Normalform ist dann: $-\dfrac{\sqrt{2} + 1}{4}\xi^2 + \dfrac{\sqrt{2} - 1}{4}\eta^2 = 1$.

3. Gegeben ist der Kegelschnitt

$$4x_1^2 + 4x_1 x_2 + x_2^2 + \sqrt{5}x_1 - 2\sqrt{5}x_2 + 10 = 0 .$$

Bestimmen Sie den Typ des Kegelschnittes, den Mittelpunkt, den Drehwinkel und die Normalform.

**Lösung:** Es ist

$a = 4$, $b = 2$, $c = 1$, $d = \frac{\sqrt{5}}{2}$, $e = -\sqrt{5}$, $f = 1$, $A = \begin{pmatrix} 4 & 2 \\ -2 & 1 \end{pmatrix}$ und $\vec{p} = \begin{pmatrix} \frac{\sqrt{5}}{2} \\ -\sqrt{5} \end{pmatrix}$.

Wegen $\delta = \begin{vmatrix} 4 & 2 \\ -2 & 1 \end{vmatrix} = 0$ liegt ein Kegelschnitt ohne Mittelpunkt vor.

Wegen $\Delta = \begin{vmatrix} 4 & 2 & \frac{\sqrt{5}}{2} \\ 2 & 1 & -\sqrt{5} \\ \frac{\sqrt{5}}{2} & -\sqrt{5} & 10 \end{vmatrix} = -\frac{125}{4} \neq 0$ handelt es sich um eine Parabel.

Drehung in Normallage:

Die Eigenwerte von $A$ ergeben sich aus dem charakteristischen Polynom

$$\det(A - \lambda E) = \begin{vmatrix} 4 - \lambda & 2 \\ 2 & 1 - \lambda \end{vmatrix} = \lambda^2 - 5\lambda \text{ zu } \lambda_1 = 0 \text{ und } \lambda_2 = 5.$$

Die zugehörigen normierten Eigenvektoren sind dann:

$$\vec{x}_I = \frac{1}{\sqrt{5}} \begin{pmatrix} 1 \\ -2 \end{pmatrix} , \quad \vec{x}_{II} = \frac{1}{\sqrt{5}} \begin{pmatrix} 2 \\ 1 \end{pmatrix} .$$

Daraus ergibt sich die Drehmatrix zu $T = \dfrac{1}{\sqrt{5}} \begin{pmatrix} 1 & 2 \\ -2 & 1 \end{pmatrix}$ und der Drehwinkel

$\varphi = -\arcsin \dfrac{2}{\sqrt{5}} \approx -63{,}4°$.

Aus $\vec{x} = T\vec{x}$ folgt: $\vec{y}^T(T^T A T)\vec{y} + \vec{p}^T T\vec{y} + f = 0$ bzw.

$$(y_1, y_2) \begin{pmatrix} 0 & 0 \\ 0 & 5 \end{pmatrix} \begin{pmatrix} y_1 \\ y_2 \end{pmatrix} + \begin{pmatrix} \frac{\sqrt{5}}{2} \\ -\sqrt{5} \end{pmatrix}^T \frac{1}{\sqrt{5}} \begin{pmatrix} 1 & 2 \\ -2 & 1 \end{pmatrix} \begin{pmatrix} y_1 \\ y_2 \end{pmatrix} + 10 = 0 , \text{ d.h.}$$

$5y_2^2 + 5y_1 + 10 = 0$ bzw. $y_2^2 + y_1 + 2 = 0$.

Translation, Normalform:

Mit $y_1 = \xi - 2$ und $y_2 = \eta$ folgt die Normalform $\eta^2 = -\xi$.

4. Gegeben ist die Kurve 2. Ordnung

$$19x_1^2 - 6x_1x_2 + 11x_2^2 - 50x_1 + 50x_2 + 55 = 0 \ .$$

Bestimmen Sie den Typ, den Translationsvektor, die Drehmatrix, die Normalform und die Länge der Halbachsen.

**Lösung:** Es ist

$$a = 19, \ b = -3, \ c = 11, \ d = -25, \ e = 25, \ f = 55, \ A = \begin{pmatrix} 19 & -3 \\ -3 & 11 \end{pmatrix}, \vec{p} = \begin{pmatrix} -25 \\ 25 \end{pmatrix}$$

und $s = 30$.

Wegen $\delta = \begin{vmatrix} 19 & -3 \\ -3 & 11 \end{vmatrix} = 200$ liegt ein Kegelschnitt mit Mittelpunkt vor.

Wegen $\Delta = \begin{vmatrix} 19 & -3 & -25 \\ -3 & 11 & 25 \\ -25 & 25 & 55 \end{vmatrix} = -4000 \neq 0$ handelt es sich um eine Ellipse und

wegen $\Delta \cdot s = -120000 < 0$ um eine reelle Ellipse.

Translation auf Mittelpunktslage:

$$\vec{x} = \vec{y} + \vec{q} \text{ mit } \vec{q} = -\frac{1}{2}A^{-1}\vec{p} = -\frac{1}{400}\begin{pmatrix} 11 & 3 \\ -3 & 19 \end{pmatrix}\begin{pmatrix} -50 \\ 50 \end{pmatrix} = \begin{pmatrix} 1 \\ -2 \end{pmatrix} \text{ d.h.}$$

$M(1,-2)$ .

$$f^* = f - \frac{1}{4}\vec{p}^T A^{-1}\vec{p} = 55 - \frac{1}{800}(-50,50)\begin{pmatrix} 11 & -3 \\ -3 & 19 \end{pmatrix}\begin{pmatrix} -50 \\ 50 \end{pmatrix} = \cdots = -20.$$

Drehung in Normallage:

Die Eigenwerte von $A$ ergeben sich aus dem charakteristischen Polynom

$$\det(A - \lambda E) = \begin{vmatrix} 19 - \lambda & -3 \\ -3 & 11 - \lambda \end{vmatrix} = \lambda^2 - 30\lambda + 200 \text{ zu } \lambda_1 = 10 \text{ und } \lambda_2 = 20.$$

Die zugehörigen normierten Eigenvektoren sind dann:

$$\vec{x}_I = \frac{1}{\sqrt{10}}\begin{pmatrix} 1 \\ 3 \end{pmatrix}, \quad \vec{x}_{II} = \frac{1}{\sqrt{10}}\begin{pmatrix} -3 \\ 1 \end{pmatrix} .$$

Daraus ergibt sich die Drehmatrix zu $T = \dfrac{1}{\sqrt{10}}\begin{pmatrix} 1 & -3 \\ 3 & 1 \end{pmatrix}$ und der Drehwinkel

$\varphi = \arcsin\dfrac{3}{\sqrt{10}} \approx 71,6°$.

Die Normalform ist dann: $\dfrac{\xi^2}{2} + \eta^2 = 1$, und die Halbachsen besitzen die Längen $a = \sqrt{2}$ und $b = 1$.

5. Diskutieren Sie den Kegelschnitt

$$x_1^2 + 4x_1x_2 + 4x_2^2 - 2x_1 - 4x_2 + 1 = 0 \ .$$

**Lösung:** Es ist

$$a = 1,\ b = 2,\ c = 4,\ d = -1,\ e = -2,\ f = 1,\ A = \begin{pmatrix} 1 & 2 \\ 2 & 4 \end{pmatrix} \text{ und } \vec{p} = \begin{pmatrix} -2 \\ -4 \end{pmatrix}.$$

Wegen $\delta = \begin{vmatrix} 1 & 2 \\ 2 & 4 \end{vmatrix} = 0$ liegt ein Kegelschnitt ohne Mittelpunkt vor.

Wegen $\Delta = \begin{vmatrix} 1 & 2 & -1 \\ 2 & 4 & -2 \\ -1 & -2 & 1 \end{vmatrix} = 0$ handelt es sich um zwei parallele Geraden, die

aber wegen $d^2 = af$ zusammenfallen.

Aus $(x_1 + 2x_2)^2 - 2(x_1 + 2x_2) + 1 = 0$ folgt die Doppelwurzel dieser gemischt quadratischen Gleichung: $x_1 + 2x_2 + 1 = 0$.

6. Diskutieren Sie den Kegelschnitt

$$x_1^2 - 2x_1x_2 + x_2^2 - 2x_1 + 2x_2 = 0.$$

**Lösung:**
Wegen $x_1^2 - 2x_1x_2 + x_2^2 - 2x_1 + 2x_2 = (x_1 - x_2)^2 - 2(x_1 - x_2) = (x_1 - x_2)(x_1 - x_2 - 2) = 0$ zerfällt der vorliegende Kegelschnitt in die beiden parallelen Geraden $x_2 = x_1$ und $x_2 = x_1 - 2$.

7. Gegeben ist die Kurve 2. Ordnung

$$3x_1^2 - 4x_2^2 + 12x_1 + 8x_2 - 4 = 0.$$

Bestimmen Sie den Typ, den Mittelpunkt, die Normalform und die Länge der Halbachsen.

**Lösung:**

Aus $\delta = \det A = \begin{vmatrix} 3 & 0 \\ 0 & -4 \end{vmatrix} = -12$ und $\Delta = \begin{vmatrix} 3 & 0 & 6 \\ 0 & -4 & 4 \\ 6 & 4 & -4 \end{vmatrix} = 144 \neq 0$ folgt, dass

eine Hyperbel vorliegt. Der gemischt quadratische Term tritt nicht auf, so dass eine Drehung nicht erforderlich ist. Quadratische Ergänzung liefert dann:

$$3(x_1 + 2)^2 - 4(x_2 - 1)^2 - 12 = 0 \text{ bzw. } \left(\frac{x_1 + 2}{2}\right)^2 - \left(\frac{x_2 - 1}{\sqrt{3}}\right)^2 = 1.$$

$$\implies M(-2, 1),\ a = 2 \text{ und } b = \sqrt{3}.$$

### 2.8.3 Beispiele mit Lösungen

1. Gegeben ist die Kurve 2. Ordnung

$$x_1^2 - 4x_1x_2 - x_2^2 + 2x_1 - 1 = 0.$$

Bestimmen Sie:
a) Den Typ,
b) den Translationsvektor und die Drehmatrix,

c) die Normalform,
d) die Länge der Halbachsen.

Lösung:

a) Hyperbel,   b) $\vec{q} = \dfrac{1}{5} \begin{pmatrix} -1 \\ 2 \end{pmatrix}$,   $T = \begin{pmatrix} \dfrac{2}{\sqrt{10 - 2\sqrt{2}}} & \dfrac{2}{\sqrt{10 + 2\sqrt{2}}} \\[2mm] \dfrac{1 - \sqrt{5}}{\sqrt{10 - 2\sqrt{2}}} & \dfrac{1 + \sqrt{5}}{\sqrt{10 + 2\sqrt{2}}} \end{pmatrix}$,

c) $\sqrt{5}z_1^2 - \sqrt{5}z_2^2 = \dfrac{6}{5}$,   d) $a = b = \sqrt{\dfrac{6}{5\sqrt{5}}}$.

2. Welcher Kegelschnitt wird durch $4x^2 - 4xy + y^2 + x + 2y = 0$ dargestellt?

Lösung:   Parabel.

3. Welcher Kegelschnitt wird durch $2x^2 + 4xy - y^2 = 1$ dargestellt?

Lösung:   Hyperbel.

4. Gegeben ist die Kurve 2. Ordnung

$$2x_1^2 + 2x_1x_2 + 2x_2^2 + 4x_1 - 4x_2 + 7 = 0 \ .$$

Bestimmen Sie:
a) Den Typ,
b) den Translationsvektor und die Drehmatrix,
c) die Normalform,
d) die Länge der Halbachsen.

Lösung:

a) Ellipse,   b) $\vec{q} = \begin{pmatrix} -2 \\ 2 \end{pmatrix}$,   $T = \begin{pmatrix} \dfrac{1}{\sqrt{2}} & \dfrac{1}{\sqrt{2}} \\[2mm] -\dfrac{1}{\sqrt{2}} & \dfrac{1}{\sqrt{2}} \end{pmatrix}$,   c) $z_1^2 + 3z_2^2 = 1$,

d) $a = 1$,   $b = \dfrac{1}{\sqrt{3}}$.

5. Gegeben ist der Kegelschnitt

$$2x^2 - 4xy + 2y^2 + 3x - 3y + 1 = 0 \ .$$

Bestimmen Sie den Typ, die Drehmatrix und den Drehwinkel.

Lösung:

zwei parallele Geraden,   $T = \begin{pmatrix} \dfrac{1}{\sqrt{2}} & \dfrac{1}{\sqrt{2}} \\[2mm] -\dfrac{1}{\sqrt{2}} & \dfrac{1}{\sqrt{2}} \end{pmatrix}$,   $\varphi = -\dfrac{\pi}{4}$.

6. Gegeben ist der Kegelschnitt $\vec{x}^T A \vec{x} + \vec{p}^T \vec{x} + f = 0$ mit

$$\vec{x} = \begin{pmatrix} x \\ y \end{pmatrix}, \quad A = \begin{pmatrix} 13 & -3\sqrt{3} \\ -3\sqrt{3} & 7 \end{pmatrix}, \quad \vec{p} = \begin{pmatrix} -26 + 12\sqrt{3} \\ -28 + 6\sqrt{3} \end{pmatrix}, \quad f = 25 - 12\sqrt{3}.$$

Bestimmen Sie den Mittelpunkt, den Drehwinkel, die Hauptachsenform und den Charakter des Kegelschnittes.

Lösung: $M(1,2)$, $\varphi = \dfrac{\pi}{3}$, $\left(\dfrac{z_1}{2}\right)^2 + z_2^2 = 1$, Ellipse.

7. Gegeben ist der Kegelschnitt

$$3x^2 - 2xy + 3y^2 - 4x - 4y - 12 = 0.$$

Bestimmen Sie den Mittelpunkt, den Drehwinkel, die Hauptachsenform und den Charakter des Kegelschnittes.

Lösung: $M(1,1)$, $\varphi = -\dfrac{\pi}{4}$, $\dfrac{z_1^2}{4} + \dfrac{z_2^2}{8} = 1$, Ellipse.

8. Gegeben ist der Kegelschnitt

$$2x^2 + 4xy - y^2 - 4x + 8y - 8 = 0.$$

Bestimmen Sie den Mittelpunkt, den Drehwinkel, die Hauptachsenform und den Charakter des Kegelschnittes.

Lösung: $M(-1,2)$, $\varphi \approx -63,4°$, $\dfrac{3z_1^2}{2} - z_2^2 = 1$, Hyperbel.

9. Bestimmen Sie Drehwinkel und Hauptachsenform des Kegelschnittes

$$2x^2 + 4xy - y^2 - 12 = 0.$$

Lösung: $\varphi \approx -63,4°$, $-\dfrac{3z_1^2}{2} + z_2^2 = 1$

10. Gegeben ist der Kegelschnitt $4x^2 - y^2 + 4x + 6y - 8 = 0$.
    Bestimmen Sie:
    a) Den Mittelpunkt und die Hauptachsenform,
    b) den kürzesten Abstand des Punktes $P\left(\frac{1}{2}, 0\right)$ vom Kegelschnitt und
    c) den Inhalt jenes Flächenstücks, den der Kegelschnitt mit der Geraden $x = 1$ einschließt.

    Lösung:

    a) $M\left(-\frac{1}{2}, 3\right)$, $4z_1^2 - z_2^2 = 0$ bzw. $z_2 = \pm 2z_1$, b) $d = \dfrac{1}{\sqrt{5}}$, c) $A = \dfrac{9}{2}$.

11. Gegeben ist der Kegelschnitt

$$x^2 + 2xy - y^2 - x + y + 1 = 0.$$

Bestimmen Sie den Mittelpunkt, den Drehwinkel, die Normalform und klassifizieren Sie den Kegelschnitt.

Lösung: $M\left(0, \frac{1}{2}\right)$, $\varphi \approx -67,5°$, $z_1^2 - z_2^2 = \dfrac{5}{4\sqrt{2}}$, Hyperbel.

12. Gegeben ist der Kegelschnitt

$$x^2 - 4xy + y^2 - 2x + 1 = 0 \ .$$

Bestimmen Sie den Mittelpunkt, den Drehwinkel, die Hauptachsenform und den Charakter des Kegelschnittes.

Lösung:  $M\left(-\frac{1}{3}, -\frac{2}{3}\right)$, $\varphi = -45°$ ,  $-\dfrac{9z_1^2}{4} + \dfrac{3z_2^2}{4} = 1,$   Hyperbel.

13. Bestimmen Sie den Typ des ausgearteten Kegelschnittes

$$6x^2 + 4xy + 4y^2 + 2x + 4y + 1 = 0 \ .$$

Lösung:   Der Kegelschnitt besteht nur aus dem Punkt $P(0, -\frac{1}{2})$.

14. Gegeben ist der Kegelschnitt

$$9x^2 + 6xy + y^2 + 2x - y - 4 = 0 \ .$$

Bestimmen Sie den Drehwinkel, die Hauptachsenform und den Charakter des Kegelschnittes.

Lösung:  $\varphi \approx -71,5°$ ,   $10z_2^2 + \sqrt{\dfrac{5}{2}}\, z_1 + \sqrt{\dfrac{5}{2}}\, z_2 = 0,$   Parabel.

15. Gegeben ist der Kegelschnitt

$$x^2 + 2\sqrt{2}\, xy + 3y^2 + 2y = 0 \ .$$

Bestimmen Sie den Mittelpunkt, die Hauptachsenform und den Charakter des Kegelschnittes.

Lösung:   $M(\sqrt{2}, -1)$,   $(2 + \sqrt{3})z_1^2 + (2 - \sqrt{3})z_2^2 = 1,$   Ellipse.

16. Gegeben ist der Kegelschnitt

$$x^2 + \sqrt{7}\, xy + 4y^2 + 2x + y + 1 = 0 \ .$$

Bestimmen Sie:
a) Die Koordinaten des Mittelpunktes,
b) die Normalform des Kegelschnittes,
c) die Drehmatrix und den Drehwinkel,
d) den Typ des Kegelschnittes.

Lösung:

a) $M\left(\dfrac{-16 + \sqrt{7}}{9}, \dfrac{2\sqrt{7} - 2}{9}\right)$ ,   b) $9z_1^2 + z_2^2 = \dfrac{16 - 4\sqrt{7}}{9}$ ,

c) $T = \dfrac{1}{\sqrt{8}}\begin{pmatrix} 1 & -\sqrt{7} \\ \sqrt{7} & 1 \end{pmatrix}$,   $\varphi \approx 69,3°$ ,   d) Ellipse.

17. Gegeben ist der Kegelschnitt

$$x^2 - 4xy - y^2 + 2x - 1 = 0 \ .$$

Bestimmen Sie die Koordinaten des Mittelpunktes, die Drehmatrix, den Drehwinkel, die Normalform und den Typ des Kegelschnittes.

Lösung:

$$M\left(-\frac{1}{5}, \frac{2}{5}\right), \quad T = \frac{1}{\sqrt{10 + 2\sqrt{5}}}\begin{pmatrix} 1 + \sqrt{5} & 2 \\ -2 & 1 + \sqrt{5} \end{pmatrix}, \quad \varphi \approx -31,7° ,$$

$$\frac{5\sqrt{5}}{6} z_1^2 - \frac{5\sqrt{5}}{6} z_2^2 = 1 , \quad \text{Hyperbel.}$$

18. Gegeben ist der Kegelschnitt

$$-x^2 + 2\sqrt{3}\,xy + 4y^2 + 2x - \frac{5}{7} = 0 .$$

Bestimmen Sie:
a) Die Koordinaten des Mittelpunktes,
b) die Normalform des Kegelschnittes,
c) die Drehmatrix und den Drehwinkel,
d) den Typ des Kegelschnittes.

Lösung:

a) $M\left(\dfrac{4}{7}, -\dfrac{\sqrt{3}}{7}\right)$ , b) $\dfrac{7}{2}(\sqrt{37} + 3)z_1^2 - \dfrac{7}{2}(\sqrt{37} - 3)z_2^2 = 1$ ,

c) $T = \dfrac{2}{\sqrt{74 + 10\sqrt{37}}}\begin{pmatrix} \sqrt{3} & -\dfrac{5 + \sqrt{37}}{2} \\ \dfrac{5 + \sqrt{37}}{2} & \sqrt{3} \end{pmatrix}$ , $\varphi \approx 72,6°$ , d) Hyperbel.

# 2.9  Flächen zweiter Ordnung

## 2.9.1  Grundlagen

**Definition:**
Eine Fläche zweiter Ordnung ist die Gesamtheit aller Punkte, deren Ortsvektoren $\vec{x}$ der Gleichung

$$\boxed{\vec{x}^T A \vec{x} + \vec{p}^T \vec{x} + f = 0}$$

genügen, wobei

$$\vec{x} = \begin{pmatrix} x_1 \\ x_2 \\ x_3 \end{pmatrix} , \quad A = \begin{pmatrix} a_{11} & a_{12} & a_{13} \\ a_{12} & a_{22} & a_{23} \\ a_{13} & a_{23} & a_{33} \end{pmatrix} , \quad \vec{p} = \begin{pmatrix} p_1 \\ p_2 \\ p_3 \end{pmatrix} .$$

Ausführliche Schreibweise:

$$a_{11}x_1^2 + a_{22}x_2^2 + a_{33}x_3^2 + 2a_{12}x_1x_2 + 2a_{13}x_1x_3 + 2a_{23}x_2x_3 + p_1x_1 + p_2x_2 + p_3x_3 + f = 0.$$

Da die Matrix $A$ symmetrisch ist, gibt es bekanntlich eine orthogonale Matrix $P$, die $A$ auf eine Diagonalmatrix transformiert:

$$P^T A P = \begin{pmatrix} \lambda_1 & 0 & 0 \\ 0 & \lambda_2 & 0 \\ 0 & 0 & \lambda_3 \end{pmatrix} .$$

$\lambda_1, \lambda_2, \lambda_3$ bezeichnen die Eigenwerte von $A$.

**Klassifikation und Aufzählung:**
Durch die oben erwähnte Drehung gelangt man stets auf eine Form ohne gemischt quadratische Glieder (Diagonalform):

$$a_{11}x_1^2 + a_{22}x_2^2 + a_{33}x_3^2 + p_1x_1 + p_2x_2 + p_3x_3 + f = 0 .$$

Falls $a_{11} \neq 0$ : Parallelverschiebung $x_1 = \hat{x}_1 - \dfrac{p_1}{2a_{11}}$,

falls $a_{22} \neq 0$ : Parallelverschiebung $x_2 = \hat{x}_2 - \dfrac{p_2}{2a_{22}}$,

falls $a_{33} \neq 0$ : Parallelverschiebung $x_3 = \hat{x}_3 - \dfrac{p_3}{2a_{33}}$.

Damit erhalten wir die folgenden

**3 Hauptfälle:**

(I)   $a_{11} \neq 0, a_{22} \neq 0, a_{33} \neq 0$:   3 Parallelverschiebungen sind möglich,

(II)   $a_{11} \neq 0, a_{22} \neq 0, a_{33} = 0$:   2 Parallelverschiebungen sind möglich,

(III)   $a_{11} \neq 0, a_{22} = 0, a_{33} = 0$:   1 Parallelverschiebung ist möglich.

**Bemerkungen:**

(i)  Fälle wie $a_{11} = 0, a_{22} \neq 0, a_{33} \neq 0$ erhält man durch Umnummerierung.

(ii)  Triviale Fälle ohne quadratische Glieder (Ebene) werden im Folgenden übergangen.

**Parallelverschiebung** liefert:

(I$_1$)  $Ax_1^2 + Bx_2^2 + Cx_3^2 + D = 0$,  $D \neq 0$,

(I$_2$)  $Ax_1^2 + Bx_2^2 + Cx_3^2 = 0$,

(II$_1$)  $Ax_1^2 + Bx_2^2 + Cx_3 = 0$,  $C \neq 0$,

(II$_2$)  $Ax_1^2 + Bx_2^2 + D = 0$,  $D \neq 0$,

(II$_3$)  $Ax_1^2 + Bx_2^2 = 0$,

(III$_1$)  $x_1^2 + Bx_2 = 0$,  $B \neq 0$,

(III$_2$)  $x_1^2 + D = 0$,  $D \neq 0$,

(III$_3$)  $x_1^2 = 0$.

**Bemerkung** zum 3. Hauptfall:

Zunächst erhält man: $\hat{A}x_1^2 + \hat{B}x_2 + \hat{C}x_3 + \hat{D} = 0$, $\hat{A} \neq 0$.

Setze: $x_1 = \hat{x}_1$, $x_2 = \hat{x}_2 \cos\varphi - \hat{x}_3 \sin\varphi$, $x_3 = \hat{x}_2 \sin\varphi + \hat{x}_3 \cos\varphi$. Dies bedeutet eine Drehung um die $x_1$-Achse um den Winkel $\varphi$. Dann folgt:

$\hat{A}\hat{x}_1^2 + (\hat{B}\cos\varphi + \hat{C}\sin\varphi) + (-\hat{B}\sin\varphi + \hat{C}\cos\varphi) + \hat{D} = 0$.

Wähle $\varphi$ derart, dass $-\hat{B}\sin\varphi + \hat{C}\cos\varphi = 0$. Wir unterscheiden 2 Fälle:

(i)  $\hat{B} = 0$, dann wählen wir $\varphi = \dfrac{\pi}{2}$,

(ii)  $\hat{B} \neq 0$, dann wählen wir $\tan\varphi = \dfrac{\hat{C}}{\hat{B}}$.

Damit erhalten wir: $\hat{A}x_1^2 + \tilde{B}\hat{x}_2 + \hat{D} = 0$, woraus wegen $\hat{A} \neq 0$ nach Division durch $\hat{A}$ die Fälle (III$_1$), (III$_2$) und (III$_3$) folgen.

**Auflistung der einzelnen Fälle:**

(I$_1$)  $Ax_1^2 + Bx_2^2 + Cx_3^2 + D = 0$,   $A, B, C, D \neq 0$:

$$\frac{x_1^2}{\left(\frac{-D}{A}\right)} + \frac{x_2^2}{\left(\frac{-D}{B}\right)} + \frac{x_3^2}{\left(\frac{-D}{C}\right)} = 1 \ .$$

Nun ist entweder $\dfrac{-D}{A} = a^2 > 0$ oder $\dfrac{-D}{A} = -a^2 < 0$.

Analoges gilt für den 2. und 3. Term.

(1)   $\dfrac{x_1^2}{a^2} + \dfrac{x_2^2}{b^2} + \dfrac{x_3^2}{c^2} = 1$  $\cdots$  Ellipsoid,

(2)   $\dfrac{x_1^2}{a^2} + \dfrac{x_2^2}{b^2} - \dfrac{x_3^2}{c^2} = 1$  $\cdots$  einschaliges Hyperboloid,

(3)   $\dfrac{x_1^2}{a^2} - \dfrac{x_2^2}{b^2} - \dfrac{x_3^2}{c^2} = 1$  $\cdots$  zweischaliges Hyperboloid,

(4)   $-\dfrac{x_1^2}{a^2} - \dfrac{x_2^2}{b^2} - \dfrac{x_3^2}{c^2} = 1$  $\cdots$  „nullteilige Fläche."

($I_2$)  $Ax_1^2 + Bx_2^2 + Cx_3^2 = 0, \quad A, B, C \neq 0$:

(5)  $\dfrac{x_1^2}{a^2} + \dfrac{x_2^2}{b^2} + \dfrac{x_3^2}{c^2} = 0 \; \cdots \;$ entartete Fläche (Punkt),

(6)  $\dfrac{x_1^2}{a^2} + \dfrac{x_2^2}{b^2} - \dfrac{x_3^2}{c^2} = 0 \; \cdots \;$ Kegel.

($II_1$)  $Ax_1^2 + Bx_2^2 + Cx_3 = 0, \quad A, B, C \neq 0$:

(7)  $\dfrac{x_1^2}{a^2} + \dfrac{x_2^2}{b^2} = 2px_3, \; p \neq 0 \; \cdots \;$ elliptisches Paraboloid,

(8)  $\dfrac{x_1^2}{a^2} - \dfrac{x_2^2}{b^2} = 2px_3, \; p \neq 0 \; \cdots \;$ hyperbolisches Paraboloid.

($II_2$)  $Ax_1^2 + Bx_2^2 + D = 0, \quad A, B, D \neq 0$:

(9)  $\dfrac{x_1^2}{a^2} + \dfrac{x_2^2}{b^2} = 1 \; \cdots \;$ elliptischer Zylinder,

(10)  $\dfrac{x_1^2}{a^2} - \dfrac{x_2^2}{b^2} = 1 \; \cdots \;$ hyperbolischer Zylinder,

(11)  $-\dfrac{x_1^2}{a^2} - \dfrac{x_2^2}{b^2} = 1 \; \cdots \;$ „nullteiliger" Zylinder.

($II_3$)  $Ax_1^2 + Bx_2^2 = 0, \quad A, B \neq 0$:

(12)  $x_1^2 + \dfrac{x_2^2}{b^2} = 0 \; \cdots \;$ konjugiert komplexe Ebenen mit reeller

Schnittgeraden ($x_3$-Achse),

(13)  $x_1^2 - \dfrac{x_2^2}{b^2} = 0 \; \cdots \;$ reelle, sich schneidende Ebenen.

($III_1$)  $x_1^2 + Bx_2 = 0, \quad B \neq 0$:

(14)  $x_1^2 = 2px_2, \; p \neq 0 \; \cdots \;$ parabolischer Zylinder.

($III_2$)  $x_1^2 + D = 0, \quad D \neq 0$:

(15)  $x_1^2 = k^2, \; k \neq 0 \; \cdots \;$ reelle parallele Ebenen,

(16)  $x_1^2 = -k^2, \; k \neq 0 \; \cdots \;$ konjugiert komplexe Ebenen.

($III_3$)  $x_1^2 = 0$:

(17)  $x_1^2 = 0 \; \cdots \;$ Doppelebene.

## Beschreibung der Flächen

Neben der Untersuchung, ob eine Zylinder- oder eine Rotationsfläche vorliegt, kann man sich durch ebene Schnitte (parallel zu den Koordinatenebenen) eine gewisse Übersicht verschaffen. Mit Hilfe der sich ergebenden Schnittlinien lassen sich die Flächen meist leicht identifizieren.

(1) Ellipsoid:  $\dfrac{x_1^2}{a^2} + \dfrac{x_2^2}{b^2} + \dfrac{x_3^2}{c^2} = 1, \quad a, b, c > 0$:

$\implies \dfrac{x_1^2}{a^2} \leq 1, \quad \dfrac{x_2^2}{b^2} \leq 1, \quad \dfrac{x_3^2}{c^2} \leq 1, \quad$ d.h. die Fläche liegt ganz im Endlichen.

Schnitt mit der Ebene $x_1 = d$, $|d| < a$:

$$\frac{x_2^2}{b^2} + \frac{x_3^2}{c^2} = 1 - \frac{d^2}{a^2} \quad \text{bzw.} \quad \frac{x_2^2}{b^2 \frac{a^2-d^2}{a^2}} + \frac{x_3^2}{c^2 \frac{a^2-d^2}{a^2}} = 1$$

Dies ist eine Ellipe in der Ebene $x_1 = d$.
Analoge Ellipsen ergeben sich für $x_2 = e$ bzw. $x_3 = f$.

(2) Einschaliges Hyperboloid: $\dfrac{x_1^2}{a^2} + \dfrac{x_2^2}{b^2} - \dfrac{x_3^2}{c^2} = 1, \quad a, b, c > 0$

Schnitt mit der Ebene $x_3 = d$, $d \in \mathbb{R}$:

$$\implies \frac{x_1^2}{a^2 \frac{c^2+d^2}{c^2}} + \frac{x_2^2}{b^2 \frac{c^2+d^2}{c^2}} = 1 \quad \cdots \quad \text{Ellipse in der Ebene } x_3 = d.$$

Schnitt mit der Ebene $x_1 = e$, $|e| \neq a$:

$$\implies \frac{x_2^2}{b^2 \frac{a^2-e^2}{a^2}} - \frac{x_3^2}{c^2 \frac{a^2-d^2}{a^2}} = 1 \quad \cdots \quad \text{Hyperbel in der Ebene } x_1 = e.$$

Speziell: $|e| = a$: $\dfrac{x_2^2}{b^2} = \dfrac{x_3^2}{c^2} \quad \cdots \quad$ Asymptoten der Hyperbel.

Schnitt mit der Ebene $x_2 = f$, $|f| \neq b$: Analog zu $x_1 = e$.

Spezialfall: $a = b \quad \cdots \quad$ Rotationshyperboloid.

(3) Zweischaliges Hyperboloid: $\dfrac{x_1^2}{a^2} - \dfrac{x_2^2}{b^2} - \dfrac{x_3^2}{c^2} = 1, \quad a, b, c > 0$:

Schnitt mit der Ebene $x_1 = d$, $d \in \mathbb{R}$: $\implies \dfrac{x_2^2}{b^2} + \dfrac{x_3^2}{c^2} = \dfrac{d^2 - a^2}{a^2}$.

$|d| < a$ : keine reellen Punkte,
$|d| = a$ : 2 Punkte $(\pm a, 0, 0)$,
$|d| > a$ : Ellipsen (Kreise).

Schnitt mit der Ebene $x_2 = e$, $e \in \mathbb{R}$ (bzw. $x_3 = f$, $f \in \mathbb{R}$):

$$\implies \frac{x_1^2}{a^2} - \frac{x_3^2}{c^2} = 1 + \frac{e^2}{b^2} \quad \cdots \quad \text{Hyperbel in der Ebene } x_2 = e.$$

(6) Kegel: $\dfrac{x_1^2}{a^2} + \dfrac{x_2^2}{b^2} - \dfrac{x_3^2}{c^2} = 0, \quad a, b, c > 0$:

Mit $P(x_1, x_2, x_3)$ liegt auch $Q(\lambda x_1, \lambda x_2, \lambda x_3)$ auf der Fläche und damit auch die Gerade durch $P$ und den Ursprung (Kegelspitze).

Schnitt mit der Ebene $x_3 = d$, $d \in \mathbb{R}$, $d \neq 0$:

$$\implies \frac{x_1^2}{a^2} + \frac{x_2^2}{b^2} = \frac{d^2}{c^2} \quad \cdots \quad \text{Ellipse in der Ebene } x_3 = d.$$

Schnitt mit der Ebene $x_1 = e$, $e \in \mathbb{R}$, $e \neq 0$:

$$\implies \frac{x_3^2}{c^2} - \frac{x_2^2}{b^2} = \frac{e^2}{a^2} \quad \cdots \quad \text{Hyperbel in der Ebene } x_1 = e.$$

Schnitt mit der Ebene $x_1 = 0 :\implies x_3 = \pm\frac{b}{c} x_2 \quad \cdots \quad$ 2 Geraden durch die Spitze.

(7) Elliptisches Paraboloid: $\dfrac{x_1^2}{a^2} + \dfrac{x_2^2}{b^2} = 2px_3, \ p \neq 0$:

Aus $p > 0$ folgt $x_3 \geq 0$. Schnitt mit der Ebene $x_3 = c, \ c \geq 0$ liefert:

$$\frac{x_1^2}{a^2} + \frac{x_2^2}{b^2} = 2pc \quad \cdots \quad \text{Ellipse in der Ebene } x_3 = c.$$

Schnitt mit der Ebene $x_1 = d, \ d \in \mathbb{R}$:

$$\frac{x_2^2}{b^2} = 2px_3 - \frac{d^2}{b^2} \quad \text{bzw.} \quad x_2^2 = 2b^2px_3 - \frac{d^2b^2}{a^2} \quad \cdots \quad \text{Parabel in der Ebene } x_1 = d.$$

(8) Hyperbolisches Paraboloid: $\dfrac{x_1^2}{a^2} - \dfrac{x_2^2}{b^2} = 2px_3, \ p \neq 0$:

Schnitt mit der Ebene $x_3 = c, \ d \in \mathbb{R}$:

$$\frac{x_1^2}{a^2} - \frac{x_2^2}{b^2} = 2pc \quad \cdots \quad \text{Hyperbel in der Ebene } x_3 = c.$$

Schnitt mit der Ebene $x_1 = d, \ d \in \mathbb{R}$:

$$\frac{x_2^2}{b^2} = -2px_3 + \frac{d^2}{a^2} \quad \text{bzw.} \quad x_2^2 = -2b^2px_3 + \frac{d^2b^2}{a^2} \quad \cdots \quad \text{Parabel in der Ebene } x_1 = d.$$

## 2.9.2  Musterbeispiele

1. Gegeben ist die Fläche 2. Ordnung

$$5x_1^2 + 6x_2^2 + 4x_3^2 - 4x_1x_2 - 4x_1x_3 - 1 = 0 \ .$$

Bestimmen Sie die Drehmatrix, die Normalform, den Typ und die Länge der Halbachsen.

**Lösung:** Die Matrix $A = \begin{pmatrix} 5 & -2 & -2 \\ -2 & 6 & 0 \\ -2 & 0 & 4 \end{pmatrix}$ besitzt das charakteristische Polynom

$$\begin{vmatrix} 5-\lambda & -2 & -2 \\ -2 & 6-\lambda & 0 \\ -2 & 0 & 4-\lambda \end{vmatrix} = \cdots = -\lambda^3 + 15\lambda^2 - 66\lambda + 80 \text{ mit den Wurzeln:}$$

$\lambda_1 = 2, \ \lambda_2 = 5$ und $\lambda_3 = 8$. Die zugehörigen normierten Eigenvektoren sind dann:

$$\vec{x}_I = \frac{1}{3}\begin{pmatrix} 2 \\ 1 \\ 2 \end{pmatrix}, \quad \vec{x}_{II} = \frac{1}{3}\begin{pmatrix} 1 \\ 2 \\ -2 \end{pmatrix} \text{ und } \vec{x}_{III} = \frac{1}{3}\begin{pmatrix} -2 \\ 2 \\ 1 \end{pmatrix}.$$

Das ergibt die Drehmatrix $T = \dfrac{1}{3}\begin{pmatrix} 2 & 1 & -2 \\ 1 & 2 & 2 \\ 2 & -2 & 1 \end{pmatrix}$. Die Normalform lautet dann

$2z_1^2 + 5z_2^2 + 8z_3^2 = 1$. Es handelt sich dabei um ein Ellipsoid mit den Halbachsen:
$a = \dfrac{1}{\sqrt{2}}$, $b = \dfrac{1}{\sqrt{5}}$ und $c = \dfrac{1}{2\sqrt{2}}$.

2. Gegeben ist die Fläche 2. Ordnung

$$x_1 x_2 - 2x_3^2 - x_1 + x_2 - 8x_3 - 7 = 0 \ .$$

Bestimmen Sie die Drehmatrix, die Normalform, den Typ und die Länge der Halbachsen.

**Lösung:** Die Matrix $A = \begin{pmatrix} 0 & \frac{1}{2} & 0 \\ \frac{1}{2} & 0 & 0 \\ 0 & 0 & -2 \end{pmatrix}$ besitzt das charakteristische Polynom

$$\begin{vmatrix} -\lambda & \frac{1}{2} & 0 \\ \frac{1}{2} & -\lambda & 0 \\ 0 & 0 & -2-\lambda \end{vmatrix} = -(\lambda+2)\left(\lambda^2 - \tfrac{1}{4}\right) \text{ mit den Wurzeln:}$$

$\lambda_1 = \dfrac{1}{2}$, $\lambda_2 = -\dfrac{1}{2}$ und $\lambda_3 = -2$. Die zugehörigen normierten Eigenvektoren sind dann:

$$\vec{x}_I = \frac{1}{\sqrt{2}}\begin{pmatrix} 1 \\ 1 \\ 0 \end{pmatrix}, \quad \vec{x}_{II} = \frac{1}{\sqrt{2}}\begin{pmatrix} -1 \\ 1 \\ 0 \end{pmatrix} \text{ und } \vec{x}_{III} = \begin{pmatrix} 0 \\ 0 \\ 1 \end{pmatrix}.$$

Das ergibt die Drehmatrix $T = \dfrac{1}{\sqrt{2}}\begin{pmatrix} 1 & -1 & 0 \\ 1 & 1 & 0 \\ 0 & 0 & \sqrt{2} \end{pmatrix}$. Die Drehung $\vec{x} = T\vec{y}$ liefert

dann: $\dfrac{1}{2}y_1^2 - \dfrac{1}{2}y_2^2 - 2y_3^2 + \sqrt{2}y_2 - 8y_3 - 7 = 0$, woraus durch die Translation $\vec{y} = \vec{z} + \begin{pmatrix} 0 \\ \sqrt{2} \\ -2 \end{pmatrix}$ die Normalform $z_1^2 - z_2^2 - 4z_3^2 = 1$ folgt. Damit liegt ein einschaliges Hyperboloid mit den Halbachsen $a = 2$, $b = 2$ und $c = 1$ vor.

3. Gegeben ist die Fläche 2. Ordnung

$$x_1^2 + x_3^2 + 2x_1 x_2 - 2x_2 x_3 = 0 \ .$$

Bestimmen Sie die Drehmatrix, die Normalform und den Typ.

**Lösung:** Die Matrix $A = \begin{pmatrix} 1 & 1 & 0 \\ 1 & 0 & -1 \\ 0 & -1 & 1 \end{pmatrix}$ besitzt das charakteristische Polynom

$$\begin{vmatrix} 1-\lambda & 1 & 0 \\ 1 & -\lambda & -1 \\ 0 & -1 & 1-\lambda \end{vmatrix} = \cdots = -(\lambda-2)(\lambda-1)(\lambda+1) \text{ mit den Wurzeln:}$$

$\lambda_1 = 2$, $\lambda_2 = 1$ und $\lambda_3 = -1$. Die zugehörigen normierten Eigenvektoren sind dann:

$$\vec{x}_I = \frac{1}{\sqrt{3}}\begin{pmatrix} 1 \\ 1 \\ -1 \end{pmatrix}, \quad \vec{x}_{II} = \frac{1}{\sqrt{2}}\begin{pmatrix} 1 \\ 0 \\ 1 \end{pmatrix} \text{ und } \vec{x}_{III} = \frac{1}{\sqrt{6}}\begin{pmatrix} 1 \\ -2 \\ -1 \end{pmatrix}.$$

Das ergibt die Drehmatrix $T = \begin{pmatrix} \frac{1}{\sqrt{3}} & \frac{1}{\sqrt{2}} & \frac{1}{\sqrt{6}} \\ \frac{1}{\sqrt{3}} & 0 & -\frac{2}{\sqrt{6}} \\ -\frac{1}{\sqrt{3}} & \frac{1}{\sqrt{2}} & -\frac{1}{\sqrt{6}} \end{pmatrix}$. Die Normalform lautet dann

$2z_1^2 + z_2^2 - z_3^2 = 0$. Es handelt sich dabei um einen elliptischen Kegel.

4. Gegeben ist die Fläche 2. Ordnung

$$x_1^2 + 2x_2^2 + x_3^2 + 2x_1x_3 + \sqrt{2}x_1 - \sqrt{2}x_3 = 0 \ .$$

Bestimmen Sie die Drehmatrix, die Normalform und den Typ.

**Lösung:** Die Matrix $A = \begin{pmatrix} 1 & 0 & 1 \\ 0 & 2 & 0 \\ 1 & 0 & 1 \end{pmatrix}$ besitzt das charakteristische Polynom

$$\begin{vmatrix} 1-\lambda & 0 & 1 \\ 0 & 2-\lambda & 0 \\ 1 & 0 & 1-\lambda \end{vmatrix} = \cdots = (2-\lambda)(\lambda^2 - 2\lambda) \text{ mit den Wurzeln:}$$

$\lambda_1 = \lambda_2 = 2$ und $\lambda_3 = 0$. Die zugehörigen normierten Eigenvektoren sind dann:

$$\vec{x}_I = \frac{1}{\sqrt{2}} \begin{pmatrix} 1 \\ 0 \\ 1 \end{pmatrix}, \quad \vec{x}_{II} = \begin{pmatrix} 0 \\ 1 \\ 0 \end{pmatrix} \text{ und } \vec{x}_{III} = \frac{1}{\sqrt{2}} \begin{pmatrix} -1 \\ 0 \\ 1 \end{pmatrix}.$$

Das ergibt die Drehmatrix $T = \begin{pmatrix} \frac{1}{\sqrt{2}} & 0 & -\frac{1}{\sqrt{2}} \\ 0 & 1 & 0 \\ -\frac{1}{\sqrt{2}} & 0 & \frac{1}{\sqrt{2}} \end{pmatrix}$. Mit der Transformation

$\vec{x} = T\vec{y}$ folgt dann: $2y_1^2 + 2y_2^2 + (\sqrt{2}, 0, -\sqrt{2})^T T \vec{y} = 0$ bzw. $2y_1^2 + 2y_2^2 - 2y_3 = 0$. Die Normalform lautet: $y_1^2 + y_2^2 = y_3$. Es handelt sich dabei um ein Rotationsparaboloid.

5. Gegeben ist die Fläche 2. Ordnung

$$x_1^2 + x_2^2 - x_3^2 - 2x_1x_2 - 2 = 0 \ .$$

Bestimmen Sie die Drehmatrix, die Normalform und den Typ.

**Lösung:** Die Matrix $A = \begin{pmatrix} 1 & -1 & 0 \\ -1 & 1 & 0 \\ 0 & 0 & -1 \end{pmatrix}$ besitzt das charakteristische Polynom

$$\begin{vmatrix} 1-\lambda & -1 & 0 \\ -1 & 1-\lambda & 0 \\ 0 & 0 & -1-\lambda \end{vmatrix} = \cdots = (-1-\lambda)(\lambda^2 - 2\lambda) \text{ mit den Wurzeln:}$$

$\lambda_1 = 0$, $\lambda_2 = -1$ und $\lambda_3 = 2$. Die zugehörigen normierten Eigenvektoren sind dann:

$$\vec{x}_I = \frac{1}{\sqrt{2}} \begin{pmatrix} 1 \\ 1 \\ 0 \end{pmatrix}, \quad \vec{x}_{II} = \begin{pmatrix} 0 \\ 0 \\ 1 \end{pmatrix} \text{ und } \vec{x}_{III} = \frac{1}{\sqrt{2}} \begin{pmatrix} 1 \\ -1 \\ 0 \end{pmatrix}.$$

Das ergibt die Drehmatrix $T = \begin{pmatrix} \frac{1}{\sqrt{2}} & 0 & \frac{1}{\sqrt{2}} \\ \frac{1}{\sqrt{2}} & 0 & -\frac{1}{\sqrt{2}} \\ 0 & 1 & 0 \end{pmatrix}$. Die Normalform lautet dann

$-z_2^2 + 2z_3^2 = 2$. Es handelt sich dabei um einen hyperbolischen Zylinder.

6. Gegeben ist die Fläche 2. Ordnung

$$2x_1^2 + 2x_3^2 + 2x_2x_3 - 1 = 0 \ .$$

Bestimmen Sie Typ und Normalform.

**Lösung:**  Die Matrix $A = \begin{pmatrix} 2 & 0 & 0 \\ 0 & 0 & 1 \\ 0 & 1 & 2 \end{pmatrix}$ besitzt das charakteristische Polynom

$$\begin{vmatrix} 2-\lambda & 0 & 0 \\ 0 & -\lambda & 1 \\ 0 & 1 & 2-\lambda \end{vmatrix} = \cdots = -(\lambda - 2)(\lambda^2 - 2\lambda - 1) \text{ mit den Wurzeln:}$$

$\lambda_1 = 2$, $\lambda_2 = 1 + \sqrt{2}$ und $\lambda_3 = 1 - \sqrt{2}$.

Die Normalform lautet dann $2z_1^2 + (\sqrt{2} + 1)z_2^2 - (\sqrt{2} - 1)z_3^2 = 1$. Es handelt sich dabei um ein einschaliges elliptisches Hyperboloid.

## 2.9.3  Beispiele mit Lösungen

1. Bestimmen Sie durch Hauptachsentransformation den Typ der durch

$$2\sqrt{3}x_1x_2 + 2x_1x_3 - 2\sqrt{3}x_2x_3 + 1 = 0$$

gegebenen Fläche 2. Ordnung und ermitteln Sie die dazu erforderliche eigentlich orthogonale Matrix.

Lösung:

Zweischaliges elliptisches Hyperboloid,   $T = \begin{pmatrix} \frac{1}{\sqrt{2}} & \frac{1}{\sqrt{5}} & -\frac{\sqrt{3}}{\sqrt{10}} \\ 0 & \frac{\sqrt{3}}{\sqrt{5}} & \frac{2}{\sqrt{10}} \\ \frac{1}{\sqrt{2}} & -\frac{1}{\sqrt{5}} & \frac{\sqrt{3}}{\sqrt{10}} \end{pmatrix}$ .

2. Transformieren Sie die Fläche zweiter Ordnung

$$4x_1^2 - 2x_2^2 - 4x_3^2 + 6x_1x_3 + 3x_1 + x_3 + 4 = 0$$

auf Normalform, bestimmen Sie die dazu erforderliche eigentlich orthogonale Matrix $T$ und ermitteln Sie den Typ der Fläche.

Lösung:    Einschaliges elliptisches Hyperboloid,

$$T = \frac{1}{\sqrt{10}} \begin{pmatrix} 0 & 3 & 1 \\ \sqrt{10} & 0 & 0 \\ 0 & 1 & -3 \end{pmatrix}, \quad 2z_1^2 - 5z_2^2 + 5z_3^2 = \frac{7}{2}.$$

3. Transformieren Sie die Fläche zweiter Ordnung

$$5x_1^2 + 2x_2^2 + 2x_3^2 - 6x_2x_3 = 0$$

auf Normalform, bestimmen Sie die dazu erforderliche eigentlich orthogonale Matrix $T$ und ermitteln Sie den Typ der Fläche.

Lösung:

Drehkegel,   $T = \dfrac{1}{\sqrt{2}} \begin{pmatrix} \sqrt{2} & 0 & 0 \\ 0 & 1 & 1 \\ 0 & -1 & 1 \end{pmatrix}$,   $5z_1^2 + 5z_2^2 - z_3^2 = 0$.

4. Transformieren Sie die Fläche zweiter Ordnung

$$x_1^2 + x_3^2 + 4x_1x_2 + 6x_1x_3 - 4x_2x_3 - 2 = 0$$

auf Normalform, bestimmen Sie die dazu erforderliche eigentlich orthogonale Matrix $T$ und ermitteln Sie den Typ der Fläche.

Lösung:    Einschaliges elliptisches Hyperboloid,

$$T = \begin{pmatrix} \frac{1}{\sqrt{2}} & \frac{1}{\sqrt{6}} & -\frac{1}{\sqrt{3}} \\ 0 & \frac{2}{\sqrt{6}} & \frac{1}{\sqrt{3}} \\ \frac{1}{\sqrt{2}} & -\frac{1}{\sqrt{6}} & \frac{1}{\sqrt{3}} \end{pmatrix}, \quad 2z_1^2 + z_2^2 - 2z_3^2 - 1 = 0.$$

5. Transformieren Sie die Fläche zweiter Ordnung

$$2x_1^2 + x_2^2 + x_3^2 + 2x_1x_2 + 2x_1x_3 - 3 = 0$$

auf Normalform, bestimmen Sie die dazu erforderliche eigentlich orthogonale Matrix $T$ und ermitteln Sie den Typ der Fläche.

Lösung:    Elliptischer Zylinder,   $T = \begin{pmatrix} \frac{1}{\sqrt{3}} & 0 & \frac{2}{\sqrt{6}} \\ -\frac{1}{\sqrt{3}} & \frac{1}{\sqrt{2}} & \frac{1}{\sqrt{6}} \\ -\frac{1}{\sqrt{3}} & -\frac{1}{\sqrt{2}} & \frac{1}{\sqrt{6}} \end{pmatrix}, \quad z_2^2 + 3z_3^2 = 3.$

6. Bestimmen Sie den Typ und die Normalform, sowie die dafür erforderliche Dreh-matrix für die Fläche zweiter Ordnung:

$$4x_1^2 + x_2^2 - 4x_1x_2 + x_1 + 2x_2 = 0 \; .$$

Lösung:    Parabolischer Zylinder,   $T = \dfrac{1}{\sqrt{5}} \begin{pmatrix} 1 & 0 & 2 \\ 2 & 0 & -1 \\ 0 & \sqrt{5} & 0 \end{pmatrix}, \quad \sqrt{5}z_3^2 + z_1 = 0.$

7. Bestimmen Sie den Typ und die Normalform, sowie die dafür erforderliche Dreh-matrix für die Fläche zweiter Ordnung:

$$8x_1^2 + 7x_2^2 + 7x_3^2 - 2x_2x_3 - 2 = 0 \; .$$

Lösung:    Rotationsellipsoid,   $T = \dfrac{1}{\sqrt{2}} \begin{pmatrix} \sqrt{2} & 0 & 0 \\ 0 & 1 & 1 \\ 0 & -1 & 1 \end{pmatrix}, \quad 4z_1^2 + 4z_2^2 + 3z_3^2 = 1.$

8. Bestimmen Sie den Typ und die Normalform der Fläche zweiter Ordnung:

$$4(x_1 + x_2)^2 - 8(x_1 + x_2) + 3 = 0 \; .$$

Lösung:    Zwei parallele Ebenen ,   $4x_1 + 4x_2 = 3$ und $4x_1 + 4x_2 = 5$.

# Kapitel 3

# Anwendungsbeispiele

## 3.1 Aufgabenstellung

1. Die Polarisation parelektrischer Substanzen hängt vom elektrischen Feld $E$ ab:

$$P = P_0 \, L\left(\frac{pE}{kT}\right) \; .$$

Dabei bezeichnet $L(x)$ die LANGEVIN'sche Funktion $L(x) = \coth x - \dfrac{1}{x}$ .

Zeigen Sie:     a) $\lim\limits_{x \to 0} L(x)$ existiert,     b) $\lim\limits_{x \to \infty} L(x) = 1$

und skizzieren Sie den Graphen von $L$.

Approximieren Sie $L(x)$ durch das TAYLOR-Polynom vom Grad 1 und stellen Sie damit die Polarisation für kleine Felder näherungsweise dar und geben Sie die parelektrische Suszeptibilität $\chi = \dfrac{1}{\varepsilon_0} \dfrac{dP}{dE}\Big|_{E=0}$ an.

2. Das Weg-Zeit-Gesetz unter Berücksichtigung des Luftwiderstandes hat die Gestalt:

$$s(t) = \frac{v_0^2}{g} \ln \cosh\left(\frac{gt}{v_0}\right) \; .$$

Zeigen Sie, dass dabei $v_0 = \lim\limits_{t \to \infty} \dot{s}(t)$ die Grenzgeschwindigkeit bezeichnet. Geben Sie eine Näherungsformel für $s(t)$ für kleinere Werte von $t$ an, indem Sie $s(t)$ in eine TAYLOR-Reihe um $t = 0$ entwickeln und alle Glieder ab der 6-ten Ordnung vernachlässigen.

3. Nach der speziellen Relativitätstheorie ist die Energie einer mit der Geschwindigkeit $v$ bewegten Punktmasse $m_0$ durch

$$E = \frac{m_0 c^2}{\sqrt{1 - \frac{v^2}{c^2}}}$$

gegeben, wobei $c$ die Vakuumlichtgeschwindigkeit bezeichnet. Bestimmen Sie das 4-te TAYLOR-Polynom von $E(v)$ und interpretieren Sie die dabei auftretenden Glieder. Ab welcher Geschwindigkeit $v$ ist die „relativistische Korrektur" für die kinetische Energie größer als 1 % ?

4. Schreibtischlampe

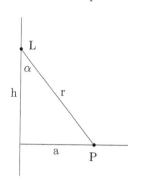

Ein Schreibtisch steht an der Zimmerwand und soll durch eine Wandlampe L beleuchtet werden. In welcher Höhe $h$ an der Wand - von der Schreibtischoberkante gemessen - soll die Lampe angebracht werden, damit der Punkt P am Schreibplatz, der von der Wand einen Abstand $a$ hat, die maximale Beleuchtungsstärke aufweist? Auf wieviel % sinkt die Beleuchtungsstärke, wenn die Lampe in der doppelten Höhe angebracht wird? Hinweis: Die Beleuchtungsstärke nimmt mit dem Quadrat des Abstandes ab.

5.

```
                                    1. Brett    2. Brett
                    x₂    x₁
```

$n$ gleich große übereinandergestapelte Bretter der Länge $l$ sollen nach einer Seite hin soweit wie möglich verschoben werden, ohne dass der Stapel umkippt.

Kann man damit (von beiden Seiten) für hinreichend großes $n$ eine „Brücke" über einen Fluß der Breite $a$ bauen? Gibt es dabei eine Obergrenze für $a$?

Hinweis:

Numerieren Sie die Bretter von oben nach unten und berechnen Sie über die Rechenregeln für Schwerpunkte die maximale Verschiebung $s_n$ des obersten Brettes gegenüber dem $n$-ten.

6. Ein Kondensator $K_1$ (Kapazität $C_1$) mit Spannung $U_0$ und der Ladung $Q_0$ soll mit Hilfe eines Kondensators $K_2$ (Kapazität $C_2$) sukzessive entladen werden:

$n$-ter Schritt: $K_1$ und $K_2$ parallel legen (Spannungsausgleich), Verbindung lösen und anschließend $K_2$ kurzschließen (entladen).

a) Berechnen Sie mit dem Kondensatorgesetz $Q = CU$ Ladung $Q_n$ und Spannung $U_n$ von $K_1$ nach dem $n$-ten Entladungsschritt.

b) Geben Sie an, wie groß $N$ mindestens sein muss, damit $U_n < \frac{U_0}{100}$.
(Wählen Sie z.B. $C_1 = 100\mu F$, $C_2 = 5\mu F$)

c) Zeigen Sie, dass $Q_n$ und $U_n$ konvergieren und berechnen Sie den Grenzwert.

7. Aus einem kreisrunden Baumstamm mit Radius $R$ soll ein rechteckiger Balken mit Seitenlängen $a$ und $b$ so geschnitten werden, dass seine Tragfähigkeit maximal ist.

8. Bei einem sphärischen Hohlspiegel mit dem Mittelpunkt $M$ und dem Radius $R$ schneidet jeder parallel zur optischem Achse einfallender Strahl nach der Reflexion

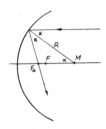

am Spiegel im Punkt $P_\alpha$ die optische Achse unter einem Winkel $\alpha$ in einem Punkt $F_\alpha$, der vom „näherungsweisen Brennpunkt" $F$ mit $\overline{FM} = \dfrac{R}{2}$ verschieden ist. Ermitteln Sie eine Blendenöffnung (Radius $a$) so, dass jeder reflektierte Strahl den Brennpunkt $F$ höchstens um 1 % verfehlt.

9. Die Geschwindigkeit der Moleküle in einem idealen Gas ist nach MAXWELL verteilt durch:

$$f(v) = \frac{4v^2 e^{-\frac{mv^2}{2kT}}}{\sqrt{\pi}\left(\frac{2kT}{m}\right)^{3/2}} \ .$$

Berechnen Sie :
a) Die häufigste Geschwindigkeit $v_h$,
b) die mittlere Geschwindigkeit $\bar{v}$,
c) die „mittlere energetische Geschwindigkeit" $\sqrt{\overline{v^2}}$
und ordnen Sie diese der Größe nach.

10. Nach PLANCK wird das Emissionsvermögen eines schwarzen Strahlers der Temperatur T (KELVIN-Skala) beschrieben durch

$$E(\lambda) = \frac{c^2 h}{\lambda^5} \frac{1}{\exp\left(\frac{ch}{kT\lambda}\right) - 1} \ , \quad 0 < \lambda < \infty \ ,$$

wobei $\lambda$ die Wellenlänge bezeichnet. $c, h, k$ sind positive Konstanten.
Zeigen Sie:
(a) $E(\lambda)$ hat genau eine Maximalstelle $\lambda_m$.
(b) Es gilt das WIEN'sche Verschiebungsgesetz: $\lambda_m T = $ konstant.
(c) Als Grenzfall bei kleinen Wellenlängen ergibt sich das Strahlungsgesetz von WIEN:

$$E(\lambda) = \frac{hc^2}{\lambda^5} \ e^{-\frac{hc}{\lambda kT}} \ .$$

(d) Als Grenzfall bei großen Wellenlängen ergibt sich das Strahlungsgesetz von RAYLEIGH-JEANS:

$$E(\lambda) = \frac{ckT}{\lambda^4} \ .$$

(e) Die über das gesamte Spektrum emittierte Energie ist proportional zu $T^4$.
(STEFAN-BOLTZMANN'sches Gesetz).

11. Ein homogenes biegsames Seil mit einem Gewicht von 100 N/m soll so an den Punkten A(0 m, 100 m) und B(300 m, 192.73 m) aufgehängt werden, dass es - unter seinem eigenen Gewicht frei durchhängend - bei A horizontal einmündet.
Berechnen Sie die Spannkräfte in den Aufhängepunkten.

**Hinweis:** Das Seilkurve wird durch die Funktion

$$y(x) = b + a \cosh\left(\frac{x+c}{a}\right), \quad a, b, c \quad \text{geeignet}$$

beschrieben.

(a) Bestimmen Sie die Konstanten $a, b, c$ so, daß das Seil durch die Punkte A und B geht und bei A horizontal einmündet.

(b) Berechnen Sie die Länge und damit das Gewicht des Seils.

(c) Berechnen Sie die Spannkräfte in den Aufhängepunkten.

Führen Sie des gleiche Programm durch unter der Annahme, dass die Seilkurve durch die Polynomfunktion

$$y(x) = \alpha + \beta x + \gamma x^2, \quad \alpha, \beta, \gamma \quad \text{geeignet}$$

approximiert wird und vergleichen Sie die Ergebnisse.

12. Eine zweistufige Rakete für kleine Satelliten hat die Kenndaten:

|          | Leermasse | Treibstoffmasse | Verbrauch | Schubkraft F |
|----------|-----------|-----------------|-----------|--------------|
| 1. Stufe | 5 000 kg  | 125 000 kg      | 1 000 kg/s | $2{,}45 \cdot 10^6$ N |
| 2. Stufe | 2 000 kg  | 16 000 kg       | 80 kg/s   | $2{,}48 \cdot 10^5$ N |

Die Rakete wird vertikal gestartet; ist der Treibstoff der 1. Stufe verbraucht, so wird deren Hülle abgestoßen. Setzt man vereinfachend $g = 9{,}81 m/s^2$ (unabhängig von der Höhe) für den Flug konstant, so gilt für die Beschleunigung der Rakete

$$\ddot{h}(t) = \dot{v}(t) = b(t) = \frac{F}{m(t)} - g \, .$$

(a) Bestimmen Sie die Funktion $m(t)$ (=Gesamtmasse zur Zeit $t$).

(b) Welche Geschwindigkeit $v$ hat die Rakete 125 s bzw. 325 s nach dem Start ?

(c) Welche Höhe $h$ wird nach 125 s bzw. 325 s erreicht ?

13. An der Decke eines Raumes werden in einer Höhe von $2.6\,m$ im Abstand von $1.8\,m$ zwei Haken $A$ und $B$ montiert. Am Haken $A$ wird ein dünnes Seil von $30\,cm$ Länge befestigt, dessen anderes Ende eine Rolle trägt. Vom Haken $B$ wird ein $3\,m$ langes Seil über die Rolle $(C)$ gezogen und anschließend am freien Ende ein Gewichtsstück $G$ befestigt. Bestimmen Sie für den sich einstellenden Gleichgewichtszustand, in welcher Höhe $h$ über dem Boden sich das Gewichtsstück befindet.

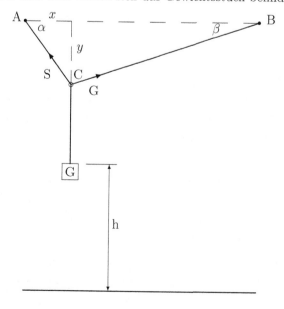

14. Ein dünner Balken der Länge $l$ sei am rechten Rand $B$ eingespannt und am linken Rand $A$ durch ein Auflager gestützt. Der Balken ist durch eine Streckenlast $q\,[N/m]$ und durch eine Punktlast $F\,[N]$ in der Mitte des Balken belastet.

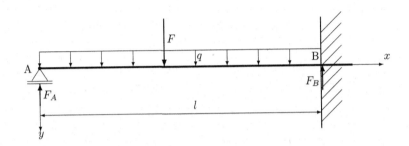

Ermitteln Sie die „Biegelinie" , die Auflagerkräfte in $A$ und $B$, sowie das bei $B$ auftretende Einspannmoment.

Bestimmen Sie jene Stelle des Balkens, an der die Durchbiegung maximal ist sowie die Größe der Durchbiegung für die drei Spezialfälle $q = 0$, $F = 0$ und $F = 2ql$.

**Hinweis:**

Die Durchbiegung $y(x)$ eines Balkens genügt der Differentialgleichung

$$y'' = -\frac{M(x)}{E\,I}\;.$$

Dabei bezeichnet $M(x)$ das an der Stelle $x$ auftretende Biegemoment. $E$ bezeichnet den Elastizitätsmodul und $I$ das axiale Trägheitsmoment des Balkenquerschnitts bezüglich der neutralen Faser.

## 3.2   Lösungen

1. $\lim\limits_{x\to 0} L(x) = \lim\limits_{x\to 0}\left(\coth x - \dfrac{1}{x}\right) = \lim\limits_{x\to 0}\left(\dfrac{\cosh x}{\sinh x} - \dfrac{1}{x}\right) = \lim\limits_{x\to 0}\dfrac{x\cosh x - \sinh x}{x\sinh x}$ .

Zur Berechnung dieser unbestimmten Form wird die Regel von de l'HOSPITAL zweimal verwendet:

$$\lim\limits_{x\to 0} L(x) = \cdots = \lim\limits_{x\to 0}\dfrac{x\cosh x - \sinh x}{x\sinh x} = \lim\limits_{x\to 0}\dfrac{\cosh x + x\sinh x - \cosh x}{\sinh x + x\cosh x} =$$

$$= \lim\limits_{x\to 0}\dfrac{x\sinh x}{\sinh x + x\cosh x} = \lim\limits_{x\to 0}\dfrac{\sinh x + x\cosh x}{\cosh x + \cosh x + x\sinh x} = 0.$$

$$\lim\limits_{x\to\infty} L(x) = \lim\limits_{x\to\infty}\left(\coth x - \dfrac{1}{x}\right) = \lim\limits_{x\to\infty}\coth x - \lim\limits_{x\to\infty}\dfrac{1}{x} = 1 - 0 = 1.$$

$$\chi = \dfrac{1}{\varepsilon_0}\dfrac{dP}{dE}\Big|_{E=0} = \dfrac{pP_0}{\varepsilon_0 kT}\dfrac{dL}{dx}\Big|_{x=0}\cdot\quad \dfrac{dL}{dx} = -\dfrac{1}{\sinh^2 x} + \dfrac{1}{x^2}\,.$$

Zur Berechnung des Grenzwertes wird jetzt (um oftmalige Differentiationen zu vermeiden) die TAYLOR-Reihe von $\sinh x$ verwendet.

$$\lim\limits_{x\to 0}\dfrac{dL}{dx} = \lim\limits_{x\to 0}\dfrac{\sinh^2 x - x^2}{x^2\sinh^2 x} = \lim\limits_{x\to 0}\dfrac{\left(x + \frac{x^3}{6} + \cdots\right)^2 - x^2}{x^2\left(x + \frac{x^3}{6} + \cdots\right)^2} = \lim\limits_{x\to 0}\dfrac{x^2 + \frac{x^4}{3} + \cdots - x^2}{x^2\left(x^2 + \frac{x^4}{3} + \cdots\right)} =$$

$$= \lim\limits_{x\to 0}\dfrac{\frac{x^4}{3} + \cdots}{x^4 + \frac{x^6}{3} + \cdots} = \dfrac{1}{3} \;\Longrightarrow\; P = P_0\left(1 + \dfrac{pE}{3kT} + \cdots\right)\;\text{und}\;\boxed{\chi = \dfrac{P_0 p}{3\varepsilon_0 kT}}\,.$$

Bemerkung:

Die parelektrische Suszeptibilität wird bei höheren Temperaturen $T$ kleiner. Diese Eigenschaft heißt CURIE-Verhalten.

2. $\lim\limits_{t\to\infty}\dot s(t) = v_0\lim\limits_{t\to\infty}\tanh\left(\dfrac{gt}{v_0}\right) = v_0.$

Mit der bekannten TAYLOR-Reihe des hyperbolischen Tangens:

$$\tanh\tau = \tau + \dfrac{\tau^3}{3} + \cdots \text{ folgt:}$$

$$\dot s(t) = v_0\tanh\left(\dfrac{gt}{v_0}\right) = v_0\left(\dfrac{gt}{v_0} + \dfrac{1}{3}\dfrac{g^3 t^3}{v_0^3} + \cdots\right) = gt + \dfrac{g^3 t^3}{3v_0^2} + \cdots.$$

Durch Integration erhalten wir unter Berücksichtigung von $s(0) = 0$ schließlich:

$$\boxed{s(t) = \dfrac{gt^2}{2} + \dfrac{g^3}{12v_0^2}t^4 + \cdots}\,.$$

Bemerkung:

Das „Korrekturglied" $\dfrac{g^3}{12v_0^2}t^4$ wird bei größeren Grenzgeschwindigkeiten $v_0$, d.h. bei geringerem Luftwiderstand kleiner.

3. Mittels der Binomialreihe

$$(1+x)^\alpha = \sum\limits_{n=0}^{\infty}\binom{\alpha}{n}x^n = 1 + \binom{\alpha}{1}x + \binom{\alpha}{2}x^2 + \binom{\alpha}{3}x^3 + \cdots$$

erhalten wir mit $\alpha = -\dfrac{1}{2}$ und $x = -\dfrac{v^2}{c^2}$:

$$E = m_0 c^2 \left[ 1 + \binom{-\frac{1}{2}}{1}\left(-\frac{v^2}{c^2}\right) + \binom{-\frac{1}{2}}{2}\left(-\frac{v^2}{c^2}\right)^2 + \cdots \right], \quad \text{woraus wegen } \binom{-\frac{1}{2}}{1} = -\frac{1}{2}$$

und $\binom{-\frac{1}{2}}{2} = \dfrac{\left(-\frac{1}{2}\right)\left(-\frac{3}{2}\right)}{2} = \dfrac{3}{8}$ folgt: $\boxed{E = m_0 c^2 + \dfrac{m_0 v^2}{2} + \dfrac{3}{8}\, m_0 v^2 \left(\dfrac{v}{c}\right)^2 + \cdots}$.

Der erste Term $m_0 c^2$ repräsentiert das Energieäquivalent der Masse $m_0$, der zweite Term $\dfrac{m_0 v^2}{2}$ die klassische kinetische Energie. Der dritte Term stellt eine erste relativistische Korrektur der klassischen kinetischen Energie dar.

Das Verhältnis dieses Korrekturtermes zur klassischen kinetischen Energie ist

$\dfrac{\frac{3}{8} m_0 v^2 \left(\frac{v}{c}\right)^2}{\frac{m_0 v^2}{2}} = \dfrac{3}{4}\left(\dfrac{v}{c}\right)^2$. Für die geforderten 1% bedeutet das, dass dieses Verhältnis

0.01 sein soll. Das ergibt $\dfrac{v}{c} = \sqrt{\dfrac{0.04}{3}} \approx 0.115$, d.h. bereits bei 11.5% der Lichtgeschwindigkeit ist der Korrekturterm 1% der kinetischen Energie.

4. Die Beleuchtungsstärke nimmt mit dem Quadrat des Abstandes ab, d.h. $E = \dfrac{A}{\rho^2}$

mit einer geeigneten Konstanten $A$. An der Stelle P beträgt sie $E = \dfrac{A}{r^2} = \dfrac{A}{a^2 + h^2}$ .

Dort trifft das Licht aber unter einem Winkel $\alpha$ zur Flächennormalen auf. Bei P wirksam ist daher nur die Projektion $E_\perp = E\cos\alpha$. Wegen $\cos\alpha = \dfrac{h}{r} = \dfrac{h}{\sqrt{a^2 + h^2}}$

ist dann die wirksame Beleutungsstärke bei P: $E_\perp = \dfrac{Ah}{(a^2 + h^2)^{3/2}} := f(h)$.

Maximale Beleuchtungsstärke tritt auf, wenn $f(h)$ maximal ist. Aus der notwendigen Bedingung für Extrema: $f'(h) = 0$ folgt:

$$f'(h) = A\frac{(a^2 + h^2)^{3/2} - 3h^2(a^2 + h^2)^{1/2}}{(a^2 + h^2)^3} = A\frac{a^2 - 2h^2}{(a^2 + h^2)^{5/2}} = 0 \quad \Longrightarrow \quad \boxed{h = \frac{a}{\sqrt{2}}} .$$

Wird nun die Lampe doppelt so hoch angeordnet, ergibt sich für das Verhältnis der Beleuchtungsstärken:

$\dfrac{f(2h)}{f(h)} = \dfrac{\frac{2h}{(a^2 + (2h)^2)^{3/2}}}{\frac{h}{(a^2 + h^2)^{3/2}}} = 2\dfrac{(a^2 + h^2)^{3/2}}{(a^2 + 4h^2)^{3/2}}$, woraus mit $h = \dfrac{a}{\sqrt{2}}$ folgt:

$$\frac{f(2h)}{f(h)} = 2\sqrt{\left(\frac{a^2 + \frac{a^2}{2}}{a^2 + 2a^2}\right)^3} = 2\sqrt{\left(\frac{3/2}{3}\right)^3} = \frac{1}{\sqrt{2}} \approx 0.71 .$$

Die Beleuchtungsstärke beträgt dann also ca. 71% der maximalen.

5. Wir bezeichnen mit $x_n$ jene Länge, um die das $n$-te Brett das $(n + 1)$-te überragt. $x_n$ ist dabei so zu wählen, dass sich der Schwerpunkt der oberen $n$ Bretter genau über der rechten Kante des $(n + 1)$-ten Brettes befindet. Für $x_1$ ergibt sich dann $\frac{l}{2}$ . Für den Schwerpunkt $S_2$ des ersten und zweiten Brettes erhalten wir mit der Masse

$m$ pro Brett: $m\dfrac{l}{2} + m\left(x_1 + \dfrac{l}{2}\right) = 2ms_2 = 2m(x_1 + x_2)$ bzw. nach Kürzen durch $m$:

$3\dfrac{l}{2} = l + 2x_2 \Longrightarrow x_2 = \dfrac{\frac{l}{2}}{2}$ .

Für den Schwerpunkt $S_3$ des ersten, zweiten und dritten Brettes erhalten wir:

$m\dfrac{l}{2} + m\left(x_1 + \dfrac{l}{2}\right) + m\left(x_1 + x_2 + \dfrac{l}{2}\right) = 3ms_3 = 3m(x_1 + x_2 + x_3)$ und nach Ein-

setzen von $x_1$ und $x_2$ sowie Kürzen durch $m$: $\left(1 + 2 + \dfrac{5}{2}\right)\dfrac{l}{2} = 3\left(1 + \dfrac{1}{2}\right)\dfrac{l}{2} + 3x_3$

$\Longrightarrow x_3 = \dfrac{\frac{l}{2}}{3}$ . Das legt die Vermutung nahe: $x_n = \dfrac{\frac{l}{2}}{n}$ . Sie kann durch vollständige Induktion bewiesen werden. Die Induktionsvoraussetzung hier ist: $x_1, x_2, \ldots, x_n$
seien alle richtig.

Für den Schwerpunkt $S_{n+1}$ der ersten $n + 1$ Bretter erhalten wir die Bedingung:

$m\dfrac{l}{2} + m\left(x_1 + \dfrac{l}{2}\right) + m\left(x_1 + x_2 + \dfrac{l}{2}\right) + \cdots + m\left(x_1 + x_2 + \cdots + x_n + \dfrac{l}{2}\right) =$

$= (n + 1)m(x_1 + x_3 + \cdots + x_n + x_{n+1})$.

Nun werden alle Terme mit $\frac{l}{2}$, $x_1$, $x_2$, ...,$n_n$ links gesammelt. Das ergibt:

$(n + 1)\dfrac{l}{2} - x_1 - 2x_2 - \cdots - nx_n = (n + 1)x_{n+1}$. Einsetzen von $x_i = \dfrac{\frac{l}{2}}{i}$ liefert:

$x_{n+1} = \dfrac{\frac{l}{2}}{n + 1}$ . Damit ist die Vermutung bewiesen.

Wird nun das $(n + 1)$-te Brett mit dem vorderen Ende genau auf die Uferkante

gelegt, so ragt das erste Brett um $x_1 + x_2 + \cdots + x_n = \dfrac{l}{2}\displaystyle\sum_{i=1}^{n}\dfrac{1}{i}$ in den Fluss hin-

aus. Da aber die harmonische Reihe divergent ist, kann man mit hinreichend vielen
Brettern jeden Fluss überbrücken.

6. zu a):
Zu Beginn liegt der Kondensator $K_1$ an der Spannung $U_0$ und trägt die Ladung
$Q_0 = C_1 U_0$. Durch das Parallelschalten des Kondensators $K_2$ fließt die Ladung $q_1$
auf den Kondensator $K_2$. Auf $K_1$ verbleibt dann die Ladung $Q_1 = Q_0 - q_1$. Beide
Kondensatoren liegen an der gleichen Spannung $U_1$, so dass gilt: $U_1 = \dfrac{Q_1}{C_1} = \dfrac{q_1}{C_2}$.

Mit $q_1 = Q_1\dfrac{C_2}{C_1}$ folgt: $Q_1 = Q_0 - Q_1\dfrac{C_2}{C_1} \Longrightarrow Q_1 = \dfrac{Q_0}{1 + \frac{C_2}{C_1}}$ und $U_1 = \dfrac{U_0}{1 + \frac{C_2}{C_1}}$ .

Spätestens beim Durchrechnen des zweiten Schrittes, der $Q_2 = \dfrac{Q_0}{\left(1 + \frac{C_2}{C_1}\right)^2}$ und

$U_2 = \dfrac{U_0}{\left(1 + \frac{C_2}{C_1}\right)^2}$ liefert, liegt die Vermutung $Q_n = \dfrac{Q_0}{\left(1 + \frac{C_2}{C_1}\right)^n}$ und

$U_n = \dfrac{U_0}{\left(1 + \frac{C_2}{C_1}\right)^n}$ nahe. Der Beweis erfolgt durch vollständige Induktion mit einem

weiterer Schritt, der zunächst $Q_{n+1} = \dfrac{Q_n}{1 + \frac{C_2}{C_1}}$ und $U_{n+1} = \dfrac{U_n}{1 + \frac{C_2}{C_1}}$ liefert. Einsetzen

der Induktionsvoraussetzung zeigt die Richtigkeit der Vermutung auch für $n + 1$.

zu b):

Es soll $U_N = \dfrac{U_0}{\left(1 + \frac{5}{100}\right)^N} < \dfrac{U_0}{100}$ gelten. Logarithmieren von $\left(1 + \frac{1}{20}\right)^N > 100$ liefert:

$N > \dfrac{\ln 100}{\ln 1.05} \approx 94.4$, d.h. $N = 95$.

zu c):

Die Folgen $\{U_n\}$ und $\{U_n\}$ sind geometrische Folgen und als solche Nullfolgen.

7. Die Tragfähigkeit eines Balkens ist proportional zum „Widerstandsmoment" $W$. Für einen rechteckigen Balken der Breite $a$ und der Höhe $b$ gilt: $W = \dfrac{ab^2}{6}$ . Andererseits folgt aus geometrischen Gründen: $\left(\dfrac{a}{2}\right)^2 + \left(\dfrac{b}{2}\right)^2 = R^2$. Auflösen dieser Gleichung nach $b^2$ liefert: $b^2 = 4R^2 - a^2$ und damit $W = f(a) := \dfrac{1}{6} a(4R^2 - a^2) = \dfrac{4R^2 a - a^3}{6}$. $W$ ist maximal, wenn $f(a)$ maximal ist. Aus der notwendigen Bedingung für ein Extremum von $f(a)$: $f'(a) = 0$ d.h. $f'(a) = \dfrac{4R^2 - 3a^2}{6} = 0$ folgt: $\boxed{a = \dfrac{2R}{\sqrt{3}}}$ und weiters: $\boxed{b = \dfrac{4R}{\sqrt{6}}}$ .

8. Das gleichschenkelige Dreieck $MP_\alpha F_\alpha$ wird in zwei gleiche rechtwinkelige Dreiecke zerlegt. Aus jenem mit den Eckpunkten $M$ und $F_\alpha$ folgt: $\overline{F_\alpha M} = \dfrac{R}{2\cos\alpha}$ und damit $\overline{F_\alpha F} = \dfrac{R}{2}\left(\dfrac{1}{\cos\alpha} - 1\right) = \dfrac{R}{2}\left(\dfrac{1}{\sqrt{1 - \sin^2\alpha}} - 1\right)$. Jener Winkel, der bei einem Randstrahl der Blende auftritt, ist durch $\sin\alpha = \dfrac{a}{R}$ bestimmt.

Damit folgt: $\overline{F_\alpha F} = \dfrac{R}{2}\left(\dfrac{1}{\sqrt{1 - \left(\frac{a}{R}\right)^2}} - 1\right)$ . Soll $\overline{F_\alpha F}$ höchstens 1% von $\dfrac{R}{2}$ betragen, muss gelten: $\dfrac{1}{\sqrt{1 - \left(\frac{a}{R}\right)^2}} - 1 = 0.01$, woraus folgt: $\dfrac{a}{R} = \sqrt{1 - \dfrac{1}{(1.01)^2}} \approx 0.14$, d.h. die Blendenöffnung darf höchstens 14% des Spiegelradius betragen.

9. Zunächst wird mit $x = \sqrt{\dfrac{m}{2kT}}\, v$ substituiert. Das liefert:

$$f(v) = \hat{f}(x) = \dfrac{4}{\sqrt{\frac{2kT\pi}{m}}} x^2 e^{-x^2} = Ax^2 e^{-x^2} .$$

a) Die häufigste Geschwindigkeit tritt beim Maximum der Geschwindigkeitsverteilung auf. Zur Ermittlung dieser Maximumsstelle wird $\hat{f}'(x)$ gebildet und Null gesetzt: $A(2xe^{-x^2} - 2x^3 e^{-x^2}) = A2x(1 - x^2)e^{-x^2} = 0$: Die Fälle $x = 0$ (Minimum) und $x = -1$ (unphysikalischer Bereich) scheiden aus und es verbleibt: $x = 1$. Das ergibt: $\boxed{v_h = \sqrt{\dfrac{2kT}{m}}}$ .

b) Die mittlere Geschwindigkeit ist durch $\bar{v} = \int_0^\infty v f(v)\, dv = 4\sqrt{\dfrac{2kT}{m\pi}} \int_0^\infty x^3 e^{-x^2}\, dx$

definiert. Mittels partieller Integration folgt: $\int_0^\infty x^3 e^{-x^2}\, dx = \dfrac{1}{2}$ . Das ergibt:

$$\boxed{\bar{v} = \sqrt{\dfrac{8kT}{m\pi}}} \ .$$

c) Die „mittlere energetische Geschwindigkeit" $\sqrt{\overline{v^2}}$ ist durch

$$\sqrt{\overline{v^2}} = \sqrt{\int_0^\infty v^2 f(v)\, dv} = \sqrt{\dfrac{8kT}{m\sqrt{\pi}} \int_0^\infty x^4 e^{-x^2}\, dx} \quad \text{definiert. Das Integral unter}$$

der Wurzel $I = \displaystyle\int_0^\infty x^4 e^{-x^2}\, dx$ kann durch partielle Integration vereinfacht

werden: $I = \dfrac{3}{4} \displaystyle\int_0^\infty e^{-x^2}\, dx$, woraus wegen $\displaystyle\int_0^\infty e^{-x^2}\, dx = \dfrac{\sqrt{\pi}}{2}$ folgt: $I = \dfrac{3\sqrt{\pi}}{8}$ .

Das ergibt schließlich: $\boxed{\sqrt{\overline{v^2}} = \sqrt{\dfrac{3kT}{m}}}$ .

Wegen $\sqrt{2} < \sqrt{\dfrac{8}{\pi}} < \sqrt{3}$ folgt: $\boxed{v_h < \bar{v} < \sqrt{\overline{v^2}}}$ .

10. (a) Zunächst wird mit $x = \dfrac{ch}{kT\lambda}$ substituiert. Das liefert:

$$E(\lambda) = \hat{E}(x) = \dfrac{(kT)^5}{c^3 h^4} \dfrac{x^5}{e^x - 1} \ .$$

Wir bilden $\hat{E}'(x) = \dfrac{(kT)^5}{c^3 h^4} \dfrac{5x^4(e^x - 1) - x^5 e^x}{(e^x - 1)^2} = 0$, um den Ort einer möglichen

Extremstelle zu ermitteln. Dann muss gelten: $x^4(5e^x - 5 - xe^x) = 0$. Der Fall $x = 0$ entspricht $\lambda = \infty$ und entällt für die Suche nach einem Extremum. Somit: $f(x) := 5e^x - 5 - xe^x = 0$. Zur Untersuchung von $f(x)$ auf Nullstellen, wird das Monotonieverhalten bestimmt. Wegen $f'(x) = 5e^x - e^x - xe^x = (4 - x)e^x$ ist $f$ auf $(0, 4)$ streng monoton wachsend und auf $(4, \infty)$ streng monoton fallend. Nun ist $f(0) = 0$ und wächst streng monoton. Daher hat $f$ auf $(0, 4)$ keine Nullstelle. Wegen $f(4) = e^4 - 5 > 0$ und $f(5) = -5$ besitzt $f$ nach dem Satz von BOLZANO-WEIERSTRASS mindestens eine Nullstelle und wegen der strengen Monotonie kann das nur eine einzige sein.

Zur näherungsweisen Berechnung dieser Nullstelle kann das NEWTON'sche Iterationsverfahren verwendet werden:

$$x_{n+1} = x_n - \dfrac{f(x_n)}{f'(x_n)} = x_n - \dfrac{5e^{n_n} - 5 - x_n e^{x_n}}{4e^{x_n} - x_n e^{x_n}} = x_n - \dfrac{5 - x_n - 5e^{-x_n}}{4 - x_n} \ .$$

Als Startwert bietet sich $x_1 = 5$ an. Nach drei Iterationsschritten folgt: $\xi \approx x_3 \approx 4.965$ ist die einzige Nullstelle von $f(x)$ und damit das einzige Extremum von $\hat{E}(x)$. Wegen $\hat{E}(0) = 0$ und $\lim\limits_{x \to \infty} \hat{E}(x) = 0$ muss dies ein Maximum sein.

(b) Da $\xi = \dfrac{ch}{kT\lambda_{max}}$ eine feste Zahl und damit konstant ist, folgt: $T\lambda_{max} = \dfrac{ch}{k\xi}$ ist konstant. Das ist aber die Aussage des WIEN'schen Verschiebungsgesetzes, nach dem sich das Maximum der Emissionskurve mit steigender Temperatur zu kürzeren Wellen verschiebt.

(c) Für kleine Wellenlängen $\lambda$, d.h. große $x$ kann im Nenner von $\hat{E}(x)$ die 1 vernachlässigt werden. Das liefert $\hat{E}(x) = \dfrac{(kT)^5}{c^3 h^4} x^5 e^{-x}$ und damit

$$E(\lambda) = \frac{hc^2}{\lambda^5} e^{-\frac{ch}{kT\lambda}} \ .$$ Das ist das Strahlungsgesetz von WIEN.

(d) Für große Wellenlängen $\lambda$, d.h. kleine $x$, kann im Nenner von $\hat{E}(x)$ der Ausdruck $e^x - 1$ näherungsweise durch die lineare Approximation $x$ ersetzt werden. Das liefert $\hat{E}(x) = \dfrac{(kT)^5}{c^3 h^4} x^4$ und damit $E(\lambda) = \dfrac{ckT}{\lambda^4}$ . Das ist das Strahlungsgesetz von RAYLEIGH-JEANS.

(e) Die gesamte von einem schwarzen Strahler emittierte Energie ist

$$E = \int_0^\infty E(\lambda) d\lambda \ .$$

Mit der Substitution $x = \dfrac{ch}{kT\lambda}$ folgt daraus

$$E = \int_\infty^0 \hat{E}(x) \frac{dx}{d\lambda} dx = -\int_0^\infty \frac{(kT)^5}{c^3 h^4} \frac{x^5}{e^x - 1} \left( -\frac{ch}{kTx^2} \right) dx = \frac{(kT)^4}{h^3 c^2} \int_0^\infty \frac{x^3}{e^x - 1} dx.$$

Das Integral $\displaystyle\int_0^\infty \frac{x^3}{e^x - 1}\, dx$ hat den Wert $\dfrac{\pi^4}{15}$, womit wir das Strahlungsgesetz von STEFAN-BOLTZMANN erhalten:

$$E = \frac{k^4 \pi^4}{15 h^3 c^2} T^4 \ .$$

**Bemerkung:**

Zur Berechnung des Integrals $I = \displaystyle\int_0^\infty \frac{x^3}{e^x - 1}\, dx = \int_0^\infty x^3 e^{-x} \frac{dx}{1 - e^{-x}}$ wird der Faktor $\dfrac{1}{1 - e^{-x}}$ in die geometrische Reihe $\dfrac{1}{1 - e^{-x}} = \displaystyle\sum_{n=0}^\infty e^{-nx}$ entwickelt. Das liefert: $\displaystyle\int_0^\infty x^3 e^{-x} \sum_{n=0}^\infty e^{-nx}\, dx$. Gliedweise Integration $I = \displaystyle\sum_{n=0}^\infty \int_0^\infty x^3 e^{-(n+1)}\, dx$ ergibt dann wegen $\displaystyle\int_0^\infty x^3 e^{-(n+1)}\, dx = \frac{6}{(n+1)^4}$ sowie der Summenformel

$$\sum_{k=1}^\infty \frac{1}{k^4} = \frac{\pi^4}{90} \text{ schließlich } I = \frac{\pi^4}{15} \ .$$

11. Aus der Gleichung der Seilkurve $y(x) = b + a \cosh\left( \dfrac{x + c}{a} \right)$ folgt zunächst einmal $y'(x) = \sinh\left( \dfrac{x + c}{a} \right)$. Das Seil soll im Punkt A(0 m, 100 m) horizontal einmünden. Dann muss wegen $y'(0) = 0$ gelten: $c = 0$. Weiters ist (wegen $y(0) = 100$) $b = 100 - a$ zu wählen. Schließlich soll das Seil durch den Punkt B(300 m, 192.73 m) gehen. Das liefert: $192.73 = 100 - a + a \cosh\left( \dfrac{300}{a} \right)$ bzw. $92.73 + a = a \cosh\left( \dfrac{300}{a} \right)$. Jede Lösung dieser transzendenten Gleichung ist auch eine Nullstelle der Funktion

$$f(a) = a \cosh\left(\frac{300}{a}\right) - a - 92.73.$$

NEWTON-Iteration mit dem Startwert $a_1 = 500$ liefert: $a_2 \approx 500.01$. Im Rahmen der sonstigen Genauigkeit (Messfehler der Längenmessung) genügt es, mit $a = 500$ weiterzurechnen. Aus der nun vorliegenden explizit bekannten Gleichung der Seilkurve $y(x) = 500 \cosh\left(\frac{x}{500}\right) - 400$ kann ihre Länge zwischen den Punkten A und B berechnet werden.

$$L = \int_0^{300} \sqrt{1 + y'^2(x)}\, dx = \int_0^{300} \sqrt{1 + \sinh^2\left(\frac{x}{500}\right)}\, dx = \int_0^{300} \cosh\left(\frac{x}{500}\right)\, dx =$$

$$= 500 \sinh\left(\frac{x}{500}\right)\Bigg|_0^{300} = 500 \sinh(0.6) \approx 318.33 \text{ m}.$$

Damit hat das Seil ein Gewicht von $G = 31\,833$ N. Die Seilkraft ist stets tangentiell gerichtet. Dann ist aber die Spannkraft im Punkt A horizontal und die gesamte Gewichtskraft wird von Aufhängepunkt B aufgenommen. Die gesamte Spannkraft in B hat die Richtung der dort vorliegenden Tangente: $\tan \alpha = y'(300) = \sinh(0.6) \approx$ 0.63665 bzw. $\alpha \approx 32.48°$ und beträgt dann $S_B = \dfrac{G}{\sin \alpha} \approx \dfrac{31833}{\sin(32.48°)} \approx 59\,279$ N.

Ihre Horizontalkomponente ist $H = \dfrac{G}{\tan \alpha} \approx \dfrac{31833}{0.63665} \approx 50\,001$ N. Das ist dann aber auch die Spannkraft im Punkt A.

Im Folgenden wird die gleiche Berechnung unter der Annahme einer Seilkurve der Form $\alpha + \beta x + \gamma x^2$ durchgeführt. Wegen $y'(0) = 0$ folgt $\beta = 0$ und wegen $y(0) = 100$ ist $\alpha = 100$. Schließlich ergibt sich mit $y(300) = 192.73$ für $\gamma = \dfrac{92.73}{(300)^2} \approx 0.00103$ und daraus $y(x) = 100 + 0.00103 x^2$. Mit $y'(x) = 0.00206 x$ erhalten wir für die Länge des Seils: $L = \int_0^{300} \sqrt{1 + (0.00206 x)^2}\, dx$.

Mit der Substitution $\xi = 0.00206$ wird daraus: $L = \dfrac{1}{0.00206} \int_0^{0.618} \sqrt{1 + \xi^2}\, d\xi$.

Das Integral $I = \int \sqrt{1 + \xi^2}\, d\xi$ wird z.B. mittels der Substitution $\xi = \sinh \tau$ berechnet. Es ergibt sich: $I = \dfrac{1}{2}\left[\xi\sqrt{1 + \xi^2} + \ln\left(\xi + \sqrt{1 + \xi^2}\right)\right]$. Mit $0.00206 x = \xi$ folgt:

$$L = \frac{1}{0.00206} \int_0^{0.618} \sqrt{1 + \xi^2}\, d\xi = \frac{1}{0.00412}\left[\xi\sqrt{1 + \xi^2} + \ln\left(\xi + \sqrt{1 + \xi^2}\right)\right]\Bigg|_0^{0.618} \approx$$

$$\approx 318.13.$$

Weitere Rechnung liefert dann: $G \approx 31\,813$ N, $\tan \alpha \approx 31.72°$, $S_B \approx 60\,514$ N, $H \approx 51\,477$ N.

Während die Seillänge sich gegenüber der korrekten Seilkurve (Kettenlinie) nur wenig unterscheidet, treten bei den Spannkräften größere Unterschiede auf. Der Grund ist der Winkel $\alpha$ bei B, der bei der Kettenlinie wegen des größeren Durchhanges größer ist.

12.  (a) $m(t) = \begin{cases} 148\,000 - 1000t & \text{für} \quad 0 \leq t \leq 125 \\ 18\,000 - 80(t - 125) & \text{für} \quad 125 < t \leq 325 \end{cases}$.

(b) Für die Geschwindigkeit der Rakete in der ersten Flugphase gilt:

$$\dot{v}_1(t) = \frac{F_1}{m_1(t)} - g = \frac{2.45\ 10^6}{148\,000 - 1000t} - 9.81. \quad \text{Integration liefert:}$$

$$v_1(t) = 2\,450 \int_0^t \frac{d\tau}{148 - \tau} - 9.81t = 2450 \ln\left(\frac{148}{148 - t}\right) - 9.81t.$$

Daraus folgt: $\quad v(125) = 2450 \ln\left(\frac{148}{23}\right) - 9.81 \cdot 125 \approx 3\,335\ m/s.$

Für die Geschwindigkeit der Rakete in der zweiten Flugphase gilt:

$$\dot{v}_2(t) = \frac{F_2}{m_2(t)} - g = \frac{2.48\ 10^5}{18\,000 - 80(t - 125)} - 9.81 = \frac{3\,100}{350 - t} - 9.81.$$

Integration liefert:

$$v_2(t) = v_1(125) + 3\,100 \int_{125}^t \frac{d\tau}{350 - \tau} - 9.81(t - 125) =$$

$$= 3\,335 + 3\,100 \ln\left(\frac{225}{350 - t}\right) - 9.81(t - 125). \quad \text{Daraus folgt:}$$

$$v_2(325) = 3\,335 + 3\,100 \ln\left(\frac{225}{25}\right) - 200 \cdot 9.81 \approx 8\,184.4\ m/s.$$

(c) Im Folgenden werden Integrale der Form $\int \ln\left(\dfrac{a}{b - x}\right) dx$ benötigt. Mittels partieller Integration erhalten wir:

$$\int 1 \cdot \ln\left(\frac{a}{b - x}\right) dx = x \ln\left(\frac{a}{b - x}\right) - \int \frac{x}{b - x}\, dx =$$

$$= x \ln\left(\tfrac{a}{b-x}\right) + x + b \ln(b - x) + \tilde{C} = (x - b) \ln\left(\tfrac{a}{b-x}\right) + x + C$$

Für den zurückgelegten Weg in der ersten Flugphase gilt:

$$\dot{h}_1(t) = 2450 \ln\left(\frac{148}{148 - t}\right) - 9.81t, \quad \text{woraus durch Integration folgt:}$$

$$h_1(t) = 2\,450 \int_0^t \ln\left(\frac{148}{148 - \tau}\right) d\tau - 4.905t^2 =$$

$$= 2\,450 \left[(t - 148) \ln\left(\frac{148}{148 - t}\right) + t\right] - 4.905t^2 \quad \text{und weiters:}$$

$$h_1(125) = 2\,450 \left[-23 \ln\left(\frac{148}{23}\right) + 125\right] - 4.905(125)^2 \approx 124\,702\ m.$$

Für den zurückgelegten Weg in der zweiten Flugphase gilt:

$$\dot{h}_2(t) = v_2(t) = 3\,335 + 3\,100 \ln\left(\frac{225}{350 - t}\right) - 9.81(t - 125),$$

woraus durch Integration folgt:

$$h_2(t) = h_1(125) + 3\,335(t - 125) + 3\,100 \int_{125}^t \ln\left(\frac{225}{350 - \tau}\right) d\tau - 4.905(t - 125)^2 =$$

$$= 124\,702 + 3\,335(t - 25) + 3\,100 \left[(t - 350) \ln\left(\frac{225}{350 - t}\right) + \right.$$

$$\left. + (125 - 350) \ln\left(\frac{225}{350 - 125}\right) + (t - 125)\right] - 4.905(t - 125)^2 \quad \text{und weiters:}$$

$$h(325) = 124\,702 + 3\,335 \cdot 200 + 3\,100\left[-5\ln\left(\frac{225}{5}\right) + 200\right] - 4.905(200)^2 =$$
$$= 1\,045\,217\ m.$$

13. Aus dem linken Teildreieck von ABC folgt: $x = 0.3\cos\alpha$ und $y = 0.3\sin\alpha$. Für den Winkel $\beta$ des rechten Teildreiecks folgt dann:

$$\tan\beta = \frac{y}{1.8 - x} = \frac{0.3\sin\alpha}{1.8 - 0.3\cos\alpha} = \frac{\sin\alpha}{6 - \cos\alpha}\,. \qquad (*)$$

Im Gleichgewichtszustand sind die beiden Seilkräfte $S$ und $G$ mit der nach unten gerichteten Gewichtskraft im Gleichgewicht. Das liefert für ihre Horizontal- und Vertikalkomponenten die Gleichungen: $S\cos\alpha = G\cos\beta$ und $S\sin\alpha + G\sin\beta = G$.

Aus der ersten Gleichung läßt sich $S$ berechnen: $S = G\dfrac{\cos\beta}{\cos\alpha}$ .

Einsetzen in die zweite Gleichung liefert: $G\dfrac{\cos\beta}{\cos\alpha}\sin\alpha + G\sin\beta = G$.

Nach Division durch $G\cos\beta$ folgt: $\tan\alpha + \tan\beta = \dfrac{1}{\cos\beta} = \sqrt{1 + \tan^2\beta}$ .

Unter Verwendung von $(*)$ erhalten wir: $\tan\alpha + \dfrac{\sin\alpha}{6 - \cos\alpha} = \sqrt{1 + \left(\dfrac{\sin\alpha}{6 - \cos\alpha}\right)^2}$ .

Nach Multiplikation mit $6 - \cos\alpha$ und Vereinfachung unter der Wurzel folgt:

$(6 - \cos\alpha)\tan\alpha + \sin\alpha = \sqrt{37 - 12\cos\alpha}$ bzw. nach weiterer Vereinfachung:

$6\tan\alpha = \sqrt{37 - 12\cos\alpha}$ . Quadrieren und Verwendung von $\tan^2\alpha = \dfrac{1}{\cos^2\alpha} - 1$

liefert: $\dfrac{36}{\cos^2\alpha} - 36 = 37 - 12\cos\alpha$, woraus durch Multiplikation mit $\cos^2\alpha$ folgt:

$$12\cos^3\alpha - 73\cos^2\alpha + 36 = 0\,.$$

Mit $z = \cos\alpha$ wird daraus: $12z^3 - 73z^2 + 36 = 0$. Falls diese Gleichung eine ganzzahlige Wurzel besitzt, muss diese ein Teiler des absoluten Gliedes sein. Offensichtlich ist $z_1 = 6$ eine Wurzel dieser Gleichung.
Durch Polynomdivision erhalten wir: $(z^3 + 4z^2 - 3) : (z - 6) = (12z^2 - z - 6)$.

Die Gleichung $12z^2 - z - 6 = 0$ bzw. $z^2 - \dfrac{z}{12} - \dfrac{1}{2}$ hat die Wurzeln

$$z_{2/3} = \frac{1}{24} \pm \sqrt{\frac{1}{(24)^2} + \frac{288}{(24)^2}} = \frac{1 \pm 17}{24}\ , \text{d.h. } z_2 = \frac{3}{4}\ \text{und } z_3 = -\frac{2}{3}\ .$$

$z_1 = 6$ entfällt, da $\cos\alpha = 6$ unmöglich ist. Für $z_3 = \dfrac{-2}{3}$ wäre $\alpha > 90°$, was ebenfalls auszuschließen ist.

Es verbleibt dann $z_2 = \dfrac{3}{4}$, was einem Winkel $\alpha \approx 41.41°$ entspricht. Mit diesem Winkel ergibt sich für die Länge der Strecke von B nach C unter Verwendung des cos-Satzes ein Wert von $2.52\ m$. $y$ ist durch $y = 0.3\sin\alpha \approx 0.20\ m$ gegeben. Damit erhalten wir für den Abstand des Gewichtsstückes vom Boden:
$h = 2.6 - 0.20 - (3 - 2.52) = 1.92\ m$.
Bemerkung:
Eine andere Lösungsmethode beruht auf folgender Überlegung: Im Gleichgewicht

stellt sich ein Winkel $\alpha$ ein, bei dem das Gewicht eine möglichst kleine potentielle Energie hat, d.h. $h$ möglichst klein wird. In Abhängigkeit von $\alpha$ ist:

$$h(\alpha) = 2.6 - y - (3 - \overline{BC}) = 2.6 - 0.3\sin\alpha - \left(3 - \sqrt{(1.8)^2 + (0.3)^2 - 2 \cdot 1.8 \cdot 0.3\cos\alpha}\,\right),$$

bzw. $h(\alpha) = 2.6 - 0.3\sin\alpha - \left(3 - \sqrt{3.33 - 1.08\cos\alpha}\,\right)$.

14. An der Stelle $x$ gilt:

$$-EIy''(x) = M(x) = \begin{cases} F_A x - \frac{qx^2}{2} & \text{für } x < \frac{l}{2} \\ F_A x - \frac{qx^2}{2} - F\left(x - \frac{l}{2}\right) & \text{für } \frac{l}{2} \le x \le l \end{cases}.$$

Integration liefert:

$$-EIy'(x) = \begin{cases} \frac{F_A x^2}{2} - \frac{qx^3}{6} + C_1 & \text{für } x < \frac{l}{2} \\ \frac{F_A x^2}{2} - \frac{qx^3}{6} - \frac{F}{2}\left(x - \frac{l}{2}\right)^2 + C_2 & \text{für } \frac{l}{2} \le x \le l \end{cases}.$$

An der Stelle $x = \frac{l}{2}$ muss gelten: $\lim\limits_{x \to \frac{l}{2}^-} y'(x) = \lim\limits_{x \to \frac{l}{2}^+} y'(x) \implies C_2 = C_1$.

Weitere Integration liefert:

$$-EIy(x) = \begin{cases} \frac{F_A x^3}{6} - \frac{qx^4}{24} + C_1 x + D_1 & \text{für } x < \frac{l}{2} \\ \frac{F_A x^3}{6} - \frac{qx^4}{24} - \frac{F}{6}\left(x - \frac{l}{2}\right)^3 + C_2 x + D_2 & \text{für } \frac{l}{2} \le x \le l \end{cases}.$$

An der Stelle $x = \frac{l}{2}$ muss gelten: $\lim\limits_{x \to \frac{l}{2}^-} y(x) = \lim\limits_{x \to \frac{l}{2}^+} y(x) \implies D_2 = D_1$.

Ferner folgt aus $y(0) = 0$: $D_2 = D_1 = 0$.

An der Einspannstelle $B$ ist $y'(l) = 0 \implies C_1 = -\frac{F_A l^2}{2} + \frac{ql^3}{6} + \frac{Fl^2}{8}$.

Ferner ist an der Einspannstelle $B$ $y(l) = 0 \implies \frac{F_A l^3}{6} - \frac{ql^4}{24} - \frac{Fl^3}{48} + C_1 l = 0$

Einsetzen von $C_1$ liefert: $\underline{F_A = \frac{3ql}{8} + \frac{5F}{16}} \implies F_B = F + ql - F_A = \underline{\frac{5ql}{8} + \frac{11F}{16}}$.

Für das Einspannmoment in $B$ gilt: $\underline{M_B = -F_A l + \frac{ql^2}{2} + \frac{Fl}{2} = \frac{ql^2}{8} + \frac{3Fl}{16}}$.

Die Biegelinie hat die Gestalt:

$$-EIy(x) = \begin{cases} \left(\frac{3ql}{8} + \frac{5F}{16}\right)\frac{x^3}{6} - \frac{qx^4}{24} - \left(\frac{ql^3}{48} + \frac{Fl^2}{32}\right)x & \text{für } x < \frac{l}{2} \\ \left(\frac{3ql}{8} + \frac{5F}{16}\right)\frac{x^3}{6} - \frac{qx^4}{24} - \frac{F}{6}\left(x - \frac{l}{2}\right)^3 - \left(\frac{ql^3}{48} + \frac{Fl^2}{32}\right)x & \text{für } \frac{l}{2} \le x \le l \end{cases}.$$

Dass die größte Durchbiegung $y_{max}$ an einer Stelle $x_{max} < \frac{l}{2}$ auftritt, ist naheliegend. (Eine Kontrollrechnung bestätigt das auch.)
Wegen $y'(x_{max}) = 0$ ist $x_{max}$ Lösung der Gleichung:

$$\left(\frac{3ql}{8} + \frac{5F}{16}\right)\frac{x^2}{2} - \frac{qx^3}{6} - \left(\frac{ql^3}{48} + \frac{Fl^2}{32}\right) = 0.$$

(a) $F = 0$:

Die Bestimmungsgleichung für $x_{max}$ ist dann: $8\left(\frac{x}{l}\right)^3 - 9\left(\frac{x}{l}\right)^2 - 1 = 0$.

Mit der Bezeichnung $\xi = \frac{x}{l}$ wird daraus: $8\xi^3 - 9\xi^2 - 1 = 0$. Offensichtlich ist

$\xi_1 = 1$ eine Wurzel. (Das entspricht $y'(l) = 0$.)

Polynomdivision liefert: $(8\xi^3 - 9\xi^2 - 1) : (\xi - 1) = (8\xi^2 - \xi - 1)$.

Die Gleichung $\xi^2 - \dfrac{\xi}{8} - \dfrac{1}{8} = 0$ hat die Lösungen

$$\xi_{2/3} = \frac{1}{16} \pm \sqrt{\frac{1}{(16)^2} + \frac{32}{(16)^2}} = \frac{1 \pm \sqrt{33}}{16} .$$

$\xi_3 = \dfrac{1 - \sqrt{33}}{16}$ liegt außerhalb des Definitionsbereiches $0 \le \xi \le 1$. Damit

verbleibt $\xi_2 = \dfrac{1 + \sqrt{33}}{16}$, was zu $x_{max} = \left( \dfrac{1 + \sqrt{33}}{16} \right) l \approx 0.4215l$ führt.

Einsetzen in $y(x) = \dfrac{q}{48EI} \left( 2x^4 - 3lx^3 + l^3 x \right)$ liefert $\underline{y_{max} \approx 0.005416 \dfrac{ql^4}{EI}}$ .

(b) $q = 0$:

Die Bestimmungsgleichung für $x_{max}$ ist dann: $5 \left( \dfrac{x}{l} \right)^2 - 1 = 0$, woraus folgt:

$x_{1/2} = \pm \dfrac{l}{\sqrt{5}}$. Die negative Wurzel entfällt wieder. Es verbleibt:

$\underline{x_{max} = \dfrac{l}{\sqrt{5}} \approx 0.447l}$ . Einsetzen in $y(x) = \dfrac{F}{96EI} (-5x^3 + 3l^2 x)$ liefert

$$\underline{y_{max} = \frac{Fl^3}{48\sqrt{5}EI} \approx 0.009317 \frac{Fl^3}{EI}} .$$

(c) $F = 2ql$:

Die Bestimmungsgleichung für $x_{max}$ ist dann: $2 \left( \dfrac{x}{l} \right)^3 - 6 \left( \dfrac{x}{l} \right)^2 + 1 = 0$, woraus

folgt: $x_1 \approx -0.348l$, $x_2 \approx 0.4422125l$, $x_3 \approx 2.942$. Da $x_1$ und $x_3$ nicht im Definitionsbereich $0 \le x \le l$ liegen, verbleibt nur $x_2$, d.h. $\underline{x_{max} \approx 0.442125l}$.

Einsetzen in $y(x) = \dfrac{ql^4}{24EI} \left[ \left( \dfrac{x}{l} \right)^4 - 4 \left( \dfrac{x}{l} \right)^3 + 2 \left( \dfrac{x}{l} \right) \right]$ liefert:

$\underline{y_{max} \approx 0.0240318l}$.

Bemerkung:

Bei der vorliegenden Genauigkeit erkennen wir, dass die Addition der maximalen Durchbiegungen unter (a) und (b) nicht exakt die unter (c) ergeben. Der Grund dafür ist, dass die maximalen Durchbiegungen in den drei Fällen jeweils an verschiedenen Stellen auftreten.

# Literaturverzeichnis

Allgemeine Lehrbücher

**Arens T. / Hettlich F. / Karpfinger Ch. / Kockelkorn U. / Lichtenegger K. / Stachel H.:** *Mathematik* , Spektrum Akademischer Verlag 2008

**Barner M. / Flohr F.:** *Analysis I* , 4. Aufl., de Gruyter 1991

**Behrends E.:** *Analysis, Bd I* , 5. Aufl., Vieweg+Teubner 2011

**Burg K. / Haf H. / Wille F.:** *Höhere Mathematik für Ingenieure Bd 1* , 9. Aufl., Vieweg+Teubner 2011

**Fischer H. / Kaul H.:** *Mathematik für Physiker 1* , 7. Aufl., Vieweg+Teubner 2011

**Forster O.:** *Analysis 1* , 10. Aufl., Vieweg+Teubner 2011

**Heuser H:** *Lehrbuch der Analysis 1* , 17. Aufl., Vieweg+Teubner 2009

**Jänich K.:** *Lineare Algebra* , 11. Aufl., Springer 2011

**Königsberger K.:** *Analysis 1* , 6. Aufl., Springer 2009

**Neunzert H. / Eschmann W.G. / Blickensdörfer-Ehlers A. /Schelkes K.:** *Analysis 1* , 3. Aufl., Springer 1996

**Papula L.:** *Mathematik für Ingenieure und Naturwissenschaftler*, 12. Aufl., Vieweg+Teubner 2009

**Rießinger Th.:** *Mathematik für Ingenieure* , 8. Aufl., Springer 2011

**Walter W.:** *Analysis I* , 7. Aufl., Springer 2009

Übungsbücher und Aufgabensammlungen

**Arens T. / Hettlich F. / Karpfinger Ch. / Kockelkorn U. / Lichtenegger K. / Stachel H.:** *Arbeitbuch Mathematik* , Spektrum Akademischer Verlag 2009

**Busam R. / Epp Th.:** *Prüfungstrainer Analysis* , Spektrum Akademischer Verlag 2009

**Busam R. / Epp Th.:** *Prüfungstrainer Lineare Algebra* , Spektrum Akademischer Verlag 2009

**Forster O. / Wessoly R.:** *Übungsbuch zur Analysis 1* , 5. Aufl., Vieweg+Teubner 2011

**Papula L.:** *Mathematik für Ingenieure und Naturwissenschaftler, Klausur- und Übungsaufgaben* , 4. Aufl., Vieweg+Teubner 2010

**Rießinger Th.:** *Übungsaufgaben zur Mathematik für Ingenieure* , 5. Aufl., Springer 2011

**Stoppel H. / Griese B.:** *Übungsbuch zur Linearen Algebra* , 7. Aufl., Vieweg+Teubner 2010

**Turtur C.W.:** *Prüfungstrainer Mathematik* , 3. Aufl., Vieweg+Teubner 2010

**Wenzel H. / Heinrich G.:** *Übungsaufgaben zur Analysis Ü1* , Teubner 2005


Mathematik mit Computer-Algebra-Systemen

**Bahns D. / Schweigert Ch.:** *Softwarepraktikum - Analysis und Lineare Algebra* , Vieweg 2007 (mit Maple)

**Braun R. / Meise R.:** *Analysis mit Maple* , Vieweg 1995

**Liesen J. / Mehrmann V.:** *Lineare Algebra* , Vieweg+Teubner 2011 (mit MATLAB)

**Schott D.:** *Ingenieurmathematik mit MATLAB* , Carl Hanser 2004

**Stoppel H.:** *Mathematik anschaulich: Brückenkurs mit Maple* , Oldenburg Wissenschaftsverlag 2001

**Strampp W.:** *Analysis mit Mathematica und Maple* , Vieweg 1999

**Strampp W.:** *Höhere Mathematik 1,2* , 2. Aufl., Vieweg 2007 (mit Mathematica)

**Westermann Th.:** *Mathematik für Ingenieure* , 6. Aufl., Springer 2011 (mit Maple)

**Westermann Th.:** *Mathematische Probleme lösen mit Maple: Ein Kurzeinstieg* , 4. Aufl., Springer 2011 (mit Maple)

# Lineare Algebra für das Bachelorstudium - Das Wichtigste ausführlich

Gerd Fischer

## Lernbuch Lineare Algebra und Analytische Geometrie

Das Wichtigste ausführlich für das Lehramts- und Bachelorstudium
2011. X, 423 S. Geb. EUR 29,95
ISBN 978-3-8348-0838-7

Lineare Geometrie im reellen n-dimensionalen Raum - Grundbegriffe (Mengen, Gruppen, Körper, Vektorräume) - Lineare Abbildungen und Matrizen - Determinanten - Eigenwerte und Normalformen -

Affine Geometrie (Transformationen und Quadriken)

Diese ganz neuartig konzipierte Einführung in die Lineare Algebra und Analytische Geometrie für Studierende der Mathematik im ersten Studienjahr ist genau auf den Bachelorstudiengang Mathematik zugeschnitten. Die Stoffauswahl mit vielen anschaulichen Beispielen, sehr ausführlichen Erläuterungen und vielen Abbildungen erleichtert das Lernen und geht auf die Verständnisschwierigkeiten der Studienanfänger ein. Das Buch ist besonders auch für Studierende des Lehramts gut geeignet. Es ist ein umfassendes Lern- und Arbeitsbuch und kann auch zum Selbststudium und als Nachschlagewerk benutzt werden. Das Buch erscheint in gebundener Ausgabe und zweifarbigen Layout. Es bringt in ausführlicher Form die beim Bachelor wichtigen Lehrinhalte.

Daneben sind die beiden "Klassiker" des Autors im Taschenbuchformat, das Standardwerk "Lineare Algebra" und der Ergänzungsband "Analytische Geometrie", kompakt geschrieben und mit einer über den Bachelor hinausgehenden Stoffauswahl, weiterhin lieferbar.

**VIEWEG+ TEUBNER**

Abraham-Lincoln-Straße 46
65189 Wiesbaden
Fax 0611.7878-400
www.viewegteubner.de

Stand Juli 2011.
Änderungen vorbehalten.
Erhältlich im Buchhandel oder im Verlag.